DAS DRECHSLERWERK

EIN FACHBUCH FÜR DRECHSLER, LEHRER UND ARCHITEKTEN

AUCH EIN BEITRAG ZUR STILGESCHICHTE DES HAUSRATS

VON

FRITZ SPANNAGEL

HolzWerken

Unveränderter Reprint nach der 2. Auflage von 1948
seinerzeit erschienen im Otto Maier Verlag, Ravensburg (1. Auflage 1940)
und 1981 mit freundlicher Genehmigung des Verlages
wieder herausgegeben
Nachdruck 2021

Vincentz Network GmbH & Co. KG
Plathnerstr. 4c, 30175 Hannover
www.holzwerken.net

Die Wiedergabe von Gebrauchsnamen, Warenbezeichnungen und Handelsnamen berechtigt nicht zu der Annahme, dass solche Namen ohne Weiteres von jedermann benutzt werden dürfen. Vielmehr handelt sich häufig um geschützte, eingetragene Warenzeichen.

ISBN 978-3-86630-937-1
Best.-Nr. 1213

Reprografie: scanko, Jörg Buch, Hannover
Produktion: PrintMediaNetwork, Oldenburg
Printed in Europe

Weitere Materialien kostenlos online verfügbar!

http://www.holzwerken.net/bonus

Ihr exklusiver Bonus an Informationen!
Ergänzend zu diesem Buch bietet Ihnen *HolzWerken* Bonus-Materialien zum Download an.
Scannen Sie den QR-Code oder geben Sie den Buch Code unter www.holzwerken.net/bonus ein und erhalten Sie kostenfreien Zugang zu Ihren persönlichen Bonus-Materialien!

Buch-Code: TE6821G

INHALTSVERZEICHNIS

IV. Die Werkstoffe des Drechslers

VORWORT

„Allem Leben, allem Tun, aller Kunst muß das Handwerk vorangehen, welches nur in der Beschränkung erworben wird.
Eines recht wissen und ausüben, gibt mehr Bildung als Halbheit im Hundertfältigen."

Goethe

Die Drechslerei ist eines der ältesten Handwerke von kulturhistorischer Bedeutung. Es machte im Lauf seiner mehrtausendjährigen Vergangenheit eine interessante Entwicklung durch. Aber lange schon hat es seine einstmals so hohe Bedeutung verloren. Dieses uralte, edle Handwerk zu neuem Leben zu erwecken und es wieder in den Dienst einer zeitgemäßen Gestaltung zu stellen, ist seit vielen Jahren mein Bestreben. Hierfür mag dieses Werk Zeugnis geben.

Wie jedes Handwerk war auch die Drechslerei im letzten Jahrhundert das Opfer eines Zeitschicksals geworden, denn die Maschine war auf den Plan getreten. Die Maschine, im Grunde als Dienerin des Menschen gedacht, wurde bald von ihm mißbraucht, was ihr zunächst geradezu eine kulturzerstörende Wirkung gab. Die durch sie möglich gewordene raschere Produktion erfolgte nicht aus dem humanen Wunsche, des Menschen Arbeit zu erleichtern, und aus einer ehrbaren Gesinnung, Kulturwerke zu schaffen, sondern die Industrialisierung mit ihrer Massenproduktion entwickelte bald eine grenzenlose Gewinnsucht. Man fragte sich bei der Herstellung nicht mehr, ob die Dinge gut und schön seien, sondern ob sich mit ihnen ein Geschäft machen ließe. Dieser Mangel an ethischer, moralischer Verantwortung bei der Schaffung aller Geräte, die bis dahin ein ehrbares Handwerk mit seinen Händen menschlich, natürlich und mit Liebe geschaffen hatte, war der Grund des furchtbaren Niedergangs nahezu der gesamten Ausdruckskultur, nicht nur bei uns, sondern in der ganzen Welt.

Durch die schlechte Fabrikware verloren die Menschen den Sinn für Einfachheit, Schönheit und Qualität. Die Bedeutung des Handwerks sank zurück, und es war gezwungen, um nicht gänzlich unterzugehen, sich dem immer mehr verbildeten Geschmack des Käufers anzupassen. Es hatte allen Einfluß auf die Gestaltung verloren und war nur mehr zum Handlanger des den Zeichenstift beherrschenden Entwerfers geworden. Seine soziale und gesellschaftliche Stellung war gesunken.

In ganz besonderem Maße traf dieses für das Drechslerhandwerk zu. Schon lange Zeit vermißte es auch jede kulturelle Führung, die ihm im Gegensatz zu manch anderen Handwerkszweigen auch heute besonders nötig wäre. Die alte und neuere Drechslerfachliteratur hat bis vor kurzem ein tiefes, ja beschämendes Niveau aufgewiesen, nicht nur, daß sie es nicht vermochte, dem jungen Nachwuchs die Technik anschaulich nahezubringen, sondern keines dieser Bücher und keine der Zeitschriften ist in der Lage gewesen, dem Handwerk in kultureller, also in formaler, künstlerischer Beziehung Anregung zu geben. (Erst in den letzten Jahren wies das Vorbildermaterial der Fachzeitschriften zum Teil einen höheren Stand auf, und zwar hauptsächlich durch die Veröffentlichungen der Arbeiten der an diesem Werk beteiligten Mitarbeiter.) Die gemachten Versuche blieben meist auf einem kleinbürgerlichen, schulmeisterlichen Niveau stehen und führten nicht zu einer Besserung, sondern trugen eher dazu bei, das so vernachlässigte Handwerk in seinem Tiefstand zu belassen. Dieser Grund, aber auch meine feste Überzeugung, daß es möglich ist, die Technik des Drechselns wieder einzuschalten in die Gestaltung unserer Möbel und Geräte, trieben mich, dieses Buch zu schreiben. Die Arbeit war mir nur möglich, weil ich mich mit der gesamten Drechslerei seit langem beschäftigt habe, nicht allein, daß ich der so reizvollen Technik seit nahezu dreißig Jahren verfallen war, auch weil ich in dieser langen Zeit immer wieder die Feststellung gemacht habe, welche kulturhistorische Bedeutung die Drechslerei seit der europäischen Frühzeit und auch bei den Völkern des Altertums die ganzen Jahrtausende hindurch bis in unsere Tage hatte. Das Studium der alten Technik sowie der stilgeschichtlichen Entwicklung der Drechslerformen hat mir die Möglichkeiten gezeigt, welche dieser uralten Technik innewohnen für die Erzeugung praktischen, wie auch formal schönen Hausrats und Gerätes. Darum habe ich mich nicht damit begnügt, ein technisch völlig umfassendes, zeitgemäßes, auch für den Lehr- und Schulgebrauch geeignetes Fachbuch zu schreiben, sondern ich habe es mir darüber hinaus zur Aufgabe gemacht, in besonderen Kapiteln, wie da sind: „Die Geschichte der Drechslertechnik", „Die Geschichte des Drechslerhandwerks", „Die Stilgeschichte der Drechslerformen", den bisher engen Horizont der Drechsler zu weiten und ihnen einen Begriff zu geben von der einst kulturell so hohen Bedeutung ihres alten Handwerks, sie stolz zu machen und sie zu ermutigen, mit neuer Kraft und neuem Glauben sich ihrem alten, schönen Handwerk hinzugeben. Es wird in diesen Kapiteln versucht, die dem Handwerk schon längst fehlenden geistigen Grundlagen zu schaffen - oder besser gesagt: es wird die für dieses Handwerk besonders nötige Bildung und ein Wissen vermittelt, die für es die Voraussetzung zu der Fähigkeit sind, selbst wieder Anteil zu nehmen an der Gestaltung von Drechslerarbeiten und damit an der Schaffung unserer Ausdruckskultur. So ist es besonders das Kapitel über die Stilgeschichte der Drechslerformen, das, entsprechend abgefaßt, vor allem den Lernenden vorbereiten will für das nächstfolgende Kapitel dieses Werkes: Die Gestaltung zeitgemäßer schöner Drechslerformen. In diesem an die Stilgeschichte angeschlossenen Kapitel „Gestaltung“ ist Grundsätzliches über die Formgebung von Drechslereien gesagt. Daran schließt sich ein umfangreiches Vorlagenwerk an, in dem meine langjährigen Gestaltungsversuche sowie die einer kleinen Anzahl Gleichgesinnter, wie auch meiner Mitarbeiter und Schüler niedergelegt sind. Ich bin mir durchaus bewußt, daß es nach einem so furchtbaren Niedergang des Drechslerhandwerks in so kurzer Zeit natürlich nicht möglich war, zu nur vollendeten Lösungen zu kommen. Aber wer die Kapitel der Stilgeschichte der Drechslerformen und der Gestaltung sowie dieses Vorlagenwerk sorgfältig studiert, der wird hier im klaren Unterschied zu der bisherigen Drechslerei eine gesunde Entwicklung, die während der letzten Jahrzehnte stets aufwärts ging, spüren und zugeben müssen, daß der richtige Weg beschritten wurde, und daß es somit möglich ist, einen zeitgemäßen Ausdruck für die Drechslerei zu finden.

Als Lehrer an der Landeskunstschule zu Karlsruhe sowie als Leiter der früheren Tischlerschule der Stadt Berlin, hatte ich besonders in deren Werkstätten die Möglichkeit, mich der Drechslerei intensiv zu widmen und meine vielen Schüler für die Drechslerei zu interessieren, ja zu begeistern. Gerade die Begabtesten standen gerne an der Drehbank und lernten so diese Technik kennen und lieben. Und sie sind es auch, die heute als Architekten die Drechslerei wo immer nur möglich in die Gestaltung einbeziehen und damit einen wesentlichen Teil dazu beitragen, die Drechslerei neu zu beleben. Alle meine Erfahrungen und Erkenntnisse in diesem Werk niederzulegen und meine und meiner Mitarbeiter und Schüler Arbeiten hier zu zeigen, war mir eine Pflicht.

Forschen wir heute nach den Urhebern zeitgemäßer Drechslerarbeiten, so machen wir dabei die interessante Beobachtung, daß es vielleicht von ganz wenigen Ausnahmen abgesehen - nicht die zünftigen Drechsler waren, die es vermocht haben, solche Arbeiten zu gestalten, die wieder Anspruch erheben dürfen auf eine kulturelle Bedeutung, sondern es waren und sind auch heute nur wenige kulturell gebildete und handwerklich geschulte Künstler, denen es gelang, diesem Handwerk durch ihre Leistungen Vorbild zu sein. Sie sind unentwegt und zielbewußt ihren Weg gegangen, obwohl sie, besonders von alten, zünftigen Meistern oft nicht nur abgelehnt, sondern auch bösartig bekämpft wurden, weil diese jede noch so wohlgemeinte Kritik als persönliche Beleidigung auffaßten und einer solchen selbst unzugänglich blieben.

Alle diese Umstände haben uns nicht abgehalten, unverdrossen und zielbewußt die Drechslerei zu pflegen und zu fördern, gibt es doch unter den Drechslern auch eine große Anzahl alter wie junger Menschen, die uns verstanden und bereitwillig und dankbar jeder Anregung zugänglich waren. Zu ihnen gehören vor allem diejenigen - ich habe sie alle in diesem Werk genannt und ihre Arbeiten gezeigt -, die mir voll Begeisterung geholfen haben, diese Arbeit zu vollenden. Diese deutschen Drechslermeister bestärkten mich in dem Willen, die ideellen wie wirtschaftlichen Opfer zu bringen, die mir dieses Werk in den letzten Jahren auferlegte.

Ich schließe dieses Vorwort mit einer ernsten Mahnung an all jene Drechslermeister, die in der Einbildung ihres technischen Könnens taub waren und es zum Teil heute noch sind gegen die Stimmen der verantwortungsbewußten Künstler, die es ja tatsächlich doch nur gut mit ihrem Handwerk meinen. Mögen sich jene Drechslermeister hüten, zu glauben - wie es die deutschen Drechsler der Spätrenaissance und des Barocks schon einmal taten -, daß die Kunst vom Können allein käme. Mögen sie begreifen lernen, daß die Hervorbringung von technischen Spielereien und nutzlosen Kuriositäten, die ja im Grunde gar nicht so schwer herzustellen sind, wie sie es dem Laien gern glauben machen möchten, doch nur dazu beiträgt, erneut die edle Drechslerkunst lächerlich zu machen zum Schaden des eigenen Handwerks. Seien sie bestrebt, sich der Führung wirklicher Künstler anzuvertrauen, dann werden sie zu ihrer Freude und ihrem Glück erleben, in welch bedeutender Weise die Drechslertechnik ein Mittel sein kann, sich in den Dienst einer natürlichen Holzgestaltung zu stellen - nicht nur zu wirtschaftlichem Aufstieg, sondern auch zu Ruhm und Ehre des Handwerks selbst.

Dieses Drechslerwerk will aber nicht nur ein Fachbuch für den Handwerker und Kunsthandwerker sein, sondern es beabsichtigt, bei allen holzgestaltenden Menschen, vor allem den entwerfenden jungen Architekten, Interesse und Verständnis zu wecken für die Drechslerei. Ich hoffe, daß die Architekten sich wieder der Technik des Drechselns bedienen und sie als eine schöne und natürliche Bereicherung für die Gestaltung von Möbeln nützen. Der dieser Technik nicht kundige, wie überhaupt der werkgerechten Holzgestaltung oft fremd gegenüberstehende Architekt und Entwerfer wird in diesem Fachbuch sich all die nötigen Kenntnisse aneignen können, deren er bedarf, um technisch wie formal einwandfreie Drechslerformen zu entwerfen. Er wird vor allem begreifen, daß es mit Papier und Bleistift und phantasievollem Erfinden nicht getan ist, sondern daß er unbedingt die Technik und den Werkstoff kennen muß. Nach meinen Erfahrungen ist die Beschäftigung mit der Drechslertechnik und der Herstellung von Drechslerformen eine ausgezeichnete Übung, das plastische Vorstellungsvermögen überhaupt zu fördern, sehr zum Vorteil der übrigen schöpferischen Arbeit des Architekten, die ja gewissermaßen immer ein plastisches Bilden ist. Aus diesem Grunde empfehle ich auch jedem, der sich mit Holzgestaltung beschäftigt, sich, wenn irgend möglich, einmal an die Drehbank zu stellen. Dann wird ihm sowohl die Schönheit wie aber auch die Gefährlichkeit dieser Technik aufgehen, die wie kaum eine andere dazu verführt, spielerisch des Guten zuviel zu tun. Nicht umsonst habe ich dem kurzen Kapitel über Gestaltung von Drechslerarbeiten das Motto vorangesetzt: „In der Beschränkung zeigt sich der Meister.“ Dieses Kapitel sei vor allem auch jenen Zeichnern, den „Entwerfern“, ans Herz gelegt, die ohne Fachkenntnis mit ihren lediglich auf dem Papier gezeichneten Entwürfen dem Handwerk bisher so schlechte und verderbliche Nahrung geboten haben. Mögen sie durch das Studium dieses Werkes den Weg finden zu einem bescheidenen, natürlichen und ehrlichen Tun. Wenn Entwerfer und Architekten ihr Interesse der Drechslertechnik zuwenden und sie vor allem auch in den zeitgemäßen Möbelbau mit Takt einzubauen vermögen, dann wird das so heruntergekommene Drechslerhandwerk auch wirtschaftlich einer besseren Zeit entgegensehen. Es muß aufhören, daß, wie ich selbst leider allzuoft erlebt habe, tüchtige und mit Idealismus erfüllte, ihrem Handwerk treugebliebene Meister ihr Leben in einem dumpfen Keller fristen müssen, in dem sie allen gesundheitlichen Forderungen zum Trotz eine kümmerliche Werkstatt eingerichtet haben. Aber wieviel anständigere Arbeit ist immer noch in diesen kleinen unvorbildlichen Werkstätten mit Idealismus geleistet worden gegenüber der billigen Ware der Massenproduktion, mit der die armen Meister immer weniger konkurrieren konnten. Diesem unwürdigen Zustand muß ein Ende bereitet werden.

So will dieses Buch nicht zuletzt auch der Schule und dem Fachlehrer als guter Führer und Kamerad dienen. Als langjähriger Lehrer weiß ich, was dem Fachunterricht not tut, und ich habe bei der Abfassung besonders des fachlichen Textes die eigenen praktischen Erfahrungen als Lehrer und Pädagoge zugrunde gelegt. So hoffe ich, daß dieses mit so vielen Opfern geschriebene Drechslerwerk meine und meiner Mitarbeiter und Freunde Erwartungen erfüllt und mir eine ebenso große Freude bereiten wird, wie ich sie an meinem Fachbuch „Der Möbelbau“ erleben durfte.

Es ist mir eine freudige Pflicht, all den Meistern zu danken für ihre Mitarbeit und Beratung, und jene einzeln zu nennen, die durch persönlichen Einsatz und Opfer sich besondere Verdienste um die erfolgreiche Durchführung dieses Buches erworben haben, und auch zu sagen, welcher Art ihre Mitarbeit war.

Den wertvollsten Dienst leistete Drechslermeister Hans Strecker, München, bei der Abfassung und Durchsicht des Textes für das Kapitel „Die Technik des Drehens“, für das er auch einige Zeichnungen fertigte. Außerdem beriet er mich bei dem Kapitel „Werkstoffe des Drechslers“, für das er ebenfalls einige selbstgefertigte Zeichnungen beisteuerte. Er ist der einzige mir bekannt gewordene Meister, der es verstand, das sogenannte „Passigdrehen“ in zeitgemäßer und praktischer Weise erneut anzuwenden und nicht in den Fehler verfiel, wie dies im letzten Jahrhundert geschah und zum Teil noch heute geschieht, diese alte Technik lediglich zur Hervorbringung einfältiger und geschmackloser Kuriositäten zu nützen und sich dadurch als „Kunstdrechsler“ zu brüsten. Er zählt heute zu den ganz wenigen zünftigen Meistern, die in der Lage sind, die formale Gestaltung ihrer Arbeiten wohl auch in die eigenen Hände zu nehmen. Sein meisterliches Können von höchsten Ansprüchen an eine vollendete Qualität, seine künstlerischen Fähigkeiten, verbunden mit einer umfassenden und kultivierten fachlichen Bildung lassen ihn ebenbürtig erscheinen mit jenen alten Meistern des einst blühenden Kunsthandwerks, auf den stolz zu sein, das deutsche Drechslerhandwerk allen Grund hätte. — Es ist mir eine traurige Pflicht, an dieser Stelle seines so hoffnungsvollen Sohnes Adolf, der sein Nachfolger hätte werden sollen, ehrend zu gedenken. Er mußte im polnischen Feldzug sein junges Leben lassen. — Auch Hans Streckers Vater, dem Münchner Altmeister, habe ich für einige Hinweise und Vermittlung manch erprobter Erfahrung zu danken.

Nicht minder bin ich einem anderen Meister des deutschen Drechslerhandwerks aufs dankbarste verbunden für seine zu jedem Opfer bereite jahrelange Mitarbeit und Hilfe bei der Verfolgung meiner Ziele, die Drechslerei neu zu beleben. Er gehörte zu jenen, die in mir den Glauben stärkten an eine neue und bessere Zukunft des Drechslerhandwerks. Es ist dies mein verehrter, alter Freund Meister Georg Kadoke, Berlin. Als einer der treuesten und aufrechtesten wie auch mutigsten stand er mir bei in schweren Zeiten, den Glauben an meine Arbeit nie verlierend. Dieses Mannes in aufrichtigster Dankbarkeit hier zu gedenken, bereitet mir eine ganz besondere Genugtuung und Freude. Mit ihm, den ich bald als Fachlehrer an die von mir seinerzeit geleitete Tischlerschule der Stadt Berlin berief, stand ich viele Abende Jahre hindurch an der Drehbank, um gemeinsam die geliebte Drechslerei zu pflegen und zu fördern. Von seinen geschickten Händen stammen eine große Anzahl der besten in diesem Buche gezeigten Arbeiten. In seiner Werkstatt entstand auch eine Reihe Aufnahmen von Arbeitsgängen. Er ist unermüdlich für die Sache seines Handwerks tätig, um das er sich schon manch wertvolle Verdienste erworben hat, und wofür ihm die eigenen Reihen Dank und Anerkennung auch noch schulden.

Tatkräftige und wertvolle Unterstützung erfuhr mein Werk durch den Kreishandwerks- und Drechslerobermeister Gebhard Heinz (der auch kein schlechter Landwirt ist!) in Waal bei Buchloe, dessen fünf Vorfahren alle schon Drechsler waren. In seinen hellen Werkstätten wurde ebenfalls eine große Anzahl wichtiger Arbeitsgänge im fotografischen Bild festgehalten. In großzügiger Weise stellte Meister Heinz seine eigene Arbeitskraft, die seines Sohnes, sowie auch die seiner Gesellen in den Dienst meiner Aufgabe. — In seiner Werkstatt war es mir auch möglich, zusammen mit seinem Sohn Christian, der aus der Schule des um die Oberfräsentechnik verdienten Lehrers Rosenfelder kam, an der Oberfräse wertvolle Versuche anzustellen. Christian Heinz, der empfänglich für meine Bestrebungen und einer Kritik zugänglich war, half mir eifrig bei den Versuchen, die Oberfräse zur Herstellung einwandfreier Ornamente zu nützen. So sei auch Meister Heinz, seinem Sohn und seiner gesamten Werkstatt an dieser Stelle gedankt.

Auch im Schwabenlande waren es drei Meister, in deren Werkstätten ich manches Interessante und Wissenswerte erfahren konnte. Bei Bezirksinnungsmeister Friedrich Breitling in Vaihingen a. d. F. wurden ebenfalls einige fotografische Aufnahmen gemacht und das Wissen um exotische Hölzer bereichert.

Glück und Zufall führten mich zu Altmeister Johannes Walz in Tübingen, in dessen Werkstätte ich die so überaus wertvolle Entdeckung jener in *Abb. 761* gezeigten griechischen gedrehten Trinkschale machte, die Johannes Walz für Dr. Rieth, Tübingen, meisterhaft rekonstruierte. Auch bei ihm wurde in abendlichen Gesprächen nützlich gefachsimpelt.

In Ravensburg waren es Altmeister Treuer mit seinem begabten, im beruflichen Wettkampf erfolgreichen Sohn, bei denen manche fachliche Frage erörtert wurde.

In meiner engeren Wahlheimat sind es zwei Meister am schönen Bodensee, mit denen ich wiederholt in anregender Weise zusammengearbeitet habe. Der mir seit über zwanzig Jahren bekannte Obermeister Richard Haas in Überlingen, dessen Vater auch schon Drechsler war und dem er manch alte Erfahrung verdankt, stellte sich mir gern mit Rat und Tat zur Verfügung. Bei ihm wurden die Aufnahmen über das Randerieren und das Metalldrücken gemacht. Auch ist Richard Haas der Meister des Faßhahndrehens, und die Weinbauer und Küfer schätzen seine schönen, sauberen Faßhahnen aus Zwetschgen- und Kirschenholz gar sehr! So wurden auch die Arbeitsvorgänge des Faßhahndrehens in seiner Werkstatt durchbesprochen und fotografiert.

In Lindau am Bodensee ist es Gustav Harder, einer der jüngeren Meister des Drechslerhandwerks, der auch aus der Schule seines Vaters hervorgegangen ist. Er ist ein würdiger, vielversprechender Vertreter seines Handwerks und zählt zu jenen aus der jungen Generation, die meinen Bestrebungen und Zielsetzungen größtes Verständnis und begeisterte Zustimmung entgegenbringen. So war Gustav Harder mit Freuden bereit, manche Versuche durchzuführen und einige wichtige Modelle für das Vorlagenwerk des Buches herzustellen.

Durch Meister Haas bin ich auf Franz Schmidt, den Meister des Ovaldrehens, aufmerksam gemacht worden. Um diese so selten mehr gepflegte Technik darzustellen, besuchte ich Meister Schmidt in Todtmoos im Schwarzwald und machte dort die Aufnahmen über das Ovaldrehen.

Zum Schluß weise ich noch auf Meister David Fankhauser den Schüsseldrechsler im Zillertal, hin, über dessen Besuch und originelle Technik ich mich in diesem Buch ausführlich verbreitet habe.

Außer den hier namentlich aufgeführten Meistern des Drechslerhandwerks, die mir für die Abfassung des technischen Teils dieses Buches mit Rat und Tat zur Seite standen, habe ich bei meinen Studienfahrten in unserem Lande noch manche Meister kennengelernt. Ihnen allen, die mich auch jederzeit gastfreundlich aufnahmen, sei an dieser Stelle nochmals herzlich gedankt. Die Erlebnisse mit ihnen bleiben mir schöne Lebenserinnerungen. Es war ein gegenseitiges Nehmen und Geben, und ich hätte wohl diese Arbeit nicht vollbringen können, wenn ich nicht stets bereit gewesen wäre, selbst immer wieder zu lernen.

Für die Abfassung des Kapitels „Drehbänke, Maschinen und Werkzeuge des Drechslers“ haben mich eine ganze Anzahl Spezialfabriken durch ihren Rat wie durch Überlassung von Abbildungen ihrer Erzeugnisse und von Modellen bereitwilligst unterstützt. Ich spreche ihnen an dieser Stelle meinen Dank aus und führe sie namentlich einzeln auf Seite 320 auf. Die wesentlichste Unterstützung und Beratung verdanke ich der altbekannten Firma Alexander Geiger, Ludwigshafen am Rhein.

Bei der Schaffung des umfangreichen Vorlagenwerkes wurde ich von einer Reihe Künstler freudigst unterstützt. Ich zähle sie hier auf und spreche ihnen allen meinen herzlichen Dank aus.

Einen wesentlichen Beitrag lieferte neben den eigenen Entwürfen mein einstiger Schüler und Freund Architekt Prof. Karl Nothhelfer, Berlin. Auf seine großen Verdienste um die Schaffung zeitgemäßer Drechslerarbeiten habe ich an entsprechender Stelle gebührend hingewiesen. Ferner haben weitere Künstler Beiträge geliefert, so vor allem Prof. Th. A. Winde, Dresden, der sich seit vielen Jahren erfolgreich für die Drechslerei einsetzte, ferner Alfred Hesse, Dresden, Architekt Prof. Heinrich Michaelis, München, mein langjähriger Mitarbeiter Architekt Josef Reinhard, Ittendorf, Architekt Kurt Hügler, Ittendorf, Architekt Hugo Kükelhaus, Berlin, Architekt Alfred Stampfer, Berlin, und Helmut v. Geyer, Freiburg i. Br. Von den Drechslermeistern haben ebenfalls eigene Entwürfe geliefert: Hans Strecker, München — Georg Kadoke, Berlin — Georg Wimmer, München — D. Häußler, Stuttgart — Friedrich Breitling, Vaihingen a. d. F. — und Rudolf Möhring, Magdeburg.

Meister Hans Strecker, München

Folgende Schulen, in deren Werkstätten in anzuerkennender Weise die Drechslerei gepflegt wird, haben mir ausgeführte Modelle zur Verfügung gestellt. An erster Stelle sei die ehemalige Tischlerschule der Stadt Berlin genannt, die jetzige Meisterschule für Raumtechnik und Raumgestaltung. Aus ihr stammt eine große Anzahl der im Vorlagenwerk gezeigten Modelle, die seinerzeit unter meiner Leitung in Zusammenarbeit mit Meister Georg Kadoke ausgeführt wurden. Ich habe meinen Nachfolger, Prof. Kattwinkel, für seine Unterstützung zu danken. Ferner seien genannt die Meisterschule des deutschen Handwerks in München, die Meisterschule des deutschen Handwerks in Bielefeld, mit der Fachklasse für Bildhauerei unter der Leitung von Prof. Arnold Rickert.

Außer den oben genannten Künstlern gibt es wohl noch mehrere Künstler und Werkstätten, die die Drechslerei pflegen, mit denen allen in Verbindung zu treten mir aber leider nicht möglich war. Im Kapitel „Die Holzarten“ findet sich zum Beispiel auch eine Arbeit der Werkstätte Loheland, Fulda, wo die Drechslerei seit langen Jahren betrieben und gefördert wird. Ferner sei auch noch Muck Lamberti (Werkschar Naumburg) namentlich genannt, der sich erfolgreich um die Wiederbelebung des deutschen Drechslerhandwerks bemüht hat.

Für die Abfassung der Kapitel „Die Entwicklung der Drechslertechnik“, „Die Geschichte des Drechslerhandwerks“ (Zunftgeschichte) und „Die Stilgeschichte der Drechslerformen“ waren umfangreiche Studien in Museen erforderlich, in denen auch eine große Anzahl von Aufnahmen gemacht wurden. Ferner haben mich einige Wissenschaftler und Forschungsinstitute beraten und unterstützt. Ihnen allen, die ich hier namentlich aufführe, spreche ich meinen herzlichen Dank aus.

Prof. Dr. Heinrich Schäfer, Berlin (Direktor i. R. des ägyptischen Museums der Staatl. Museen, Berlin), verdanke ich auch die Beschaffung einer Originalaufnahme des ägyptischen Grabmals von Petosiris. Prof. Dr. Hans Reinerth danke ich für Beratung und Überlassung wertvollen Bildmaterials. Der Archäologe Dr. Adolf Rieth, Tübingen, bereicherte mein Werk durch seinen interessanten Beitrag über die griechische Trinkschale von Uffing. Prof. Dr. Walter Veeck, Stuttgart, verdanke ich Anregung und die Genehmigung zur Veröffentlichung eines neugemachten Fundes aus den Alamannengräbern bei Oberflacht. Wertvolles Material lieferte für das Kapitel „Die Entwicklung der Technik“ der wissenschaftliche Leiter des Forschungsarchivs für Industriegeschichte, Walter Springer, Berlin.
Bei einem Besuch bei Dr. Franz M. Feldhaus, Berlin, empfing ich interessante und wertvolle Anregungen und Literaturhinweise. Sehr verpflichtet bin ich auch dem Kunstschriftsteller Fritz Hellwag, Berlin, der sich stets für mein Wirken eingesetzt hat, für seine Unterstützung. Er ist auch einer der wenigen, die sich durch Wort und Schrift seit vielen Jahren für die Drechslerei einsetzten.

Dr. Rudolf Wissell, der verdienstvolle Verfasser des Werkes: „Des alten Handwerks Recht und Gewohnheit“ hat mir für das Kapitel „Die Geschichte des Drechslerhandwerks“ den alten schönen Gesellenbrief für die Veröffentlichung zur Verfügung gestellt.

Einen wichtigen Hinweis erhielt ich auch von dem Schriftleiter Kurt Pastenaci, Berlin. Interessante Angaben über römische Elfenbeindrechslereien machte mir mein Neffe Dr. Carl Lamb, Rom, Kaiser-Wilhelm-Institut.

Dank schulde ich auch Curt Blankenstein für dessen Mitarbeit bei den Abschnitten „Leim“, „Leimen“ und „Trocknung des Holzes“.

Nachfolgend zähle ich die Museen auf, in denen wertvolle Studien gemacht wurden. Die Leiter und Abteilungsleiter dieser Museen haben meiner Arbeit das größte Interesse entgegengebracht und mich in der liebenswürdigsten Weise unterstützt, wofür ich Ihnen an dieser Stelle meinen Dank ausspreche.

Berlin: STAATLICHE MUSEEN: Museum für Völkerkunde (Saarland- und Prinz-Albrecht-Straße), Abteilung für Vor- und Frühgeschichte *(Dr. Unverzagt)*, Abteilung für afrikanische Völkerkunde *(Dr. Baumann)*, Ostasiatische Abteilung *(Dr. Körner, Dr. Meister und Fräulein Lessing)*, Indische Abteilung *(Dr. Gelpke)*. Museen auf der Spreeinsel, Neubau Pergamonbrücke, Vorderasiatische Abteilung *(Dr. Andrae)*, Neues Museum, Ägyptische Abteilung *(Dr. Anthes und Dr. Hermann)*, Altes Museum, Griechische und Römische Abteilung *(Dr. Neugebauer)*. Märkisches Museum *(Dr. Stengel)*. Ermeler-Haus. Museum für Deutsche Volkskunde *(Dr. Hahm)*. Kunstbibliothek *(Dr. Schmitz und Oberbibliothekar Wiedemann)*. Lipperheidesche Kostümbibliothek.

Stuttgart: Schloßmuseum *(Dr. Veeck, Dr. Walzer und Dr. Fleischhauer)*. Nürnberg: Germanisches Nationalmuseum *(Dr. Kohlhausen)*. Kunstgewerbemuseum und -Bibliothek. München: Bayer. Nationalmuseum *(Dr. Buchheit)*, Neue Sammlung *(Ortwin Eberle)*. Stadtmuseum. Alte Pinakothek, Antikensammlung. Wien: Völkerkundemuseum. Innsbruck: Heimatmuseum *(Hofrat Moeser)*. Zürich: Schweiz. Landesmuseum *(Dr. Frei)*. Kopenhagen: Nationalmuseum *(Dr. Brøndsted)*.

Außer in den hier aufgeführten großen Museen wurden noch in einer Reihe kleiner Heimatmuseen Studien gemacht, z. B. in Freiburg i. Br., Feuchtwangen, Kronach, Nördlingen, Sonneberg, Lindau, Überlingen und anderen mehr.

Für die Bebilderung der Kapitel „Entwicklung der Drechslertechnik“, „Geschichte des Drechslerhandwerks“ und „Stilgeschichte der Drechslerformen“ war es nötig, Bilder aus vorhandenen Werken nach Reproduktionen klischieren zu lassen, weshalb manche Abbildungen nicht die erwünschte Klarheit aufweisen; immerhin mögen sie dem angestrebten Zweck genügen. Bei diesen Abbildungen ist jeweils ihre Herkunft angegeben. Nahezu alle übrigen (etwa 360) Fotos, bei denen keine besonderen Angaben von Fotografen gemacht sind, wurden vom Verfasser selbst aufgenommen.

Für die Durchführung und Abfassung dieses Werkes standen mir zwei Mitarbeiter zur Verfügung, deren Verdienste hier zu würdigen mir eine freudige Pflicht ist. Die große Anzahl sowohl von technischen Zeichnungen wie zeichnerischen Entwürfen fertigte unter meiner Leitung mein mehrjähriger Mitarbeiter Kurt Hügler. Er hat sich der ihm gestellten Aufgabe mit großem Interesse und Verständnis hingegeben. Ich spreche ihm an dieser Stelle Dank und Anerkennung aus.

Größte Verdienste um das glückliche Zustandekommen des Drechslerwerkes hat sich meine langjährige, treue Mitarbeiterin Ilse Dörken erworben. Nicht allein war sie mir eine unentbehrliche Hilfe bei der Abfassung des gesamten Textes, sondern sie bewältigte auch gänzlich die umfangreiche Schreibarbeit. Sie hat durch ihre zu jedem Opfer bereite, hingebende und verständnisvolle Mitarbeit mir geholfen, der gestellten Aufgabe Herr zu werden — und so mögen Worte es kaum sagen, wie sehr ich Ilse Dörken dankbar bin. Denselben Dank schulden ihr auch deshalb das Drechslerhandwerk, wie auch alle, die von diesem Werk Anregung und Gewinn empfangen werden.

Daß ich den längst gehegten Plan, ein umfassendes Drechslerbuch zu schreiben, verwirklichen konnte, danke ich natürlich vor allem meinem Freund und Verleger Otto Maier, der mit der Herausgabe auch dieses Fachwerkes sich ein weiteres Verdienst um den kulturellen Wiederaufbau des Handwerks erworben hat. Ohne sein Verständnis und seine Opferbereitschaft wäre die Durchführung des Werkes in diesem Umfang und in dieser Form nicht möglich gewesen. So bin ich ihm, der auch seine eigene Kraft in den Dienst dieser Arbeit stellte, zu größtem Dank verpflichtet.

FRITZ SPANNAGEL, ITTENDORF

Im Februar 1940

Abb. 1. Darstellung eines Drehstuhles auf dem Steinrelief im Grabe des Petosiris, eines ägyptischen Priesters um 300 v. Chr.

DIE ENTWICKLUNG DER DRECHSLERTECHNIK

Auf Grund wissenschaftlicher Forschungen und Erkenntnisse, die sich vor allem stützen auf die auf uns gekommenen gedrehten Arbeiten selbst, wie auch aus alten Darstellungen der Drehtechnik auf Grabmälern, geht ohne Zweifel hervor, daß die Drechslerei oder Dreherei zu einer der frühesten technischen Künste gehört. Der Ursprung von dem, was wir heute unter Drechslerei verstehen, geht zurück auf die ersten manuellen Drehbewegungen der Menschheit überhaupt.

Man nimmt an, daß der vorgeschichtliche, primitive Mensch zum Feuermachen sich des sog. Feuerquirls bediente. Dieser Feuerquirl, auch Feuerbohrer genannt, bestand aus einem runden Holzstab, der durch Reibung zwischen den Händen hin und her gedreht wurde. Die Spitze des Quirls steckte in der Vertiefung eines anderen Holzstückes, in dem sich brennbares Material (Zunder oder Feuerschwamm) befand. Durch die Reibung von Holz an Holz entstand Hitze, die den Brennstoff entzündete.

VOM FIEDELBOHRER ZUM DREHSTUHL

Mit der Zeit gelang es dem sich zur Intelligenz entwickelnden vorgeschichtlichen Menschen, eine Erfindung zu machen, die von einer ungeheuren Bedeutung für die Entwicklung der Mechanik überhaupt wurde. Um den bis dahin mit der Hand zu drehenden Quirl schneller und leichter drehen zu können, kam der vorgeschichtliche Mensch auf den Gedanken, seinen Jagdbogen zu Hilfe zu nehmen, indem er die Schnur des Bogens einmal um das sich drehende Bohrstück herumschlang und dann am anderen Ende des Bogens wieder befestigte. Das Bohren mit diesem Fiedelbohrer *(Abb. 2)* stellt wahrscheinlich den ersten wirklichen mechanischen Arbeitsgang der Menschheit überhaupt dar. (Die Bezeichnung „Fiedelbohrer" ist wohl erst später durch seine Ähnlichkeit mit dem Geigenbogen entstanden, „fiedeln" = geigen!) Zum erstenmal wird ein Werkzeug nicht mehr mit der Hand, sondern mittels einer besonderen Vorrichtung in Drehbewegung gebracht. Es war nun möglich, mit der durch den Fiedelbohrer freigewordenen Hand einen Druck auf den senkrecht stehenden Bohrer auszuüben und vor allem eine raschere Drehbewegung zu erzielen. In dem primitiven Feuerquirl der Eskimos, der mittels Fiedelbogen gedreht wird, hat sich bis in unsere Zeit hinein diese wohl erste mechanische Erfindung aus der Frühgeschichte der Menschheit erhalten. Um beide Hände frei zu haben, bediente sich der Eskimo noch eines Mundstückes, mittels dessen er den rotierenden

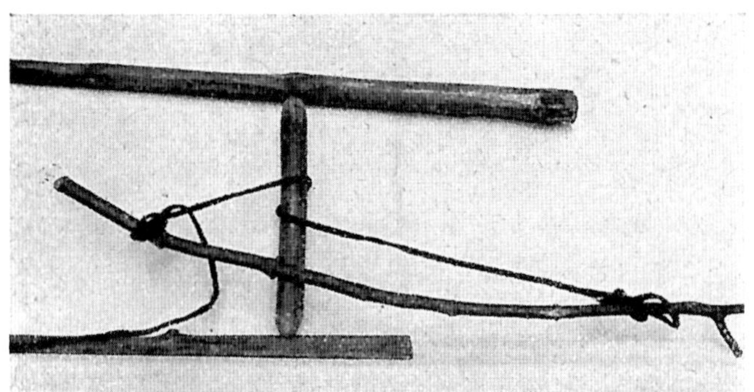

Abb. 2. Original eines hölzernen Feuerbohrers mit Fiedelbogen, wohl aus dem Orient, wie er noch letztes Jahrhundert im Gebrauch war (im Magazin des Völkerkundemuseums Berlin-Dahlem)

Quirl auf das mit einer Vertiefung versehene Holzbrettchen drückte. So konnte er mit einer Hand den in Brand geratenen Zunder wegnehmen.

Abb. 3. Rekonstruktion eines Steinbohrers mit Fiedelbogen um etwa 2500 v. Chr. von Rob. Forrer (Annahme ohne Belege durch Originalfunde)

Die in der *Abb. 3* dargestellte Rekonstruktion eines Steinbohrers der jüngeren Steinzeit von Rob. Forrer (die man in fast allen vorgeschichtlichen Museen vorfindet) wird heute von der Wissenschaft angezweifelt. Der Verfasser ist aber jedenfalls der Meinung, daß die

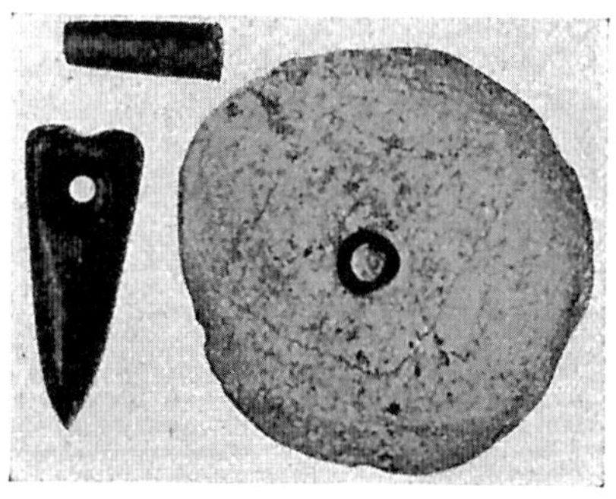

Abb. 4. Gebohrte Steine. Die Steinaxt wurde mit Spitzbohrer, die große Steinplatte mit dem Hohlbohrer gebohrt (Völkerkundemuseum Berlin)

gebohrten Steine aus der vorgeschichtlichen Zeit (siehe *Abb. 4*) auf irgendeine Weise mittels des Fiedelbohrers gebohrt wurden, u. U. auch auf die Art, wie in *Abb. 5 und 6* dargestellt. Das Original des in *Abb. 2* gezeigten primitiven und in seinem Typ sicherlich uralten Feuerbohrers dürfte die Annahme von Forrer doch bekräftigen. Wie wir ja wissen, hat sich im Orient der aus der Antike stammende Drehstuhl bis heute erhalten (vgl. *Abb. 1 und 14*). Es ist durchaus naheliegend, daß der Feuerbohrer in *Abb. 2* als Typ dasselbe Alter wie der antike Bohrer aufweist.

Selbstverständlich war die Herstellung eines Loches in Stein mittels eines massiven Holzbohrers eine langwierige Arbeit. Zu unserer Verwunderung wurden aus der Vorzeit auch gebohrte und angebohrte Steine gefunden, die erkennen ließen, daß schon der vorgeschichtliche Mensch sich an Stelle des massiven Spitzbohrers des hölzernen Rohres bediente, welches den großen Vorteil hatte, daß viel weniger Steinmaterial zu bohren war und außerdem das Bohrmehl in der Hohlung aufgenommen werden konnte *(Abb. 4)*. (Dieser Hohlbohrer ähnelt z. B. schon unserem Kronenbohrer in *Abb. 177*.) In die so exakt rund gebohrten Steine wurden dann hölzerne Stiele eingeschlagen und damit Äxte und Hämmer geschaffen. Hierin können wir schon eine der ersten „Konstruktionen“ erkennen, nämlich die Verbindung gewissermaßen von Zapfen und Zapfenloch, wie sie dann in der späteren Drehtechnik von Holz in Holz stattfindet. Es ist wohl richtig zu sagen, daß diese durch die Drehtechnik begründete Konstruktion der Drechslerei von jeher bis auf heute ihre Bedeutung zukommen ließ.

Abb. 5. Darstellung eines mit dem Fiedelbogen arbeitenden Tischlers auf einem Kalkstein im Grabe des Ti bei Sakkara

Die erste Darstellung der Anwendung des Fiedelbohrers finden wir bereits in ägyptischen Gräbern, so im Grabe des „Ti bei Sakkara“ aus der 5. Dynastie um 2650 v. Chr.

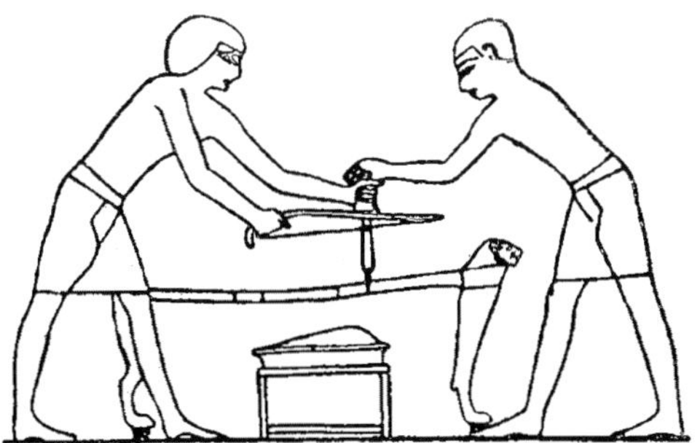

Abb. 6. Darstellung zweier mit dem Fiedelbogen arbeitender Tischler auf einem ägyptischen Grabmal, 1500 v. Chr.

Auf einem Kalksteinrelief sehen wir Bildhauer und Tischler bei der Arbeit dargestellt, unter denen wir einen halb kauernden und knienden Arbeiter entdekken, der sich gerade des Fiedelbohrers bedient (siehe *Abb. 5)*. Durch die mehr geometrische Darstellung ist die um das sich drehende Holzstück geschlungene Schnur nicht sichtbar, vergleichen wir jedoch die weiteren *Abb. 6 und 7*, so sehen wir, daß es sich um den gleichen Arbeitsvorgang und das gleiche Werkzeug handelt. Da schon im alten Reich der Ägypter auch die sprödesten und härtesten Steine mit Kupferbohrern bearbeitet wurden, nimmt der Verfasser an, daß der auf dieser *Abb. 5* dargestellte, in einem runden Holzheft eingesetzte Bohrer aus Kupfer bestand. Wir haben auch Kunde, daß schon in jener Zeit (und zwar in der 3. Dynastie, also in der Pyramidenzeit im 3. Jahrtausend v. Chr.) die Kupferschmieden sehr auf der Höhe waren. Die geschmiedeten Kupferbohrer wurden mittels Sand und Schmirgel geschärft.

Wir sehen auch in den *Abb. 6 und 7* (die ebenfalls nach Steinreliefs gezeichnet sind) die Anwendung des Fiedelbohrers. Die *Abb. 6* zeigt, wie der eine Tischler mit der rechten Hand den Bohrer führt und mit der linken den Bohrer senkrecht hält, ein zweiter drückt auf den Kopf des Bohrers auf, um die Bohrung schneller vollziehen zu können. Auf der *Abb. 7* sehen wir einen einzelnen Stuhlbauer, der mittels des Fiedelbohrers in die Zargen eines Stuhles Löcher bohrt, wohl zur Aufnahme von Gurten. In dem Grabe Tut-Ench-Amuns (18. Dynastie, etwa 14. bis 13. Jahrhundert v. Chr.) und auch in anderen Gräbern fanden sich Bettgestelle, deren Rahmen bzw. Zargen zur Aufnahme der einzuflechtenden Matten mit feinen Bohrlöchern versehen waren. Man kann wohl annehmen, daß die in *Abb. 6 und 7* dargestellten Bohrer nun nicht mehr aus Kupfer, sondern aus der härteren, inzwischen erfundenen Bronze hergestellt waren.

Abb. 7. Darstellung eines mit dem Fiedelbogen arbeitenden Tischlers an einem Stuhlgestell auf einem Grabmal, etwa 1400—1300 v. Chr.

Die Annahme, daß schon in der ägyptischen Vor- und Frühzeit Steine mit dem Drehstuhl gedreht wurden, ist falsch. (Wie wir weiter unten sehen, ist in Ägypten erst sehr spät die Dreherei aufgekommen.) Aus sehr frühen Darstellungen entnehmen wir, daß die Steine in jener Zeit mittels Bohrern gebohrt bzw. ausgehöhlt wurden. Dieser Vorgang war mehr ein Schleifen als ein Bohren. Solche Bohrer waren jedoch keine Fiedelbohrer, wie bei den Holzarbeitern, sondern bestanden aus einer Art gekröpftem Holz, das mit zwei Schwunggewichten beschwert war. (Viel später finden wir auf einer Darstellung auf einer chinesischen Seidenmalerei das Bohren eines Steinkruges mittels Fiedelbohrer.) Der Verfasser neigt zu der Annahme, daß die völlig

Abb. 8. Hölzerner Fiedelbohrer mit doppelt gelagerter Spindel und eingesetztem Eisenbohrer, wohl aus dem Orient, wie er noch letztes Jahrhundert dort im Gebrauch war (Völkerkundemuseum Berlin). Vgl. auch Abb. 9 und Beschreibung.

runden Steingefäße nach dem Aufkommen der Töpferscheibe im Alten Reich um 2800 v. Chr. an dieser nicht gedreht, sondern mittels dieser zur Rotierung gebracht und mit Sand oder ähnlichem Material geschliffen wurden.

Wäre die Drehtechnik im alten Ägypten bekannt gewesen, so müßten entsprechende Funde vorliegen, um so mehr, als sich übrige Holzgeräte in ältesten Gräbern vorzüglich erhalten haben. Dem Verfasser ist jedoch nicht bekannt, daß in den Gräbern aus dem 3. bis ins 1. Jahrtausend v. Chr. hinein gedrechselte Holzgeräte gefunden worden sind, und er geht wohl nicht fehl in der Annahme, daß das Drechseln in Ägypten erst unter griechischem Einfluß im 3. Jahrhundert v. Chr. unter

den Ptolemäern eingeführt wurde. Es ist daher wohl nicht richtig, wenn in manchen Büchern oberflächlich behauptet wird, daß die Dreherei in Ägypten ihren Ursprung hat.
Die erste bekanntgewordene Darstellung eines D r e h s t u h l e s findet sich auf dem Steinrelief aus dem Grabe des Petosiris *(Abb. 1)*, eines ägyptischen Priesters. Abgesehen von der Tatsache, daß sich Ägypten seit etwa dem 3. Jahrhundert v. Chr. unter griechisch-macedonischer Herrschaft befand, läßt auch die griechische Form des bearbeiteten Werkstückes darauf schließen, daß dieser Drehstuhl griechischen Ursprungs ist, siehe auch den gedrehten Schemel in *Abb. 765*.

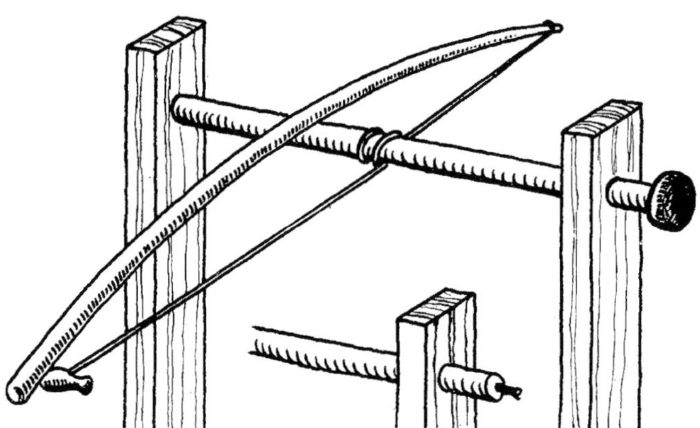

Abb. 9. Versuch einer Rekonstruktion eines antiken Bohr- und Schleifapparates durch den Verfasser

(Nach dem Tode Alexanders verfiel dessen großes Reich in mehrere Staaten, die dann von seinen großen Feldherren regiert wurden. So herrschte das griechische Königsgeschlecht der Ptolemäer etwa 300 Jahre bis Chr. Geb.)

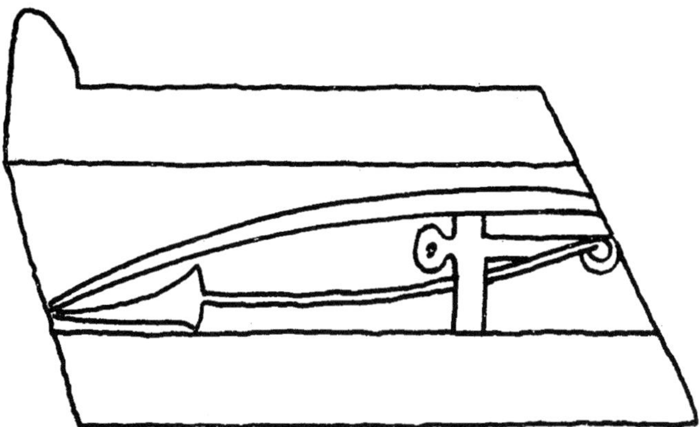

Abb. 10. Darstellung eines Schleifapparates mit Fiedelbogen auf dem Fragment des Grabmales eines römischen Steinschneiders (aus Feldhaus: „Die Technik der Vorzeit, der geschichtlichen Zeit und der Naturvölker")

Betrachten wir den in *Abb. 1* dargestellten Drehstuhl nun näher: die altägyptische geometrische Darstellung erweckt den Eindruck, als ob der Drehstuhl bzw. seine Drehachse senkrecht stände. (Diesem Irrtum gibt sich

Abb. 11. Indische Schleifscheibe mit Schnurzug, vgl. auch Abb. 1 (Malerei im Museum für Völkerkunde in Berlin)

Feldhaus hin, siehe Feldhaus: „Technik der Antike und des Mittelalters.") Der Drehstuhl befindet sich unbedingt in waagerechter Stellung. Die zwei an ihrem Ende gekrümmten und wohl in der Erde steckenden Docken oder Bügel sind durch eine waagerechte Stange verbunden, die als Auflage ähnlich unserer heutigen Schiene zur Führung des Werkzeuges dient. Das zu drehende Werkstück sitzt in einiger Entfernung zwischen zwei merkwürdigerweise gekröpften Spitzen, und je nach Länge des Werkstückes konnten die beiden Docken verschoben, d. h. mehr oder weniger voneinander entfernt werden. Die Drehung des Werkstückes geschieht mittels einer Schnur, die um das Werkstück herumgeschlungen ist und von einem zweiten Arbeiter, der gewissermaßen den Motor darstellt, hin und her gezogen wird. Der Drechsler konnte das Werkstück natürlich immer nur dann angreifen lassen, wenn sich dieses zu ihm hindrehte. Es ist wohl anzunehmen, daß dieser einfache Drehstuhl auch von einem Mann allein mittels Fiedelbogen bedient wurde. Der

Abb. 12. Japanische Drehbank aus einem enzyklopädischen Bilderbuch für Kinder (aus „Anthropos" 1934, Heft 1, 2). Gleich wie auf Abb. 1 wird durch einen zweiten Arbeiter die Welle in Drehbewegung gesetzt. Der Vorgang entspricht unserem heutigen „Freidrehen".

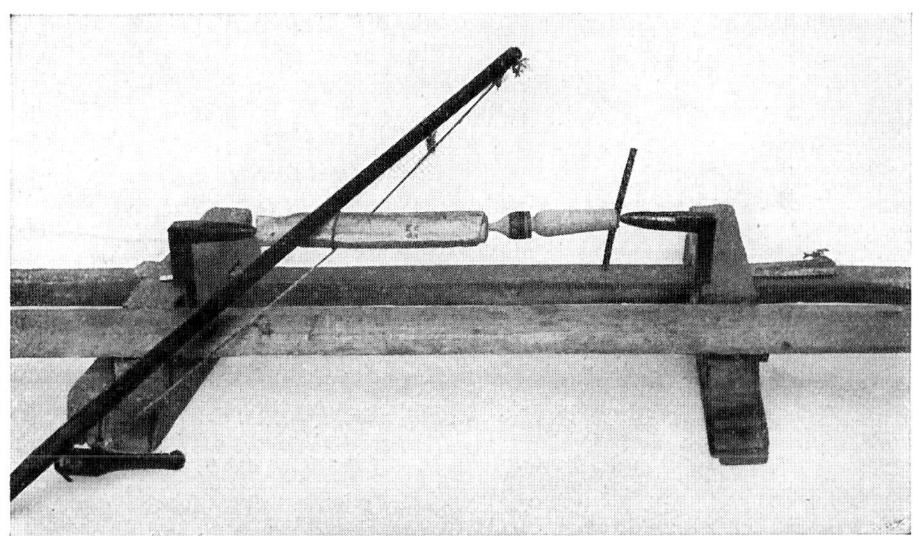

Abb. 13. Originaldrehstuhl, wohl orientalischen Ursprungs, im Magazin des Völkerkundemuseums Berlin-Dahlem

Drechsler auf *Abb. 1* hatte den großen Vorteil, daß er beide Hände zum Arbeiten frei hatte. So erblicken wir in diesem Drehstuhl den Drehstuhl der Antike, wie ihn Griechenland wohl Hunderte von Jahren zuvor schon kannte und auf dem die vielen Dreharbeiten ausgeführt wurden an Möbeln und Geräten, wie wir sie vor allem auf Grabmälern abgebildet sehen. Schon Homer spricht davon, daß die meisten Möbel gedrechselt wurden. (Siehe auch das Kapitel „Stilgeschichte der Drechslerformen“ auf den Seiten *211–216*.)

Wir können die erstaunliche Feststellung machen, daß sich der primitive Drehstuhl mit Fiedelbogen in Asien und im Orient bis auf heute erhalten hat. So sehen wir in *Abb. 13* einen Originaldrehstuhl aus Asien und in *Abb. 14* einen Inder bei der Arbeit, wie stellenweise heute noch in Asien, Ägypten und der Türkei gedreht wird. Noch in den letzten Jahren konnte man bei uns auf Völkerschaustellungen indische Drechsler an solchem primitiven Drehstuhl der Antike arbeiten sehen. Dabei übernahmen die Zehen des einen Fußes in geschicktester Weise die Arbeit einer Hand. Wie sehr sich, sogar bis in die Einzelheiten, die Bohrer und der primitive Drehstuhl ohne weitere Abänderungen durch die Jahrtausende erhalten haben, ist beim Betrachten und Vergleichen der *Abb. 1, 6, 7, 8 und 10–15* gut zu erkennen. So sehen wir z. B. auf allen Abbildungen am Fiedelbogen den gleichen, später ebenfalls gedrechselten Hebel, der gewissermaßen ein bewegliches Zwischenglied zwischen Schnur und Bogen darstellt. Mit diesem beweglichen Hebel, an dem die Schnur befestigt ist, war es durch entsprechende Haltung möglich, das Werkstück fest zu packen bzw. nach Bedarf die Schnur mehr oder weniger fest zu spannen. Der Verfasser neigt nach reiflicher Überlegung zu der Meinung, daß der in *Abb. 1* gezeigte primitive Drehstuhl nicht die unmittelbare Fortsetzung des in *Abb. 6 und 7* dargestellten Fiedelbohrers ist. Er glaubt vielmehr, daß der Fiedelbohrer in der Art weitergebildet wurde, daß die Bohrspindel nicht mehr einseitig gelagert war, sondern in zwei Lagern ruhte und der Bohrer außerhalb der einen der beiden Docken hervorsah, ähnlich dem in *Abb. 8* gezeigten alten Fiedelbohrer, der frei getragen wurde. (Dieser Bohrer ist im Original erhalten, und mit ihm wurde wohl noch bis ins letzte Jahrhundert gebohrt). Wir müssen uns vorstellen, daß die beiden Lager in Form von senk-

Abb. 14. Sartischer Drehstuhl (Foto: Völkerkundemuseum Wien)

Abb. 15. Paternostermacher (aus dem Hausbuch der Mendelschen Stiftung in Nürnberg, 14.—15. Jahrhundert)

rechten Docken auf dem Boden standen *(Abb. 9)*, dann haben wir wohl den Bohrstuhl vor uns, wie er auf dem Fragment des Grabmals eines römischen Steinschneiders dargestellt ist, siehe *Abb. 10.* Zunächst also diente die Welle mit dem eingesetzten Bohrer bzw. Schleifstein, die durch den Fiedelbohrer gedreht wurde, lediglich zum Bohren oder Schleifen, und erst später wird man auf die Idee gekommen sein, das zunächst nur als Mittel zum Zweck benötigte Holz, um das die Schnur des Fiedelbogens geschlungen war, mit Werkzeugen zu bearbeiten, d. h. zu „drechseln". Es läßt sich natürlich nicht endgültig entscheiden, wie die Entwicklung vor sich ging, jedenfalls aber sehen wir, welche vielseitige Möglichkeit dieser Dreh- oder Bohrstuhl bot. Es ist durchaus richtig, wenn Feldhaus meint, daß wir in diesem Apparat eine Universalmaschine erblicken können, mittels derer durch Auswechseln der verschiedenen Werkzeuge man drechseln, bohren, schleifen, fräsen, wie auch Metall drücken konnte, siehe auch die *Abb. 11 und 12.* Der Drehstuhl der Antike hat sich die ganzen Jahrtausende bis auf heute erhalten, denn wir finden ihn in feiner Ausführung heute noch beim Uhrmacher. In diesem Zusammenhang sei auch auf einen Rosenkranzdrechsler aus dem 14. Jahrhundert hingewiesen *(Abb. 15)*, der mittels entsprechend geformten Fräsbohrern aus einem Brett beidseits Kugeln bohrt bzw. fräst. (Siehe auch Perlbohrer, *Abb. 171* auf Seite 50.)

DIE WIPPDREHBANK

Die Erfindung der W i p p d r e h b a n k stellte weiter einen ganz bedeutenden Fortschritt dar. Sie beruht wohl noch auf demselben Prinzip wie dem des Fiedeldrehstuhls, denn der Antrieb geschieht ebenfalls mittels Schnur, die um das zu drehende Werkstück geschlungen wird, jedoch wird hier die Schnur nicht mehr mit der Hand geführt. Eine genaue Beschreibung, wie diese Wippdrehbank wohl Jahrhunderte lang aussah, erfahren wir aus dem Werk von Pater Charles Plumier „l'art du tourneur", das im Jahre 1701 erschienen war:

„Von dem Bogen und der langen Stange, die bey dem Drechseln erfordert werden.

So nöthig als einem Schreiber Papier und Feder ist, eben so nöthig ist einem, der drehen will, der Bogen und die Stange. Man kann sich des einen so wohl als des andern bedienen, indem man sie oberhalb der Drehbank anbringt, und zwar im Falle, da man den Bogen braucht, so, daß derselbe parallel mit den Wangen der Drehbank liege. Wenn man sich aber der Stange bedienen will, so muß man dieselbe so anbringen, daß sie beynahe perpendicular aufs Mittel eben derselben Wangen gestellt werde, doch so, daß deren äuserstes Ende sich gegen den Drehenden wende, und etwas über die Wangen selbst hinaus stehe. Der Bogen und die Stange sind gemeiniglich von Holze, nämlich von eschernen, büchenen, taxenen, ahörnen, und vornämlich buxbaumenen, welches allezeit das beste ist, vornämlich wenn man es ohne Knoten haben kann.

Die Stange muß also ein Stück Holz von geradem Wuchse seyn, 7 bis 8 Fuß lang, und an dem dicksten Ende eines Armes stark; gegen das andre Ende muß sie verjüngt zulaufen, und ganz oben ein wenig platt, wie ein Reif an einem Fasse, abgehobelt seyn. Am starken Ende wird sie durchbohret und mit einer runden eisernen Klammer, welche oben an der Decke im Gebälke eingeschlagen ist, also befestigt, daß man dieselbe noch hin und her bewegen kann. Ohngefähr bey dem dritten Theil ihrer Länge, wird sie von einem hölzernen Träger unterstützt, der etwas mehr als Arms stark, und zwey Fuß lang ist, und von zwey aufrecht stehenden Stücken Holz, die an die Decke befestigt sind, gehalten wird.

Auch der Bogen wird aus einer Stange, die gerade ist

Abb. 16. Darstellung einer Wippdrehbank aus einer französischen Handschrift, etwa um die Mitte des 13. Jahrhunderts („Historia-Photo")

und keine Knoten hat, verfertiget, er muß ohngefähr 5 bis 6 Fuß lang, in der Mitte eines Armes dicke seyn, an beyden Enden aber verjüngt zulaufen, und unterwärts ganz platt gemacht werden. Endlich wird an beyde Enden eine Saite oder Schnure befestiget, die, wenn sie stark zusammen gezogen wird, der Stange die Gestalt eines Cirkelbogen giebet *(Abb. 25)*.

Nun muß der Bogen oder die Stange nothwendig noch mit der Hauptschnure versehen werden. Hierzu sind zwar die Saiten, welche aus Schaafsdärmen verfertiget werden, die besten, jedoch weil sie sich nicht nur leicht abnutzen, sondern auch theuer und nicht an allen Orten zu haben sind: so kann man sich auch der Schnuren aus feinem Hanf oder Flachs sehr bequem bedienen, welche ohngefähr 1½ Linien stark, und gut zusammen gedreht seyn müssen. Und damit sie zu der Arbeit länger tüchtig erhalten werden, können sie da, wo sie am meisten leiden müssen, öfters mit einem nassen Schwamm angefeuchtet werden.

Wenn nun das Stück zwischen den Nägeln gut und wohl befestiget, die Schnure oder Saite wenigstens zweymal darumgewickelt, und die Auflage, so nahe als es geschehen kann, ohne das Stück selbst zu berühren, angerücket ist, so nimmt man eine Röhre, so stark als etwa die Arbeit erfordern mögte, zur Hand, faßt den Heft mit der Linken und umgekehrten Hand, etwas niederwärts gedrückt, an, und mit dem ganzen Leibe frey stehend, ohne sich an ein Rückbret anzulehnen (welches ich den Anfängern ganz und gar widerrathe) legt man das Ende der Röhre fest auf die Auflage und rückt die Schneide etwas höher, als der horizontale Durchmesser des Stücks lieget, an, als ob man mit der Rundung des Stücks eine Tangente machen wollte; nun bringt man durch einen starken Stoß mit dem rechten Fuße den Tritt in Bewegung, so hoch als man den Fuß einzuziehen, und so tief als man denselben auszustrecken vermögend ist, und indem man die Röhre fest mit der linken Hand auf dem Untersatze oder der Auflage der Länge lang an dem Stücke hinführet, so wird die Materie gut ausgeschroten werden, und ihre gehörige Gestalt bekommen." *(Abb. 16, 17, 30 und 708.)*

Wie die Drehbank selbst ausgesehen hat, können wir aus der Abbildung nach Geißler *(Abb. 29)* genau erkennen. Wir sehen die Bauart des Gestelles, des Bankbettes, die 2 Docken, die mittels Keilen an den Querbalken befestigt wurden. Während die rechte Spitze festsaß, war die linke Spitze mittels Kurbel verschiebbar. Die Vorrichtung für die Auflage der Schiene ist ebenfalls gut ersichtlich. Die Schiene ruhte zwischen 2 hölzernen Haltern, von denen der eine in der linken Docke festgehalten wurde und der andere verschiebbar war. Dieser steckte in einem im Bett verschiebbaren Holzstück, welches ebenfalls mittels Keilen befestigt werden konnte. Wir können uns denken, mit welchem Umstand das Arbeiten an den so primitiven Bänken verbunden war.

Abb. 17. Darstellung eines Drechslers (aus dem Hausbuch der Mendelschen Stiftung in Nürnberg, um 1400)

Durch die sinnvolle Erfindung der Wippdrehbank war es wohl möglich geworden, daß der Arbeitende beide Hände frei bekam, denn der Fuß übernahm die bisherige Arbeit einer Hand, jedoch hat auch die Wippdrehbank noch den Nachteil, daß sich das Werkstück noch nicht fortgesetzt drehte, sondern immer noch einen Rücklauf von 50 % hatte, d. h. das Werkstück konnte immer nur dann mit dem Dreheisen bearbeitet werden, wenn es sich zum Arbeitenden hindrehte. Wann die Wippdrehbank aufkam, läßt sich nicht ergründen. Die früheste zeitgenössische Darstellung fand der Verfasser in einer französischen Handschrift aus der Mitte des 13. Jahrhunderts *(Abb. 16)*. Wir sehen auf dem reizvollen Bild eine drehende Nonne, woraus wir wohl zugleich schließen dürfen, daß in Frauenklöstern das schöne Drechslerhandwerk von Frauen ausgeübt wurde. Wenngleich uns die Wippdrehbank erst aus dieser Zeit erscheint, so kann man ohne weiteres annehmen, daß sie schon viel früher erfunden worden war. Aus dem nächsten Jahrhundert ist uns in Deutschland die früheste zeitgenössische Darstellung eines Drechslers *(Abbildung 17)* überliefert.

Wohl gleichlaufend mit der Erfindung dieser durch

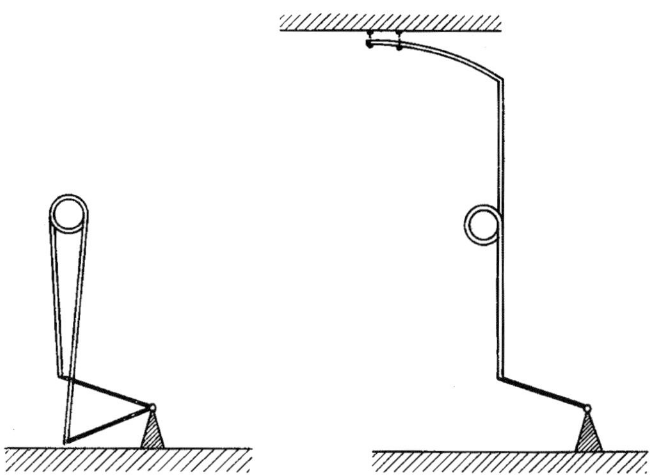

Abb. 18. Drehbankantrieb durch 2 Fußtritte — Abb. 19. Drehbankantrieb durch 1 Fußtritt und Federbügel (nach Horwitz in „Anthropos“ 1934, Heft 1, 2)

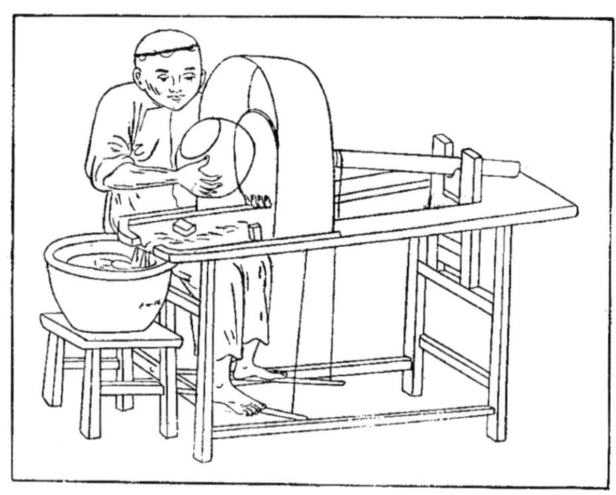

Abb. 20. Alte chinesische Darstellung einer Schleifscheibe, die auf der Spindel einer Art Drehbank sitzt, siehe auch die Abb. 18 (Lipperheid'sche Bibliothek, Berlin)

Fußtritt angetriebenen Wippdrehbank läuft nach Horwitz jene der in Asien benutzten Drehbank, bei der mittels 2 Fußtritten die Welle in Bewegung gesetzt wird, siehe *Abb. 18 und 20.* Nach Horwitz soll die Bank mit 2 Fußtritten nicht in Europa vorgekommen, und umgekehrt unsere Wippdrehbank nicht in Ostasien bekannt gewesen sein. Man kann wohl der europäischen Bank die größeren Vorzüge zusprechen, denn bei dieser benötigte man nur einen Fuß, die federnde Wippe oder der Bügel übernahm die zweite Hälfte der Bewegung, außerdem hatte hier der Arbeitende zum Drehen mehr Bewegungsfreiheit, da der Schnurzug rechts oder links sein konnte (siehe *Abb. 16, 17 und 19).*

Statt des hölzernen Federbügels oder Wippe finden wir schon bei Leonardo bei einer Schraubendrehbank den schon oben beschriebenen Armbrustbogen *(Abb. 21),* siehe auch die *Abb. 25 und 26.* Dieser starke Armbrustbogen hat wohl den Vorteil einer stärkeren Spannung, die es möglich macht, größere Werkstücke, so auch Eisen zu drehen. Wahrscheinlich war die Schnur so um das Werkstück geschlungen, daß es sich zum Arbeitenden hin drehte, wenn der starke Bogen die Schnur nach oben zog. Die Wippdrehbank hat sich bis zum Ende des 18. Jahrhunderts, ja sogar bis zum Anfang des 19. Jahrhunderts erhalten, obwohl nahezu 400 Jahre vorher, wie wir aus der Zeichnung Leonardo da Vincis *(Abb. 22)* ersehen, dieser große ingenieuse Künstler die Fußdrehbank mit gekröpfter Welle und damit kontinuierlicher, also fortlaufender Bewegung der Drehbankspindel erfunden hatte. Aus der Skizze Leonardos ersehen wir die gekröpfte Welle mit Schwungrad, ferner erkennen wir schon den durch Kurbel und Gewinde zu verschiebenden Körner und auf der anderen Seite wohl den Vorläufer vom Dreizack.

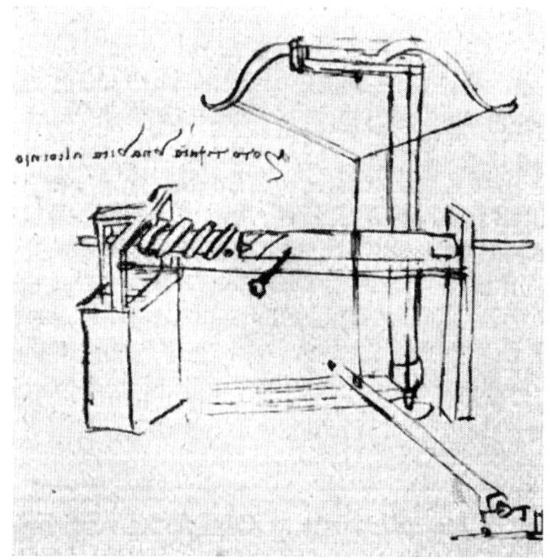

Abb. 21. Schraubendrehbank nach Leonardo da Vinci („Historia-Photo“)

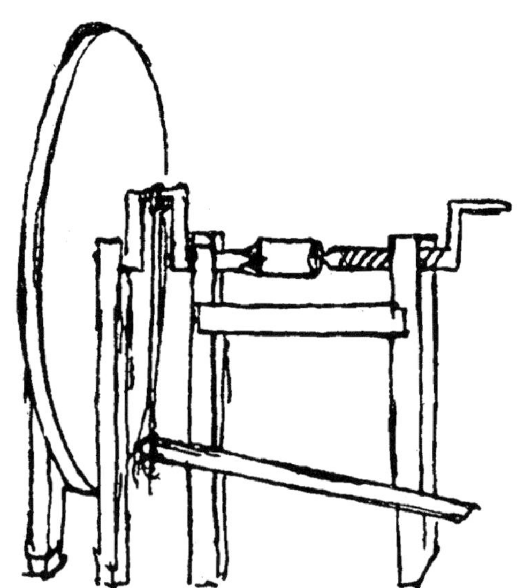

Abb. 22. Drehbank mit gekröpfter Welle und Schwungrad nach Leonardo da Vinci (1452—1519)

Abb. 23. Schleifer beim Schleifen eines Messers (nach einem Kupferstich von Israel von Meckenem von etwa 1485)

Wann die Kurbel, also die gekröpfte Welle, erfunden war, läßt sich schwer sagen. Aus einer Beschreibung eines Ziehbrunnens von Aristoteles (griechischer Philosoph 384-322 v. Chr.) können wir entnehmen, daß schon damals die Kurbel bekannt war. Wir haben aber dann keine Nachweise über ihre Anwendung und weitere Entwicklung. Die früheste, dem Verfasser bekannte Darstellung der Kurbel findet sich im Cambridgepsalter in der Bibliothek des Trinity College aus dem Ende des 12. Jahrhunderts. Eine weitere Darstellung

Abb. 24. Drehbank Kaiser Maximilians I. (1459—1519)

einer Schleifmaschine für Edelsteine aus dem Jahre 1430 (cod. lat. 197, Bl. 23 der Münchner Staatsbibliothek) zeigt uns erstmalig die Anwendung einer Kurbel. In der *Abb. 23* sehen wir aus dem Jahre 1485 einen Schleifer dargestellt, nach einem Kupferstich von Israel von Meckenem, also einem Zeitgenossen Leonardos. Dieser Schleifstein mit Kurbelantrieb steht in enger Beziehung zu der Fußdrehbank Leonardos, aber, wie gesagt, brauchte es noch lange Zeit, bis die geniale Erfindung Leonardos vom Handwerk praktisch angewendet wurde.

Wir bringen im nachfolgenden noch einige zeitgenössische Darstellungen, die uns ein interessantes Bild von der Weiterentwicklung der Drehbank geben. *Abb. 24* zeigt uns die wohl älteste noch erhaltene Drehbank. Diese wurde Kaiser Maximilian I. (1459-1519),

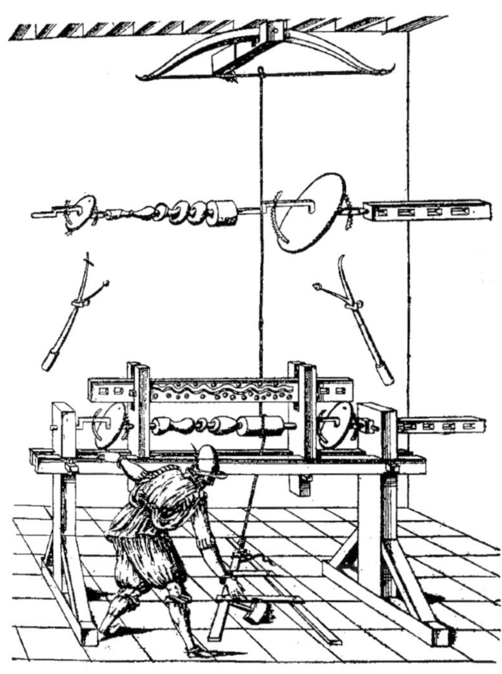

Abb. 25. Darstellung einer französischen Passigdrehbank nach Jac. Besson aus der 2. Hälfte des 16. Jahrhunderts

der wie so viele Fürsten sich in den Mußestunden mit der Drechslerei beschäftigte, von den Tiroler Landständen geschenkt, sie befindet sich in den Sammlungen des Grafen Hans von Wilczeck auf der Burg Kreuzenstein bei Wien. *Abb. 25* ist die früheste Darstellung einer französischen Passigdrehbank, bei der wir anstatt der Wippe den uns schon von Leonardos Skizze bekannten Armbrustbogen finden. Wir erkennen ferner über der Drehbank im größeren Maßstab gezeichnet die schräggestellte Scheibe, die das sog. Passigdrehen (Geschobendrehen) ermöglicht. (Siehe auch das Kapitel „Zeitgemäße Technik“, das „Passigdrehen“ auf Seite 127.) Die früheste dem Verfasser bekanntgewordene Darstellung einer Fußdrehbank mit gekröpfter Welle und Schwungrad, also mit fortlaufender Umdrehung, finden wir dann in der *Abb. 26,* nach Cherubini (einem französischen Kapuziner) aus dem Jahre 1671. Es handelt sich hier noch um eine interessante Kombination der alten Wippdrehbank mit der nun aufkommenden Fußdrehbank. Mittels eines Fußbügels wird die g e k r ö p f t e Welle in fortlaufende Umdrehung versetzt, dabei mag die starke Armbrust noch den Vorteil gehabt haben, das Treten zu erleichtern. Aber auch diese Drehbank scheint noch sehr selten und wohl mehr für die Eisendreherei Verwendung gefunden zu haben, denn wie wir aus den weiteren zeitgenössischen Stichen ersehen, hat die alte Wippdrehbank noch lange ihr Leben gefristet. Je nach den Verhältnissen des einzelnen Landes und der jeweiligen Stadt wird die Technik mehr oder weniger entwickelt gewesen sein und so auch die Drehbank ihr unterschiedliches Aussehen gehabt haben. So wird sich in dem einen Landstrich der Drechsler bereits der Drehbank mit fortlaufender Umdrehung bedient haben, während sich in einer anderen einsameren Gegend noch längere Zeit die alte Wippdrehbank erhalten hat. Dagegen kann man wohl sagen, daß es vielerorts insofern schon Drehbänke mit kontinuierlich sich drehenden Spindeln gegeben hat, als man, wie dies auch schon im Altertum der Fall war, die menschliche Kraft als Motor einsetzte. Wir sehen auf der *Abb. 27* eine Eisendreherei, in der ein Arbeiter ein großes Schwungrad dreht, von einem kleineren in das Schwungrad eingebauten Rad geht die über Kreuz gespannte Schnur auf das kleine Rad der Drehbank über. (Ein solches großes Schwungrad ist uns im Original noch erhalten in einer Zinnwerkstätte des Feuchtwanger Museums, siehe auch *Abb. 697.)* Hier haben wir also die kontinuierliche Rotierung, die wohl auch dort schon zu finden war, wo die Fußdrehbank von Cherubini noch nicht bekannt war. Auf demselben Bild sehen wir, daß außer diesem Antrieb 2 Wippdrehbänke aufgestellt waren, und bemerken außerdem mit Erstaunen, wie vorbildlich einst schon der Werkstattraum ausgestattet war: die Drehbänke stehen an großen, hellen Fenstern, die ganz modern anmuten. Wir wissen, daß in einigen Städten, die in der Technik voran waren, die Kraft des Wassers bereits durch Wassermühlen genützt wurde. Diese ersetzten dann den Arbeiter, der das Schwungrad bediente.

Der Antrieb mittels eines großen von Hand gedrehten Rades wurde vor allem auch für die Baudrechslerei verwendet. Wie im 18. Jahrhundert große Säulen gedreht wurden, geht z. B. aus der *Abb. 28* gut hervor. Das große Werkstück wird beidseits von je zwei Arbeitern mittels Kurbel in Umdrehung gebracht. Die langen Stangen ermöglichen eine größere Krafterzeugung. Einen interes-

Abb. 26. Drehbank mit gekröpfter Welle, Schwungrad, Tretbügel und Bogen (nach Cherubini, 1671)

Abb. 27. Werkstätte einer Eisendreherei aus dem 18. Jahrhundert (aus dem Werk: R. P. Charles Plumier 1701 „L'Art du tourneur")

Abb. 28. Darstellung des Drechselns schwerer Säulen von Zimmerleuten (nach einem Kupferstich von 1736)

santen Einblick in eine französische Werkstätte des 18. Jahrhunderts gibt uns auch die *Abb. 30.* Wir sehen hier den Meister mit seinen Gesellen und Lehrlingen bei der Arbeit, der Meister selbst dreht gerade an der in der *Abb. 29* gezeigten Wippdrehbank, während ein Geselle an der Hobelbank mit der Kluppsäge ein Stück Langholz heruntersägt und ein Lehrling mit der Axt das Langholzstück bearbeitet. Ein anderer Lehrling bringt das Werkzeug mittels eines Ziehmessers so weit wie möglich auf die Rundform. Eine solche Vorbereitung des Werkstückes war deshalb nötig, da die leichten Wippdrehbänke natürlich nicht in dem Maß wie unsere modernen schweren Drehbänke geeignet waren, Vierkanthölzer rund zu schrobben. Das Bild veranschaulicht uns auch, wie die Werkstatt gewissermaßen in der Art eines Ladens zur Straße geöffnet war, d. h. der Drechsler hat seine Erzeugnisse dem Publikum zur Schau gestellt. (Siehe auch die Abbildungen im Kapitel „Geschichte der Zunft".)

In der *Abb. 31* sehen wir die kleine reizvolle Passigdrehbank mit Ovalwerk eines Markgrafen von Hessen aus dem Jahre 1770, die bereits eine richtige Fußdrehbank mittels Kurbel und Schwungrad darstellt. *Abb. 32* zeigt ein Gemälde von Maximilian Joseph III., Kurfürst von Bayern, mit seinem Hofdrechsler an der Passigfußdrehbank. Wie ja des öfteren erwähnt, haben sich die Fürsten mit besonderer Liebe in ihren Mußestunden der Drechslerei hingegeben.

Abb. 30. Drechslerarbeiten des 18. Jahrhunderts (aus dem Werk von P. Hulot: L'Art du tourneur mechanicien, 1775)

DIE FUSSDREHBANK DES 19. JAHRHUNDERTS

Wir kommen nun zur Betrachtung der Drehbank des 19. Jahrhunderts. Wie wir ja schon wissen, war sie im Prinzip von Leonardo bereits erfunden, und im 17. Jahrhundert finden wir in Frankreich, so bei Cherubini, den Drehbankantrieb durch Kurbel und Schwungrad Die Fußdrehbank mit ihrer fortlaufend sich umdrehenden Spindel war im 17. Jahrhundert im allgemeinen aber nur da und dort bekannt, erst im 18. Jahrhundert hat sie eine allmähliche Verbreitung gefunden.

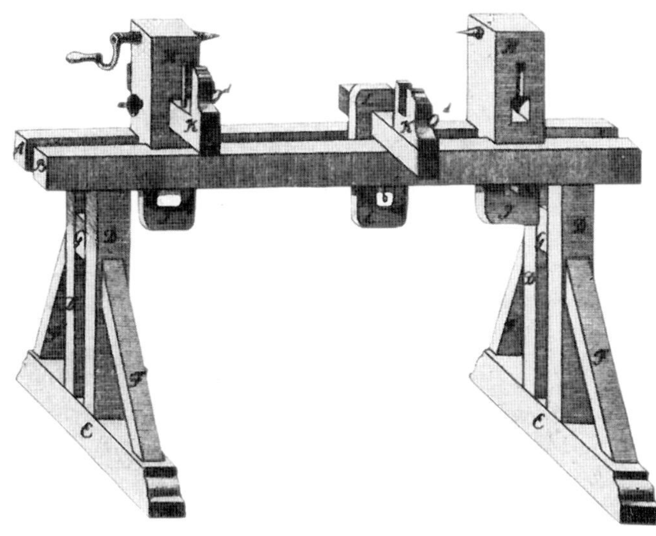

Abb. 29. Spitzendrehbank (Wippdrehbank) (aus dem Buch von Geißler „Der Drechsler", Leipzig 1795)

Der größte Teil des Handwerks selbst scheint sehr schwerfällig gewesen zu sein, zähe an alten Techniken festhaltend. Wie wir aus alten Quellen wissen, wurden den Erfindern aus Dummheit und Neid oft aus den eigenen Reihen Schwierigkeiten bereitet, ja, wir kennen Fälle, in denen solchen ingenieusen Handwerkern, die technischen Neuerungen aufgeschlossen und oft selbst Erfinder waren, das Handwerk gelegt wurde! Sie erregten durch ihre vorteilhaftere Arbeitsweise,

durch die sie besser konkurrieren konnten, Mißgunst und Neid ihrer Kollegen. So vor allem jene, die sich vorteilhaft der Wasserkraft bedienen konnten.
Das endgültige Aufkommen der Fußdrehbank stellt dann eine der bedeutendsten technischen Errungenschaften für die gesamte Weiterentwicklung der Technik überhaupt dar, so schrieb der Erfinder der Dampfmaschine, James Watt, im Jahre 1808 an seinen Sohn: „Der wirkliche Erfinder der Kurbeldrehbewegung war der Mann – leider wurde er nicht göttlich gesprochen –, der zuerst die gewöhnliche Fußdrehbank erfunden hat. Sie auf die Dampfmaschine anzuwenden, war soviel, als ein Brotmesser zum Käseschneiden zu benutzen."
Ohne die Vervollkommnung der Drehbank wäre die Weiterentwicklung der Maschine gar nicht möglich gewesen. Wir können überhaupt eine Wechselbeziehung feststellen zwischen der sich immer weiter und rascher entwickelnden Eisentechnik und damit der Eisendreherei und der Holzdrechslerei. Die Eisendreherei entwickelte sich besonders durch die Erfindung des Supports bald zur größten technischen

Abb. 31. Passig- und Ovaldrehbank des Landgrafen von Hessen um 1770

Abb. 32. Maximilian Josef III. Kurfürst von Bayern (1727 bis 1777) mit seinem Hofdrechsler an der Fußdrehbank (nach einem Gemälde von Jacob Dorner)

Vervollkommnung, vor allem bediente sich die viel fortschrittlichere Eisendreherei weit früher des motorischen Kraftantriebs. Beim sog. Support wurde der Drehstahl nicht mehr von der Hand gehalten, sondern durch eine sinnvolle Vorrichtung in einem Support festgehalten und sicher und mühelos zu dem zu bearbeitenden Metall geführt.
Durch den sog. Kreuzsupport *(Abb. 87 und 412)* war es möglich, das Werkzeug zum Werkstück hin- und entlangzuführen. Die Erfindung des Supports haben wir wohl für die zweite Hälfte des 18. Jahrhunderts in Frankreich festzusetzen, bei uns in Deutschland findet er erst Anfang des 19. Jahrhundert Eingang. (Allerdings ist der Kreuzsupport in der Holzdrechslerei nur selten [unter Umständen bei der Modelldreherei] nötig.)
Auch im 19. Jahrhundert, ja noch am Anfang des 20., war das Drechslerhandwerk, von wenigen Ausnahmen abgesehen, von einer ungeheuren Rückständigkeit. Man bediente sich nicht der schon längst aufgekommenen

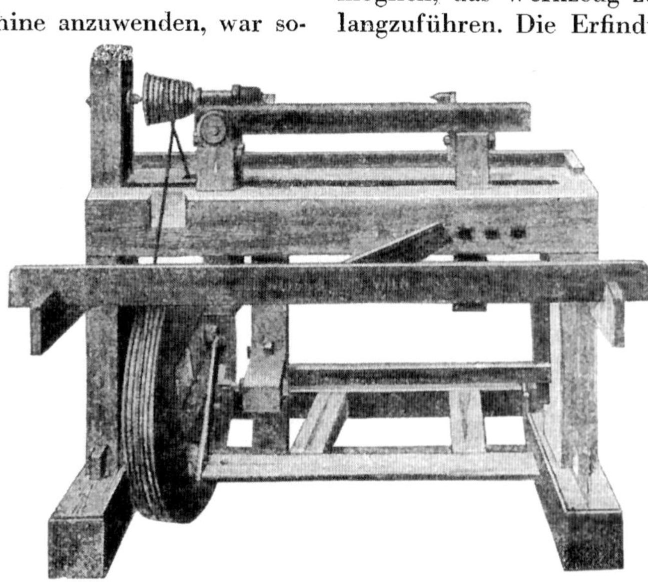

Abb. 33. Hölzerne Fußdrehbank des 19. und Anfang des 20. Jahrhunderts

Abb. 34. Eiserne Fußdrehbank

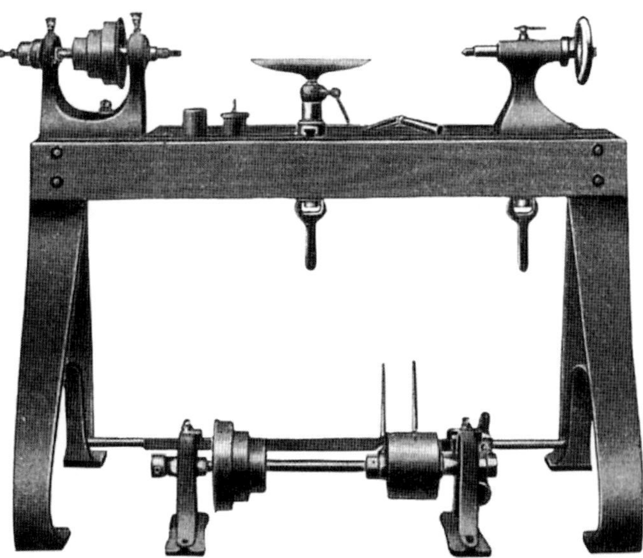

Abb. 35. Drehbank für Kraftantrieb, darunter Vorgelege für Transmissionsantrieb

motorischen Kraft, sondern trieb die Fußdrehbank noch brav in mühsamer Arbeit mit den Füßen. Lediglich dort war der Antrieb der Drehbank gewissermaßen motorisiert, so auf dem Land und vor allem im Gebirge, wo Wasserkraft verwendet werden konnte. In Städten, die an Flüssen lagen, wurden die sog. Gewerbebäche angelegt, so daß man sich auch hier der Wasserkraft bedienen konnte. Die Übertragung auf die Drehbank geschah mittels Transmissionen. Wie es in einer solchen Drechslerwerkstatt des 19. Jahrhunderts und am Anfang des 20. Jahrhunderts aussah, davon gibt die *Abb. 36* einen ungefähren Begriff.

Aber überall da, wo keine Wasserkraft genützt werden konnte und man sich auch nicht des motorischen Antriebs bediente, hat man meist bis in das 20. Jahrhundert auf der Fußdrehbank gearbeitet, wie sie in *Abb. 33* gezeigt ist. Der Verfasser hat vor über 30 Jahren diese schwerfällige Fußdrehbank bei einem alten Meister vorgefunden, die dieser aus Weißbuchenholz noch selbst hergestellt hat. Um große schwere Werkstücke, vor allem aus Eichenholz, zu drehen, mußte ein Geselle oder der Lehrling, selbst auch die Meisterin und die Kinder! noch beim Treten helfen. Solche Drehbänke waren nahezu 2 m lang.

Einen weiteren Fortschritt stellt die in *Abb. 34* dargestellte Fußdrehbank dar. Das Gestell und die übrigen Garniturteile sowie Spindel, Reitstock, Schiene und Schwungrad sind nun aus Eisen. In der *Abb. 35* sehen wir auch eine eiserne Drehbank, bei der lediglich noch das Bankbett aus Holz ist, doch das Gestell und die Garnituren sind aus Eisen. Unter der Drehbank sehen wir das sog. Vorgelege. Es besteht aus der Stufenscheibe und der Voll- und Leerlaufscheibe. Durch das Verschieben der Gabel mittels einer Stange (Ausrücker) wurde der Riemen von der Leerscheibe auf die Vollscheibe geschoben. Natürlich haben wir uns das Vorgelege über der Drehbank an der Decke befestigt zu denken. Von der Voll- bzw. Leerlaufscheibe des Vorgeleges führt ein Riemen auf die Scheibe der Transmissionswelle (siehe auch das Vorgelege in *Abb. 50)*.

Die heutigen technisch vollendeten Drehbänke werden dargestellt und beschrieben im nächstfolgenden Kapitel „Die zeitgemäße Technik des Drehens".

Abb. 36. Aus einer Drechslerwerkstatt des 19. Jahrhunderts mit Transmissionsanlage mit hölzernen Rädern

DREHBÄNKE, MASCHINEN UND WERKZEUGE DES DRECHSLERS

DIE ZEITGEMÄSSE DREHBANK

Unser Hauptaugenmerk wollen wir nunmehr denjenigen Drehbänken schenken, die im Lauf einer hochentwickelten Technik uns heute zur Verfügung stehen. Abgesehen von Spezialaufgaben, bei denen die Fußdrehbank (siehe auf Seite 23) noch durchaus vorteilhaft ist (so bei Reparaturen und manchen Polierarbeiten), wird selbstverständlich jeder ordentliche Meister darnach trachten, bei einer Neuanschaffung eine solche Drehbank zu wählen, die ihm die größten Vorteile gewährt. Die meisten Drechslermeister besitzen jedoch noch heute alte, und sogar auch gänzlich veraltete Drehbanktypen. Wenn auch mancher hervorragende ältere Meister auf einer solchen Bank mit verbrauchter Garnitur qualitativ gute Arbeit leisten kann, so muß er sich doch darüber klar sein, daß das Arbeiten auf diesen Bänken zeitraubend und unwirtschaftlich ist, und die Leistungsfähigkeit der Werkstatt gegenüber der anderer Kollegen eine weit geringere ist. So kann man jedem Meister nur raten, alles aufzuwenden, sich in den Besitz zeitgemäßer Drehbänke zu setzen. Der Verfasser hat es erlebt, daß alte Meister wieder weit mehr Freude an ihrem Beruf hatten, wenn sie eine alte Drehbank mit einer neuen vertauschen konnten.

Obwohl die wenigen Maschinenfabriken, die die verschiedenen heutigen Typen in hervorragender Qualität herstellen, ausführliche Kataloge den Interessenten zur Verfügung stellen, wollen wir hier dennoch kurz auf das Grundsätzliche der wichtigsten Typen der Drehbänke und ihre Unterschiedlichkeit eingehen. Den nachfolgenden Abbildungen der verschiedenen Bänke sind außerdem kurze Beschreibungen beigegeben. Die sämtlichen Fabrikate weisen hinsichtlich ihrer Leistungsfähigkeit einen so hohen Stand auf, daß es müßig wäre, der einen oder anderen Firma einen Vorzug zu geben. Es könnte sich lediglich darum handeln, je nach dem Zweck den einen oder anderen Typ zu bevorzugen.

Die Drehbank besteht aus dem G e s t e l l, der sog. G a r n i t u r, bestehend aus dem S p i n d e l k a s t e n, dem R e i t s t o c k, dem U n t e r s a t z mit der Werkzeugauflage, auch S c h i e n e genannt, und dem B a n k b r e t t (siehe *Abb. 37*).

Abb. 37. Holzdrehbank; Spindelkasten mit Kupplung, siehe auch Abb. 39 (Werkfoto: Alex. Geiger, Ludwigshafen a. Rh.)

DAS GESTELL

An Stelle des früheren Holzgestelles tritt heute ein solches aus Gußeisen, das von unverwüstlicher Dauer ist.

Das Gestell besteht aus den 2 Wangen die durch eiserne Querstege miteinander verbunden sind. Die mit diesen Querstegen verbundenen Wangen bilden das sog. „Bett", in dem, also zwischen den Wangen, der Spindelkasten ruht und Reitstock und Untersatz laufen. Die Wangen ruhen auf zwei je nach Größe und Aufgabe der Drehbank mehr oder minder schweren gußeisernen Böcken, sie sind mit diesen durch Schrauben fest miteinander verbunden. Die Böcke weisen je nach Bauart unten noch Querstege auf.

An Stelle der einzelnen Böcke können die Wangen auch als lange Eisenträger mit Hilfe von Stützen bzw. Konsolen in der Fensterwand befestigt werden, je nach Länge und Bedarf werden dann entsprechend viele Garnituren in das so geschaffene Bett gesetzt. Um einen absolut festen Stand der Schienen zu erreichen, darf der Abstand der Konsolen natürlich nicht zu groß sein. Eine solche Anlage bietet auch die Möglichkeit, außerordentlich lange Werkstücke zu drehen. Um den langen Schienen einen noch festeren Halt zu geben, empfiehlt es sich, sofern möglich, die beiden jeweiligen Enden der Schienen in die Mauern einzulassen. Ferner ist es ratsam, trotz der Konsolen die Schiene noch mit schweren hölzernen Pfosten zu stützen.

DER SPINDELKASTEN

Dieser ist der wichtigste Bestandteil der Drehbank, von seiner Qualität hängt in hohem Maße die Leistungsfähigkeit der Drehbank ab. Gewöhnlich besteht der Spindelkasten aus einem zweischenkligen, gußeisernen Gestell, in dem die Spindel in zwei Lagern läuft (doppelt gelagerte Spindel). Die Spindel besitzt an dem aus der einen Docke hervorstehenden Ende das innere und äußere Spindelgewinde. An ihrem hinteren Ende stößt die Spindel — jedoch nur noch bei älteren Modellen — an einer Art Körnerspitze an, die ermöglicht, bei Lockerwerden der Spindel diese nachzuziehen durch Anziehen von 1 bzw. 2 Muttern. An Stelle dieser Anlaufspitze, ähnlich einem

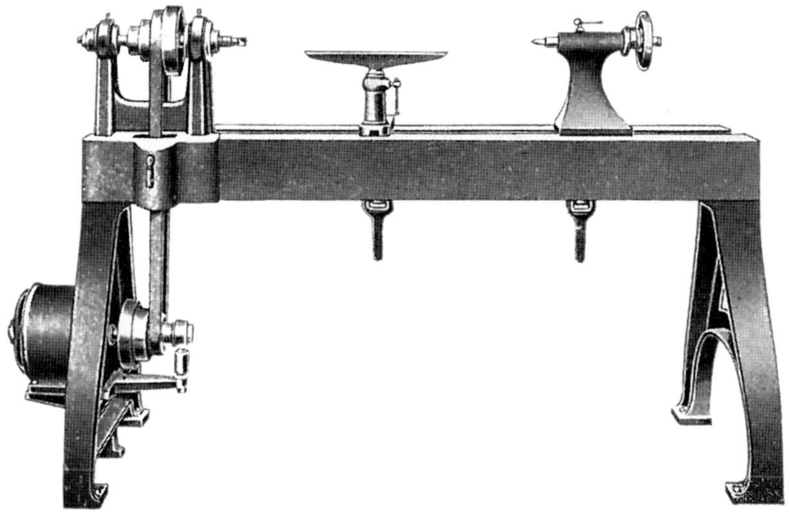

Abb. 38. Holzdrehbank mit im Fußgestell eingebautem Motor. Motorkonsol verstellbar, Tourenzahl der Spindel 420/830/1650/3200 je Min. Die Pinole des Reitstockes besitzt Morsekonus (Werkfoto: Alex. Geiger, Ludwigshafen/Rh.).

Abb. 39. Spindelkasten mit Kupplung

Körner, kann das Ende der Spindel auch einen Gegendruck durch eine Stahlkugel erhalten. Noch besser sind jedoch die neueren Bänke, deren Spindel an ihrem hinteren Ende auf einem Gegendrucklager (oder Längslagerung, *Abb. 47)* läuft, welches ebenfalls durch entsprechende Vorrichtungen nachgestellt werden kann.

Auf dem äußeren und inneren Spindelgewinde werden die Auf- und Einspannvorrichtungen aufgeschraubt bzw. befestigt. Für Spezialarbeiten, z. B. Stöcke und Schirme, sowie auch die Bearbeitung von Kunstprodukten in Form von Stangen, ist an Stelle einer massiven Spindel eine Hohlspindel nötig. (Siehe auch den Motorspindelstock in *Abb. 52).* Im allgemeinen ist natürlich die massive Spindel vorzuziehen, weil sie stabiler ist.

Auf der Spindel zwischen den beiden Schenkeln des Spindelkastens läuft die heute meist eiserne mehrstufige Stufenscheibe, auch Wörtel genannt. Allerdings haben die Drehbänke mit eingebauten Flanschmotoren natürlich ein anderes Aussehen, siehe die *Abb. 51.*

Das Ausschlaggebende für die Qualität des Spindelkastens ist die Lagerung der Spindel.

Abb. 40. Spindelkasten mit Kupplung, Arretierungsknopf und Teilscheibe (Werkfoto: Alex. Geiger, Ludwigshafen a. Rh.).

Diese ist bei alten Modellen eine Gleit- oder auch eine Ringschmierlagerung. Bei neuen, besonders hochtourigen Drehbänken, bedient man sich der längst bewährten Wälzlagerungen. Diese können sein eine Kugelrollenlagerung (auch Pendelkugellagerung) oder eine Zylinder- oder Kegelrollenlagerung, siehe die *Abb. 43 bis 47.* Je nach Bauart bzw. den Ansprüchen, die man an die Drehbank stellt, besitzt diese ein- oder zweireihige Lager. Vor allem wird man auf dem vorderen Lager zweireihige Kugellager verwenden, während für das hintere Lager ein einreihiges Kugellager genügt. Es gibt aber auch Drehbänke, bei denen die Spindel vorne in einem Kegelrollen- und hinten in einem einreihigen Kugellager läuft.

Je nach Bedarf ist die Höhe des Spindelkastens verschieden. Man spricht von „Spindel" oder „Spitzenhöhe". Darunter versteht man die genaue Entfernung von der Wange (Bett) bis zur Spindelachsenmitte. Die durchschnittliche Höhe bewegt sich etwa zwischen 20 und 30 Zentimeter. Reicht die Spitzenhöhe nicht aus, so hilft man sich dadurch, daß man den Spindelkasten unterlegt. Bei Arbeiten, die eine besonders hohe

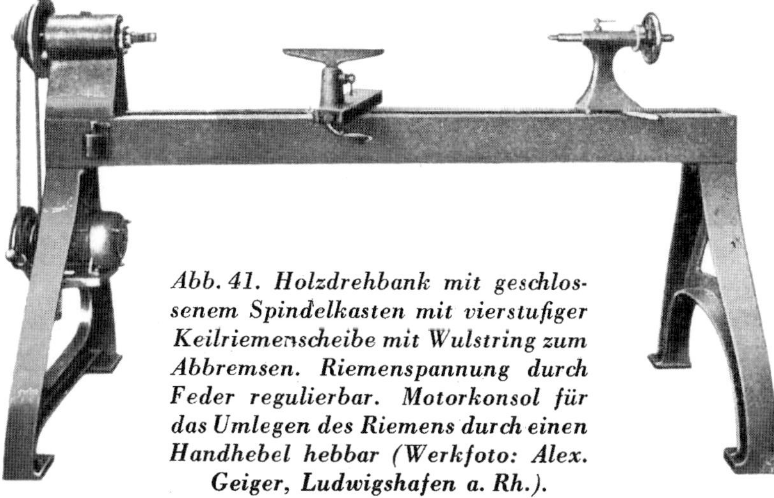

Abb. 41. Holzdrehbank mit geschlossenem Spindelkasten mit vierstufiger Keilriemenscheibe mit Wulstring zum Abbremsen. Riemenspannung durch Feder regulierbar. Motorkonsol für das Umlegen des Riemens durch einen Handhebel hebbar (Werkfoto: Alex. Geiger, Ludwigshafen a. Rh.).

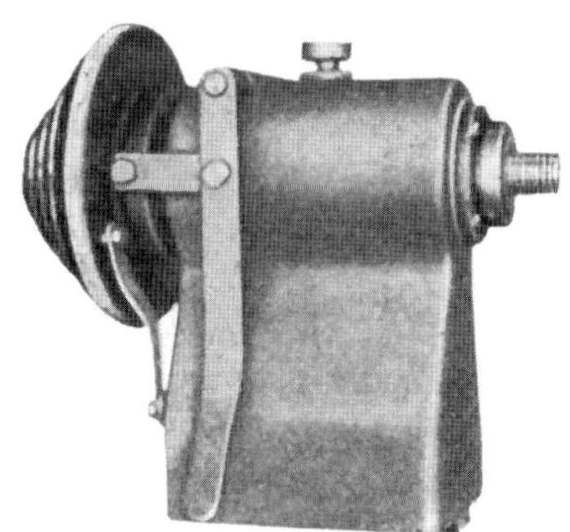

Abb. 42. Spindelkasten für die nebenstehende Drehbank mit Teilscheibe und Kupplung, letztere mit Bremswirkung (Werkfoto: Alex. Geiger, Ludwigshafen a. Rh.)

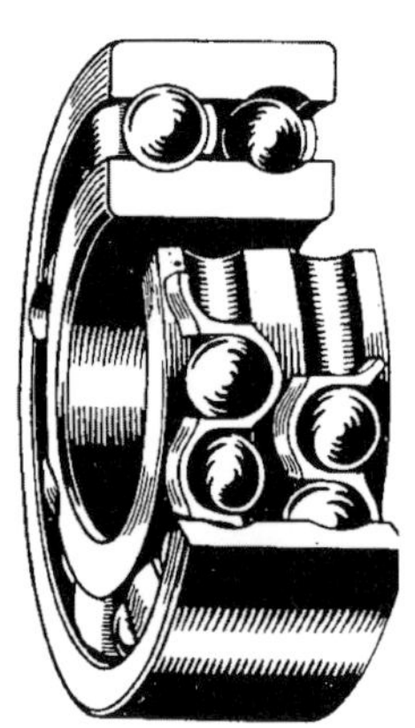

Abb. 43. Doppelkugellager

Abb. 44. Einfaches Kugellager

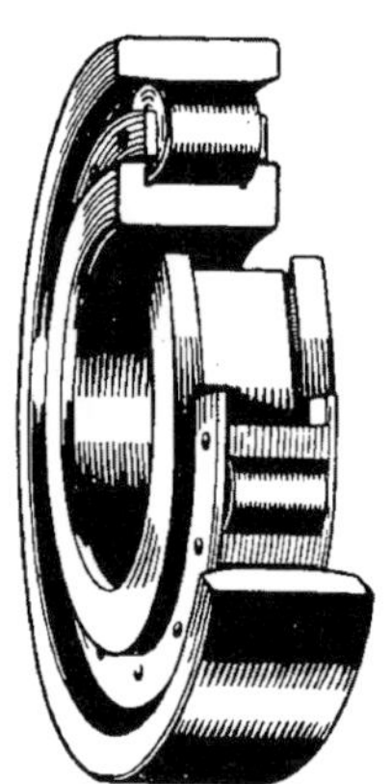

Abb. 45. Zylinderrollenlager

Abb. 46. Kegelrollenlager

Abb. 47. Gegendruck- oder Längslager

(Werkfotos: Vereinigte Kugellagerfabriken A.G., Schweinfurt)

Spitzenhöhe verlangen, werden die Drehbankwangen gekröpft, siehe *Abb. 53*. Besitzt man keine gekröpfte Drehbank, kann man den Spindelkasten auch umdrehen, siehe *Abb. 55* — oder man bedient sich, wenn solche Arbeiten häufiger vorkommen, der Ständer- oder Bockdrehbank, siehe *Abb. 56*. Eine solche Drehbank rentiert sich natürlich auch dann, wenn sehr viele solcher Arbeiten vorkommen. (Vgl. auch die Seiten 93 und 94.)

DER REITSTOCK

Zur Befestigung des Werkstücks an seinem anderen Ende also gegenüber der sich drehenden Spindel, dient der sog.

Abb. 48. Doppelte Handauflage (Werkfoto: A. Lang, Zeulenroda)

Reitnagel oder Pinnagel oder Körnerspitze, die im Reitstock befestigt wird. So wie die übrigen Teile der Drehbank, hat auch der Reitstock im Lauf der Entwicklung eine technische Vollendung erfahren.

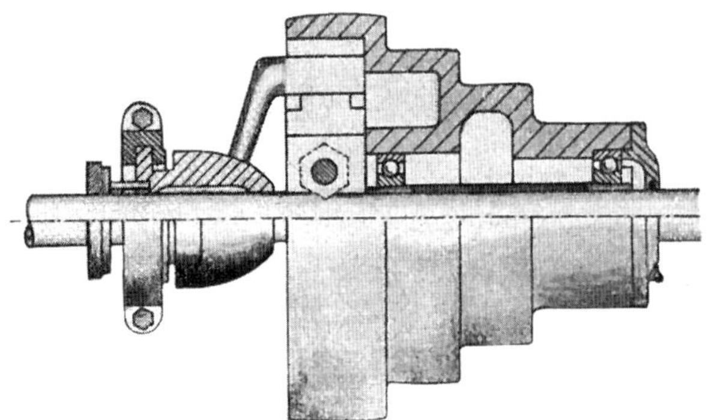

Abb. 49. Reibungskupplung mit Stufenscheibe (Werkfoto: C. O. Scherzinger, Augsburg)

Der Reitstock, der verschiebbar zwischen den Wangen der Bank sitzt, wurde an den alten Drehbänken noch in umständlicher Weise durch Flügelmutter oder Ringmutter und Schlüssel, oder auch bei ganz frühen Bänken mit Hilfe eines Keiles, festgestellt. Bei den modernen Drehbänken wird der Reitstock mittels Hebel mit einem Griff (sog. Schnell- oder Momentspannung) festgestellt. Der Hebel kann sich sowohl unter der Wange befinden (siehe *Abb. 38*) oder es kann, wie die *Abb. 37* zeigt, der Hebel noch leichter greifbar zwischen den Wangen des Reitstockes sitzen.

Um das Werkstück festspannen zu können, muß die Kör-

Abb. 50. Vorgelege

(Werkfoto: Alex. Geiger, Ludwigshafen a. Rh.)

nerspitze in das Werkstück eingedrückt werden. Dazu ist es nötig, daß die Spitze genau in der Achse der Spindel verschiebbar ist, siehe auch Beschreibung der Körnerspitze auf Seite 33.

Wie wir noch erfahren werden, dient der Reitstock auch noch zum Einspannen von verschiedenen Bohrwerkzeugen.

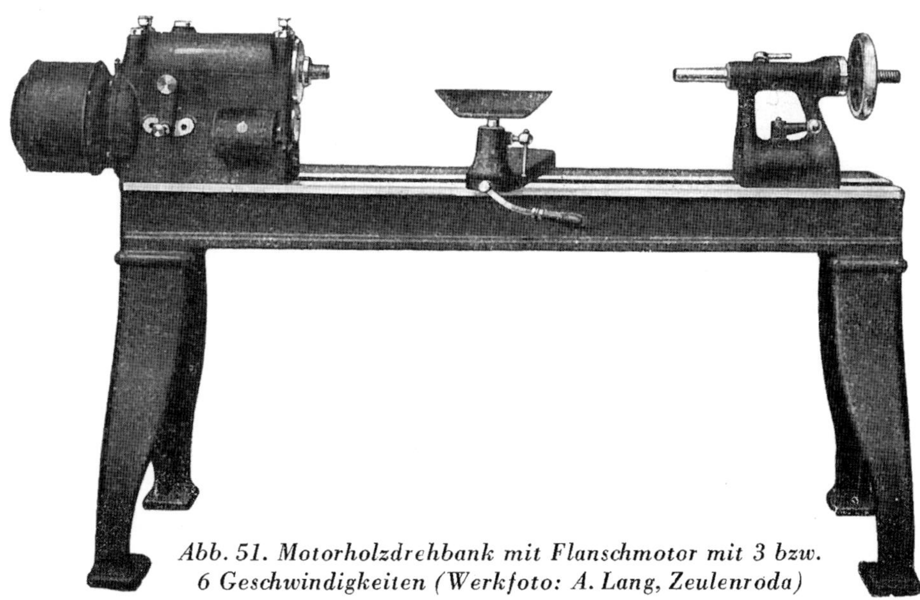

Abb. 51. Motorholzdrehbank mit Flanschmotor mit 3 bzw. 6 Geschwindigkeiten (Werkfoto: A. Lang, Zeulenroda)

UNTERSATZ MIT WERKZEUGAUFLAGE (SCHIENE)

Um das an das Werkstück zu führende Werkzeug sicher und ruhig halten bzw. führen zu können, wird der sog. Untersatz benutzt, in dem sich die Auflage, Schiene oder Stütze je nach Bedarf höher oder niederer einstellbar befindet.

Der Untersatz mit der Auflage sitzt ebenso wie der Reitstock verschiebbar zwischen den Wangen und wird auf dieselbe Art mittels Schnellspannungshebel wie der Reitstock festgestellt. Je nach Bedarf ist die Schiene kurz oder lang. Für lange Werkstücke ist eine lange Schiene mit zwei Untersätzen nötig (doppelte Handauflage, siehe *Abb. 48)*. Für besonders lange Arbeiten hilft der Drechsler sich oft in der Weise, daß er sich eine lange Holzschiene mit Eisenauflage anfertigt, die er an einem Ende mit einem Rundstab in einen Untersatz steckt und an dem anderen mit Löchern versehenen Ende in ein besonderes im Bankbrett zu befestigendes Gestell schraubt. Bei Spezialaufgaben, wie bei Treppentraillen usw., wird die Schiene an ihrem Ende an den Reitstock geschraubt.

Die Wahl der Drehbank bzw. des Typs wird bestimmt von den einzelnen Aufgaben, denen der Meister gerecht werden muß. Je nach Art der Werkstatt wird entweder schon e i n Drehbanktyp genügen, oder es ist nötig, daß Bänke in verschiedenen Typen vorhanden sind. Eine besondere Rolle wird vor allem die Größe der Drehbank spielen sowie ihre Spindelhöhe. Als übliche kleinere Holzdrehbank genügt eine Länge von etwa 1,50 m.

Eine Drehbank in dieser Größe und in leichter Ausführung eignet sich auch für den Laien.

Abb. 52. Motorspindelstock für direkten Antrieb, besonders für kleinere Massenartikel und für Kunstharzbearbeitung geeignet. Mit Hohlspindel mit innerem Durchmesser von 30 mm (Werkfoto: A. Lang, Zeulenroda).

ANTRIEBE DER DREHBANK

Wir unterscheiden heute den G r u p p e n - und E i n z e l a n t r i e b. Beim Gruppenantrieb wird durch eine Transmissionsanlage und das dazugehörige Vorgelege, d. h. durch eine lange Welle, die Kraft auf die einzelnen Arbeitsmaschinen übertragen. Je nach Art und Größe der Werkstätte und den gegebenen Umständen wird man zwangsläufig sich des Antriebes bedienen, der im Einzelfalle den günstigsten darstellt.

So werden größere Holzbearbeitungsbetriebe sich einer Dampfmaschine bedienen, besonders auch dort, wo genügend Holzabfälle für die Feuerung verwendet werden können und zugleich Abdampf für die Heizung, wie für das Dämpfen und Trocknen des Holzes genützt werden kann. Auch für mittelgroße Betriebe wird dann die Dampfmaschine noch praktisch sein, wenn der örtliche Strompreis sehr hoch ist. Sofern nicht genügend Holzabfälle vorhanden sind, wird man zu Ölgas, Holzgas und Rohölmotoren greifen. Vorteilhaft ist der Dieselmotor, der von 3 PS an zu haben ist.

In ländlichen Gegenden, wo die Wasserkraft noch genützt wird, ist ebenfalls Transmissionsantrieb selbstverständlich. Größere Betriebe, die auch die Wasserkraft nützen, werden sich oft vorteilhafterweise eines Dynamos zur Erzeugung elektrischer Kraft bedienen und dann je nach Bedarf Gruppen- oder Einzelantriebe verwenden.

Transmissionsantriebe, besonders wenn sie die Kraft durch den Elektromotor bekommen, sind nur dann angebracht, wo die sämtlichen angeschlossenen Drehbänke und Maschinen dauernd laufen. In diesem Zusammenhang weisen wir auf die seit über 20 Jahren bereits be-

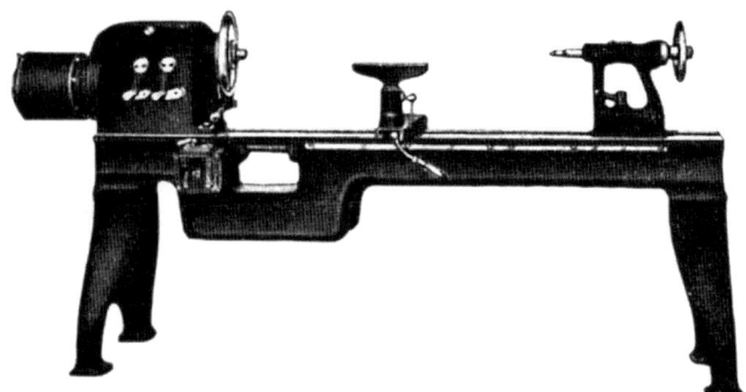

Abb. 53. Motorholzdrehbank mit gekröpftem Bett mit 4 bzw. 8 Geschwindigkeiten (Werkfoto: A. Lang, Zeulenroda)

währte Reibungskupplung hin, siehe *Abb. 49*. Durch diese kommen die bisherigen Zwischenvorgelege und Übertragungsriemen in Wegfall, der Antrieb erfolgt direkt von der Transmission auf die Arbeitsmaschinen. Diese Reibungskupplung kann auch jene Vorgelege ersetzen, deren sich die Drechsler bei Einzelantrieb bedienen. Bei der hier gezeigten Reibungskupplung ist die Nabe als für die Drehbank nötiger Stufenkonus ausgebildet und läuft in Gleit- oder Kugellagerung.

Für die zeitgemäße mittlere und besonders kleine Werkstatt, die nur auf Elektromotore angewiesen ist, ist der Einzelantrieb unbedingt vorzuziehen, wobei jede Drehbank sowie auch die für den Drechsler nötigen kleinen Maschinen, wie Bandsäge, Bohrmaschine, Schleifstein, jeweils von einem besonderen Motor mittels Riemen angetrieben werden, oder man bedient sich der neuesten riemenlosen Antriebe, bei welchen der Motor so mit der Maschine kombiniert ist, daß die Kraft vom Motor unmittelbar übertragen wird.

In den nachfolgend gezeigten Abbildungen sehen wir deutlich, in welcher Weise der Motor angeschlossen ist. Je nach Typ der Drehbank mit Einzelantrieb kann der Motor an der Wand gegenüber vom Drehbankgestell befestigt werden (siehe *Abb. 37)*, oder der Motor ist am Drehbankgestell selbst befestigt *(Abb. 38 und 41)*, oder aber der Motor ist als Flanschmotor gleich im Spindelkasten mit eingebaut *(Abb. 51—53)*.

Viele Meister ziehen den an der Wand frei hängenden Motor vor, weil die Riemenscheibe durch die herabfallenden Späne nicht so leicht beschmutzt wird. Es kann auch vorkommen, daß bei Hirnholzdrehen sich Späne entwickeln und dem Arbeitenden ins Gesicht geschleudert werden.

Sehr beliebt ist der in *Abb. 38* gezeigte Drehbanktyp mit dem in das Gestell eingebauten Motor. Einen ähnlichen Typ zeigt die *Abb. 41*. Diese Bänke haben den großen Vorteil, daß sie im Raum beliebig aufstellbar sind. Es gibt aber, wie schon oben gesagt, auch Stimmen, die bei allen Vorzügen dieser Bänke solche Drehbänke vorziehen, bei denen der Motor außerhalb sich an der Wand befindet, auch weil bei diesen die Riemen infolge ihrer Länge einen weniger starken Druck auf die Lager ausüben.

Die Spindelkästen der beiden in *Abb. 38 und 41* gezeigten Drehbänke können vorteilhafterweise jeweils eine Kupplung eingebaut erhalten (siehe *Abb. 39 und 42)*. In neuster Zeit hat Geiger (Ludwigshafen) die Spindel noch verbessert. Einmal ist der Kupplungshebel handlicher ausgebildet, vor allem aber kann die Spindel durch einen Arretierungsknopf festgestellt werden *(Abb. 40)*. Natürlich kann der Antrieb solcher Spindeln mit Kupplung auch von dem an der Wand befindlichen Motor betrieben werden.

Wird die Drehbank mittels Riemen vom Motor aus getrieben, ist es natürlich nötig, daß der Motor eine Riemenscheibe (Stufenwörtel) hat, die mit der Drehbank übereinstimmt, um je nach Bedarf eine verschieden große Tourenzahl zu erhalten. Mancher Meister baut auch bei Einzelantrieb ein Vorgelege ein *(Abb. 50)*. An Stelle dieses Vorgeleges kann, wie schon erwähnt, noch besser die in *Abb. 49* gezeigte Reibungskupplung treten. Bei solchen Einrichtungen, die das Aus- und Einschalten erübrigen, wird der Motor natürlich bedeutend geschont (besonders bei Gleichstrom).

Der Einzelantrieb durch Elektromotor bietet für kleinere Werkstätten selbstverständlich Vorteile gegenüber der alten Anlage durch Gruppenantrieb mit den umständlichen Transmissionen und Vorgelegen. Durch den Einzelantrieb ist es möglich, die Drehbänke und Maschinen den Platz- und Lichtverhältnissen am besten anzupassen. Auch ist solch eine Anlage besser zu reinigen und aus hygienischen Gründen mehr zu empfehlen. Aus letzterem Grund ist der riemenlose Antrieb natürlich der idealste.

ETWAS ÜBER DIE PFLEGE UND BEHANDLUNG DER DREHBÄNKE

Es sollte sich wohl von selbst verstehen, daß die Drehbank, wie alle Maschinen eine sorgsame Pflege und behutsame Behandlung erfordern. Aber nicht gerade zum Ansehen des schönen Drechslerhandwerks kann der Verfasser nicht umhin, die Feststellung zu machen, daß in diesem Punkte noch manches im argen liegt, selbst in Werkstätten, in denen auch gute Arbeit geleistet wird.

Den neuen heutigen komplizierten Spindeln, vor allem jenen mit Flanschmotor, bekommt es z. B. nicht, wenn das Werkstück hart und gedankenlos in die Einspannvorrichtung geschlagen wird. Selbstverständlich muß immer in den richtigen Zeitabständen die nötige Schmierung vorgenommen werden. Hüte man sich vor allem, schmutzige Schmiermittel zu benutzen, sondern achte man auf größte Reinlichkeit derselben. Die Lager der Drehbänke

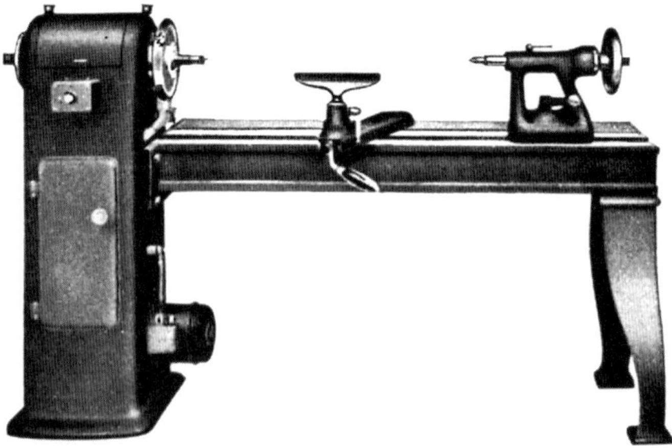

Abb. 54. Holzdrehbank mit eingebautem Motor und Stufenscheibenantrieb mit doppelseitigem Spindelgewinde zum Drehen großer Ringe und Scheiben, mit 3 bzw. 6 Geschwindigkeiten (Werkfoto: A. Lang, Zeulenroda)

werden am besten mit speziellen festen Kugellagerfetten geschmiert. Das Fett muß das ganze Kugellagergehäuse ausfüllen. Lediglich ist ratsam, in längeren Zeitabschnitten das Kugellager zu reinigen, das mit Benzin gewaschen wird und ein völlig neues Kugellagerfett erhält. Läuft die Spindel rauh, so ist das meist ein Zeichen, daß z. B. beim Kugellager etwas nicht in Ordnung ist. Um das sicher prüfen zu können, geht mancher Drechsler so vor, wie der Arzt: gleich einem Hörrohr legt er einen Drehstahl auf das Gehäuse des Spindelkastens, hält das Ohr an das Eisen und kann so genau prüfen, wenn ein leise kratzendes Geräusch beim Laufen der Spindel vorhanden ist. Dann ist es höchste Zeit, das Lager zu untersuchen. Stellt man fest, daß Kugeln verletzt sind, muß man das Lager ersetzen. Aber im allgemeinen wird bei richtiger Pflege und Schmierung und sorgsamer Behandlung der Bank diese kaum oder nur in großen Zeiträumen reparaturbedürftig sein. Gerade von neueren Maschinen und Drehbänken wissen wir, daß sie schon über 10 Jahre lang ohne Reparaturen ihren Dienst tun.

Um eine einwandfreie präzise Arbeit auf der Drehbank zu erzielen, ist es die wichtigste Voraussetzung, daß die Achse der Spindel und die der Reitstockspitze absolut übereinstimmen. (Darauf ist besonders bei älteren Modellen zu achten.) Dies setzt voraus, daß bei der Aufstellung darauf geachtet wird, daß die Drehbank sowohl in ihrer Quer- wie Längsrichtung absolut waagerecht steht. Man wird mit Hilfe der Wasserwaage prüfen, ob das der Fall ist, und, soweit nötig, das Drehbankgestell entsprechend unterstützen. Auf einfachste Weise kann man prüfen, ob die genaue Lage noch stimmt, indem man Reitstockspitze und Spindelspitze dicht gegenüberstellt. Nicht immer aber genügt diese Kontrolle, denn selbst wenn sich die beiden Spitzen genau gegenüberstehen, ist noch nicht bewiesen,

Abb. 55. Motorholzdrehbank, siehe auch Abb. 53, mit umgestelltem Spindelkasten für Außendreharbeit, und Ständer mit Kreuzsupport (Werkfoto: A. Lang, Zeulenroda)

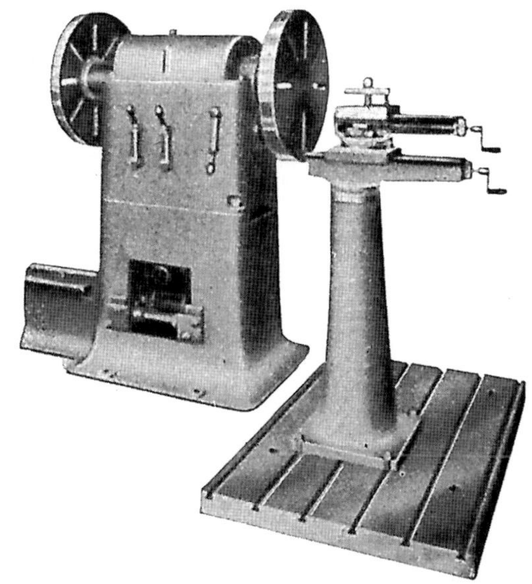

Abb. 56. Ständerdrehbank mit eingebautem Motor und zwei Gewinden und Ständer mit Kreuzsupport (Werkfoto: Alex. Geiger, Ludwigshafen a. Rh.)

daß auch die Achsen in gleicher Richtung laufen. Um dies festzustellen, geht man folgendermaßen vor: man befestigt im inneren Gewinde der Spindel einen längeren Rundstab, läßt ihn laufen und prüft, ob dessen Mittelpunkt genau mit der Körnerspitze übereinstimmt. Den präzisesten Ausgleich kann man erreichen, indem man den Spindelkasten mit Papier oder Pappe unterlegt.

Es ist naheliegend, daß, wenn die Spitzen der Drehbank und des Reitstocks nicht übereinstimmen, das Holz sich lockert und herausspringt.

Die zeitgemäßen Drehbänke mit ihren schweren Gestellen bedürfen keiner Befestigung auf dem Boden gegenüber den früheren hölzernen Drehbankgestellen, die angeschraubt wurden, d. h. eigentlich wird jede Drehbank, besonders bei schweren Arbeiten, angeschraubt.

Ältere Spindelkästen mit Weißmetallagerung können vom Drechsler, oder besser von einem Mechaniker neu eingegossen werden. Zuvor ist nötig, sofern die Spindel ausgelaufen ist, diese zylindrisch nachzudrehen und danach entsprechend die Lager neu einzugießen und einzupassen. In diesem Fall muß die Welle neu eingepaßt und entsprechend nachgearbeitet werden. Reparaturbedürftige Spindeln mit Bronzelagerung müssen einem Fachmann übergeben werden, der die Bronzelager neu eindreht.

Der Vollständigkeit halber sei hier noch erwähnt, daß die Passigdrehbank und das Ovalwerk im Kapitel „Technik des Drehens“ auf den Seiten 124 und 130 ausführlich dargestellt und beschrieben sind.

DIE WICHTIGSTEN VORRICHTUNGEN ZUM EINSPANNEN UND BEFESTIGEN DER WERKSTÜCKE AUF DER DREHBANK

Je nach Art der zu bearbeitenden Werkstücke, Form und Material derselben sind für deren Befestigung an der Drehbank die verschiedensten einzelnen Vorrichtungen nötig. So ist es z. B. ein wesentlicher Unterschied, ob Langholz oder breites Querholz gedreht wird. Auch hier hat die hochentwickelte Technik eine Anzahl praktischer Neuerungen geschaffen. Allerdings muß gesagt werden, daß im Prinzip nichts wesentlich Neues erfunden zu werden braucht, lediglich sind es heute die Spannwerkzeuge, die im Gegensatz zu früher in Eisen oder Stahl hergestellt werden. Wir führen im Nachstehenden die einzelnen Spannwerkzeuge auf und geben kurze Hinweise, wo sie Verwendung finden. Außer den nachfolgend gezeigten wichtigsten Einspannwerkzeugen gibt es aber noch eine ganze Anzahl Einspannvorrichtungen, die bei Spezialarbeiten nötig sind. Diese sind der lebendigen Anschauung wegen in dem Kapitel „Die zeitgemäße Technik des Drechselns“ jeweils dort gezeigt, wo die Ausführung der Spezialarbeit dargestellt und erläutert ist.

BEFESTIGUNGSARTEN FÜR LANGHOLZ

Der Dreizack *(Abb. 57)*, von alters her auch Zwirl genannt, wird nun in Stahl ausgeführt. Auf ihm wird das Langholz, welches auf der anderen Seite in der Spitze des Körners sitzt, eingeschlagen, vorgeschroppt und unter Umständen auch gleich fertiggedreht. Meist aber wird das Werkstück zwischen Dreizack und Körner nur vorgedreht. Je nach Aufgabe erhalten die Werkstücke entsprechend große Spunde angedreht, um in noch weiteren Einspannvorrichtungen fertiggedreht zu werden.
Der Dreizack besitzt ein Gewinde, mittels dessen er in das innere Gewinde der Drehbankspindel eingedreht wird. Genau betrachtet, müßte man den sog. Dreizack „Zweizack“ nennen, denn er besitzt nur zwei Zacken. Die Spitze dient lediglich zum Zentrieren.
Schon im letzten Jahrzehnt des vergangenen Jahrhunderts finden wir in Amerika den sog. Dreizack statt mit zwei Zacken mit vier Zacken. Dieser Vierzack *(Abb. 58)* ist auch bei uns seit Jahren in vorbildlicher Ausführung auf dem Markt. In manchen Werkstätten wird ausschließlich der Vierzack verwendet. Er eignet sich besonders auch zum Festhalten schwerer Werkstücke. Im allgemeinen aber findet man heute weit mehr noch den Dreizack im Gebrauch, der für die kleineren und mittleren Arbeiten durchaus genügt.

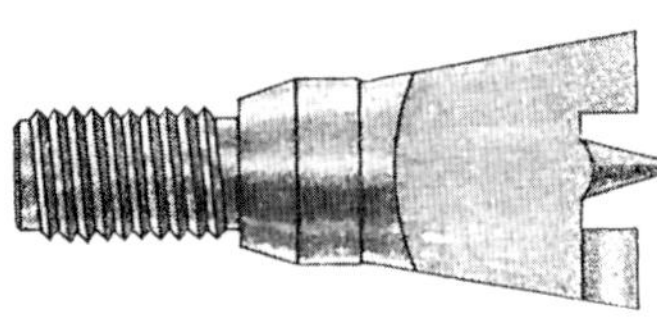

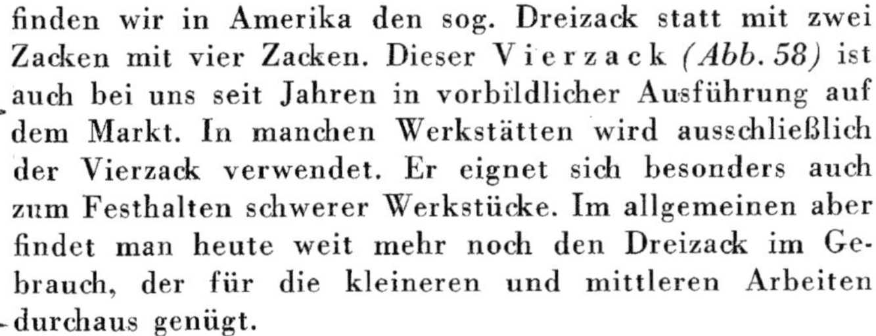

Abb. 57. Sog. Dreizack

Abb. 61. Eisernes Gewindemitnehmerfutter (Werkfoto: Alex. Geiger, Ludwigshafen a. Rh.)

DAS STACHELFUTTER

Dieses Stachelfutter findet man heute selten mehr, denn seine Aufgabe hat wohl die Vierzackspitze übernommen, die denselben Zweck erfüllt. Es ist der Vierzackspitze ähnlich, nur ist der Durchmesser des Futters größer, und es stehen die drei, meist vier Zacken weit auseinander. Dieses Stachelfutter ist dort angebracht, wo es gilt, Werkstücke aus Langholz mit beträchtlichem Durchmesser gut zu befestigen.
Die alten Meister fertigten dieses Stachelfutter selbst aus Weißbuchenholz an. Die Zacken wurden als Holzschrauben eingeschraubt und so flach zugefeilt, daß die Schneiden der Zacken in ihrer Richtung nach der Mitte liefen. Die Zentrierspitze ragte naturgemäß etwas über die Zacken hinaus. (Auf eine Abbildung des Stachelfutters ist verzichtet worden.)

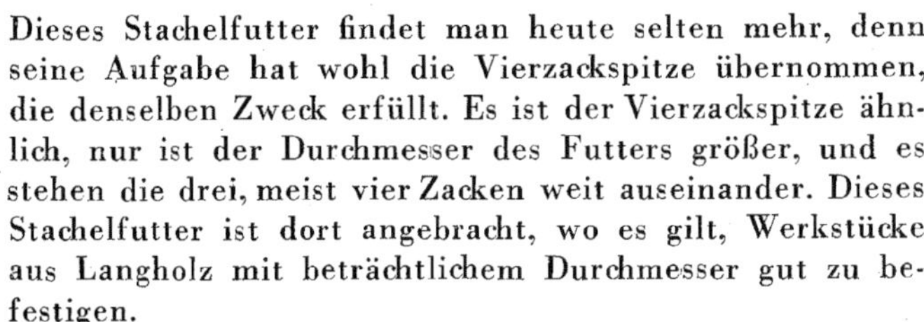

Abb. 58. Vierzackspitze (Werkfoto: A. Lang, Zeulenroda)

Abb. 62. Hölzernes Mitnehmerfutter (Ausführ.: Drechslermeister Haas, Überlingen)

DAS SPUND- ODER EINSCHLAGFUTTER AUS HOLZ (Abb. 59)

(Siehe auch Seite 107 und *Abb. 476 und 477)*

Dieses ist von großer Bedeutung, da es einer Fülle von Aufgaben in hervorragender Weise dient. Es eignet sich zur Aufnahme kurzer Werkstücke aus Langholz (unter Umständen auch Querholz), die frei oder fliegend gedreht werden, also ohne Unterstützung des Reitstockes, so z. B. bei Dosen, Knöpfen, kurzen Lampensäulen u. dgl. mehr. Aber auch dann ist das Spundfutter außerordentlich vorteilhaft, wenn es sich darum handelt, lange Werkstücke aus Langholz zu drehen, die an der anderen Seite im Reitstock laufen. Solche im Spund sitzenden Hölzer bekommen einen besseren Halt und vibrieren weit weniger, als wenn sie nur auf dem Dreizack sitzen (siehe auch die Beschreibung von Lampenschäften auf Seite 73 und 103). Der großen Bedeutung des Spundfutters gemäß, und da seine Selbstanfertigung oft als Aufgabe bei der Gesellenprüfung gefordert wird, ist die vorbildliche Ausführung eines solchen Futters auf der Seite 107 genau beschrieben und dargestellt.

Abb. 59. Spundfutter aus Holz mit Gewinde (siehe auch S. 107)

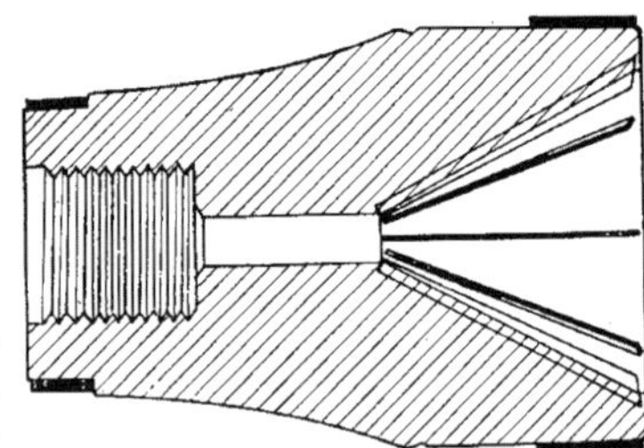

Abb. 63. Werkzeichnung zu obigem Mitnehmerfutter

Abb. 60. Spundfutter aus Eisen mit Gewinde(Werkfoto: A.Lang, Zeulenroda)

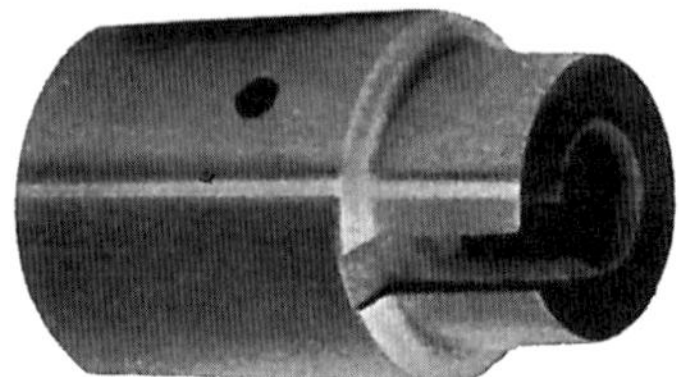

Abb. 64. Anschlag- oder Ringfutter (Werkfoto: Alex. Geiger, Ludwigshafen a. Rh.)

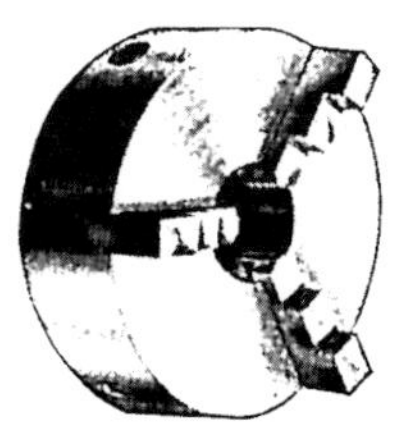

Abb. 65. Universal-Drehbank-Klemmfutter, sog. Dreibackenfutter, auch mit 4 Backen ausführbar

Abb. 66. Zweibackenfutter, zentrisch spannend

Abb. 67. Zweibackenfutter

(3 Werkfotos: A. Lang, Zeulenroda)

DAS SPUNDFUTTER AUS EISEN
(Abb. 60)

Längst werden die Spundfutter auch aus Eisen hergestellt, die in zwei bis drei verschiedenen Größen zu der Drehbank von den Fabriken mitgeliefert werden. Eine solche beschränkte Auswahl von Futtern genügt aber meistens nicht, um den vielen Aufgaben gerecht zu werden, weshalb sich der gute Drechsler eine große Anzahl solcher Futter aus Holz selbst anfertigt. Die in den *Abb. 59 und 60* gezeigten hölzernen und eisernen Futter haben ein Gewinde und sitzen unmittelbar auf der Spindel. Bei Arbeiten, für die der Meister nicht gerade Futter in passender Größe besitzt, hilft er sich auf die Weise, daß er sich einen hölzernen Spund bzw. ein Spundfutter ohne Gewinde mit entsprechendem Spundloch dreht und dieses mittels einem angedrehten Zapfen in ein vorhandenes hölzernes oder eisernes Spundfutter mit Gewinde einsteckt. (Siehe z. B. *Abb. 371).* Für manche Arbeiten, besonders für kurze, ist diese Lösung durchaus angängig. Gilt es aber, größeres Langholz frei zu drehen und eine saubere Arbeit zu leisten, so ist von diesem Behelf abzuraten, um ein Vibrieren zu vermeiden.

DAS GEWINDEMITNEHMERFUTTER
(Abb. 61)

Dieses im Handel erhältliche eiserne Futter eignet sich für einfache Arbeiten und zum Andrehen von Holzstangen, Besenstielen usw. Es ist auch dann vorteilhaft zu verwenden, wenn es gilt, einfache Werkstücke mittels der Bohrlünette zu bohren. Die *Abb. 62 und 63* zeigen ein solches Futter, wie es sich der Drechsler selbst herstellt. Als Stahlblättchen verwendet er meist Sägeblätter.

DAS ANSCHLAG- ODER RINGFUTTER
(Abb. 64)

In die Gruppe der Futter gehört auch noch das seit alten Zeiten verwendete sog. Anschlagfutter. Besonders für billige Arbeiten in Weichholz finden wir diese Vorrichtungen bei den Drechslern im Erzgebirge vor. Dieses Ringfutter besteht aus zwei bis drei scharfen, konisch zugespitzten stählernen Ringen, die entweder in einem Holz- oder Eisenfutter sitzen. Die Ringe schließen sich nicht völlig, um einen Hebel einführen zu können, mit dem man das eingeschlagene Holz wieder herausdrücken kann. Das auf die scharfen Schneiden der Ringe geschlagene Weichholz hält gut. Diese Vorrichtung ist sehr arbeitssparend, da das Spundandrehen am Werkstück wegfällt.

Ferner gehören in die Gruppe der Futter auch die verschiedenen Arten der sog. Klemmfutter, die für die Ausführung verschiedener Spezialarbeiten unerläßlich sind, siehe z. B. die Beschreibungen und Abbildungen auf den Seiten 87 und 88. Wie das Wort „Klemmfutter" schon aussagt, wird das Werkstück hier nicht nur in ein Futter geschlagen, sondern auch noch durch eine besondere Vorrichtung festgeklemmt.

DAS DREIBACKENFUTTER
(Abb. 65)

Dieses eiserne Futter, das 3 oder 4 Backen haben kann, ist von der Eisendreherei übernommen worden. Wenn es sich auch beim Drechslerhandwerk nicht allzu großer Beliebtheit erfreut, schon wegen der Gefahrenmomente, die seine Anwendung in sich birgt, so ist es doch für manche Arbeiten, z. B. auch für die Ausführung von Reparaturen, recht brauchbar. Aber ausdrücklich sei darauf aufmerksam gemacht, daß sein Gebrauch größte Achtsamkeit erfordert, denn manchen Drechsler hat es die Finger gekostet! Seine Verwendungsmöglichkeiten sind an sich sehr vielseitig. Man kann auf diesem Futter auch größere Scheiben und Schalen drehen, ebenso kann auch beliebig starkes Langholz eingespannt werden. Auch zum Festhalten von Bohrwerkzeugen eignet sich dieses Futter. Siehe auch das in *Abb. 66* dargestellte Zweibackenfutter (z. B. zum Pfeifenkopfausdrehen und zum An- und Ausdrehen von Vierkanthölzern). Zum Einspannen von Bohrwerkzeugen dient allerdings das weit vorteilhaftere Zweibackenfutter, siehe *Abb. 67.*

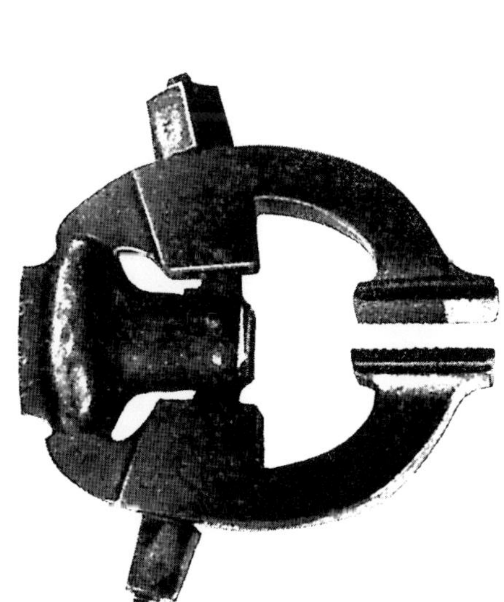

Abb. 68. Eisernes Rehhornfutter

DAS STOCKGRIFF- ODER REHHORNFUTTER
(Abb. 68)

Um Stockgriffe aus Hirsch- oder Rehhorn zentrisch drehen zu können, benötigt man ein solches Futter, welches ermöglicht, das mit einem Gewinde zu versehende Geweihstück so einzuspannen, daß es zentrisch läuft. In dem eisernen mit Gewinde versehenen Futter bewegen sich in Schar-

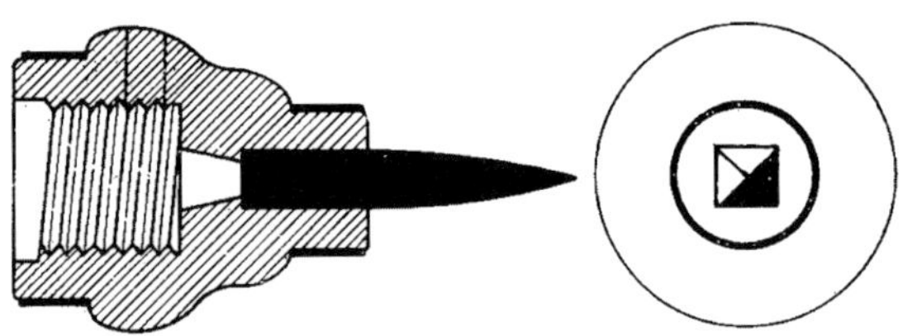

Abb. 69. Drei- bzw. Vierkantstift in Holzfutter mit Gewinde

nieren laufend die beiden Backen. Diese gleiten außerdem in einem entsprechend schweren Eisen, an dessen Enden sich je eine Mutter befindet. Durch entsprechende Stellung dieser Mutterschrauben vermag man den Horngriff so einzuspannen, daß, wie schon gesagt, der zu bearbeitende Teil zentrisch läuft. Siehe auch die Seiten 177 und 178.
Ein praktisches Werkzeug zum raschen Befestigen solcher

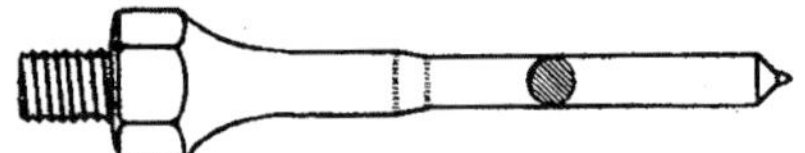

Abb. 70. Rundstift oder Dorn

Langholzwerkstücke, die bereits ein Loch haben, stellt der Drei- oder Vierkantstift *(Abb. 69)* dar, der von alters her von den Meistern selbst gefertigt wurde, als Stiftfutter. Der Stift kann entweder in einem Spund sitzen, der in ein Futter geschlagen wird, besser jedoch ist es, wenn, wie die *Abb. 69* zeigt, das Futter ein Gewinde hat.

Abb. 71. Achtkantmitnehmer

Denselben Zweck und je nach Aufgabe noch besser erfüllt der eiserne Rundstift *(Abb. 70,* Rundzapfen, Dorn), der, mit einem Gewinde versehen, in die Drehbankspindel geschraubt wird, siehe auch die *Abb. 307* auf Seite 73. Zu demselben Zweck dient auch der Achtkantmitnehmer *(Abb. 71);* er hat den Vorteil, daß er das Werkstück besser „mitnimmt".

EINSPANNVORRICHTUNGEN FÜR QUERHOLZ

DAS SCHRAUBEN- ODER SCHEIBENFUTTER

Die wichtigste und vielfältigst anzuwendende Befestigungsart stellt das Schrauben- oder Scheibenfutter dar. Auch dieses Futter wurde früher vom Drechsler meist selbst angefertigt (siehe *Abb. 74 und 75).* Heute wird das eiserne

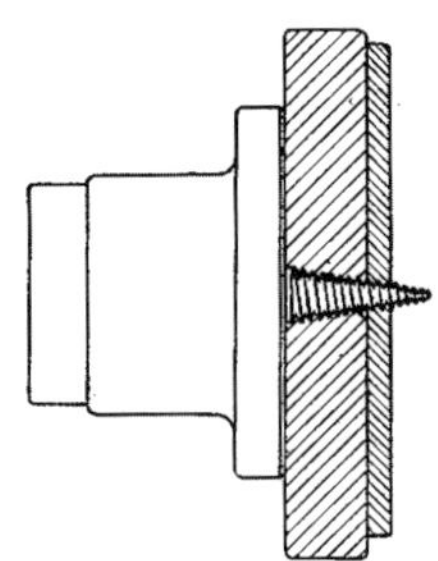

Abb. 72. Eisernes Schraubenfutter mit Beilagscheiben

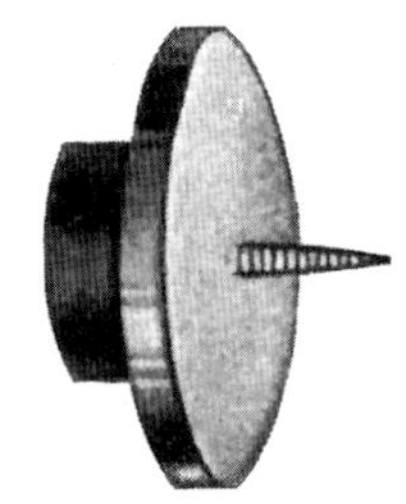

Abb. 73. Eisernes Schraubenfutter (Werkfoto: A. Lang, Zeulenroda)

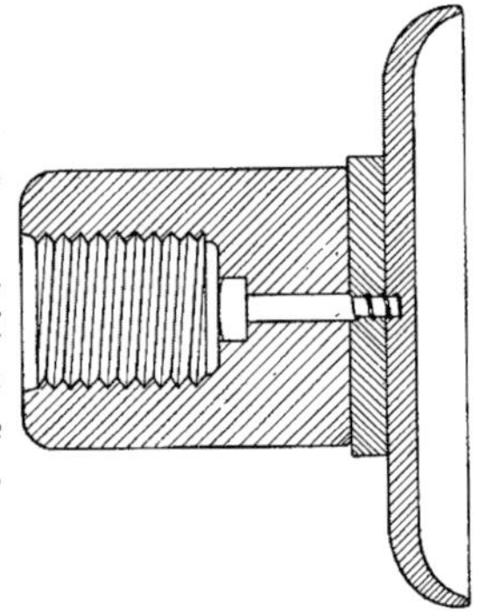

Abb. 74. Selbst zu fertigendes hölzernes Schraubenfutter, Schraube ohne Spitze und mit weichem Gewinde, besonders geeignet zum Drehen von billigen Tellern, bei denen das Schraubenloch ausgekittet wird. Durch das weiche Gewinde wird ein Ausreißen des Holzes vermieden.

Schraubenfutter angewendet (siehe *Abb. 73),* das in einigen Größen von Drehbankfirmen zu haben ist. Je nach Aufgabe ist es nötig noch Beilagscheiben (Hinterlegscheiben) zu verwenden *(Abb. 72).* Diese Scheiben können gewissermaßen den Zweck von Spundscheiben erfüllen, oder, sofern sie aus Sperrholz sind, können die zu bearbeitenden Werkstücke mittels Papiers auf sie aufgeleimt werden, siehe z. B. Tellerdrehen auf Seite 75.

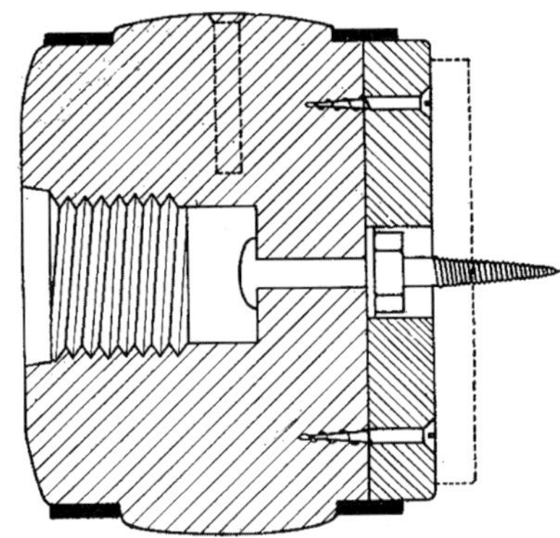

Abb. 75. Selbst zu fertigendes hölzernes Schraubenfutter. Die Stahlmutterschraube ist noch mit einer Mutter gesichert (Ausführung: Drechslermeister Haas, Überlingen).

DAS SPITZEN- ODER STIFTENFUTTER (Abb. 76)

Diese Scheibe ist dann außerordentlich vorteilhaft anzuwenden, wenn es sich darum handelt, nicht zu starke, flache Werkstücke aus Querholz, so z. B. Rosetten, flache Teller in einfacher Ausführung, bei denen es keine Rolle spielt, wenn auf der Rückseite die durch die Metallstifte entstandenen kleinen Vertiefungen zu sehen sind, anzufertigen. Das Spitzenfutter, das sich der Drechsler selbst herstellt, ist eine Querholzscheibe aus Hartholz, sie

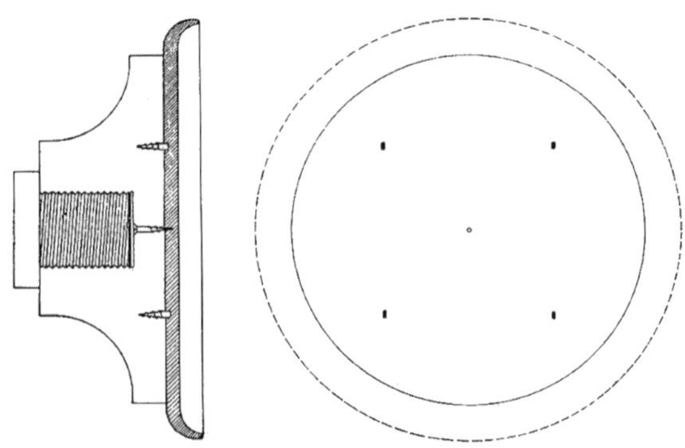

Abb. 76. Selbstzufertigendes Spitzen- oder Stiftenfutter, auch Spitzenscheibe genannt

Abb. 77. Eiserne Planscheibe mit Schlitzen zum Aufspannen

Abb. 78. Planscheibe mit Spannbacken

erhält in der Mitte einen kleinen Zentrierstift und vier weniger vorstehende kleine flache Eisenspitzen. Diese werden, ähnlich wie beim Stachelfutter schon beschrieben, als kleine Schrauben eingeschraubt und die Köpfe entsprechend spitz-schneidig zugefeilt. Dabei ist zu beachten, daß hier die Richtung der Schneiden der Zacken alle gleich-

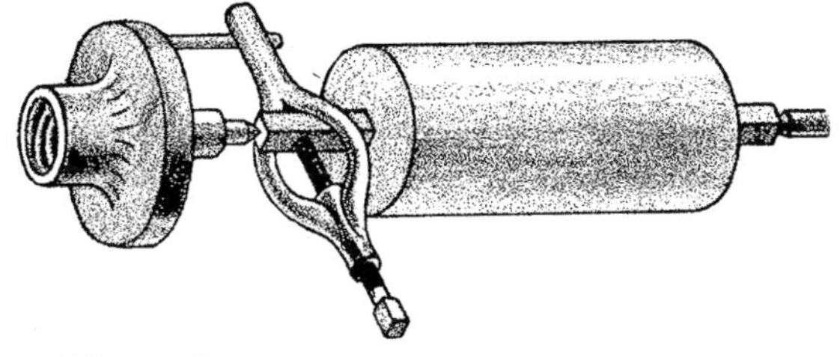

Abb. 79. Sog. Mitnehmerspitze mit Drehherz. Die Vierkantwelle kann auch rund sein.

laufen und das aufzudrückende Querholzstück in seiner Richtung der Holzfasern mit der der Zacken übereinstimmt. Das Spitzenfutter kann auf der Schraube des Schraubenfutters oder auf dem Gewinde der Drehbankspindel sitzen.

Abb. 80. Körnerspitze mit Morsekegel (Werkfoto: A. Lang, Zeulenroda)

Für ganz kleine Werkstücke, Rosetten und Tellerchen, wird das Kitt- oder Pechfutter — bzw. der Spund — oder die Scheibe angewandt. Beschreibung und Darstellung siehe auf Seite 98 und 99.

DIE PLANSCHEIBE AUS HOLZ ODER EISEN (Abb. 77)

Diese dient zum Drehen größerer Querholzscheiben für große Schalen, Ringe u. dgl. Hier sei nur die eiserne Planscheibe dargestellt, wie sie aus der Fabrik bezogen werden kann. Je nach Bedarf kann das Werkstück direkt mittels

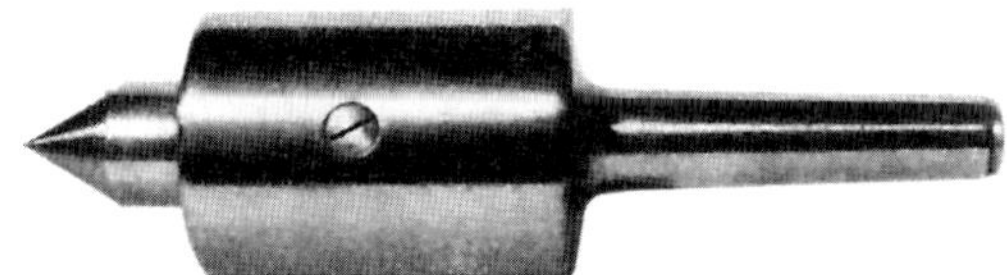

Abb. 81. Kugellagerkörnerspitze (Werkfoto: Alex. Geiger, Ludwigshafen a. Rh.)

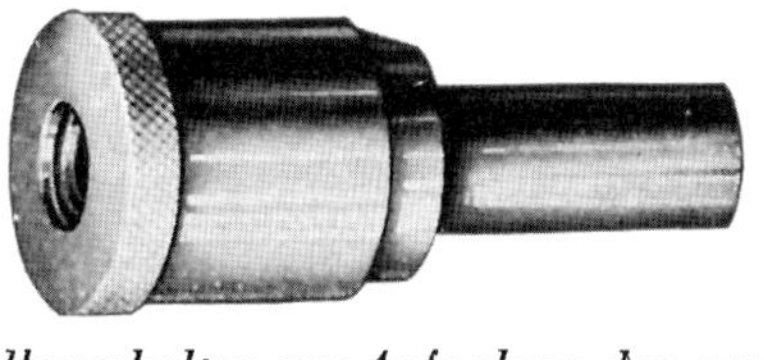

Abb. 82. Kugellagerhalter zur Aufnahme der verschiedenen Körnerspitzen (Werkfoto: A. Lang, Zeulenroda)

Schrauben auf der Planseite befestigt werden, oder man benötigt bei Werkstücken, z. B. Ringen, die bedeutend größer sind als die Planscheibe, noch entsprechend große ebene Scheiben. Diese werden von hinten an die Planscheibe geschraubt und auf diese wiederum das Werkstück.

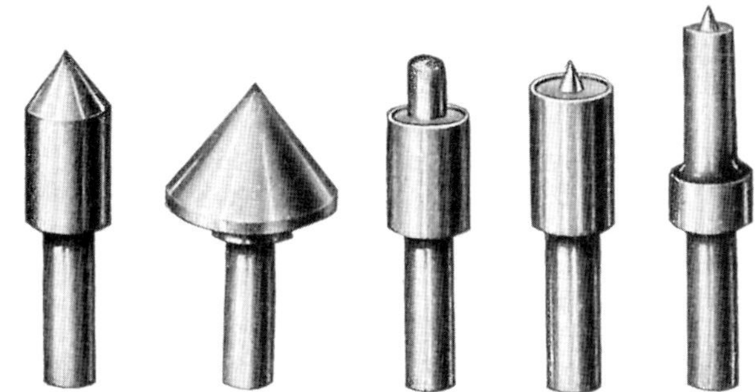

Abb. 83 a, b, c, d, e. Verschiedene Körnerspitzen mit unterschiedlichen Winkeln, entsprechend den Dimensionen und der Unterschiedlichkeit des Werkstoffes (Werkfoto: A. Lang, Zeulenroda)

PLANSCHEIBE MIT SPANNBACKEN (KLAUEN) (Abb. 78)

Diese gewissermaßen dem Drei- oder Vierbackenfutter ähnliche Scheibe dient demselben Zweck wie die einfache Planscheibe mit Schlitzen, hauptsächlich für schwere Werkstücke und die Modelldreherei. Die Backen werden mittels eines Schlüssels entsprechend bewegt. Gegenüber der Planscheibe ohne Backen ist hier eine engere Begrenzung des zu drehenden Werkstückes gegeben.

An Stelle der Planscheibe kann auch das Kreuz treten, besonders für das Drehen von großen Ringen, z. B. für Beleuchtungskörper, s. *Abb. 411* auf Seite 93. Mancher Meister begnügt sich damit, das Kreuz lediglich auf das Schraubenfutter zu schrauben, was jedoch besonders zum Drehen großer Werkstücke abzulehnen ist. Hier ist zu empfehlen, das Kreuz in der Mitte mit einem Gewinde zu versehen, oder besser sogar ein besonderes Futterstück mit eingedrehtem Gewinde anzubringen bzw. auf das Kreuz aufzuschrauben.

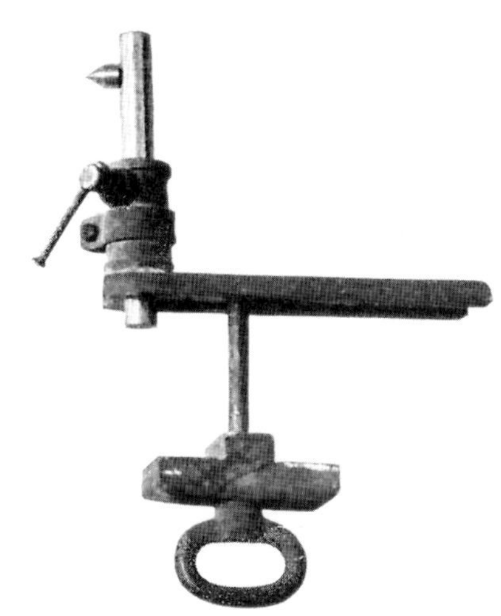

Abb. 84. Sog. Notspitze

Abb. 85. Reitstock mit Hebelvorschub, Bohrpinole (Werkfoto: Alex. Geiger, Ludwigshafen a. Rh.)

MITNEHMERSPITZE
(Abb. 79)

Zum Drehen von Gegenständen, zwischen zwei Spitzen, wie bei Waschmangelwalzen u. dgl. benötigt man eine sog. Mitnehmerspitze mit „Drehherz". Durch das Drehherz wird es möglich, dieses Werkstück, das sich zwischen den zwei Spitzen drehen würde, festzuhalten. Diese Vorrichtung ist von der Metallfabrikation übernommen worden.

Nachdem wir die Einspannvorrichtungen beschrieben haben, die am Spindelkasten befestigt werden, kommen wir nun zu den Vorrichtungen, die im Reitstock sitzen.

DER REITNAGEL, PINNAGEL ODER KÖRNERSPITZE

Gleich dem Dreizack an der Spindel spielt der Reitnagel eine wichtige Rolle, denn zwischen Dreizack und Reitnagel werden nahezu alle Langholzwerkstücke vorgeschrubbt und auf zylindrische Form gebracht. Der Reitnagel sitzt mittels Schraube in einem Gewinde oder in einem Konus der Pinole des Reitstockes *(Abb. 80)*. Der Reitstock wird entsprechend geschoben und der Reitnagel mit Handrad und Spindel in Richung der Achse der Drehbankspindel bewegt. Bei früheren Modellen liegt das Gewinde sichtbar hinter dem Handrad. Es gibt auch Pinolen mit verdeckter, innenliegender Schraube. Um zu verhindern, daß sich die Pinole beim Drehen bewegt, dient eine Schraube, die durch einen Hebel jeweils festgestellt wird. Die Körnerspitze ist hier also unbeweglich, was den Nachteil hat, daß die Spitze besonders bei hoher Tourenzahl warm wird und deshalb bei der Spitze Öl zugegeben werden muß. Um das Warmlaufen zu vermeiden, ist die schon seit langem bewährte, in die Pinole einzusetzende Körnerspitze mit Kugellager vorzuziehen, siehe *Abb. 81*. Je nach Bedarf und entsprechend des zu bearbeitenden Materials hat die Körnerspitze verschiedene Winkel, Größen und Formen. Normal ist ein Winkel von 60°. An Stelle der in *Abb. 81* dargestellten Körnerspitze mit Kugellager kann auch ein besonderer Kugellagerhalter mit Konus treten, in den je nach Bedarf verschiedene Körnerspitzen eingesetzt werden können, siehe *Abb. 82 und 83*.

Erweist sich die Drehbank zu kurz zum Drehen von besonders langen Stücken (z. B. großen Lampensäulen), so hilft man sich in der Weise, daß man einen weiteren Untersatz, wie er sonst die Werkzeugauflage aufnimmt, an Stelle des Reitstockes in das Drehbankbett einschiebt und eine sog. Notspitze einsteckt, siehe die *Abb. 84 und 462* auf Seite 103.

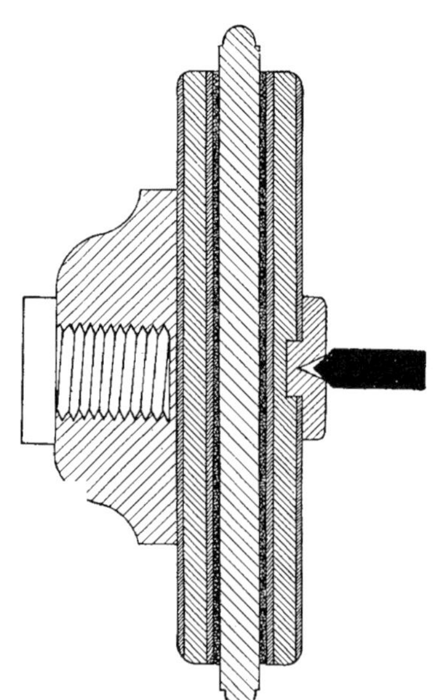

Abb. 86. Spannscheibe

REITSTOCK MIT HEBELVORSCHUB (BOHRPINOLE)
(Abb. 85)

Diese Bohrpinole ist für nahezu alle Bohrarbeiten an der Drehbank außerordentlich vorteilhaft. Es kann sowohl der in der Pinole befestigte Bohrer zum sich drehenden Werkstück herangeführt werden, oder auch umgekehrt durch entsprechende Vorrichtungen die zu bohrenden Werkstücke zu dem sich in der Spindel drehenden Bohrer geführt werden. Durch den Hebevorschub ist eine rasche Bewegung des Bohrwerkzeugs wie des Werkstückes möglich. (Siehe auch *Abb. 490.)*

Abb. 87. Kreuzsupport (Werkfoto: Alex. Geiger, Ludwigshafen a. Rh.)

Für Spezialaufgaben gibt es noch eine ganze Anzahl von besonderen Einspannwerkzeugen und Vorrichtungen, die hier nicht besonders aufgeführt werden, da sie bei den Arbeitsgängen der verschiedenen Aufgaben jeweils ausführlich beschrieben und dargestellt sind, z. B. die verschiedenen Bohrlünetten und Haken zum Drehen und Bohren langer Arbeitsstücke usw. siehe das nachfolgende Kapitel „Technik des Drehens". Hier sei noch erwähnt die sogenannte

SPANNSCHEIBE

Unter Umständen kann die Aufgabe gestellt werden, die Kanten runder Scheiben, deren Flächen nicht beschädigt werden dürfen, zu drehen. Dies kann dann mit Hilfe der in *Abb. 86* gezeigten Spannscheibe geschehen. Das Werkstück wird zwischen zwei Scheiben gespannt, wovon die eine Scheibe auf einem Scheibenfutter mit Gewinde sitzt, und die andere Scheibe wird mittels des Körners an das Werkstück gedrückt. Zur Aufnahme der Körnerspitze dient ein kleines mit einer Vertiefung versehenes eisernes Beilagstück. Um die zu drehende Holzscheibe nicht zu beschädigen, erhalten die beiden Spannscheiben auf ihrer inneren Fläche Pappe aufgeklebt.

DER KREUZSUPPORT
(Abb. 87)

Der Kreuzsupport sowohl zum Lang- und Plandrehen mit fein einstellbarer Prismenführung kommt aus der Eisendreherei. Bei der Holzdreherei ist er geeignet für Modelldreherei, zum Plan- und zum Geradedrehen.

Je nach Art des Betriebes und entsprechend den jeweiligen Aufgaben desselben wird sich natürlich auch der Holzdrechsler wie der Tischler für die Vorrichtung und Zurichtung der Werkhölzer sowie auch für die zusätzliche Bearbeitung von gedrehten und zu drehenden Werkstücken der heute technisch so vollendeten verschiedenartigen Holzbearbeitungsmaschinen bedienen. Der Verfasser hat davon abgesehen, den Umfang dieses Werkes durch Abbildungen dieser verschiedenartigen Maschinen noch zu vergrößern, er begnügt sich lediglich mit der Aufführung und kurzen Beschreibung der Maschinen, die für den Drechsler in Frage kommen. Es wäre auch nicht möglich, der einen oder anderen Firma für Holzbearbeitungsmaschinen den Vorzug zu geben, da gesagt werden kann, daß die meisten der heutigen Maschinen von hoher Qualität sind. Jedem Interessenten stehen hierfür ausführliche Kataloge zur Verfügung. Man tut gut, wenn möglich, sich vor Kauf einer

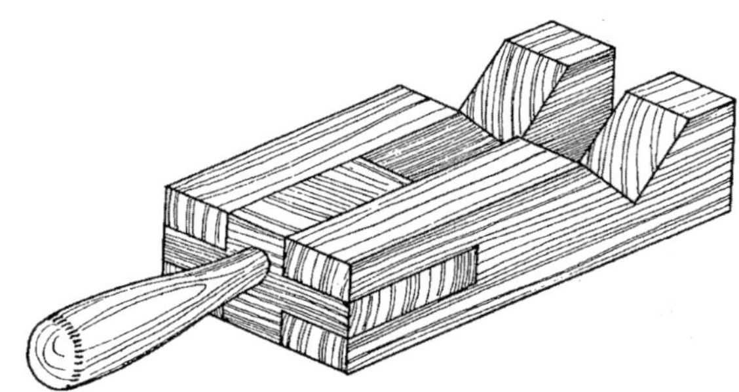

Abb. 88. Sog. Schlitten zum Sägen von Rundholz an der Bandsäge

Maschine ein Modell vorführen zu lassen und sich genau zu überlegen, was für den speziellen Bedarf am richtigsten ist.

Was über den Antrieb bei den Drehbänken gesagt ist, gilt auch für die Holzbearbeitungsmaschinen (siehe daselbst). Für kleine Werkstätten dürfte wohl der Einzelantrieb, sofern keine Wasserkraft zur Verfügung steht, das richtigste sein.

DIE BANDSÄGE

Diese ist wohl die wichtigste und heute nahezu unentbehrlichste Maschine für den Holzdrechsler, mit deren Hilfe er fast alle vorkommenden Sägearbeiten ausführen kann. Gleich, von welcher Stärke und Länge die Hölzer sind, vermag man mit ihr sie gerade und rund zu schneiden, so daß man sie ohne weiteres zur Weiterbearbeitung auf die Drehbank spannen kann. Die Größe der zu wählenden Bandsäge hängt von den vorkommenden Aufgaben ab. Im allgemeinen wird man der mittleren Bandsäge den Vorzug geben. Für manche Arbeiten ist es von Vorteil, eine Bandsäge mit schrägstellbarem Tisch zu besitzen, wie sie heute meist ausgeführt wird. Auch die Breite des Sägeblattes hängt von der jeweiligen Aufgabe ab, z. B. wird oft die Schweifsäge von 6—10 mm zum Rundschneiden und zum Ausschweifen von Hölzern in kleinem Durchmesser verwendet. Die modernen Bandsägen sind so konstruiert, daß die Sägeräder, so auch das Sägeblatt bis zur Schnitthöhe verdeckt sind, wodurch ein weitgehender Schutz für den Arbeitenden besteht für den Fall eines Reißens des Sägeblattes. (Dies ist Vorschrift der Berufsgenossenschaft.) Zu beachten ist, daß je nach Art des Holzes die Sägeblätter unterschiedlich geschränkt sein müssen. So müssen die Zähne weiter geschränkt sein, wenn weiches, grünes Holz gesägt wird, als bei hartem Holz. Von großer Wichtigkeit für eine einwandfreie Leistung der Säge ist das richtige Schränken und Schärfen, was viel Übung verlangt. Das Schränken, welches vor dem Schärfen geschieht, wird mit der Schränkzange, das Schärfen mit der dreikantigen Sägefeile bewerkstelligt. Die zeitraubende Arbeit des Schränkens von Hand kann heute weit vorteilhafter mit einem kleinen Schränkapparat mittels Hand vor sich gehen. Das Sägeblatt wird zum Schränken und Feilen in die sog. Feilkluppe mit 2 Spindeln (am besten aus Holz) eingespannt. Sehr schmale Sägen, wie auch die Dekupiersäge, schränkt man nicht mit der Schränkzange und Sägefeile, sondern man bedient sich hierfür des Senkstiftes und des Hammers. Je nach Größe des Betriebes und der damit zusammenhängenden Beanspruchung der Sägen dürfte die Anschaffung einer Sägenschärfmaschine am Platze sein.

Abb. 89. Das Sägen eines großen Rundlinges an der Bandsäge

ETWAS ÜBER DAS ARBEITEN AN DER BANDSÄGE

Es versteht sich von selbst, daß das Arbeiten an der Bandsäge, wie überhaupt das Arbeiten an den Maschinen größte Vorsicht verlangt. Es ist vor allem wichtig, daß die Führung dicht an der Schnitthöhe einzustellen ist. Besonderer Umsicht bedarf das Schneiden von Rund- und Scheitholz. Es besteht da die Gefahr, daß bei unsachgemäßem Sägen von Rundholz sich das Sägeblatt festklemmt und reißt, was sehr leicht Handverletzungen mit sich bringen kann. Es empfiehlt sich darum, sich beim Schneiden von Rundhölzern einer Art Schlitten mit genügend großer Kerbe zu bedienen, siehe *Abb. 88.*

Gibt es schwere runde Hölzer zu

sägen, so ist zu empfehlen, mit der Abrichte eine glatte Fläche an den Stamm zu hobeln, siehe *Abb. 89.*

DIE DEKUPIERSÄGE

Auch diese Säge mit ihrem lediglich auf und ab gehenden leicht ausspannbaren schmalen Sägeblatt kann dem Drechsler wertvolle Dienste leisten, so vor allem, wenn es gilt, innere Bögen auszusägen. Hierzu ist es nötig, daß das zu bearbeitende Werkstück erst gebohrt wird, um das Sägeblatt durchführen zu können.

Man unterscheidet zwei Arten solcher der Laubsäge ähnlichen Dekupiersägen: 1. die Bügelsäge mit ihrem ausladenden Arm, 2. die sog. Federsäge, bei der das obere Ende des Sägeblattes durch eine starke Spiralfeder, die an der Decke befestigt ist, in Spannung gehalten wird. An Stelle der Spiralfeder kann auch ein armbrustähnlicher Bogen aus Holz oder Stahl treten, ähnlich wie dies bei den alten Wippdrehbänken der Fall war. Vielleicht ist gerade in kleineren Werkstätten der Dekupiersäge mit Feder, die von der Decke herabhängt, der Vorzug zu geben, da der weitausladende Bügel der Bügelsäge mehr Platz beansprucht. Auch fällt durch die Federsäge eine Begrenzung für die Größe des Werkstückes, wie sie durch den Bügel gegeben ist, weg. Durch einen Exzenter wird das Sägeblatt auf- und abwärts bewegt.

DIE KREISSÄGE

Wenn auch, wie gesagt, die Bandsäge für die normale Drechslerei fast alle nötige Sägearbeit verrichten kann, so wird man sich in mancher Werkstatt mit größerem Aufgabenkreis und Spezialarbeiten auch vorteilhaft der Kreissäge bedienen, so vor allem, wenn es sich um das Sägen von runden Stücken auf genaues Maß handelt. Als geradezu notwendig erweist sich die Kreissäge, wenn zusätzliche Maschinen, z. B. eine Rundstabhobelmaschine, vorhanden ist, für die die Stöcke genau auf Maß geschnitten werden müssen. Die genaue Beschreibung der Kreissäge wollen wir uns hier schenken. Gegenüber der Bandsäge hat die Kreissäge den Vorteil, daß man durch die Möglichkeit feinster Einstellung die Hölzer auf genaueste Maße zuschneiden kann. Dort, wo eine Bandsäge vorhanden ist, wird man bei der Wahl der Kreissäge eine solche Konstruktion wählen, die es ermöglicht, eine genaue Sägearbeit zu erzielen, da ja die grobe Arbeit des Längens und Sägens von der Bandsäge hergestellt wird. Je nach Aufgabe dürfte es ratsam sein, so etwa zum Gehrungsschneiden, eine Maschine mit einem bis zu 45° verstellbaren Sägetisch zu wählen.

ÜBER DAS ARBEITEN AN DER KREISSÄGE, BEHANDLUNG UND PFLEGE DER SÄGEBLÄTTER

Das Arbeiten an der Kreissäge ist an sich einfach. Es versteht sich von selbst, daß größte Achtsamkeit geboten ist, um Unglücksfälle zu vermeiden. In erster Linie ist wichtig eine sachgemäße Behandlung der Säge und das richtige Schränken und Schärfen der Sägeblätter, die als sehr empfindliche Werkzeuge nur dann eine lange Lebensdauer haben, wenn sie sich in bestem Zustand befinden, wie es nötig ist für die so unterschiedlichen Arbeiten, die von ihnen verlangt werden. So macht vor allem der jeweilig zu sägende Werkstoff eine unterschiedliche Schränkung erforderlich.

Nur zu oft wird beim Arbeiten an der Kreissäge der Fehler gemacht, daß durch zu starken Vorschub des Werkstoffes das Sägeblatt überanstrengt wird, — und wie häufig wird mit stumpfem Blatt gearbeitet! Auch bedenkt man oft nicht, daß auch die Zahnung der jeweiligen Härte des Materials entsprechen muß. So bedarf hartes Material mehr Zähne bzw. einer feineren Zahnung als weiches Holz. Eine solch kleinere Zahnung verursacht wieder mehr Reibung, was durch eine kleinere Drehzahl des Sägeblattes ausgeglichen wird. Ferner wird nicht immer entsprechend des Materials richtig geschränkt und auch falsch geschärft. Kurz, wir sehen, das Arbeiten an der Kreissäge, Pflege der Sägeblätter, ist ein Kapitel für sich, und man könnte, um dies Thema zu erschöpfen, einige Seiten füllen. Wir wollen uns hier kurz darauf beschränken, einige weitere kurze Hinweise zu geben.

Frische weiche Hölzer machen z. B. tiefere Zahnlücken nötig als trockene, harte. Gleich wie bei den Drehwerkzeugen ist immer der Schneidewinkel der Zahnspitzen beim Weichholz größer als beim Hartholz. Beim Weichholz steht die Zahnung mehr auf Stoß, und je nach Härte des Holzes hängt der Zahn mehr oder weniger vorne über, — naturgemäß bei Hartholz weniger.

Zum Sägen von Querholz sollte die Säge fein gezahnt sein, und es dürfen die Zähne nicht auf Stoß stehen. Es sind im Handel Kreissägen zu haben, die sich zum Sägen von Quer- und Langholz eignen. Aber für eine gute Arbeit ist es vorteilhaft, entsprechend der jeweiligen Arbeit die dafür nötigen Sägeblätter zu wählen, und es ist ratsam, beim Kauf gleich anzugeben, welche Arbeit mit den Sägeblättern ausgeführt werden soll. Natürlich ist es stets günstiger, wenn sich der Meister hinsichtlich der Wahl der Sägen selbst richtig auskennt. Das Schränken und Schärfen der Kreissägeblätter stellt keine leichte Aufgabe dar und verlangt feinste Sorgfalt. Der Zahn, besonders wenn er gröber ist, soll beim Schränken nur gegen die Zahnspitze gebogen sein, also nicht auf den Grund, da sonst die Zähne abbrechen können und das Sägeblatt leicht verspannt wird und reißen kann. Das Schränken kann auf zweierlei Arten geschehen. Entweder man bedient sich wie gewöhnlich des Schränkeisens (Schränkzange), oder die Zähne werden mit Hilfe des Schränkbolzens gestaucht. Man kann auch einen besonderen Schränkapparat verwenden, dessen Bedienung weniger Übung verlangt.

Die kleinen Sägeblätter, die auf die Drehbank aufgeschraubt werden, sind auf Seite 53 beschrieben.

Abb. 90. Das Fräsen eines runden Tellers mit der Oberfräse

DIE HOBELMASCHINE

Je nach Größe der Werkstätte und entsprechend ihrer

Abb. 91. Selbstgefertigter Rundstabhobel mit 2 entsprechend zugeschliffenen Löffelbohrern, die die Wirkung eines Vor- und eines Nachschneiders haben

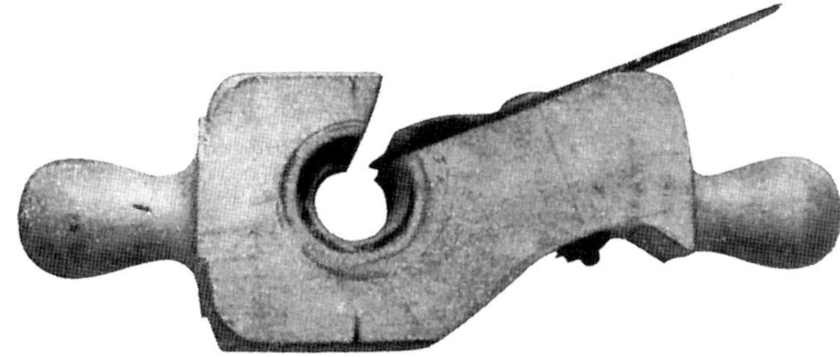

Abb. 92. Selbstgefertigter Rundstabhobel mit Hobeleisen

Aufgaben kann eine Abrichtemaschine von großem Vorteil sein, z. B. wenn es gilt, vorwiegend Teller zu fertigen. Noch günstiger ist eine kombinierte Abrichte- und Dicktenhobelmaschine, die gegenüber der Abrichte des Schreiners nicht so breit zu sein braucht. Gewöhnlich genügt dem Drechsler eine Breite von 30—40 cm. Hat der Drechsler eine Kreissäge, so ist eine Abrichte unbedingt notwendig, da ein genaues Arbeiten an der Kreissäge bedingt, daß die Bretter abgerichtet werden und eine Winkelkante besitzen.

KLEINE FRÄSMASCHINE

Es kann vorkommen, daß eine Drechslerwerkstatt einen so großen Auftrag erhält, daß es sich für sie lohnt, eine Fräse anzuschaffen, z. B. für die Herstellung von Rahmen. Im übrigen gilt für die Fräse, was von der Dicktenhobelmaschine gesagt wurde.

DIE OBERFRÄSE

Eine Maschine, die erst in neuerer Zeit eine hohe technische Entwicklung erreicht hat, ist die sog. Oberfräse, so genannt, weil mit ihr, wie der Name sagt, von oben gefräst wird, siehe die *Abb. 90.* Diese Maschine finden wir schon in Drechslerwerkstätten von großem Aufgabenkreis, und ohne Zweifel kann sie für die rationelle Durchführung mancher Arbeiten von großem Vorteil sein. Sie kann zweierlei grundsätzlich verschiedenen Aufgaben dienen, und zwar einmal einer rein technischen und zum anderen einer schmückenden.

Die technische Aufgabe der Fräse besteht darin, daß sie vorteilhaft und rationell Aufgaben übernimmt, die bisher mittels Bohrer und Fräswerkzeugen, die in die Drehbank oder auch Bohrmaschine gespannt wurden, ausgeführt wurden. Sie leistet gute Dienste zum Herausbohren und Herausschroppen von Vertiefungen, bei Tellern, Dosen usw., die danach auf der Drehbank auf ihre endgültige Form fertiggedreht werden, siehe *Abb. 90.* Wie diese Abbildung auch veranschaulicht, kann durch entsprechende Eisen der innere gewölbte Rand, so bei Tellern, gefräst werden. Der Verfasser ist der Meinung, daß die Oberfräse durchaus ein zeitgemäßes Hilfsmittel zu vorbereitenden Arbeiten im Drechslerhandwerk darstellt. Eine solche vorteilhafte Maschine braucht aber durchaus nicht dazu angetan sein, der edlen Holzdrechslerei Abbruch zu tun, wie mancherorts befürchtet wird. Nach wie vor wird das handwerkliche Können allein entscheidend sein für die Schaffung schöner Dinge. Falsch wäre es jedoch, dem Drechslermeister einer Maschine zu entraten, die ihm rein technische Vorteile bietet. Die Oberfräse ist selbstverständlich auch hervorragend dazu geeignet, die verschiedenste Bohrarbeit zu übernehmen.

Über die Möglichkeiten der Oberfräse zur Herstellung von ornamentalen Zierformen ist ausführlich auf Seite 136 bis 138 gesprochen worden.

RUNDSTABHOBEL UND RUNDSTABHOBELMASCHINE

Rundstäbe sind Massenartikel, die heute leicht und billig von der Fabrik bezogen werden können. Diese von der Maschine gehobelten Stäbe sind oft nicht so sauber bearbeitet. Um dies nachzuholen, kann der Rundstabhobel vorteilhaft genützt werden, indem er über die in der Drehbank laufenden Stäbe gezogen wird *(Abb. 91 und 92).* Mit diesen vom Drechsler hergestellten Rundhobeln, wie sie schon seit langer Zeit in Gebrauch sind, können auch Rundstäbe mit nicht zu großen Dimensionen aus Vierkanthölzern hergestellt werden. Eine Rundstabhobelmaschine wird der Drechsler kaum benötigen, da mit dieser nur Spezialarbeiten ausgeführt werden, es sei denn, daß eine große Drechslerwerkstatt nebenher Spezialaufträge ausführt.

DIE BOHRMASCHINE

Neben der Bandsäge ist die kleine Vertikalbohrmaschine wohl mit die wichtigste Maschine für den Drechsler (siehe *Abb. 296)* zum Bohren aller Löcher, vor allem in Querholz. Diese Bohrmaschine verrichtet so vorzügliche Dienste, daß sie jedem Drechslermeister nur empfohlen werden kann. Auf dem Tisch der Bohrmaschine läßt sich das zu bearbeitende Werkstück gut und sicher auflegen, durch eine Einstellvorrichtung kann die Tiefe der Löcher exakt gebohrt werden. Siehe auch das Kapitel „Bohren und Zusammenbohren“ auf Seite 104—106.

DER SCHLEIFSTEIN

Der für den Drechsler völlig unerläßliche Schleifstein bzw. sein Gestell ist je nach Größe und Aufgabe der Werkstatt verschieden. (Der Stein selbst ist im Kapitel „Schärfen der Werkzeuge“ auf Seite 55 beschrieben.) *Abb. 93* zeigt einen leichteren Schleifsteintrog mit Fußbetrieb, er genügt für kleinere Werkstätten, wie auch für Bein- und Horndreher. Er ist wohl auch der richtige Stein für die Laienwerkstätte. *Abb. 94* zeigt einen größeren Schleifsteintrog für Kraftbetrieb mit Leerlaufscheibe. Der Kraftantrieb kann sowohl

Abb. 93. Schleifsteintrog mit schmiedeeisernen Füßen, Trog aus Gußeisen für Fuß- und Handbetrieb, passend für einen Stein von 400 bis 450 mm Durchmesser

Abb. 94. Gußeiserner Schleifsteintrog mit Ausrücker für Kraftbetrieb

Abb. 95. Schleifsteintrog aus Gußeisen mit an- bzw. eingebautem Elektromotor mit Schneckentrieb zur Reduzierung der Tourenzahl

Abb. 93—95. (Werkfotos: Gebr. Zeibig, Leipzig-Plagwitz)

durch Einzelantrieb wie durch Gruppenantrieb erfolgen. In *Abb. 95* sehen wir einen sehr idealen Schleifsteintrog. Hier ist der Motor unmittelbar an den Schleifstein angeschlossen, er bedarf also keines Treibriemens. Er hat dadurch den Vorteil, daß er nach den jeweiligen Licht- und Platzverhältnissen beliebig aufgestellt werden kann. Dieser Schleifsteintrog ist natürlich auch in schwererer Ausführung erhältlich.

DIE WERKZEUGE DES DRECHSLERS

Ähnlich wie der Holzschnitzer mit seinen Händen das Werkzeug, das Schnitzmesser führt, um sein Werkstück zu formen, ihm Gestalt zu geben, so handhabt auch von jeher bis heute, und hoffentlich auch in Zukunft, der Holzdrechsler sein Werkzeug und formt den an der Drehbank sich drehenden Werkstoff. Wir wollen deshalb der Betrachtung der Werkzeuge für Holz, auch Elfenbein sowie für die Kunstwerkstoffe unsere große Aufmerksamkeit schenken.

Während hier die wichtigsten Werkzeuge soweit als nötig grundsätzlich dargestellt und beschrieben werden, sind im nachfolgenden Kapitel „Die Technik des Drehens" nahezu alle Werkzeuge auch an praktischen Aufgaben gezeigt. Dort sehen wir dann, wann die einzelnen Werkzeuge nötig sind, und aus der Darstellung der Arbeitsgänge ist die Handhabung der Werkzeuge ersichtlich. Ferner ist im nachfolgenden Kapitel „Schärfen des Werkzeugs" darauf hingewiesen, wie die Werkzeuge entsprechend der jeweiligen Aufgabe und Beschaffenheit des zu bearbeitenden Materials geschliffen werden müssen.

Die elementarsten Drehwerkzeuge sind und bleiben die Röhre und der Meißel. Mit ihnen vermag der Drechsler fast alle vorkommenden Formen zu drehen. Darum finden wir auch auf alten Siegeln und Inschriften diese beiden Werkzeuge stets in symbolischer Zusammengehörigkeit dargestellt meist noch in Verbindung mit Kugel und Greifzirkel. (Siehe auch *Abb. 725.*) Betrachten wir in dem Kapitel „Die Stilgeschichte der Drechslerformen" die ganz frühen auf uns gekommenen Arbeiten, so kommen wir zu der Meinung, daß diese nahezu alle mit Hilfe von Meißel und Röhre gedreht werden konnten. Erst nach der Entwicklung eines größeren Formenreichtums, etwa seit der Renaissance und des Barock erfuhr das Drechslerwerkzeug hinsichtlich seiner Form wohl eine Bereicherung. Neben dem Meißel und der Röhre dürfte schon sehr früh der sog. Haken *(Abb. 112 bis 114)* auf den Plan getreten sein, denn wie wir ja schon das ganze 1. Jahrtausend hindurch sehen, sowie aus der La-Tène-Zeit, haben die Alten zum großen Teil schon ausgehöhlte Trink- und Eßgeräte gedreht, Schalen, Becher usw., wozu der Haken und Krummeißel *(Abb. 115, 116)* vorteilhaft Verwendung fand. Die auf uns gekommenen oft recht schönen Drechslerformen aus ganz früher Zeit lassen ohne weiteres darauf schließen, daß auch die Drehwerkzeuge schon damals von beträchtlicher Qualität waren. Wir dürfen wohl annehmen, daß das Bohren und auch das Drechseln schon viel früher erfunden worden ist, als wir es heute nachweisen können. Die frühesten Metallwerkzeuge werden wohl zunächst aus Bronze und später erst, etwa 1500 v. Chr., in den südlichen Ländern aus geschmiedetem Eisen, welches etwa um 1000 v. Chr. bei uns in Europa ebenfalls aufkommt, hergestellt worden sein. Bis zur Erfindung des Gußstahles (1898) waren die Werkzeuge aus geschmiedetem Stahl. Heute werden die Drehwerkzeuge vorwiegend aus Gußstahl hergestellt.

DIE RÖHRE, AUCH HOHLMEISSEL GENANNT

Hier unterscheiden wir zwei Arten von Röhren: die sog. Schropp-, Schrot- oder Schrupprröhre und die Formröhre.

Mit der Schroppröhre *(Abb. 96)* wird stets die erste Arbeit an der Drehbank geleistet. Das in seinem Querschnitt noch unrunde Werkstück, sei es quadratisch oder vieleckig, wird mit der breiten Schroppröhre auf zylindrische Form gebracht, siehe auch *Abb. 242.*

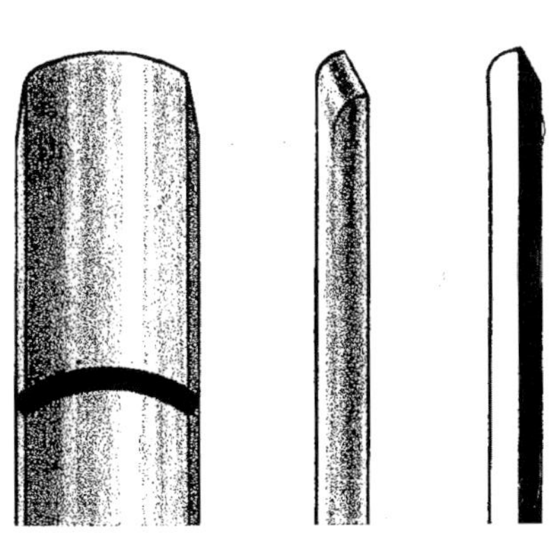

Abb. 96. Schropp-, Schrot- oder Schrupppröhre

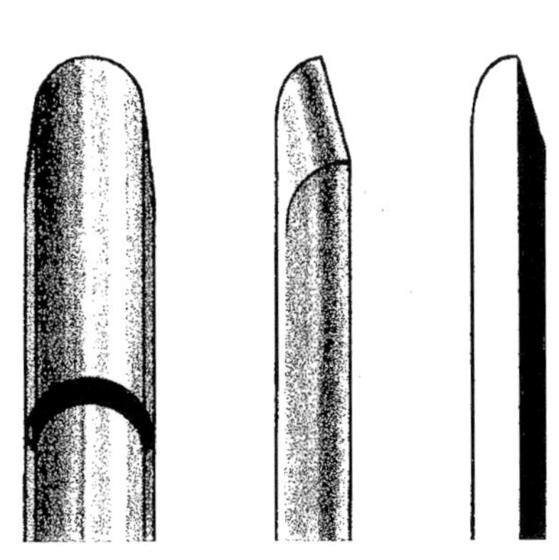

Abb. 97. Formröhre für Weichholz

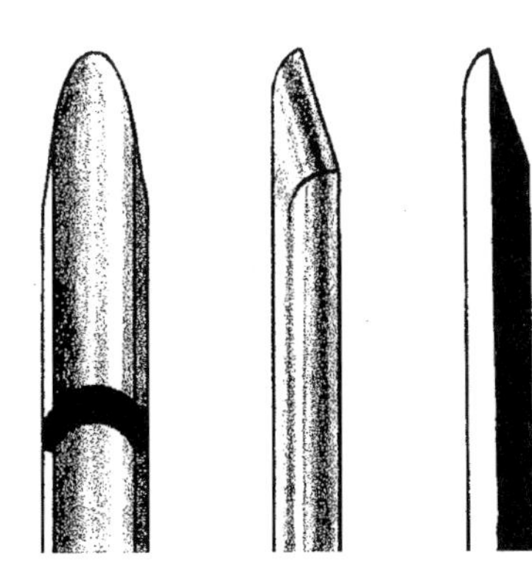

Abb. 98. Formröhre mit spitzer Form zum Ovaldrehen

½ nat. Größe

Obwohl man zum Schroppen sich des Eisens bedient, welches auch der Tischler wie Bildhauer unter der Bezeichnung Hohleisen oder Hohlbeitel für seine Arbeiten benötigt, ist die Bezeichnung Schroppröhre am Platze, da dieses Eisen in seinem Querschnitt eine wenn auch nur flache Hohlform aufweist. Gegenüber der eigentlichen Formröhre ist das Ende des Eisens ziemlich flach. Mit dieser Schroppröhre oder dem Hohlbeitel vermag man meist breite Späne wegzudrehen und meist die Grundform grob vorzudrehen.

In einigen Gegenden, so in Norddeutschland, bedient man sich, aber lediglich um das Werkstück auf die zylindrische Form zu schroppen, eines einfachen Hohleisens, welches an seinem Ende oben gerade ist (aber nur für Weichholz), siehe *Abb. 242*. Aber im allgemeinen wird zum Schroppen von den meisten Meistern der oben beschriebenen Schroppröhre der Vorzug gegeben, denn auch gerade für den Anfänger dürfte das Schroppen mit dem Hohleisen, das oben gerade ist, eine Gefahr bedeuten, weil sich dieses Eisen leicht verfängt.

Die Schroppröhre dient mehr zum Drehen von Weichholz, wie mittleren Harthölzern. Für ganz harte Hölzer ist sie weniger geeignet. Der Schneidewinkel der Schroppröhre für Weichholz ist spitzer und entspricht mehr dem Scharfdrehen mit dem Meißel mit der spitzen Schneide. Sowohl der Querschnitt des Eisens (welcher in seiner Stärke gleichbleibt), wie die Form am Ende ist leicht gewölbt gegenüber der eigentlichen Formröhre, die im Querschnitt sowohl wie an ihrem oberen Ende halbrund ist, und deren Querschnitt außerdem insofern ein anderer ist, als das Eisen gegen die Mitte zu stärker ist. Für harte Hölzer ist das Eisen stärker.

DIE FORMRÖHRE
(Abb. 97)

Mit dieser Röhre erhält das Werkstück nahezu alle seine geschweiften Formen angedreht und es wird auch mit der fein geschliffenen, gut abgezogenen Röhre geschlichtet, soweit dies nicht mit dem Meißel möglich ist. Auf die Unterschiedlichkeit der Formröhre gegenüber der Schroppröhre ist oben schon ausführlich hingewiesen worden. Die Stärke der Formröhre ist abhängig von dem zu bearbeitenden Material. Je härter dieses ist, einen um so stärkeren Querschnitt wird das Eisen haben müssen *(Abb. 99—101)*. Unter Umständen kann die Röhre statt der normalen Halbkreisform auch einmal eine spitzere Wölbung erhalten, und zwar dann, wenn es sich um das Drehen von ovalen Formen handelt, siehe *Abb. 98 und 102* und daselbst auf Seite 130.

DER MEISSEL, AUCH FLACHMEISSEL GENANNT
(Abb. 103 und 104)

Ein nicht minder unentbehrliches Werkzeug für nahezu alle vorkommenden Arbeiten stellt der Drehmeißel dar. Der Meißel dient zum Schlichten oder, wie man sagt, zum

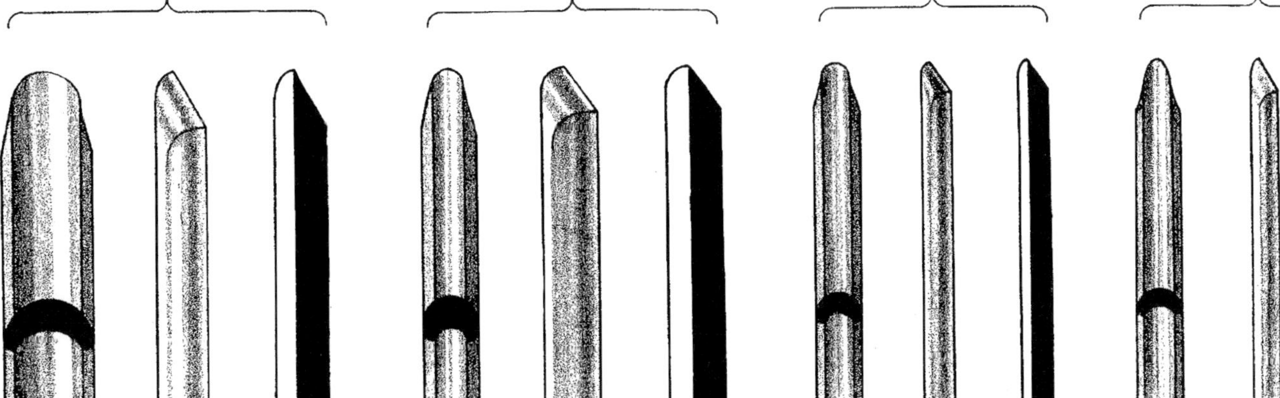

Abb. 99—101. Formröhren in verschiedenen Größen und Stärken für Harthölzer

½ nat. Größe

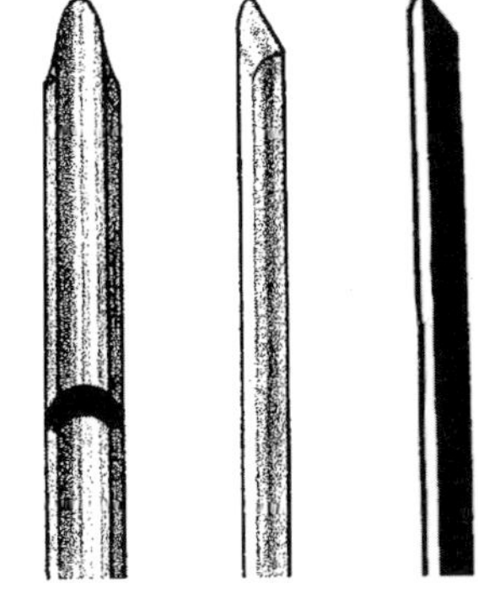

Abb. 102. Formröhre mit spitzer Form zum Ovaldrehen von Harthölzern

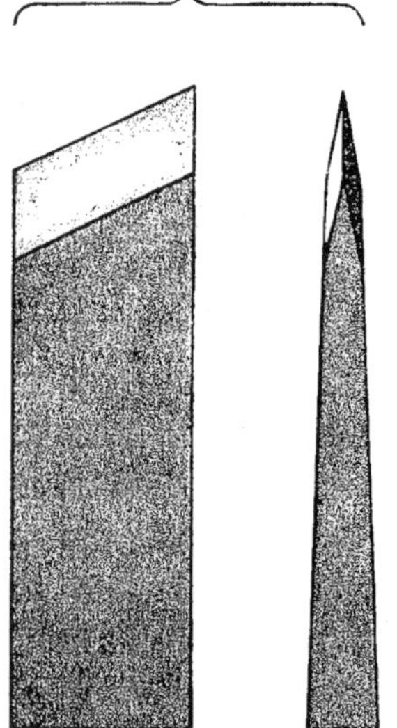

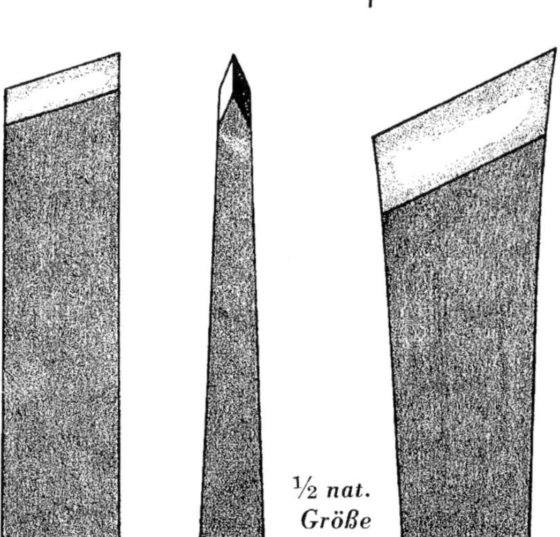

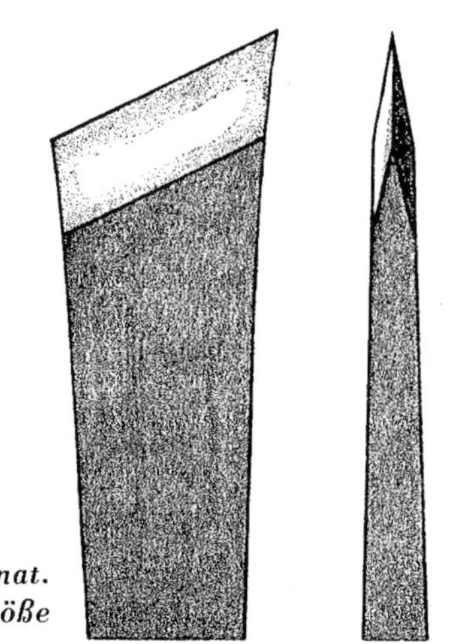

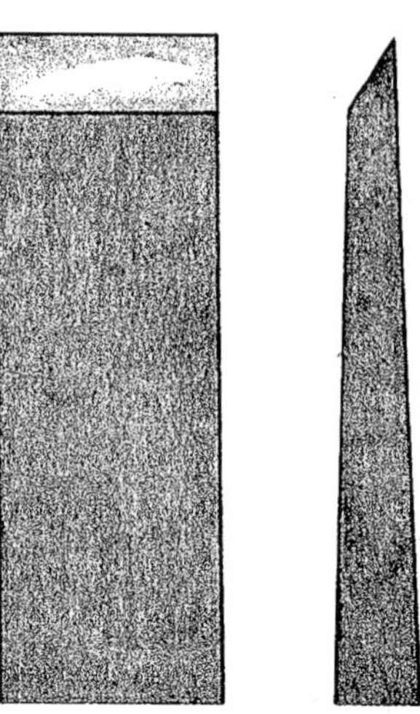

½ nat. Größe

Abb. 103. Meißel zum Scharfdrehen und Schlichten von Weichholz

Abb. 104. Meißel zum Drehen und Schlichten von Hartholz

Abb. 105. Deutscher Meißel (wird heute nicht mehr angefertigt)

Abb. 106. Schlicht- oder Flachstahl zum Querholzdrehen

Sauberdrehen, d. h. um dem Werkstück die letzte feinste Glätte zu geben. Man benötigt ihn nicht nur zum Schlichten gerader, sondern auch gewölbter und kugeliger Formen. Soweit es Form und Material erlauben, wird dem Schlichten mit dem Meißel immer der Vorzug gegeben, da mit dem schärferen Meißel eine größere Glätte erzielt werden kann.
Unentbehrlich ist der Meißel auch zum Ein- und Abstechen.
Das sich in seiner Stärke konisch verjüngende Eisen ist an seinem Ende schräg und erhält beidseitig eine Fase angeschliffen, deren Schneidewinkel jeweils abhängig ist vom Material und der zu drehenden Form (siehe nachfolgendes Kapitel „Schärfen des Werkzeugs“). Die *Abb. 103* zeigt die übliche Schrägform. Es ergeben sich naturgemäß oben ein spitzer und unten ein stumpfer Winkel, man spricht von der „oberen“ und „unteren Spitze“.

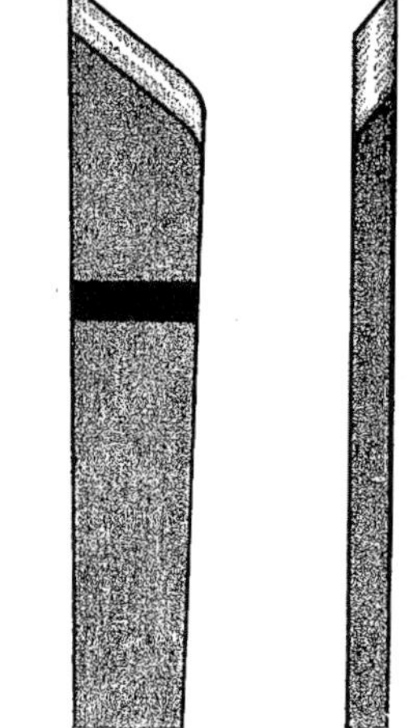

Abb. 107. Flachstahl mit abgerundeter unterer Spitze zum Schlichten von Querholz (von Stuhlsitzen)
½ nat. Größe

Mit der oberen Spitze geschieht das oben erwähnte Ein- und Abstechen (siehe *Abb. 253, 258, 304)*, und je nach Aufgabe werden mit der unteren Spitze flache Rundungen gedreht *(Abb. 255)*.
Selbstverständlich gibt es Meißel in verschiedenen Breiten und Größen. Die *Abb. 103* zeigt die übliche Schräge der Fase, d. h. je nach Gewohnheit der Meister und auch je nach Aufgabe kann die Schräge auch verschieden sein. Mancher Meister z. B. zieht eine steilere Schräge des Eisens vor. Durch eine entsprechende Haltung des Eisens wird dann ein Ausgleich geschaffen.
Des Interesses halber sei noch auf die *Abb. 105* hingewiesen, die den sog. Deutschen Meißel darstellt. Derselbe stammt aus der Zeit, bevor der Gußstahl erfunden wurde. Die sich vorn verbreiternde Form hat sich wohl natürlich ergeben durch das Ausschmieden des Meißels.

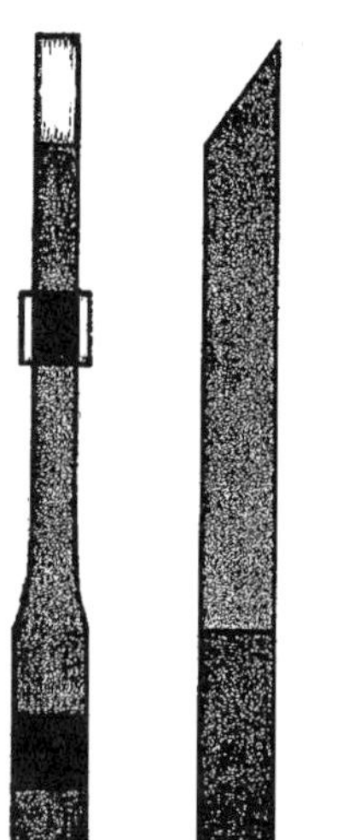

Abb. 108. Plattenstahl mit spitzem Schneidewinkel

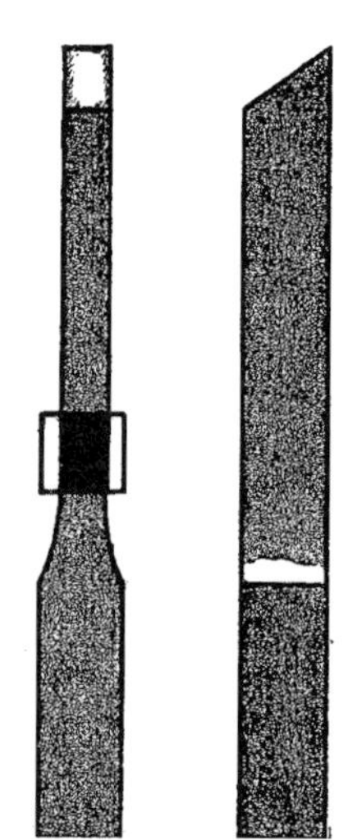

Abb. 109. Plattenstahl mit stumpfem Schneidewinkel

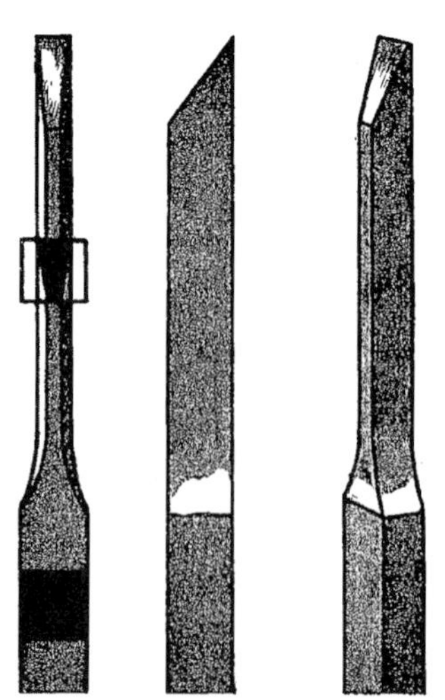

Abb. 110. Abstechstahl (Abb. 108—111 ½ nat. Größe)

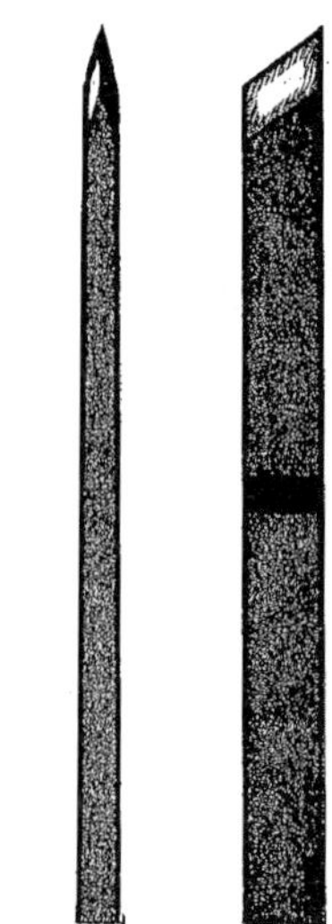

Abb. 111. Schmaler Abstechmeißel

DER SCHLICHT- ODER FLACHSTAHL *(Abb. 106)*

Diesen müssen wir wohl auch noch zur Gruppe der Meißel zählen. Er dient, wie der Name schon sagt, lediglich zum Schlichten von Querholz bzw. zum Plan- und Ebendrehen, siehe auch *Abb. 314.*
Das sich ebenfalls konisch verjüngende Eisen ist an seinem Ende gerade und erhält nur auf einer Seite die Fase angeschliffen. Oft streicht man wie bei der Ziehklinge noch einen Grat an, wodurch beim Bearbeiten von hartem Querholz eine bessere Schnitt- bzw. Schabwirkung erreicht wird. Mancher Meister schleift diesem Schlichtstahl für Querholz entsprechend der zu drehenden Form eine leicht geschweifte Form an, siehe *Abb. 107.*

PLATTENSTAHL *(Abb. 108 und 109)*

Um tiefliegende schmale Platten (siehe *Abb. 252)* drehen zu können, für die der Meißel nicht zu verwenden ist, wird man den Plattenstahl nehmen. Je nach Holzart ist auch hier der Schneidwinkel stumpfer oder spitzer zu halten. Die Breite des Plattenstahles wird man so wählen, daß sie sich der Breite der zu drehenden Platte möglichst angleicht.

DER ABSTECHSTAHL *(Abb. 110)*

Dies Werkzeug dient, wie der Name schon sagt, in erster Linie zum Abstechen von Langholz, vor allem wird er natürlich dort verwendet, wo es nicht möglich ist, mit dem Meißel abzustechen. Vergleichen wir den Abstechstahl mit dem Plattenstahl, so sehen wir, daß der erstere einen konischen Querschnitt hat, während der Plattenstahl eine rechteckige Form im Querschnitt aufweist. Zum Schaben muß der Plattenstahl natürlich einen stumpfen Winkel haben. Bei manchem Meister finden wir zum Abstechen einen besonderen Abstechmeißel *(Abb. 111).* Dieser hat den Vorzug, daß er sich weniger verfängt als der breite Meißel, mit dem gewöhnlich abgestochen wird, außerdem läßt er beim Arbeiten mehr Sicht frei als der breite Meißel.

AUSDREHHAKEN UND AUSDREHSTÄHLE

Einen großen Aufgabenkreis mit reizvollen Möglichkeiten stellt für den Drechsler das Drehen von Hohlkörpern dar, wie da sind tiefe Schalen, Büchsen, bauchige Dosen, Becher mit und ohne Deckel, in allen Holzarten. Um diese Arbeiten ausführen zu können, benötigen wir eine ganz andere Art von Werkzeugen, als die bisher beschriebenen, und zwar je nach Holzart, ob für Lang- oder Querholz, den Ausdrehhaken oder den Ausdrehstahl. Im nachfolgenden werden diese beiden wichtigen und interessanten Drehwerkzeuge einzeln dargestellt und beschrieben. Die sinngemäße Anwendung und Haltung der beiden Eisen finden wir auch noch veranschaulicht im Kapitel „Technik des Drehens“.

DER AUSDREHHAKEN, AUCH BAUCHEISEN GENANNT *(Abb. 112—115)*

Grundsätzlich ist zu bemerken, daß er nur zu verwenden ist: 1. Bei Weichholz, wie Fichte, Tanne, Kiefer, Zirbel (weniger Lärche), Erle, Linde, Aspe, unter Umständen zarte Birke, wie auch zartes Nußbaum. 2. Von Ausnahmen (wie bei Aspe, Zirbel, Wydewood) abgesehen nur bei Langholz. 3. Für große Höhlungen überall dort, wo man mit dem Bohrer oder der Röhre nicht mehr hinkommt. Selbstverständlich wird stets die Höhlung erst soweit als möglich gebohrt und mit der Röhre gedreht, bis man den Haken zu Hilfe nimmt. Die Hauptaufgabe des Ausdrehhakens besteht im rohen Wegnehmen des Holzes, man wird mit ihm also die Aushöhlarbeiten vornehmen. Je nach Werkstoff wird man zum Schlichten den Krummeißel oder den Ausdrehstahl verwenden.

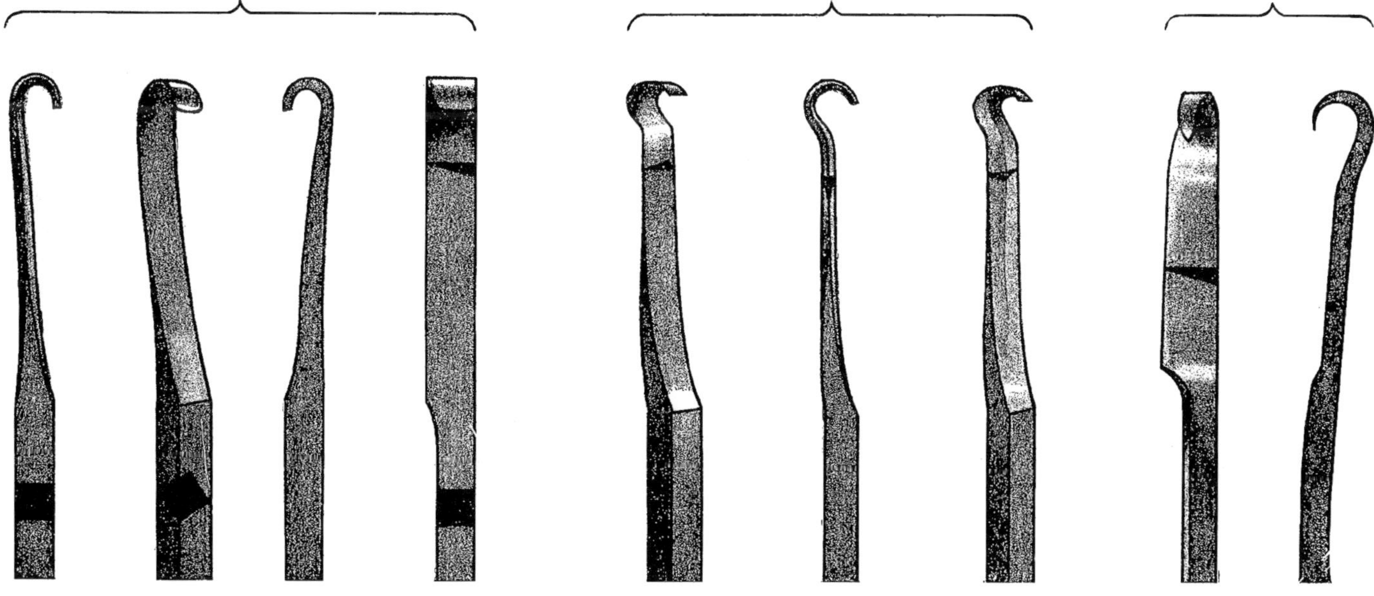

Abb. 112—114. Ausdrehhaken für Weichholz (Langholz). ½ nat. Größe

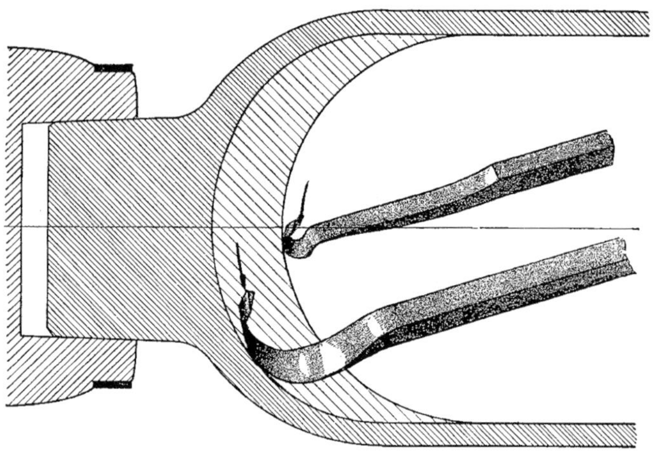

Abb. 115. Anwendung von Ausdrehhaken und Krummeißel

Gegenüber dem Ausdrehstahl, der flächig bleibt, ist das Eisen des Hakens hakenförmig gebogen. Die *Abb. 112—114* zeigen uns einige charakteristische Formen von Ausdrehhaken. Die Größe und die Krümmung des Hakens richtet sich jeweils nach den gegebenen Aufgaben. Der erfahrene Drechsler läßt sich die Haken vom Schmied herstellen und schärft sie dann selbst nach. Die Schneide wird einseitig oder zweiseitig geschärft („Einschnitter“ und „Zweischnitter“). Betrachten wir die in *Abb. 112—114* gezeigten Ausdrehhaken, so machen wir die Feststellung, daß die Haken so geformt bzw. gekröpft sind, daß der Mittelpunkt des

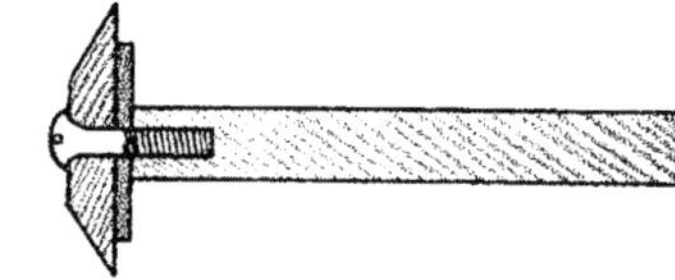

Abb. 118. Bodeneisen für Langholz

gebogenen Endes des Eisens auf der Mittelachse der Stärke des Eisens liegt. So geformte Eisen gestatten ein weit vorteilhafteres Arbeiten als die ungekröpften Eisen, wie sie gelegentlich in Spezialgeschäften zu erhalten sind. Vor solchen Eisen ist zu warnen, da sie leicht umkippen, besonders natürlich dem noch Ungeübten. Es empfiehlt sich, solchen Eisen durch ein Nachschmieden noch eine gekröpfte Form zu geben, wie sie in *Abb. 112* gezeigt ist. Dasselbe

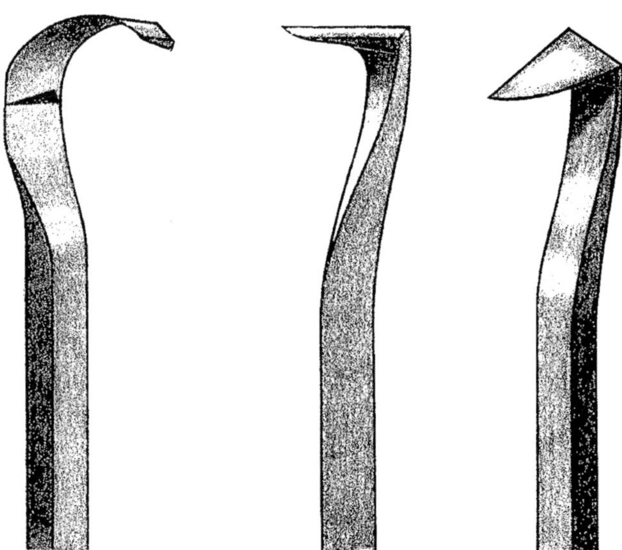

Abb. 116. Krummeißel *Abb. 117. Bodenmeißel*
½ nat. Größe

gilt, wie wir noch erfahren werden, auch für den Ausdrehstahl.

Die Länge des Eisens ist abhängig von der jeweiligen Größe bzw. Tiefe des zu bearbeitenden Hohlkörpers. Entsprechend der nötigen Länge des Eisens muß auch das Heft bzw. der Holzgriff lang sein. Auf alle Fälle ist ein langer Griff nötig, weil durch die sich damit ergebende Hebelkraft das Arbeiten viel leichter ist.

Das Schärfen der Ausdrehhaken geschieht vorteilhaft an kleinen Schmirgelscheiben oder mit Hilfe eines Schabers, siehe *Abb. 148*. Abgezogen wird mit entsprechend geformten Abziehsteinen.

DER KRUMMEISSEL
(Abb. 115 und 116)

Dieser gehört noch in die Gruppe der Haken und dient zum Schlichten der mit dem oben beschriebenen Haken ausgehöhlten Form, jedoch nur bei Weichholz. Die Form dieses Eisens ist weitmöglichst der endgültigen Form des Arbeitsstückes angepaßt.

Auch beim Krummeißel ist die Länge des Eisens wie des Schaftes natürlich abhängig von der Tiefe des jeweiligen Hohlkörpers.

Ausdrehhaken und Krummeißel kommen vorwiegend da zur Verwendung, wo in ländlichen Gegenden aus Weichholz, so z. B. aus Zirbel, große Holzschüsseln gedreht werden, die früher meist vom Bauer selbst gearbeitet wurden. Siehe auch die *Abb. 347 und 351* auf den Seiten 82 und 83.

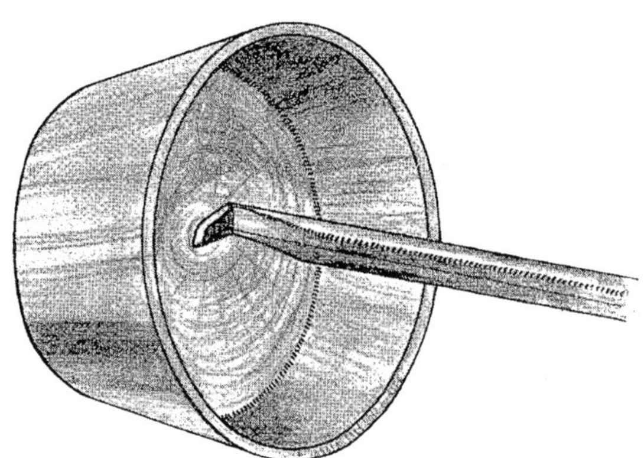

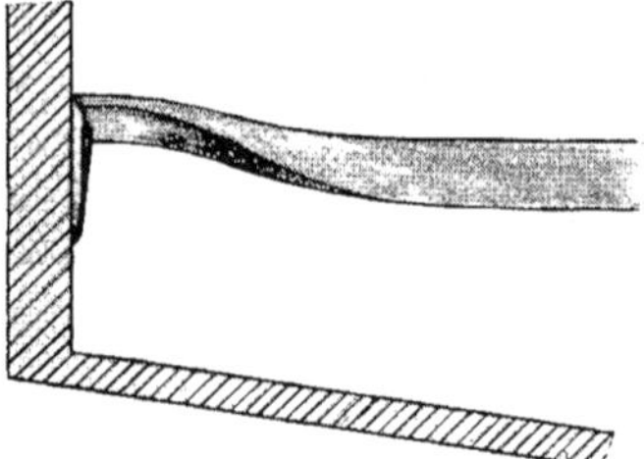

Abb. 119 a und b. Anwendung des Bodenmeißels

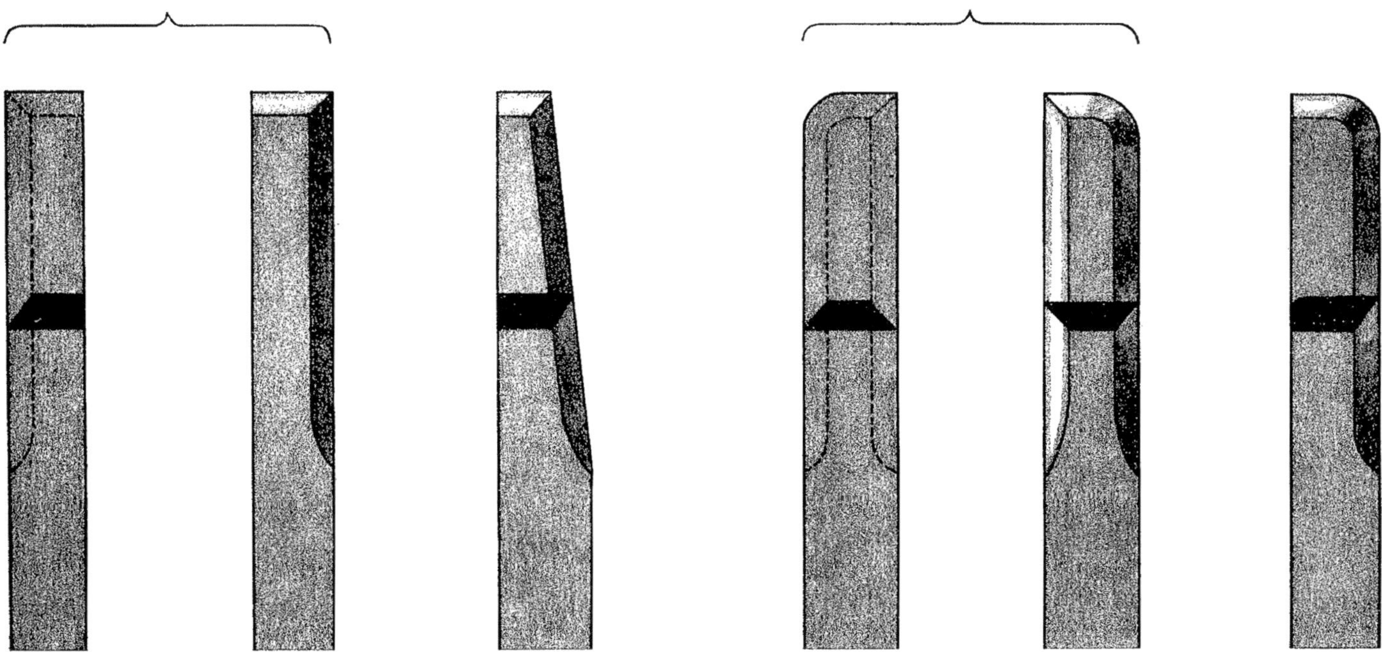

Abb. 120—123. Gerade Ausdrehstähle. ½ nat. Größe

DER BODENMEISSEL FÜR WEICHHOLZ
(auch Bodeneisen genannt)
(Abb. 117 und 119)

Dieses Eisen hat dieselbe Aufgabe wie der oben beschriebene Krummeißel. Er wird jedoch nur verwendet bei Hohlkörpern aus weichen bis mittelharten Hölzern mit ebenen Böden, also zum Hirnholzdrehen.

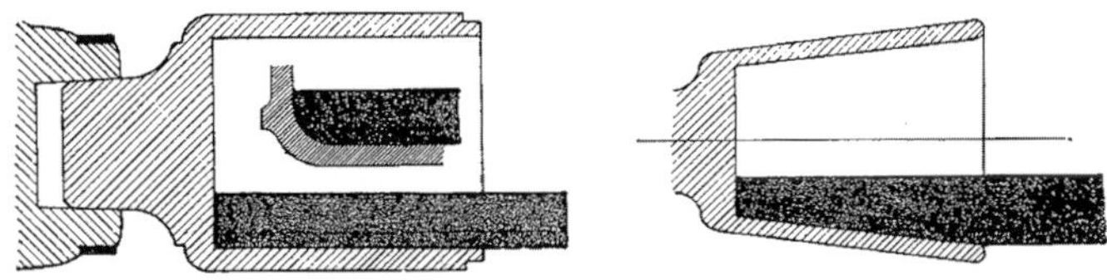

Abb. 124 a und b. Anwendung von geraden Ausdrehstählen

Eine ähnliche Aufgabe wie der Bodenmeißel hat das in *Abb. 118* dargestellte Eisen, welches von manchen Meistern sehr geschätzt wird.

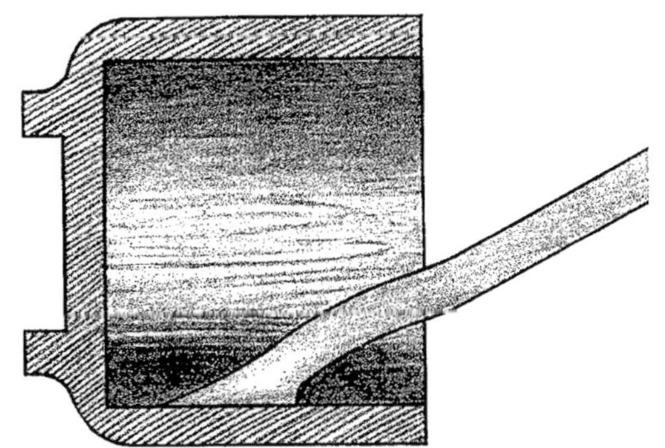

Abb. 125. Anwendung eines Ausdrehschlichtstahles

GERADE AUSDREHSTÄHLE FÜR ZYLINDER- WIE KEGELARTIGE HOHL FORMEN SOWIE SOG. BODENEISEN
(Abb. 120—126)

Die hier gezeigten Eisen sind im Grunde nur Schlichteisen, die Hauptzylinderform muß also mit entsprechenden anderen Werkzeugen, wie Bohrern oder Fräsern und auch Röhre, schon weitgehend ausgearbeitet sein. Je nach Härte des Materials wird der Schneidewinkel wiederum stumpfer oder spitzer sein. (Wir finden in Fachbüchern auch konische Eisen, deren konische Form jedoch meist durch wiederholtes Abschleifen entstanden ist. Sie wird man natürlich für konische Hohlkörper verwenden, *Abb. 124 b.)* Dieser Stahl spielt eine große Rolle auch dort, wo absolut senkrechte Löcher, die z. B. auch Gewinde erhalten sollen und gebohrt sind, geschlichtet werden müssen. Mit diesem Eisen können auch ebene Böden geschlichtet werden, wenn die vordere Schneide geschliffen ist. Natürlich wird sich das Eisen der Form des Bodens anpassen, evtl. abgerundet sein. *Abb. 123, 124.*

Es versteht sich wohl von selbst, daß bei diesen Eisen nur die Fase von innen heraus geschliffen und der Grat beidseits abgezogen wird.

In manchen Gegenden finden sich Ausdrehstähle zum Schlichten zylindrischer Hohlkörper, wie sie in *Abb. 125 und 126* abgebildet sind.

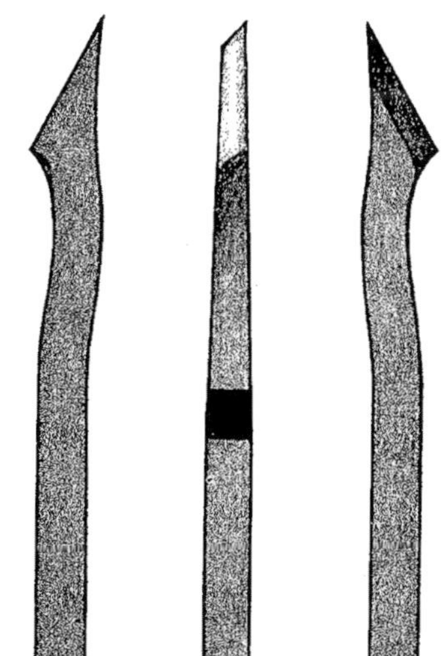

Abb. 126. Ausdrehschlichtstahl. ½ nat. Größe

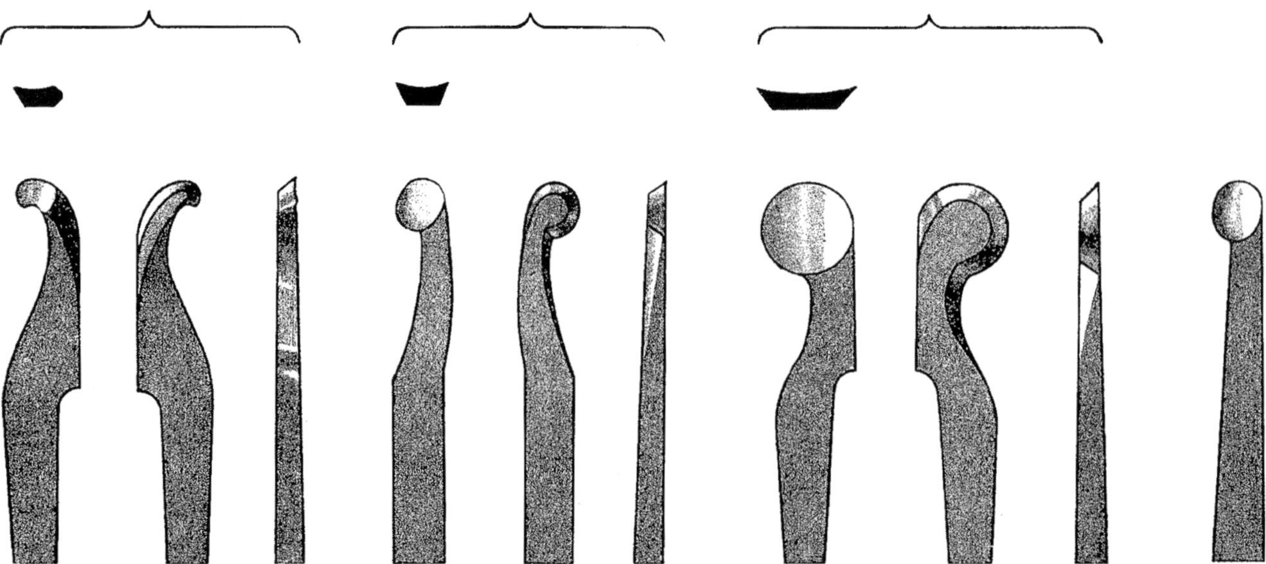

Abb. 127 und 128. Ausdrehstähle zum Ausschroppen von bauchigen Hohlkörpern in Hartholz

½ nat. Größe

Abb. 129. Ausdrehstahl zum Schlichten von bauchigen Hartholzkörpern

Abb. 130. Ausdrehstahl ohne Kröpfung, ungünstig zum Arbeiten

DER AUSDREHSTAHL FÜR GEWÖLBTE (BAUCHIGE) HOHLKÖRPER (Abb. 127—131)

Die Ausdrehstähle treten dort an die Stelle von Ausdrehhaken und Krummeißel, wo es sich um härtere und sprödere Holzarten handelt, weil bei diesen Hölzern mehr eine schabende Wirkung nötig ist als bei Weichhölzern, bei denen Ausdrehhaken und Krummeißel mehr eine schneidende Wirkung ausüben.

Gleich wie beim Ausdrehhaken und Krummeißel, besteht die Aufgabe der Ausdrehstähle sowohl im Schroppen, wie auch darin, die auf ihre Grundform ausgeschroppten Wandungen zu schlichten. Der Ausdrehstahl, der zum Schroppen dient, hat meist eine kleine Form *(Abb. 127, 128)*, während der schlichtende Stahl größer ist, d. h. dieser wird sich der endgültig auszubuchtenden Form möglichst anpassen, siehe *Abb. 129 und 131*, aber er wird natürlich nicht dieselbe Größe wie die zu drehende Form haben, denn es muß zwischen Eisen und Holz ein gewisser Spielraum bleiben. Wir sehen aus *Abb. 131*, mit welchen Eisen eine bauchige Dose ausgedreht und geschlichtet wird. Die Hauptarbeit wird soweit wie möglich mit der Röhre bewerkstelligt, mit dem kleineren Ausdrehstahl wird die Hohlform ausgeschruppt, und mit dem entsprechend geformten Ausdrehstahl wird geschlichtet. In diesem Zusammenhang sei auch noch auf die Büchse auf Seite 77, 78 und die Beschreibung der Teebüchse auf Seite 79 hingewiesen. Die kleinen Ausdrehstähle bezeichnet man auch mit dem Ausdruck „Schnecke".

Gegenüber dem Ausdrehhaken unterscheidet sich die Hauptform der Ausdrehstähle darin, daß die Eisen flächig bleiben, also keine Haken bilden. Was wir bereits von den Ausdrehhaken über die falsche und richtige Form gesagt haben, gilt auch für die Ausdrehstähle. Auch hier sollte der Mittelpunkt der runden Fläche in der Achse des Eisens und somit des Heftes liegen. Aus diesem Grunde müssen auch diese Stähle wie die Haken eine Kröpfung aufweisen, wie diese Ausdrehstähle nicht aussehen dürfen, zeigt die *Abb. 130.*

Der Drechsler wird genötigt sein, bei den mannigfaltigen Aufgaben, die an ihn herantreten, je nach der zu drehenden Form immer wieder neue Ausdrehstähle sich selbst anzufertigen bzw. vorhandene entsprechend zu verändern. – Recht gut eignen sich dafür alte Feilen, die aus gutem Stahl hergestellt sind. Die endgültige Form wird er am Schleifstein oder mit einer kleinen Schmirgelscheibe anschleifen. Die Herstellung durch den Werkzeugschmied ist im allgemeinen natürlich vorzuziehen. Wichtig ist auch hier, daß das Heft, der Werkzeuggriff, stets lang genug ist. Der Schneidewinkel dieser Eisen richtet sich wie bei Röhre und Meißel ganz nach den zu bearbeitenden weicheren oder härteren Werkstoffen und wird dementsprechend spitzer oder stumpfer sein.

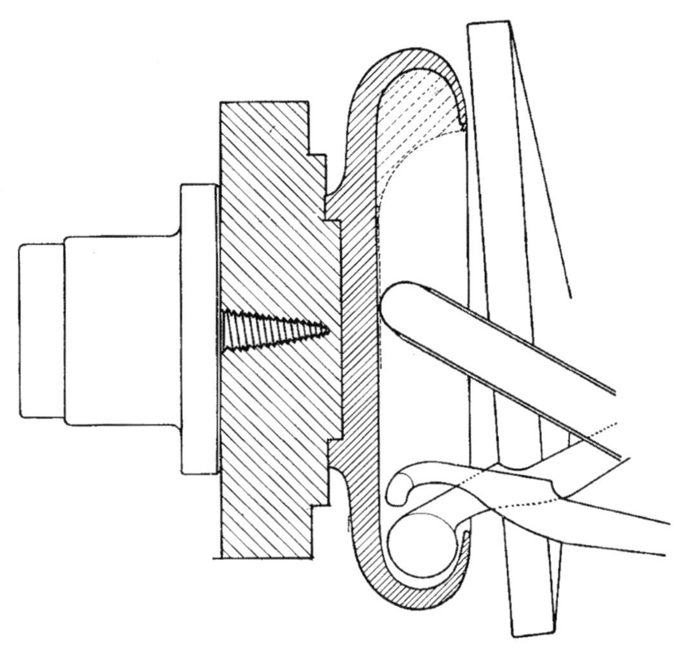

Abb. 131. Anwendung von Röhre und Ausdrehstählen. ½ nat. Größe.

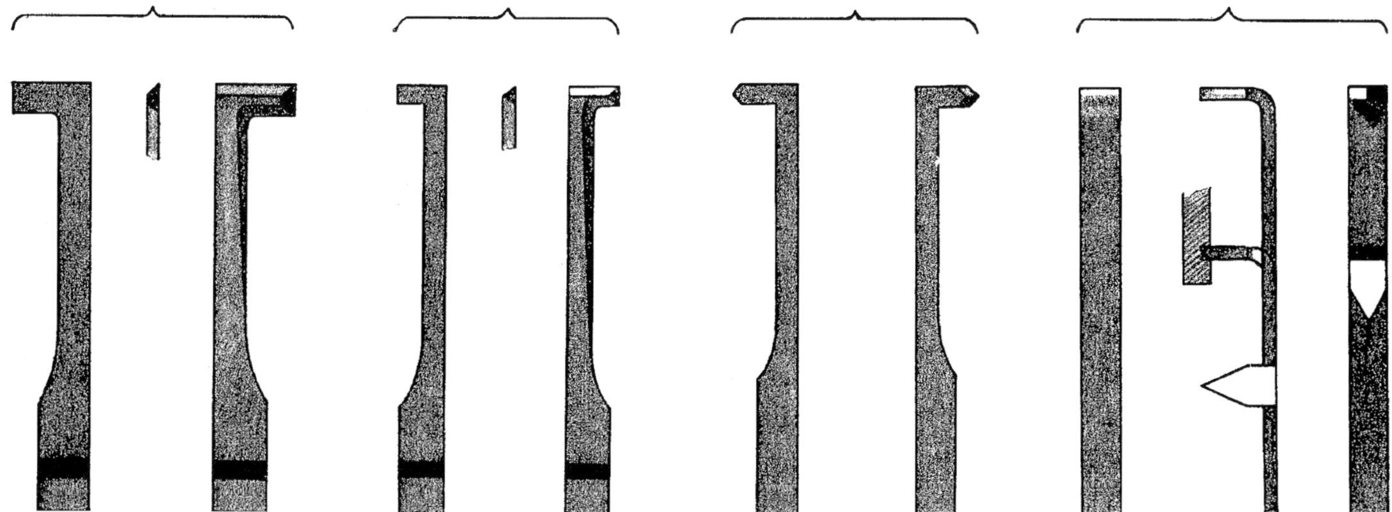

Abb. 132—135. Falz- bzw. Nutstähle. ½ nat. Größe

DER FALZSTAHL
(Abb. 132—136)

Wie der Name schon sagt, stellt man mit diesem Eisen Fälze her, so bei Rahmen *(Abb. 410* auf Seite 93) und dergleichen. Feine und kleine Falzstähle werden z. B. auch dann benötigt, wenn kleine Nuten in Hohlkörper eingedreht werden müssen, in die Böden eingesprengt werden *(Abb. 134—136).*

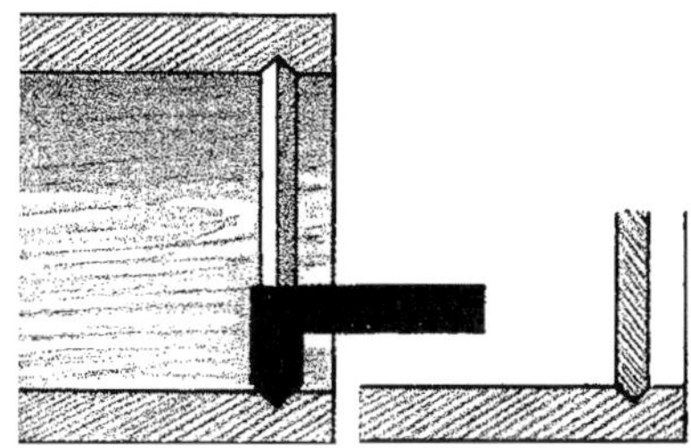

Abb. 136. Anwendung des in Abb. 134 gezeigten Nutstahles

DIE SCHROTSTÄHLE
(Abb. 137—147)

All dort, wo es sich um ganz harte, spröde Edelhölzer, wie Ebenholz, auch Elfenbein, Horn, Kunststoffe und Metall usw., handelt, werden statt der üblichen Drehwerkzeuge die sog. *Schrotstähle* verwendet, deren Bezeichnung von der Eisendreherei übernommen worden ist. Gegenüber den gewöhnlichen Drehstählen unterscheiden sie sich vor allem dadurch, daß der Querschnitt meist quadratisch und nicht länglich ist. Je nach ihrer Form und Aufgabe haben sie noch besondere Bezeichnungen. Mit diesen Schrotstählen werden fast sämtliche Formen gedreht wie mit den üblichen Drehwerkzeugen. Gegenüber diesen ist die Wirkung der Schrotstähle eine nur schabende, weshalb sie das Werkstück auch nur in der Mitte der Achse angreifen dürfen, siehe *Abb. 241.* Die Schrotstähle sind im Handel kaum erhältlich. Der Drechsler bezieht lediglich Stahlstangen mit entsprechendem Querschnitt, die er sich je nach Bedarf ablängt und auf die gewünschte Form vorfeilt. Dann läßt er vom Schmied die Angel anschmieden und die Schneide härten. Auf dem Schleifstein werden die Fasen der Schneiden vom Drechsler angeschliffen und mit dem Abziehstein abgezogen. Der Aufgabe dieser Schrotstähle gemäß, sind sämtliche Zuschärfungswinkel stumpf und deren Größe abhängig vom jeweils zu bearbeitenden Material.

Im Nachstehenden bringen wir die Grundformen sol-

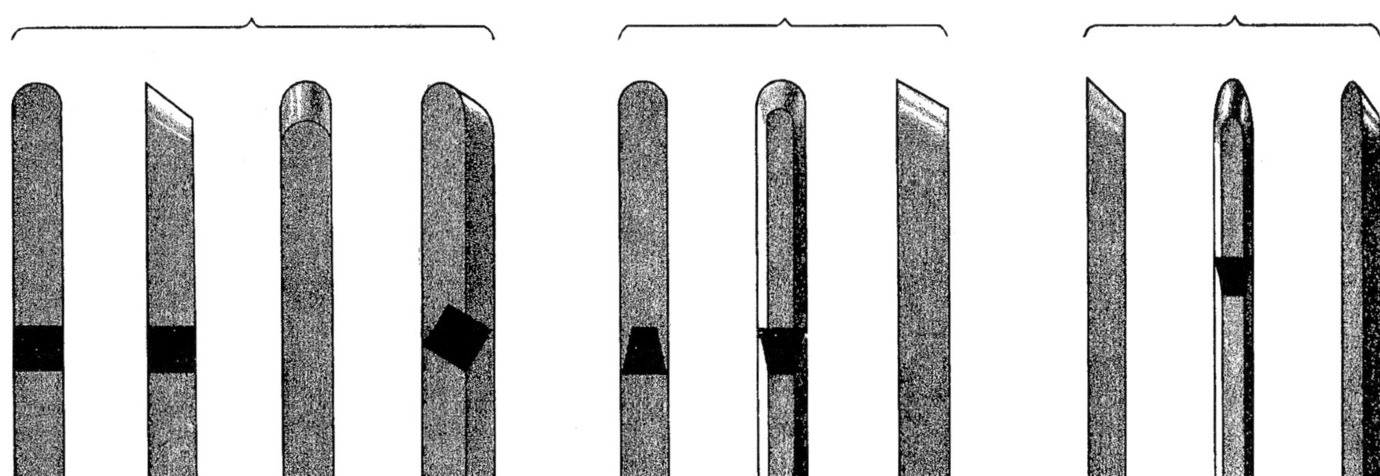

Abb. 137—139. Schrotstähle für die Bearbeitung von harten Hölzern. ½ nat. Größe

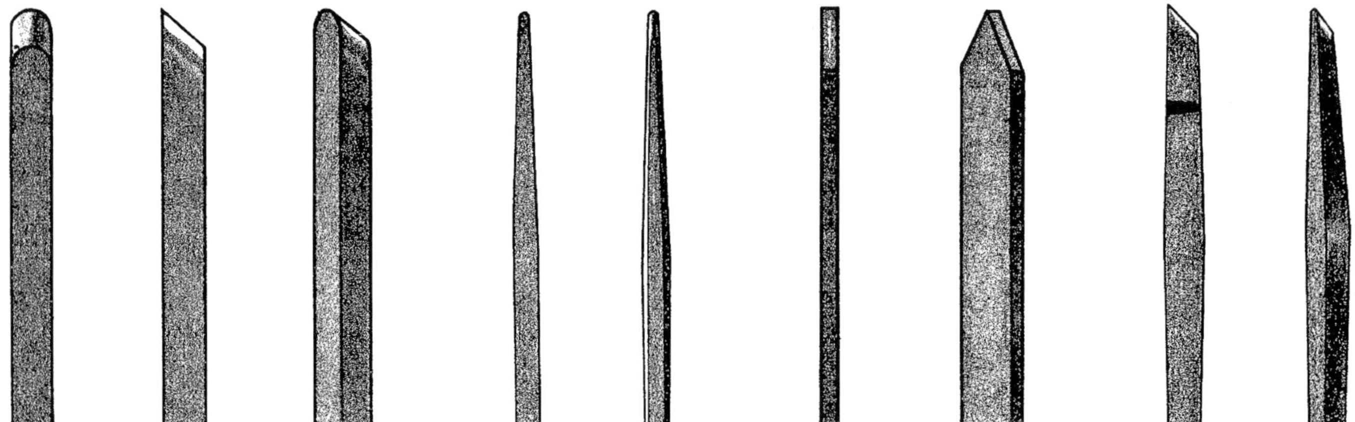

Abb. 140—142. Schrotstähle zur Bearbeitung von ganz harten Hölzern und anderen harten Werkstoffen, wie von Elfenbein, Knochen, Horn und Kunststoffen, nat. Größe

cher Schrotstähle. Jede dieser Grundformen kann je nach Aufgabe wieder größere und kleinere Dimensionen wie auch mehr oder weniger spitze oder stumpfe Schneidewinkel aufweisen. Der Drechsler wird also je nach der anfallenden Arbeit die entsprechenden Schrotstähle sich selbst anfertigen.

DER EIGENTLICHE SCHROTSTAHL
(Abb. 137—142)

Dieser im allgemeinen so bezeichnete Stahl erinnert an die Drehröhre und hat auch ähnliche Aufgaben. Man bedient sich seiner vor allem auch zum Vorschroppen von Hohlformen, auch gewölbten Formen. Die Hohlkehlen werden auch mit dem Schrotstahl geschlichtet (gleich wie mit der Röhre!). Je härter das zu bearbeitende Material ist, das geschroppt werden muß, desto kleiner muß die Angriffsfläche des Eisens sein, d. h. der Schrotstahl wird eine spitzere Form aufweisen, siehe *Abb. 139*. In den *Abb. 140 und 141* sind Schrotstähle in natürlicher Größe gezeigt, die sich besonders für harte Materialien, z. B. auch Elfenbein und Knochen von kleinen Dimensionen eignen. Hingewiesen sei noch auf eine Art Plattenstahl in *Abb. 142*, der sich besonders eignet zur Herstellung feiner Platten, wie auch kleiner Rundstäbe. Ausnahmsweise wird der Schrotstahl auch bei weichen Hölzern dann angewendet, wenn es nötig ist, schmale, tiefe Rillen an Hirn-, Quer- oder auch Langholz zu drehen, die man nicht mehr mit der Röhre bearbeiten kann. In diesem Fall muß der Schneidewinkel des Schrotstahles natürlich der Härte der Holzart angepaßt werden.

DER SPITZSTAHL
(Abb. 143 und 144)

Dieser Stahl, der mit dem Meißel verglichen werden kann, wird zum Ein- und Abstechen verwendet, z. B. zum Abdrehen von Knöpfen. Mit ihm werden auch Rundstäbe bzw. gewölbte Flächen geschlichtet.

DREHSTICHEL
(auch Kreuzstichel oder kurz „Stichel" genannt)
(Abb. 145)

Dieser Stahl dient vorwiegend zum Drehen von Metall und ganz sprödem Material, er ist z. B. besonders geeignet zum Abstechen von Messingröhren, Zwingen. Sein Querschnitt

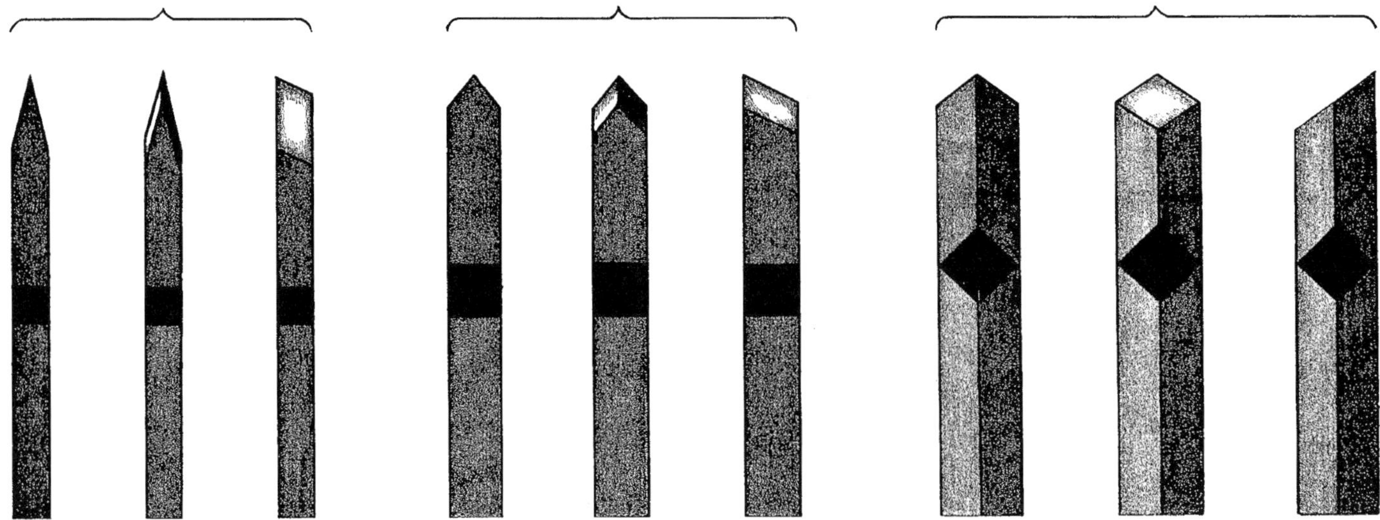

Abb. 143 und 144 Spitzstähle in verschiedenen Stärken und mit verschieden langen Fasen, etwa nat. Größe

Abb. 145. Stichel, etwa nat. Größe

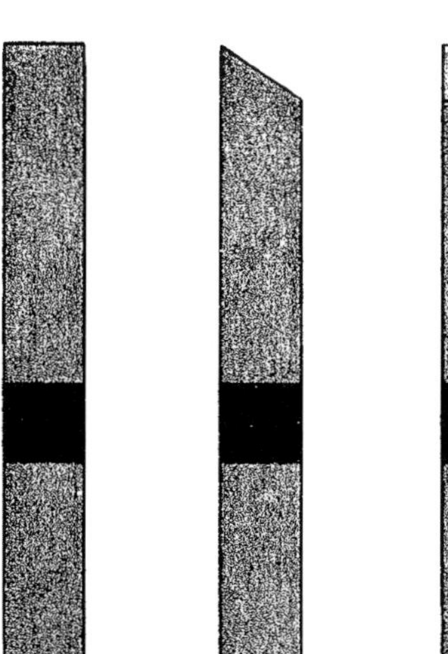
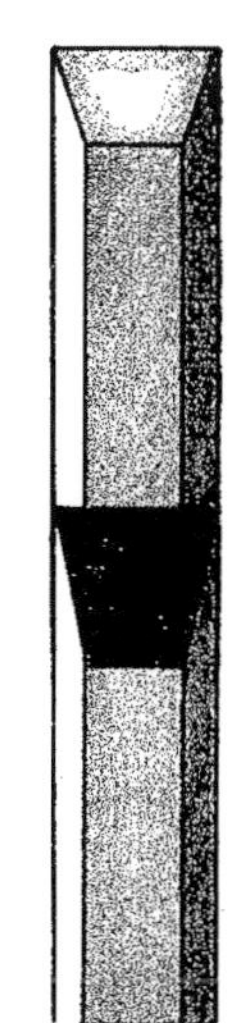
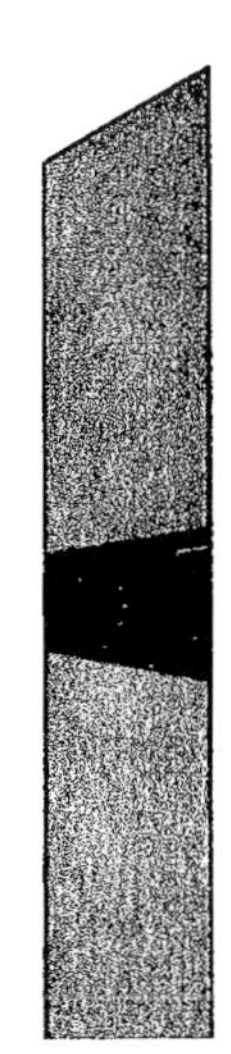

Abb. 146 und 147. Schlicht- oder Flachstahl, etwa nat. Größe

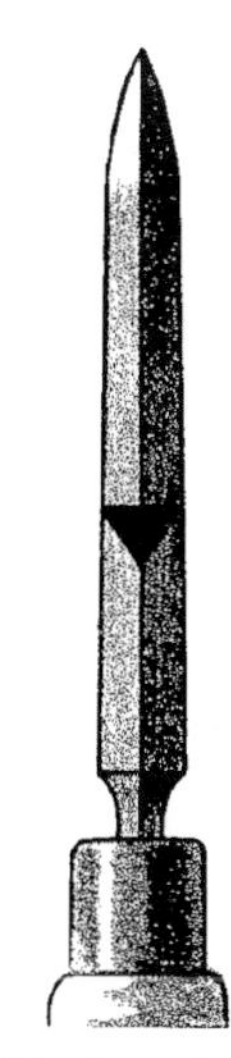

Abb. 148. Sog. Schaber, ½ nat. Größe

ist völlig quadratisch. Seine beiden Schneiden werden genützt.

DER SCHLICHT- ODER FLACHSTAHL
(oder „gerader Schrotstahl")
(Abb. 146 und 147)

Wie sein Name schon sagt, dient er hauptsächlich zum Schlichten, so auch zum Plandrehen von Flächen. Mit ihm können ebenfalls halbrunde Formen gedreht bzw. geschlichtet werden. Hat dieser Stahl eine schmale Form, wird er zum *Plattenstahl,* der dieselbe Aufgabe hat wie der bei den üblichen Drehwerkzeugen gezeigte Plattenstahl *(Abb. 108 und 109).*

ABSTECHSTAHL

Über ihn ist dasselbe zu sagen, wie über den bereits auf Seite 40 beschriebenen Abstechstahl. Er eignet sich besonders für ganz hartes wertvolles Material, bei dem der Plattenstahl warmlaufen bzw. brennen würde. Da er ein empfindliches Werkzeug ist, verwendet man ihn nur dort, wo man ihn unbedingt nötig hat und der Plattenstahl nicht zu gebrauchen ist.

DER SCHABER
(Abb. 148)

Bei manchen Aufgaben kann dieses Werkzeug vorteilhafte und recht vielseitige Dienste leisten, besonders bei ganz hartem Material, z. B. Perlmutter. Wenn mit der Spitze gedreht wird, ergibt sich eine weniger schabende, als kratzende Wirkung. Mit der Schneide lassen sich ähnliche Arbeiten ausführen wie mit dem Spitzstahl oder Stichel. Wie wir noch sehen werden, wird mit dem Schaber z. B. auch der Geißfuß des Schneidzeugs geschärft.

DIE SCHRAUBSTÄHLE (Sog. „Strähler")
(Abb. 149 und 150)

Für die Herstellung von Gewinden benötigt man die sog. auswendigen und inwendigen Handsträhler. Ihre Beschreibung und praktische Anwendung sowie das Schärfen siehe auf Seite 107.

DAS SCHNEIDZEUG
(Abb. 151—153)

Die Aufgabe des Schneidzeugs zur Herstellung von Gewinden und seine Handhabung ist ausführlich auf Seite 109 dargestellt und beschrieben.
Die Schneidkluppe, wie das Gehäuse, in dem der Schneidzahn befestigt ist, kann sowohl aus Holz wie aus Eisen sein.

DIE BOHRER DES DRECHSLERS

(Abb. 154—175. Alle Abbildungen, außer den Abb. 167, 170, 171, 172 und 175, sind Werkfotos von der Firma Gebr. Heller, Schmalkalden)
Die Bohrer sind für die Durchführung einer großen Anzahl von Aufgaben als ein wichtiges Werkzeug für den Drechsler unentbehrlich. Alle Werkstoffe, die der Drechsler dreht, müssen auch gebohrt werden können, gleich, ob es Weich- oder Hartholz ist, ganz harte Hölzer, Elfenbein, Horn oder Kunststoffe. So wie die Werkzeuge entsprechend des jeweiligen Werkstoffes in ihrer Art unterschiedlich sind, so sind auch verschiedene Arten von Bohrern nötig.
Bei den Bohrern für Weich- und Harthölzer haben wir zunächst einen grundsätzlichen Unterschied zu machen zwischen Bohrern für Lang- und für Querholz.

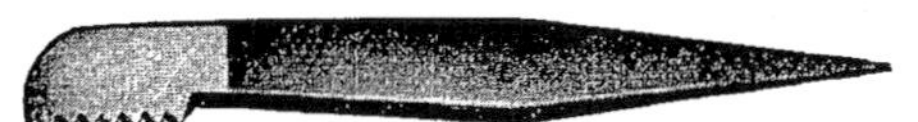

Abb. 149. Strähler zum Drehen von inneren Gewinden

Abb. 150. Strähler zum Drehen von äußeren Gewinden

Abb. 151. Hölzernes Schneidzeug, geschlossen

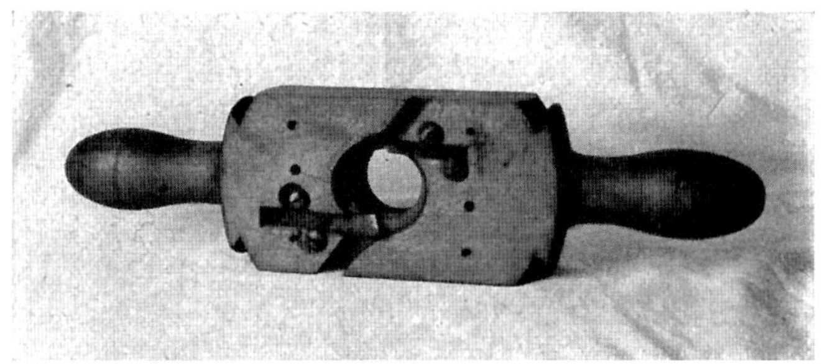

Abb. 152. Hölzernes Schneidzeug, offen

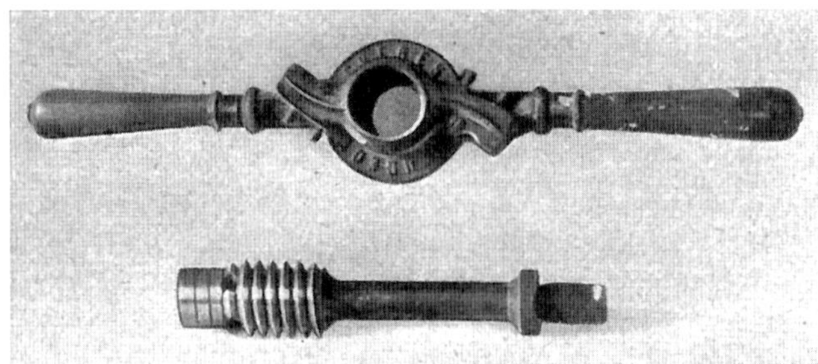

Abb. 153. Eisernes Schneidzeug mit Hohlbolzen

LANGHOLZBOHRER

Der Löffelbohrer (Abb. 154 und 155)

Er ist wohl der wichtigste Bohrer des Drechslers. Seinen Namen hat dieser Tiefenbohrer von der Form der Schneide, die an einen Löffel erinnert. Die Stärke des Eisens, d. h. die Wandung des Löffelbohrers soll, sofern Löcher mit ihm gebohrt werden, nicht zu dick sein, um eine recht scharfe Schneide zu erhalten. Der Schneidewinkel richtet sich wie bei der Röhre nach dem zu bearbeitenden Material. (Übernimmt der Löffelbohrer die Arbeit der Röhre zum Ausschroppen, so ist vorteilhaft, wenn der Löffelbohrer dicker, d. h. die Höhlung nicht zu groß ist. Hierzu verwendet man gewöhnlich alte Löffelbohrer.) Der Bohrer wird zum Bohren zum Werkstück ähnlich gehalten wie der Strähler, siehe die *Abb. 306 und 326*, er wird also mittels eines Werkzeuges als Auflage, das wiederum auf der Werkzeugauflage (die im Untersatz sitzt) ruht, zum Werkstück hingeführt. Je nach Aufgabe kann der Löffelbohrer auch in die Drehbankspindel mittels Dreibacken- oder besser Bohrfutter gespannt werden.

Abb. 154. Löffelbohrer

Abb. 155. Maschinenlöffelbohrer

Das Schärfen des Löffelbohrers geschieht nach alter Gewohnheit von innen, entweder mit Hilfe eines Schabers, siehe *Abb. 148*, oder auch mittels eines kleinen Schmirgelrädchens auf biegsamer Welle *(Abb. 156)*. Abgezogen wird von beiden Seiten. Während bei kleinen Bohrern, die ja sehr billig sind, es sich nicht rentiert, die abgenutzte Spitze wieder zu richten, kann der Drechsler bei großen Bohrern die Spitze durch Glühen und Hämmern wieder in die richtige Lage bringen. Zu diesem Zweck wird der Löffelbohrer über eine entsprechend geformte Stahlspitze gehalten. Es ist jedoch ratsam, sich das Richten dieser Bohrspitze vom Werkzeugschmied besorgen zu lassen. (Man spricht von „Aufwerfen der Spitze".)

Abb. 156. Kleine Formschleifspitze auf biegsamer Welle zum Schärfen der inneren Schaufel des Löffelbohrers (Werkfoto: Friedr. Dick, Eßlingen)

Während der oben beschriebene Löffelbohrer hauptsächlich mit Holzgriff mit der Hand geführt wird, kommen die nachfolgend beschriebenen Bohrer für den Drechsler nur als ausgesprochene Maschinenbohrer in Frage, d. h. die Bohrer haben einen runden oder konischen Schaft und ihre Spitzen haben kein Gewinde im Gegensatz zu den in die Bohrleier zu setzenden Bohrern.

Spiralbohrer (Abb. 157 und 158)

Er kann sowohl für Lang- wie für Querholz verwendet werden. Man nimmt ihn hauptsächlich für sehr harte Hölzer,

Abb. 157. Spiralbohrer mit Zentrumsspitze und zwei Vorschneidern für Lang- und Querholz

Elfenbein, auch Metall, und verwendet für diese Materialien die für Metall bestimmten Bohrer. Bei weichen Hölzern ist es vorteilhaft, besonders für Holz gearbeitete Spiralbohrer zu verwenden, deren Nuten tiefer liegen, damit die Späne leichter ausgeführt werden können. Der Spiralbohrer hat gegenüber dem Löffelbohrer den Vorteil, daß er ganz genau bohrt, und zwar von kleinsten Dimensionen an bis zu 10—12 mm. Er eignet sich besonders für ganz kleine Löcher, für die es keine Löffelbohrer gibt.

Abb. 158. Spiralbohrer für Hart- und Hirnholz

Zum Schleifen von Spiralbohrern gibt es spezielle Schleifmaschinen. Dies ist eine Arbeit, die für den Drechsler jedoch nicht in Frage kommt, er schleift sie am besten mit feinen Schmirgelscheiben. Da die kleinen Spiralbohrer im allgemeinen sehr billig sind, lohnt sich das Schleifen kaum.

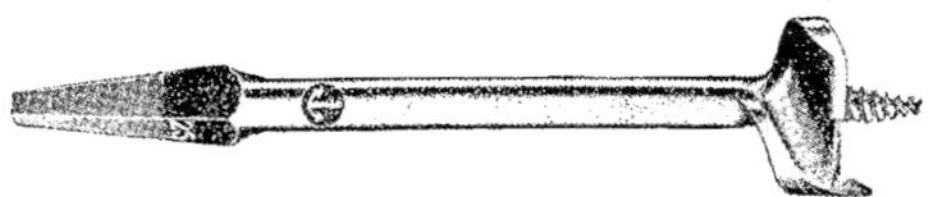

Abb. 159. Zentrumsbohrer für Bohrleier mit Gewindespitze

QUERHOLZBOHRER

Der Zentrumsbohrer (Abb. 159—162)

Er eignet sich für weniger tiefe Löcher, weshalb man oft auch von zwei Seiten bohrt. Er hat als Maschinenbohrer einen runden oder konischen Schaft und wird sowohl in der Drehbankspindel und noch vorteilhafter in der Bohrmaschine befestigt. Er hat einen Vorschneider, Spitze und Schaufel oder Nachschneider. Bei Aufgaben, bei denen der Drechsler von Hand bohren muß, bedient er sich des Zentrumsbohrers mit vierkantigem Schaft, der in der Bohrleier befestigt wird, bei dem die Spitze mit einem Gewinde versehen ist *(Abb. 159)*. Zentrumsbohrer mit verstellbarer Schneide kommen nur für die Bohrleier in Frage *(Abb. 160)*.

Abb. 160. Verstellbarer Zentrumsbohrer für Bohrleier

Abb. 161. Maschinen-Zentrumsbohrer

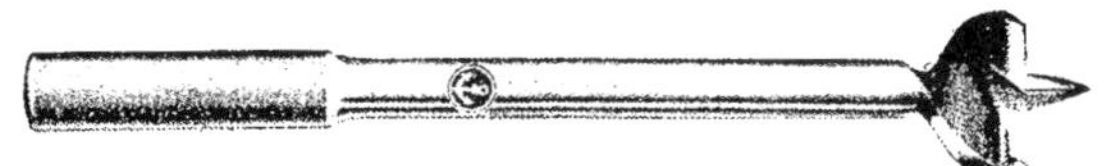

Abb. 162. Maschinen-Zentrumsbohrer

Der Schlangen- oder Schneckenbohrer (Abb. 163 und 164)

Er hat ähnliche Aufgaben wie der Zentrumsbohrer, hat jedoch den Vorteil, daß man mit ihm tiefer und präziser bohren kann, weil durch sein großes Schneckengewinde die Späne leichter ausgeführt werden können und andererseits eine bessere Führung vorhanden ist. Er kann für Lang- und für Querholz verwendet werden. Als Maschinenbohrer muß er einen runden oder konischen Schaft besitzen, d. h. man wird sich für den Zweck meist das Gewinde wegfeilen. Es sei noch hingewiesen auf den sog. „Irvinbohrer", der nur einen Vorschneider hat. Dieser wird wegen seiner sauberen Arbeit, die er leistet, von manchen Meistern sehr geschätzt.

Abb. 163. Maschinen-Schlangenbohrer mit zwei Vorschneidern, besonders für weiches Holz geeignet

Abb. 164. Maschinen-Schlangenbohrer mit Kröllmesser, besonders für Hart- und Hirnholz geeignet

Der Forstnerbohrer (Abb. 165—167)

Dieser Bohrer, der in verschiedenen Dimensionen hergestellt wird, kann mit und ohne Spitze ausgeführt sein. Seine Hauptaufgabe besteht darin, weniger tiefe Löcher in Quer-, unter Umständen auch Stirnholz exakt und zylindrisch zu bohren. Vorteilhaft kann er auch dazu dienen, ebene Böden auszugründen gleich einer Fräse, oder bei tiefen Löchern, die mit dem Schlangenbohrer vorgebohrt sind, den Boden zu ebnen. Eine Verbesserung hat der Bohrer insofern erfahren, als an Stelle von 2 Vorschneidern in *Abb. 166* ein Sägekranz tritt, wodurch ein besonders sauberes Loch erzielt wird und auch die Gefahr des Brennens weniger besteht. (Siehe *Abb. 167.)*

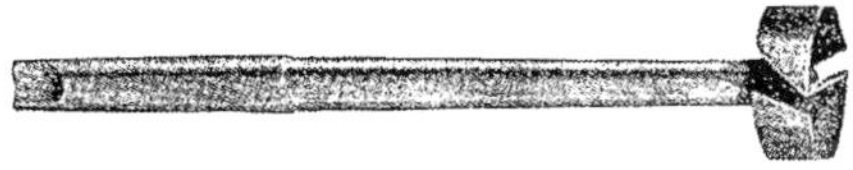

Abb. 165. Maschinen-Universalbohrer (Forstnerbohrer), eignet sich zum Ausgründen

Abb. 166. Maschinen-Forstnerbohrer mit zwei Vorschneidern und Zentrierspitze

Abb. 167. Forstnerbohrer mit Sägekranz (Werkzeichnung: A. Leitz, Oberkochen)

DER FRÄSBOHRER
(Abb. 168 und 169)

Diese Bohrer sind nur als Maschinenbohrer zu nutzen, da sie hochtourig laufen müssen. Der Drechsler kann sie vor-

Abb. 168. Maschinen-Schnitz-Fräser

teilhaft verwenden zur Mengenherstellung bei Spezialarbeiten, z. B. zum zylindrischen Aushöhlen von Bechern, Dosen und dgl., die auch noch nachgedreht werden können. Solche Bohrer, wie sie der Drechsler braucht, sind im all-

Abb. 169. Grundfräser zum Fräsen von tiefen Löchern bzw. Ausgründen des Bodens. An Stelle des geraden Eisens können auch Formmesser zum Fräsen von Rosetten eingesetzt werden.

gemeinen im Handel nicht üblich und werden meist nach Angabe von den Werkzeugfabriken hergestellt, sofern sie sich der Drechsler nicht selbst anfertigt. Solche Fräs-

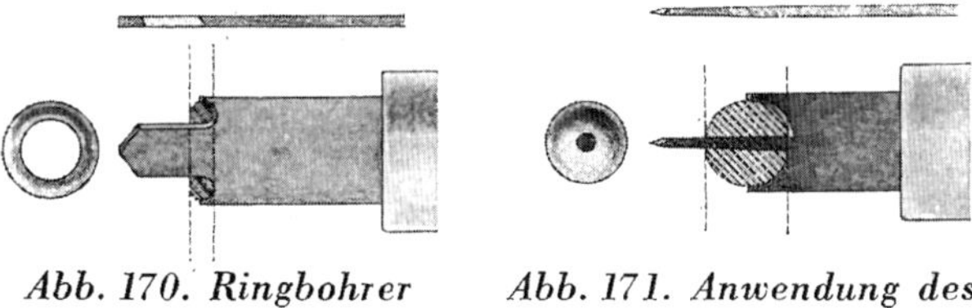

Abb. 170. Ringbohrer *Abb. 171. Anwendung des Perlbohrers*

bohrer werden auch mit verstellbaren Fräseisen, wie es die *Abb. 169* zeigt, ausgeführt. In manchen Werkstätten findet man noch das in *Abb. 176* dargestellte Fräseisen, ein bewährtes Werkzeug zum groben Ausgründen von Dosen.

Abb. 172. Versenker

DER RING-, PERL- ODER KUGELBOHRER
(Abb. 170 und 171)

Kurz erwähnt sei hier noch der kleine Spezialbohrer (Perlbohrer) bzw. Fräser zum Drehen kleiner Kugeln und Perlen. Siehe auch den Rosenkranzdrechsler auf Seite 16.

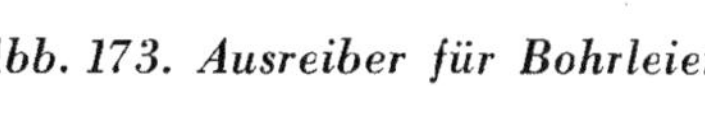

Abb. 173. Ausreiber für Bohrleier

Abb. 174. Maschinenausreiber

VERSENKER ODER AUSREIBER
(Abb. 172—175)

Aum Ausreiben von Bohrlöchern bzw. zum Versenken von Schraubenköpfen benötigt der Drechsler auch diese Werkzeuge. In den *Abb. 172—175* sind verschiedene Arten solcher Versenker gezeigt. Besonders praktisch ist der Ver-

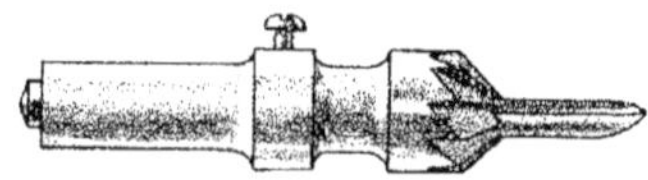

Abb. 175. Ausreiber bzw. Versenker mit Löffelbohrer

senker, der zugleich mit einem verstellbaren Löffelbohrer versehen ist, so daß das Bohren und Ausreiben in einem Arbeitsgang geschehen kann.

FRÄSWERKZEUGE FÜR SPEZIALAUFGABEN

Außer den angeführten Fräsbohrern gibt es noch, so besonders für Massenanfertigungen auf der Façondrehbank,

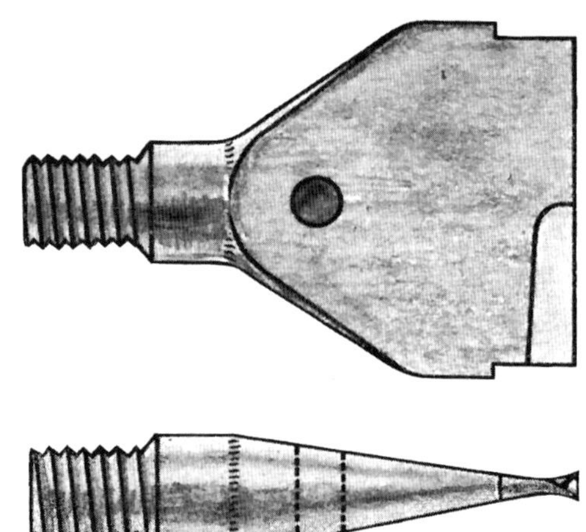

Abb. 176. Fräseisen zum Ausgründen von Dosen u. dgl.

eine ganze Anzahl technisch hervorragend ausgebildete Fräswerkzeuge. Vor allem sei hier die in neuester Zeit aufgekommene Fräsereitechnik mittels Kreisfeilen, Frädrädchen u. dgl. erwähnt, die sowohl in die Drehbank gespannt, besonders aber mittels der biegsamen Welle vielseitig ver-

Abb. 177. Kronensäge für Platten bzw. Ringe

wendet werden können. Es sei hier darauf verzichtet, alle diese Werkzeuge näher zu beschreiben, für die die Firmen ausführliche Kataloge zur Verfügung stellen.

DIE KRONENSÄGE
(Abb. 177)

auch Zylindersäge oder Kronenbohrer genannt, vor allem für die Bearbeitung von Kunststoffen, eignet sich vorteilhaft zum Sägen bzw. Fräsen runder Scheiben und Ringe.

Abb. 178. Spitzzirkel mit kantigen Schenkeln mit durchgestecktem Gewerbe und Schraubenscharnier

Die hier in *Abb. 177* dargestellte Säge ist mit einem Gewinde versehen und wird auf die Spindel der Drehbank geschraubt. Sie kann aber auch so konstruiert sein, daß sie sich in der Bohrmaschine befestigen läßt. Arbeitet man auf der Drehbank, so muß das betreffende Werkstück mittels einer Beilagscheibe, die auf der Pinole des Reitstockes sitzt, an

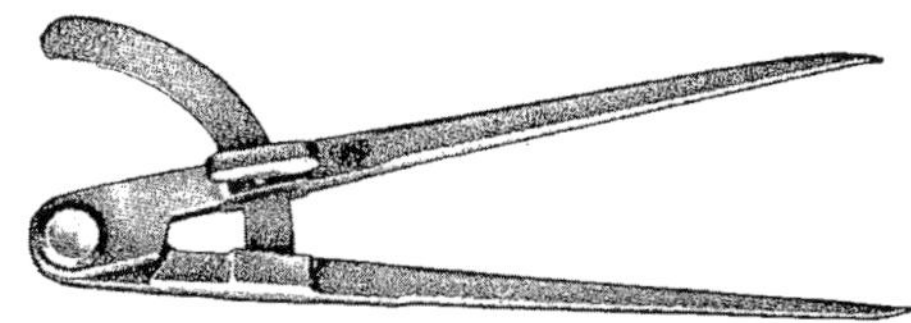

Abb. 179. Spitzzirkel mit Bügel zum Feststellen

die rotierende Kronensäge hingeführt werden. Gewöhnlich haben die Kronensägen zur Herstellung von Scheiben nur einen Sägekranz, es kann aber auch, wie die *Abb. 177* zeigt, ein zweiter Sägenkranz in den Zylinderkörper konstruiert sein, so daß sich runde Flachringe damit sägen lassen.

Abb. 180. Bleistiftzirkel

DIE MESSWERKZEUGE

(Abb. 178—192. Alle Abbildungen, außer Abb. 189, sind Werkfotos der Maß-Industrie Reichenbach i. V. und Werdau i. S.)

Sehr wichtige und unerläßliche Hilfswerkzeuge stellen auch die verschiedenen Arten von Meßwerkzeugen dar. Sie sind wohl bald so alt wie die Drechslerei selbst. Wir sehen hier Zirkelarten abgebildet, wie sie für die nötigen Messungen an Drechslerarbeiten unentbehrlich sind.

Abb. 178 zeigt uns den Stech- oder Spitzzirkel. Er dient sowohl zum Messen bzw. Reißen von Längenmaßen, wie auch zur Herstellung der Risse von Kreisbögen bzw. Kreisen. Der Stechzirkel kann mit und ohne Feststeller gehalten sein *(Abb. 179)*

Vielfach findet man diesen Zirkel ohne Feststeller, weil er handlicher ist. Wenn die Verbindungsschraube stramm sitzt, kann man den Feststeller entbehren.

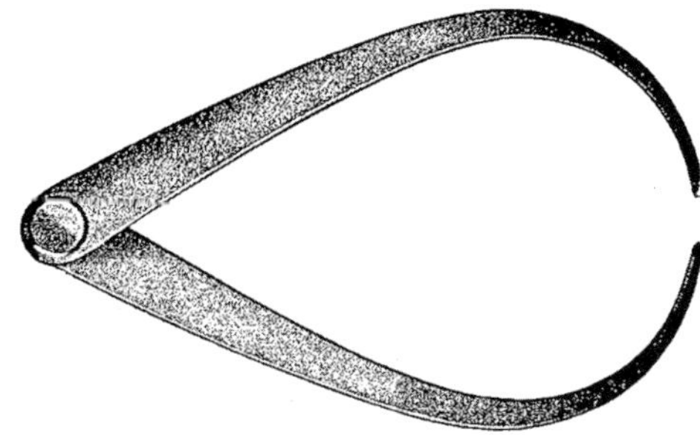

Abb. 182. Greif- oder Tastzirkel, kurz „Taster" genannt

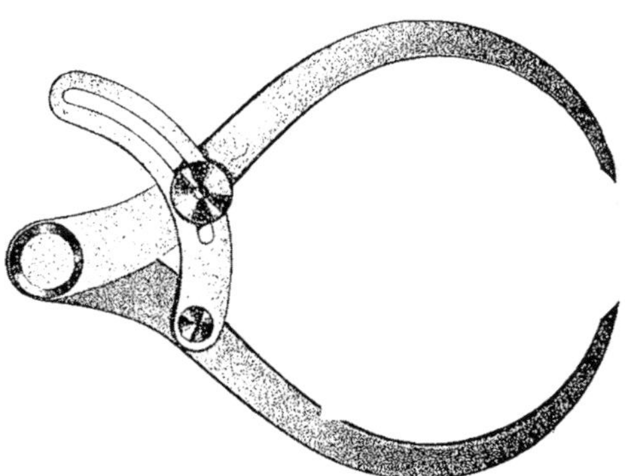

Abb. 183. Taster mit Bügel zum Feststellen

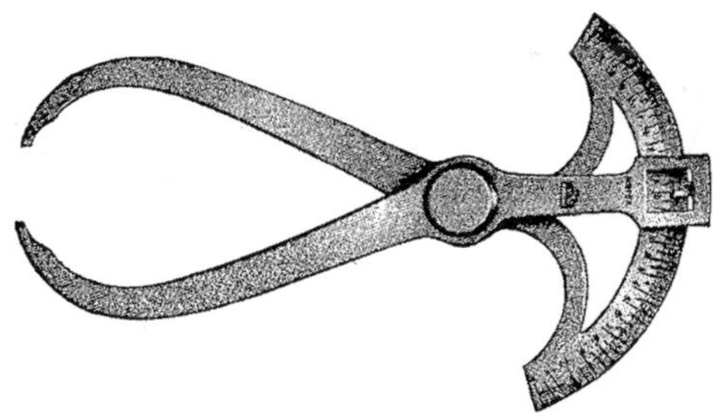

Abb. 184. Taster mit Maßeinteilung

Ratsam ist die Anschaffung eines guten *Bleistiftzirkels*, siehe *Abb. 180.*

Für manche Arbeiten, so z. B. für das Aufzeichnen großer runder Zargen (z. B. bei Beleuchtungskörpern) ist der *Stangenzirkel* in *Abb. 181* notwendig.

Abb. 181. Stangenzirkel

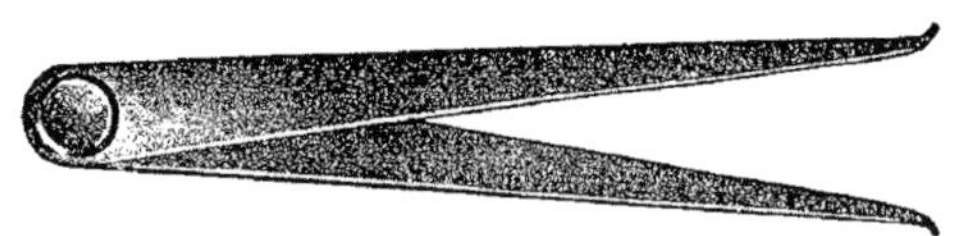

Abb. 185. Innenlochtaster

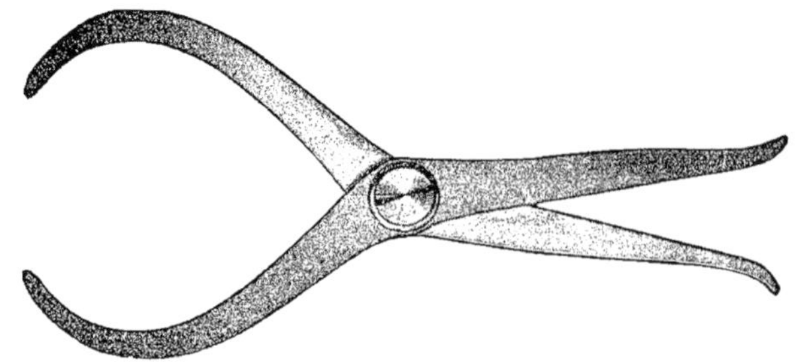

Abb. 186. Außen- und Innentaster, sog. Tanzmeister

Abb. 187. Schublehre mit unverlierbarer Feststellschraube

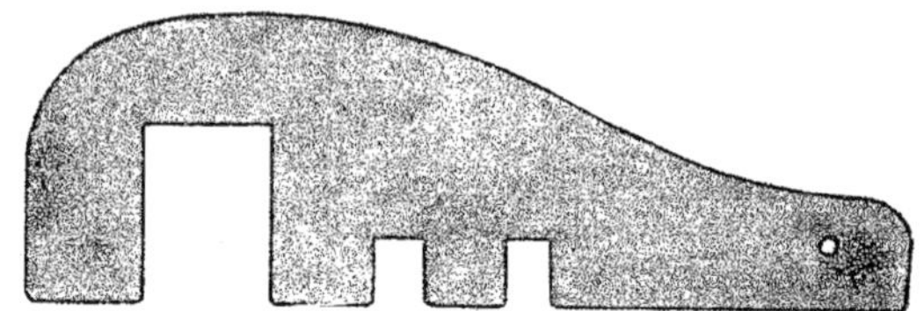

Abb. 189. Selbstherstellbares Lehrmaß

Abb. 188. Schublehre mit Lochtaster (Kreuzschnabel)

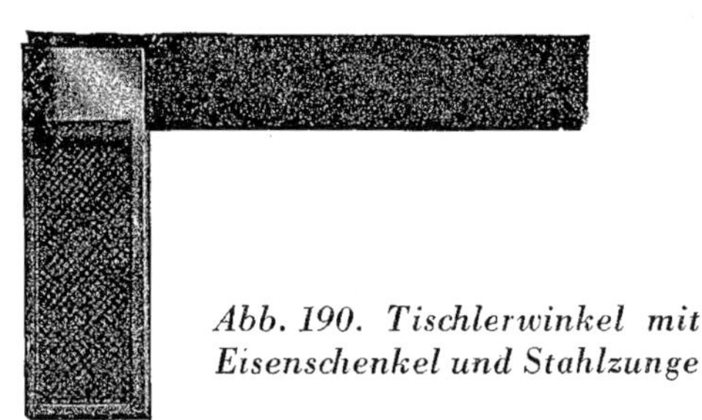

Abb. 190. Tischlerwinkel mit Eisenschenkel und Stahlzunge

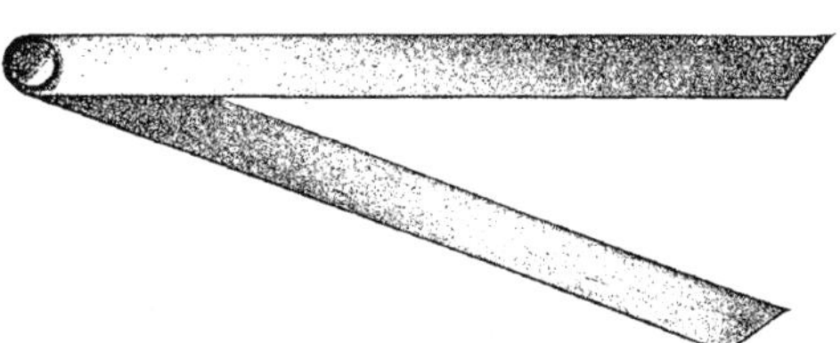

Abb. 191. Stellschmiege oder Schrägmaß

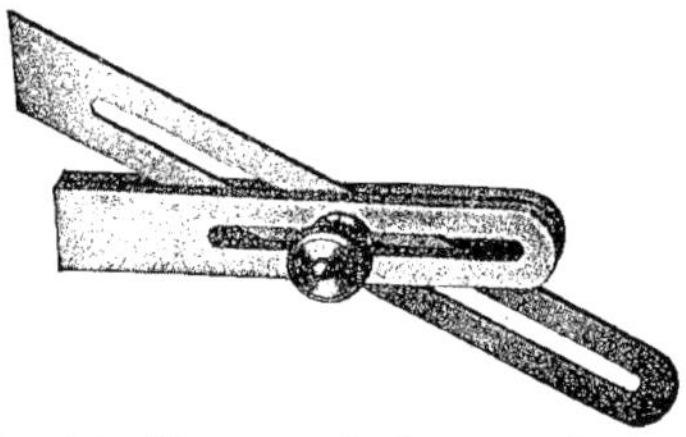

Abb. 192. Universalschrägmaß aus Stahl, in jedem beliebigen Winkel verstellbar

Abb. 182 zeigt den *Tast-, Greif- oder Rundzirkel — auch „Taster"* genannt, zum Messen der Stärken. Gleich dem Stechzirkel kann er mit einer Feststellvorrichtung versehen werden *(Abb. 183)*. Der *Greifzirkel mit Maßeinteilung (Abb. 184)* ist besonders geeignet zum genauen Prüfen von Wandungen.

Der Loch- oder Hohlzirkel (Abb. 185) oder Lochtaster dient, wie der Name schon sagt, zum Messen von Hohlkörpern, d. h. zum Messen innerer Höhlungen bzw. Öffnungen. Er kann gleichzeitig als Greifzirkel ausgebildet sein und wird dann „Tanzmeister" genannt, siehe *Abb. 186*. Dieser hat den Vorteil, daß man die übereinstimmenden Größen von Zapfen und Zapfenlöchern prüfen kann.

KALIBER ODER SCHUBLEHRE *(Abb. 187 und 188)*

Diese Meßwerkzeuge sind nötig, wenn es sich um die Einhaltung genauester Durchmesser handelt. Die Schublehre in *Abb. 188* eignet sich wie der „Tanzmeister" zum Messen und Prüfen übereinstimmender Zapfen und Zapfenlöcher. Sehr vorteilhaft erweist sich das Lehrmaß, wie es in *Abb. 189* dargestellt ist. Dieses kann sich der Drechsler selbst herstellen und ist besonders geeignet für sich gleichbleibende verschiedene Durchmesser.

DER TISCHLERWINKEL *(Abb. 190)*

Der für den Tischler unentbehrliche Winkel ist auch für den Drechsler oft nicht zu entbehren, vor allem beim Reißen von noch kantigen Hölzern, die nach dem Drehen noch gebohrt werden müssen.

STELLSCHMIEGE ODER SCHRÄGMASS *(Abb. 191 und 192)*

Die Stellschmiege ist für den Drechsler dann nötig, wenn er z. B. schräg zu bohren hat. *Abb. 192* zeigt das vorteilhafte Universalschrägmaß, das feststellbar ist.

DER OVALZIRKEL

dient zur Herstellung von Ovalen. Er ist dargestellt und beschrieben im Kapitel „Fachzeichnen“.
Daß der Drechsler einen Maßstab braucht, versteht sich von selbst.

ZUSÄTZLICHE HILFSWERKZEUGE DES DRECHSLERS

Gleich dem Schreiner benötigt auch der Drechsler für die Vor- und Zurichtung seines Werkstoffes eine ganze Anzahl Werkzeuge, wie da sind die verschiedenen Arten von *Sägen:* die Handsäge, die Schweifsäge, auch die Laub- oder Dekupiersäge, die Loch- oder Stichsäge. Zum Ablängen von Holzstäben und Zerteilen von Elfenbein, Horn und den Kunststoffen bedient er sich *kleiner Kreissägen (Abb. 193 bis 197.)* aus Spezialstahl. Diese sitzen auf einem Futter *(Abb. 194 und 195)*, welches mit einem Gewinde versehen auf die Spindel der Drehbank zu sitzen kommt, wobei das Material von Hand auf der Werkzeugauflage zugeführt wird. An Stelle dieses selbstgefertigten Futters werden von den Drehbankfabriken eiserne Sägedornen geliefert

Abb. 193. Arbeiten an der auf Spindel befestigten Kreissäge

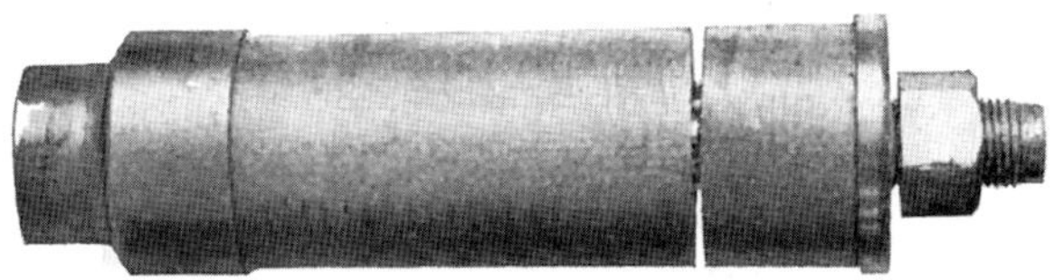

Abb. 194. Kreissägefutter

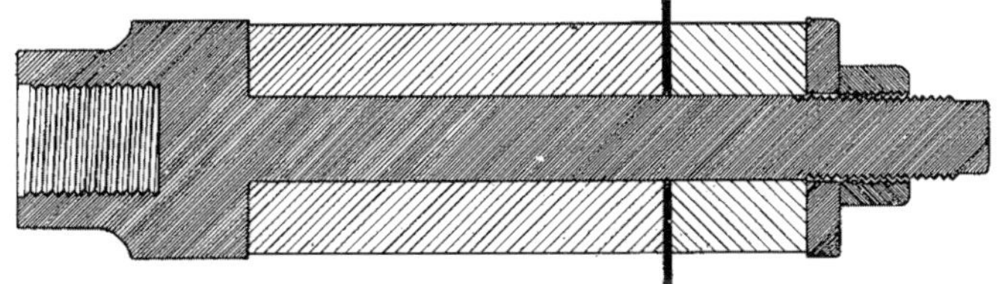

Abb. 195. Schnitt durch ein Kreissägefutter

Abb. 196. Spindelkern für kleine Kreissägen (Werkfoto: A. Lang, Zeulenroda)

Abb. 197. Kreissäge zwischen Spindel und Körner laufend mit verstellbarem Kreissägetisch (Werkfoto: Alex. Geiger, Ludwigshafen a. Rh.)

Abb. 198. Riffelraspel

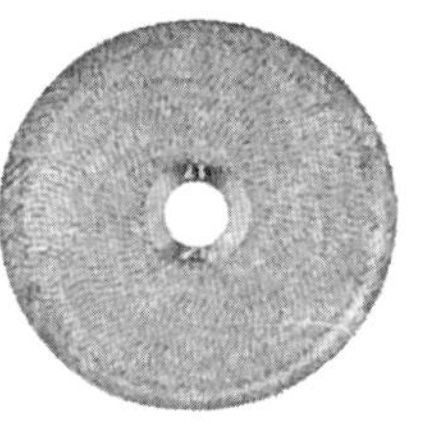

Abb. 200. Stoßfeilscheibe *Abb. 201. Kreisraspel* *Abb. 202. Kreisfeile*
(Werkfoto: Friedr. Dick, Eßlingen a. N.)

(Abb. 196). Seit neuestem bringt die Firma Geiger, Ludwigshafen, die in *Abb. 197* dargestellte Kreissäge heraus. Hier läuft die Säge in zwei Lagern und einem kleinen Sägetisch. Diese vorzügliche Kreissäge wird für manche Arbeiten die große übliche Kreissäge ersetzen können.
Es wird auch Fälle geben, in denen der Drechsler des

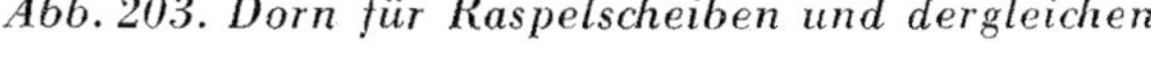

Abb. 199. Zweiseitige Riffelraspel

Hobels nicht entbehren kann, und wenn möglich, wird er sich auch eine *Hobelbank* leisten.
Auch *Stemmeisen, Stechbeitel* braucht der Drechsler, z. B. für die Stemmarbeiten bei gewundenen Säulen.
Ferner benötigt er die verschiedenen Arten von *Feilen* und Raspeln, sowohl die kantigen, halbrunden und runden. Für Spezialaufgaben, z. B. bei durchbrochenen Säulen, ist die sog. Riffelraspel notwendig, siehe *Abb. 198 und 199.*

Sehr vorteilhaft erweisen sich, vor allem zum Vorarbeiten und Zurichten von Kunststoffen, Horn, Bein, Elfenbein usw., die rotierenden kleinen *Feil- und Raspelscheiben (Abb. 200—202),* die wie die kleinen Kreissägen mittels Futter *(Abb. 203)* auf der Spindel der Drehbank befestigt werden.

Abb. 203. Dorn für Raspelscheiben und dergleichen

Zum Schluß seien summarisch noch all die kleinen Hilfswerkzeuge aufgezählt, die in keiner Drechslerwerkstatt fehlen dürfen und von deren weiteren Beschreibung wir hier absehen wollen:
Schreinerhammer, Holzhammer (Holzknüppel, Holzknüppel), Lochbeitel, Spitzbohrer oder Reißahle, Schraubenzieher, Schraubenschlüssel, eiserne und hölzerne Schraubzwingen, Schraubstock und Leimtopf, Bohrleier.

Abb. 204. Roßhaarbürste

Abb. 205. Schleifscheibe

DIE TECHNIK DES DREHENS

Die Drechslerei gehört zu den wenigen Handwerken, bei denen auch heute noch die Bezeichnung „Handwerk“ in besonderem Maße zu Recht besteht. Wohl wird die Drehbank, im Gegensatz zu früher, heute mit motorischer Kraft betrieben, aber nach wie vor sind es die werkenden Hände, die unmittelbar mit den Werkzeugen dem Werkstoff Gestalt geben. Weil die Hand einen so bedeutsamen Anteil an der Arbeitsleistung hat, haben wir nahezu alle vorkommenden Arbeitsgänge im fotografischen Bild festgehalten, aber wir wollen uns darüber klar sein, daß durch diese Bilder nur die charakteristische Haltung angedeutet werden kann; durch Theorie, also Worte, Bild und Zeichnung, vermag man das Handwerk nie wirklich zu erlernen.

Dennoch mag die Fülle von Darstellungen jenen Meistern und Gesellen Anregung geben, die vielleicht eine einseitige Ausbildung erfahren haben und ihr Können noch bereichern möchten. Vor allem wird dem Lehrling und jungen Gesellen ein Überblick und Begriff gegeben, was es alles in seinem schönen Beruf zu lernen gibt. Auch wird dem Lehrer, der das Handwerk nicht selbst völlig oder es überhaupt nicht beherrscht, die systematische Beschreibung der Technik ein wertvolles Schulungsmaterial in die Hand geben. Und dem Laien, an den wir bei der Schaffung des ganzen Werkes auch gedacht haben, und der vielleicht Lust bekommt zu drechseln, wird das Buch ein guter Führer sein, aber es sei ihm gesagt, daß er sich außerdem natürlich in die Lehre eines tüchtigen Meisters begeben soll, um dort die Grundlagen praktisch zu erlernen.

Abb. 206. Meister Christian Heinz in Waal beim Schärfen des Meißels am Schleifstein

Der Verfasser hat keine Mühe gescheut, mit ersten Meistern Deutschlands dieses Kapitel zu bearbeiten, das Buch dürfte so nicht allein dem heutigen Stand der Technik gerecht werden, sondern auch manche alte vergessene Erfahrung aufbewahren. Da die Arbeitsgänge in verschiedenen deutschen Werkstätten aufgenommen wurden, finden wir auf den nachfolgenden Fotos alte und ganz neue Drehbänke. Selbstverständlich kann auch auf alten, gut gepflegten Drehbänken Qualitätsarbeit geleistet werden, denn es kommt ja weniger auf das moderne Arbeitsgerät als auf das Können und die Gesinnung an. Trotzdem wäre es selbstverständlich wünschenswert, wenn sich jeder Drechslermeister mit der Zeit die neuen gut erprobten Drehbänke und Maschinen anschaffen könnte, die ihm mehr technische Vorteile bieten und seine Arbeit erleichtern.

DAS SCHÄRFEN DER WERKZEUGE

Das Schleifen und Abziehen der Werkzeuge gehört zu den ersten und zugleich schwierigsten Übungen eines jeden Anfängers, denn es ist eine selbstverständliche Voraussetzung, daß die Werkzeuge richtig geschliffen und behandelt werden müssen, wenn man eine Arbeit leisten will. Man darf ruhig behaupten, daß das einwandfreie und richtige Scharfmachen von Meißel und Röhre schwerer ist und dem Lernenden oft mehr Mühe bereitet als manche einfache Drechslerarbeit. Mit einem ungenügend gerichteten Werkzeug hat man weit mehr Mühe, tadellos zu drechseln. Mancher Lehrling braucht Jahre, bis er fehlerfrei zu schärfen versteht, während er schon ganz ordentlich drehen kann, und oft ist der Meister genötigt, dem Jungen die Eisen zu richten. Hier macht nur stete Übung den Meister!

Beim Scharfmachen der Werkzeuge unterscheidet man zwei verschiedene Vorgänge: 1. das Schleifen, 2. das sog. Abziehen.

DAS SCHLEIFEN

Dies geschieht am besten an besonderen Schleifsteinen für Fuß- oder Motorbetrieb (siehe die *Abb. 93—95* und deren

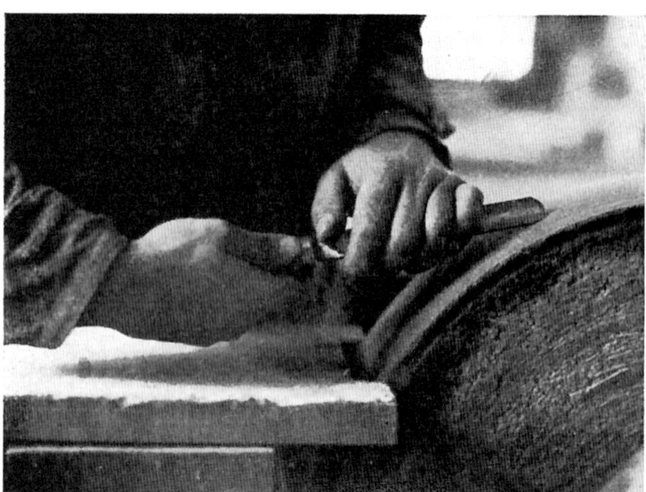

Abb. 207. Schärfen der Röhre am Schleifstein

Beschreibungen). Manche Drechsler entbehren des besonderen Schleifsteines und spannen den runden Stein in die Drehbankspindel. Dies sollte man aber nur als Notbehelf betrachten, denn einmal nimmt das Auf- und Abspannen Zeit weg, außerdem wird die Drehbank dadurch belegt und ist nicht zu benutzen. Ferner wird sie durch den Schleifdreck verschmutzt, und die etwa umliegenden Werkzeuge rosten leicht durch das vom Schleifstein spritzende Wasser.

Die runden Schleifsteine bestehen meist aus Schweinfurter Sandstein. Am besten ist der graugelbliche, rauhe, grobgekörnte, nicht zu harte Stein. Der mehr grünliche, härtere schmiert eher, er ist zu feinkörnig, also nicht günstig. Zu beachten ist, daß der Stein gleiche Dichte, vor allem keine sogenannten Gallen, d. h. weiche Stellen hat. Beim Kauf von Schleifsteinen sollte man zur Kontrolle den Stein möglichst mit Wasser übergießen: man kann sich dadurch vergewissern, ob der Stein ausgekittete Löcher aufweist; denn diese kommen durch das Wasser durch ihre unterschiedliche Färbung deutlich zum Vorschein. Es gehört viel Erfahrung dazu, die Güte eines Schleifsteins beurteilen zu können; und wer noch unsicher ist, wird am besten einem ausgewählten Garantiestein den Vorzug geben; denn der Mehraufwand an Kosten lohnt sich durch ein vorteilhaftes und rasches Arbeiten, das ein teurer Stein von Qualität ermöglicht.

Im allgemeinen läuft der Stein vom Werkzeug weg. Wir finden aber auch Meister, die dem dem Werkzeug entgegenlaufenden Stein den Vorzug geben, weil dadurch schneller ein Schliff und nach Meinung der Meister auch eine bessere Fase zu erzielen sei. Allerdings erfordert ein solches Schleifen große Übung und Sicherheit, da, besonders für den Anfänger natürlich, die Gefahr besteht, daß das Eisen zurückschlägt.

Beim Schleifen des Messers muß dem Schleifstein Wasser zugeführt werden, das sich in einem Blechgehäuse mit kleinem Hahn über dem Stein befindet *(Abb. 206)*, denn durch das nasse Schleifen gewinnt der Stein an Schleifkraft. Es ist darauf zu achten, daß das Wasser im Trog ablaufen kann, weil ein im Wasser stehender Stein weich wird und sich schneller abnützt.

Ausführlich auf das Wie des Schleifens einzugehen, ist müßig, das kann allein nur praktische Erfahrung lehren. Es sei jedoch gesagt, daß es wichtig ist, das Eisen hoch anzusetzen, zuerst wird also der Ballen geschliffen *(Abb. 208 a–c)*. Auf dem laufenden Schleifstein erhalten die Werkzeuge die *Fase* angeschliffen. Am Ende dieser Fase bildet sich dabei ein kleiner Grat oder Faden, der auf einem Abziehstein wieder entfernt, d. h. „abgezogen“ wird *(Abb. 208 c)*. Das Eisen kann entweder mit Hilfe einer Auflage oder frei am Stein geschliffen werden *(Abb. 206 und 207)*. Welche von beiden Arten die vorteilhaftere ist, darüber bestehen geteilte Meinungen. Je nach Gewohnheit und Übung macht es der eine Meister so oder so. Für einen Anfänger, der noch wenig Übung und Gefühl hat, mag die Auflage eine willkommene Hilfe bedeuten, aber der erfahrene Meister wird wohl auf die Auflage verzichten, besonders bei der Röhre *(Abb. 207)*, weil deren runde Form mehr Freiheit der Bewegung erfordert. Beim freien Schleifen kann er mit weit mehr Gefühl arbeiten und dadurch auch jedes unnötige Zuvielwegschleifen verhindern. Schleift man frei, so tut man gut, die linke Hand, die den Druck auf das Werkzeug ausübt, leicht gegen den Körper zu stützen, um einen möglichst sicheren Halt für das Werkzeug zu erhalten. Beim Schleifen der Drehröhre (das man möglichst nach dem Schleifen des Meißels vornehmen sollte) darf man das Eisen nicht auf einer Stelle des Steines halten; man bewege es vorteilhafter hin und her, um zu vermeiden, daß auf dem Stein Hohlkehlen entstehen. Für den Anfänger ist es allerdings leichter, wenn er die Röhre in einer Rille des Steines schleift. Zu beachten ist, daß die Röhren eine gleichmäßige Rundung erhalten und vor allem nicht zu spitz geschliffen werden *(Abb. 218)*. Als günstig hat sich erwiesen, wenn der Kreisbogen der Röhre als Radius die Hälfte der Breite der Röhre hat. Die Röhre ist dann lediglich spitz zu schleifen, wenn mit ihr oval gedreht werden soll. (Siehe *Abb. 98 und 102)*.

Die Schneide der Fase des Meißels darf keinesfalls rund bzw. gewölbt *(Abb. 209)* und im allgemeinen auch nicht zu hohl geschliffen werden *(Abb. 210)*. Es kommt hier allerdings auch noch auf die jeweilige Arbeit und den Werkstoff an. (Wie wir weiter unten sehen werden. ist es manchmal auch vorteilhaft, die Fase leicht hohl zu

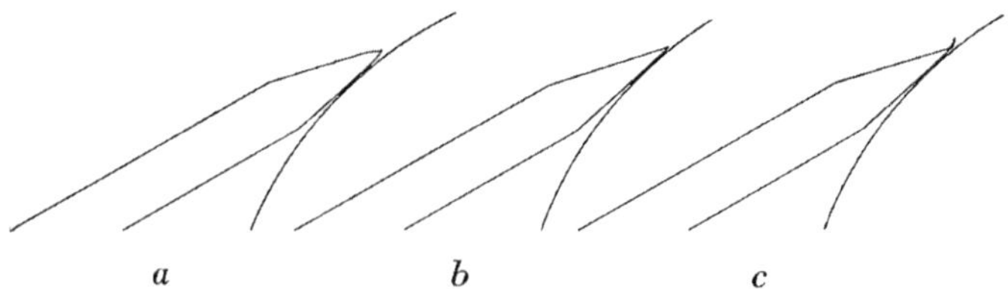

Abb. 208. Haltung des Meißels beim Schärfen

schleifen.) Die Schneiden aller Werkzeuge dürfen außerdem niemals wellig, und die Flächen der Fasen müssen in sich flächig sein, und vor allem dürfen die Spitzen der Fasen beim Meißel nicht gebrochen werden *(Abb. 211 bis 213)*. In den *Abb. 214 und 215* ist dargestellt, wie die Fasen nicht geschliffen sein sollen. In *Abb. 214* ist die Schräge der Fase zu gering, in *Abb. 215* zu steil.

Die Schräge bzw. Breite der Fasen, d. h. der Schneidewinkel, ist verschieden und richtet sich jeweils nach der Härte bzw. Weichheit des Holzes. Je weicher z. B. das Holz ist, desto spitzer muß der Schneidewinkel und dem

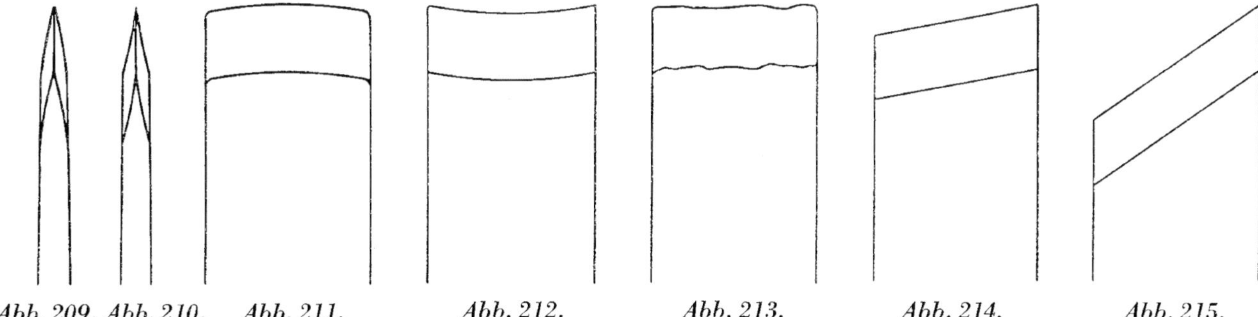

Abb. 209. *Abb. 210.* *Abb. 211.* *Abb. 212.* *Abb. 213.* *Abb. 214.* *Abb. 215.*

entsprechend die Fase länger sein, man spricht vom „schlanken" Werkzeug, „lang herausgeschliffen" *(Abb. 216)*. Bei schlankgeschliffenem Meißel für Weichholz ist es vorteilhaft, wenn die Fase, wie schon oben erwähnt, leicht hohlgeschliffen ist, weil man dadurch eine noch spitzere und dadurch schärfere Schneide erhält, man spricht von „scharf drehen". Lediglich beim Weichholz ist dann ein stumpfwinkliger Schneidewinkel nötig, wenn es sich um das Drehen von Querholz handelt, weil bei diesem mehr „geschabt" werden muß, damit das Eisen nicht ausbricht. Mancher Drechsler wetzt an dem Eisen, mit dem Querholz gedreht werden soll, mit Vorliebe einen Grat an, wodurch er ein ähnliches Werkzeug wie die Ziehklinge des Schreiners erhält. Das Holz wird dann weniger geschnitten als geschabt. (Siehe auch „Querholzdrehen" auf Seite 70.) Bei Hartholz muß der Schneidewinkel stumpf, die Fase also kurz sein, man spricht vom „dicken Werkzeug" *(Abb. 217)*, von „kurz geschliffen". Dieses kurz geschliffene Werkzeug wirkt, wie schon gesagt, gegenüber dem scharf schneidenden schlanken Werkzeug, mehr schabend, ähnlich wie bei der Eisendreherei.

DAS ABRICHTEN DES SCHLEIFSTEINS

Der Schleifstein, der mit der Zeit auf verschiedene Weise abgenutzt wird *(Abb. 219 a, b, c, d)*, muß abgerichtet, also zwischendurch wieder eben gemacht werden. Dazu bedient man sich vielfach eines Gasrohres. Besser ist jedoch das Stahlrohr eines alten Regenschirmes, weil es noch härter ist.
Beim Abrichten muß der Stein zum Arbeitenden hin laufen und das Rohr nach unten gehalten und dabei gedreht werden *(Abb. 220)*. (Ist das Drehen des Steines in entgegengesetzter Richtung nicht möglich, muß sich der Arbeitende natürlich auf die andere Seite des Steines stellen.) Je besser der Schleifstein gerichtet ist, desto leichter ist naturgemäß das einwandfreie Schleifen des Werkzeuges. Zum Schleifen eines breiten Meißels sollte man am besten stets den Schleifstein neu richten.
Es gibt auch im Handel gute Schleifsteinabrichter *(Abb. 221)*. Dieser Abrichter wird am besten über eine Stütze geführt. Um einen sicheren Gegendruck gegen den zu richtenden Stein ausüben zu können, befestigt man ein Flacheisen quer über den Trog des Schleifsteinbrettes. Der Abrichter wird nicht gegen den Stein gedrückt, sondern mit seinen Füßen in das Flacheisen eingehängt. Durch Hochheben des Hebels wird das Rädchen gegen den Stein gedrückt. Im Gegensatz zum Rohr, mit dem der Stein geglättet wird, rauht der Abrichter den Stein gleichmäßig auf. Steinchen werden herausgesprengt, wodurch die Schleifkraft erhöht wird.
Nach der Größe des Durchmessers der Schleifsteine richtet sich auch die Geschwindigkeit der Umdrehung. Es gilt also zu beachten, daß bei einem durch den Gebrauch kleiner gewordenen Schleifstein sich die Geschwindigkeit verringern sollte.

DAS SCHLEIFEN AN DER SCHLEIFSCHEIBE

Die Werkzeuge können auch an einer nicht zu groben Schleifscheibe geschliffen werden, besonders wenn es sich um Werkzeuge handelt, die Elfenbein, Perlmutter, Bernstein und exotische harte Hölzer bearbeiten sollen. Die Schleifscheibe ist gegenüber dem Naturschleifstein ein künstliches Produkt. Statt der früher gebräuchlichen Schmirgelscheiben wird heute dem weit vorteilhafteren Elektrokorund der Vorzug gegeben. Zum Schleifen unserer Werkzeuge kommen die keramisch, d. h. die mit Ton gebundenen Schleifscheiben am ehesten in Frage. Je nach Körnung der Kristalle ergeben die Scheiben gröberen oder feineren Schliff. Die Unterschiedlichkeit der Körnung wird durch Ziffern bezeichnet, und es ist ratsam, beim Kauf von Schleifscheiben deren Verwendungszweck genau an-

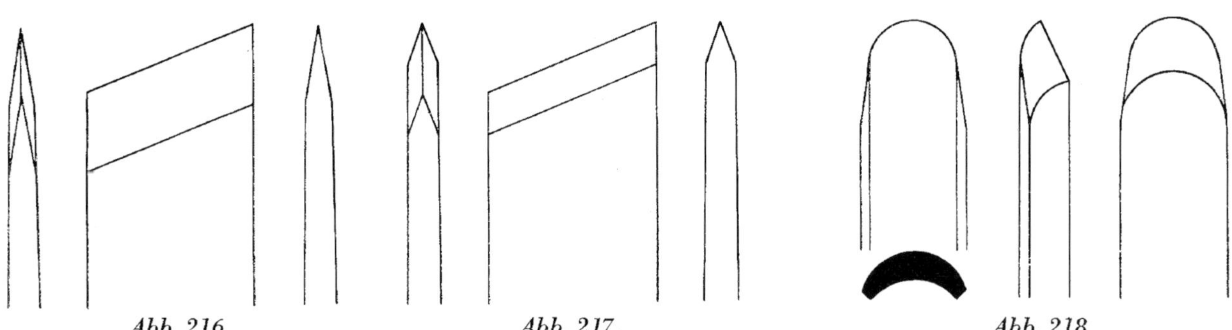

Abb. 216. *Abb. 217.* *Abb. 218.*

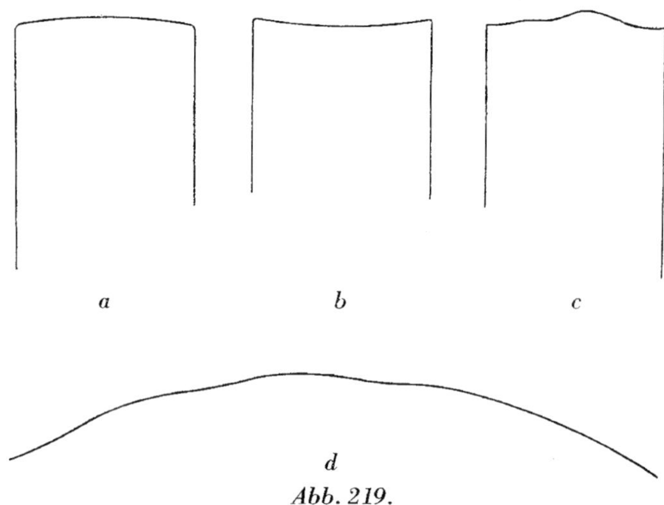

Abb. 219.

Abb. 221. Abrichter für Schleifstein

zugeben. Die Kataloge der Deutschen Carborundumwerke enthalten genaue Gebrauchsanweisungen und Geschwindigkeitstafeln, nach deren Angaben sich der Drechsler richten soll, denn bei der Schleifscheibe besteht die Gefahr des Zerspringens, wenn die vorgeschriebene Tourenzahl nicht beachtet bzw. überschritten wird. Man beachte deshalb auch besonders die Unfallverhütungsvorschriften der zuständigen Berufsgenossenschaften und die jeweiligen besonderen Bestimmungen des Deutschen Schleifscheiben-Ausschusses in Hannover über die zulässigen Umdrehungsgeschwindigkeiten bei Schleifscheiben verschiedener Bindungsarten.

Es sei davor gewarnt, die Schleifscheibe auf die Drehbankspindel zu spannen, wenn dies in der Praxis aus Gründen der Einfachheit und oft des Raummangels auch vielfach geschieht. Eine im Lagerbock laufende Schleifscheibe birgt viel weniger Gefahren in sich. Dem Verfasser ist z. B. bekannt, daß einem Meister, der die Scheibe behelfsmäßig an einem Motor anschloß und dabei eine zu hohe Tourenzahl benutzte, der Schmirgelstein zersprang, ihm ein Stück davon ins Auge und Gehirn drang, das ihn tötete.

Das Schleifen selbst geschieht im Prinzip genau so wie das Schleifen am Schleifstein (siehe die *Abb. 224*). Die Drechsler, die die Schleifscheibe auf die Drehbankspindel spannen, ziehen es jedoch der Einfachheit halber vor, trocken. anstatt naß zu schleifen, obwohl die Werkzeuge beim Schleifen an der Schleifscheibe leicht verbrennen.

Abb. 222. Abrichter für Schleifscheibe

In Fachkreisen findet man noch sehr geteilte Meinungen über die Verwendung der Schleifscheibe zum Schleifen der Drechslerwerkzeuge. In manchen Werkstätten finden sich auch, besonders für flache, breite Eisen, selbstgefertigte Schleifvorrichtungen, wie sie heute der Schreiner für seine

Abb. 223. Abrichter für Schleifscheibe (Stein in Kugellager laufend)

Hobeleisen verwendet. Mit Hilfe einer Einspannvorrichtung wird das Eisen gleichmäßig an den Stein herangeführt, was ein sicheres und schnelles Schleifen ermöglicht; Voraussetzung dabei aber ist, daß die Fläche des

Abb. 220. Abrichten des Schleifsteins mittels des Gasrohres

Abb. 224. Schärfen des Meißels an der Schleifscheibe

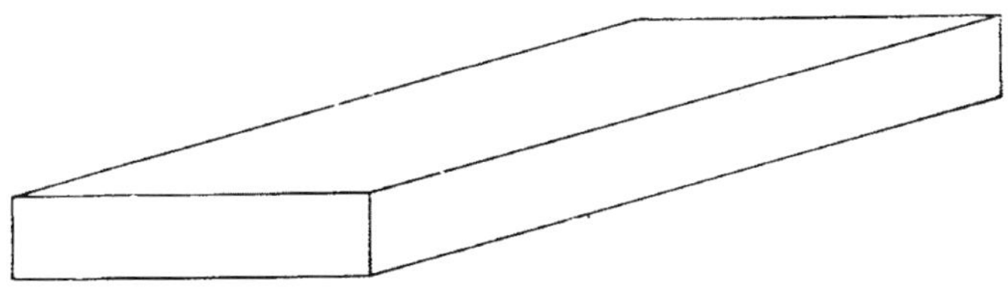

Abb. 225. Zugerichteter Abziehstein für Meißel

Schleifsteins absolut gerade ist. In guten alten Werkstätten zieht man den mit Wasser gespülten Naturschleifstein der Schleifscheibe immer noch vor, vor allem auch, wenn es sich um breite Meißel oder um Röhren handelt. Wohl ist mit der Schleifscheibe ein rascheres Schleifen möglich, was aber andererseits einen größeren Verschleiß der Werkzeuge zur Folge hat.
Zu bejahen sind die ganz kleinen Schleifscheiben zum Schleifen kleiner Spezialwerkzeuge und zum Schärfen von Bohrern, kleinen Plattenstählen usw.

DAS ABRICHTEN DER SCHLEIFSCHEIBE

Ähnlich wie der Schleifstein nützt sich, wenn auch nicht in dem Maße, die Schleifscheibe im Gebrauch ab. d. h. die Schleifflächen werden unrund, weshalb sie von Zeit zu Zeit abgerichtet werden müssen. Dies geschieht mit einem von den Carborundum-Werken herausgebrachten Abrichter *(Abb. 222)*. Sehr geschätzt wird auch der in *Abb. 223* gezeigte Abrichter. Hier rotiert der Abrichtstein. sein Gehäuse läuft in Kugellager.

DAS ABZIEHEN

Der beim Schleifen sich ergebende kleine Grat an der Schneide der Fase wird, wie wir schon wissen, auf dem Abzieh- oder Wetzstein entfernt, d. h. abgenommen. Das Material der Abziehsteine kann bestehen aus Natursteinen oder auch aus Kunststeinprodukten. Alle harten Steine und die Kunststeine werden mit Petroleum, weiche Steine mit Wasser abgezogen.
Bei den *Natursteinen* unterscheidet man in erster Linie „Arkansas"- und „Mississippi"-Steine. Die Steine erhalten den Namen nach ihrem Ursprungsland. Das sind harte, grauweiße, feine Steine. Sie werden am besten in einer Blechschachtel mit Petroleum aufbewahrt, wodurch sie gut feucht bleiben. Auch das Abziehen geschieht unter Zugabe von Petroleum. Der „Alaska"-Stein ist rauher und gröber im Korn und nicht so hart, also weicher als Arkansas und Mississippi. Seine Farbe ist dunkelgrüngrau. Man bringt auf ihm rascher eine Schneide fertig, er eignet sich deshalb gut für allgemeines Werkzeug, weniger für feineres.
Je feiner die Schneide und je härter das Werkzeug sein muß, desto härter und feiner muß der Abziehstein im Korn sein. Der Arkansas ist also der vorteilhafteste Stein.
Hinsichtlich der Form der Natursteine unterscheidet man sogenannte „Brocken" und „zugerichtete Steine". Brocken sind Abfälle und bestehen aus demselben Material wie die zugerichteten Natursteine. Im Handel gibt es den härteren, grünlichen Brocken, auf dem mit Petroleum geschliffen, und den gelblichen (belgischen) weicheren Brocken, auf dem mit Wasser geschliffen wird. Brocken sind naturgemäß viel billiger als die zugerichteten Steine, die oft das Mehrfache kosten.
Kunststeine. Im Handel gibt es den sogenannten India-Stein, er ist braun, hart und grobkörnig und eignet sich vor allem zum Abziehen von solchen Werkzeugen, mit denen man Querholz dreht, bei denen also eine stumpfwinklige Schneide notwendig ist. Ferner liefern die deutschen Carborundumwerke Abziehsteine in drei verschiedenen Körnungsarten; Kataloge der Firmen geben genaue Auskunft über Beschaffenheit und Anwendung der Steine. Kunststeine sind naturgemäß immer zugerichtet.

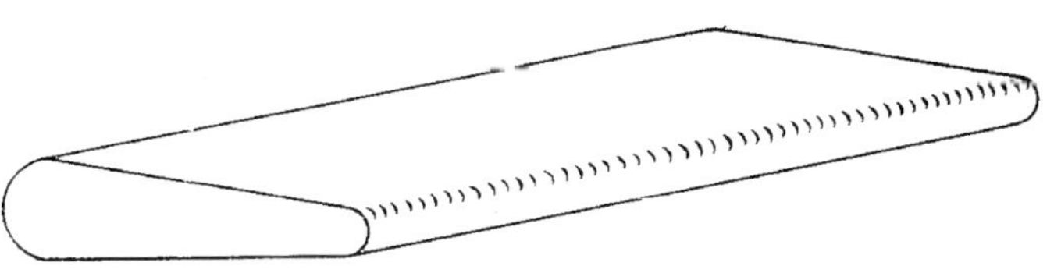

Abb. 226. Zugerichteter Abziehstein für Röhre

Abb. 227. Abziehen des Meißels auf einem zugerichteten Abziehstein

Kunststeine werden in verschiedenen Profilformen hergestellt, je nach den Werkzeugen, für die sie bestimmt sind. In den *Abb. 225 und 226* sehen wir zugerichtete Steine für Meißel und Röhren. Es empfiehlt sich, beide Steinformen lieber länger als kürzer zu wählen, um eine längere Abziehfläche zu erhalten. Der Stein für den Meißel hat eine kantige Form. Man wird den breiten Meißel natürlich auf der breiten Fläche abziehen *(Abb. 227)* und die schmalen Meißel und Plattenstähle auf den schmalen Kanten. Es ist naheliegend, daß man auf der breiten Fläche möglichst keine schmalen Eisen abzieht, um auf dieser Fläche Vertiefungen zu vermeiden. Für die Röhren schafft man sich am besten zwei bis drei verschiedene Größen an.
Selbstverständlich wird man für die verschiedenen Werkzeuge immer die entsprechenden Steine benutzen. Ist man darin gleichgültig und zieht man z. B. auf einem für Meißel bestimmten Stein eine Röhre ab, so ergeben sich auf dieser Fläche leicht Rillen. die das einwandfreie Abziehen

Abb. 228. Abziehen der Röhre innen auf einem zugerichteten Abziehstein

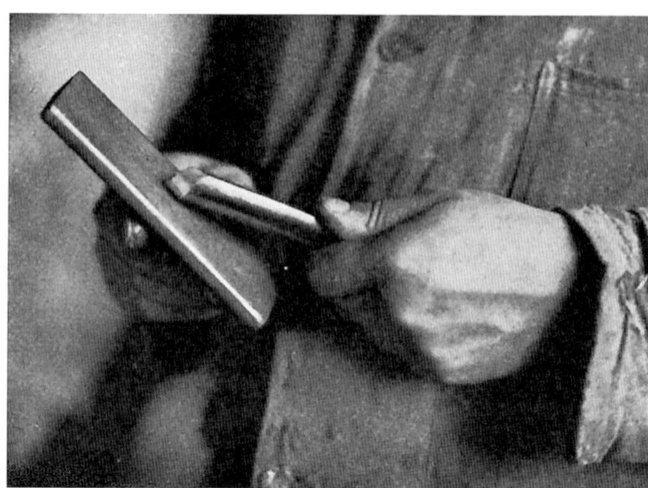

Abb. 229. Abziehen der Röhre außen auf einem zugerichteten Abziehstein

der Meißel nicht mehr möglich machen. Leider wird diesen so wichtigen Grundregeln nicht immer die nötige Beachtung geschenkt. In vielen Werkstätten findet man z. B. nur kleinere oder größere Brocken, auf denen alle Werkzeuge abgezogen werden.
Das *Abziehen* geschieht am besten frei, d. h. der Arbeitende soll sich nicht anlehnen und die Arme nicht fest an den Körper pressen. Er wird das Eisen meist in die linke Hand nehmen und mit der rechten Hand den Stein leicht und frei bewegen. (Viele Drechsler machen es natürlich auch umgekehrt, besonders wenn der Stein klein ist.) So bekommt man das sicherste Gefühl und den besten „Zug“ (siehe die *Abb. 227—229*). Dieses freie Abziehen entspricht dem freien Schleifen am Schleifstein ohne Auflage, was natürlich auch einem erfahreneren Meister eher möglich ist als einem Anfänger. Beim Abziehen muß besonders darauf geachtet werden, daß die Breite der Fase in ihrer ganzen Fläche am Stein anliegen muß.
Mit der Zeit kurz gewordene Eisen können vorwiegend dann verwendet werden, wenn es sich um Querholz handelt, also bei Schalen, Tellern, zum sogenannten Plandrehen von Querholz. Dabei müssen wir aber bemerken, daß dieser dem Ende zugehende Meißel nicht mehr so gehärtet ist wie ein neuer vorne. Da sich jedoch gerade für Querholz nur härtere Eisen eignen, ist es ratsam und nötig, daß diese kurz gewordenen Werkzeuge noch einmal nachgehärtet werden. Der kurz gewordene Meißel ist natürlich stärker als ein neuer an der Schneide, wodurch wir eine günstigere Facette mit stumpfem Schneidewinkel erhalten, was für das Querholzdrehen von großem Vorteil ist. Außerdem vermag man mit dem kürzeren Eisen dem Querholz natürlich mehr Widerstand zu bieten.

DAS DREHEN IN HOLZ

Man unterscheidet verschiedene Arten des Drehens:
1. *Das einfache Runddrehen* von Lang-, Quer- und Hirnholz. Hierbei dreht sich das Werkstück zentrisch um seine Achse.
2. *Das Ovaldrehen.* Es verschiebt sich die Achse während einer Umdrehung in seitlicher Richtung zweimal hin und her.
3. *Das gewundene Drehen.* Dabei dreht sich das Werkstück um seine Achse, außerdem aber schraubt es sich gewindeartig in achsialer Richtung vorwärts und im Leerlauf wieder zurück.
4. *Das Passigdrehen.* Man unterscheidet ein Längs- und ein Querpassigdrehen. Bei beiden Arten bewegt sich das Werkstück zentrisch um seine Achse. Außerdem aber schiebt es sich beim Längspassig in achsialer Richtung noch hin und her, und beim Querpassig wird es außer seiner zentrischen Umdrehung quer zur Achse zum Arbeitenden hin und her bewegt bzw. gependelt.

DAS EINFACHE RUNDDREHEN

Diesem einfachen Runddrehen gilt in erster Linie unsere Aufmerksamkeit. Das sogenannte Passigdrehen oder „die höhere Drehkunst“, wie die Alten es irrtümlicherweise nannten, wollen wir im Gegensatz zu früheren, alten Fachbüchern im nachfolgenden mehr vom historischen Gesichtspunkt aus betrachten, da das Passigdrehen für unsere heutige Zeit wohl kaum noch in Frage kommt. Dafür aber wollen wir uns um so eingehender und gründlicher mit dem einfachen Runddrehen befassen, da dies die natürlichste Technik des Drechselns darstellt, mit deren Hilfe man einen unübersehbaren Reichtum von Formen schaffen kann.
Die nachfolgenden Kapitel handeln nur vom Drehen in Holz. In späteren Abschnitten sind auch die anderen Ma-

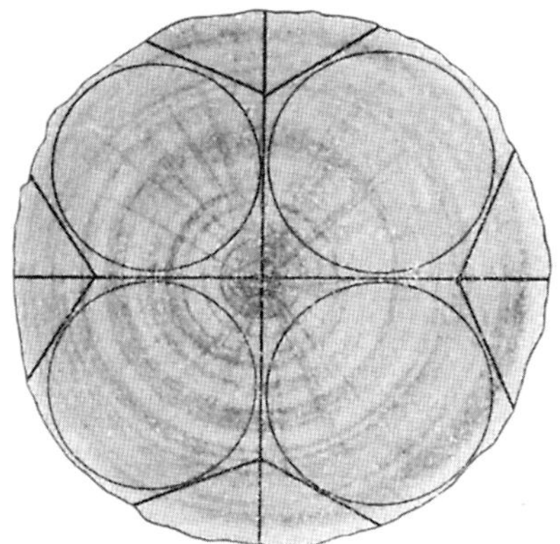

Abb. 230. Stamm in Viertelscheitern

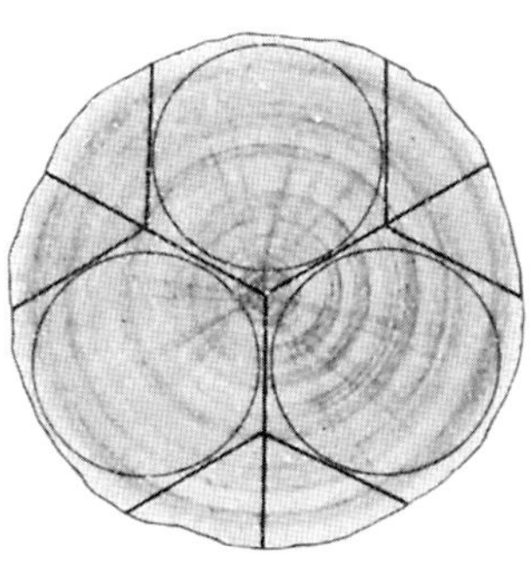

Abb. 231. Stamm in Drittelscheitern

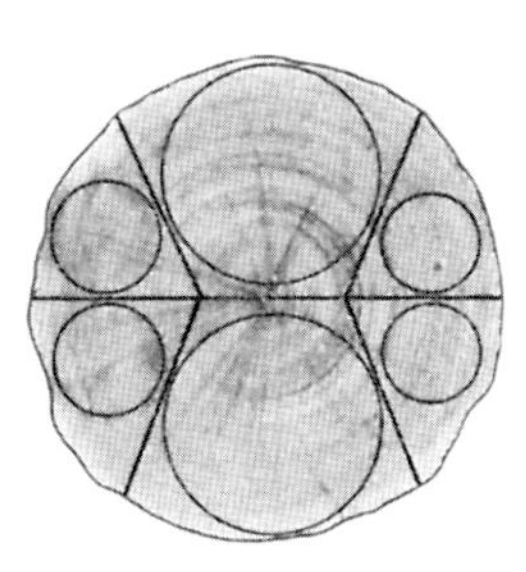

Abb. 232. Stamm in Halbscheitern

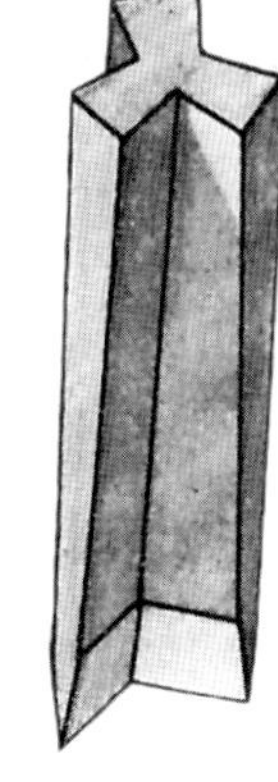

Abb. 233. Spalteisen zur Herstellung von Drittelscheitern

terialien sowie auch deren Technik und Verarbeitung beschrieben.
Beim Runddrehen unterscheiden wir zunächst das Drehen von Lang- und Querholz; wir werden dabei sehen, wie unterschiedlich deren Bearbeitung ist.

DAS DREHEN IN LANGHOLZ

Das Gebiet des Langholzdrehens ist ein sehr vielseitiges und wohl mit Recht das am meisten angewandte — denken wir nur an gedrehte Tisch- und Stuhlfüße, an Säulen von Lampen, Treppengeländern usw.
Von großer Bedeutung für das Langholzdrehen ist die richtige Auswahl des Materials. Früher verwendeten die Alten zum Langholzdrehen vorwiegend gespaltenes Holz, wenn es sich nicht gerade um Arbeiten handelte, bei denen auch Rundlinge verwendet werden konnten. Dies ist auch heute noch, besonders in waldreichen, ländlichen Gegenden, vielfach der Fall. Das gespaltene Holz hat den großen Vorteil, daß es eher gerade bleibt, weil durch das Spalten die Fasern ihren natürlichen Lauf beibehalten. Bäume mit großem Durchmesser werden gewöhnlich in Viertelscheiter gespalten *(Abb. 230)*, solche mit mittlerem Durchmesser und je nach Aufgabe in Drittelscheiter *(Abb. 231;* die *Abb. 233* zeigt ein Spalteisen für Drittelscheiter, wie es früher oft verwendet wurde), solche mit kleinem Durchmesser auch in Halbscheiter *(Abb. 232)*. Je nachdem der Baum mehr oder weniger exzentrisch gewachsen ist, wird man die Teile natürlich verschieden groß halten. Noch kleinere Stämme und auch starke Äste bleiben als Rundlinge in einem Durchmesser von 8—20 cm, hier spaltet man also das Holz nicht auf. Rundlinge müssen vorteilhaft geplätzelt bzw. geringelt werden, wodurch das Holz besser austrocknen kann, ohne daß es reißt *(Abb. 234 und 235)*. Rundlinge lassen sich sehr wohl zu allerlei Aufgaben verwenden, so z. B. für hohe Büchsen und Dosen, bei denen der größte Teil des Herzens herausgedreht wird. Je nach Holzart werden bei solchen Dosen die Böden aus Querholz eingesetzt (siehe auch Seite 76, *Abb. 320)*.
Heute im Zeitalter der Mechanisierung werden die Hölzer für Arbeiten in kleinen Dimensionen zum Langholzdrehen meist aus Bohlen und Brettern zu Vierkanthölzern geschnitten, meist mit wenig Rücksicht auf den natürlichen Lauf der Fasern, wodurch diese Hölzer nicht die Widerstandsfähigkeit aufweisen wie die gespaltenen. Vor allem in den Städten und Großstädten sind die Drechsler auf den Holzhandel angewiesen. Vierkanthölzer können, ohne daß vorher die Ecken gebrochen werden *(Abb. 237)*, bis etwa zu 4 cm auf die Drehbank eingespannt und lediglich mit der großen Röhre (Schropp- oder Schroteisen) zylindrisch, also zu einer Walzenform gedreht werden. Bei größeren Dimensionen ist es dagegen nötig, die Ecken vorher zu brechen *(Abb. 238)*, was an der Band- oder Kreissäge geschieht. (Bei Massenarbeiten werden die Kanten der Werkstücke in der Fräsmaschine weggefräst.)
Um für das Einspannen in der Drehbank auf den Hirnflächen der Hölzer den Mittelpunkt zu finden, wird man bei den Vierkanthölzern, bevor die Ecken weggeschnitten werden, die Diagonale ziehen. Bei Hölzern, die mit dem Handbeil oder in der Bandsäge achteckig zugeschnitten

Abb. 234. Stamm geringelt

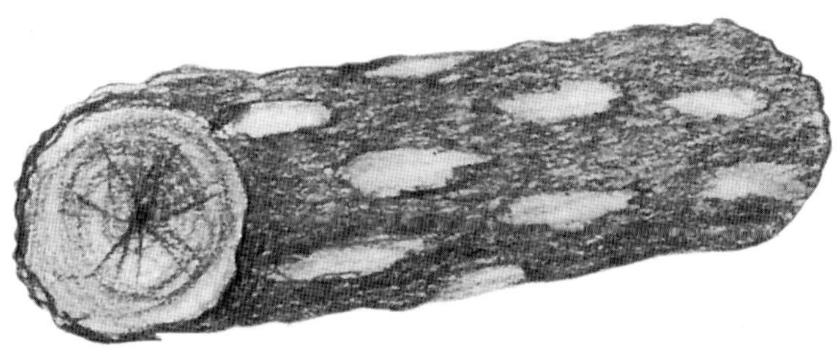

Abb. 235. Stamm geplätzelt

Abb. 236. Stamm in Bohlen gesägt

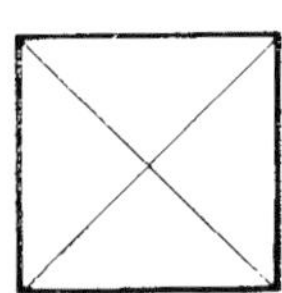

Abb. 237.

Abb. 238.

wurden, oder bei Rundlingen sucht man mit Hilfe des Stechzirkels die Mitte der Achse. Vor dem Einspannen gibt man am Mittelpunkt der Stirnseite, die an den Körner kommt, etwas Öl an, um die Reibung des Holzes zu vermindern. (Siehe einen praktischen Ölbehälter in *Abb. 491* auf Seite 112.) Dies ist natürlich nicht nötig, wenn eine moderne Spitze, die im Kugellager sitzt, verwendet wird. Das so vorbereitete Werkstück wird zwischen Drei- oder Vierzack und Spitze (auch Zwirl oder Körner) des Reitstockes gespannt. Die Schiene oder Auflage für das Werkzeug wird entsprechend eingestellt, wie es die nötige Haltung des Werkzeugs jeweils verlangt. Dabei ist darauf zu achten, daß die Schiene, sofern das Werkstück noch kantig ist, weit genug entfernt ist, damit das rotierende Holz nicht an die Schiene schlägt. Deshalb sollte man erst mit der Hand die Spindel leicht drehen, um den richtigen Stand der Schiene auszuprobieren.

Nun kann mit dem Drehen begonnen werden. Die Wahl der Werkzeuge sowie deren Haltung beim Drehen richtet sich je nach der Beschaffenheit des Holzes danach, ob es Hart- oder Weichholz ist. Wie wir im Kapitel „Schleifen" bereits erfahren haben, soll das Werkzeug, je nachdem ob es für Weich- oder Hartholz verwendet wird, bereits verschieden geschliffen sein, die Fase muß länger oder kürzer bzw. der Schneidwinkel größer oder kleiner sein. Je flacher und länger die Fase, z. B. bei weichen Hölzern (Fichte, Linde usw.) ist, um so mehr wird das sich drehende Werkstück über der Mitte angegriffen *(Abb. 239)*. Dagegen wird man bei Hartholz, bei dem der Schneidwinkel stumpfer sein muß, das Werkzeug mehr zur Mitte halten *(Abb. 240)*. Bei ganz harten Hölzern, wie auch bei Horn und strukturlosen Werkstoffen, wird man lediglich schabend arbeiten;

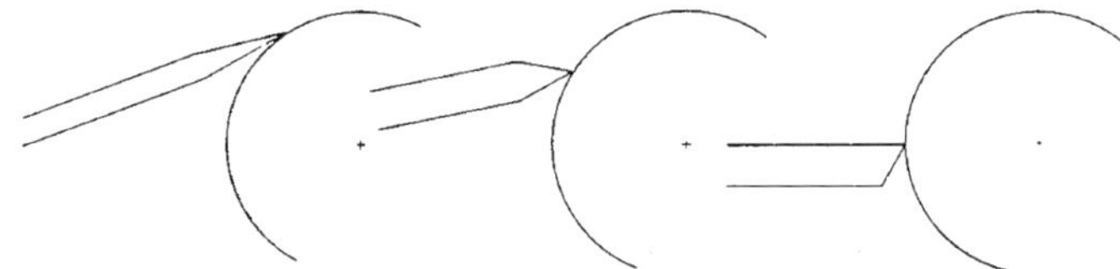

Abb. 239—241. Haltung der Eisen beim Drehen von unterschiedlich harten Materialien

dann wird der Schrotstahl verwendet, der genau in der Mitte der Achse angesetzt wird *(Abb. 241)*. Im ersten Fall gibt es mehr eine schälende, schneidende Wirkung, in den beiden anderen Fällen mehr eine schabende. Eine Ausnahme kann lediglich dann bestehen, wenn der Umfang des Werkstückes aus Weichholz besonders groß ist und man auch nicht scharf drehen kann.

DAS HERSTELLEN DER ZYLINDER (WALZEN-) FORM

Vorschroppen. In *Abb. 242* ist die Haltung beim sogenannten Schroppen (auch Schruppen oder Schroten genannt), gezeigt, das mit der Schroppröhre zunächst auf Walzen-

Abb. 242. Schroppen auf Zylinderform

Abb. 243. Schlichten auf Zylinderform

form erfolgt. Wie stets beim Drehen, besonders beim Formdrehen, ist auch hier schon möglichst darauf zu achten, daß man nicht gegen die Holzfaser dreht. Dem Anfänger und Ungeübten bereitet das exakte Drehen des Werkstückes auf eine Zylinderform, besonders auf ein vorgeschriebenes Maß, weit mehr Schwierigkeiten, als es den Anschein hat.

SCHLICHTEN ODER SAUBERDREHEN MIT DEM MEISSEL (Abb. 243)

Man legt zunächst die Fase des Meißels an das Werkstück an, hebt mit der rechten Hand das Werkzeug leicht, wodurch die Schneide angreift. Es erfordert natürlich viel Übung, den Meißel gleichmäßig über das Werkstück zu führen. (Die Breite des Meißels richtet sich naturgemäß nach der jeweiligen Größe des Werkstücks.) Man spricht hier vom sog. „Scharfdrehen", einem ähnlichen Vorgang wie beim Hobeln, bei dem sich Späne ergeben. Dieses Scharfdrehen ist jedoch nur möglich bei nicht zu harten Hölzern, deren Durchmesser nicht größer ist als 15 bis

Abb. 244. Prüfen mit dem Greifzirkel oder „Taster"

20 cm, die außerdem keine Äste haben und nicht abholzig sein dürfen. Bei sehr harten Hölzern, und auch bei Weichhölzern mit größerem Umfang, oder solchen, die abholzig sind und Äste haben, ist das Scharfdrehen nicht möglich. Dort wird je nach Werkstoff die schabende Technik angewandt, das Eisen mit stumpfem Winkel wird, wie schon gesagt, tiefer, mehr der Mitte zu angesetzt. (Siehe *Abb. 240*).

DAS PRÜFEN MIT DEM GREIF- ODER TASTZIRKEL (Abb. 244)

Um zu prüfen, ob das Werkstück genau zylindrisch, also einen gleichmäßigen Durchmesser aufweist, prüft man mit dem Greifzirkel, indem man mit ihm am Werkstück entlang tastet. Außerdem wird mit dem Greifzirkel die endgültige, vorgeschriebene Stärke gemessen. Beim Tasten muß, besonders bei größeren Werkstücken, die Bank still stehen, damit der Zipfel sich nicht verfängt, wogegen bei kleineren Dingen, wie Zapfen oder Schubladenknöpfen, die Bank ruhig auch laufen kann.

DIE GRUNDFORMEN

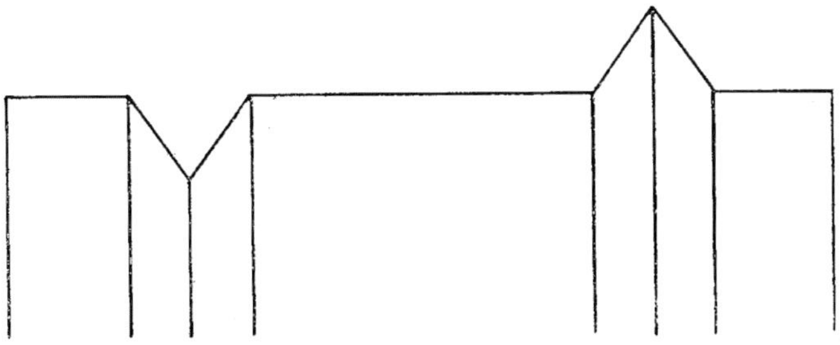

Abb. 245. Kerbe *Abb. 246. Spitzstab*

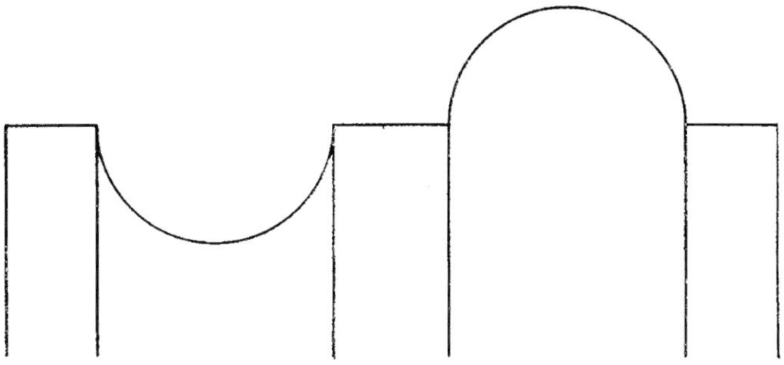

Abb. 247. Hohlkehle *Abb. 248. Rundstab*

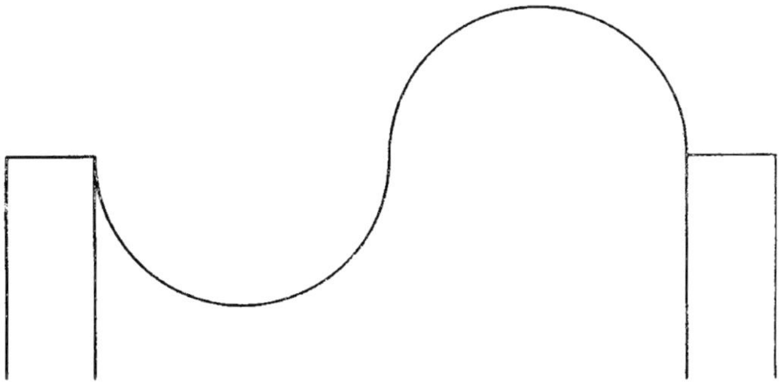

Abb. 249. Karnies

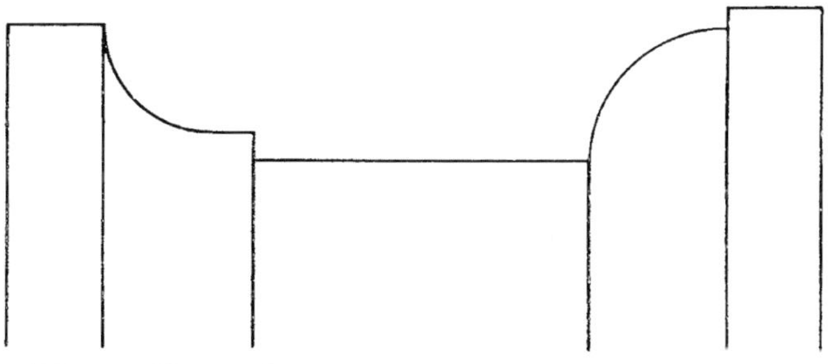

Abb. 250. Viertelskehle *Abb. 251. Viertelsstab*

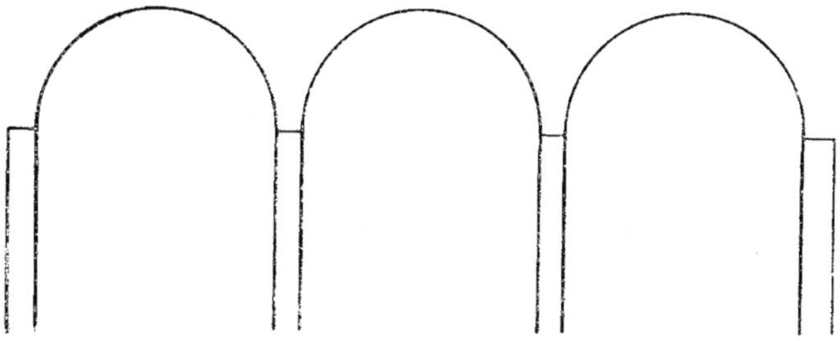

Abb. 252. Rundstäbe mit schmalen Platten

Abb. 253. Drehen einer Kerbe

Die einfache zylindrische Form findet bei der zeitgemäßen Gestaltung wieder weit mehr als früher Anwendung, abgesehen davon, daß sie auch bei konstruktiven Verbindungen, z. B. bei allen Rundzapfen, auftritt. So ist es von großer Wichtigkeit für ein gutes Passen von Zapfen in den Zapfenlöchern, daß die Zapfen genau zylindrisch gedreht sind.

DAS FORMDREHEN

Nun gehen wir zum eigentlichen Formdrehen über. Wie wir im Kapitel „Gestaltung“ noch erfahren werden, sind es nur einige wenige Grundformen, aus der die ganze Formenwelt der einfachen Runddrechslerei besteht — und zwar sind es: die Kerbe *(Abb. 245)*, der Spitzstab *(Abb. 246)*, die Hohlkehle *(Abb. 247)*, der Rundstab *(Abb. 248)* und der Karnies, der die Verbindung von Rundstab und Hohlkehle darstellt *(Abb. 249)*, ferner die Viertelskehle und der Viertelsstab *(Abb. 250 und 251)*. Die zwischen den Formen liegenden geraden Teile heißen Platten *(Abb. 252)*. Durch die jeweiligen Größen dieser Grundformen und die Art ihrer Zusammenstellung ergeben sich die mannigfaltigsten Formen (siehe auch die Seiten 66 und 67). Je nach Wahl der Form wird man natürlich zu deren Herstellung verschieden vorgehen und auch entsprechend verschiedene Werkzeuge benutzen, wie wir im nachfolgenden sehen werden.

Abb. 254. Herstellen einer gewölbten Form mit Röhre

DIE KERBE
(sog. Einstechen, Abb. 253 und 258)

Das Einstechen geschieht mit der Spitze eines nicht zu breiten Meißels, und stellt, wie wir noch erfahren werden, auch für die Herstellung von Rundstäben und Hohlkehlen den ersten Arbeitsgang dar.

DER RUNDSTAB, HERSTELLEN EINER GEWÖLBTEN FORM
(Abb. 254 und 255)

Zuerst zeichnet man sich mit starker Bleistiftlinie die Höhe der Wölbung an, und in feinen Linien deren Breite. Dann geht man so vor, daß man zunächst beidseits der Rundung mit dem Meißel senkrecht einsticht, um gewissermaßen den Bleistiftstrich auf die Tiefe der Platte zu übertragen. Danach wird mit der Röhre die Hauptform hergestellt. Es ist vor allen Dingen darauf zu achten, daß immer von der Mitte nach beiden Seiten abwärts gedreht, also niemals die Röhre nach oben gegen das Holz geführt wird.

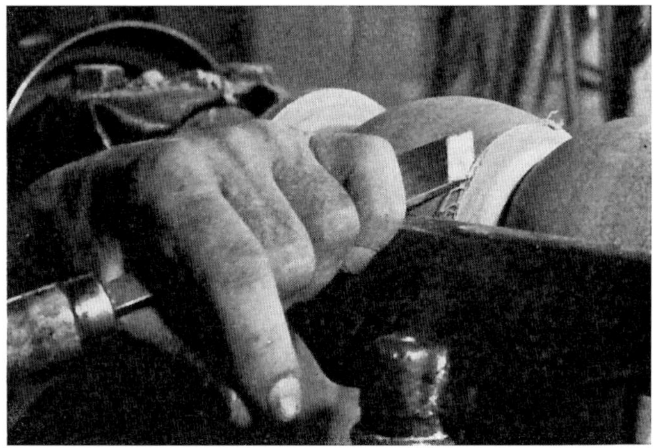

Abb. 255. Schlichten einer gewölbten Form mit Meißel

SCHLICHTEN DER WÖLBUNG
(Abb. 255)

Der Rundstab wird mit dem unteren Teil der Fase des Meißels sauber gedreht bzw. geschlichtet. Große Rundstäbe, besonders in Hartholz, werden vorteilhafter mit der Röhre geschlichtet.

DIE FLACHE HOHLKEHLE
(Abb. 256 und 257)

Der Anfänger macht auch hier zunächst mit dem Meißel einen kleinen Einstich, um die Röhre besser einsetzen zu können *(Abb. 256)*. Der Geübte dreht die Hohlkehle gleich mit der Röhre, er schruppt sozusagen die Hauptform vor. Auch hier gilt es: nie gegen das Holz, sondern immer jeweils beidseits von oben nach der unteren Mitte zu.

DAS SCHLICHTEN DER HOHLKEHLE geschieht mit gut abgezogener Röhre *(Abb. 257)*.

DER KARNIES

Ein Karnies entsteht durch die Verbindung von Rundstab und Hohlkehle (siehe auch *Abb. 249)*.

Abb. 256. Herstellen einer flachen Hohlkehle mit Röhre

Abb. 258. Drehen nach gegebener Zeichnung (Einstechen)

Je flacher die Wellenlinie ist, desto bevorzugter wird man, nachdem mit der Röhre vorgeschruppt ist, den Meißel benutzen, und je gedrängter bzw. gewölbter sie ist, desto mehr wird man die Röhre nehmen. Im allgemeinen wird man jedoch danach trachten, soweit als möglich mit dem Meißel zu arbeiten. Wo für die Wahl der verschiedenen Werkzeuge die Grenzen liegen, das kann hier nicht ausführlicher gesagt werden, denn das lehren nur Praxis, Übung und Erfahrung mit dem Werkstoff. Hat man z. B. ein astiges und abholziges Holz zu bearbeiten, ist der Meißel weniger geeignet als die Röhre. Bei einem Profil, das weder mit Meißel noch mit Röhre gedreht werden kann, wird der Plattenstahl genommen.

DIE TIEFLIEGENDE PLATTE
(Abb. 252 und 266)

Hierzu ist ein sog. Plattenstahl erforderlich *(Abb. 108 und 109)*, der selbstverständlich nie breiter sein darf als die gewünschte Platte. Dies Werkzeug kann sich der Drechsler auch selbst machen aus gebrauchten Feilen. da diese verschiedene Stärken aufweisen. Der Plattenstahl hat eine schabende Wirkung und wird so geführt, daß die Fase bzw. Schneide parallel zur Achse des Werkstückes liegt.

SOG. FREIDREHEN VON LANGHOLZ
(auch Fliegenddrehen genannt)

Wenn an einem Stück Langholz auch die Hirnseite gedreht werden muß oder von der Hirnseite aus ein Loch gebohrt oder das Werkstück ausgehöhlt werden soll (Knöpfe, Dosen, Lampenschäfte usw.), muß das Werkstück auf einer Seite in ein Futter geschlagen werden. Hier spricht man von „Frei- oder Fliegenddrehen" (siehe auch die *Abb. 308 und 327)*. Dabei ist zu beachten, ob Hart- oder Weichholz gedreht wird; denn je härter das Holz ist, desto stumpfer muß der Schneidwinkel sein, namentlich beim Schneiden von Hirnholz. Dagegen ist es bei Weichholz nötig, daß auch bei Hirnholz das Eisen eine „schlanke" Bahn hat. Leicht, ohne viel Druck, wird der Span weggedreht.

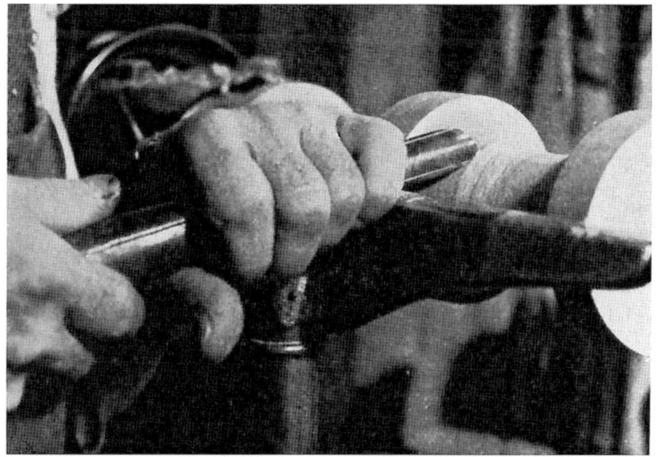

Abb. 257. Schlichten einer flachen Hohlkehle mit gut abgezogener Röhre

Abb. 259. Drehen nach gegebener Zeichnung (Schruppen eines Rundstabes)

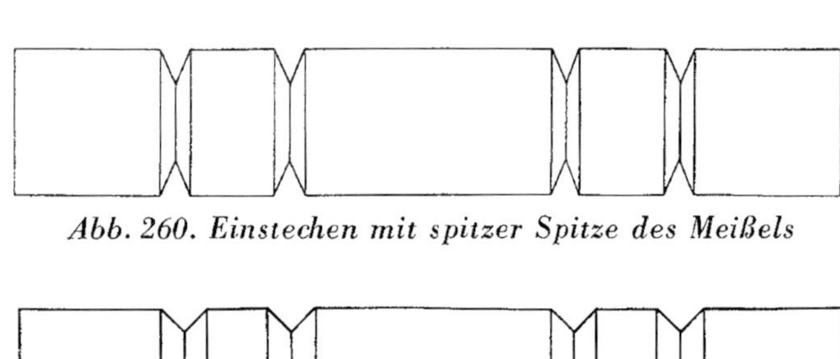

Abb. 260. Einstechen mit spitzer Spitze des Meißels

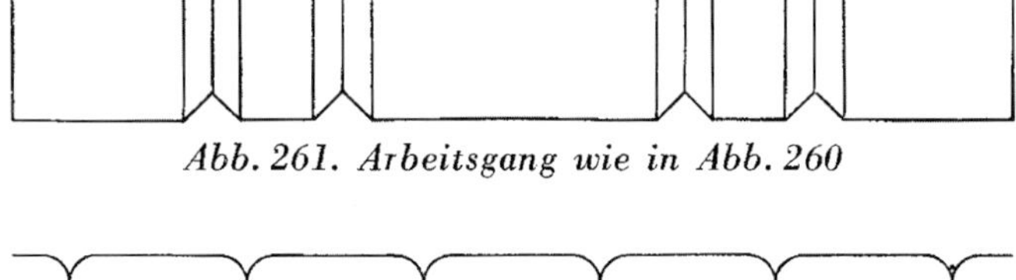

Abb. 261. Arbeitsgang wie in Abb. 260

Abb. 262. Einstechen mit spitzer Spitze des Meißels, Abrunden mit stumpfer Spitze des Meißels

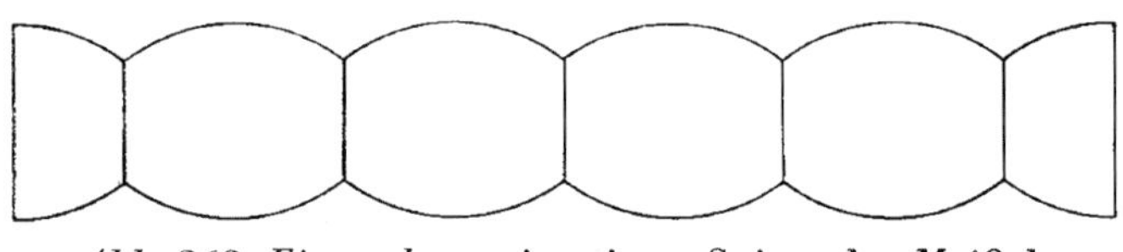

Abb. 263. Einstechen mit spitzer Spitze des Meißels, Abrunden und Schlichten mit stumpfer Spitze des Meißels (bei großen Formen und in Hartholz Drehen und Schlichten mit der Röhre)

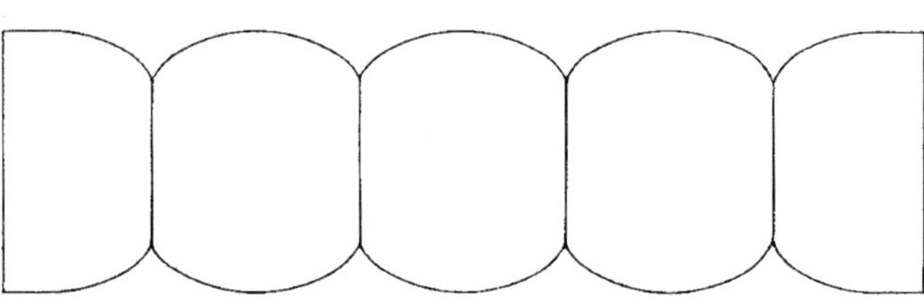

Abb. 264. Arbeitsgang wie in Abb. 263

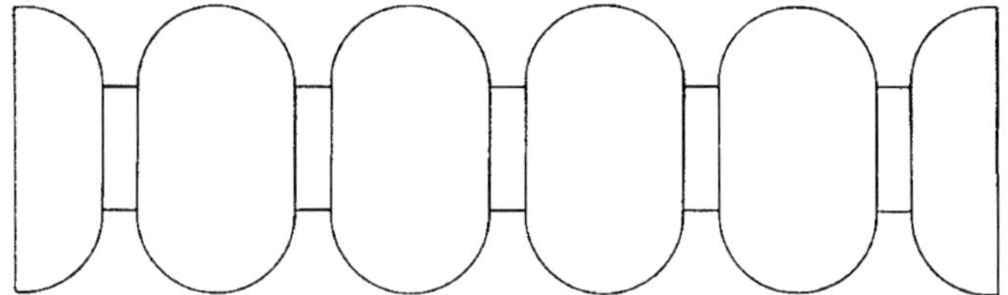

Abb. 265. Einstechen mit spitzer Spitze des Meißels, Abrunden mit stumpfer Spitze des Meißels, Platten mit Plattenstahl

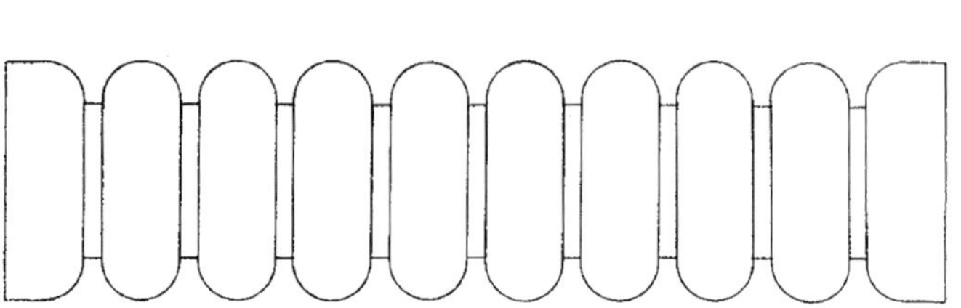

Abb. 266. Arbeitsgang wie in Abb. 265

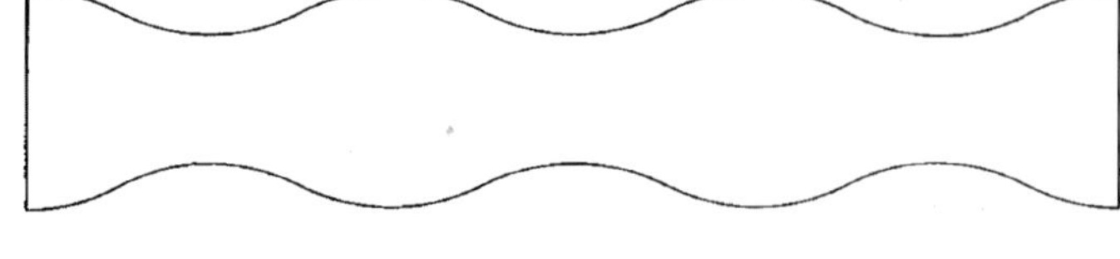

Abb. 267. Mit Röhre vorschruppen und mit Meißel schlichten

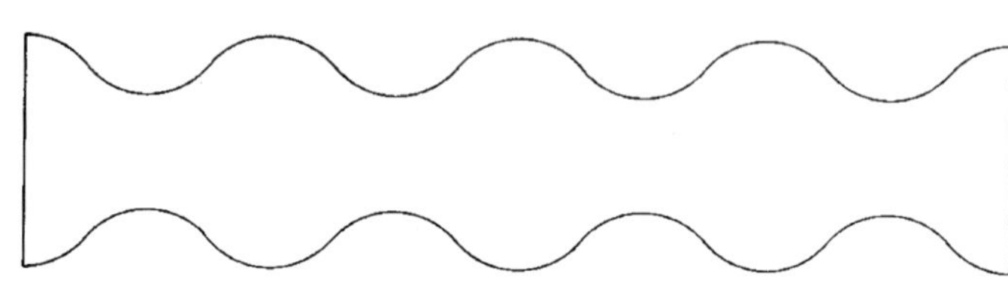

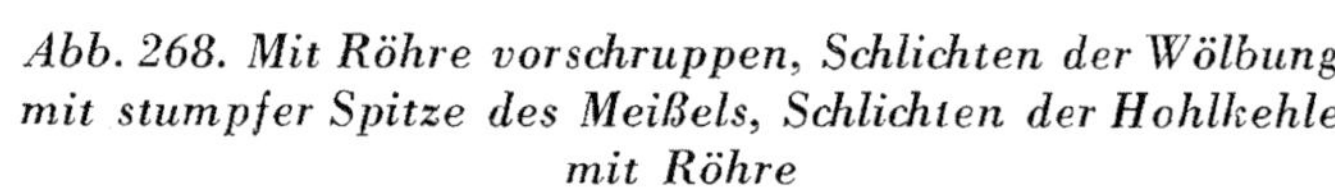

Abb. 268. Mit Röhre vorschruppen, Schlichten der Wölbung mit stumpfer Spitze des Meißels, Schlichten der Hohlkehle mit Röhre

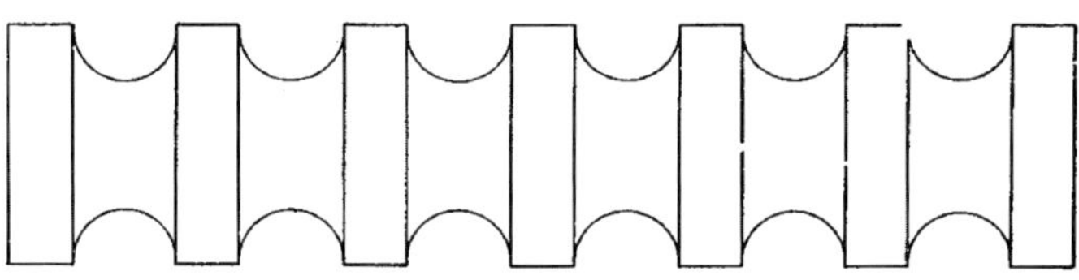

Abb. 269. Schruppen und Schlichten der Hohlkehle mit Röhre

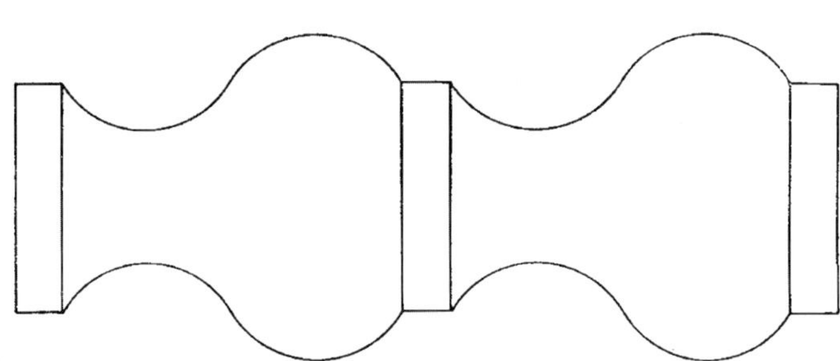

Abb. 270. Mit Meißel auf die Tiefe der Platte stechen, Platten auf den richtigen Durchmesser fertig drehen, Karnies mit Röhre vorschruppen, Wölbung mit Meißel schlichten, Hohlkehle mit Röhre schlichten

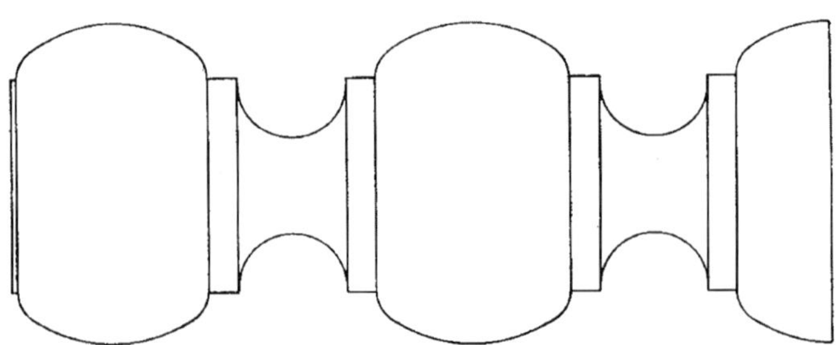

Abb. 271. Arbeitsgang wie in Abb. 270

FORMDREHEN NACH GEGEBENER ZEICHNUNG (Abb. 258—287)

Um eine Form nach einem Entwurf, also genau nach Zeichnung, herzustellen, ist es nötig, daß die Hauptmaße, d. h. Abstände der einzelnen Formen auf dem zylindrisch geschlichteten Werkstück, aufgezeichnet werden. Dies kann geschehen:

1. mit dem Stich-, Spitz- oder Stechzirkel, wenn es sich lediglich um äußere Abgrenzungen handelt ohne Unterbrechungen;

2. bei komplizierten Zeichnungen von Werkstücken, von denen nur wenige gemacht werden, überträgt man die Zeichnung bzw. Pläne auf die Weise, daß man sie in der Mitte knickt, das Papier an das Werkstück anhält und die Maße auf das Werkstück mit Bleistift überträgt.

3. Man macht aber auch, um die Zeichnung eventuell nicht zu beschädigen, eine sog. Maßleiste. Das ist eine Leiste, auf der mit Bleistift von der Zeichnung die einzelnen Einteilungen übertragen werden.

4. Bei Massenanfertigungen bzw. bei größerer Anzahl einer und derselben Form ist es noch ratsamer und praktischer, mit der sog. Reißleiste zu arbeiten, die, mit kleinen, spitz gefeilten Stiftchen versehen, an das Werkstück gehalten wird, wodurch die verschiedenen Abstände zugleich angerissen werden.

Beim Drehen, besonders bei ausdrucksvollen Profilen, wird der geübte Meister natürlich die sich verändernde Form des Werkstückes im Auge behalten, d. h. er wird vom Eisen wegsehen, um zu kontrollieren, wie sich die Oberfläche des Werkstückes verändert, und mit Hilfe des Tasters wird er jeweils prüfen, ob die einzelnen Formen die richtige Stärke haben. In den *Abb. 260—282* sind einige Grundformen in Langholz dargestellt, und die in den *Abb. 283—287* dargestellten Beispiele mögen nach den vorhergegangenen Übungen die erste praktische Anwen-

AUSGEFÜHRTE ÜBUNGEN

(¼ der nat. Größe)

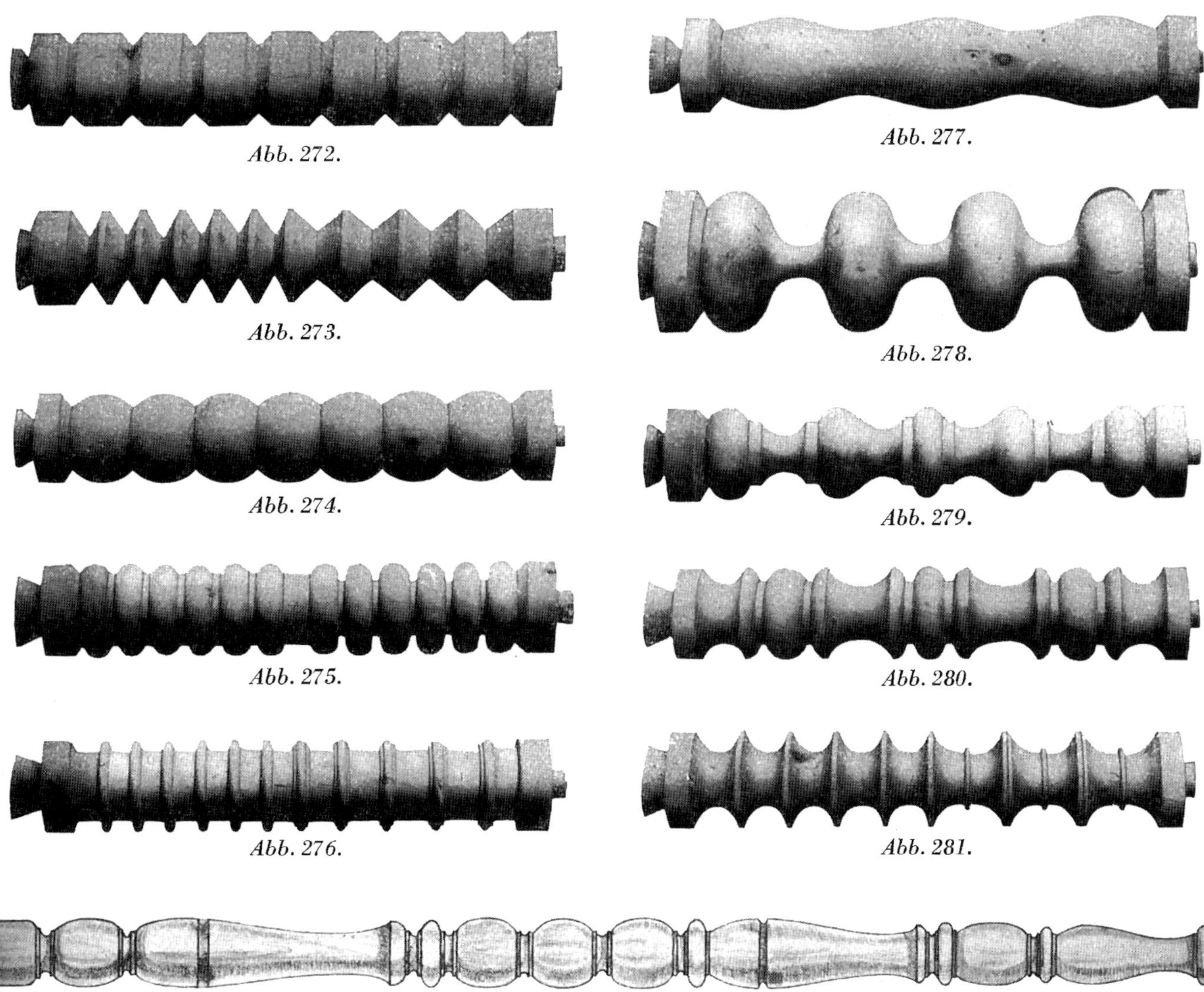

Abb. 272.

Abb. 273.

Abb. 274.

Abb. 275.

Abb. 276.

Abb. 277.

Abb. 278.

Abb. 279.

Abb. 280.

Abb. 281.

Abb. 282. Übungsaufgabe zum Drehen einer langen Säule zwischen Spundfutter und Körner ohne Haken mit beidseits angedrehtem Spund

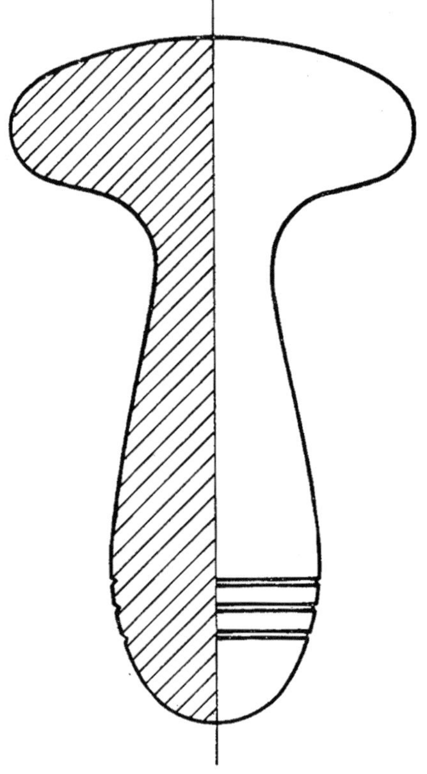

Abb. 283. Stopfpilz

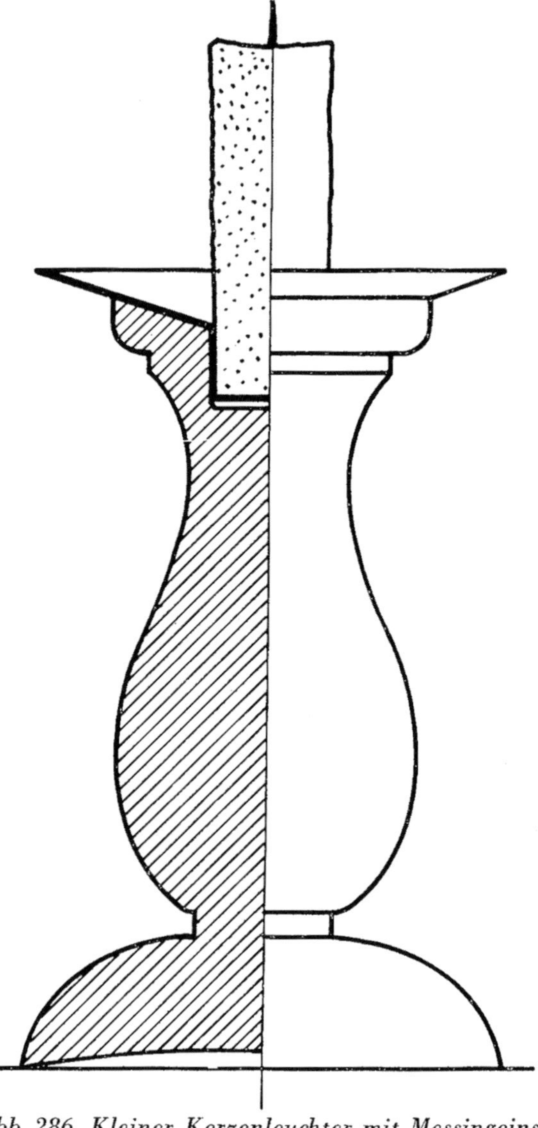

Abb. 286. Kleiner Kerzenleuchter mit Messingeinsatz

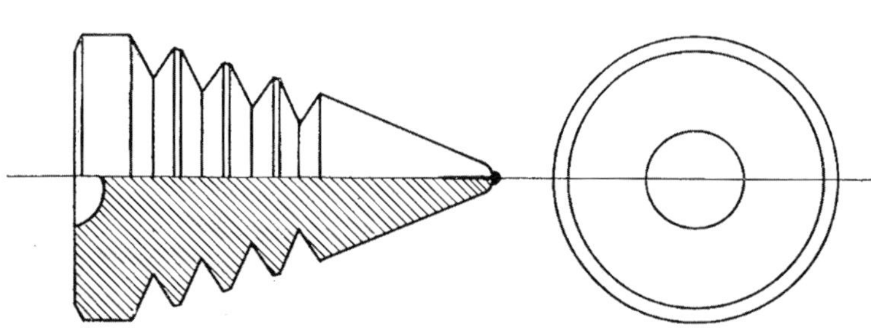

Abb. 284. Kreisel

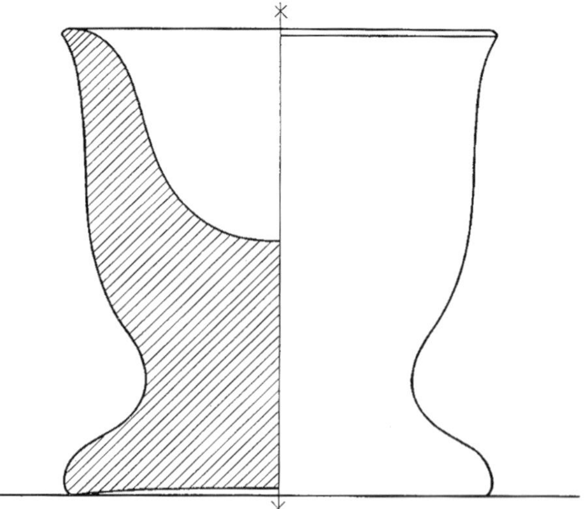

Abb. 287. Eierbecher, Ausdrehen und Schlichten der Höhlung mit der Röhre

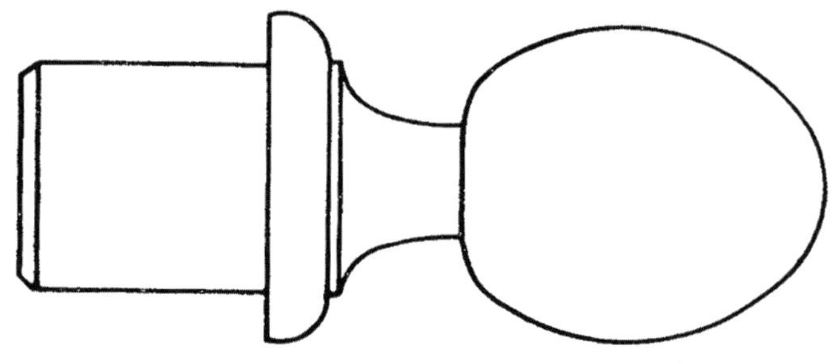

Abb. 285. Schubladenknopf

Abb. 288. Meister Georg Kadoke in Berlin beim Bohren einer langen Säule mittels Bohrlünette

dung darstellen und in dem Anfänger Freude an der so schönen Technik wecken.

DAS BOHREN IN LANGHOLZ

Das Bohren in Langholz stellt eine wichtige und oft vorkommende Aufgabe für den Drechsler dar, wie z. B. bei Tisch- und Standlampen, die ja zur Aufnahme des Kabels ein durchgehendes Loch erhalten müssen. Ebenso werden alle Formen, die ausgehöhlt werden, erst gebohrt.

Zunächst wird mit der Spitze des Meißels das Loch leicht angestochen, man spricht von „ankernen" (siehe auch *Abb. 305).* Dann wird mit dem Löffelbohrer gebohrt. Dabei ist es eine wichtige Voraussetzung, daß der Bohrer einen guten Schneidewinkel hat und so gut geschärft ist, daß er nicht schabt, sondern schält *(Abb. 306* auf S. 73). Wenn der Schneidewinkel zu „dick", d. h. zu stumpfwinklig ist, preßt es den Span zusammen. Der Span muß gewissermaßen spiralförmig werden und darf nicht „mulmig" sein. Beim Löffel soll die Höhlung so groß sein, daß der spiralförmige Span darin Platz hat, die Wandung des Löffels soll eben nicht zu stark sein. Um ein besseres Arbeiten bzw. Gleiten des Bohrers zu ermöglichen, tut man gut, die Spitze des Bohrers von Zeit zu Zeit in Öl einzutauchen, man kann auch Fett oder Seife verwenden. Das Öl steht dabei am besten in einem Hartholzgefäß (anstatt z. B. in einem Blechgehäuse), um die Schneide des Bohrers beim Eintauchen in das Ölgefäß nicht zu verletzen. Bei langen Stücken ist Voraussetzung ein gerade gewachsenes Holz, damit das Loch, das durch das ganze Werkstück hindurchgehen muß, in der Mitte sitzt, überhaupt gut einzubohren ist. Ist das Holz z. B. stark abholzig, d. h. laufen die Holzfasern schräg zur Achse, so besteht die Gefahr, daß der Bohrer sich „verläuft". Normale Löcher von 8 oder 10 mm ϕ können mit einem Bohrer sofort auf den entsprechenden Durchmesser gebohrt werden. Größere Löcher bohrt man nach und nach mit einigen Millimeter Durchmesser Unterschied aus, dabei hat man am praktischsten die Bohrer in verschiedenen Größen bereit an der Drehbank liegen.

Löcher mit über 30 cm Tiefe sollten von beiden Seiten gebohrt werden.

Hat man nicht das passende Holz in der Stärke oder auch nicht das (schlank) gewachsene Holz, so kann man auf die Weise vorgehen, daß man zwei Stärken aufeinanderleimt *(Abb. 289).* In diesem Fall fräst man aber vorher auf der Fräse zwei entsprechend große Hohlkehlen ein, die man dann noch, hauptsächlich um Leimreste zu entfernen, leicht nachbohren kann. Allerdings empfiehlt sich diese Art nur bei solchen Holzarten, bei denen sich die Fuge kaum zeigt. Bei hellen Hölzern, z. B. Ahorn, wird man auf alle Fälle bohren.

BOHREN BESONDERS LANGER SÄULEN MIT HILFE DER BOHRBRILLE
(auch Bohrdogge oder Bohrlünette)

Abb. 288 zeigt das Bohren eines längeren Lampenschaftes. Für sehr lange Stücke eignet sich am besten natürlich ge-

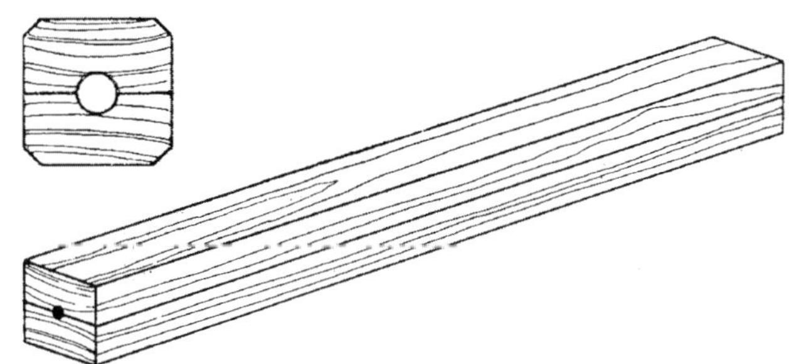

Abb. 289. Verleimen langer Säulenschäfte für Standlampen mit eingefrästem Loch

Abb. 290. Bohrlünette

Abb. 291. Bohrlünette für verschieden große Säulen

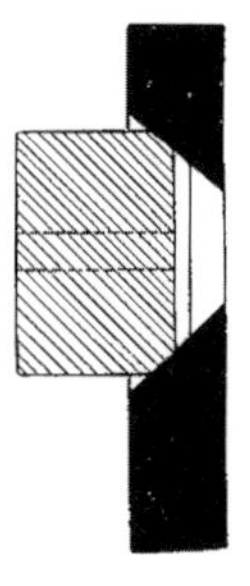

Abb. 292.

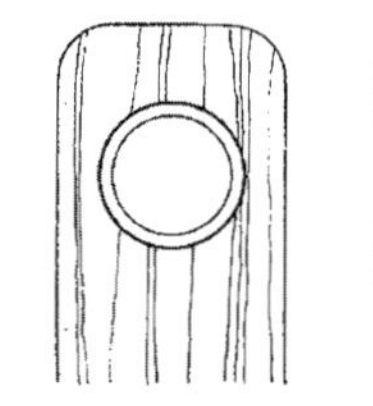

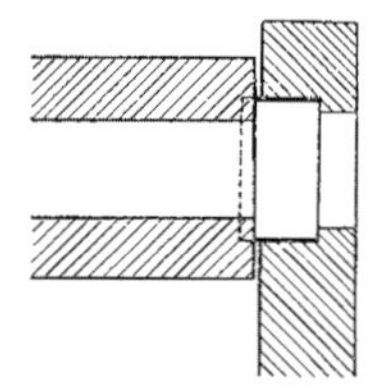

Abb. 293.

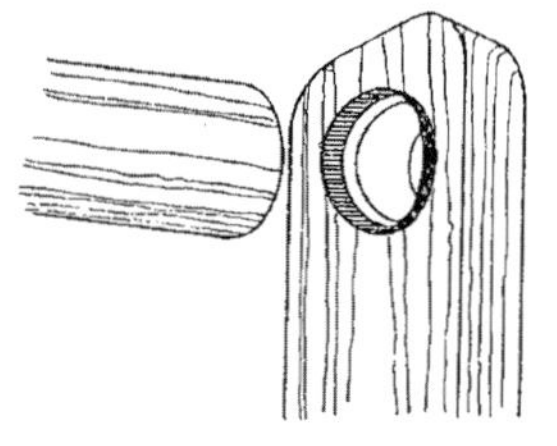

Abb. 294.

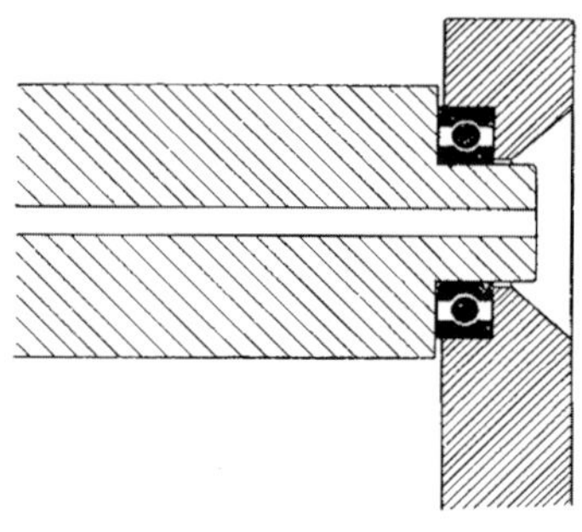

Abb. 295.

Abb. 292—295. Verschiedene Arten von Bohrlünetten

spaltenes Holz, denn es ist hier selbstverständlich erst recht nötig, daß das Holz absolut gerade gewachsen ist, da hier besonders die Gefahr besteht, daß der Bohrer sich „verläuft". Zum Bohren langer Stücke nimmt man die sog. „Bohrbrille" zur Hilfe, um das Werkstück zu stützen, wodurch die Achse stets horizontal bleibt und es genau zentrisch läuft und nicht vibriert. Das Werkstück sitzt dabei bei der Spindel im Futter und muß deshalb einen entsprechenden Spund angedreht erhalten, und zwar beidseits, da natürlich bei solchen langen Werkstücken von beiden Seiten gebohrt werden, das Holz also gespannt werden muß. Am unteren Ende ruht das Werkstück in der Bohrbrille, die mit einem Zapfen im Untersatz befestigt ist *(Abb. 290)*. Es gibt auch Bohrlünetten mit mehreren Löchern für verschieden große Säulen *(Abb. 291)*. Es ist darauf zu achten, daß der Zapfen bei der Bohrbrille eingeseift wird, und daß er nur an der Kante der Bohrbrille Führung hat *(Abb. 292)*. Bei manchen Meistern findet man die Bohrlünette, wie sie in *Abb. 293 und 294* gezeigt ist. Das Werkstück läuft hier auf einem schwachen Stahlring, dessen Kanten scharf zugespitzt sind. Es empfiehlt sich, das Holz nicht nur einzuschlagen, sondern, um ein leichtes Laufen des Werkstückes zu erzielen, dreht man auf der Hirnseite des Werkstückes ganz feine Vertiefungen ein. Die so eingespannten Hölzer laufen ziemlich reibungslos. Am vorteilhaftesten ist die in *Abb. 295* gezeigte Bohrlünette mit Kugellager. Hier ist es nötig, daß das Werkstück einen entsprechend starken Zapfen angedreht erhält.

DAS DREHEN VON QUERHOLZ

Das Querholzdrehen kommt bei einer großen Anzahl von Aufgaben in der Drechslerei vor, meist dort, wo es sich um breite horizontale Flächen handelt, so z. B. bei Tellern, Schalen, großen niederen Dosen, Füßen von Lampen und dergleichen.

Abb. 296. Meister Georg Kadoke, Berlin, beim Bohren an der Vertikalbohrmaschine mit Zentrumsbohrer

Beim Querholzdrehen läuft die Faserrichtung quer zur Längsachse der Drehbank, im Gegensatz zum Langholzdrehen. Das sich drehende Holz zeigt einmal das Hirn — dann wieder das Langholz. Je nach Form des Werkstückes (z. B. eine ebene Scheibe ohne Profil) hat man an der Kante Hirnholz und Langholz, während man bei der Fläche der Scheibe nur Querholz hat.

Je nach Aufgabe, Material und Größe des Werkstückes wird es auf verschiedene Weise aufgespannt: entweder nur auf dem Schraubenfutter *(Abb. 72—75)*, Kittfutter- oder Scheibe, der Stiftenscheibe *(Abb. 76)*, der Planscheibe *(Abb. 77, 78, 409)*, auf dem Kreuz *(Abb. 411)* oder auch im Dreibackenfutter *(Abb. 65)*.

Im allgemeinen ist es vorteilhaft, beim Plandrehen des Querholzes mit kurzen Eisen zu drehen, die nur eine Fase haben, also nur auf einer Seite geschliffen sind *(Abb. 106)*. Man nimmt deshalb sogar oft starke Hobeleisen, die auch nur eine Fase haben. Kurze Eisen müssen natürlich, damit man einen besseren Halt hat, einen längeren Holzschaft haben. Bei kurzem Schaft würde die Gefahr bestehen, daß das Werkzeug durch das zu verarbeitende Holz „gefangen" würde. (Siehe auch das Kapitel „Schleifen der Werkzeuge" auf Seite 55 und *Abb. 314.)*

DAS BOHREN IN QUERHOLZ

geschieht mit Bohrern, die eine Zentrierspitze und einen Vorschneider haben (siehe auch Seite 49). Man kann, wenn es sich darum handelt, kleine Löcher zur Aufnahme des Schraubenfutters zu bohren, den Löffel- oder Spiralbohrer verwenden, und zwar in der Weise, daß man das Werkstück frei zum in der Spindel laufenden Bohrer hinführt. Besser aber bedient man sich der kleinen Bohrmaschine *(Abb. 296)*, die für das Bohren eines genau senkrechten Loches garantiert. (Siehe auch die Beschreibung der Bohrmaschine auf Seite 37.)

PRAKTISCHE ANWENDUNG VON LANG- UND QUERHOLZDREHEN

Es ist nun das Grundsätzliche über das Drehen der sich immer wiederholenden Arbeitsgänge beim Lang- und Querholzdrehen gesagt worden. Im nachfolgenden Abschnitt wollen wir an einer Anzahl Modellen von Gebrauchsgeräten sowohl die Anwendung der Langholz- wie Querholzdreherei lebendig und kurzweilig veranschaulichen. Wir werden an verschiedenen praktischen Aufgaben sehen, daß es über das bisher grundsätzlich Gesagte hinaus noch viel zu lernen gibt. Wir werden auch Bekanntschaft mit weiteren Werkzeugen machen, vor allem mit den verschiedenen Ausdrehstählen und -haken. Bevor wir zur Beschreibung der einzelnen Beispiele übergehen, sei noch folgendes bemerkt: Die verschiedenen Arbeitsgänge sind hier jeweils folgerichtig nacheinander aufgezeigt. In der Praxis wird man jedoch, besonders bei größeren Stücken, diese erst auf ihre Hauptform vorschroppen und dann zum weiteren Austrocknen eine Zeitlang liegen lassen. Meist verändern die vorgeschroppten Werkstücke durch das Austrocknen noch ihre Form, da das Holz arbeitet. Nach einer gewissen Trockenzeit kann die sich etwa verzogene Form durch das Fertigdrehen der Form wieder ausgeglichen werden, d. h. es besteht nun die Gewähr, daß sich das fertig gedrehte Stück nicht mehr verändert.

DIE HERSTELLUNG EINER TISCHLAMPE
DER LAMPENFUSS

Die in *Abb. 297* gezeichnete Lampe soll ausgeführt werden. Wir stellen den Lampenfuß her und schneiden dafür aus einer entsprechend starken Bohle das nötige Querholzstück ab. Wenn man mehrere gleich große Lampenfüße (oder z. B. auch Teller) zu drehen hat, ist es vorteilhaft, die Bohlen (sofern die entsprechenden Maschinen vorhanden) abzurichten und auf die nötigen Dicken zu hobeln. Wie wir aus der *Abb. 298* sehen, nehmen wir am besten ein Seitenbrett, das bei manchen Holzarten eine besonders schöne Maserung aufweist.

Auf dem so vorbereiteten Querholzstück wird mit dem Zirkel der äußere Umfang des Fußes angerissen und etwas für Abfall zugegeben. Diese Form wird auf der Bandsäge mit schmalem Sägeblatt gleich möglichst rund herausgesägt. Danach erhält dieses Werkstück auf der Bohrmaschine in der Mitte ein entsprechendes Loch, passend zur Schraube des Schraubenfutters. Damit das Holz nicht ausbrechen kann, wird vorsorglich die Kante des Loches mit der Röhre leicht gebrochen. Das rundgesägte und gebohrte Holz wird auf das eiserne Schraubenfutter aufgedreht *(Abb. 299)*. Die Schiene muß, wie stets beim Plandrehen, möglichst dicht am Querholz stehen, damit man genug Gewalt über das Werkzeug hat, weshalb man natürlich während der Arbeit, entsprechend der jeweiligen Form, die Schiene immer wieder verstellen muß. Außerdem soll die Schiene etwas unterhalb der Mitte der Achse stehen, so daß das Werkstück auf der Mitte der Achse angegriffen wird.

Zunächst wird die Scheibe plan gedreht (sofern sie nicht schon abgerichtet und auf Dicke gehobelt wurde). Dann wird der äußere Durchmesser der Scheibe mit Hilfe des Stechzirkels von der Zeichnung abgenommen und mit der linken Spitze des Zirkels auf das Holz übertragen. Die

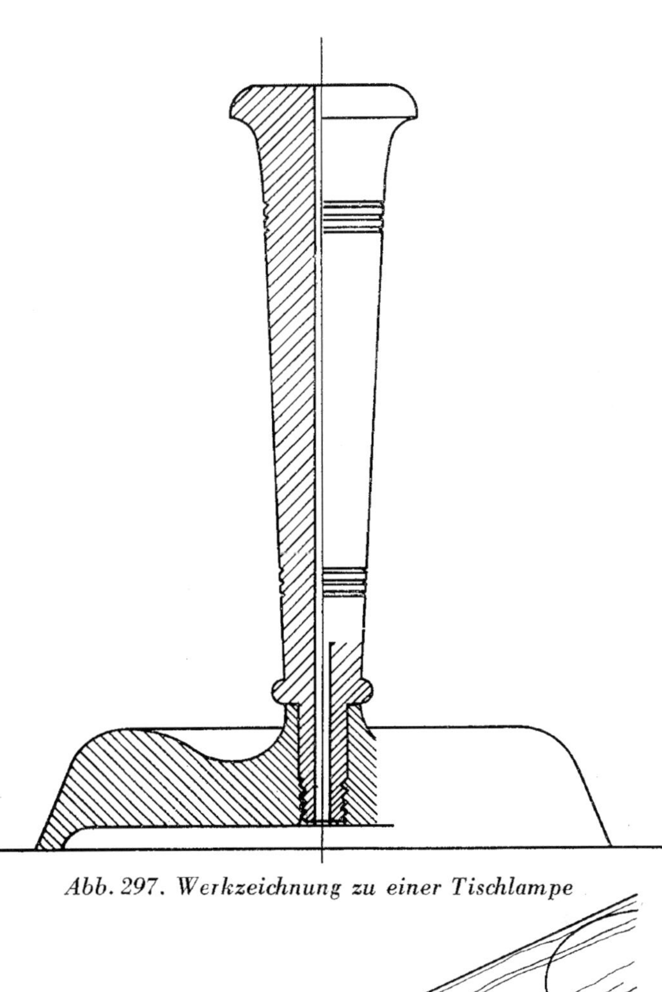

Abb. 297. Werkzeichnung zu einer Tischlampe

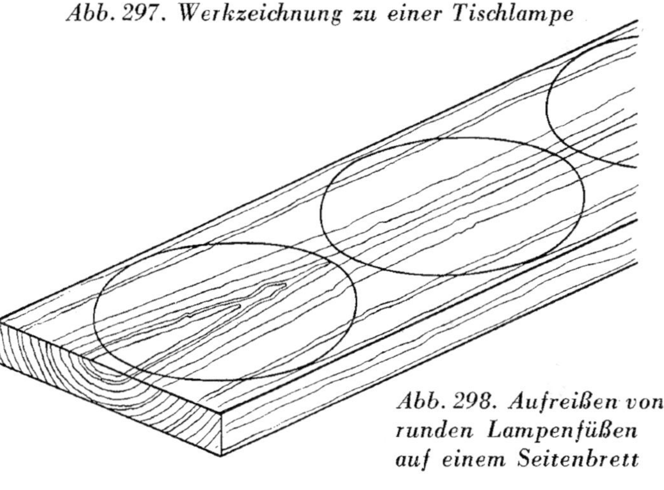

Abb. 298. Aufreißen von runden Lampenfüßen auf einem Seitenbrett

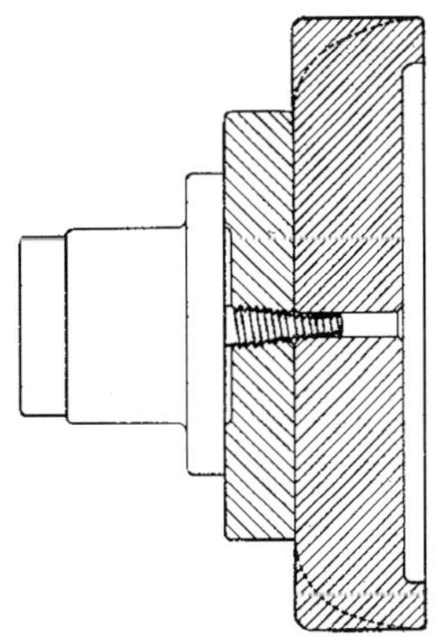

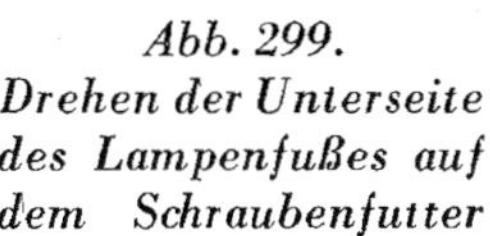

Abb. 299. Drehen der Unterseite des Lampenfußes auf dem Schraubenfutter

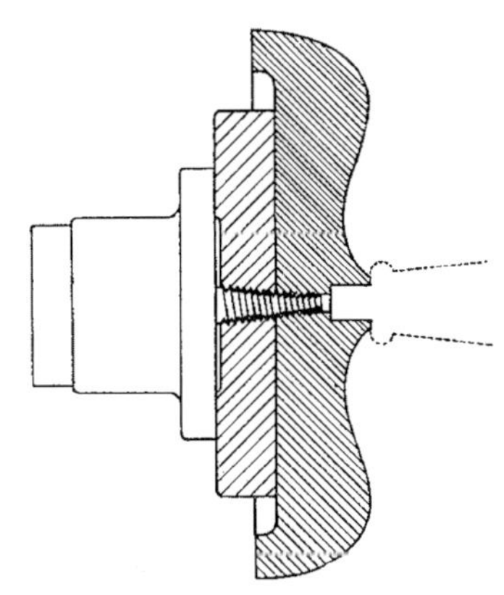

Abb. 300. Drehen der Oberseite des Lampenfußes auf dem Schraubenfutter

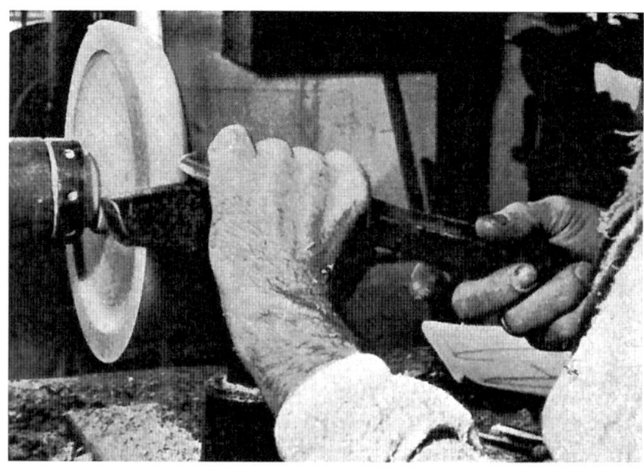

Abb. 301. Schruppen der gewölbten Form mit Röhre

rechte Spitze des Zirkels muß vom Holz wegbleiben, sie dient nur zur Kontrolle der Zentrierung. Danach wird der äußere Umfang mit einer kleinen Röhre bis zur Rißlinie abgedreht. Das innere Maß der Vertiefung wird auf dieselbe Weise angerissen. Man schruppt nun mit der Röhre die Vertiefung der Unterseite heraus. Hier braucht die Vertiefung keine winklige Form zu haben, sondern sie kann eine Hohlkehlenform bekommen, da das Werkstück, wenn es umgespannt wird, nicht auf eine Spundscheibe gesetzt wird, sondern, wie schon gesagt, auf der Schraube fertiggedreht werden kann. Das Loch kann mit dem Meißel leicht gebrochen werden. Die Hohlkehle wird mit der Röhre, die Fläche mit dem Meißel geschlichtet, das Ganze dann fertiggeschliffen und je nach Wahl die Oberflächenbehandlung vorgenommen. Diese Seite wird also gleich fertigbearbeitet, da sie später nicht mehr aufgespannt werden kann. Bei dieser Gelegenheit soll bemerkt werden, wie wichtig es ist, daß bei schönen Werkstücken auch die untere, also nicht sichtbare Seite einen fertigbehandelten Zustand aufweist.

Nunmehr wird das Werkstück, d. h. die Unterseite, auf die Schraube gespannt, und das Herstellen der Oberseite begonnen *(Abb. 300 und 301)*. (Wir machen darauf aufmerksam, daß auf *Abb. 301* kein eisernes Spundfutter verwendet ist, sondern ein vom Drechsler selbst gefertigtes,

Abb. 302. Schlichten mit Meißel

wie es heute in der Praxis noch häufig vorkommt. Vorteilhafter sind natürlich die eisernen Spundfutter *(Abb. 60)*, die für ein genaues Rundlaufen eine noch bessere Gewähr geben als die selbstgefertigten.)

Man mache es sich zur Gewohnheit, als erstes die Kante zu brechen, damit das Holz am Rand nicht ausreißen kann. Die *Abb. 301* zeigt das Drehen der Form mit der Röhre. Der Fuß wird danach je nach Form mit Meißel oder Röhre geschlichtet und sauber gemacht und am besten dann auch gleich gewässert. Das Holz kann wieder trocknen, während der nächste Arbeitsgang, nämlich das Eindrehen des Zapfenloches zur Aufnahme des Dübels der Lampensäule, vorgenommen wird. Man erweitert mit der Röhre das bereits vorhandene Loch *(Abb. 303)*. Den genauen Durchmesser kann man mit dem Meißel herstellen, besser jedoch mit einem kleinen, entsprechend geschliffenen Ausdrehstahl. Vorteilhaft ist es, wenn das Loch, sofern das Holz vollkommen trocken ist, mit einem feinen Gewindestahl zum mindesten aufgerauht wird. Aber noch besser ist es, ein sauberes Gewinde einzuschneiden, mit der Hand (Seite 107) oder mit dem Schneidzeug (siehe Seite 109).

Abb. 303. Ausdrehen des Zapfenloches mit der Röhre

Auf diese Weise verhindert man ein etwaiges Lockern des Zapfens aus dem Zapfenloch. Diese Gefahr ist trotz des Verleimens gegeben, weil das Querholz anders arbeitet als der Langholzzapfen der Säule.

Wie schon eingangs erwähnt, sollen die Arbeiten, nachdem ihre Hauptform vorgeschruppt ist, erst einige Zeit trocknen, bevor sie fertigbearbeitet werden. Die endgültige Oberflächenbehandlung geschieht erst nach dem Einpassen der fertiggedrehten Lampensäule.

DIE HERSTELLUNG DER LAMPENSÄULE

Das zugerichtete Werkstück wird zwischen Drei- bzw. Vierzack und Körner gespannt und auf die Zylinderform, dann auf die Rohform geschruppt. Zugleich wird am unteren Ende der Säule ein leicht konischer Zapfen für das Futter angedreht. Bevor die Form fertiggedreht wird, muß das Loch für die Lampenlitze gebohrt werden. Das Werkstück mit dem angedrehten Zapfen wird zu diesem Zweck in ein entsprechendes Futter eingeschlagen. Nachdem man geprüft hat, ob das Werkstück genau zentrisch

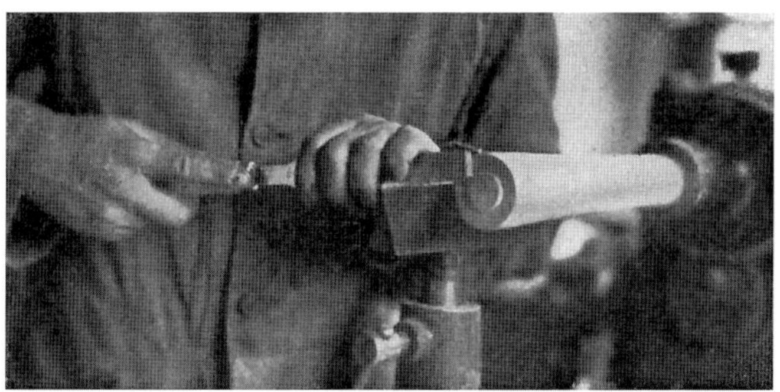

Abb. 304. Abstechen der Lampensäule mit Meißel

läuft, wird als erstes die Hirnkante sauber abgestochen *(Abb. 304)*. Die durch den Körner entstandene Vertiefung wird zunächst mit dem Meißel auf der Schiene leicht konisch vergrößert, man spricht von „Ankernen“ *(Abb. 305)*, und danach mit einem kleinen Löffelbohrer vorgebohrt. Dann wird mit entsprechend größeren und längeren Löffelbohrern, die ab und zu geölt werden müssen, das Loch durch die ganze Säule gebohrt *(Abb. 306)*. (Siehe auch „Langholzbohren“ auf Seite 69.) (Es sei darauf hingewiesen, daß

Abb. 305. Sog. „Ankernen“

das zu bohrende Loch nicht größer als 9 mm sein darf, da die typisierten Fassungsnippel zur Aufnahme der Fassung genau 10 mm außen betragen.) Bei kleineren Säulen kann dies von einer Seite geschehen, bei größeren Säulen muß das Werkstück umgespannt werden. In diesem Fall muß die Säule natürlich auf beiden Seiten einen Zapfen haben. Handelt es sich um kleinere Säulen, so kann die Form im Futter fertiggedreht sowie auch der Zapfen für den Lampenfuß gleich angearbeitet werden. Längere Säulen werden für die weitere Bearbeitung wieder auf beiden Seiten eingespannt *(Abb. 307)*, und zwar so, daß das obere Ende auf der Spindelseite ist. Anstatt auf den Drei- bzw. Vierzack wird die Säule auf einen Rundzapfen gesteckt, der wiederum in ein Futter geschlagen ist. Es kann aber auch ein Metallstift verwendet werden, der mit einem Gewinde versehen auf der Spindel sitzt. (Siehe auch *Abb. 69—71)*. Das untere Ende mit dem Zapfen sitzt an der Spitze des Reitstockes. Auf diese Weise kann das obere Ende sauber rundlaufen.

Abb. 306. Bohren mit Löffelbohrer

Nun wird das richtige Sitzen des Zapfens im Zapfenloch

Abb. 307. Drehen zwischen Dorn und Körner und Messen des Zapfens mit der Schieblehre

und die ganze Lampe auf ihre formale Wirkung hin geprüft. Oft ergibt es sich, daß noch kleine formale Änderungen vorteilhaft sind. Wenn das Loch im Fuß mit einem Gewinde versehen ist, so muß der Zapfen natürlich auch ein Gewinde erhalten (siehe „Gewindedrehen“ auf Seite 107 und *Abb. 438)*. Zum Schluß erhalten Fuß und Säule einzeln die endgültige Oberflächenbehandlung, dann werden sie durch Leimzugabe miteinander verbunden, und wenn sie mit Gewinde versehen sind, auch zusammengeschraubt.

Abb. 308. Eindrehen von Rillen im Spundfutter

DAS DREHEN EINES GROSSEN TELLERS

Der gedrehte Holzteller gehört heute wieder so recht zu unserem schönen und praktischen Hausgerät. Er wird in Deutschland in allen bei uns vorkommenden Hölzern ausgeführt. Wir wollen darum der einwandfreien Herstellung eines größeren flachen Tellers unsere besondere Aufmerksamkeit schenken.

Zunächst gehen wir so vor, wie bei der Zurichtung und Herrichtung des vorher beschriebenen Lampenfußes geschildert wurde. Natürlich darf das Loch zur Aufnahme

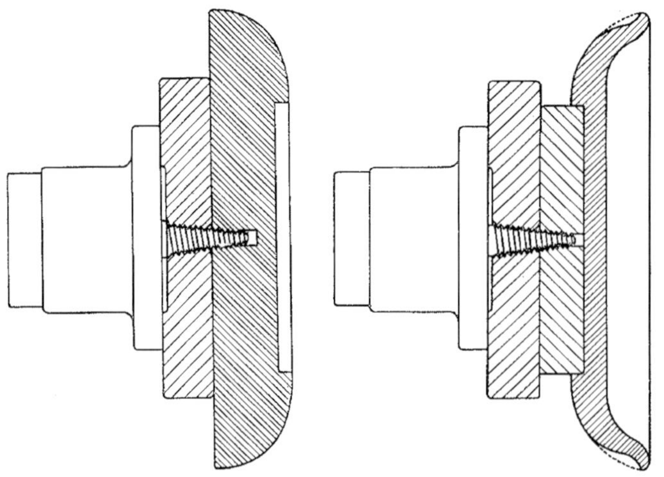

Abb. 309. Drehen der Unterseite des Tellers auf dem Schraubenfutter mit Beilagscheibe

Abb. 310. Drehen der Oberseite des Tellers auf dem Spundfutter

Abb. 312. Ausschruppen der Oberseite des Tellers (Siehe auch die nebenstehenden Abb. 309 und 310 sowie die Zeichnungen der Abb. 315—317 auf Seite 75)

des Schraubenfutters hier nur so groß werden, wie der Teller tief wird.

Das rund zugerichtete Werkstück wird zunächst wie der Lampenfuß auf die Schraube geschraubt *(Abb. 309)*. Die Unterseite erhält ihre Form, sowie ihre Vertiefung herausgedreht, ebenfalls wie beim Lampenfuß, wogegen hier darauf zu achten ist, daß die Vertiefung eine winklige Form haben, also ein Falz angedreht werden muß für die Aufnahme der Spundscheibe, auf die das Werkstück zur Bearbeitung der Oberseite aufgespannt wird. Die Unterseite muß endgültig fertig gedreht, geschlichtet und geschliffen werden. Danach wird das Werkstück auf die inzwischen hergestellte Spundscheibe umgespannt *(Abb. 310—314)*. Wichtig ist, daß die Spundscheibe gut im Falz des Tellerbodens sitzt. Jetzt wird die Vertiefung der Ober- bzw. Schalenseite herausgedreht, wie es die *Abb. 311—314* zeigen. Die Hauptform wird mit der Röhre herausgeholt, — die Rundung mit der Röhre auch geschlichtet, wogegen die Fläche des Bodens, soweit sie nur eine ganz leichte Wölbung aufweist, mit dem Meißel mit kurzer Fase geschlichtet wird — oder, wie schon gesagt wurde, das Plandrehen kann auch mit einem nur auf einer Seite geschliffenen Werkzeug geschehen. Anstatt des oben beschriebenen Falzes kann natürlich auch eine Art Spund angedreht werden. In diesem Fall muß das Werkstück dann in eine entsprechende Futterscheibe geschlagen werden *(Abb. 315)*.

Bei Schalen, deren untere Flächen eben sein sollen, geht man anders vor *(Abb. 316)*. Man dreht die untere Form fertig und schleift sie ab. Auf diese wird eine ungebohrte, ebene zugerichtete Scheibe entweder aus Sperrholz oder aus Rotbuche oder Erle (keine Fichte) mit gutem, festem, zähem Papier (kein Zeitungspapier) aufgeleimt. Das Papier muß so beschaffen sein, daß der Leim nicht durchschlägt. Das Aufleimen auf die Spundscheibe erfolgt mittels Schraubzwingen mit mittelflüssigem Leim, der ein paar Stunden trocknen muß. Läßt man eine Papierverleimung längere Zeit bei trockener Wärme liegen, so ist es möglich, daß das eine Stück arbeitet und die Scheibe dann wegspringt. Man spannt das Werkstück mit der aufgeleimten Scheibe wie zuvor ein, um die Mitte der Scheibe zentrieren und das Loch zur Aufnahme des Schraubenfutters mit einer kleinen Röhre oder der Meißelspitze bohren zu können *(Abb. 316)*. Dann wird das Werkstück auf die Schraube geschraubt *(Abb. 317)*, die Form des Inneren gedreht und

Abb. 311. Ausschruppen der Oberseite des Tellers

Abb. 313. Schlichten der Höhlung mit der Röhre

Abb. 314. Schlichten des ebenen Bodens mit dem von einer Seite abgezogenen Meißel oder Schlichtstahl (Abb. 106)

Abb. 318. Vorschruppen der äußeren Form eines Bechers zwischen Dreizack und Körner und Andrehen eines Spundes

die Oberflächenbehandlung vorgenommen. Hernach wird mit einem dünnen, geschliffenen Tischmesser zwischen dem Papier die Scheibe abgetrennt. Die Fläche wird leicht angefeuchtet und mit Ziehklinge und Meißel Papier und Leim weggeschabt. Nun schleift man mit einem feinen Glaspapier die Fläche ab und läßt sie ein bzw. behandelt je nach Wahl die Oberfläche.

Es kann aber auch so vorgegangen werden, daß das Werkstück auf eine mit Spitzen versehene abgerichtete Scheibe aufgeschlagen wird *(Abb. 76)*. Man benützt diese Vorrichtung nur dann, wenn es nicht so sehr darauf ankommt, ob auf der Unterseite des Bodens des Werkstückes die Spuren der kleinen Löcher von den Spitzen etwas zu sehen sind. Kleine Schalen können auch auf dem sog. Kittfutter befestigt werden (siehe Kittfutter auf Seite 99).

Bei ganz einfachen und billigen Schalen kann das Werkstück, wenn der Boden stark genug ist und auf der Rückseite nichts gedreht werden muß, die Fläche also eben bleibt, lediglich auf der Schraube gedreht werden. Das Loch vom Schraubenfutter wird dann mit Holz ausgespundet, ausgedübelt. (Siehe auch *Abb. 74* mit Beschreibung.)

DAS DREHEN EINES BECHERS

Nachdem das Holz von Stärke geschruppt ist, wird es vorne abgestochen und die Länge mit Beistift oder Zirkel angerissen. Die äußere Form wird zunächst zwischen Vierzack und Spitze grob ungefähr geschruppt und dabei gleich am unteren Ende der Zapfen für das Futter angedreht *(Abb. 318)*. Die äußere Form wird deshalb zunächst nur roh geschruppt, damit das Holz noch so stark bleibt, daß es beim Ausdrehen des Innern nicht vibriert. Sodann wird das Werkstück mit dem Zapfen in das Futter geschlagen und die innere Form ausgedreht. Das geschieht in der Weise, daß man zunächst mit dem Löffelbohrer bis auf die ungefähre Tiefe des Bechers ein Loch bohrt. Man kann aber auch zugleich mit einem stärkeren Löffelbohrer das Holz, also das Hauptmaterial, herausschroppen. Es empfiehlt sich, besonders bei stark arbeitendem Holz, das bis dahin bearbeitete Werkstück auszuspannen und einige Zeit trocknen zu lassen. Manche Meister ziehen es bei wertvolleren Stücken auch vor, das Werkstück zunächst nur zylindrisch zu schroppen, zu bohren und den Zapfen anzudrehen und dann trocknen zu lassen, um beim späteren Wiedereinspannen eine Verletzung des Becherrandes zu vermeiden. Wird dem ausgehöhlten Becher, bevor er fertig gedreht wird, auf diese Weise Luft zugeführt, so kann, wie schon einleitend auf Seite 71 erwähnt, ein späteres Verziehen leichter verhindert werden. Nach genügender Trockenzeit wird der Becher innen und außen auf die endgültige Form fertig gedreht. Das Ausschroppen und Fertig-

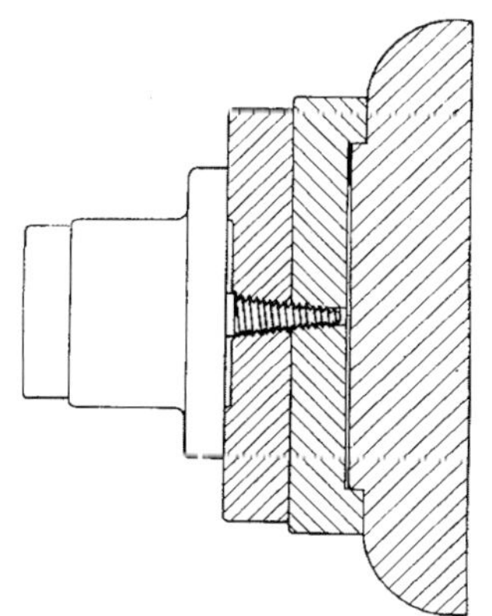

Abb. 315. Drehen eines Tellers auf der Futterscheibe

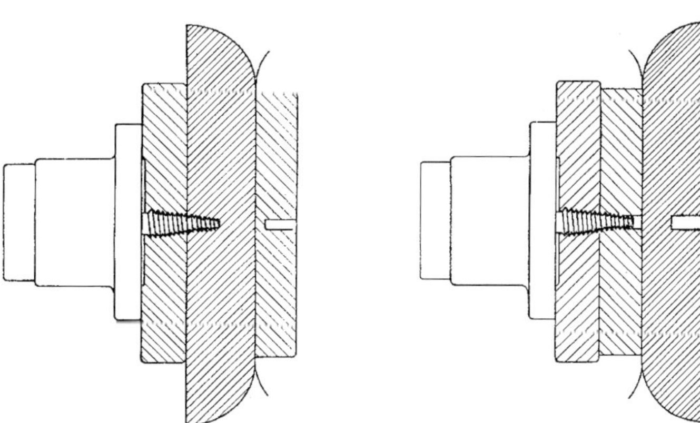

Abb. 316 und 317. Drehen eines Tellers auf der Scheibe mit Papierverleimung

Abb. 319. Ausschruppen des Bechers mit Röhre

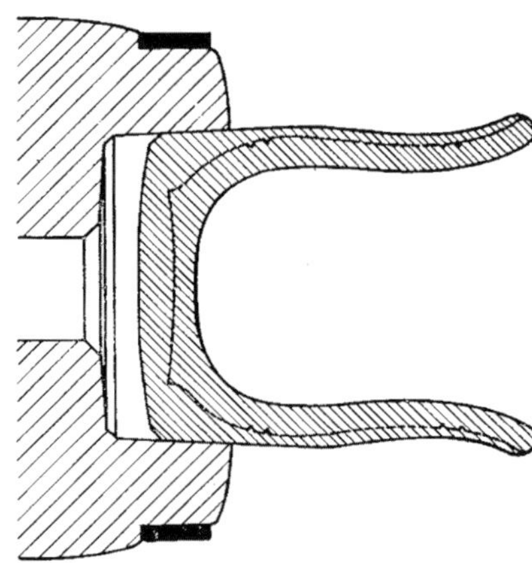

Abb. 321. Drehen einer Edelholzdose ohne Spund

drehen muß je nach Form der Werkstücke mit verschiedenen Werkzeugen geschehen, mit der Röhre *(Abb. 319)* oder einem Ausdrehstahl (siehe auch *Abb. 127—129)* oder auch mit einem Ausdrehhaken *(Abb. 112—114)*. Die Form des Ausdrehstahles entspricht selbstverständlich der jeweils auszudrehenden Form, d. h. er muß etwas kleiner sein, weil er sonst einen zu großen Span wegdrehen würde. Der Ausdrehstahl wirkt mehr schabend und dient zum Ausdrehen der endgültigen Hohlform, wie auch zum Schlichten. Man verwendet ihn bei allen mittelharten bis harten Hölzern, dagegen weniger bei weichen Hölzern, dort höchstens bei kleinen Dimensionen zum Sauberdrehen. Er ist vor allem dann unerläßlich, wenn viel Hirnholz zu drehen ist.

Große, hohle Weichholzformen aus Langholz werden mit dem Ausdrehhaken geschruppt und auch geschlichtet oder auch mit dem Krummeißel *(Abb. 115 und 116)*.

In Berchtesgaden wird bei Ahorndosen, Bechern usw. Rundholz genommen (Astholz). Dieses wird in grünem Zustand in der Rohform außen und innen vorgedreht und dann einige Zeit vorsichtig getrocknet.

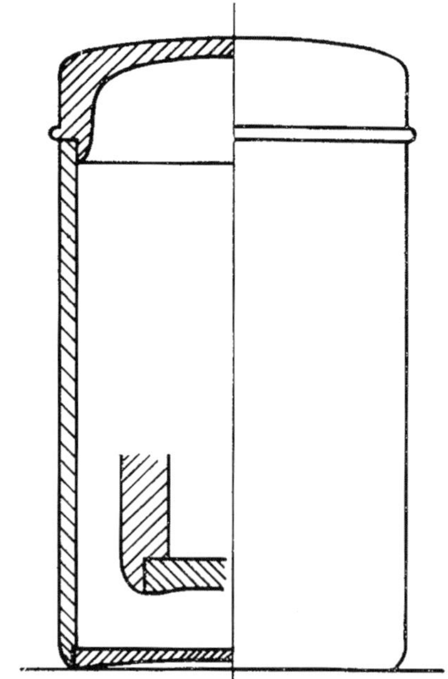

Abb. 320. Zigarrendose mit in Falz eingelegtem Querholzboden

Handelt es sich um kleinere Dosen aus Langholz, können mehrere an einem Stück in der Hauptform vorgeschroppt werden, wobei natürlich zwischen den einzelnen Dosen jeweils die entsprechenden Zapfen angedreht werden müssen. (Querholzdosen müssen natürlich einzeln geschruppt werden.) Die Böden der Langholzdosen sind aus Hirnholz, und da dieses leicht reißt, so ist es nötig, den Boden stark genug zu halten, oder Böden aus Querholz extra einzusetzen. Dies ist besonders bei tiefen Dosen notwendig *(Abb. 320)*.

Bei Bechern aus sehr edlem Holz geht man anders vor. Um Material zu sparen, wird hier kein besonderer Zapfen angedreht, sondern man nimmt nur soviel Holz mehr als das gegebene Maß, das für die Aufnahme des Dreizacks nötig ist, ohne daß das eigentliche Werkstück verletzt wird. Man spannt das Werkstück, sofern es ein nicht zu hartes Edelholz ist, zwischen Vierzack und Körner ein, prüft, welche Seite die untere werden soll, und dreht diese zunächst leicht konisch für ein passendes Futter an. Manchmal genügt es auch, lediglich die Ecken leicht zu brechen. Danach wird das Werkstück abgenommen und in ein Futter geschlagen, die innere Form ausgedreht und geschliffen *(Abb. 321)*. Um die äußere untere Form des Bechers sowie den Boden fertigdrehen zu können, wird das Werkstück auf einen entsprechend starken Zapfen gesteckt *(Abb. 322)*. Spröde Ebenholzarten (Rosenholz, Palisander, Pock- und Schlangenholz) spanne man möglichst nicht auf einen Vierzack, sondern schneide sie gleich rund zu und spanne sie dann in ein Dreibackenfutter, um ein Springen zu vermeiden.

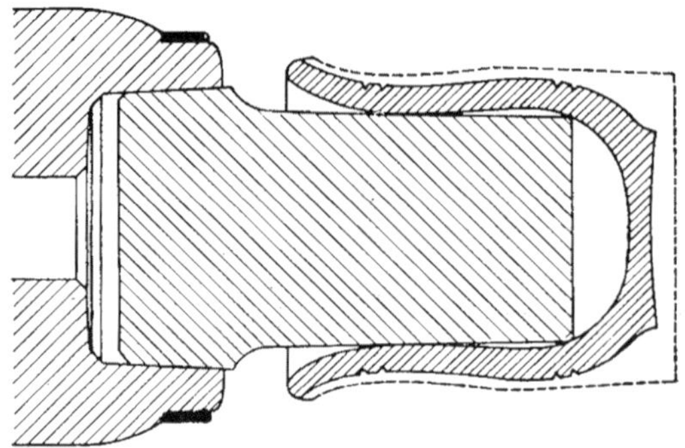

Abb. 322. Fertigdrehen auf dem Zapfen

DAS DREHEN EINER GROSSEN AUSGEBUCHTETEN DOSE MIT DECKEL

nach gegebener Werkzeichnung (Abb. 323)

Die Arbeitsgänge bei dieser Dose sind im Prinzip dieselben wie beim vorher beschriebenen Becher (siehe die *Abb. 324—330).* Für die Herstellung der inneren Ausbuchtung der Dose benötigen wir einen Ausdrehhaken *(Abb. 327)* und einen Ausdrehstahl *(Abb. 328).* Zur Aufnahme des Deckels muß noch ein Falz angedreht werden, und zwar mit Meißel oder Flachstahl *(Abb. 329).* Um den Zapfen entfernen und die Unterseite des Bodens drehen zu können, muß die Dose auf einen entsprechenden Zapfen geschlagen werden. Die Herstellung des Deckels geschieht folgendermaßen: bei nicht sehr wertvollem Material ist es ratsam, den Knopf gleich in den Deckel mit anzudrehen. Dementsprechend muß das Maß für den Deckel genommen werden. Außerdem muß natürlich soviel Holz noch zugegeben werden, als zur Aufnahme des Schraubenfutters nötig ist, auf dem der Deckel zunächst auf die endgültige Größe zylindrisch vorgedreht wird. Dann wird das Werkstück in ein Futter gespannt, die innere Form gedreht und fertigbearbeitet. Hierauf wird es umgespannt und zur Bearbeitung der Oberseite mit der Unterseite ins Futter geschlagen. *Abb. 330.*

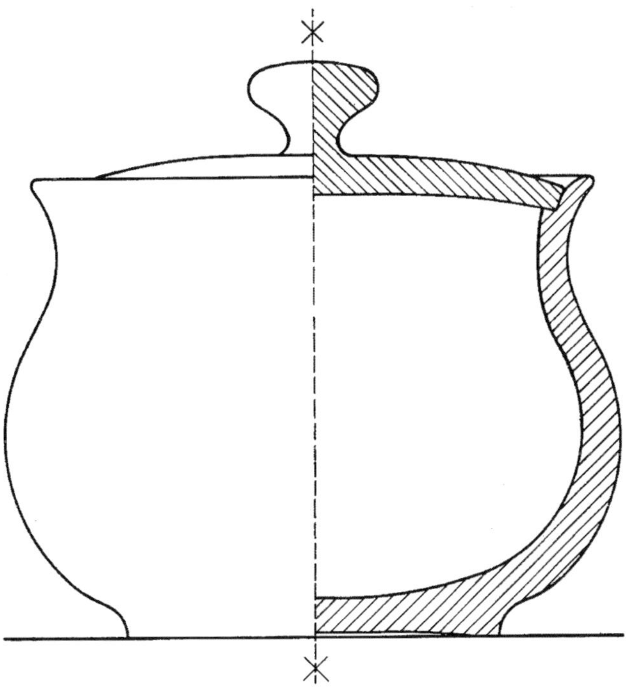

Abb. 323. Werkzeichnung einer bauchigen Dose mit Deckel

Abb. 324. Drehen auf Zylinderform und Andrehen des Spundes zwischen Vierzack und Körner

Abb. 326. Obermeister Gebhard Heinz in Waal beim Vorbohren bzw. Ausschruppen der Höhlung mit dem Löffelbohrer

Abb. 325. Vorschruppen der äußeren Hauptform auf dem Spundfutter

Abb. 327. Ausdrehen mit Haken

Abb. 328. Schlichten mit dem Ausdrehstahl

Zuerst wird der Knopf gedreht und dann die übrige Form des Deckels *(Abb. 330)*. In diesem Futter wird auch gleich die Oberflächenbehandlung vorgenommen.

Abb. 329. Andrehen des Falzes mit Meißel oder Flachstahl

Hinsichtlich der formalen Durchbildung des Knopfes sei noch darauf hingewiesen, daß wenn Knopf und Deckel aus einem Stück gedreht werden, es möglich ist, eine weiche und abgerundete Verbindung von Knopf und Deckel leicht herzustellen.

Abb. 330. Drehen des Deckels mit Knopf im Futter

Hat man nicht das entsprechende Holz zur Verfügung, muß der Knopf aus einem Langholzstück gedreht und mit einem Zapfen, der möglichst ein Gewinde erhält, versehen werden, siehe auch „Knopfdrehen" auf Seite 98.

DAS DREHEN EINER TEEBÜCHSE MIT DECKEL AUS EDLEM HARTHOLZ

nach gegebenem Entwurf, siehe Abb. 331 und 332

Wir wollen hier einmal sehr ausführlich die sorgfältige Herstellung einer solchen Büchse in edlem Holz in all ihren Arbeitsgängen beschreiben. Diese Darstellung ist natürlich auch maßgebend für alle sonstigen in ihrer Form unterschiedlichen Dosen dieser Art.
Bei sehr wertvollen Hölzern muß, wie wir schon wissen, auf einen besonderen Zapfen verzichtet werden. Wir drehen Körper und Deckel der Büchse aus einem Stück, dieses Gesamtstück wird nur so viel länger genommen, als es zur Aufnahme des Vierzacks und zum späteren Abstechen des Deckels notwendig ist. Zwischen Vierzack und Körner wird das Stück zylindrisch und an einem Ende leicht konisch zur Aufnahme in ein Spundfutter gedreht. Dann schlagen wir das Werkstück in das Spundfutter und prüfen genau, ob es zentrisch läuft.

Abb. 331. Teebüchse aus Kirschbaumholz

DER DECKEL

Vorteilhafterweise drehen wir den Deckel vom gleichen Stück, aus dem der Dosenkörper besteht (siehe *Abb. 333)*. Zunächst wird die Falzlänge des Deckels angestochen und auf die Stärke, d. h. auf den äußeren Umfang des Deckels, gedreht. Man zeichne sich auch die Länge und die innere lichte Weite des Falzes auf der Stirnseite an. Zuerst wird wie immer mit der Röhre ausgeschruppt, dann mit dem Meißel oder besser geradem Ausdrehstahl die weitere Form ausgedreht, die endgültige Ausbuchtung mit einem

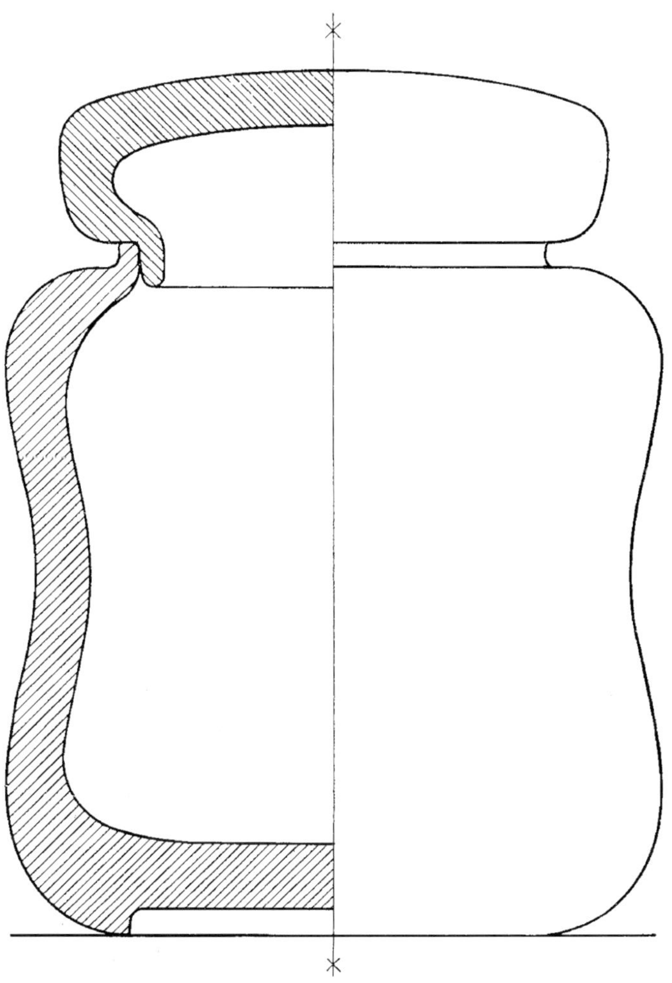

Abb. 332. Werkzeichnung der Teebüchse in Abb. 331 in natürlicher Größe

entsprechend geformten Ausdrehstahl, hier ist es die sog. „Schnecke". Die äußere bzw. obere Form wird soweit wie möglich gedreht und danach mit einer feinen Säge abgeschnitten. (Bei gewöhnlicheren Arbeiten kann auch mit dem Meißel abgestochen werden.)
Bei ganz stark und schön durchlaufend gemaserten Hölzern (z. B. bei Rosenholz, Olive, Zebrano usw.) wird der Deckel so gedreht, wie er richtig auf der Dose sitzen muß

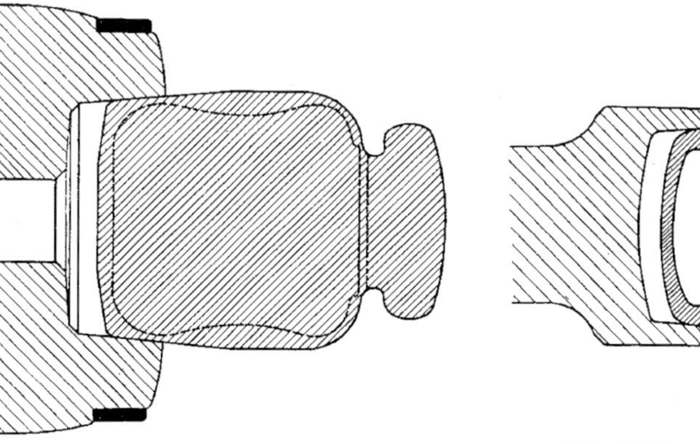

Abb. 334. Drehen von Dosenkörper und Deckel von einem Stück, Variante

Abb. 335. Ausdrehen des Deckelinnern im Spundfutter

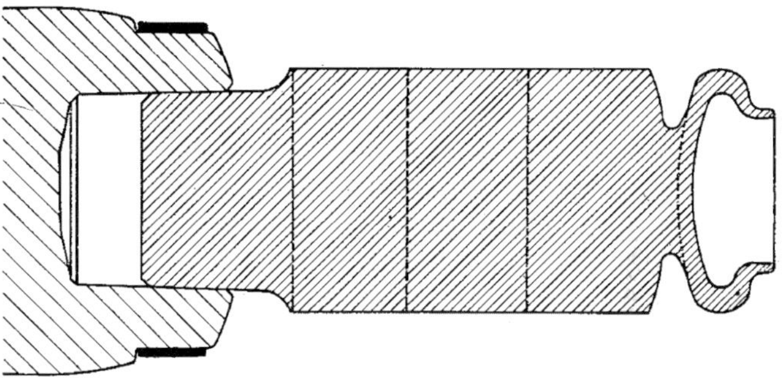

Abb. 336. Drehen mehrerer Deckel von einem Langholzstück

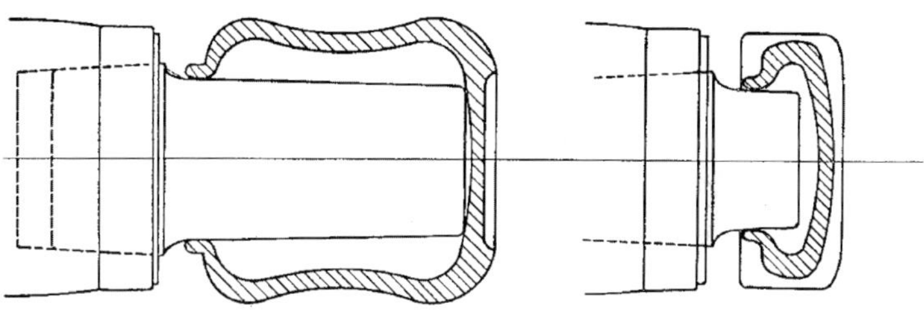

Abb. 339. Fertigdrehen des Dosenkörpers auf Zapfen

Abb. 337. Fertigdrehen des Deckels auf Zapfen

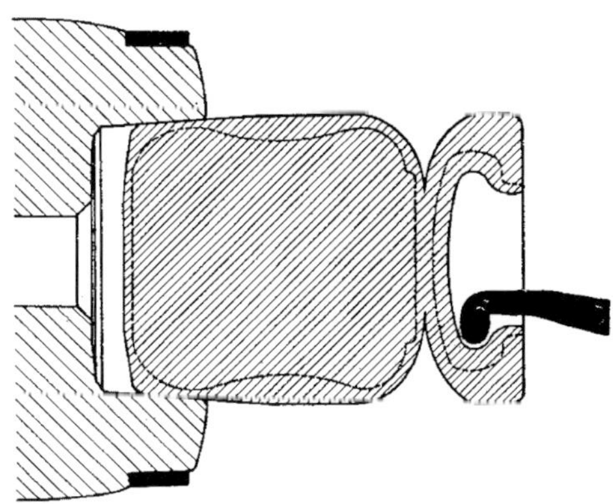

Abb. 333. Drehen von Dosenkörper und Deckel von einem Stück, Ausdrehen des Deckelinnern mit sog. „Schnecke"

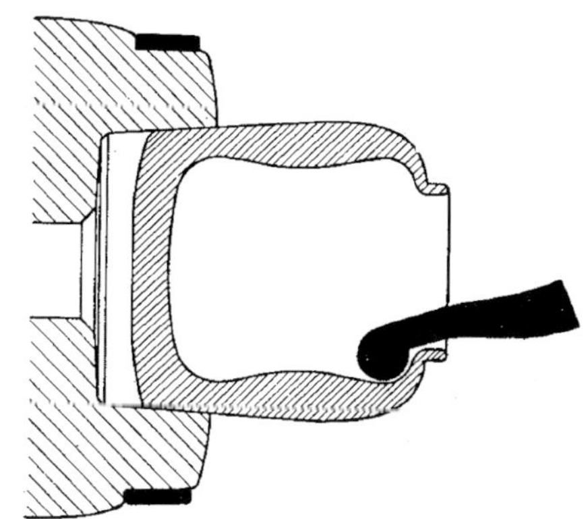

Abb. 338. Ausdrehen bzw. Schlichten des Dosenkörpers mit dem Ausdrehstahl

(Abb. 334), um eine durchlaufende Maserung durch Dose und Deckel zu erzielen. In diesem Fall muß der Deckel natürlich, nachdem die äußere Form fertig gedreht ist, abgestochen und in ein genau passendes Futter eingeschlagen werden, damit die innere Form ausgedreht werden kann *(Abb. 335)*. Der Deckel wird erst endgültig fertig gedreht und poliert auf der Dose, d. h. natürlich nur dann, wenn die Form so ist, daß man überall beikommen kann.

Wenn man mehrere gleiche Dosen anzufertigen hat, dreht man vorteilhaft mehrere Deckel aus einem Stück Langholz, besonders auch dann, wenn die Deckel wesentlich kleiner sind als die Dosenkörper. Ein Stück Langholz wird in ein Futter geschlagen *(Abb. 336)* und die Deckel dann nacheinander heruntergedreht. Um ein genaues Maß für das Ausdrehen des Deckelinneren zu erhalten, fertigt man sich eine sogenannte Zapfenlehre an, die natürlich dem Dosenfalz, auf den der Deckel zu sitzen kommt, genau entsprechen muß *(Abb. 337)*.

DER DOSENKÖRPER

Als erstes wird die Hirnfläche sauber abgestochen, dann die Falzgröße, also der innere Radius angezeichnet und zugleich mit dem Meißel angekernt. Nachdem man mit dem kleinen Löffelbohrer, und zwar nicht bis zur endgültigen Tiefe, vorgebohrt hat, wird mit dem größeren Löffelbohrer ausgebohrt und zugleich ausgedreht — so weit, daß man mit dem Ausdrehstahl bequem hineinkommt. Die endgültige innere Ausbuchtung wird wieder mit der Schnecke ausgedreht *(Abb. 338)*. Wenn danach die innere Bodenfläche mit der Stirnseite eines Ausdrehstahles fertig gedreht ist, wird das Innere geschliffen, der Falz genau angedreht und der Deckel stramm sitzend aufgepaßt. Danach werden Dose mit Deckel zusammen fertiggedreht (den Dosenkörper natürlich nur so weit, als er nicht im Futter sitzt!). Als letztes muß der Falz noch etwas nachgeschliffen werden, damit der Deckel nicht zu stramm sitzt für den praktischen Gebrauch. Um die untere äußere Form des Dosenkörpers fertigdrehen zu können, wird er auf einen entsprechenden Zapfen gesteckt, der so lang sein sollte, daß er auf dem Boden anliegt *(Abb. 339)*. Auf dem Zapfen wird die letzte Oberflächenbehandlung angebracht.

DER SCHÜSSELDRECHSLER AUS DEM ZILLERTAL

Auf meinen vielen Fahrten, die ich unternahm, um sowohl alte und interessante Drechslereien aufzufinden, wie auch hervorragende Meister des schönen Drechslerhandwerks in ihren Werkstätten zu besuchen, führte mich der Zufall und das Glück zu Meister David Fankhauser, dem Schüsseldrechsler und Bergführer im hinteren Zillertal. Daß sich diese nicht unbeschwerliche Fahrt und Wanderung gelohnt hat, mögen die Bilder mit Beschreibungen der so eigenartigen Drechslertechnik beweisen. Wenn auch diese nur in Zirbelholz möglich und deshalb landschaftlich gebunden ist und keine weitere Verbreitung finden kann, so schien sie mir doch wichtig genug, um sie in meinem Drechslerwerk in diesem Zusammenhang festzuhalten*. Von Ginzling im Zillertal führt ein schmaler Saumpfad hinauf zum Haus des Schüsseldrechslers mitten in kargen, steil abfallenden Matten, umgrenzt von Wäldern, hinter denen das Hochgebirge herausragt. Unten am Fuß des schmalen Tälchens, unweit des Wohnhauses, steht das Werkstatthäuschen, vom Berg herab sprudelt ein kleiner Quellbach, der das Wasserrad treibt und dem Meister die Kraft für seine schwere Drehbank schenkt.

Wie schon sein Urgroßvater, Großvater und Vater, so drechselt noch heute Meister Fankhauser seine großen und kleinen Schüsseln aus dem Zirbelholz. Das Originelle an dieser Technik ist der Umstand, daß aus einem Stück Holz drei Schüsseln gedreht werden, was nur in dem weichen, zarten, aber doch feinfaserigen Zirbelholz möglich ist. An Stelle vieler erklärender Worte mögen die hier gezeigten Bilder und Beschreibungen veranschaulichen, wie der Schüsseldrechsler zu Werke geht. Die *Abb. 351 und 352* zeigen die nötigen Werkzeuge, deren sich der Schüsseldrechsler bedient. Wir erkennen den Ausdrehhaken, der dem jeweiligen Vorgang der Arbeit entsprechend geformt ist. Die Reihenfolge zeigt, wie er sie braucht. Mit diesen Werkzeugen schrubbt der Meister die Form der Schüsseln innen und außen und dreht sie scharf so fertig, daß sie nahezu keiner weiteren Behandlung mehr bedürfen. Betrachten wir die letzten zwei Eisen, so erkennen wir den sog. Krummeißel, mit dem die grob ausgeschrubbte Form nur noch scharf gedreht bzw. geschlichtet wird. Die Eisen schmiedet sich der Schüsseldrechsler selbst und gibt ihnen zunächst auf der Schmirgelscheibe die Hauptform. Danach werden die Eisen in der Feldschmiede weiter

Abb. 340. Wohnhaus und Werkstatthütte mit Mühlrad des Schüsseldrechslers

* Neuerdings wurde mir die Technik dieses Schüsseldrehens aus dem Rothaargebirge in Westfalen mitgeteilt. Dort werden sogar bis zu fünf Schalen aus einem Klotz gedreht, und zwar aus Buche, Ahorn, Esche und Ulme. D.V.

Abb. 341. Fertig gedrehte Schüssel. Die Größen der einzelnen Schüsseln schwanken zwischen 12 und 50 cm Durchmesser

bearbeitet, d. h. der Haken wird gebogen und im Wasser gehärtet. Das Schärfen geschieht, wie bei den übrigen Haken schon beschrieben, mittels Feilen und das Abziehen mit Wetzsteinen.

Ein jeder Fachmann wird wohl verstehen, daß die Arbeit unseres Schüsseldrechslers keine leichte ist und große Übung und Erfahrung erfordert. Aber diese hat unser Meister, denn er dreht lediglich Schüsseln auf diese Weise, wenn er nicht gerade seinen zweiten schwierigen, aber schönen Beruf als tüchtiger Bergführer ausübt. Vor allem

Abb. 342. Ablängen vom Stamm, jeweils etwas länger als der endgültige Durchmesser eines Schüsselsatzes

Abb. 344. Dieses so vorbereitete Werkholz wird nun einige Zeit getrocknet

Abb. 343. Das gespaltene, zur weiteren Bearbeitung gerichtete Werkholz

Abb. 345. Auf dem in Abb. 343 dargestellten Werkstück stehend, bearbeitet der Meister im Freien das Holz mit der Axt

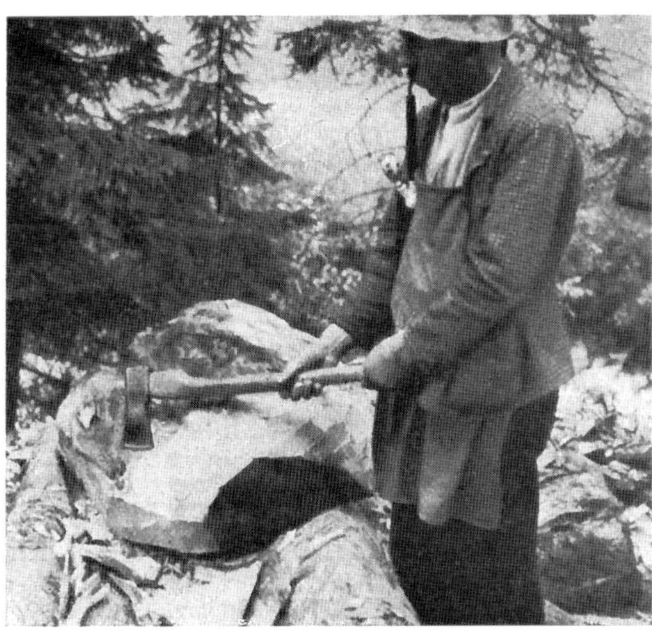

Abb. 346. Das auf dem Boden z. T. zugehauene Werkstück wird nun grob so weiterbehandelt, daß es das Aussehen des in Abb. 344 gezeigten Werkstückes erhält

Abb. 347. Zwischen 2 starken Spindeln ist das Werkstück auf 2 kräftigen Vierzackspitzen aufgeschlagen (siehe auch Abb. 348 und 349). Die Kraftübertragung auf die Welle geschieht direkt. Um leichter mit starkem Druck das Werkzeug führen zu können, ist gegen Ende des Heftes ein Stück so eingedübelt, daß der Meister den unteren Ballen seiner Hand andrücken kann.

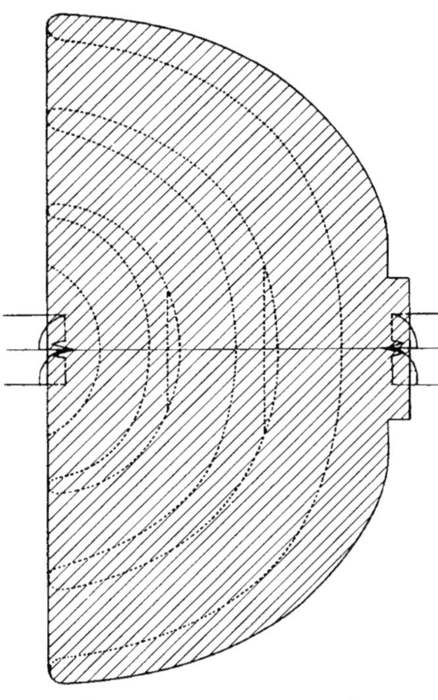

Abb. 348. Das Bild zeigt, wie das Werkstück zwischen 2 Vierzacken sitzt und wieviel Holz zwischen den einzelnen Schüsseln ausgedreht werden muß. Die äußere Form der Schüssel wird mit dem in Abb. 352 gezeigten Ausdrehhaken gedreht. Ist die größte der 3 Schüsseln gedreht, wird die zweitgrößte Schüssel auf die gleiche Weise gedreht.

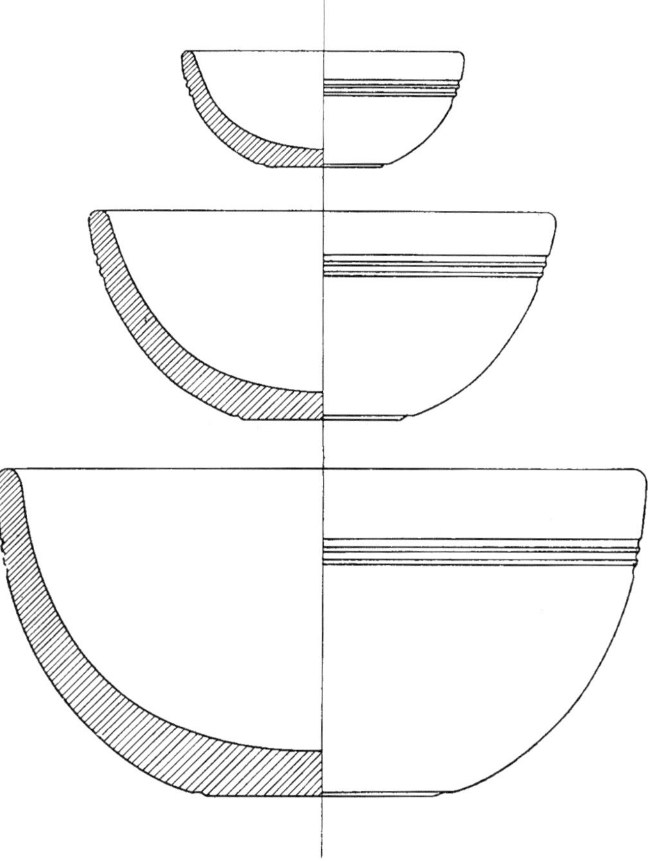

Abb. 350. Werkzeichnung der drei einzelnen Schüsseln, wie sie sich aus dem Werkstück ergeben

Abb. 349. Meister David Fankhauser beim Ausdrehen der größten Schüssel. — Der Meister schützt seinen Daumen mit einer auf dem Bilde ersichtlichen Umhüllung

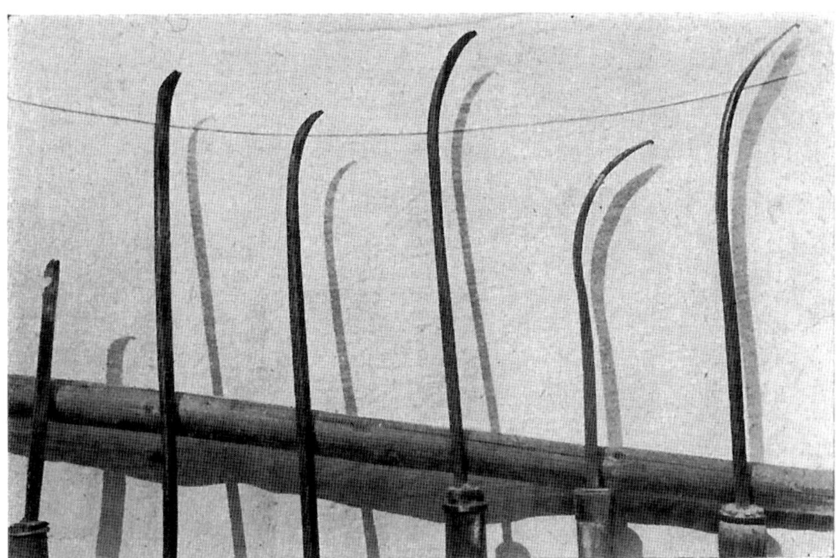

Abb. 351. Ausdrehhaken und Krummeißel zum Drehen und Schlichten der Zirbelholzschüsseln

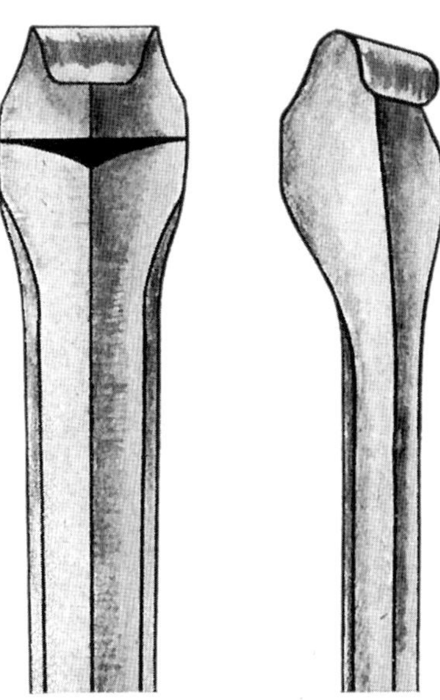

Abb. 352. Ausdrehhaken zum Drehen der äußeren Form der Schüssel

besteht bei dieser Art Schüsseldrechseln die Gefahr, daß das Eisen gern hängen bleibt. Um der Gefahr einer Verletzung zu begegnen, ist die Wasserkraft nur so stark gehalten, daß es Meister Fankhauser möglich ist, mit seinen Armen und Händen das sich drehende Werkstück zum Stillstand zu bringen.

Die einzelnen Arbeitsgänge sind in ihrer Reihenfolge in den *Abb. 342—352* gezeigt und dabei kurze Hinweise gegeben.

DAS DREHEN EINER KUGEL

Wenngleich heute Spielkugeln, die genau rund sein müssen, meist in Spezialwerkstätten hergestellt werden, so wollen wir doch das Drehen von solchen Kugeln, wie sie früher und heute noch an gewöhnlichen Drehbänken angefertigt werden, ausführlich beschreiben. Sehr oft noch tritt an den Meister die Aufgabe heran, abgespielte Kugeln (Kegelkugeln z. B.) auszubessern. Früher stellte oft die Herstellung einer genau runden Kugel die praktische Aufgabe für die Meisterprüfung dar, und auch heute noch ist die Fähigkeit, eine Kugel einwandfrei herzustellen, ein Maßstab für einen guten Drechsler. Aber auch heute werden in ländlichen Gegenden vom Drechsler Kegelkugeln gedreht aus billigem Holz, Weißbuche, Zwetschge, auch Nußbaum.

Kugeln, die ganz genau werden müssen, dreht man, wie man sagt: „über Kreuz", wogegen Kugelformen, z. B. als Griffe oder für Spielzeug usw. nur nach dem Augenmaß und unter Zuhilfenahme des Greifzirkels gedreht werden.

(Bei einem großen Auftrag von gleich großen Kugeln empfiehlt sich unter Umständen die Anschaffung eines Kugeldrehapparates.)

Abb. 353. Darstellung von Ringrissen in Pockholz

Zu exakten, wertvollen Kugeln darf nur Material aus Viertelscheitern (auch nicht Halbscheitern) genommen werden. Das Kernholz, der Stamm, wird in 4 Teile aufgespalten bzw. aufgeschnitten *(Abb. 320)*. Billige Kugeln, die nicht exakt sein müssen, können natürlich aus Rundlingen gemacht werden, auch Astholz wird verwendet.

Alle einheimischen Hölzer müssen, wie schon gesagt, in 4 Teile aufgespalten werden. Dagegen ist dies bei einigen exotischen Hölzern nicht nötig, z. B. bei Quebracho (= Axt zerbrechend), Eisenholz, Chinaholz oder Pockholz, die speziell zu Kegelkugeln verwendet werden. Sie werden aus dem ganzen Stamm, also aus Rundlingen gemacht. Eine Vierteilung des Stammes bei diesen Hölzern ist deshalb nicht nötig, weil durch das eigentümliche Wachstum dieser Hölzer keine Kernrisse entstehen können, denn hier gehen die Risse nicht vom Mark aus zentral auseinander, sondern es entstehen nur Ringrisse *(Abb. 353)*.

Allerdings können Kegelkugeln auch aus einheimischen Hölzern gedreht werden, aus Nußbaum oder Weißbuche (in diesem Fall wird natürlich vierfach gespaltenes Holz verwendet). Solche Kugeln sind bedeutend leichter und werden auch zum „Schusterstuhl-Scheiben" genommen. (Es ist dies eine Phase des Kegelspiels. Hier wird mit der Kugel der erste [vorderste] Kegel leicht geschnitten, wodurch dieser Kegel den linken äußeren Kegel umwirft, während die Kugel selbst ihre Richtung ändert und den rechten äußeren Kegel trifft.)

DIE HERSTELLUNG EINER KUGEL ÜBER KREUZ

Zunächst wird das etwas länger zugerichtete Holz zylindrisch etwas stärker überdreht. Bei teurem Material wird man jedoch sparen und eben nur soviel zugeben, daß der

Abb. 354. Drehen auf Zylinderform zwischen Vierzack und Körner und Angeben der Mittellinie

Körner und der Vierzack eingreifen können, ohne die endgültige Form der Kugel zu verletzen.

Nach dem Überdrehen dreht man vorne (also beim Körner) die vordere Stirnfläche soviel gerade ab, daß noch ein kleines Stück „Butzen" stehenbleibt, das so groß sein muß, wie die Tiefe des Körners in das Holz eingedrungen ist *(Abb. 354).*

Man nimmt nun den Radius der Kugel in den Spitzzirkel und trägt diesen auf dem Zylinder zweimal auf, wodurch sich die Mittellinie (der höchste Punkt der Kugel) ergibt. Um am Holz nichts zu verlieren bzw. um es nicht zu beschädigen, genügt auch ein Bleistiftriß, der Zirkelriß bürgt jedoch natürlich für größere Genauigkeit.

Nun wird auch die hintere Stirnseite abgedreht. Auch dort ist der „Butzen" wieder nur so groß als nötig. Hiermit haben wir nun die genaue Länge und den Durchmesser. Jetzt dreht man nach dem Gefühl, „nach dem Gesicht", wie man sagt, beidseits die Rundungen so weit ab, bis die Hauptform der Kugel zustande gekommen ist *(Abb. 355).* Die beiden Butzen können dann im Futter noch weggedreht werden. Man dreht beidseits abwechslungsweise die Rundungen an, und zwar deshalb beidseits, um eine leichtere Kontrolle zu haben, denn wenn man nur die halbe Kugel drehen würde, bestünde die Gefahr, daß die Form elliptisch wird. Man tut gut, ab und zu den Lauf zu unterbrechen und mit der Hand die Form der Kugel abzutasten, wobei man jede Unebenheit auf dem Holz spürt. (Das Abfühlen geschieht am besten mit der ganzen Hand.) Der noch nicht Geübte kann vorsorglicherweise zur leichteren Kontrolle sich eine genaue Schablone aus Sperrholz machen, aus der ein Kreis bzw. Halbkreis ausgestochen ist, siehe *Abb. 356.* Die ganze Dreherei geschieht zunächst mit der Röhre.

Abb. 357. Kugel im Futter sitzend, mit Kreuzstich versehen. Prüfen mit dem Taster

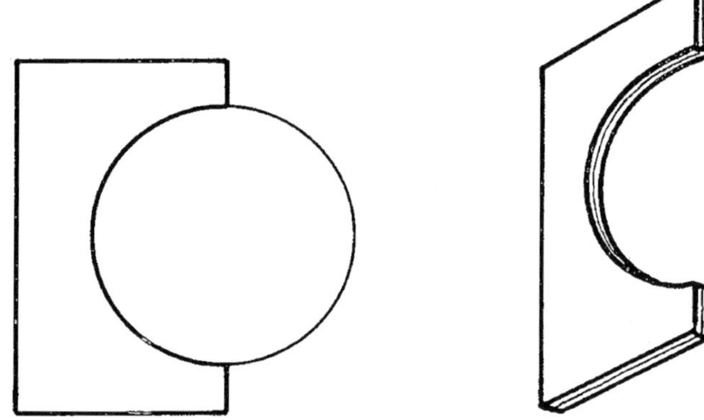

Abb. 356. Schablone zum Messen der Kugelform

Jetzt wird die Kugel in ein Kugelfutter geschlagen *(Abb. 357)* das leicht angefeuchtet wird unter Zugabe von etwas Kreide. Der Durchmesser der Futteröffnung muß etwas kleiner sein als der Durchmesser der Kugel, damit die Kugel nicht zu tief in das Futter kommt. Beim Einschlagen

Abb. 355. Drehen der Kugel auf ihre Hauptform

Abb. 358. Fertigdrehen der einen Kugelhälfte

Abb. 359. Fertigdrehen der anderen Kugelhälfte bzw. Schlichten mit dem Meißel oder dem Plattenstahl

Abb. 360. Drehen mehrerer kleiner Kugeln von einem Langholzstück

in das Futter wird die Kugel um 90° gedreht, so daß sie gewissermaßen quer im Futter steht. Die früher waagerechte Achse der Kugel steht nun quer zur Achse der Spindel, die erst eingezeichnete vertikale Rißlinie des Durchmessers läuft in der Linie der Achse. Dann wird mit einem Spitzstahl oder mit der Spitze des Meißels ein Stich, der sogenannte Kreuzstich auf dem höchsten Punkt der Kugel angebracht, und zwar folgendermaßen: Nachdem man sich vergewissert hat. ob die Kugel genau um 90° gedreht im Futter sitzt, wird man die senkrecht übereinanderstehenden Butzen soweit abdrehen, daß die Einstiche von Vierzack und Körner noch zu sehen sind. Diese werden dann mit einer Bleistiftlinie miteinander verbunden. Es ist sorgfältig darauf zu achten, daß die Tiefe des Stiches den äußersten Durchmesser der Kugel darstellt. Man tut sich noch leichter, wenn man mit einem Plattenstahl eine Platte andreht und auf der Mitte der Platte einen festen Bleistiftstrich angibt *(Abb. 358)*. Die Zuhilfenahme der Platte hat den Vorteil, daß mit dem Greifzirkel der wirkliche Durchmesser leichter kontrolliert und festgestellt werden kann, und daß man beim späteren Abdrehen besser prüfen kann, ob die Kugel auf die endgültige Größe gedreht ist.

Nun wird die Kugel aus dem Futter geschlagen. Man klopft leicht auf das Futter durch Anschlagen mit einem Hammer, wodurch die Kugel herausfällt. Sie wird dann im gleichen Futter in der ursprünglichen Richtung wieder eingespannt.

Die vordere Hälfte wird genau nach dem Kreuzstich abgedreht, d. h., hat man den Kreuzstich mit Platte und Bleistift gemacht, so bleibt der Bleistiftstrich zur Kontrolle stehen. Die Stellen, bei denen schon bis zum Stich gedreht ist, zeichnet man sich am besten mit Bleistift an, damit man nicht in Gefahr kommt, dort noch mehr wegzudrehen *(Abb. 358)*.

Nun wird die Kugel umgedreht und in einem kleineren Futter auf der anderen Seite genau so abgedreht *(Abb. 359)*. Zum Schluß wird die Kugel einigemal von verschiedenen Seiten ins Futter gesteckt, um sie über Kreuz zu schleifen. Bei hartem Material nimmt man zum Schlichten den Meißel, besser noch den breiteren Plattenstahl, bei ganz hartem Material eher den Schrotstahl, weil dieser einen noch stumpferen Schneidwinkel hat. Beim Schlichten wird in Achsenhöhe gedreht. (Das Bohren der Fingerlöcher siehe Seite 105, *Abb. 471.)*

Im nachfolgenden soll noch etwas über das Drehen von *Kegelkugeln aus Pockholz* gesagt werden.

Kegelkugeln werden meist aus Pockholz gemacht, da dieses besonders schwer und haltbar ist. Das Pockholz kommt aus St. Domingo, Nikaragua in großen Stämmen in verschiedenen Dimensionen in den Handel *mit* Splint, der eine Stärke von 1—2 cm besitzt. Das Holz wird nach Gewicht verkauft. Die besten Stämme sind die genau rund und zentrisch gewachsenen. Hier richtet sich das Maß der Kegelkugeln nach dem Material. Das Holz hat Herzrisse, die nicht von Schaden sind, während Stämme mit Ringrissen unbrauchbar sind, d. h. Abfallstücke können immer noch zu kleinen Kugeln, z. B. für Tischkegelbahnen, verwendet werden.

Um bei dem teuren Material die weitmöglichste Materialersparnis zu erzielen, geht man folgendermaßen vor: Man geht jeweils vom kleinsten Durchmesser des Holzes aus und trägt diesen auf der Länge an. (Der Splint muß weg-

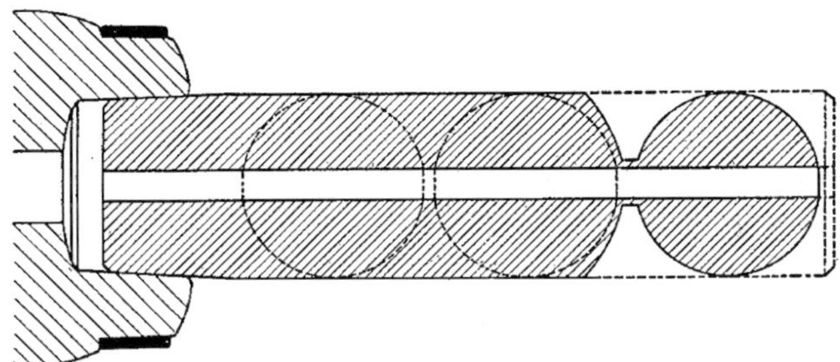

Abb. 361. Drehen mehrerer kleiner Kugeln mit Loch von einem durchbohrten Langholzstück

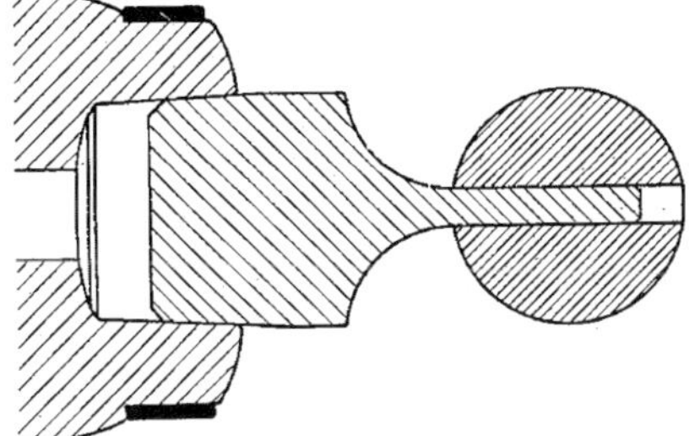

Abb. 362. Fertigdrehen und Oberflächenbehandlung einer Kugel mit Loch auf Dorn

fallen, da Splintholzkugeln minderwertig sind.) Die Stücke werden fast genau auf die endgültige Größe geschnitten und in ein Dreibackenfutter gespannt, um selbst die Butzen zu sparen. Das übrige wird fertig gearbeitet, wie oben schon beschrieben. Das Futter für die Pockholzkugel wird besser abgesperrt, um der Gefahr des Springens zu begegnen.
Das gleiche gilt für das Eisenholz. Dieses kommt *ohne* Splint in den Handel und hat deshalb außen manchmal Risse, die erst weggedreht werden sollen.
Pock- und Eisenholz müssen vorgedreht und dann in trokkene Späne eingelegt und getrocknet werden.

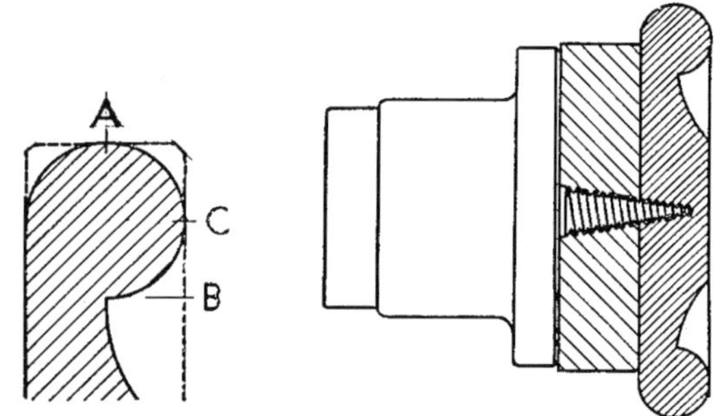

Abb. 364 und 365. Drehen des Ringes auf dem Schraubenfutter

DREHEN KLEINER BILLIGER KUGELN

Sollen *kleine billige Kugeln* gedreht werden (z. B. für Spielzeug), so können auch mehrere Kugeln aus einem Stück gefertigt werden, d. h. eine Kugel wird nach der anderen frei oder fliegend rund gedreht und abgestochen *(Abb. 360)*.
Zur weiteren Behandlung werden die Kugeln in ein entsprechendes Futter gesteckt, geschlichtet, geschliffen und ihre Oberfläche behandelt.
Einfache Kugeln, die mit Löchern versehen werden sollen (z. B. für Vorhangschnüre), werden wie oben beschrieben gearbeitet; es wird lediglich das zylindrische Werkstück, bevor die Kugeln gedreht werden, mit einem entsprechend großen Loch versehen (siehe auch Langholzbohren auf Seite 69). Die danach rund gedrehten Kugeln werden mit ihrem Loch auf einen Holzzapfen oder Stahlstift gesteckt und fertigbearbeitet *(Abb. 361 und 362)*.

Abb. 363. Drehen eines Querholzringes auf Schraubenfutter

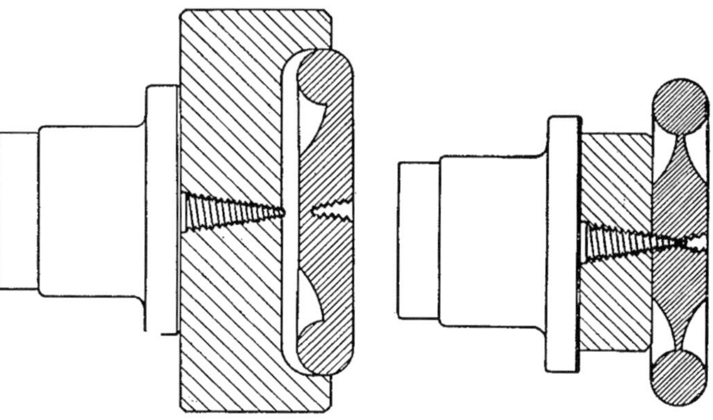

Abb. 366. Fertigdrehen des Ringes im Futter

Abb. 367. Drehen eines Ringes von beiden Seiten auf dem Schraubenfutter

Abb. 368. Drehen mehrerer kleiner Ringe mit besonderem Ausdrehstahl und Plattenstahl

DAS DREHEN VON RINGEN

Vor dem Aufkommen der Maschine wurden alle Holz-, Horn- und Beinringe u. dgl. von Hand gedreht, ja, es scheint Spezialdrechslerwerkstätten gegeben zu haben, in denen überhaupt nur Ringe gedreht wurden. So finden wir in einem zeitgenössischen Stich aus dem 17. Jahrhundert den „Ringleindreher".
Obwohl in unserer Zeit Ringe, kleine und große, aus Holz, Bein und Kunststoffen, vorwiegend in Fabriken auf Spezialmaschinen hergestellt werden, wollen wir dennoch ausführlich die handwerkliche Herstellung von Ringen aller

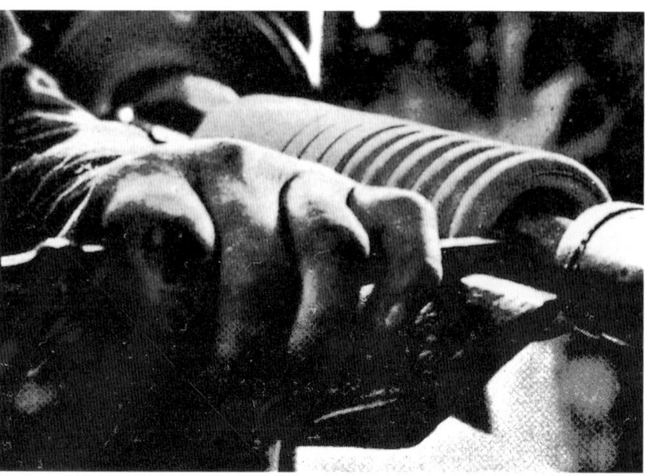

Abb. 369. Drehen mehrerer kleiner Ringe, siehe Abb. 368

Abb. 370. Fertigdrehen eines Ringes im Futter, siehe auch Abb. 371

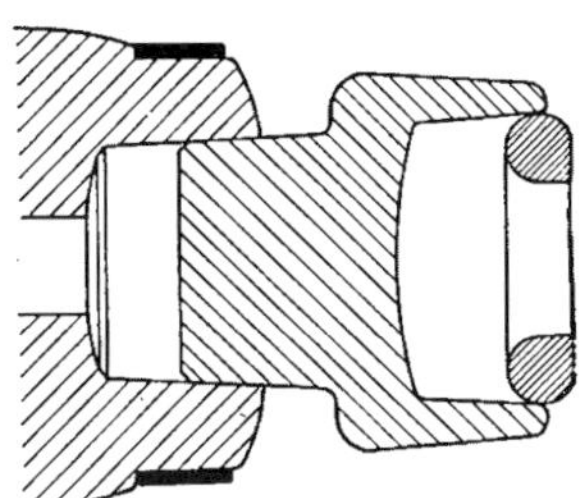

Abb. 371. Ring im Futter

Art behandeln, seien es Vorhangringe, oder auch größere und ganz große Holzringe für Beleuchtungskörper, denn wir können zur Freude des Drechslerhandwerks feststellen, daß man allerorts wieder Sinn für solche Ringe antrifft. Besonders sind es ja die Beleuchtungskörper, die dem Drechslerhandwerk einen neuen und schönen Aufgabenkreis eröffnen. Es ist deshalb im nachfolgenden Vorlagenwerk den gedrehten Beleuchtungskörpern großer Raum gegeben.

DIE ANFERTIGUNG EINES EINZELNEN RINGES

z. B. für einen Bügelring aus Querholz (Abb. 363)

Das entsprechend zugerichtete Querholzstück wird unter Zuhilfenahme einer Zulage auf dem Schraubenfutter angebracht und zunächst auf den äußeren Durchmesser überdreht. Dann läßt man auf der Stärke des Ringes mit dem Bleistift die Mitte anlaufen (siehe *A* bei *Abb. 364).* Mit

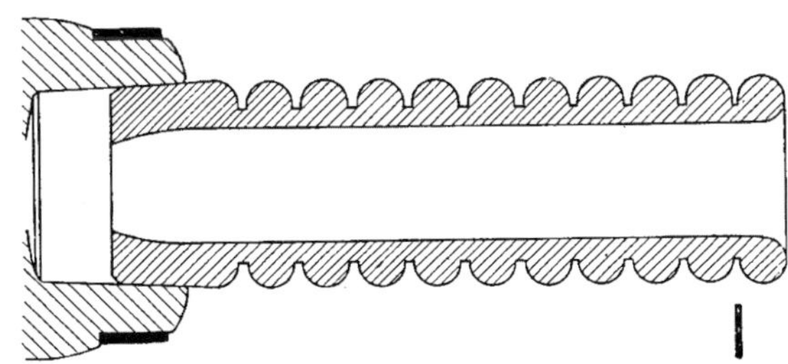

Abb. 372. Drehen von Ringen von einem durchbohrten Langholzstück

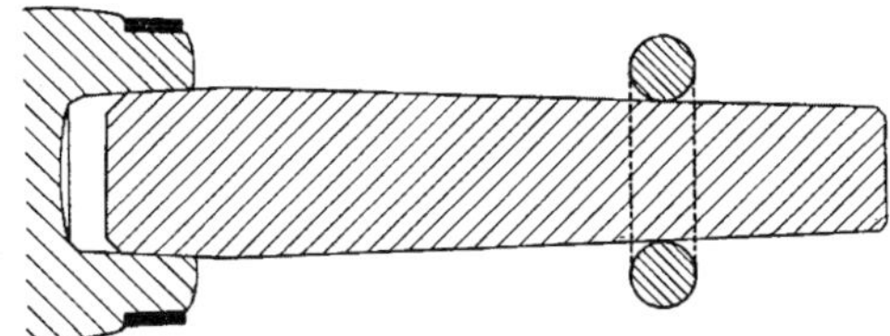

Abb. 373. Oberflächenbehandlung des Ringes auf Zapfen

Abb. 374. Klemmspund im Spundfutter zur Aufnahme von Ringen (der Klemmspund kann auch direkt auf der Spindel sitzen)

dem Stechzirkel werden der innere Durchmesser angerissen, die Mitte zwischen A und B = C angerissen und die Rundung angedreht. Dann wird das Werkstück in ein Futter umgespannt *(Abb. 366).* Mit dem Meißel wird nun der innere Durchmesser B gerade durchgestochen und nun das letzte Viertel der Rundung heruntergedreht. Mit dem Greifzirkel, oder auch mit den Fingern, wird die Rundung kontrolliert.

Die Oberflächenbehandlung des inneren Ringes geschieht im Futter, die des äußeren auf einem Zapfen (siehe auch *Abb. 373).*

Es kann aber auch, wie es in *Abb. 367* dargestellt ist, vorgegangen werden, indem man nämlich den Ring auf beiden Seiten auf der Schraube dreht, erst die eine, dann die andere Seite, auf der Schraube die Oberflächenbehandlung des äußeren anbringt und auch gleich durchsticht. Die restliche Oberflächenbehandlung des inneren Ringes wird im Futter vorgenommen.

DIE ANFERTIGUNG MEHRERER KLEINER RINGE

(z. B. Vorhangringe)

Ein Stück Langholz (es kann auch Kleinholz, sog. Prügel, sein) wird zwischen Vierzack und Körner eingespannt, auf die Stärke überdreht und geschlichtet. Mit einem Stech-

Abb. 375. Fertigdrehen eines Ringes im Klemmspund

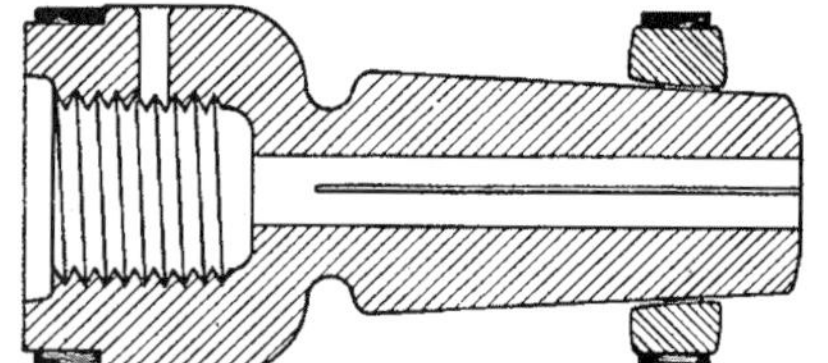

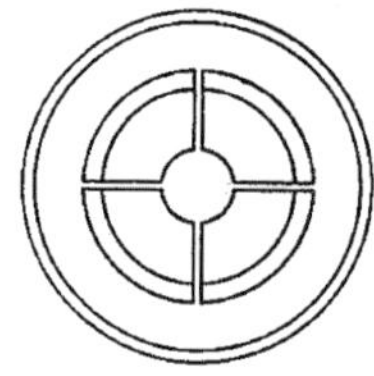

Abb. 376. Klemmfutter mit einfachem Klemmring

zirkel werden dann jeweils die Stärken der einzelnen Ringe aufgerissen, d. h. man wird natürlich die einzelnen Abstände so viel größer halten, als man jeweils zum Abstechen benötigt. An den einzelnen Rissen wird mit dem Meißel eingestochen, und die äußeren Halbrundungen der einzelnen Ringe werden mit dem Meißel durchweg angedreht. Nun wird mit einem selbstgefertigten Ausdrehhaken der vorderste Ring von der Stirnseite aus eingestochen (siehe *Abb. 368 und 369)*, d. h. der erste Ring ist also zu dreiviertel fertig und wird dann mit einem Plattenstahl *(Abb. 368 und 369)* oder einem feinen Meißel abgestochen. Zum Schluß werden die Ringe einzeln in einem Langholzspund, der in ein Futter geschlagen wird, fertig gedreht *(Abb. 370 und 371)*.

Bei der Anfertigung mehrerer Ringe kann auch noch anders vorgegangen werden *(Abb. 372)*. Ein Stück Langholz wird zwischen Vierzack und Körner überschroppt und auf einer Seite der Zapfen bzw. Spund angedreht, passend für ein Futter. Dann wird das Werkstück in das Futter geschlagen, genau auf Stärke gedreht, und wie vorher werden die Längen der einzelnen Ringe mit dem Zirkel eingestochen. Nun aber wird das ganze Stück mit einem kleinen, später mit einem größeren Löffelbohrer zylindrisch ausgebohrt, wobei der Bohrer am besten annähernd so groß ist, wie der innere Durchmesser der Ringe werden soll. Wie vorher beschrieben, werden die Rundungen der einzelnen Ringe außen wieder tief, schlank eingestochen und die obere Rundung bei allen Ringen angedreht. Beim vordersten Ring wird stets die innere Rundung soweit wie möglich mit Meißel oder Ausdrehstahl bis zu dreiviertel angedreht. Zum Schluß werden die so vorgedrehten Ringe, wie vorher beschrieben, einzeln abgestochen und im Spundfutter fertiggedreht und innen geschliffen. Um die Ringe außen besser schleifen und polie-

Abb. 377. Schachfigur im Klemmfutter

Abb. 378. Schachfigur im Klemmspund im Spundfutter sitzend

ren zu können, werden sie vorteilhaft auf einen Zapfen (der in einem Spundfutter sitzt) gesteckt *(Abb. 373)*. Der Zapfen muß aus Weichholz sein, damit die Ringe keine Druckstellen erhalten, außerdem konisch, um die Ringe in beliebiger Größe aufstecken zu können.

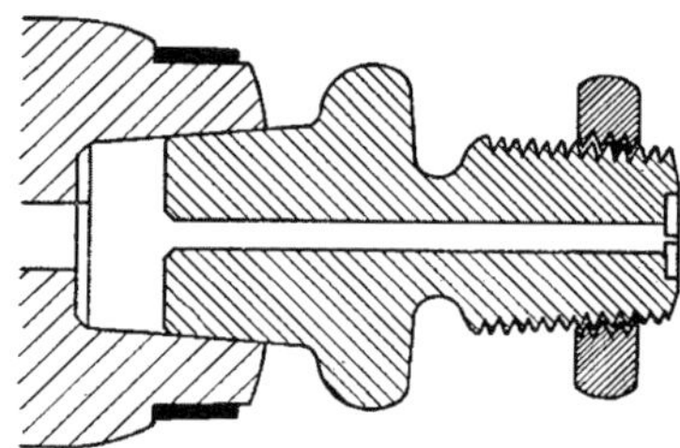

Abb. 379. Klemmfutter im Spundfutter sitzend für harte Materialien mit Klemmring im Gewinde laufend

An die Stelle des Spundfutters kann auch, besonders bei kleineren Ringen und bei denen es nicht auf ein ganz genaues Maß ankommt, das *Klemmfutter* treten *(Abb. 374 und 375)*. Dies ist vor allem auch für die Anfertigung einer großen Anzahl, z. B. von Vorhangringen, geeignet, weil durch Festklemmen mittels des Klemmringes die Ringe schnell und stets gut passend zum Fertigdrehen in das Futter gespannt werden können. In den *Abb. 374 und 375* ist ein Klemmspund gezeigt, das noch einmal in ein Futter geschlagen ist. Um jedoch ein etwaiges Vibrieren völlig zu vermeiden, ist ein Klemmfutter, das mit einem Gewinde versehen direkt auf der Spindel sitzt, vorzuziehen, in der Art, wie in *Abb. 376 und 377* gezeigt.

In den *Abb. 376—379* sind weitere Klemmfutter gezeigt zum Drehen kleiner Gegenstände, wie Knöpfe, Schach-

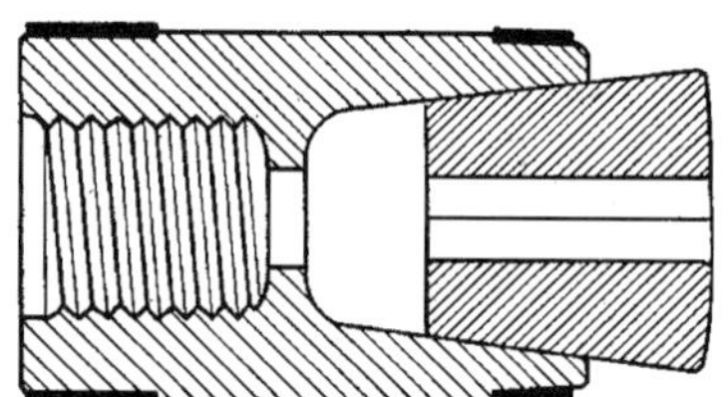

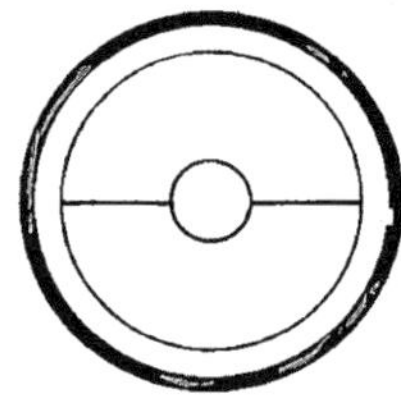

Abb. 380. Teilspund, besonders für die Durchführung von Reparaturen geeignet

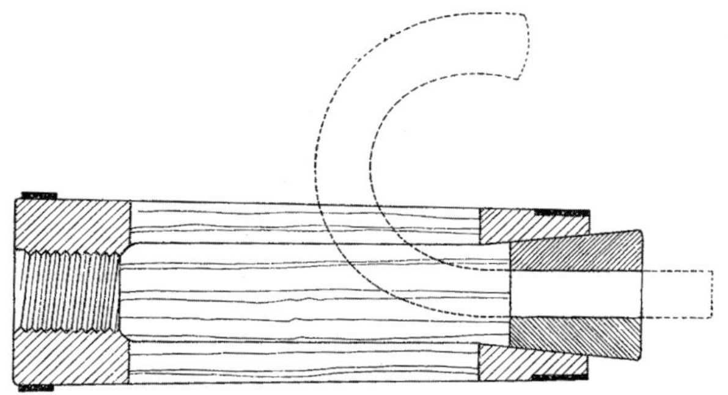

Abb. 381. Stockgriffutter mit Teilspund, Seitenansicht

figuren usw. *Abb. 379* zeigt ein Klemmfutter, das sich besonders für harte Hölzer, Elfenbein, Horn usw. eignet, weil hier der Ring des Klemmfutters anstatt nur aufgesteckt mittels eines Gewindes aufgeschraubt wird, was natürlich ein noch besseres Sitzen des zu drehenden Werkstückes ermöglicht. Handelt es sich darum, lange, dünne Gegenstände zu drehen, so bedient man sich am besten der Hohlspindel.

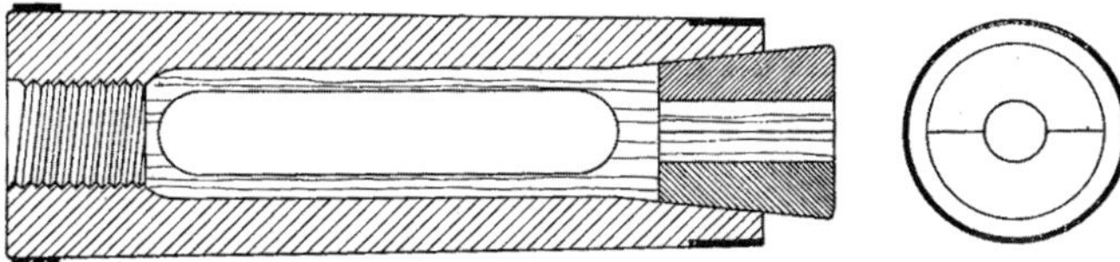

Abb. 382. Stockgriffutter, Ansicht von oben

Ähnliche Aufgaben wie das Klemmfutter erfüllt auch der in *Abb. 380* gezeigte sogenannte Teilspund. Zum Andrehen von Stockgriffen bedient man sich des Stockgriffutters mit geteiltem Einschlagspund *(Abb. 381 und 382)*. Dadurch ist es möglich, daß der Stockgriff genau rund angedreht, gebohrt und abgestochen werden kann.

DAS DREHEN GROSSER RINGE

Erfreulicherweise wird heute, wie schon eingangs erwähnt, an Stelle von Metall wieder mehr das Holz für die Herstellung kleinerer wie auch größerer Beleuchtungskörper verwendet. Wir wollen deshalb dieser für das Drechslerhandwerk so wichtigen Aufgabe große Aufmerksamkeit schenken.

Eine erste Voraussetzung für hölzerne Beleuchtungskörper ist die Wahl des richtigen und vor allem völlig trockenen Holzes, denn es ist naheliegend, daß durch die Wärme, die die elektrischen Lampen ausstrahlen, das Holz sehr gern arbeitet, d. h. sofern es nicht genügend trocken ist, schwinden wird. Auch ist zu bedenken, daß besonders in Räumen mit Zentralheizung, die durch häufiges Lüften großen Temperaturschwankungen unterliegen, die Gefahr des Arbeitens des Holzes besonders groß ist. Wir sehen also, wie wichtig es ist, sowohl an die richtige Wahl des Holzes als auch an eine widerstandsfähige Konstruktion zu denken.

Die Ringe müssen zunächst aus einzelnen Stücken zusammengesetzt sein, was je nach Material und Größe der Ringe auf verschiedene Weise geschehen kann. Bei nicht so großen Ringen ist es im allgemeinen üblich, daß die Zahl der Rippen der Zahl der Brennstellen entspricht (siehe z. B. *Abb. 383—385)*. Bei größeren Ringen aber, die z. B. nur drei Brennstellen haben, müssen sechs und mehr Rippen gemacht werden *(Abb. 386)*. Die Brennstelle muß immer auf der Mitte einer Rippe sitzen.

Um die einzelnen Rippen vorteilhaft und materialsparend aus dem Langholzbrett (am besten sog. Kern- oder Mittelbrett, weil dieses am besten steht) herauszuschneiden, macht man sich am besten aus Pappe eine Schablone und reißt diese auf dem Langholzbrett an. Um die genaue Schablone zu erhalten, zeichnet man auf einem Reißbrett den ganzen Ring auf, und zwar mit Hilfe des Zirkels den inneren und äußeren Durchmesser. Man teilt den Kreis je nach Größe in entsprechend nötige Teile und zieht durch die zwei inneren Begrenzungen einer Rippe je eine Linie durch den Mittelpunkt des Kreises. Man achte sorgfältig darauf, daß vor allem die Stoßflächen der Fugen genau nach dem Riß der Schablone gesägt und danach sorgfältig bestoßen werden. Um die Hirnholzfugen genau und dicht zu bekommen, wird man sie am besten in der Stoßlade mit scharfer Rauhbank bestoßen. Dabei wird man vorteilhafterweise die Rauhbank umlegen, wodurch man die Fugen leichter winklig erhält. Man legt danach eine Rippe nach der anderen auf die Zeichnung des Ringes auf dem Reißbrett, bis der Ring geschlossen ist. Es ist ratsam, die einzelnen Segmente bzw. Rippen nicht zu groß zu halten, um mehr Langholz zu bekommen *(Abb. 387 und 388)*.

Leichtere kleine Rahmen können auf verschiedene Weise zusammengebaut werden; bei diesen genügt eine Rippenschicht. Die in *Abb. 392 und 393* gezeigte Verbindung von N u t und F e d e r wird man eher für gestrichene Arbeiten verwenden, weil dort die Fugen von Nut und Feder weniger sichtbar sind. Die Verbindungen durch D ü b e l in

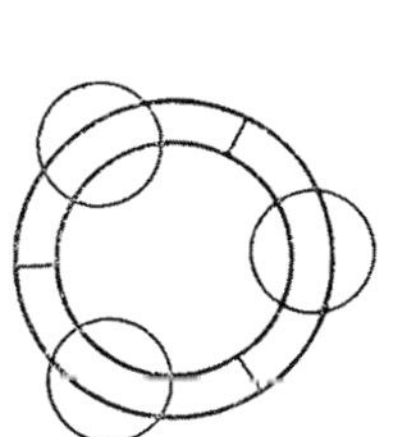

Abb. 383. Kleiner Lampenholzring aus 3 Rippen für 3 Brennstellen

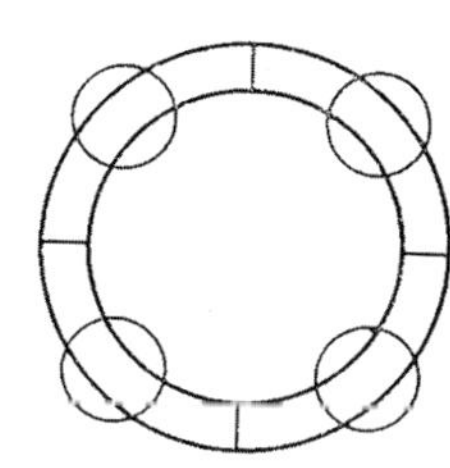

Abb. 384. Lampenholzring aus 4 Rippen für 4 Brennstellen

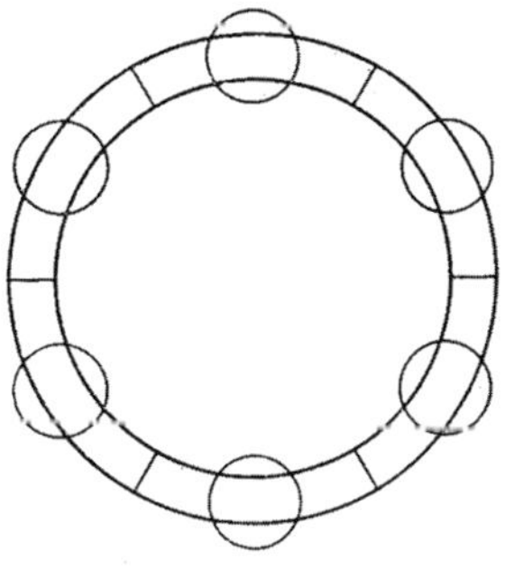

Abb. 385. Lampenholzring aus 6 Rippen für 6 Brennstellen

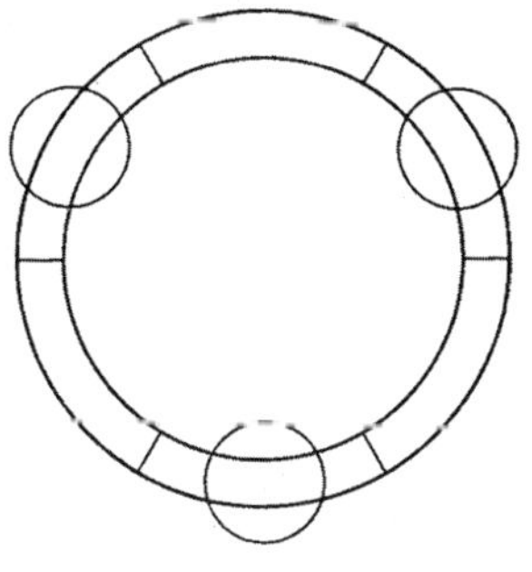

Abb. 386. Großer Lampenholzring aus 6 Rippen für 3 Brennstellen

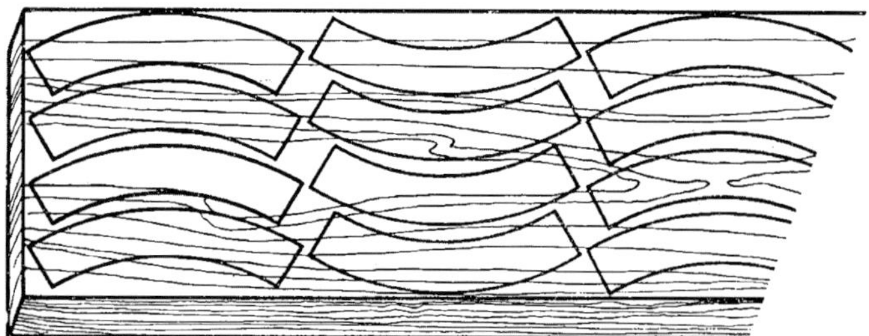

Abb. 387.

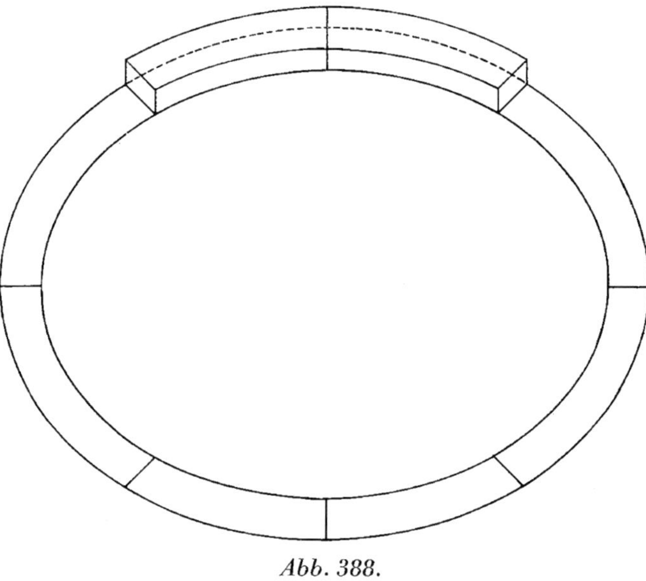

Abb. 388.

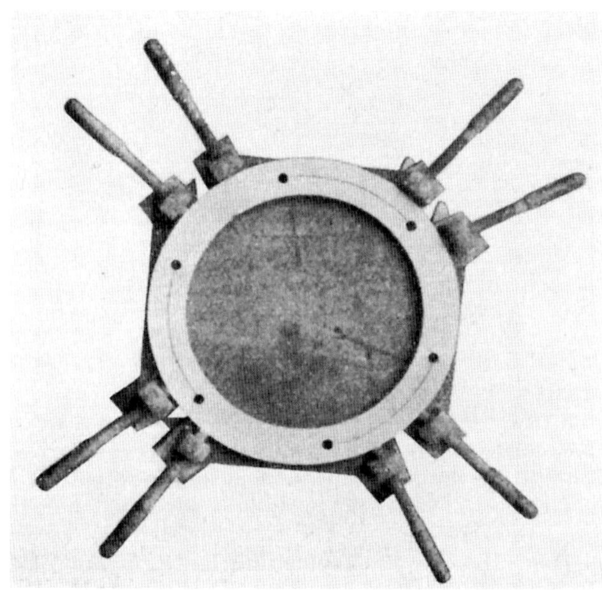

Abb. 389. Praktische Vorrichtung zum Verleimen von aus einzelnen Rippen zusammengesetzten Ringen

Abb. 394 und 395 haben den Vorteil, daß sich nur eine Fuge zeigt. Hier besteht allerdings die Gefahr, daß bei starkem Trocknen der Ringe sich die Hirnholzfugen markieren. Die *Abb. 396 und 397* zeigen Verbindungen mit Rund- bzw. Dreieckfedern. Bei der runden Federform wird der Schlitz mit der Wanksäge auf der Fräse und bei der Dreieckfeder auf der Kreissäge ausgesägt. Eine recht gute Verbindung stellt die Zackenfuge dar *(Abb. 398)*, die an der Fräse mittels eines Zackeneisens hergestellt wird. Hier wird Schrägholz auf Schrägholz verleimt. Durch die Fugen der verschiedenen Zacken erhalten wir eine größere Leimfläche, was natürlich den Wert der Verbindung erhöht. Eine Zackenfuge wird sich bei etwaigem Arbeiten des Holzes nicht so markieren wie eine Hirnholzfuge, weshalb sie in vielen Fällen bevorzugt wird. *Abb. 399* zeigt die Verbindung mit Spitzfuge, die an der Fräse hergestellt wird. Eine sehr gute Verbindung ist die in *Abb. 400* dargestellte haltbare und kaum sichtbare Schrägfuge. Hier kann das Holz trocknen, ohne daß sich die Fuge markiert, wie dies bei den über Hirn verleimten Rahmen der Fall ist. Bei nicht zu großen Ringen, besonders bei solchen, die starken Temperaturschwankun-

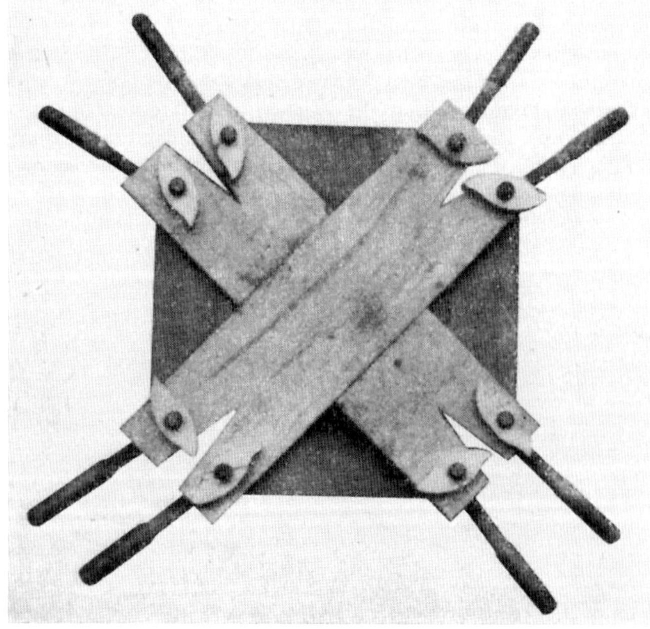

Abb. 390. Rückseite der Vorrichtung in Abb. 389

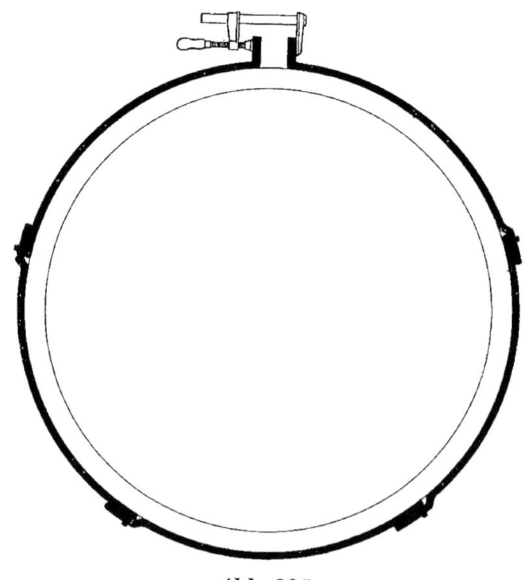

Abb. 391.

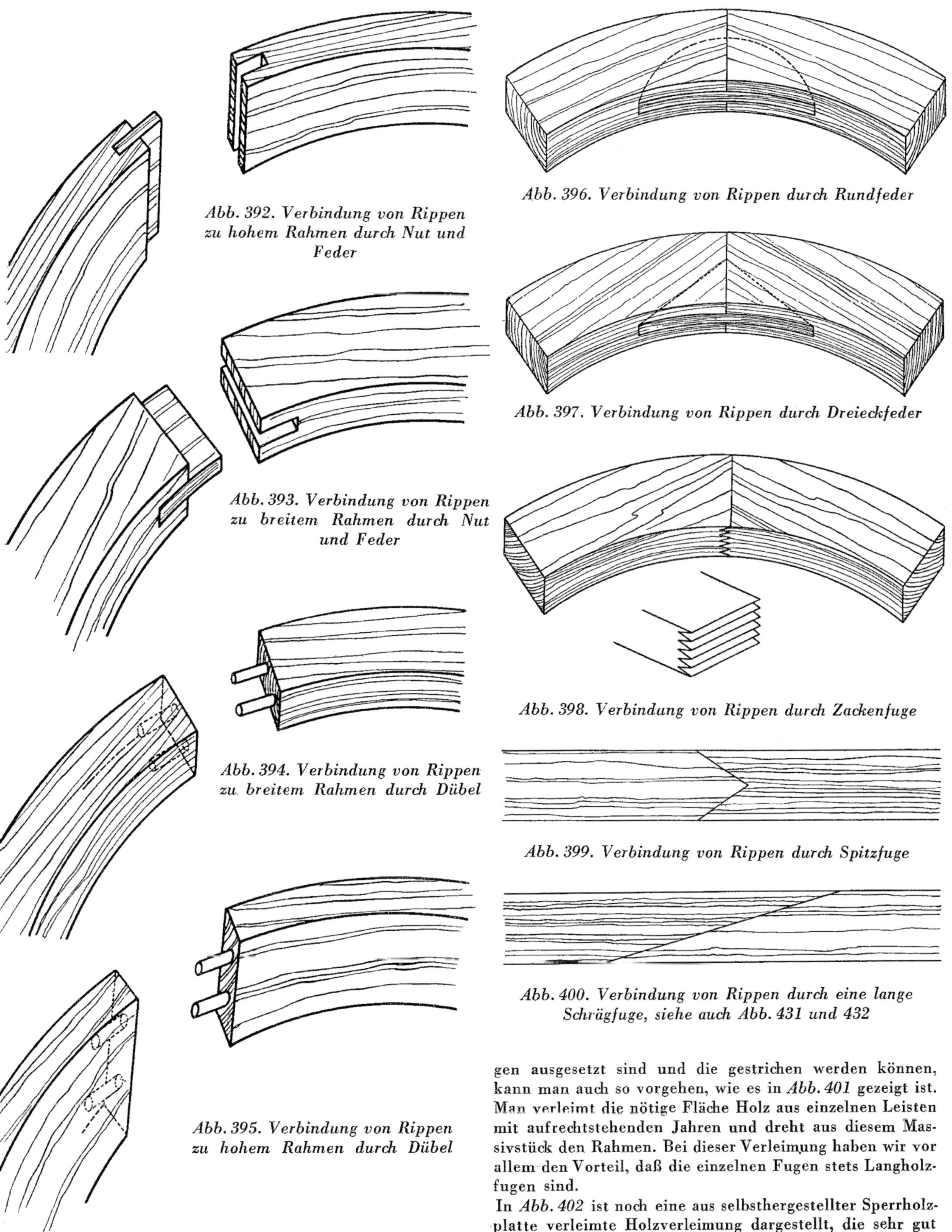

Abb. 392. Verbindung von Rippen zu hohem Rahmen durch Nut und Feder

Abb. 393. Verbindung von Rippen zu breitem Rahmen durch Nut und Feder

Abb. 394. Verbindung von Rippen zu breitem Rahmen durch Dübel

Abb. 395. Verbindung von Rippen zu hohem Rahmen durch Dübel

Abb. 396. Verbindung von Rippen durch Rundfeder

Abb. 397. Verbindung von Rippen durch Dreieckfeder

Abb. 398. Verbindung von Rippen durch Zackenfuge

Abb. 399. Verbindung von Rippen durch Spitzfuge

Abb. 400. Verbindung von Rippen durch eine lange Schrägfuge, siehe auch Abb. 431 und 432

gen ausgesetzt sind und die gestrichen werden können, kann man auch so vorgehen, wie es in *Abb. 401* gezeigt ist. Man verleimt die nötige Fläche Holz aus einzelnen Leisten mit aufrechtstehenden Jahren und dreht aus diesem Massivstück den Rahmen. Bei dieser Verleimung haben wir vor allem den Vorteil, daß die einzelnen Fugen stets Langholzfugen sind.

In *Abb. 402* ist noch eine aus selbsthergestellter Sperrholzplatte verleimte Holzverleimung dargestellt, die sehr gut

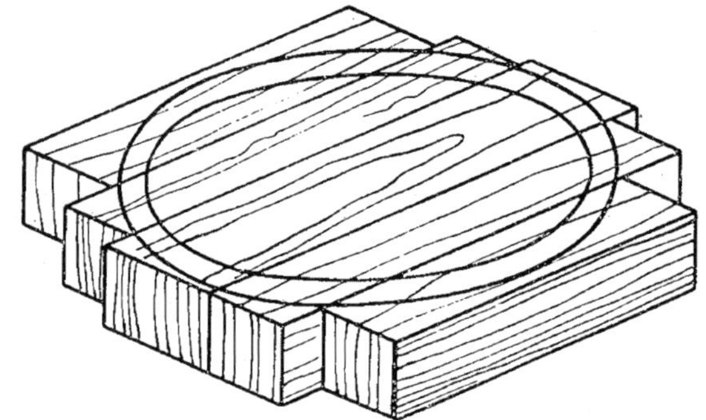

Abb. 401. Rahmenholz aus einzelnen Brettstücken mit aufrechten Jahren

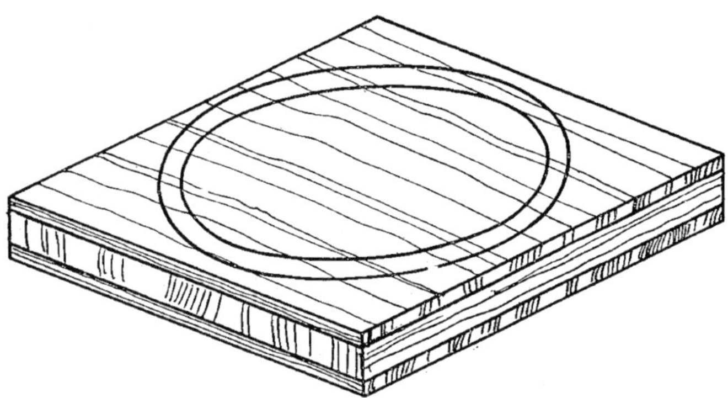

Abb. 402. Rahmenholz, bestehend aus 3 Lagen, quer verleimt

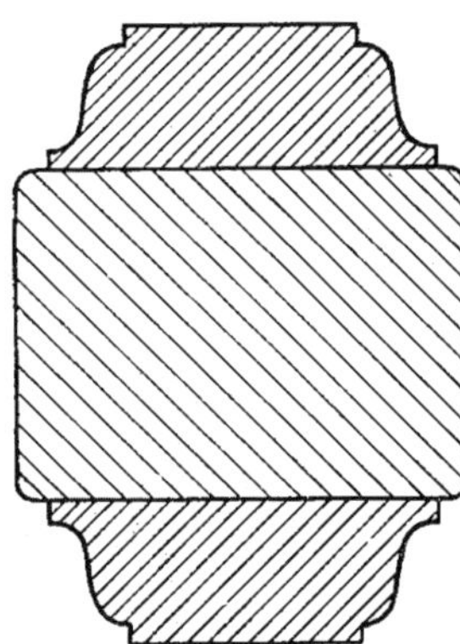

Abb. 403. Schnitt durch einen profilierten Rahmen unter Berücksichtigung der beiderseits aufgeleimten Dickten, siehe Abb. 402

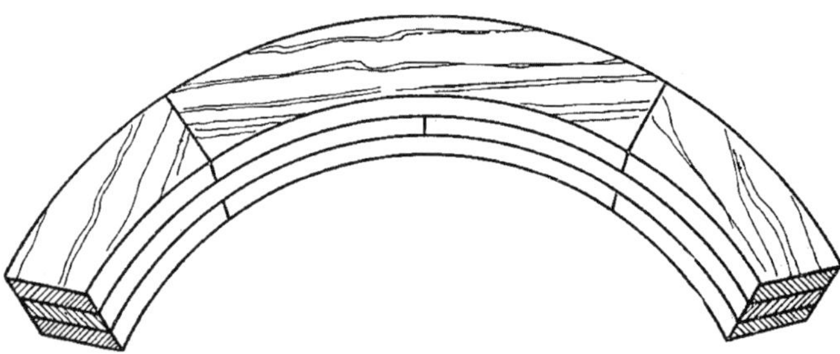

Abb. 404. Verleimung größerer Rahmen durch aufeinander verleimte Rippen mit versetzten Fugen

hält, jedoch nur bei gestrichenen Arbeiten (u. U. auch in vollkommen trockenem Nußbaum). Dabei wird man die aufzuleimenden Dickten in der Stärke so wählen, daß sie mit den Profilen zusammenfallen *(Abb. 403)*.

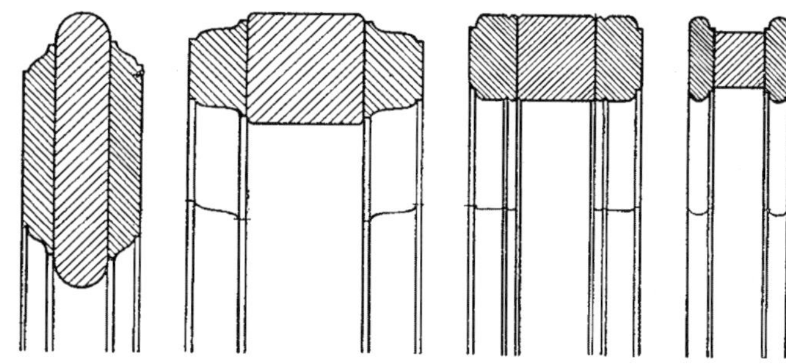

Abb. 405—408. Profile großer Rahmen aus drei versetzt aufeinander geleimten Rippenschichten

Bei großen und besonders starken Ringen kommen wir mit dem einschichtigen Holzring nicht aus, sondern es müssen zwei bis drei oder noch mehr Ringschichten so übereinander verleimt werden, daß die Stoßfugen jeweils versetzt sind *(Abb. 404)*. Hierbei ist natürlich eine Einzelverbindung der zusammenstoßenden Rippen durch Dübel und Federn, von Ausnahmen abgesehen, nicht nötig. Man geht so vor. daß man eine Schicht von Ringen auf einem ebenen Brett an ihren Hirnholzfugen verleimt. Um zu vermeiden, daß sich der Fugenleim mit diesem Brett verleimt, legt man unter die Fuge ein Papier. Auf der ersten Ringschicht paßt man danach jeweils Segment um Segment des nächsten Ringes an und so fort. Das Verleimen der einzelnen Schichten übereinander geschieht durch Schraubzwingen. Bei völlig profillosen Ringen wird man die einzelnen Rippen gleich stark machen. Erhalten jedoch, was meist der Fall ist, die großen Ringe Profile, so wird man selbstverständlich die Profile geschickt ausnützen, d. h. man wird versuchen, die verschiedenen Rippen so stark zu halten, daß die Verleimung der Langholzfugen nicht in Erscheinung tritt *(Abb. 405—408)*.
So zusammengebaute Ringe werden je nach Größe auf verschiedene Art auf Scheibe oder auf Kreuz gedreht.

DAS DREHEN AUF DER SCHEIBE
(Abb. 409, sowie auch Abb. 428—430 und Abb. 468)

Bei kleineren Ringen kann die Scheibe massiv sein, für größere Ringe dagegen ist es vorteilhafter, die Scheibe aus Sperrholz herzustellen, um ein Verziehen der Scheibe zu verhindern. Es muß auch darauf geachtet werden, daß die Scheibe eher stärker als schwächer ist, damit die Gefahr des Vibrierens nicht so groß ist. Die Scheibe muß immer etwas kleiner sein als der Ring, um unter Umständen ein Profil bequem andrehen zu können. Der Holzring wird auf die Holzscheibe von hinten aufgeschraubt oder mit Hilfe von Papier aufgeleimt (siehe auch Papierverleimung von Schalen auf Seite 75). Wenn eine Profilierung auf beiden Seiten angebracht werden soll, ist es natürlich nötig, den Ring umzuspannen. Die entstehenden Schraubenlöcher werden vorteilhaft so gesetzt, daß sie später gleich zur Aufnahme der Lampenschnüre dienen können. Anderenfalls werden sie wieder ausgeflickt.
Sollen die Ringe noch einen Falz erhalten, so ist es vorteilhaft, diesen auf der Fräse anzufräsen; bei kleinen Rähmchen, die auf der Scheibe gedreht werden, kann er aber auch mit einem besonderen Eisen gleich angedreht werden *(Abb. 410)*.

Abb. 409. Drehen von Rahmen auf Planscheibe

Abb. 412. Drehen eines großen Reifens an der Bockdrehbank unter Zuhilfenahme des Kreuzsupportes

DAS DREHEN AUF DEM KREUZ (Abb. 411)

Das Kreuz hat vor der Scheibe die Vorteile, daß es weniger Holz verbraucht, leichter herzustellen ist und sich auch weniger verzieht, besonders bei ganz großen Dimensionen.

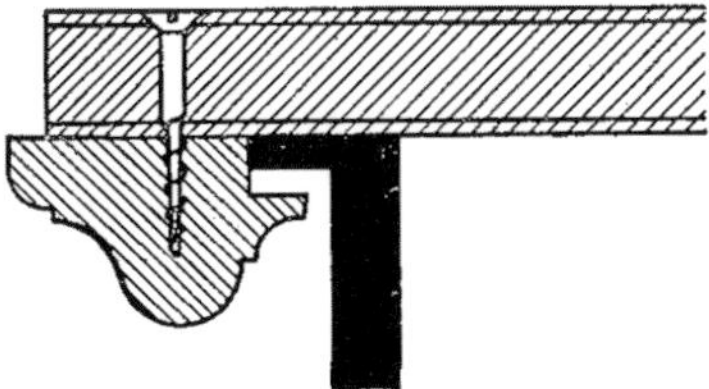

Abb. 410. Andrehen eines Falzes mit Falzeisen, siehe auch Abb. 132—135

Auch das Kreuz sollte nie größer sein als der Ring, eher etwas kleiner, so daß etwaige Rundungen bzw. Profile gleich angedreht werden können, außerdem auch, um die Gefahr des Verletzens auszuschließen. Je nach Form wird es natürlich auch nötig sein, den Ring umzuspannen, um auch auf der anderen Seite drehen zu können.

Ein großes Kreuz sollte nie direkt nur auf der Schraube sitzen, vielmehr sollte es mit einem Gewinde versehen, auf die Spindel aufgeschraubt werden. Noch besser ist es, wenn das Kreuz (aus Weichholz) hinten eine Futterscheibe mit Gewinde aufgeschraubt erhält *(Abb. 413)*. Sehr große, dünne Ringe werden allerdings besser auf einer abgesperrten Platte gedreht, weil bei ihr die Gefahr des Vibrierens während des Drehens weniger groß ist als beim Kreuz.

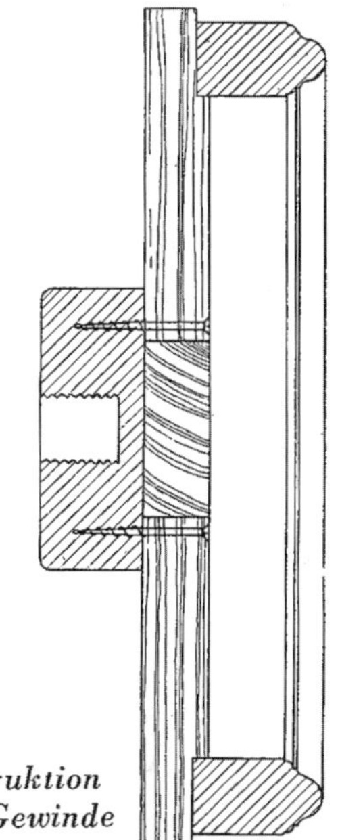

Abb. 413. Konstruktion des Kreuzes mit Gewinde

Abb. 411. Drehen eines Rahmens auf Kreuz. Meister Georg Kadoke

Abb. 414. Andrehen eines Profiles an der Bockdrehbank von Hand mit der Röhre

Abb. 415. Drehen eines großen Ringes auf Kreuz auf dem zum Bankbett quer gestellten Spindelkasten. Aufgenommen bei Meister F. Breitling, Vaihingen a. F.

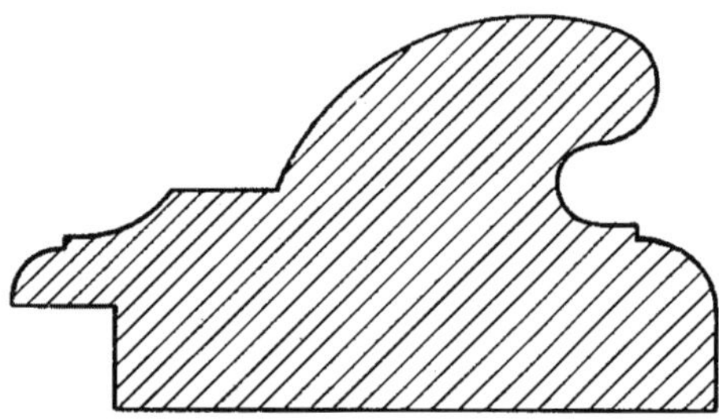

Abb. 416. Querschnitt eines runden Rahmens, der auf der Fräsmaschine hergestellt werden kann

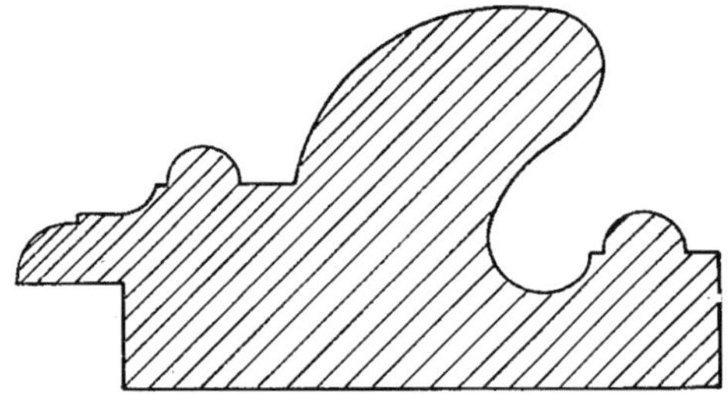

Abb. 417. Querschnitt eines runden Rahmens, der nur gedreht werden kann

Ist der Radius des zu drehenden Ringes größer als die Spitzenhöhe der Drehbank, muß der Spindelkasten jeweils untergelegt werden, was bis zu 15 bis 20 cm geschehen kann. Dann muß natürlich auch der Untersatz entsprechend unterlegt werden. Dabei wird es auch nötig sein. je nach Lage des Motors den Riemen zu verkürzen oder zu verlängern.

Eine weitere Möglichkeit besteht darin, eine gekröpfte Drehbank zu benutzen *(Abb. 53)*.

Ganz große und schwere Ringe können an der Kopfdrehbank *(Abb. 56)* gedreht werden. Die *Abb. 412* zeigt, wie

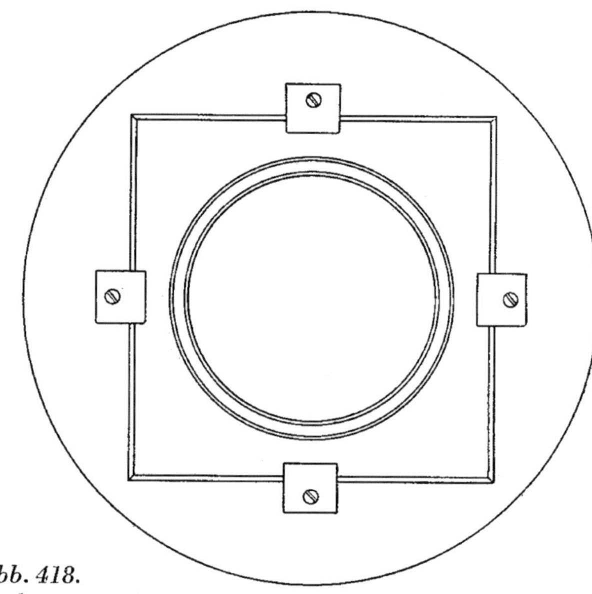

Abb. 418. Drehen eines kleinen Bilderrähmchens auf der Scheibe mittels Halteklötzchen

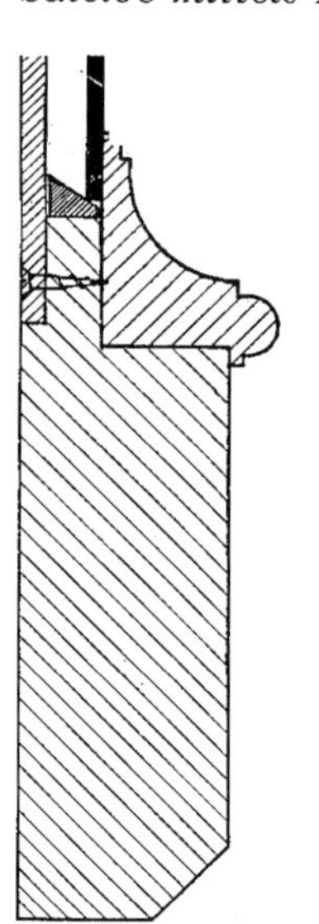

Abb. 419. Schnitt durch ein Bilderrähmchen in natürlicher Größe mit besonders gedrehtem Profil, das in Falz eingeleimt ist

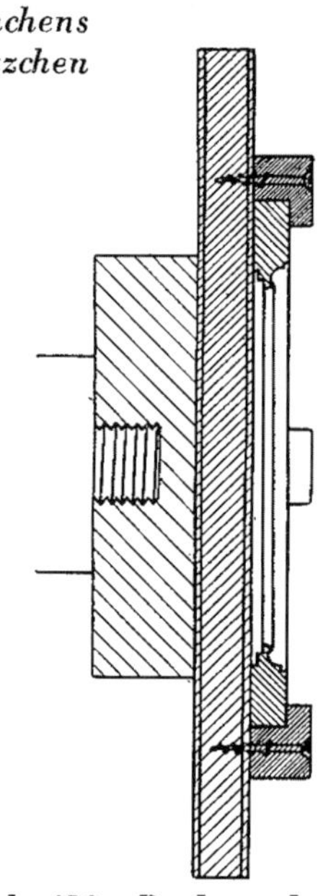

Abb. 420. Drehen des in Abb. 418 abgebildeten kleinen Bilderrähmchens auf der Scheibe mittels Halteklötzchen

Abb. 421. Bilderrähmchen aus Ebenholz, siehe auch Schnitt in Abb. 422

mit Hilfe des Supports an der Kopfdrehbank die Kante eines großen Reifens gedreht wird — auf einer festgestellten Auflage können Profile auch mit der Hand angedreht werden *(Abb. 414)*.
Sofern keine Kopfdrehbank vorhanden ist, kann man sich auch dadurch helfen, daß man den Spindelkasten umdreht, so daß die Spindel über das Ende der Drehbank hervorsteht. Zur Befestigung der Auflage wird man dann natürlich eine zweite Drehbank quer davorstellen müssen oder ein besonders dafür konstruiertes Gestell mit Auflage *(Abb. 55)*. Es kann aber auch der Spindelkasten quer zur Bank gestellt werden (siehe *Abb. 415)*.
Durch die Vervollkommnung der Fräsmaschinen, insbesondere der Oberfräse, können kleine wie große Ringe auch an der Fräsmaschine profiliert werden und einen Falz erhalten. Je nach Art der Profile und Stärke der Rahmen wird man diese oder jene Fräse verwenden. Allerdings ist die Verwendungsmöglichkeit der Fräsen begrenzt, z. B. wird man sog. unterzogene Profile drehen müssen *(Abb. 153)*.

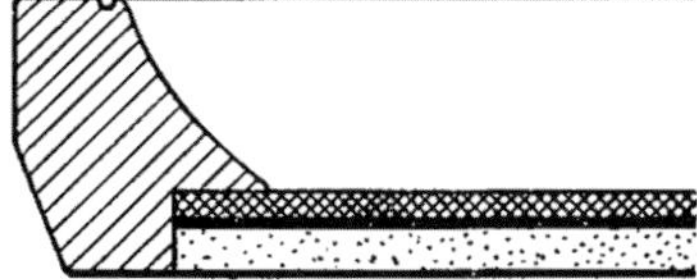

Abb. 422. Querschnitt durch den Rahmen von Abb. 421

Es sei bei der Gelegenheit auch auf das Drehen kleiner Bilderrähmchen aus Massivholz (siehe *Abb. 418 bis 422)* hingewiesen. Die Herstellung von Rähmchen aus schönem, edlem Holz ist vom formalen Standpunkt aus durchaus zu bejahen und stellt eine dankbare Aufgabe für den Drechsler dar. Aus den beigegebenen Zeichnungen ist die Anfertigung solcher Rähmchen klar zu ersehen.

DREHEN EINER DREHBAREN SERVIERPLATTE (Abb. 423 und 424)

Die Herstellung einer solchen Platte stellt für den Drechsler eine gewinnbringende Aufgabe dar. Der Drechsler wird sich am besten von einem guten Schreiner die gesperrte runde Platte mit den Anleimern vorbereiten lassen.
Aufgabe des Drechslers ist es, die Kante des Brettes, sowie den Sockel zu drehen und das eiserne Kugellager, welches

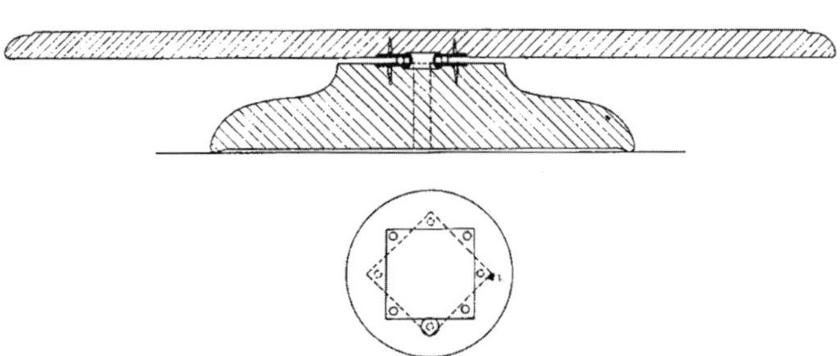

Abb. 423 a. Querschnitt durch die drehbare Servierplatte

Abb. 423 b. Querschnitt durch das eiserne Beschläg mit Kugellager, etwa $^2/_3$ der nat. Größe

im Handel erhältlich ist, einzupassen, bzw. einzudrehen und einzuschrauben.

DAS DREHEN EINES RUNDEN KASTENFENSTERS SAMT FUTTER UND RAHMEN (Abb. 425—430)

Man könnte ein solches Fenster, d. h. die einzelnen Teile mit ihren Fälzen und Profilen, auch fräsen. Legt man aber Wert auf ein tadelloses Ineinanderpassen der Blend- und Fensterrahmen, wird man die Arbeit von einem guten Drechslermeister an der Drehbank herstellen lassen.
Die einzelnen Fensterrahmen, sowohl die inneren wie die äußeren Rahmen, die vorteilhaft mittels französischen Keils zusammengebaut und verleimt sind, werden auf einer großen abgesperrten Planscheibe aufgeschraubt eingedreht bzw. die Profile angedreht.
Auf dieselbe Weise werden auch der Blendrahmen und das runde Futter gedreht. Die Rahmen erhalten zunächst den inneren und äußeren Falz angedreht und werden dann umgedreht, auf eine entsprechende gefalzte Futterscheibe gespannt, auf der sie die entsprechenden Profile angedreht erhalten. Die *Abb. 430* zeigt, wie der Blendrahmen aufgespannt wird. Auf derselben Scheibe kann einmal der Falz, dann die Fase sowie auch die Nute angedreht werden. Der Futterrahmen wird auch auf dieselbe Weise gedreht — er muß einmal umgespannt werden, damit beide Fälze angedreht werden können.

Abb. 424. Ansicht der drehbaren Servierplatte in Gebrauch

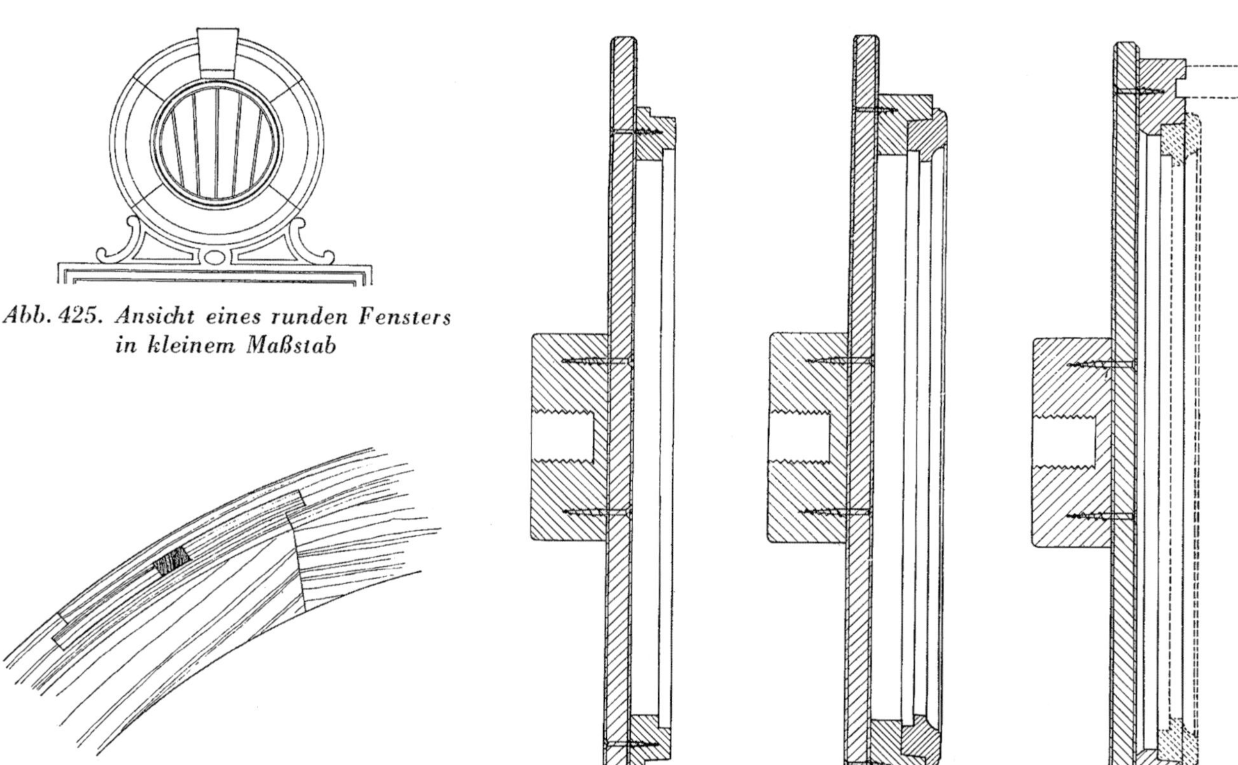

Abb. 425. Ansicht eines runden Fensters in kleinem Maßstab

Abb. 426. Konstruktion des Blendrahmens sowie der Fensterrahmen mit dem sog. französischen Keil

Abb. 428. Andrehen der beiden Fälze des Fensterrahmens
Abb. 429. Fertigdrehen des Außenprofils des Fensterrahmens
Abb. 430. Drehen des Blendrahmens

Abb. 427. Höhenschnitt durch das runde Kastenfenster

DIE HERSTELLUNG VON REIFEN AUS IN DAMPF GEBOGENEM HOLZ
(Abb. 431—433)

Sehr vorteilhaft erweisen sich für den Drechsler in Dampf gebogene Holzringe, und zwar liefert der Drechsler das zu biegende Holz in Form einer Leiste einer ihm befreundeten Wagnerei, wo ihm das Holz entsprechend gebogen wird. Der Drechsler wird dann den gebogenen Ring mit einer Schrägfuge zusammenfügen *(Abb. 431 und 432).*

In gebogenem Holz fertig verleimte Ringe werden auch von Spezialfirmen geliefert, und zwar in verschiedenen Größen, Querschnitten und Holzarten. Diese eignen sich weniger zum Andrehen verschiedenartigster Profile. Außer diesen aus einem Stück Holz gedämpften gebogenen Ringen gibt es weitere fabrikmäßig hergestellte Ringe, besonders solche, die für gestrichene Arbeiten in Frage kommen, Ringe in Höhe von 3—7 cm, die aus übereinandergeleimten Dickten hergestellt sind, und die sich besonders zur Herstellung von Beleuchtungskörpern eignen. Zur Aufnahme der Kabel ist an der oberen Kante eine Nute eingearbeitet (siehe *Abb. 433*). Ferner finden wir auf dem Markt Ringe, die so konstruiert sind, daß Furniere schichtenweise zu einer Art Tonnenkörper aufeinandergeleimt sind, so daß man von diesem Körper je nach Bedarf entsprechend breite Ringe mit der Kreissäge herunterschneiden kann. Diese Ringe eignen sich mehr zum Streichen, besonders auch zu Tischzargen von Kleinmöbeln usw.

Der Vollständigkeit halber sei noch auf die ebenfalls er-

hältlichen Rundzargen hingewiesen, die in der Art zu Ringen verleimt sind, wie bereits in *Abb. 404* dargestellt, und von denen auch beliebig Reifen abgeschnitten werden können.
Nicht zu verwechseln mit den Ringen aus gebogenem Holz ist das sogenannte „Biegeholz", das in kaltem Zustand beliebig gebogen und auch zu Ringen verleimt werden kann.

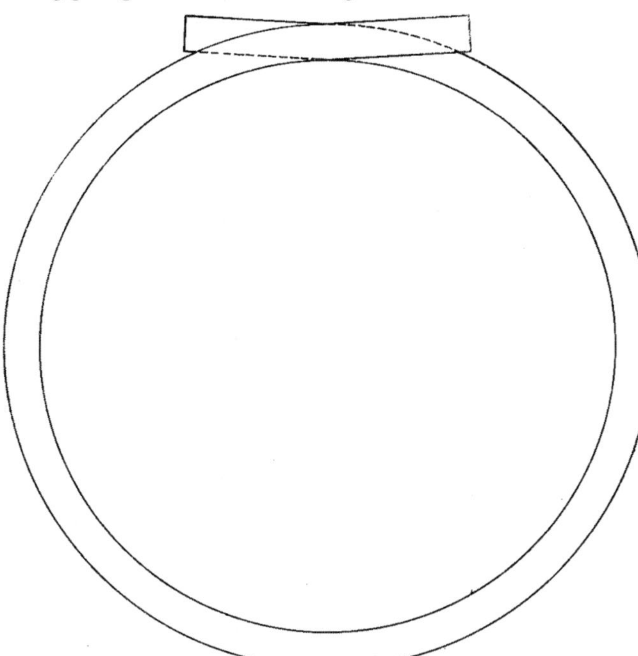

Abb. 431. In Dampf gebogenes Holz zur Herstellung eines Ringes

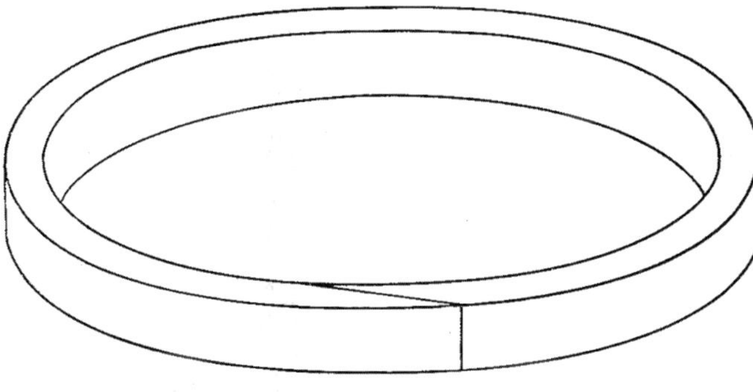

Abb. 432 oben. Verleimung eines Ringes aus gebogenem Holz mittels Schrägfuge

Abb. 433. Schnitt durch einen mit Nute versehenen Holzring zur Aufnahme der Litze für einen Beleuchtungskörper aus aufeinandergeleimten Dickten bzw. Furnieren (nach Werkzeichnung der Holzringfabrik A. Sommer, Plüderhausen in Württemberg)

DAS DREHEN VON KNÖPFEN

Eine häufig vorkommende Aufgabe in der Drechslerei stellt selbstverständlich die Herstellung von Knöpfen an Schubladen und dergleichen dar. Leider wird oft sowohl vom Schreiner wie vom Drechsler der Herstellung von Knöpfen nicht die genügende Aufmerksamkeit geschenkt, die nötig wäre. Es wird vor allem nicht immer genügend darauf geachtet, daß der Knopf richtig eingepaßt, verschraubt oder verleimt wird. (Die erste Voraussetzung ist die Verarbeitung von vollkommen trockenem Holz!) Wie oft kommt es vor, daß Knöpfe kurz nach ihrer Ablieferung an den Kunden sich lösen und herausfallen — ein Grund, warum der Holzknopf beim Publikum im allgemeinen sich keiner besonderen Beliebtheit erfreut. An diesem Mißstand sind aber auch oft der Schreiner und der Möbelhersteller mitschuldig, denn gewöhnlich sollen die Knöpfe nichts kosten. Ja, man scheut sich nicht, für Holzknöpfe an teuren Möbeln nur Pfennige übrigzuhaben. Bei ungenügender Bezahlung kann man von einem Drechslermeister natürlich keine Qualitätsarbeit verlangen. Dies ist sehr zu bedauern, denn in welch reizvoller Weise kann der Holzknopf über den praktischen Zweck hinaus ein Möbel in seinem Ausdruck bereichern.
Meist werden die Knöpfe von einem Langholzstück heruntergedreht, das zunächst zwischen Vierzack und Körner zylindrisch gedreht und, wie man sagt, „ins Futter geschruppt" wird. Die Knöpfe werden dann nacheinander frei samt Zapfen gedreht, die Oberflächenbehandlung vorgenommen und abgestochen *(Abb. 434)*. Die Zapfen sollten etwa bis zur Hälfte genau zylindrisch sein und gegen das Ende leicht konisch zulaufen. Bei Hartholzknöpfen empfiehlt es sich, vor dem Abstechen die Zapfen mit einem Gewinde zu versehen, das mit einem feinen Schraubstahl angearbeitet wird *(Abb. 438)*. Bei Weichholz genügt es, das Holz des Zapfens etwas aufzurauhen.
Von größter Wichtigkeit ist nun die richtige Befestigung der gedrehten Knöpfe an Schubladen, Klappen und dergleichen, der, wie schon gesagt, nicht immer die genügende Sorgfalt gewidmet wird. Wir wollen deshalb an einigen Beispielen die Aufgabe anschaulich beleuchten.
Abb. 435a. — Manche Schreinermeister verlangen, daß die Knöpfe einen dünnen, durchgehenden Zapfen erhalten, der von hinten verkeilt wird. Hierbei bestehen aber zwei Gefahrenmomente, einmal kommt es leicht vor, daß das durchgehende Loch nicht senkrecht gebohrt wird, wodurch die Platte des Knopfes an der Holzfläche nicht dicht anliegen würde. Außerdem kann durch zu starkes Einschlagen bzw. Eindrehen das dünne Hirnholz der Platte brechen. Wird das Zapfenloch an der Bohrmaschine gebohrt, ist die Gefahr natürlich geringer; aber wie oft kommt es vor, daß das Lochbohren an der schon fertigen Schublade vorgenommen wird!
Abb. 435b. — Hier ist die Platte zwischen Knopf und Zapfen zu klein, da kann es passieren, daß gerade bei Weichholz, wenn das Zapfenloch nicht sorgfältig gebohrt wird, das Holz vom Bohren leicht ausreißt und die Risse bei zu schmalem Vorsprung zum Vorschein kommen.
Abb. 436 zeigt das richtige Verhältnis von Platte und Zapfen des Knopfes. Da bei dieser Abbildung Hartholz angenommen ist, ist der Zapfen mit einem leichten Gewinde versehen. — *Abb. 437.* Die hier dargestellte Sicherung des Knopfes kann auch empfohlen werden. Eine Schraube wird

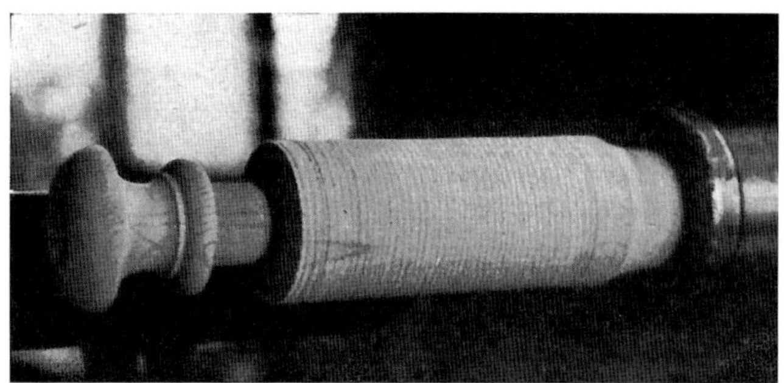

Abb. 434. Freidrehen von einem oder mehreren Schubladknöpfen von einem Langholzstück

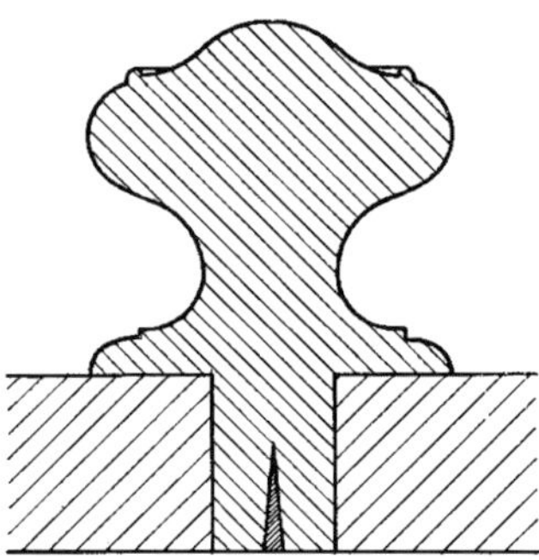

Abb. 435 a. Schubladknopf mit zu kleinem Dübel bzw. mit zu weit überstehender Platte

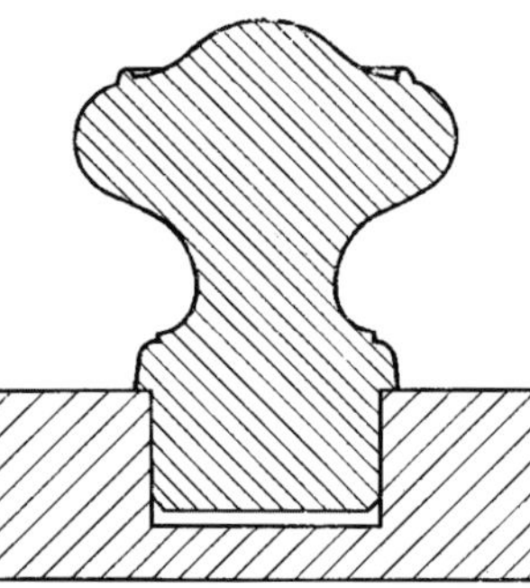

Abb. 435 b. Schubladknopf mit zu gering überstehender Platte

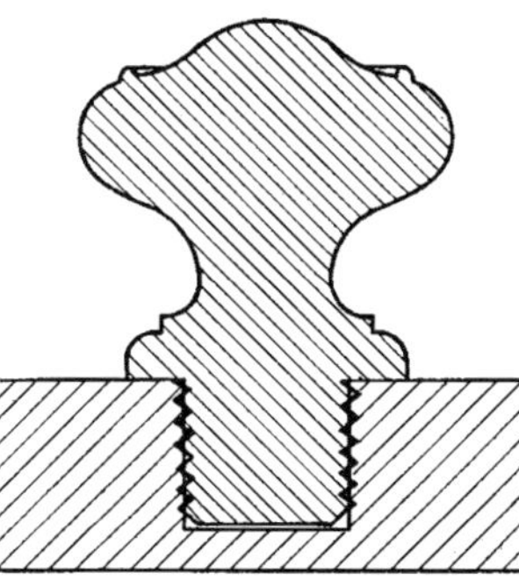

Abb. 436. Schubladknopf in guter Ausführung mit leichtem Gewinde (Nach Hans Strecker, München)

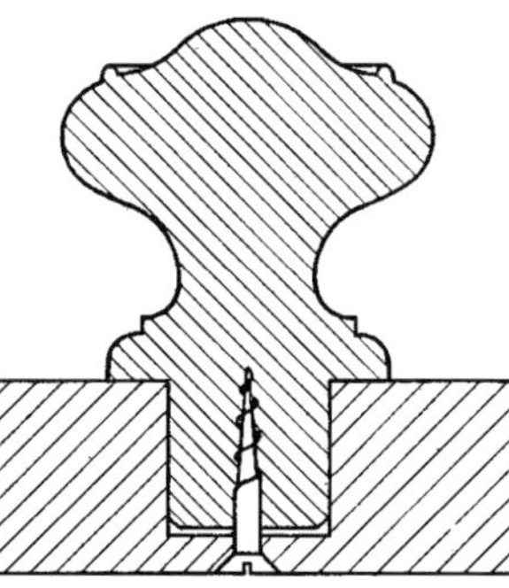

Abb. 437. Schubladknopf in guter Ausführung, durch Schraube gesichert

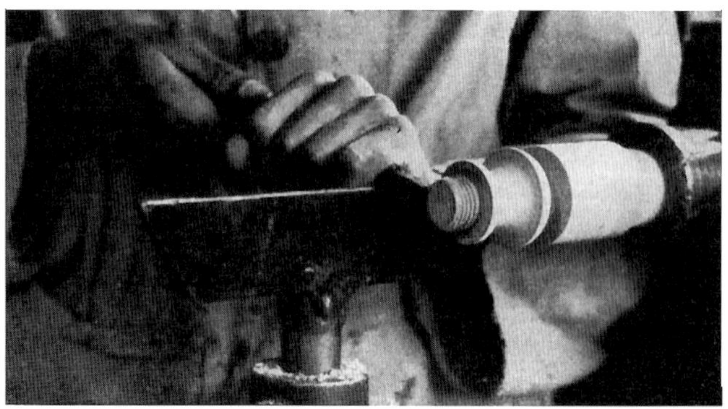

Abb. 438. Andrehen eines Gewindes an den Zapfen eines Schubladknopfes mit Strähler

von rückwärts bald nach dem Verleimen eingeschraubt, die bei etwaigem Schwinden des Holzes das Herausfallen des Knopfes sichert.
Es ist in der Praxis selbstverständlich, daß der Schreinermeister oder Möbelhersteller dem Drechsler ein Brettchen mit der Probe eines Zapfenloches gibt, entsprechend dem vorhandenen Bohrer. Entweder sollte dieses Brettchen der Stärke des Teils, in den der Knopf eingepaßt wird, entsprechen, oder es sollte die genaue Länge angegeben werden, um ein späteres Nacharbeiten eines etwa zu lang geratenen Zapfens zu vermeiden. Der Drechsler wird zunächst einen Probeknopf drehen und genau prüfen, ob er in das gegebene Zapfenloch einwandfrei hineinpaßt. Nach diesem wird er sich dann eine Lehre feststellen, mit der er die übrigen Knöpfe leicht und genau messen kann. Vorteilhafter ist es, wenn der Schreiner an einer Dübelbohrmaschine mittels Forstnerbohrers die Zapfenlöcher für die Knöpfe in die Schubladvorderstücke bohrt und zugleich auch ein Modellbrettchen für den Drechsler herstellt.
Da heute die Knöpfe meist aus Naturholz gearbeitet werden, ist zu empfehlen, die Knöpfe für ein Möbelstück aus e i n e m entsprechend langen Stück zu arbeiten, um gleiche Maserung und Zeichnung und damit ein gutes Gesamtbild zu erzielen.

DAS DREHEN VON ROSETTEN

Rosetten aus Querholz aller Art (unter Umständen auch ganz kleine Teller) werden je nach Größe auf dem Kittspund, auf dem Kittfutter oder auf der Kittscheibe gedreht. Die *Abb. 439 und 440* zeigen uns den Kittspund, der noch in ein Spundfutter gesteckt wird. Man fertigt ihn folgendermaßen an: Ein Stück Langholz wird ins Spundfutter gedreht, der Mittelpunkt angestochen, ein kleines Stiftchen oder eine kleine Schraube eingeschlagen und spitz gefeilt. Diese kleine Metallspitze hat lediglich den Zweck, den Mittelpunkt genau zu bestimmen, und nicht das Werkstück zu halten. Nun hält man eine Stange Siegellack an die Hirnfläche des rotierenden Holzes, wodurch der Siegellack heiß wird und das Holz den Siegellack aufnimmt — oder deutlicher gesagt: man läßt den Spund weiterlaufen, drückt das Holz für die Rosette auf die Spitze. Durch das Aneinanderreiben von Rosettenholz und Spund entwickelt sich starke Wärme, wodurch der Siegellack weich wird und klebt. An Stelle des Siegellackes kann ebensogut auch Teer genommen werden, der billiger und zäher ist. Sollen mehrere Rosetten gedreht werden, so verwendet man vorteilhaft ein sog. Kittfutter, das mit einem Gewinde versehen gleich auf die Spindel geschraubt wird *(Abb. 441)*.
An Stelle des Kittspundes kann bei größeren Rosetten auch die Kittscheibe aus Querholz verwendet werden *(Abb. 442)*, die auf das Schraubenfutter aufgeschraubt wird.
Noch größere und stärkere Rosetten können gleich auf dem Schraubenfutter gedreht werden, besser noch auf der Stiftenscheibe *(Abb. 443)*. Handelt es sich um sehr dünne Rosetten, so wird man diese vorteilhaft mittels Papiers auf eine Spundscheibe aufleimen *(Abb. 444)*.
Haben wir eine große Anzahl kleiner Rosetten, z. B. Schlüsselbüchsen, zu drehen, so geht man am praktischsten so vor, daß man, um sich das wiederholte Messen zu schen-

ken, den Kittspund gleich in dem äußeren Durchmesser der zu drehenden Rosette anfertigt *(Abb. 445)*. Soll die Rosette bzw. das Schlüsselbüchschen einen Falz erhalten, so empfiehlt es sich, wie in *Abb. 446* dargestellt, an den Kittspund dieselbe Falzgröße anzudrehen, wodurch man auf bequeme und rasche Weise stets das richtige Maß der Falzgröße erhält.
Solche kleinen Schlüsselbüchsen mit Falz können, besonders wenn sie aus Hartholz sind, von einem Stück Langholz, das im Spundfutter steckt, einzeln heruntergedreht werden *(Abb. 447)*. Dabei muß mit dem Greifzirkel die richtige Stärke jeweils genau gemessen werden.
Zur Einarbeitung der Schlüsselöffnung wird man mit einem kleinen Bohrer zunächst zwei kleine Löcher bohren und die übrige Öffnung mit einem feinen Bildhauereisen oder einer Laubsäge ausstechen *(Abb. 448)*.

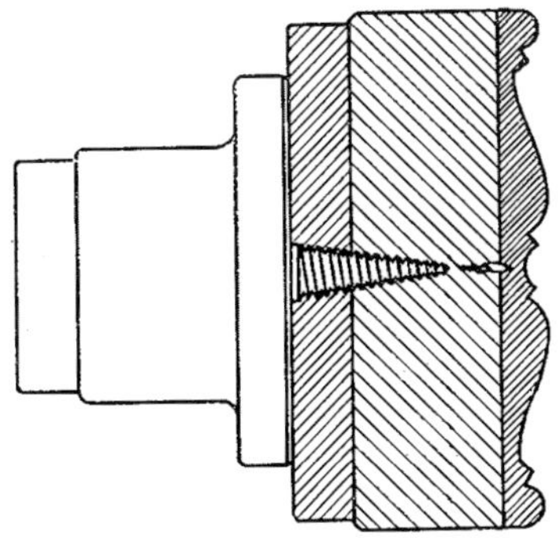

Abb. 442. Rosette auf Kittscheibe

Abb. 439. Drehen der Rosette auf Kittspund

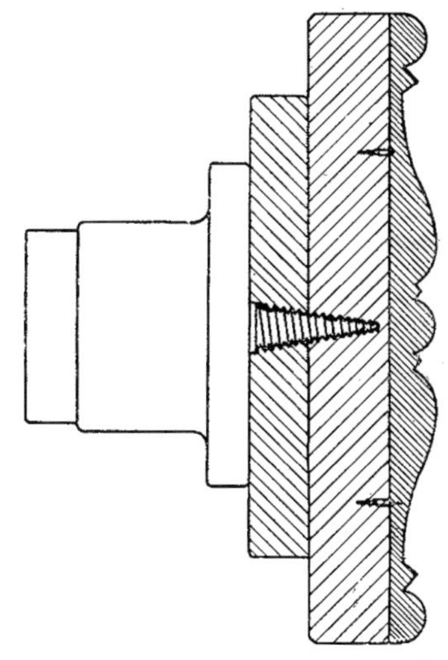

Abb. 443. Rosette auf Spitzenscheibe

DAS DREHEN VON STUHLFÜSSEN

Wie wir aus der Stilgeschichte der Drechslerformen wissen, nahm die Holzdrechslerei in den meisten Stilepochen bei der Gestaltung der Füße bei Tischen und Stühlen einen ganz bedeutenden Platz ein. Erfreulicherweise setzt sich nach einer langen Unterbrechung der gedrehte Stuhlfuß auch heute wieder durch. Wenn wir auch nicht allen alten Formen das Wort reden wollen, sondern vielmehr einer

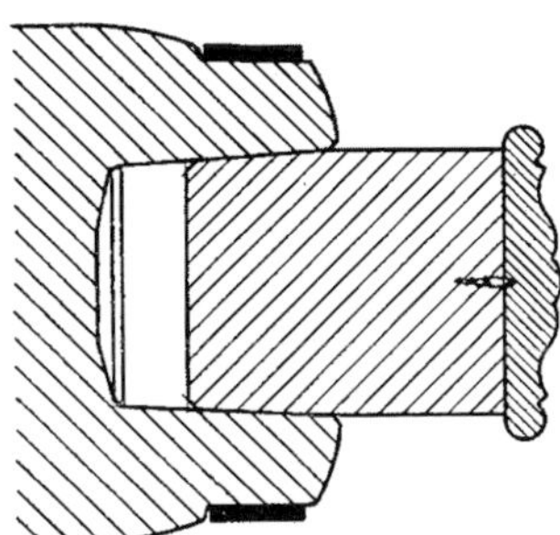

Abb. 440. Rosette auf Kittspund

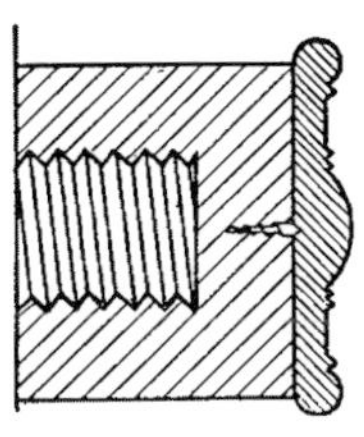

Abb. 441. Rosette auf Kittfutter

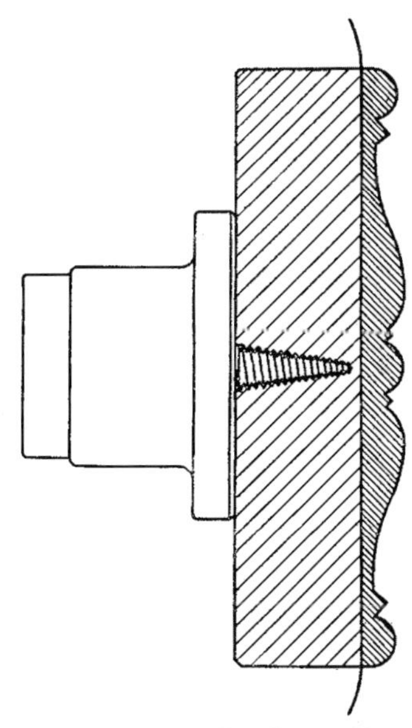

Abb. 444. Eine große, dünne Rosette auf Scheibe mit Papierverleimung

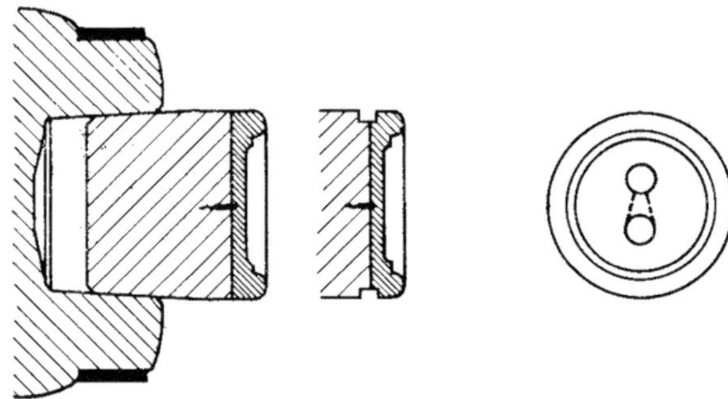

Abb. 445. Drehen kleiner Schlüsselschilder auf Kittspund — *Abb. 446. Kittspund mit Falz versehen* — *Abb. 448. Einarbeitung der Schlüsselöffnung*

zeitgemäßeren einfachen Gestaltung den Vorzug geben, so wollen wir doch nichts versäumen, um die schöne Technik des Drechselns wieder sinngemäß für das große Gebiet des Stuhlbaues neu zu beleben. Wie sinnvoll die Drechslerei für den heutigen Stuhlbau Anwendung finden kann, mag aus den verschiedenen Beispielen des nachfolgenden Vorlagenwerkes überzeugend hervorgehen.

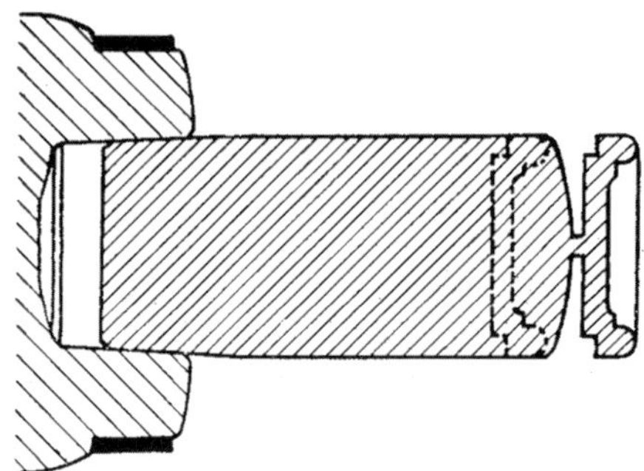

Abb. 447. Drehen mehrerer Schlüsselschilder aus hartem Langholzstück

Das Drehen von Vorderfüßen unterscheidet sich vom üblichen Langholzdrehen kaum, jedoch ist bei der Herstellung von Hinterstuhlfüßen, deren Rückenlehnenstück schräg nach hinten verläuft, wie wir sehen werden, eine Schwierigkeit zu überwinden, indem nämlich gewissermaßen eine verlängerte Achse geschaffen werden muß.

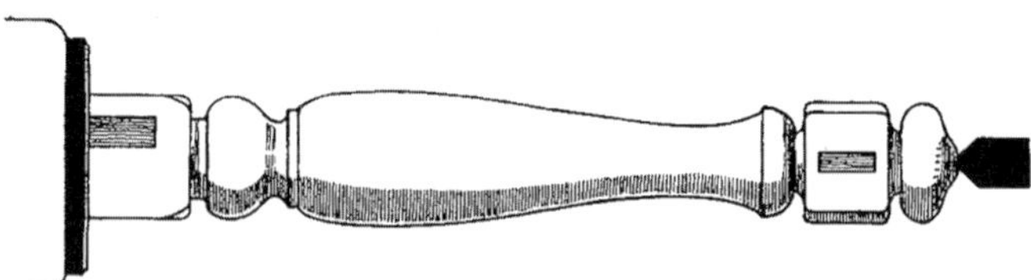

Abb. 449. Drehen eines Vorderfußes zwischen Futter und Körner, siehe auch Abb. 450

DIE HERSTELLUNG VON VORDERFÜSSEN (Abb. 449 und 450)

Zunächst wird das Holz für den Fuß unten genau winklig abgesägt (es muß von unten herauf gemessen werden). Am oberen Teil, wo sich die Zapfenlöcher für die Zargen befinden, wird etwas mehr Holz zur Aufnahme des Vierzacks stehengelassen. Der Körner muß also immer am unteren Ende des Fußes sein, weil dort die Verletzung durch die Körnerspitze keine Rolle spielt. Bei genau zugerichteten Stuhlfüßen findet man den Mittelpunkt leicht durch Aufreißen der Diagonalen auf den Hirnflächen der noch qradratischen Hölzer.

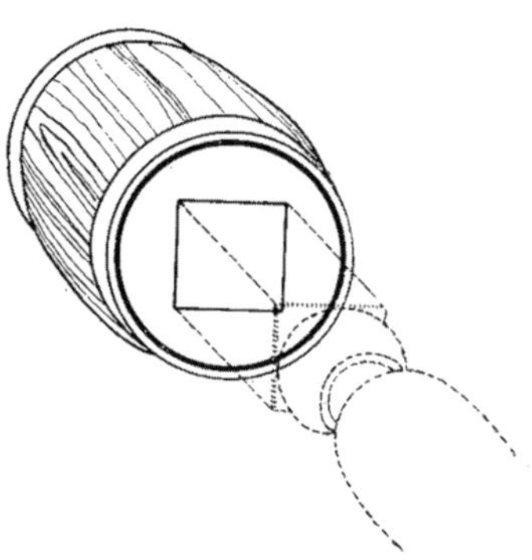

Abb. 450. Spezialfutter zum Drehen eines Stuhlfußes

Bei Massenanfertigung ist es vorteilhafter, ein entsprechendes Futter *(Abb. 450)* mit quadratischer Öffnung herzustellen, in das man den quadratischen Stuhlfuß einschlägt. Auf diese Weise spart man einmal das sog. Zentrieren, das Werkstück ist besser befestigt, außerdem kann das Holz für den Stuhlfuß gleich genau auf Länge geschnitten werden.

DIE HERSTELLUNG VON HINTEREN STUHLFÜSSEN, DEREN RÜCKENLEHNSTÜCK SCHRÄG NACH HINTEN VERLÄUFT

Bei solchen Stuhlfüßen hat die Achse sozusagen einen Knick. Deshalb muß man, um den zu drehenden Teil zentrisch einspannen zu können, gewissermaßen eine verlängerte Achse konstruieren, was, wie wir sehen werden, auf verschiedene Art geschehen kann. Immer ist es von größter Wichtigkeit, daß der Fuß unbedingt zentrisch läuft beim Übergang von der Geraden zur Schrägen. Gewöhnlich werden die Stuhlfüße vom Schreiner schon völlig auf richtiges Maß zugeschnitten dem Drechsler geliefert. Der Fuß wird am unteren Ende genau auf Maß abgeschnitten, von unten nach oben gerissen und das noch kantige Werkstück gestemmt oder gebohrt zur Aufnahme der Zargen und Stege. Dies muß

Abb. 451. Drehen eines Hinterfußes mit schräg gestellter Rückenlehne auf Scheibe

Abb. 452. Drehen eines Hinterfußes mittels Aufleimung eines entsprechenden Holzklotzes

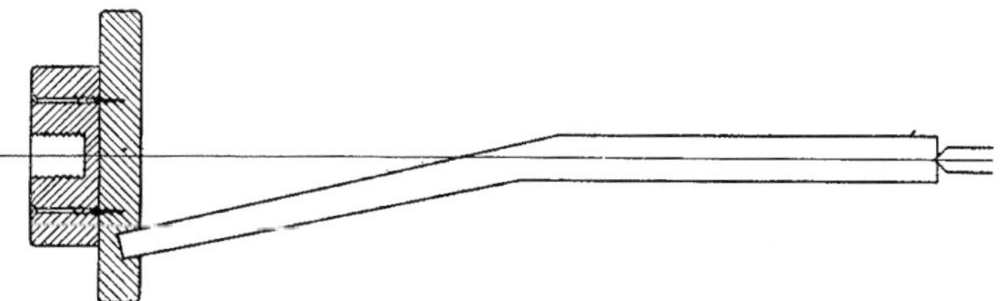

Abb. 453. Konstruktionszeichnung für das Drehen eines Hinterfußes auf Scheibe

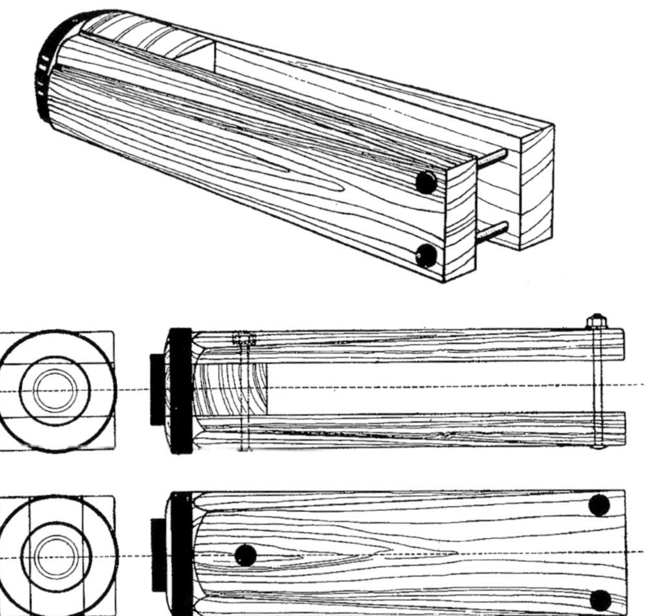

Abb. 455 und 456. Konstruktionszeichnung für ein Klemmfutter zur Selbstherstellung zum Drehen von Hinterfüßen mit schräg gestellter Rückenlehne

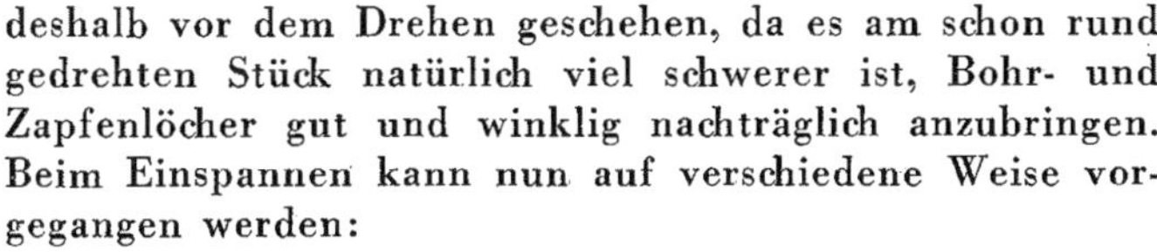

deshalb vor dem Drehen geschehen, da es am schon rund gedrehten Stück natürlich viel schwerer ist, Bohr- und Zapfenlöcher gut und winklig nachträglich anzubringen. Beim Einspannen kann nun auf verschiedene Weise vorgegangen werden:

1. Die einfachste Art (und zwar bei Füßen, bei denen der obere Teil nicht gedreht wird) ist folgende: man leimt, wie *Abb. 452* zeigt, ein entsprechendes Stück Langholz auf. Mit Hilfe eines Lineals, das auf die Mitte des noch kantigen Fußes aufgelegt wird, sucht man auf dem aufgeleimten Stück die Mitte der verlängerten Achse. Das Werkstück wird nun zwischen Vierzack und Körner so eingespannt, daß der zu drehende untere Teil des Fußes am Körner sitzt. Diese Art ist jedoch nur als behelfsmäßig anzusehen.

2. Eine andere, aber auch noch behelfsmäßige Art stellt das Drehen mit Hilfe einer Scheibe dar *(Abb. 451 und 453)*. Hier mißt man die Achsendifferenz von der Mitte des unteren, noch kantigen Stuhlfußes bis zur Mitte der Scheibe. Noch praktischer aber geht man so vor, indem man den

Abb. 454. Drehen eines Hinterfußes in Klemmfutter (Meister Georg Kadoke, Berlin)

Stuhlfuß auf ein gerades, mit einer Winkelkante versehenes Brett legt, die Form des Fußes aufreißt, die Mitte des oberen Endes des Stuhlfußes ermittelt und die Hälfte des Durchmessers der unteren Fußstärke in Abzug bringt. Die so ermittelte Achsendifferenz wird auf die Scheibe aufgetragen, die dann entsprechend dem Grundriß des Fußes eine Vertiefung eingestemmt erhält, in die der Fuß eingeschlagen wird.

Diese beiden beschriebenen Arten haben den Nachteil, daß der Fuß in seiner Mitte vibriert und leicht schwankt, was ein gutes und sauberes Drehen sehr erschwert.

3. Eine vorteilhaftere Art stellt das Einspannen des schräggestellten hinteren Fußes in ein Klemmfutter *(Abb. 454)* dar und das sich dann eignet, wenn der obere Teil des Fußes kantig bleibt. Diese Klemmfutter, in denen die Füße gut gehalten werden und nicht vibrieren können, besitzen ein Gewinde, das auf die Schraube der Spindel aufgeschraubt wird. Sie sind im Handel erhältlich, können aber auch vom Drechsler selbst hergestellt werden *(Abb. 455 und 456)*, aus Rotbuche, Ahorn, Birne. Das Querholz zur Aufnahme des Gewindes nimmt man am besten aus Weißbuche.

Dieses Futter ist zusammengesetzt. Dies ist weit vorteilhafter als diejenigen, die man früher aus einem Stück herstellte, bei denen das Gewindestück aus Langholz war.

Das Querholzstück wird zunächst mit einem Gewinde versehen. (Auf Zweibackenfutter oder Planscheibe.) Dann wird es auf die Drehbank gespannt und plan gedreht. Das Gewinde muß genau in der Mitte sitzen bzw. man prüft, ob der Abstand nach beiden Seiten genau ist, weil nur dann der Fuß genau zentrisch laufen kann. Gleichgültigkeit rächt sich bitter! Man ist gezwungen, Zulagen zu verwenden. Nun werden die beiden Backen aufgeleimt bzw. mit Querholz verleimt. Die lange Mutterschraube, die die beiden Backen mit dem Gewindeklotz verbindet, wird einge-

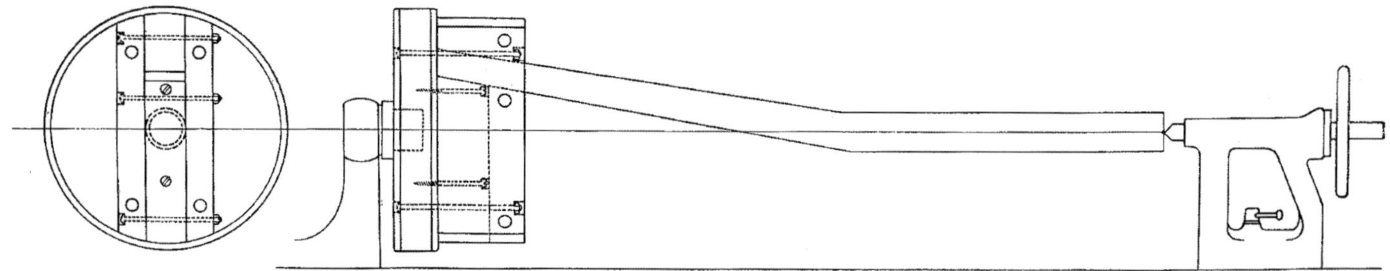

Abb. 457. Vorteilhaftes Klemmfutter zum Drehen von Hinterfüßen mit schräg gestellter Rückenlehne, wobei letztere auch gedreht sein kann (nach Konstruktion von Meister Hans Strecker, München)

schraubt. Jetzt wird das Futter auf die Drehbank geschraubt, ein entsprechender Reifen aus Eisen angedreht und aufgepaßt. Dann werden die Kanten gebrochen. An der Vorderseite sind 1, besser 2 Schrauben anzubringen, um den Fuß in der Mitte gut zu klemmen. Man tut gut, die Öffnung nicht zu klein zu halten, etwa 5 cm. Sind die Füße schwächer, hilft man sich mit entsprechend beidseitigen Sperrholzzulagen. Der Fuß soll im Futter auf der ganzen Fläche aufliegen.

zum Festklemmen des Fußes in die beiden Backen gepaßt. Zur Auflage des Fußes wird zwischen die beiden Backen entsprechend starkes Holz eingepaßt, dessen Schräge der jeweiligen Schräge des Fußes angepaßt wird. Der Klotz wirkt außerdem als Gegengewicht, wodurch ein gleichmäßigeres und schnelleres Drehen möglich ist. Vorteilhaft wird bei solchen hinteren Stuhlfüßen der untere Teil zuerst gedreht, meist aus dem Grund, weil zur Aufnahme der Zargen und Stege Teile des Fußes

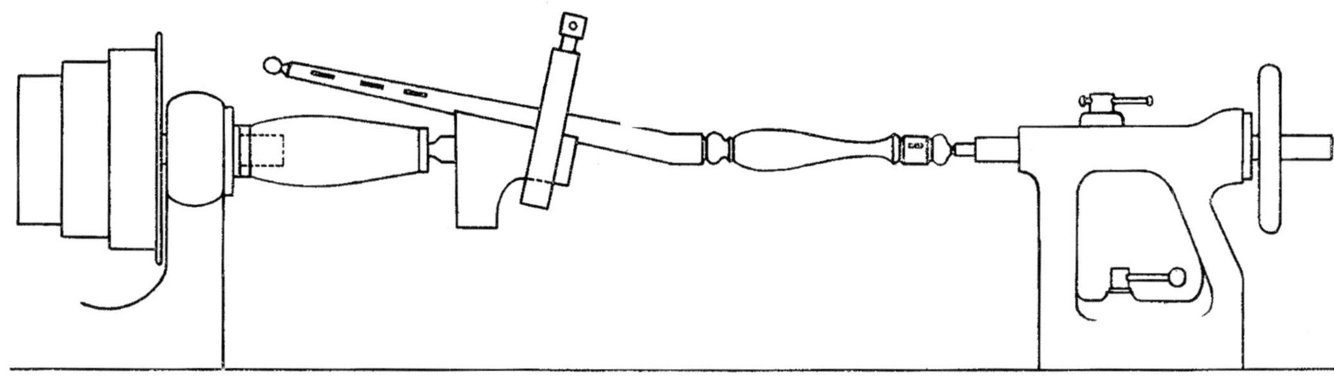

Abb. 458. Drehen eines Hinterfußes mit schräg gestellter Rückenlehne mittels des sog. „Langen Dreizacks". Diese Vorrichtung eignet sich besonders gut für solche Hinterfüße, deren oberer Teil auch gedreht ist.

4. Ein recht vorteilhaftes Klemmfutter zum Drehen von Stuhlhinterfüßen ist in *Abb. 457* dargestellt. Durch das zwischen den Klemmwangen sitzende Holzstück wird bei der Rotierung ein Ausgleich geschaffen und dadurch ein ruhiges Laufen ermöglicht.

Die runde Scheibe, die mit einem Gewinde versehen ist, besteht aus einem trockenen Hartholz (Ahorn oder Rotbuche) und wird vorteilhafterweise beidseits noch mit gedämpfter Buche oder Birne gesperrt. Auf einer Planscheibe wird mit dem Strähler das Gewinde eingeschnitten und die beiden Kanten gebrochen. Nun richtet man die beiden Backen zu aus Rotbuche oder Ahorn und schraubt diese auf die Scheibe von hinten mit durchgehenden Schrauben auf. Um Verletzungen zu vermeiden, werden die beiden Backenmuttern besser versenkt. Dann werden die Schrauben

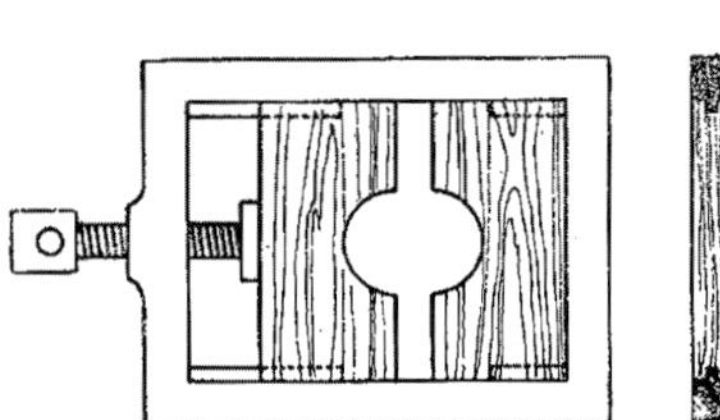

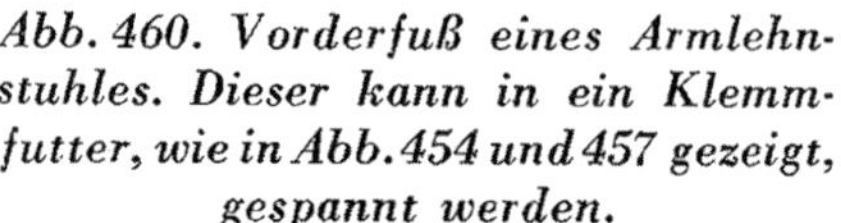

Abb. 459. Klammer mit Spindel, siehe Abb. 458

quadratisch sind und beim Umspannen sich dieser Teil des Fußes leichter einspannen läßt.

5. Beim Drehen von Hinterstuhlbeinen, bei denen auch der obere schräge Teil gedreht wird, kann man auch noch anders vorgehen: hier bedient man sich vorteilhaft des sog. „langen Drei- bzw. Vierzacks" *(Abb. 458)*. Wie aus der Zeichnung hervorgeht, wird ein Beilagstück aus entsprechender Form und Winkel hergestellt, das natürlich je nachdem, ob es den noch kantigen oder bereits gedrehten Fuß aufnehmen soll, kan-

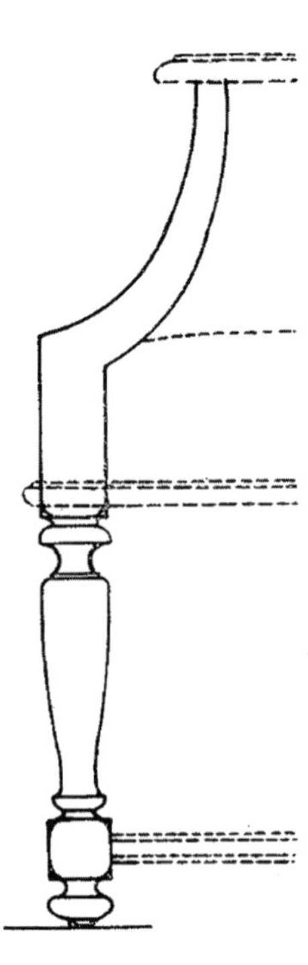

Abb. 460. Vorderfuß eines Armlehnstuhles. Dieser kann in ein Klemmfutter, wie in Abb. 454 und 457 gezeigt, gespannt werden.

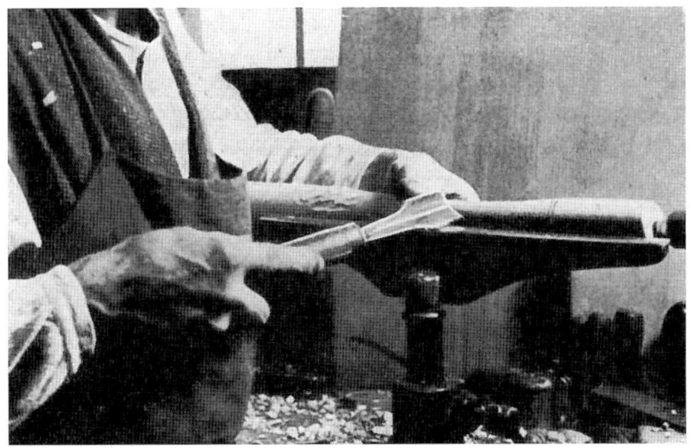

Abb. 461. Drehen einer langen Säule, sog. „Gegen-die-Hand-drehen". (Mit Absicht ist links vom Eisen gezeigt, wie dieses wirken würde, wenn das Werkstück nicht mit der Hand gehalten werden würde.)

Abb. 464. Drehen langer Säulen mittels doppelseitigen, verstellbaren Hakens. (Die Säule sitzt in einem Spundfutter.)

tig oder rund ist. Dieses Stück wird durch eine Klammer an den betreffenden Teil des Fußes gespannt *(Abb. 459)*. An Stelle dieses Futters dürfte wohl dem von Meister Strecker empfohlenen Futter der Vorzug gegeben werden.

DAS DREHEN BESONDERS LANGER DÜNNER SÄULEN

Bei sehr langen Säulen ist es ratsam, die Kanten erst achteckig zuzurichten, entweder auf der Fräsmaschine oder auf der Kreissäge, bei kürzeren Stücken kann dies auch an der Bandsäge geschehen.

Das Werkstück erhält zwischen Vierzack und Körner einen möglichst starken, jedoch schlanken Zapfen oder Spund passend für ein Futter angedreht, und zwar beidseits, um das lange Werkstück umspannen zu können, denn man wird dieses möglichst immer an der Spindel drehen, wo es besseren Halt hat als an der Spitze.

Handelt es sich um sehr lange dünne Säulen, die auch noch tief eingedreht werden müssen, so wird man den sog. „Haken" zu Hilfe nehmen *(Abb. 462—464)*. Im allgemeinen nimmt man den Haken erst, wenn man gegen die Mitte zu dreht und die Säule richtig anfängt zu schwanken und zu schlagen. Zunächst dreht man zum mindesten die Rohform an den Enden des Werkstückes, wo die Säule noch etwas Halt hat. Dort wird man auch, um ein Vibrieren zu vermeiden, wie man sagt „gegen die Hand drehen" *(Abb. 461)*. Nunmehr kann der sog. Haken eingesetzt werden, und zwar an einer rund vorgedrehten, aber noch nicht fertiggedrehten Stelle, denn durch die Reibung beim Drehen entsteht Wärme, und somit gibt es auch leicht Brandflecken. Um diese zu vermeiden, wird die betreffende Stelle ab und zu mit trockener Seife eingerieben.

Im Lauf der Zeit haben sich verschiedene Formen von Haken herausgebildet. Selbstverständlich ist jenen Haken der Vorzug zu geben, die das Werkstück von beiden Seiten einspannen (siehe *Abb. 464)*.

Beim Drehen solcher langen dünnen Säulen wird man im allgemeinen so vorgehen, daß man sich das Drehen der tiefsten Stellen bis zuletzt aufspart, um ein vorzeitiges Vibrieren des Werkstückes zu vermeiden. Das ist natürlich dann besonders ratsam, wenn man ohne Haken dreht.

Ist das Werkstück so lang, daß der Raum zwischen Spindel und Körner nicht ausreicht, so kann man sich so hel-

Abb. 462. Drehen besonders langer Säulen unter Zuhilfenahme des Hakens und der Notspitze, siehe auch Abb. 84

Abb. 463. Haken

fen, daß man, wie die *Abb. 462* zeigt, den Untersatz in der Richtung der Wangen befestigt und die sog. „Notspitze" aufsteckt *(Abb. 462 und auch Abb. 84)*. Um ein wiederholtes Verschieben der Auflageschiene zu vermeiden, wird man eine breite, besonders für lange Stücke dienende Schiene verwenden, oder auch eine besondere Schiene mit doppelter Befestigung (siehe auch *Abb. 48)*. Wie lange Säulen gebohrt werden, ist bereits auf Seite 69 beschrieben worden.

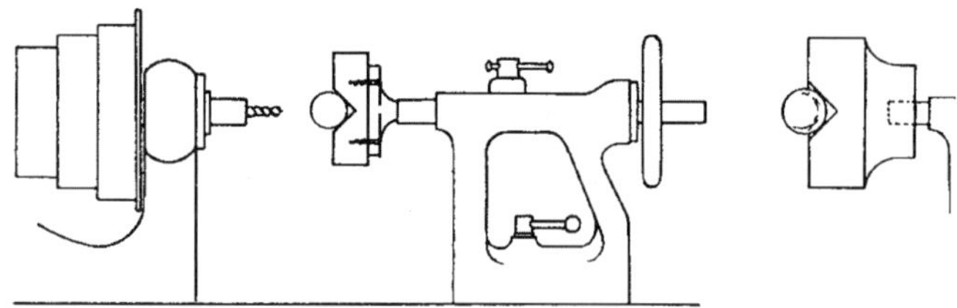

Abb. 465. Bohren von runden Hölzern quer zur Achse des Werkstückes

DAS BOHREN UND ZUSAMMENBOHREN GEDREHTER WERKSTÜCKE

Wie wir schon im Kapitel „Geschichte der Technik" ausgeführt haben, ist der Drechslertechnik von jeher deshalb so große Bedeutung zugekommen, besonders für den Bau von Tischen, Stühlen und Bettgestellen, weil durch die in der Technik liegenden Möglichkeiten zur Herstellung von Rundzapfen und Loch ein wichtiges Konstruktionselement gegeben war. Vor dem Aufkommen der Sägegatter in Europa, durch die überhaupt erst eine verfeinerte Schreinertechnik entstehen konnte, wurden nahezu alle Sitz- und Liegemöbel vom Drechsler hergestellt, der sie zu festen Gestellen mittels Rundzapfen und Loch zusammengebohrt hat (siehe z. B. die Seite 210). Was in früheren Zeiten galt, gilt auch für heute noch in vollem Maße. Wohl haben wir eine hochentwickelte Schreinertechnik, aber auch noch heute stellt das gedrechselte, durch Rundzapfen und Loch zusammengebaute Möbel nicht nur in formaler, sondern auch in technischer bzw. konstruktiver Beziehung schönste Bereicherung unserer Möbelkultur dar! Um so mehr können wir solche Möbel bejahen, als wir heute vollendete kleine, praktische Bohrmaschinen haben, mittels derer auf rationelle Weise gedrehte Werkstücke gebohrt werden können. Aber noch manche Bohrarbeit kann ebenso gut, wie in früheren Zeiten, auf der Drehbank ausgeführt werden. Aus diesem Grunde, also hinsichtlich der nach wie vor so wertvollen Konstruktionsmöglichkeiten wird der Drechslerei stets ein breites Arbeitsfeld bleiben. Deshalb wollen wir an Hand einiger oft vorkommenden Bohrarbeiten beschreiben, wie solches Bohren und Zusammenbohren geschehen kann.

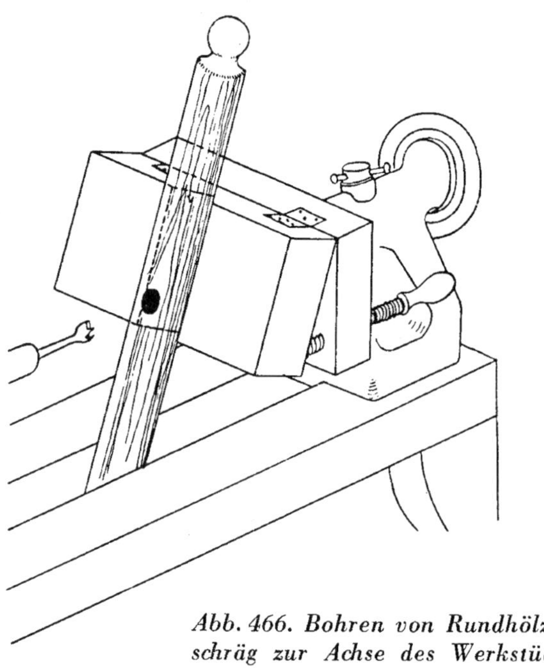

Abb. 466. Bohren von Rundhölzern schräg zur Achse des Werkstückes

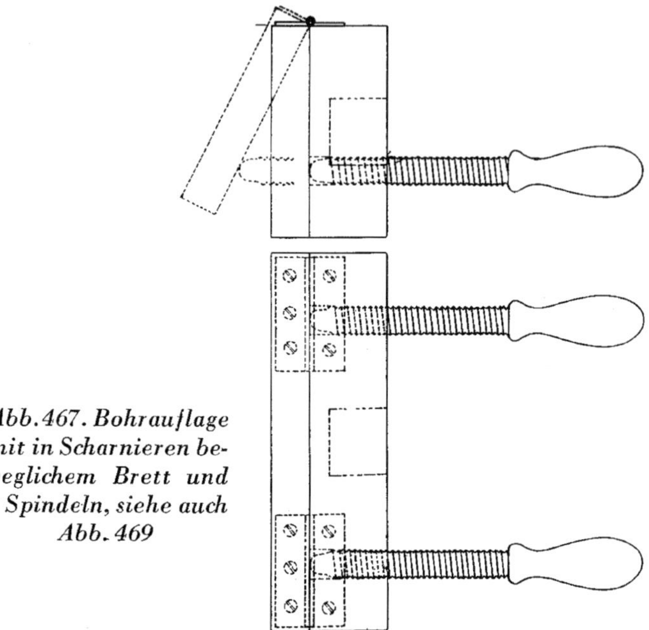

Abb. 467. Bohrauflage mit in Scharnieren beweglichem Brett und 2 Spindeln, siehe auch Abb. 469

D a s e i n f a c h e B o h r e n von Lang- und Querholz haben wir bereits grundsätzlich dargestellt und beschrieben auf den Seiten 69 und 70.

BOHREN VON ZAPFENLÖCHERN QUER UND SCHRÄG ZUR ACHSE DES LANGHOLZES AUF DER DREHBANK

Das Bohren von runden Hölzern im rechten Winkel zu ihrer Mittelachse ist natürlich das einfachste. Es gilt lediglich das Werkstück ruhig zu halten bzw. in die entsprechend richtige Lage zu legen. Hierzu dient, wie die *Abb. 465 und 466* zeigen, ein mit einer rechtwinkligen Kerbe versehenes Beilagstück, in das das Rundholz eingelegt bzw. durch das

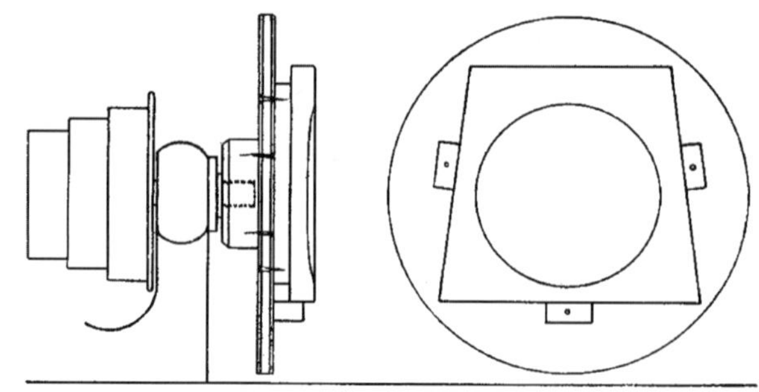

Abb. 468. Vorrichtung zum Ausdrehen der Vertiefung an Stuhlsitzen

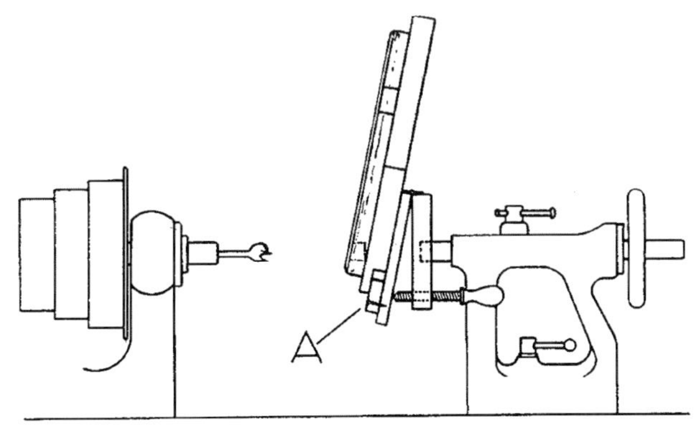

Abb. 469. Bohren der Löcher in die Gratleisten eines Stuhlsitzes zur Aufnahme der schräg gestellten Füße

es gehalten wird. Selbstverständlich muß die Spitze des Winkels der Kerbe übereinstimmen mit der Mitte des Rundloches, durch das das Beilagstück auf den Reitstock gesetzt wird. (Solche Zulagen werden von den Drehbankfirmen auch in Eisen geliefert.) Bohrt man auf der Drehbank, so führt man das mit einer Kerbe versehene Beilagstück (am besten aus Weißbuche) mittels Gewinde auf den Reitstock, es kann aber auch mit großem Loch versehen ohne Gewinde auf die Pinole des Reitstockes gesetzt werden, oder es wird, wie die Abbildung zeigt, eine eiserne Scheibe mit Gewinde verwendet, auf die das Beilagstück aus Holz aufgeschraubt wird. Mit dem Handrad des Reitstockes wird das Werkstück gegen den in der Drehbankspindel laufenden Bohrer geführt. An Stelle des Handrades kann auch die Bohrpinole verwendet werden. Mit der einen Hand hält man das Werkstück, mit der anderen führt man das Rad des Reitstockes. Es braucht nicht weiter betont zu werden, daß solches Bohren noch vorteilhafter an der Bohrmaschine geschieht, indem das mit einer rechtwinkligen Kerbe versehene Beilagstück auf den Tisch der Bohrmaschine gelegt und der Bohrer senkrecht herunter geführt wird. Soll der gedrehte Rundstab oder das Rundholz ein Bohrloch erhalten, welches schräg, also in einem beliebigen Winkel zur Mittelachse sich befindet, so muß das Beilagstück dem jeweiligen Winkel entsprechend schräg gestellt werden können. Man kann sich eines durch Scharniere und Spindeln bewegbaren Beilagstückes bedienen (siehe *Abb. 466 und 467)*. Das bewegliche Brett wird man so stark wählen, daß es mit einer genügend tiefen Kerbe versehen werden kann. Mittels der Spindeln kann dieses beliebig schräg gestellt werden. Sind die zu bohrenden Werkstücke geschweift oder bauchig, so müssen die Beilagstücke entsprechend zugerichtet werden, wie es auch aus *Abb. 473* hervorgeht.

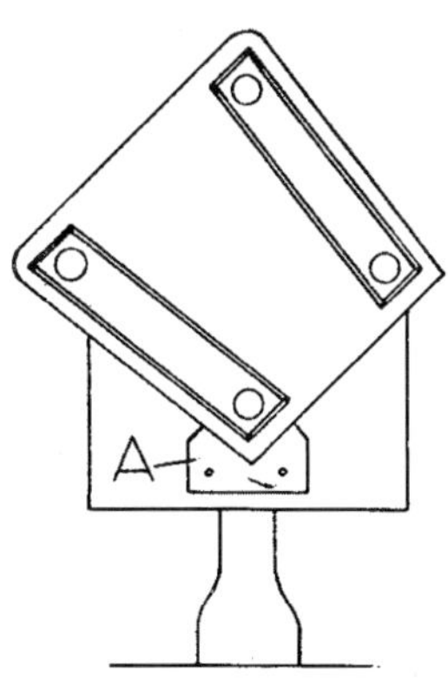

Abb. 470. Stuhlsitz auf der Bohrauflage in einem Stützklotz A sitzend, siehe auch Abb. 469

Vor dem Bohren müssen die Werkstücke natürlich entsprechend richtig gerissen werden, besonders wenn es sich um den Zusammenbau von Gestellen handelt. Je nach Aufgabe, ob es sich um ein Einzelmodell handelt, z. B. bei einem Stuhl, wird die Mitte der Bohrlöcher mit der Ahle eingestochen. Handelt es sich um mehrere Modelle gleicher Art, wird man sich mittels eines Anschlags das Reißen ersparen. Erhalten völlig rund gedrehte Stuhlbeine nachträglich Löcher eingebohrt, so geht man vorteilhafterweise so vor, daß man an dem noch kantigen Stück die Lage der Löcher anreißt und mit einer schlanken Ahle einen tiefen Stich anbringt, so daß wenn die Form auf ihre Stärke gedreht ist, man noch den Stich zum Einsetzen des Bohrers erkennen kann. Wird das Holz beträchtlich kleiner gedreht, so wird man einen Nagelbohrer verwenden, um die Vertiefung genau anbringen zu können. Oberflächlichkeit und Unaufmerksamkeit haben oft zur Folge, daß die schon bereits gedrehten und bearbeiteten Werkstücke durch falsche Bohrung wertlos werden. Der Drechsler, der oft für einen Schreiner Stühle zu fertigen hat, wird sich praktischerweise bei den jeweiligen Aufgaben mit dem Schreiner besprechen, d. h. man wird sich darüber einigen, welche Löcher der Schreiner vorteilhafterweise in den noch quadratischen Pfostenhölzern selbst vorbohrt bzw. stemmt. Es wird sich oft als nötig erweisen, besonders bei langen großen Schlitzen, daß der Schreiner die Schlitze mit weichem Langholz (Erle, Birke, Linde) ausflickt, um das Holz nicht zu sehr zu schwächen und ein Vibrieren, unter Umständen auch ein Ausreißen beim Drehen, zu vermeiden.

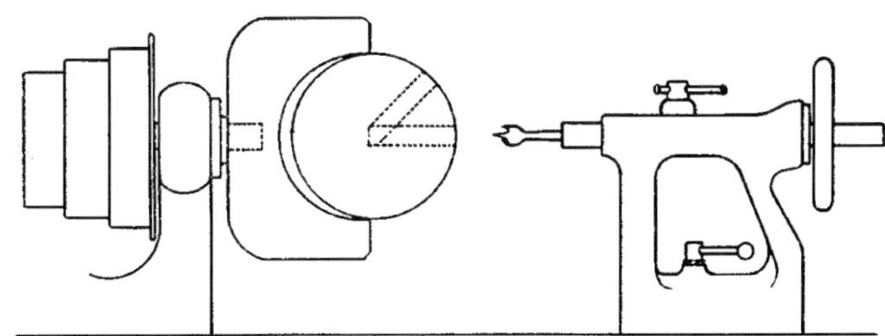

Abb. 471. Bohren der Löcher in eine Kegelkugel

Hat ein Drechsler viel zu bohren, oder gar Spezialaufgaben, bei denen Bohrarbeiten vorkommen, wird er selbstverständlich sich eine Bohrmaschine anschaffen, die vertikal arbeitende Bohrspindeln besitzen.

DAS SCHRÄGBOHREN VON QUERHOLZFLÄCHEN

(z. B. bei Hocker- und Stuhlsitzen)

Eine oft vorkommende Aufgabe für den Drechsler, besonders auf dem Land und in der Kleinstadt, ist das Bohren von Stuhlsitzen bzw. je nach Bauart der Stühle von

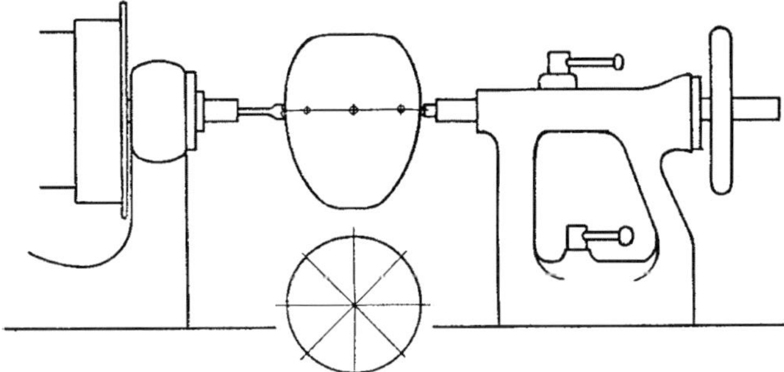

Abb. 472. Bohren einer sog. Kolonne eines Beleuchtungskörpers mit sich gegenüber liegenden Löchern

Gratleisten. Der Drechsler erhält vom Stuhlbauer oder Schreiner die bereits mit Gratleisten versehenen Stuhlsitze, die einmal sowohl gedrehte schräg gestellte Beine erhalten, wie eingedrehte Vertiefungen in den Stuhlsitzen. Da diese beiden Aufgaben meist zusammen vorkommen, wollen wir sie im folgenden kurz erläutern.

Zunächst behandeln wir das Eindrehen der Vertiefung auf der Oberseite des Sitzes. Dies geschieht vorteilhaft deshalb zuerst, da der Holzsitz mit Gratleisten auf die große Planscheibe aufgeschraubt werden muß *(Abb. 468)*. Die Schraubenlöcher können so sitzen, daß sie durch das nachfolgende Bohren der Bohrlöcher zur Aufnahme der Stuhlfüße wieder verschwinden. Da die einzudrehende Vertiefung des Stuhlsitzes sich meist nicht auf der Mitte des Stuhlsitzes befindet, muß das Werkstück gewissermaßen exzentrisch laufen, damit die kreisrunde Vertiefung an die richtige Stelle zu sitzen kommt, d. h. der Mittelpunkt der Vertiefung muß naturgemäß mit der Spindelachse übereinstimmen. Die Planscheibe, auf die der mit Gratleisten versehene Stuhlsitz geschraubt wird, ist vorteilhafter immer etwas größer, als der zu drehende Stuhlsitz, um Gefahrenmomente auszuschalten.

Man errechnet sich, um wieviel die Vorderkante des Stuhlsitzes von der runden Kante der Planscheibe zurückstehen muß.

Oder aber man hilft sich in der Weise, daß man auf der Rückseite des Stuhlsitzes den Mittelpunkt der zu drehenden Vertiefung festlegt, einen feinen Stift auf die Mitte der Vertiefung schlägt und nun die Planscheibe, deren Mittelpunkt durchbohrt ist, auf den Stift führt und so die Scheibe auf die Gratleisten aufschraubt.

Hat man eine größere Anzahl von Stuhlsitzen auszudrehen, wird man, um den Sitz jeweils gleich in die richtige Lage zu bringen, Arretierungsklötzchen auf der Scheibe befestigen *(Abb. 468)*.

BOHREN DER SCHRÄGEN LÖCHER IN DIE GRATLEISTE AUF DER DREHBANK

Dazu benötigt man eine Bohrauflage, wie sie aus der *Abb. 467 und 469* hervorgeht. Diese Bohrauflage besteht aus zwei verschieden starken, durch Scharniere verbundenen Brettchen. Das stärkere Brett ist mit einem Loch versehen und wird auf die Pinole des Reitstockes fest aufgeschoben. Mit der Wasserwaage wird geprüft, ob diese Bohrauflage waagerecht steht. Das schwächere Brettchen kann mittels zweier Holzspindeln beliebig schräg gestellt werden, wie es die jeweilige Schrägstellung des Stuhlsitzes erfordert. Mit Hilfe der Schmiege mißt man auf der Zeichnung den Schrägwinkel und stellt die Bohrauflage entsprechend schräg ein *(Abb. 469)*. Die durch Scharniere bewegliche Bohrauflage erhält, um den Stuhlsitz halten zu können, vorteilhafterweise einen entsprechenden Stützklotz (siehe A bei *Abb. 469 und 470)*. Mancher Meister hält den Sitz noch freihändig an die Bohrauflage, wobei er die untere Eckkante des Sitzes auf die Werkzeugauflage stützt.

Gewöhnlich laufen die Achsen der vier Füße in der Diagonalachse des Stuhlsitzes. Man stellt nun den Stuhlsitz auf das Stützklötzchen auf und dann wird das Werkstück mittels Handrad zum Bohrer geführt. Da unter Umständen die Hinterfüße eine andere Schrägstellung erhalten als die Vorderfüße, bohrt man stets die zusammengehörigen Füße nacheinander, bevor die Bohrauflage verstellt werden muß.

DAS EINBOHREN DER LÖCHER IN KEGELKUGELN AUF DER DREHBANK

Die *Abb. 471* zeigt, wie das Bohren der Löcher in Kegelkugeln vor sich gehen kann. Die Kugel sitzt in einem guten Futter, der Zentrumsbohrer in der Pinole des Reitstockes wird mittels des Handrades an die Kugel geführt. Es dreht sich hier also das Werkstück. Manche Meister gehen auch auf umgekehrte Weise vor, weil der Bohrer in der Drehbankspindel leichter läuft als die schwere Kugel im Futter. In diesem Fall wird das Futter mit der Kugel auf die Pinole des Reitstockes gesteckt und zum in der Spindel rotierenden Bohrer geführt.

Der Zentrumsbohrer wird je nach Beschaffenheit des Reitstockes ein Gewinde, oder insofern dieser neuzeitlicher ist, einen konischen Schaft haben, der in den Konus des Reitstockes paßt.

Nachdem das erste Loch gebohrt ist, nimmt man die Kugel aus dem Futter und setzt sie entsprechend dem zweiten zu bohrenden Loch wieder ein, führt den Bohrer an und bohrt so auch das dritte Loch.

DAS DREHEN VON LÖCHERN AN KUGELN, WALZEN UND MITTELSTÜCKEN, SOG. „KOLONNEN“ VON BELEUCHTUNGSKÖRPERN

von großem Durchmesser mittels Körner (Abb. 472)

Bei großen Kugeln, die sich gegenüberliegende Löcher erhalten sollen, geht man folgendermaßen vor: man reißt zunächst auf dem Werkstück die einzelnen Einsatzpunkte für die Bohrlöcher an und vertieft mit der Ahle diese Punkte, damit Körner und Bohrspitze besser angreifen können. Sind 3 Löcher zu bohren, wird man sich vorteilhafterweise 6 Punkte angeben. Das Werkstück wird zwischen Körnerspitze und Spitze des in der Spindel sitzenden Bohrers eingespannt. Mit der linken Hand hält man das Werkstück, mit der rechten wird das Handrad gedreht, dann wird man die Drehbank langsam laufen lassen. Bei großen Zylinderstücken geht man auf die gleiche Weise vor.

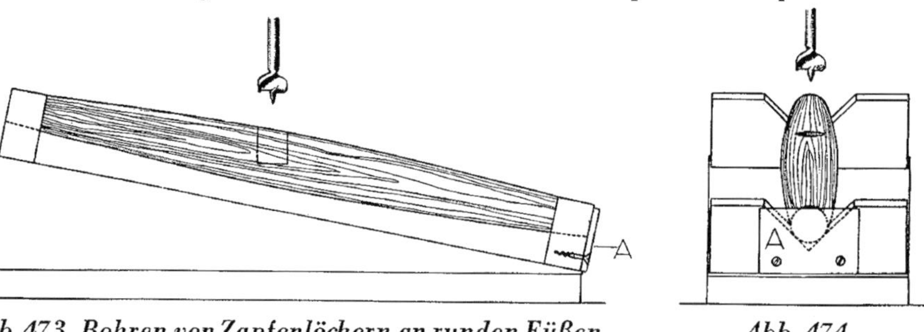

Abb. 473. Bohren von Zapfenlöchern an runden Füßen schräg zu deren Achse in entsprechenden Beilagen an der Bohrmaschine, Seitenansicht

Abb. 474. Vorderansicht

(Zeichnung von Meister Hans Strecker, München)

Bohrt man diese Kolonnen an der Bohrmaschine, so sind entsprechende Zulagen nötig. Es ist, besonders bei unregelmäßig gewölbten Kolonnen, darauf zu achten, daß die Achse der Kolonne genau waagrecht liegt. An der Drehbank wird man für diese Aufgabe wohl eine bessere Führung haben.
Für alle oben beschriebenen Bohraufgaben kann selbstverständlich, wie schon zum Ausdruck gebracht, die praktische Bohrmaschine verwendet werden, wie sie in der *Abb. 296* gezeigt ist. Als Spannvorrichtungen und Beilagen können zum Teil dieselben benutzt werden, wie sie für das Bohren an der Drehbank beschrieben sind.
In der *Abb. 473* ist noch gezeigt, wie konisch bzw. gewölbt gedrehte Füße oder Stuhlbeine vorteilhaft und genau in beliebigem Winkel zur Achse mit der Bohrmaschine gebohrt werden können. Das fertig gedrehte Werkstück wird in entsprechende Beilagen gelegt. Durch die Anbringung eines kleinen Beilagbrettchens *(Abb. 474 A)* wird das zu bohrende Werkstück rasch in die jeweils richtige Lage gebracht, so kann das Reißen der weiteren Stuhlfüße gespart werden. Es ist naheliegend, daß alle zylindrischen Hölzer, die in der Bohrmaschine gebohrt werden, in eine entsprechende Zulage mit Kerbe gelegt werden.

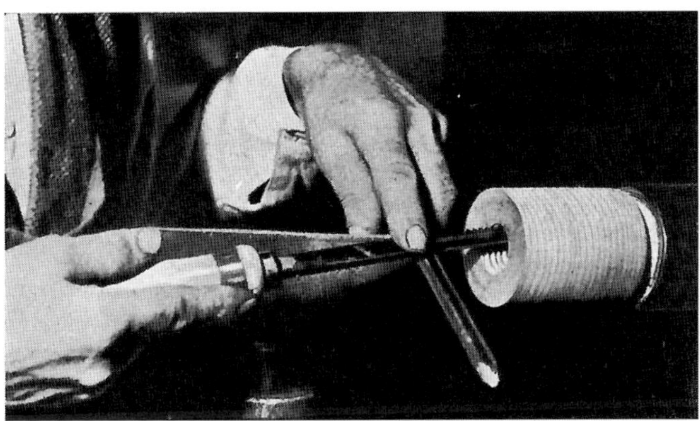

Abb. 475. Eindrehen des inneren Gewindes mit dem Strähler

DAS GEWINDESCHNEIDEN

In der Drechslerei ist bei einer ganzen Anzahl von Aufgaben das Schneiden von Gewinden unerläßlich, nicht allein in Holz, sondern auch in anderen Materialien, wie Elfenbein, Knochen, Horn usw. Je nach Aufgabe und Material sowie auch der Unterschiedlichkeit der Härte der Holzart bedient man sich entweder der Schraubstähle oder des Schneidzeugs.

DAS GEWINDESCHNEIDEN MIT SCHRAUBSTÄHLEN

Für die meist vorkommenden Gewindearbeiten kommen die Schraubstähle in Frage, so z. B. bei Dosen, Knöpfen, Lampenschäften, bei der Selbstherstellung von Spundfuttern. Die Schraubstähle eignen sich vor allem für harte Hölzer, auch Elfenbein, Horn, Knochen usw., da ihre Wirkung eine schabende ist.
Zur Herstellung der inneren und äußeren Gewinde benötigt man je einen Drehstahl für außen und innen, man spricht von äußeren und inneren Schraubstählen, auch Strähler genannt *(Abb. 149 und 150)*, die natürlich jeweils paarweise genau zueinander passen müssen. Für die je nach Aufgabe verschiedenen Ganghöhen gibt es eine Anzahl in letzter Zeit normierter Schraubstähle.
Es wäre müßig, wollte man versuchen, einem Anfänger theoretisch das schwierige Gewindeschneiden mit den Schraubstählen beibringen zu wollen. Das muß man sich von einem guten Meister genau zeigen lassen und dann immer wieder üben und üben! Dennoch wollen wir an den nachfolgend gezeigten Aufgaben auf diesen Seiten die notwendigen Arbeitsgänge des Gewindeschneidens, soweit es möglich ist, schildern.
Es sei lediglich noch darauf hingewiesen, daß das richtige Schärfen der Schraubstähle eine wichtige Voraussetzung ist, wenn man mit ihnen stets gute und genau passende Gewinde erzielen will. Allzu leicht wird durch oberflächliches und falsches Schärfen der Schraubstähle der ursprüngliche Schneidwinkel verändert, was das Drehen von einwandfreien Windungsgängen dann natürlich unmöglich macht. Ganz kurz sei hier darum noch hingewiesen auf

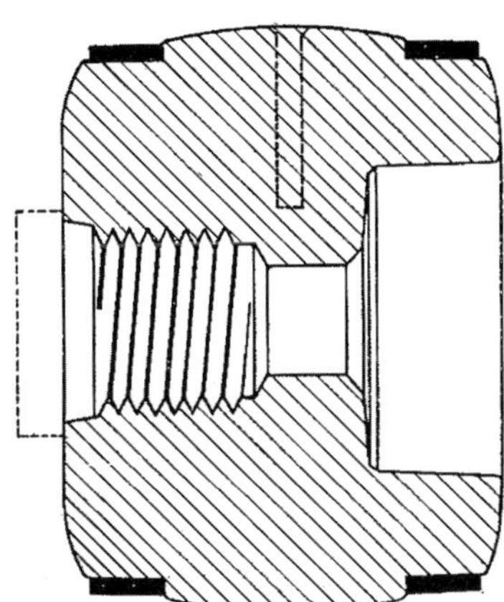

Abb. 476. Werkzeichnung eines Spundfutters
(Zeichnung von Meister Hans Strecker, München)

das Schärfen der Schraubstähle

Gleich wie bei den übrigen Werkzeugen der Schneidwinkel sich nach der Härte und Beschaffenheit des Materials richtet, so muß auch bei den Strählern der Schneidwinkel stumpfer oder spitzer sein. Es wird nur die obere Seite geschliffen. Das Schleifen geschieht auf dem Schleifstein oder der Schmirgelscheibe, das Abziehen auf dem Abziehstein.

Die Herstellung eines hölzernen Spundfutters mit Gewinde

Solche in ihren Größen unterschiedlichen Holzfutter macht sich selbstverständlich der Drechsler immer selbst. Ein gutes Futter ist eine der wichtigsten Voraussetzungen für ein vorteilhaftes Arbeiten. Seine Herstellung erfordert viel Übung und wird oft bei der Gesellenprüfung verlangt. Der tüchtige Meister wird darauf bedacht sein, eine große Anzahl verschiedener Größen vorrätig zu haben. So wird er, wenn ihm gelegentlich ein passendes Stück Holz in die Hände kommt, es überschroppen, innen je nach Größe des Futters 1—2 cm ausbohren und das so vorbereitete Stück auf-

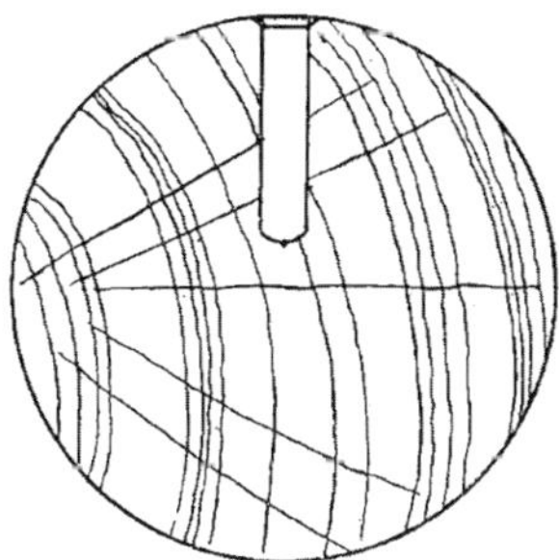

Abb. 477. Loch zur Aufnahme des Stiftes quer zu den Markstrahlen

heben, damit es gut von allen Seiten austrocknen kann. Ist das Holz noch frisch, erhält das so vorbereitete Werkstück auf beiden Hirnflächen Papier mit Leim aufgeklebt, um ein Reißen zu vermeiden. Natürlich muß dann auf der Seite, wo das Stück bereits ausgebohrt ist, das darübergeklebte Papier ein Loch erhalten, damit die Luft eindringen kann. Am besten eignen sich für die Herstellung solcher Futter Weißbuche, Apfel, Birne, Ahorn, Akazie.

Das Werkstück wird zunächst auf Zylinderform gearbeitet, dann dreht man einen leicht konischen Zapfen an einem Ende an, und zwar auf die Größe eines vorhandenen Spundfutters. Auf der anderen Seite wird die Hirnfläche mit dem Meißel geradegestochen. Dann wird mit dem Löffelbohrer ein Loch gebohrt, mit dem „Lochtaster" geprüft, ob das Loch zylindrisch ist und mit einem geraden Ausdrehstahl genau zylindrisch geschlichtet. Das Loch muß einen Durchmesser haben, der der Stärke des Grunddurchmessers der Spindel, dem Spindelkern, entspricht. Die Kante des Loches wird gut abgefast. Das Spundfutter muß eine durchgehende Öffnung erhalten, um ein etwa im fertigen Spundfutter festsitzendes Arbeitsstück leicht wieder entfernen zu können, das man mit einem Eisen durch die Öffnung herausklopft.

Es empfiehlt sich, das Loch für das einzuschneidende Gewinde mit Öl einzutränken oder besser noch in Öl zu tauchen und einige Zeit liegenzulassen, wodurch sich das Holz erhärtet, nicht so leicht ausbricht und natürlich außerdem das Gewinde schärfer wird.

Man führt nun den inneren Schraubstahl, den „Strähler", über einen Meißel in das Loch, dabei hält man ihn etwas schräg, so daß die Schiene schräg vor das Loch gestellt wird und der Strähler über den Meißel, der im rechten Winkel zur Schiene steht, schräg der Mitte zu ins Loch geführt wird *(Abb. 475)*. Der Schraubstahl wird immer von vorn nach hinten geschoben; dabei greift er stets in den Anfang des entsprechenden Gewindes ein und wird so von selbst weitergeschoben, d. h. der Strähler zieht sich von selbst hinein. Dabei ist zu beachten, daß die ersten Gewindegänge exakt rund laufen, damit kein sog. „besoffenes Gewinde" entsteht. (Zwischendurch muß dem entstehenden Gewinde bei langsam laufender Spindel reichlich Öl zugegeben werden, und auch der Strähler sollte immer wieder in Öl getaucht werden. Die entstehenden Späne werden mit einer in Öl getränkten Zahnbürste ab und zu herausgeholt.) Es empfiehlt sich, auf der Spindel, auf die das Futter passen soll, von Zeit zu Zeit zu prüfen, ob das geschnittene Gewinde genau zylindrisch wird und gut paßt. Dem noch Ungeübten passiert es leicht, daß ein sog. „doppeltes Gewinde" entsteht, wenn man den Strähler zu wenig rasch vorschiebt. Deshalb muß man sich gleich beim Beginn des Gewindeschneidens überzeugen, ob das Gewinde stimmt, d. h. ob nicht ein Gewindegang übersprungen worden ist, indem man den Bleistift in den Anfang des Gewindes steckt und mitlaufen läßt. Zum Schluß muß der Eingang des Gewindes entsprechend der Form der Drehbankspindel an ihrem Ende ausgedreht werden, damit das Futter am Bund der Drehbankspindel gut anliegen kann.

Sodann wird das mit dem Gewinde versehene zukünftige Futter auf die Drehbankspindel aufgeschraubt, der Zapfen abgestochen und die entsprechend leicht konische Spundöffnung eingedreht. Man überdreht das Futter nun sauber, und zwar, wie die *Abb. 476* zeigt, in Form eines kleinen Fäßchens. Auch die vordere Hirnseite wird leicht gewölbt. Hinten am Bund werden die Kanten lediglich schräg abgestochen.

Nun werden die zwei Fälze zur Aufnahme der Eisenringe angedreht, die man sich vom Schmied herstellen läßt, und leicht konisch aufgeschlagen. Den beiden Ringen müssen mit einer Feile die Kanten gebrochen werden, um Verletzungen vorzubeugen. Die Ringe müssen gut passen, d. h. satt sitzen. Auf der Mitte des Futters wird nun noch ein kleiner Stich angedreht, danach mit einem Zentrumsbohrer ein kleines Loch zur Aufnahme des Stiftes gebohrt, mit dem das Futter angezogen und gelöst werden kann. Dabei ist zu beachten, daß das Loch *quer* zu den Markstrahlen gebohrt wird, weil das Holz sonst leicht springt *(Abb. 477)*. Zum Schluß schleift man das Futter und reibt es mit Öl, Politur oder Tuffmatt ein.

Das Andrehen eines kurzen Gewindes an eine Dose (Abb. 478)

Je nach Bedarf kann es wünschenswert sein, kleine handliche Dosen durch Gewinde besonders gut zu verschließen, z. B. bei Schmucksachen aus harten Edelhölzern oder Elfenbein. Sinn hat ein Gewinde natürlich nur bei solchen Dosen, die bequem in die Hand genommen werden können. Eine wichtige Voraussetzung für ein gut laufendes Gewinde ist die zylindrische Form der Teile, an die die Gewinde angeschnitten werden sollen. Die Seitenwand des Deckels, die das Gewinde erhält, muß ein wenig länger gelassen werden. Man bricht die vordere Kante des Deckels leicht und setzt vorsichtig den inneren Schraubstahl an. Siehe die vorhergehende Beschreibung des Spundfutters. Es ist vorteilhaft, wenn das Ende des Gewindes eine kleine Hohlkehle angedreht erhält, damit das Gewinde gut ausläuft. Der Falz am Dosenkörper muß auch ein wenig länger gehalten werden, um dem Gewinde einen besseren Lauf zu geben. Mit dem äußeren Schraubstahl wird dann das Gewinde angedreht. Während des Schneidens muß etwas Öl zugegeben werden; damit wird vermieden, daß das Holz ausbricht. Dabei muß die Schiene weit genug vom Holz entfernt sein, damit die nötigen, wiegenden Schneidbewegungen ungehindert ausgeführt werden können. Auch diese Gewinde sollten eine kleine Hohlkehle erhalten.

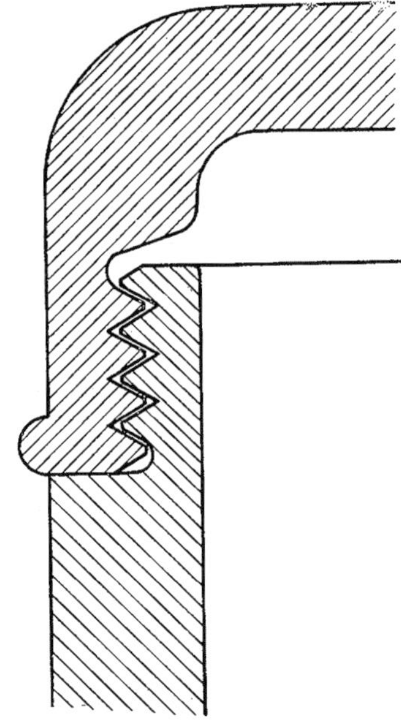

Abb. 478. Schnitt durch das Gewinde an einer Dose in vergrößertem Maßstab

Wie schon erwähnt, verlangt die Herstellung solcher Gewinde sehr viel Übung, es ist weder aus Wort noch Bild zu erlernen. Man beginnt am besten mit feinen Gewinden und geht langsam zu gröberen über. Zum Üben eignet sich sehr hartes Holz, Buchsbaum, auch z. B. Galalith.

Abb. 479. Schneiden eines Gewindes einer Spindel mit dem hölzernen Schneidzeug

DAS GEWINDESCHNEIDEN MIT SCHNEIDZEUG

Je nach Art der Aufgabe können Gewinde, besonders gröbere und stärkere, anstatt mit dem Strähler der Einfachheit halber auch mit dem Schneidzeug geschnitten werden.

Abb. 480. Einschneiden des Gewindes in das Mutterstück, sog. „Bolzen“

So werden z. B. Gewinde an starken Lampenfüßen, und besonders alle Arten von Spindeln mit dem Schneidzeug geschnitten. Darum wollen wir an einer solchen Aufgabe das Schneiden mit dem Schneidzeug kurz erklären.

Abb. 481. Eindrehen der fertigen Spindel in das Mutterstück

Das Schneidzeug für Holzschrauben und Muttergewinde besteht aus dem eigentlichen Schneidzeug und dem Schneidbohrer, auch Gewindebolzen genannt.
Das Schneidzeug oder die Schneidkluppe, in der der Schneidzahn (oder Geißfuß) befestigt ist, kann aus Holz *(Abb. 151 und 152)* wie auch aus Metall bestehen *(Abb. 153)*. Letzterer Ausführung ist der Vorzug zu geben, da er eine längere Lebensdauer hat. Die Schneidzeuge bzw. Kluppen haben einen abnehmbaren Führungsdeckel, der zugleich als Lehre zum Andrehen der Spindel dient. Den Führungsdeckel muß man abnehmen, wenn man das Gewinde bis zum Spindelansatz anschneiden will. Für die Herstellung stärkerer Spindeln sind zwei Geißfüße mit der Wirkung von Vor- und Nachschneider nötig, die es ermöglichen, den breiteren und tieferen Span leichter schneiden zu können. Während der eine Zahn (Vorschneider) etwas geringer vorsteht, schneidet der Nachschneider den Gang in seiner vollen Tiefe aus.

Der Schneidbohrer oder Gewindebolzen für Querholz

An Stelle des alten deutschen Bolzens, auch „Würger“ genannt, der von vorn nach hinten konisch verlief, verwendet man längst den französischen stählernen Hohlbolzen, bei dem umgekehrt das Gewinde sich nach hinten schwach verjüngt, wodurch beim Schneiden nur zwei, drei oder mehr Zähne das Holz angreifen. Zur besseren Führung beim Anschneiden dient vorne ein ziemlich bis zur Gewindetiefe abgedrehter, innen hohler Zapfen. Die Zähne des französischen Zapfens sind so ausgebildet, daß ein Zahn zuerst vor-, der andere nachschneidet. Der letzte Zahn besitzt eine scharfe, gehobene Schneide, wodurch ein guter Schnitt erzielt wird.

Die Herstellung einer Spindel aus Langholz mit Schneidzeug

Für die Anfertigung einer Spindel eignet sich am besten festes, hartes, feinporiges Holz, z. B. Weißbuche, Apfel, Birke, Birne, Ahorn. Das Langholzstück wird zwischen Vierzack und Körner gespannt; der Durchmesser der Spindel wird genau nach dem abgenommenen Deckel des Schneidzeugs und vorne ein zylindrischer Ansatz angedreht, die Kanten werden gebrochen. Dann wird das Werkstück mit Öl oder Seife eingelassen. Für das Gewindeschneiden wird das Werkstück nun am besten in die Zangen einer Hobelbank oder auch in einen Schraubstock gespannt. (Kleine, lange, dünne Spindeln können auch in der Drehbank bei langsam laufender Spindel geschnitten werden.) Das Schneidzeug, auf das der als Führung dienende Deckel inzwischen wieder aufgeschraubt worden ist, wird jetzt auf allen Seiten gerade und vorsichtig, langsam unter leichtem Druck angesetzt und herumgedreht *(Abb. 479)*.

Die Herstellung des Gewindes im Mutterstück oder das sog. „Bolzen“

Für das Mutterstück der Spindel ist Querholz erforderlich. Zunächst wird das Loch gebohrt in der Größe des Kerns der Spindel bzw. des Kerns des Gewindebolzens. Dieser muß natürlich genau die Größe der Spindel bzw. des dazugehörigen Gewindes haben. Das Loch wird am besten auf der Bohrmaschine gebohrt, da es genau senkrecht werden muß. Die Kante des Loches muß gebrochen werden, also eine Fase angeschnitten erhalten. Zum Bolzen wird das Werkstück nun wieder am besten in die Hobelbank gespannt. Der Bolzen wird eingesetzt und mittels des Schlüssels, auch Windeisen genannt, eingedreht *(Abb. 480)*. Zunächst wird man mit etwas Druck arbeiten, dann aber ohne Zwang den Bolzen tieferdrehen. Der Bolzen muß noch einmal von der entgegengesetzten Seite eingesetzt werden. Zum Schluß wird das Gewinde mit Seife eingerieben.

GEWINDEBOLZEN FÜR LANGHOLZ

Bei diesem Gewinde ist die Spitze des Zahnes bzw. Geißfußes zurückgesetzt.

Der Langholzbolzen wird in der Praxis z. B. bei Büchergestellen, sog. Etageren, angewandt, deren Teile für den Versand auseinandergenommen werden müssen *(Abb. 482)* oder auch z. B. bei der Anfertigung von Billardstöcken.

Bei guter Einzelanfertigung sollte der Drechsler diese Aufgabe so lösen, daß er eine bereits mit Gewinde versehene Querholzbüchse einleimt (siehe *Abb. 482 a)*. Solche Gewinde sind weit dauerhafter als Gewinde in Langholz.

Für Massenherstellung gibt es besondere Gewindeschneidmaschinen, auf die wir hier nicht weiter einzugehen brauchen; denn ausführliche Prospekte über solche Maschinen sind leicht erhältlich. Oft wird ein Kleinmeister genötigt sein, für einen großen Auftrag, sofern er sich rentiert, eine solche Maschine anzuschaffen.

Zum Schärfen bzw. Abziehen wird der Geißfuß herausgenommen und mit einer feinen Schmirgelscheibe oder einem Schaber geschärft. Mit einem feinen Abziehstein wird er von innen nach außen abgezogen. Wichtig ist, daß danach der Geißfuß wieder in seine richtige Lage gesetzt wird, d. h. er muß entsprechend der etwaigen Verkürzung neu eingesetzt werden. Um die richtige Lage des Geißfußes zu prüfen, schraubt man eine Spindel mit entsprechendem Durchmesser ein.

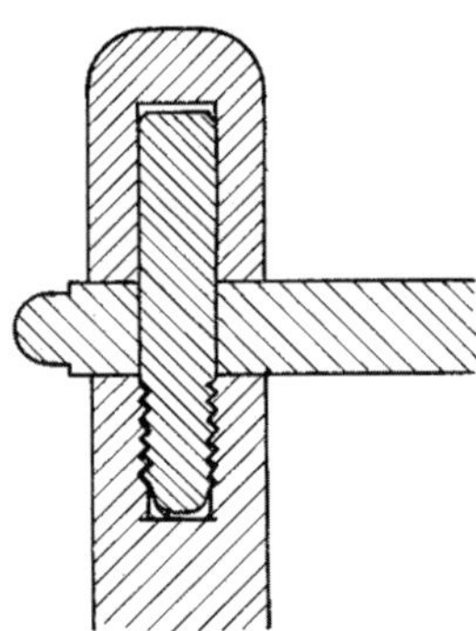

Abb. 482. Konstruktion einer sog. Etagere, Verbindung mittels Gewindezapfen

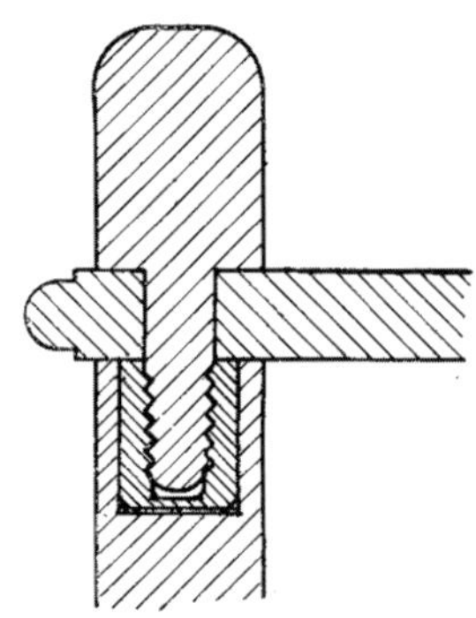

Abb. 482 a. Bessere Verbindung durch Einsetzen eines mit Gewinde versehenen Querholzstückes

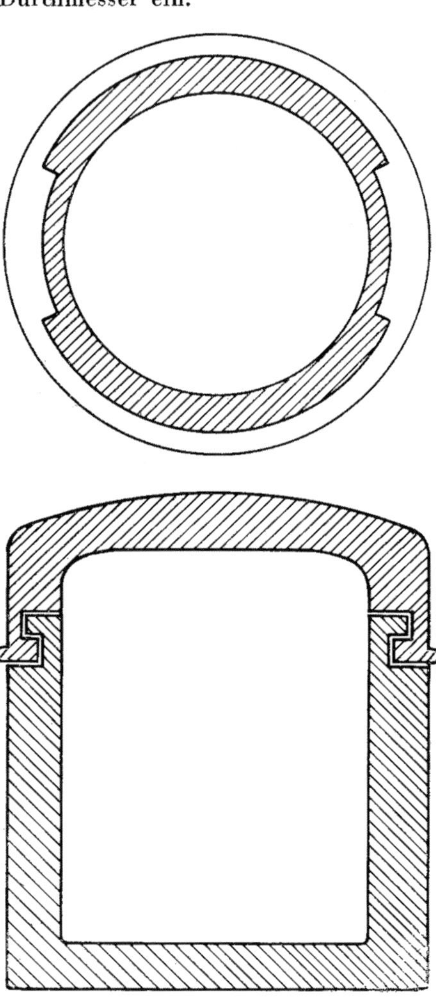

Abb. 483. Dose mit Bajonettverschluß

Abb. 484 a. Schnurknäuelbecher mit Bajonettverschluß

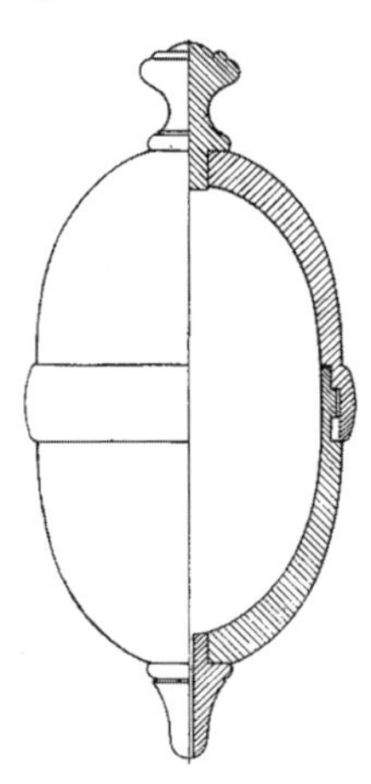

Abb. 484 b.

DER BAJONETTVERSCHLUSS

Je nach Aufgabe kann an Stelle eines Gewindes auch der leicht anzubringende Bajonettverschluß seine Dienste leisten. Er sitzt sehr fest und läßt sich nach jeder Richtung leicht und rasch lösen; es ist lediglich nötig, eine kurze Drehbewegung auszuführen, um den Verschluß zu öffnen. Die *Abb. 483* gibt ein deutliches Bild vom Aussehen eines solchen Verschlusses. Beim Deckel wie beim Dosenkörper muß an zwei Stellen ein Schlitz hergestellt werden. Dies geschieht durch entsprechendes Wegnehmen des vorspringenden Falzes an je zwei Stellen an Deckel und Körper, so daß sie ineinanderpassen (siehe auch nebenstehende Schnurbüchse).

Das Drehen schöner Faßhahnen ist so recht eine Arbeit für den Drechsler — und in den deutschen Gauen, in denen der Wein wächst und wo es noch Drechsler gibt (und dort gibt es meist Drechsler!), vor allem in den kleinen Städten, ist wohl jeder von ihnen auch ein hervorragender Faßhahndreher. Wohl sind im Handel billige Hahnen als Massenerzeugnisse zu erhalten, aber ein richtiger Weinbauer, Küfermeister und Weinhändler läßt sich auch heute noch vom geschickten Drechslermeister einen sauberen, handwerklich vollendeten Faßhahnen drehen. So ist es wenigstens in den Weingegenden von jeher bis auf heute geblieben. Wir wollen deshalb die zünftige Herstellung eines Faßhahnens hier noch beschreiben und darstellen.

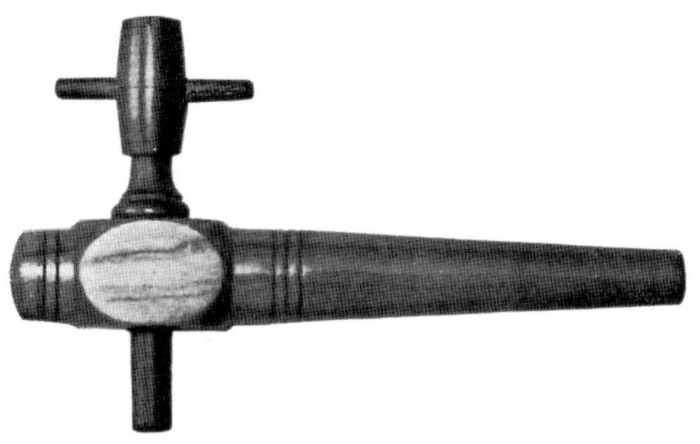

Abb. 485. Faßhahnen aus Kirschbaumholz (hergestellt von Meister Richard Haas)

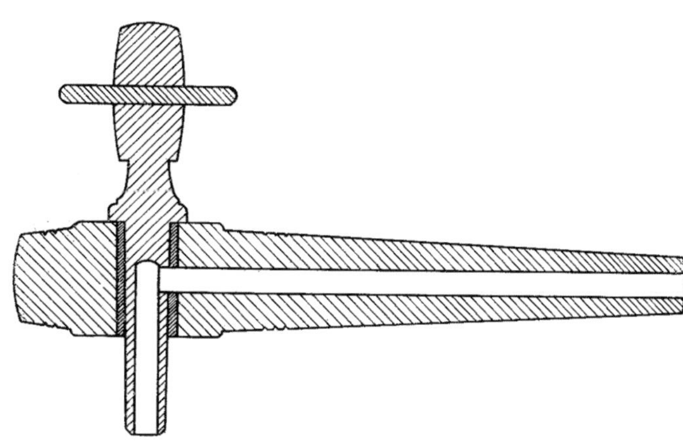

Abb. 486. Werkzeichnung zum Faßhahnen in Abb. 485

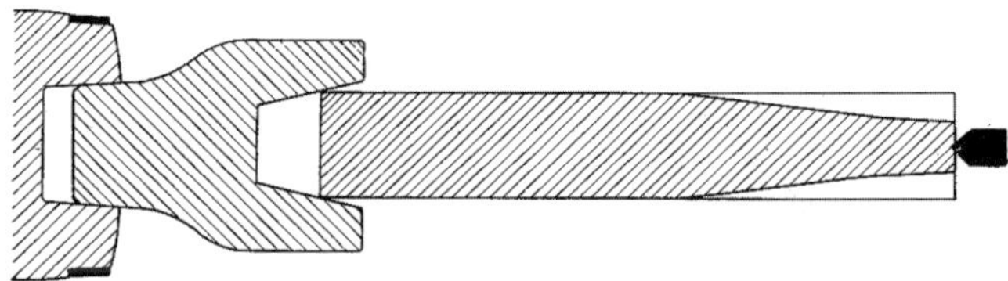

Abb. 487. Andrehen der konischen Verjüngung im Futter

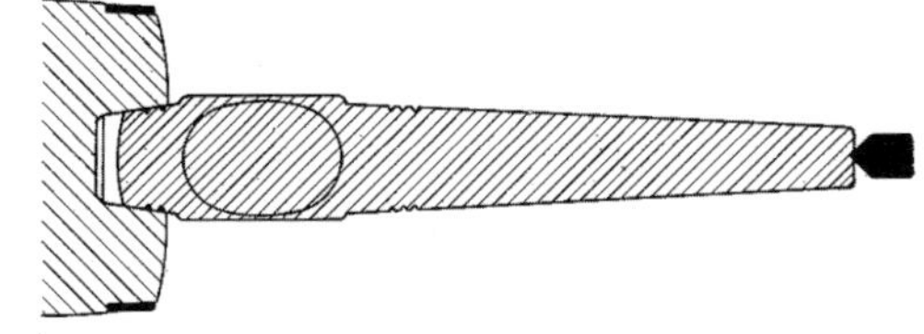

Abb. 489. Fertigdrehen der konischen Verjüngung

Das geeignetste und deshalb meist beliebteste Holz für den Faßhahnen ist das des Zwetschgenbaumes, aber auch Akazie, Waldkirsche (keine Feldkirsche) werden verwendet.

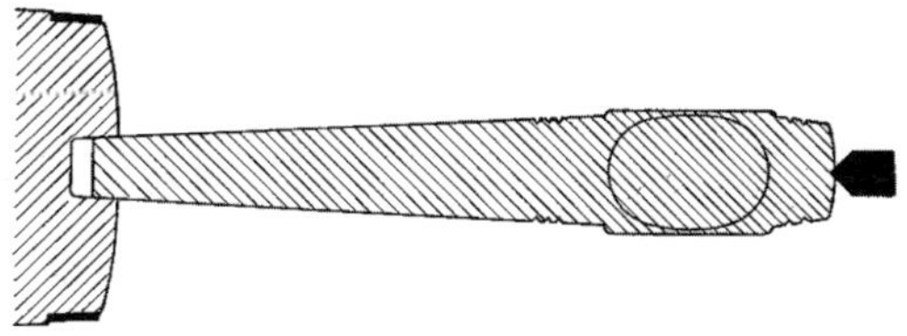

Abb. 488. Drehen der endgültigen Form des Hahnens im Futter

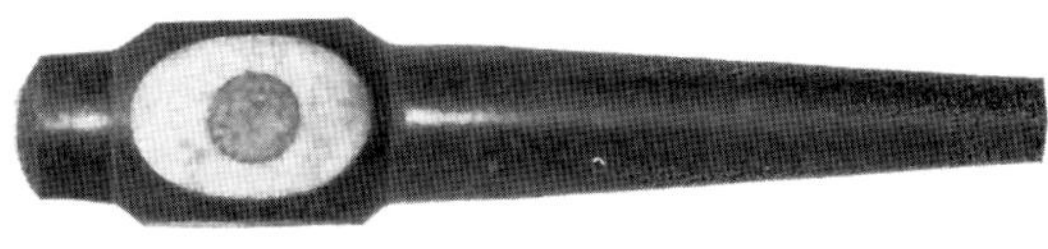

Abb. 489 a. Faßhahnen mit eingeschlagenem und noch nicht durchbohrtem Kork

Als erstes wird das Vierkantholz von entsprechender Länge in ein Futter gesteckt, zwischen den Körner gespannt und am Körner für ein Futter passend konisch angedreht *(Abb. 487)*. Das Werkstück wird umgespannt, in das entsprechende Futter gesteckt und so weit als möglich fertiggedreht *(Abb. 488)*. Die ovalen Flächen am vierkant gebliebenen Stück werden geschliffen. Das Werkstück wird nochmals umgespannt, damit auch die konische Verjüngung fertig gedreht werden kann *(Abb. 489)*. Zur Aufnahme des Korks muß nun das Querloch im Vierkantstück gebohrt werden, was mittels Zentrumsbohrer geschieht, siehe *Abb. 490*. Da das Loch für den Kork leicht konisch sein muß, wird das gebohrte Loch mit Hilfe des konischen Ausreibers leicht konisch ausgerieben *(Abb. 491)*.

Die Bohrung des Langloches wird mit dem Löffelbohrer vorgenommen. Nunmehr gilt es, den Kork in das Loch zu treiben. Dies stellt durchaus keine leichte Aufgabe dar. Zu dem Zweck werden Kork und Loch Tischlerleim angegeben. Der Kork muß dann mit e i n e m Schlag in den Hahnen eingeschlagen werden *(Abb. 492)*. Gelingt dies nicht sofort, so ist man gezwungen, den Kork wieder zu entfernen und einen neuen zu verwenden. Damit der Kork stramm sitzt, muß er etwa $1\frac{1}{2}$ mm größer sein als das Loch. Der gut sitzende Kork muß zunächst an der Schleif-

scheibe geschliffen werden. Dann wird der Hahnen mit Schleiföl geölt, mit feinem Sandpapier geschliffen und die Oberflächenbehandlung vorgenommen.
Sodann muß der Kork zur Aufnahme des Ausreibers „ausgestochen“ werden. Das geschieht mittels eines mit einem Schaber gut geschärften Messing- oder Stahlrohrs, das im Klemmfutter sitzt *(Abb. 493)*. Das Messingrohr muß, damit es besser läuft, mit Unschlitt eingerieben werden. Gebohrt wird mit Hilfe des Reitstockes. Das gebohrte Loch muß mit flüssigem heißem Unschlitt getränkt werden, damit sich die Poren schließen. Dabei geht man so vor, daß man das Loch auf einer Seite mit dem herausgestochenen Korkstück schließt, nun das Unschlitt hineingießt und nach einigen Sekunden wieder ausleert.

Es muß nun der dünnwandige Kork auch auf der anderen Seite mit dem Messingrohr ausgestochen werden, wozu der Hahnen wieder ins Futter gesteckt wird.
Die Herstellung des Ausreibers ist einfach. Er wird bis zur Hälfte mit dem Löffelbohrer ausgebohrt, dann die Form angedreht, mit Unschlitt eingerieben und in den Hahnen gesteckt. Im zusammengesteckten Zustand wird bis zur Hälfte durchbohrt mit dem Löffelbohrer. Der Reiber muß ungefähr 2 mm konisch sein. Der Rand des Loches wird außen leicht gebrochen.
Zum Schluß wird der Hahnen gezeichnet, damit er — da ja der Reiber konisch ist — mit diesem zusammenpaßt.
In besonderen Fällen werden die Faßhahnen mit Schlüssel versehen.

Abb. 490. Drechslerobermeister Richard Haas, Überlingen, beim Bohren des Loches zur Aufnahme des Korks

Abb. 491. Ausreiben des Korkloches mit dem konischen Ausreiber

Abb. 492. Einschlagen des Korks

Abb. 493. Messingrohr im Klemm- bzw. Teilspund zum Bohren des Korks

DIE GEWUNDENE SÄULE

Das Motiv der gewundenen Säule ist uralt und wohl schon in der Antike vorhanden gewesen. Wir finden die gewundene Säule das ganze erste Jahrtausend hindurch. Besonders aus der romanischen wie gotischen Zeit ist eine große Anzahl reizvoller Lösungen gewundener Säulen, weniger in Holz als in Stein, auf uns gekommen. Diese alten Säulen sind fast ohne Ausnahme mehrwundig. Wie wir später noch sehen werden, ist das Motiv der schlank gewundenen Säule wohl letzten Endes auf das in seiner ornamentalen Wirkung anregende Vorbild des gewundenen Seils zurückzuführen.

Obwohl seit langem die gewundene Säule in unserem formalen Schaffen nahezu verschwunden ist, wollen wir uns dennoch hier eingehender mit ihr beschäftigen, als dies in früheren Fachbüchern der Fall war, denn einmal wird doch da und dort dem Drechsler die Aufgabe gestellt, zu alten Möbeln passend gewundene Säulen zu drehen oder sie zu erneuern, dann aber sind wir auch der Meinung, daß sowohl die einfach gewundene wie die mehrfach gewundene Säule, sogar die durchbrochen gewundene Säule je nach Umständen durchaus ihre Lebensberechtigung haben können. Aber nur dann, wenn sie nicht verspielte, eitle, gedankenlose Kunststücke darstellen, sondern wenn sie mit feinem Gefühl und Takt einem Zweck zu dienen vermögen. Wie verschiedentlich schon ausgeführt wurde, befaßten sich im letzten Jahrhundert gerade in ihrem Fach technisch hervorragende Meister mit großer Liebe und Aufwand von viel Zeit mit der Herstellung solcher nur als Kunststücke anzusehenden Arbeiten. Diese erregten wohl stets Bewunderung über die technische Leistung, wurden aber vom gebildeten Publikum als zweck- und geschmacklos abgelehnt. Die alten Meister des letzten Jahrhunderts waren infolge des Niedergangs des gesamten Handwerks meist auch nicht mehr in der Lage, Werke zu schaffen, die mit wirklicher Kunst etwas zu tun hatten. Darum sei hier ausdrücklich gesagt, daß nur dann die gewundenen Säulen Sinn und Berechtigung haben, wenn sie einem Zweck dienen und in ihrer Form wirklich vollendet sind. Ist das nicht der Fall, wird das Handwerk sich erneut schaden und sich trotz allen Könnens Spott und Verachtung aussetzen.

Einige reizvolle alte Beispiele wie auch Arbeiten von Meister Hans Strecker aus München mögen den Beweis erbringen, daß das Motiv der gewundenen Säule auch heute noch unter Umständen bejaht werden kann.

Zu den nachfolgenden Beschreibungen der Herstellung der verschiedenen Arten von Säulen sei noch bemerkt, daß wir uns bei der Beschreibung der Aufzeichnung von Windungslinien im Interesse eines klaren Verständnisses an ein Grundschema gehalten haben. In der Praxis ist es jedoch wichtig, soweit als möglich die Wirkung, die in den Entwürfen gegeben ist, zu erzielen. Aus diesem Grund sind solche Formen gewählt, die in Beziehung zu einem geschlossenen Ganzen stehen.

Wir unterscheiden verschiedene Arten von gewundenen Säulen: die volle, massive Säule — diese kann einfach und mehrwundig sein *(Abb. 522—528)*. Wenn bei der massiv gewundenen Säule, vor allem mit mehrfachen Gängen, die Wunde an Stelle der wulstigen Rundstäbe eine Hohlkehlenform haben, spricht man von einem „Hohlwund" *(Abb. 529)*. (Um hier einer Verwechslung vorzubeugen, sei in diesem Zusammenhang darauf hingewiesen, daß auch der durchbrochene Wund oft Hohlwund genannt wird.)

Im Gegensatz zum massiven Wund gibt es den sog. „durchbrochenen Wund" *(Abb. 531—534)*, der, wie oben gesagt, auch oft „Hohlwund" genannt wird. Er ist innen hohl, d. h. es befinden sich zwischen den einzelnen Stäben Zwischenräume, so daß die Stäbe frei, spiralförmig umeinanderlaufen. Beide Säulenarten, die massiven wie die durchbrochenen, können in ihrer Grundform verschieden sein: zylindrisch, konisch oder gewölbt, d. h. nach beiden Seiten konisch. z. B. auch birnenförmig.

Bevor wir zur Beschreibung der Säulenarten und ihrer Herstellung übergehen, sei noch auf das allen Säulenarten Gemeinsame hingewiesen. Für die Einzelheiten der gewundenen Säule haben sich folgende Bezeichnungen ergeben: man nennt den einmaligen Umlauf der Windelinien „Gang" — die Entfernung zwischen Anfang und Ende des Ganges in der Achsenrichtung der Spindel die „Ganghöhe" oder die „Steigung". Die Tiefe der entstehenden Hohlkehlen oder Einschnitte heißen „Winde"- oder „Wundtiefe".

Je nach der Höhe der Steigung und Tiefe der Hohlkehlen bzw. Windetiefen verändert sich die formale Erscheinung der gewundenen Säule. Wir werden sehen, daß es bei der Gestaltung, besonders von mehrfach gewundenen Säulen, bestimmte Gesetze zu berücksichtigen gibt und außerdem, wieviel Erfahrung und sicheres Gefühl für Verhältnisse nötig sind, um eine in ihrer Wirkung schöne und harmonische Säulenform hervorzubringen. Auch hier machen nur viel Erfahrung und Übung den Meister.

Abb. 494. Süddeutscher Schrank aus Nußbaumholz mit gewundenen und in ihrer Grundform gewölbten Säulen, um 1670

DIE EINFACH GEWUNDENE SÄULE

Soweit es der Verfasser zu übersehen vermag, scheint die einfach gewundene Säule mit einer im Verhältnis zum Durchmesser geringen Ganghöhe erst im Laufe des 16. und 17. Jahrhunderts aufzukommen, und zwar finden wir sie in Italien *(Abb. 495 und 500)*. Das Motiv der schweren, einfach gewundenen Säule wurde besonders auch bei den Säulen der Barockaltäre benutzt. Das Motiv wird dann charakteristisch für die Gestaltung der Stühle unter Ludwig XIII. in Frankreich verwendet *(Abb. 496)*. Die gewundene Säule verbreitet sich dann über ganz Europa und findet auch bei uns in Deutschland Eingang *(Abb. 494 und 498)*. Nicht allein in den Städten, sondern überall auf dem Lande, wo die Drechslerei naturgemäß eine große Rolle für die Herstellung ländlicher Hausgeräte spielte, wurde das Motiv der gewundenen Säule in reizvoller Weise angewandt.

Abb. 495. Italienischer Tisch, Mitte 17. Jahrhundert. Gegenüber den gewundenen Säulen weist der mittlere Quersteg noch Renaissanceformen auf.

Vergleichen wir die hier in den Abbildungen gezeigten Beispiele von einfachen Wunden, so sehen wir, daß je nach Funktion und der übrigen Gestaltung die Grundform einmal zylindrisch oder auch konisch verjüngt sein kann. Bei den Möbeln in *Abb. 495—497* finden wir die zylindrische Form, da hier die Wunde sozusagen Stege und Fußpfosten blieben. Dagegen weist dort die gewundene Säule meist eine Verjüngung auf, sie bekommt Spannung und Tragkraft, wo sie als architektonisches Glied mit Sockel und Gesims in Verbindung steht (siehe die *Abb. 494, 498, 501, 508, 512)*; dadurch erinnert sie uns hier letzten Endes an das Vorbild der antiken Säule (siehe auch das Kapitel „Gestaltung").

Die Herstellung der Zylinderform

Die in *Abb. 509* dargestellte Säule soll hergestellt werden. Das auf die entsprechende Größe zugerichtete Holz wird zwischen Drei- bzw. Vierzack und Körner gespannt, auf Zylinderform gedreht, und zwar etwas stärker, als es die endgültige Form sein soll. Auf beiden Seiten wird ein leicht konischer Zapfen (oder Spund) passend für ein Futter angedreht. Danach wird das Werkstück auf einer Seite in ein Futter gesteckt, während es auf der anderen in der Spitze des Reitstockes gehalten wird *(Abb. 502)*.

Nun beginnt das Aufzeichnen der Spirallinien, nach denen der Wund bzw. die Wulste und Hohlkehlen eingearbeitet werden sollen. Bei unserer Säule ist eine Ganghöhe gleich dem Durchmesser der Säule angenommen. Nachdem nun zuerst die Länge des Teils, der gewunden wird, angezeichnet ist, wird an dessen Enden leicht eingestochen, und zwar bis zur Tiefe des noch anzuarbeitenden Profiles oder Stabes. Dann wird das Maß des Durchmessers der Säule in den Zirkel genommen und auf dem zu windenden Teil der Säule aufgetragen *(Abb. 505)*. Um es genau gleichmäßig auftragen zu können, wird man je nach der Länge des zu windenden Teils genötigt sein, das Maß etwas kleiner oder größer zu nehmen, um gleiche Abstände zu erhalten. Die angetragenen Punkte bzw. Linien werden mit Bleistift stark markiert. Diese Ganghöhen werden dann nochmals in vier gleiche Teile geteilt. Ebenso teilen wir auch den Umfang der Säule in vier gleiche Teile, indem wir vier Linien parallel zur Achse ziehen („Axiallinien"). Um bequem und genau den jeweiligen Umfang einer Säule in vier Teile zu teilen, legt man am praktischsten einen in

Abb. 496 (links). Französischer Stuhl aus der Zeit Ludwigs XIII. mit einfach gewundenen Fußpfosten, Stegen und Armlehnen. (Die zur Mode gewordene gewundene Säule wird selbst für die Armlehnen benützt, was natürlich nicht zu bejahen ist.)

Abb. 497 (rechts). Holländischer Stuhl aus dem 17. Jahrhundert mit einfach gewundenen Fußpfosten und Stegen

Abb. 498.

vier gleiche Teile geteilten Papierstreifen um die Säule und überträgt diese Einteilung. Ist der Spindelkasten mit einer Teilscheibe versehen, so kann natürlich mit deren Hilfe eine Säule in beliebig viele Teile genau eingeteilt werden (siehe Teilscheibe *Abb. 504 und 40*). Durch die so entstandenen Schnittpunkte der senkrechten und waagrechten Linien können nun die Spirallinien gezogen werden. Zunächst gilt es aber zu wissen, ob die Säule links oder rechts aufsteigen soll; denn danach richtet es sich, ob die Spirale rechts oder links beginnen muß — bei unserem Beispiel läuft sie rechts. Nun werden also, wie die *Abb. 502 und 505* zeigen, die entsprechenden Schnittpunkte mit einer spiralförmigen Linie so miteinander verbunden, daß zwei nebeneinanderher laufende Linien entstehen. Zum besseren Verständnis haben wir auf der Zeichnung die Linien, die die Scheitelhöhe der Windung markieren, mit feinem Strich gezeichnet und die Mittellinien der Hohlkehlen mit starkem Strich. Die rückwärtigen, dem Auge nicht sichtbaren Linien sind jeweils gestrichelt gezeichnet. Es empfiehlt sich, bei der praktischen Ausführung sich farbiger Stifte zu bedienen.

Sind die Spirallinien für Wulste und Hohlkehlen genau aufgezeichnet, so kann nun mit dem Ausarbeiten der Hohlkehlen begonnen werden. Die entsprechenden Linien werden zunächst eingeschnitten, und zwar am besten mit einer Schweifsäge, deren Sägeblatt möglichst so breit ist, wie eingesägt werden muß bzw. entsprechend der Windetiefe. Bei kleineren Säulen kann man z. B. auch einen Fuchsschwanz nehmen, auf den ein sog. „Reiter“ aufgesetzt wird, so daß die Breite des frei bleibenden Sägeblatts der Windetiefe entspricht *(Abb. 502)*.

Vor dem nun folgenden Stemmen muß die Spindel etwas „streng“ gestellt werden, damit das Werkstück ziemlich fest sitzt. (Wer nicht groß genug ist, um gut und bequem stemmen zu können, stellt sich am besten auf eine Fußbank.) Mit einem breiten, schlanken Stecheisen, noch besser mit einem breiten,

Abb. 499. Vasentisch aus dem Charlottenburger Schloß, um 1700

Abb. 498. Pfosten eines Himmelbettes, mit teilweise gewundener, konisch verjüngter Säule

Abb. 500. Einfach gewundene Säule an einem italienischen Bett, 17. Jahrhundert

Abb. 501. Hölzernes Portal mit schweren gewundenen Säulen aus dem 17. Jahrhundert

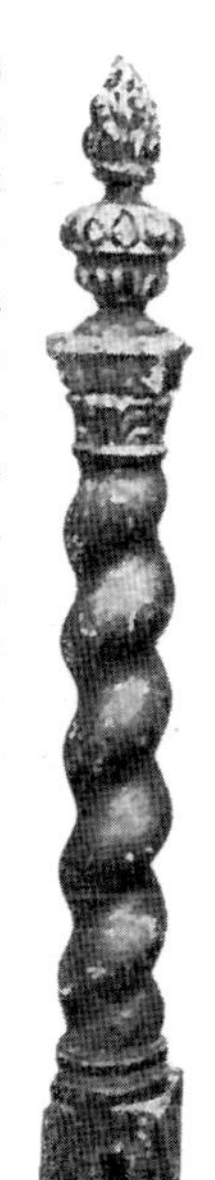

Abb. 500

sog. Balleneisen stemmt man bis auf die Tiefe des Sägeschnitts nun das Holz heraus. Dabei ist zu beachten, daß man nicht zuviel Holz wegnimmt. Mit einem leichteren Eisen werden nun die Kanten mit der Hand weggestochen, selbstverständlich nie gegen die Holzfaser! Erst wird von einer Seite gestochen, und man spannt, um nicht gegen die Hand zu arbeiten, das Werkstück um (weswegen die Anarbeitung von zwei Spunden erforderlich ist).

Mit einer runden oder halbrunden Raspel wird jetzt die Rundung bzw. Hohlkehle ausgeraspelt. Bei der Herstellung der Säulen sind besonders die Drehbänke mit Feststellvorrichtung praktisch, d. h. solche, bei denen die Spindel festgestellt werden kann, so daß man z. B. mit beiden Händen bei feststehender Spindel bzw. Werkstück arbeiten kann. Bei stärkeren Stükken arbeitet man mit beiden Händen, wogegen bei leichteren Arbeiten die eine Hand die Raspel hält, während die andere Hand die Säule gegen, also zur Raspel hin, dreht. An Stelle der Raspel verwendet man da und dort auch die Raspelscheibe, die auf die Drehbankspindel aufgespannt wird und an die das Werkstück bei laufender Bank angehalten wird. Ein erfahrener guter Meister wird jedoch die Raspelscheibe ablehnen, da er mit der Handraspel die Formen der Windungen mit weit mehr Gefühl herausarbeiten kann. Bei der zylindrischen Säule müssen die Hohlkehlen natürlich gleich tief sein. Um sich von der gleichmäßigen Tiefe der Hohlkehlen zu überzeugen, bedient man sich eines Maßes, wie es in *Abb. 510 a* dargestellt ist (oder eines Greifzirkels). Ein Brettchen wird mit einem Nagel versehen, der der Windetiefe entspricht. Wenn vorgeraspelt ist, kann man bei längeren Stücken beim weiteren Raspeln die Bank langsam laufen lassen. Dabei ist aber zu beachten, daß die beiden Enden der Säule mit der Hand bei stillstehender Bank geraspelt werden, weil bei laufender Bank die Gefahr besteht, daß das Holz für die noch anzuarbeitenden Profile verletzt wird. Nachdem die Hohlkehle fertig geraspelt ist, wird der Rundstab bzw. Wulst

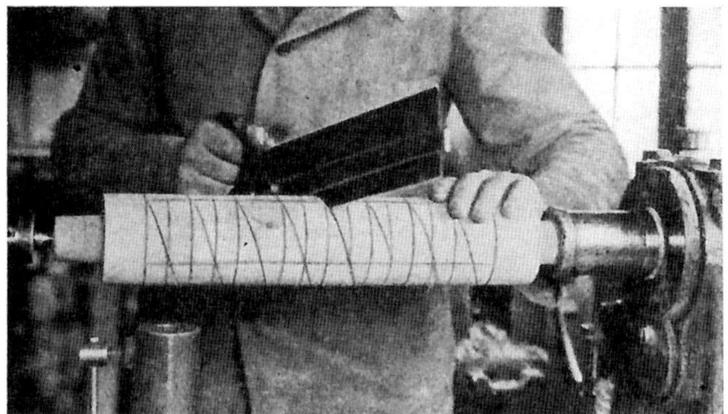

Abb. 502. Einsägen der Wundtiefe mit dem Fuchsschwanz

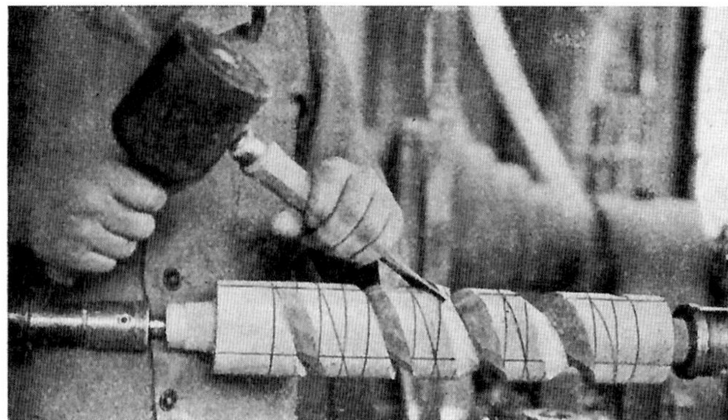

Abb. 503. Ausstemmen der Wundtiefe mit dem Stecheisen

mit der Flachraspel gerundet in Richtung des Holzes. (Dabei das Werkstück natürlich auch immer umspannen!) Danach wird mit einer Rundfeile die Hohlkehle geschlichtet und mit einer feineren Flachfeile die Rundung geputzt (auch hier nie gegen das Holz!).

Die *Rundraspel und -feile* bearbeitet also die *Hohlkehlen*, die *Flachraspel und -feile* die Rundungen bzw. Wulste.

Bei guten Arbeiten, besonders auch solchen aus Hartholz und bei polierten Arbeiten, ist es außerordentlich vorteilhaft, mit Glas das ganze Werkstück zu schaben. Dazu bricht man ein nicht zu dünnes Fensterglas über einer Dreikantfeile ab. (Nicht Diamant nehmen, da so geschnittene Gläser keine Schneide haben.)

Die Säule wird jetzt mit Schleif- oder Sandleinewand geschliffen. Man reißt sich von einem Bogen schmale Streifen ab und schleift den Streifen mit beiden Händen auf dem Werkstück hin und her. Erst wird gröbere, dann feinere Sandleinewand verwendet. In manchen Werkstätten geht man auch so vor, wie es die *Abb. 507* zeigt. Man fertigt sich gewissermaßen ein laufendes Schleifband, das einerseits über einem auf der Spindel sitzenden Rundholz läuft und andererseits über einer kleinen Rolle, die auf einem Gestell befestigt ist. Wichtig hierbei ist, daß das Schleifband die richtige Spannung hat, d. h. es soll wohl fest gespannt sein, aber nicht zu stramm, sondern elastisch, so daß man das Band leicht an die verschiedenen Formen der Wulste und Hohlkehlen führen kann. Um die nötige Elastizität zu erreichen, wird man das auf dem Boden befindliche Gestell, auf einer Seite z. B. durch einen Nagel, festhalten, auf der anderen Seite frei über dem Boden schweben lassen und mit einem Gewicht beschweren, so daß das Gestell federn kann. Zum Schluß kann man noch bei langsamem Laufen der Bank mit einem ganz feinen Sandpapier nachschleifen; dann wird die Säule mit warmem Wasser angefeuchtet, um etwaige Druckstellen aufquellen zu lassen. Danach wird wieder mit feinem Sandpapier geschliffen.

Abb. 504. Kreiseinteilung unter Zuhilfenahme der Teilscheibe

Jetzt erst wird das Profil angedreht. Würde man es schon vorher anbringen, bestünde die Gefahr, daß es beim Raspeln der Säulenform verletzt würde. Es ist zu beachten, daß die letzte Windung der Säule schön und selbstverständlich in das Profil ausläuft *(Abb. 509, 512)*. Meist sehen wir bei alten Säulen, daß sich an die Windung eine Platte mit Rundstab anschließt. Aber je

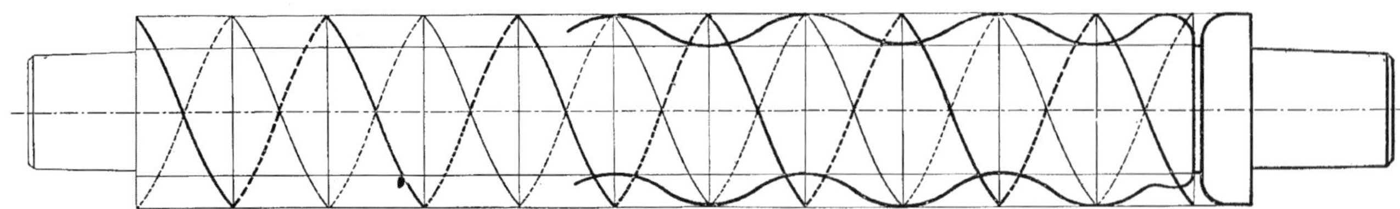

Abb. 505. Konstruktionszeichnung einer einfach gewundenen zylindrischen Säule, Ganghöhe 1 : 1

Abb. 506. Raspeln der Wölbung mit der Flachraspel. (Die Hohlkehle wird mit der Rundraspel bearbeitet.)

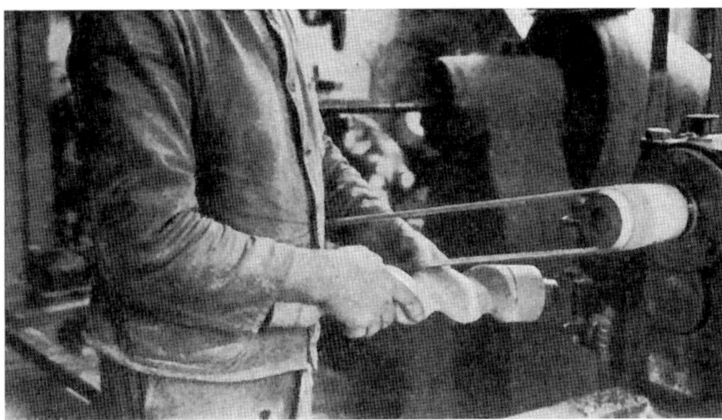

Abb. 507. Schleifen der gewundenen Säule mit kleinem, selbstkonstruierten Schleifapparat

nach der übrigen Gestaltung der Säule ist natürlich auch eine anschließende Hohlkehle möglich. Hier ist viel Gefühl und Geschmack nötig, um die richtige Lösung zu finden. Wenn die Säule gebeizt werden soll, so wird sie mit Wasser angefeuchtet und, solange das Holz noch feucht ist, gebeizt. Das Beizen auf noch feuchtem Holz verhindert, daß die Stirnflächen dunkel werden. Danach wird wieder leicht mit feinem Sandpapier abgeschliffen und danach noch ein- oder zweimal gebeizt, wobei zu beachten ist, daß das Hirnholz nicht zu dunkel wird. Wenn die Hölzer nicht poliert werden, werden sie mit Tuffmatt oder Politur eingelassen und mit Roßhaar abgerieben. (Dabei die Bank langsam laufen lassen.)

Soll die Säule poliert werden, so wird sie nach der letzten Beize mit Roßhaar geschliffen und mit Politur feucht eingelassen. Die Bank läßt man langsam laufen. Die Enden werden mit der Hand herauspoliert bei stillstehender Bank.

Wer noch eine Fußdrehbank hat, kann sie zur Herstellung der Säule, besonders zum Polieren, gut gebrauchen, da man sie je nach Bedarf schneller oder langsamer laufen lassen kann.

Die konisch verjüngte einfach gewundene Säule

wird im Prinzip genau so hergestellt wie die vorher beschriebene Säule mit zylindrischer Form, abgesehen natürlich von der Aufzeichnung der Gewindegänge. Da sich die Säule konisch verjüngt, verringert sich das Maß der Gewindegänge entsprechend dem jeweiligen kleineren Durchmesser der sich verjüngenden Säule in einem bestimmten Verhältnis. Der erfahrene und mit sicherem Gefühl arbeitende Meister wird bei der Zeichnung auf ähnliche Weise vorgehen wie vorher beschrieben:

An der stärksten Stelle der Säule nimmt er den entsprechenden Durchmesser in den Zirkel und trägt ihn einmal auf der Säule ab. Von diesem gefundenen Punkt aus trägt er den entsprechenden Durchmesser ab und so fort, stets den jeweils kleineren Durchmesser. Die so entstandenen im selben Verhältnis kleineren Teile müssen jeweils wieder in vier Teile geteilt werden, die aber nicht gleich groß sein dürfen, sondern sich auch im entsprechenden Verhältnis verringern müssen. Die Teilung in die jeweils vier kleiner werdenden Zwischenräume wird der geübte Drechsler nach Gefühl vornehmen. Er wird sich dabei so helfen, daß er von jedem zu teilenden Zwischenraum erst die Mitte sucht und von dort aus nach dem Gefühl im richtigen Verhältnis die jeweilige Verkleinerung abträgt.

Danach wird, wie bei der zylindrischen Säule, auch der Umfang der Säule in vier Teile geteilt, und dann werden die Spirallinien der Windung durch die entstandenen entsprechenden Schnittpunkte gezogen. Die Ausarbeitung der Hohlkehlen und Wulste geschieht, wie vorher beschrieben. Es ist selbstverständlich, daß sich entsprechend der Verjüngung der Säule die Tiefen der Hohlkehlen auch verjüngen.

Diese Art der Aufzeichnung für die konisch verjüngte Säule wird, da sie hauptsächlich nach dem Gefühl hergestellt wird, nie ganz genau sein, aber in der Praxis dem Drechsler meist genügen, da ja auch für die Fertigstellung einer schönen Säule eine millimetergenaue Zeichnung weniger wichtig ist als ein sicheres Gefühl des Drechslers für die Ausarbeitung der Hohl-

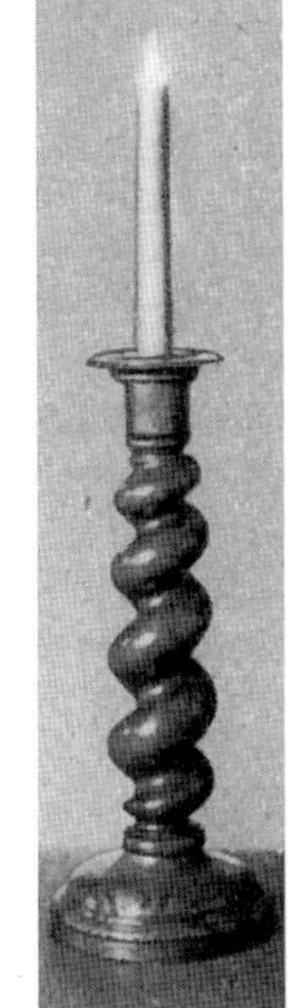

Abb. 508. Kerzenleuchter mit beidseits konisch verjüngter gewundener Säule (Ausführung: Obermeister Rudolf Möhring, Magdeburg)

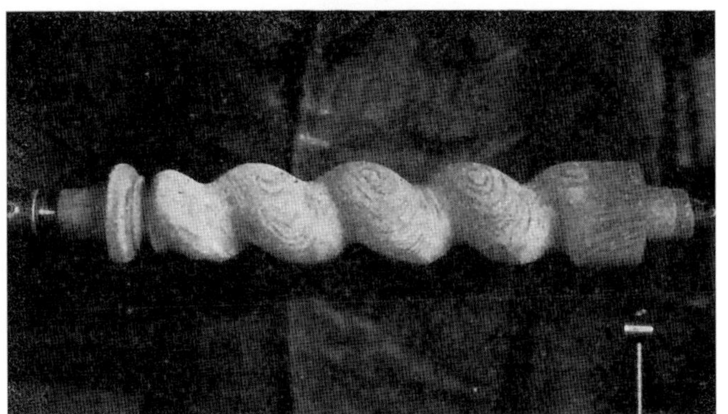

Abb. 509. Die fertig bearbeitete Säule mit auf einer Seite eingearbeitetem Profil

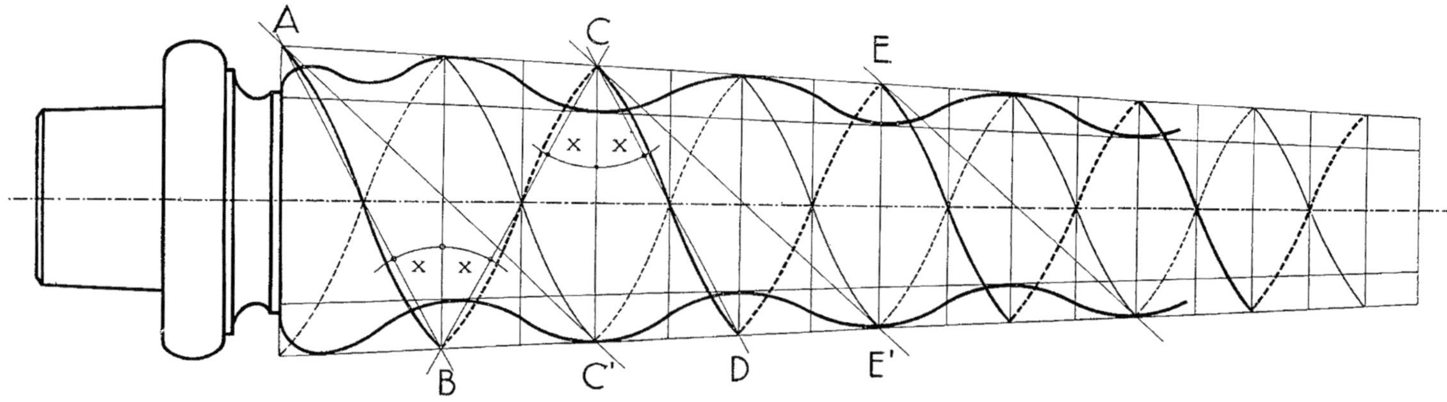

Abb. 510. Konstruktionszeichnung einer einfach gewundenen, konisch verjüngten Säule

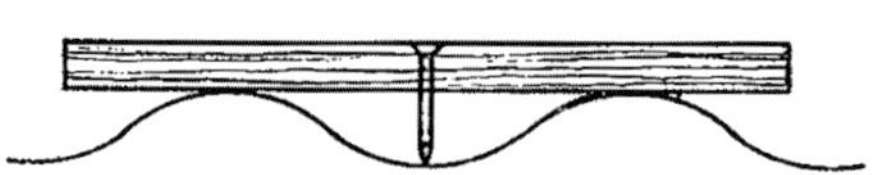

Abb. 510 a. Tiefenmaßleiste

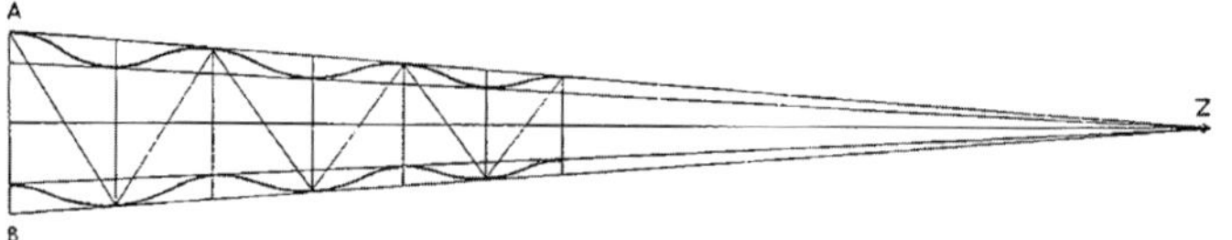

Abb. 511. Konstruktionszeichnung für die genaue Auffindung der sich verkleinernden Wundtiefe

kehlen und Wulste. Es wird aber auch Fälle geben, in denen eine ganz genaue Aufzeichnung erforderlich ist, vor allem auch dann, wenn man für einen bestimmten Zweck vorher ein genaues Bild von der Wirkung der Säule haben will. In solchen Fällen empfiehlt sich eine Konstruktionszeichnung, wie sie in *Abb. 510* gezeigt ist. Zur exakten Ermittlung der richtig sich im Verhältnis verjüngenden einzelnen Gänge zeichnet man zunächst nur die Hälfte des ersten großen Ganges A–B auf, zieht nun durch B eine Senkrechte zur Mittelachse, wodurch sich ein Winkel X ergibt. Wir tragen nun denselben Winkel X um B an und finden die andere Hälfte der Ganghöhe bzw. den Punkt C. A–C stellt also die erste Ganghöhe dar. Ziehen wir durch C eine Senkrechte zur Mittelachse, so ergibt sich derselbe Winkel X. In derselben Weise wird weiterkonstruiert. Die Steigungslinien müssen bei der zylindrischen wie bei der konischen Säule stets parallel laufen. Dies ist eben nur möglich, wenn die Winkel X alle gleich sind. Die halbe Steigung A–B läuft also parallel zur halben Steigung C–D. Ziehen wir die Diagonale A–C^1 gleich der ersten Ganghöhe, so läuft diese parallel zur Linie C–E^1.

Wie wir wissen, müssen sich auch die einzelnen Gewindetiefen entsprechend der konischen Verjüngung der Säule jeweils verjüngen.

Abb. 512. Anwendung der beidseits konischen Säule an einem Lampenfuß (Ausf.: Drechslermeister G. Harder, Lindau)

Fertigt man sich eine geometrische Zeichnung an *(Abb. 511)*, so ist auf folgende Weise leicht die Linie zu finden, auf der die Vertiefungen liegen. Als erstes verlängern wir die Begrenzungslinien der konischen Säule, bis sich diese im Punkt Z auf der Mittelachse treffen. Man trägt nun auf dem größten Durchmesser A—B jeweils die gewünschte Gewindetiefe an und zieht von diesen Punkten nach Z je eine Linie und gewinnt so die sich im richtigen Verhältnis verjüngenden Gewindetiefenlinien.

Wichtig ist, daß schon beim Einsägen der Gewindetiefe diese sich entsprechend verjüngt. Um dies genau kontrollieren zu können, steckt man am einfachsten einen schmalen Furnier, auf dem man die Maße angezeichnet hat, in die Sägeschnitte. Ebenso kann man bei langsamem Laufen der Spindel, wobei sich der Kern der Säule deutlich zeigt, kontrollieren, ob die Gewindetiefen genau eingearbeitet sind und sich in harmonischer Linie entsprechend verjüngen.

Die gewölbte Säule *(Abb. 508, 512)*

wird im Prinzip genau so hergestellt, wie vorher beschrieben, die Aufzeichnung geschieht nach dem gleichen Schema, wie bei der konisch verjüngten Säule dargestellt, nur daß man hier nicht an dem oberen Ende beginnt, sondern am besten von dem Punkt ausgeht, der den stärksten Durchmesser aufweist. Das heißt man wird an diesem Punkt eine Tangente ziehen und nach beiden Seiten jeweils die Hälfte des entsprechenden, also des größten Durchmessers der Säule abtragen (sofern die Ganghöhe dem Durchmesser der Säule entsprechen soll), und von diesen gefundenen Punkten aus werden die weiteren Unterteilungen gefunden, nach dem oben beschriebenen Schema *(Abb. 510)*.

DIE MEHRFACH GEWUNDENE SÄULE

Man geht, wie schon einleitend erwähnt, wohl nicht fehl in der Annahme, daß das aus mehreren Schnüren gewundene Seil das Urvorbild für die mehrfach gewundene Säule ist. Schon sehr früh wurde das sich natürlich ergebende Ornament sogar von vorgeschichtlichen Völkern genutzt, die die Schnur wie auch ganze Strohmatten in ihre in Lehm geformten Töpfe eindrückten, wodurch das sog. Schnurornament (Schnurkeramik) entstand. Wir finden das Motiv der mehrfach gewundenen Säule durch nahezu das ganze erste Jahrtausend unserer Zeitrechnung. Ganz besonders sind eine große Anzahl Werke aus der romanischen und auch gotischen Stilepoche auf uns gekommen, in denen die mehrfach gewundenen Säulen in vielfältigen Abwandlungen zu finden sind, und zwar hauptsächlich in Form steinerner Säulen, also als Glieder der Architektur. Die *Abb. 513* mag eine kleine Vorstellung von der Art dieser Säulen geben. Reichlich finden wir dann auch dieses Motiv bis ins 17. Jahrhundert, in seiner Erscheinung an das geflochtene Seil erinnernd, beim Fachwerkbau, und zwar geschnitzt an den Ecken und äußeren und inneren Pfosten und Gebälken *(Abb. 514)*. Es war naheliegend, daß das so vielfach in der Steinarchitektur vorkommende Motiv auch für die Gestaltung der Möbel genutzt wurde. Wir finden allerdings in der Gotik nur an wenigen Möbeln Wunde mit schlanken und steilen Gängen. Auch in der Renaissance ist die vielfach gewundene Säule sehr selten. Dagegen erscheint mit dem starken Aufkommen der einfach gewundenen, vom Drechsler hergestellten Säule im 17. und 18. Jahrhundert, also in der Zeit des Barocks, gewissermaßen als Abwandlung dieser Formen, auch die mehrfach gewundene Säule wieder häufiger, wenn auch lange nicht in dem Maße wie die einfach gewundene Säule. In den *Abb. 515—521* sind einige Beispiele gezeigt mit doppelt und mehrfach gewundenen Säulen, und wir sehen, auf wie vielfältige Weise das Motiv der mehrfach gewundenen Säule organisch in eine Gesamtgestaltung eingebaut werden kann. Die ganzen Jahrhunderte hindurch bis hinein ins 19. Jahrhundert ist dies Motiv noch anzutreffen. Jedoch, abgesehen vielleicht vom ersten Drittel des 19. Jahrhunderts und von guten Kopien nach alten Vorbildern, weisen die Arbeiten im Zug des Niedergangs der übrigen Handwerkskultur keine beachtlichen Leistungen mehr auf. Besonders in der Pseudorenaissance wird dies Motiv auch gerne angewandt. Was bereits über Form und die heutige Anwendung der einfach gewundenen Säule gesagt wurde, gilt im gleichen und noch höheren Maße für die mehrfach gewundene Säule. Ob und wieweit in Zukunft das Motiv der mehrfach gewundenen Säule wieder angewandt werden kann und wird, das läßt sich heute noch schwer sagen. Jedenfalls kann sie nur dann zu neuem Leben erweckt werden, wenn sie für ganz besondere Fälle mit viel Takt und Feingefühl und gutem handwerklichen Können Anwendung findet. Wenn wir trotzdem im nachfolgenden ausführlich auf ihre Herstellung eingehen, so tun wir das einmal der Vollständigkeit halber, dann aber auch, weil wir wissen, wie noch mancher Meister sich in seinen Mußestunden gern mit der Herstellung mehrfach gewundener Säulen befaßt. Diesen mögen unsere Ausführungen so-

Abb. 513. Mehrfach gewundene steinerne Säule in einem romanischen Kreuzgang

Abb. 514. Geschnitztes Gebälk mit dem Motiv des Wundes

Abb. 515. Spanischer Tisch mit Säulen mit dem Motiv des mehrfachen Wundes, aus dem 16. Jahrhundert

Abb. 516. Barockstuhl aus dem 17. Jahrhundert mit dem Motiv des Doppelwundes

wohl in handwerklicher wie auch in formaler Beziehung von Nutzen sein und sie vor allem aber auch davor bewahren, unnütze Spielereien zu machen, sondern sie vielmehr dazu anregen, nur solche Arbeiten auszuführen, die formal ansprechend sind und einem Zwecke dienen.

In den *Abb. 522—528 sind* durch Gegenüberstellung der verschiedenen, mehrfach gewundenen, zylindrischen Säulenarten deren unterschiedliches charakteristisches Aussehen und ihre Wirkung gezeigt. Wir sehen, daß der Ausdruck der Säule abhängig ist von der Größe, Zahl und Steigung der Windungslinien, sowie den Größen und der formalen Durchbildung der Wunde.

Abb. 522 zeigt die einfach gewundene Säule (deren Herstellung schon genau beschrieben wurde); die Steigungshöhe ist gleich dem Durchmesser.

Abb. 517. Louis XVI.-Sessel mit gedrehten und geschnitzten Beinen unter Verwendung des Motivs des mehrfachen Wundes

Abb. 523. Hier haben wir bei gleichem Durchmesser der Säule und derselben Ganghöhe wie bei *Abb. 522* den sog. Doppel- oder zweifachen Wund. Wir sehen, daß in der gleichen Ganghöhe zwei Wulste liegen, die natürlich halb so groß sind wie die Wulste von *Abb. 522,* und zwar liegen sich hier die Wulste jeweils gegenüber, außerdem ist die Windetiefe halb so groß. Aus dem Grundriß ist ersichtlich, daß sich Höhen- und Tiefenlinien jeweils gegenüberliegen.

In *Abb. 524* finden wir den vierfachen Wund, ebenfalls unter Zugrundelegung desselben Durchmessers und derselben Ganghöhe von *Abb. 522.* Folglich befinden sich in der gleichen Ganghöhe vier Wulste, die natürlich wieder halb so groß sind wie die Wulste des Doppelwunds in *Abb. 523* und die sich ebenfalls jeweils gegenüberliegen. Außerdem hat sich die Windetiefe wieder im selben Verhältnis verringert. Wir sehen aus dem Grundriß, wie sich die Höhen- und Tiefenlinien jeweils gegenüberliegen.

In *Abb. 525* haben wir den dreifachen Wund auch unter Zugrundelegung der gleichen Ganghöhe und desselben Durchmessers von *Abb. 522,* wodurch in dem gleichen Gang drei Wulste liegen, die ebenso wie die Windetiefe natürlich ein Drittel so groß sind wie beim einfachen Wund in *Abb. 522.* Hier machen wir die Feststellung (wie überhaupt bei Wunden mit ungerader Zahl der Windungsgänge), daß sich Wulste und Einschnitte nun gegenüberliegen, was auch aus dem Grundriß wieder deutlich hervorgeht.

Abb. 518. Pfosten einer englischen Bettstelle mit dem Motiv des mehrfachen Wundes, um 1800

Abb. 519. Mehrfach gewundener Steg eines Frisiertisches aus der Biedermeierzeit

Abb. 518. Abb. 519.

Abb. 520.

Abb. 520. Frisierspiegel mit Ovalrahmen, Säule mit dem Motiv des mehrfachen Hohlwundes, siehe Abb. 521

Abb. 521. Teilaufnahme von Abb. 520

Abb. 521.

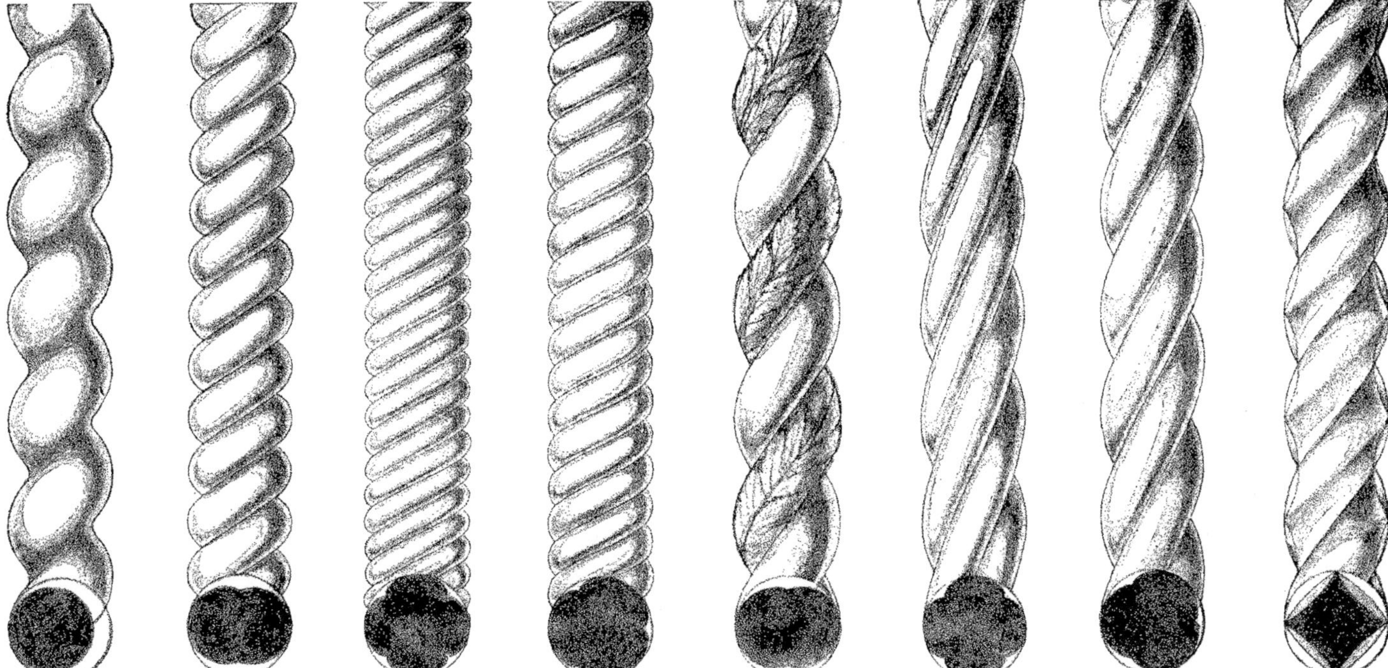

Abb. 522. Einfacher Wund *Abb. 523. Doppelwund* *Abb. 524. Vierfacher Wund* *Abb. 525. Dreifacher Wund* *Abb. 526. Doppelwund* *Abb. 527. Vierfacher Wund* *Abb. 528. Dreifacher Wund* *Abb. 529. Vierfacher Hohlwund*

In den folgenden *Abb. 526—528* ist eine andere Aufgabe gestellt. Es wird der zwei-, drei und vierfache Wund gezeigt unter Zugrundelegung desselben Durchmessers und derselben Wulstgröße der in *Abb. 522* dargestellten einfach gewundenen Säule, wobei wir feststellen, daß sich die jeweiligen Steigungshöhen stets entsprechend verändern. So ist in *Abb. 526* beim zweifachen Wund die Steigungshöhe 1:2, in *Abb. 527* beim vierfachen Wund 1:4 und in *Abb. 528* beim dreifachen Wund 1:3. Wir sehen also, daß wir dieselbe Wulstgröße beibehielten und die Steigung folglich jeweils steiler werden mußte.

Die in diesen Abbildungen dargestellten Beispiele mögen zeigen, wie vielfältig die Durchbildungsmöglichkeiten und damit die formalen Erscheinungen einer mehrfach gewundenen Säule sein können. Natürlich ist es von größter Wichtigkeit, alle Möglichkeiten mit Feingefühl und Takt anzuwenden.

DER HOHLWUND

In *Abb. 529* sehen wir eine vierfach gewundene Säule. Hier treten an die Stelle des Wulstes Hohlkehlen. Diese können sowohl mit Hilfe von Raspel und Feile wie auch mit dem Schnitzmesser vom Bildhauer hergestellt werden. Wie ein Hohlwund praktische Anwendung finden kann, zeigen die *Abb. 520 und 521* wie auch *Abb. 514*. (Wie eingangs schon erwähnt, wird der nachfolgend beschriebene durchbrochene Wund auch oft Hohlwund genannt.)

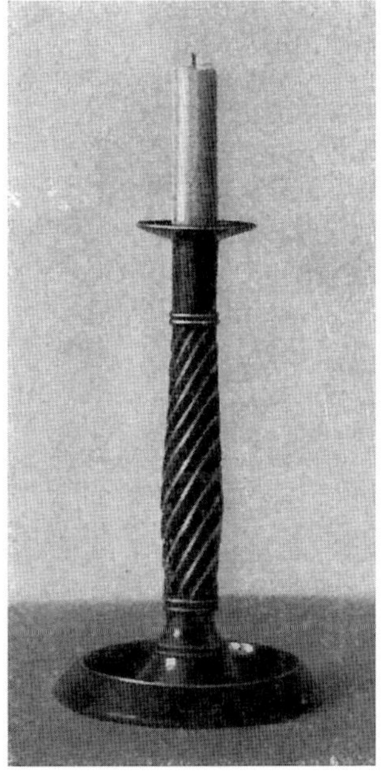

Abb. 530. Kerzenleuchter mit beidseits konisch verjüngter, mehrfach gewundener Säule. Die Einsätze für Asche und Kerze wurden an der Drehbank in Metall gedrückt (ausgeführt als Lehrlingsarbeit von Meister Hans Strecker, München).

DIE HERSTELLUNG VON DOPPELT UND MEHRFACH GEWUNDENEN ZYLINDRISCHEN SÄULEN

Es ist naheliegend, daß die Herstellung bzw. Aufzeichnung der Windungslinien von mehrfach gewundenen zylindrischen Säulen auf dem gleichen Prinzip aufgebaut wird, wie schon bei der einfach gewundenen zylindrischen Säule beschrieben wurde. Entsprechend der Anzahl der Wunde werden verschieden viele Windungslinien in eine Ganghöhe hineingezeichnet.

Es sei hier noch kurz die Aufzeichnung des *doppelten Wundes* beschrieben. Wie wir wissen, genügt es hier wie beim einfachen Wund, Ganghöhe und Umfang der Säule in vier gleiche Teile zu teilen. Statt einer Windungslinie wie beim einfachen Wund gehen hier vom Grundriß der Säule zwei Linien aus, d. h. statt je einer Höhen- und Tiefenlinie je zwei Höhen- und Tiefenlinien, also im ganzen vier Linien.

Die Aufzeichnung des *vierfachen Wundes* geschieht nach dem gleichen Schema. Da wir aber hier für die vom Grundriß ausgehenden vier Windungslinien je vier Höhen- und vier Tiefenlinien, also im ganzen acht Linien brauchen, muß der Umfang der Säule so wie die jeweilige Ganghöhe in acht Teile geteilt werden, um die entsprechenden Kreuzungspunkte zu erhalten, durch die die Windungslinien gezogen werden.

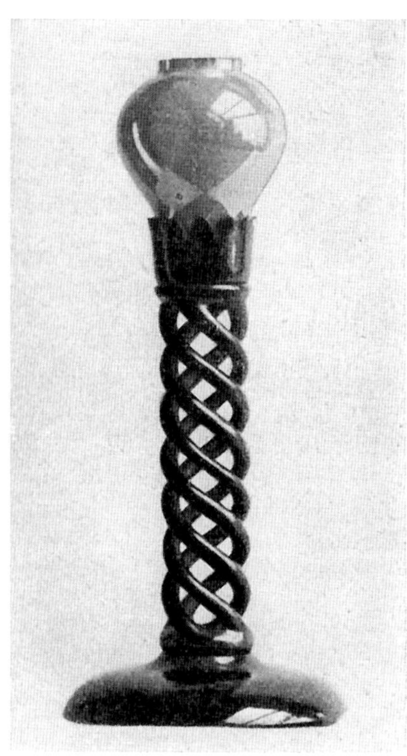

Abb. 531. Windlicht, Säule mit vierfach durchbrochenem Wund (Entwurf und Ausführung: Meister Hans Strecker, München)

Beim *dreifachen Wund* wird ebenfalls die gleiche Ganghöhe wie bei den vorher beschriebenen Wunden angetragen, jedoch gehen hier vom Grundriß drei Windungslinien aus, wir brauchen je drei Höhen- und drei Tiefenlinien, folglich müssen der Durchmesser der Säule und der jeweilige Gang in sechs Teile geteilt werden.

Nach der Anzahl der Windungslinien richtet sich also die Einteilung der Säule; so braucht man z. B. für einen fünffachen Wund je fünf Höhen- und fünf Tiefenlinien, also im ganzen zehn Linien, und so fort. Nach diesem Schema ist es leicht, jeden Wund auf eine zylindrische Säule aufzuzeichnen; wichtig ist in erster Linie, wie schon gesagt, das sichere Gefühl des Meisters für das richtige Verhältnis, d. h. Stärke der Säule zur Ganghöhe der Windungen bzw. deren Wulstbreiten und Windungstiefen.

DIE MEHRFACH GEWUNDENE SÄULE IN KONISCHER UND GEWÖLBTER FORM

Die Aufzeichnung der Windungsgänge bei der mehrwundigen konischen Säule geschieht nach demselben Prinzip, wie bei der konisch einfach gewundenen Säule bereits beschrieben ist. Lediglich werden sich entsprechend der Anzahl der Windungsgänge und je nach Form der Säule mehr oder weniger hohe Steigungen ergeben bzw. ändert sich die Zahl der Wulste innerhalb einer Ganghöhe. Um den organischen, gesetzmäßigen Lauf der Windungslinien bei der konischen mehrwundigen, also meist hochgängigen Säule zu finden, ist es ratsam, vor allem für den Anfänger, nach einem sicheren Schema vorzugehen und nicht, wie es in den meisten alten Fachbüchern steht, eine erste Windungslinie nach dem Gefühl auf die Hauptform der Säule aufzutragen, wobei natürlich leicht die Gefahr besteht, daß man sich „verläuft" und aus der Richtung kommt, d. h. nicht den gleichmäßig ansteigenden Lauf findet. Dies ist besonders schwer bei breiten, bauchigen Formen. Gewiß wird ein erfahrener und begabter Meister eine solche Aufgabe leichter bewältigen als ein junger, der zum erstenmal einer solchen Arbeit gegenübersteht. Freilich wird man nach gewisser Übung auch freihändig die erste Windungslinie in einem ziemlich gleichmäßigen Steigungsverhältnis auftragen können, und da die übrigen Windungslinien sich zwangsläufig der ersten in paralleler Richtung anpassen, wird die Säule in fertigem Zustand wohl ein ziemlich harmonisches Bild ergeben.

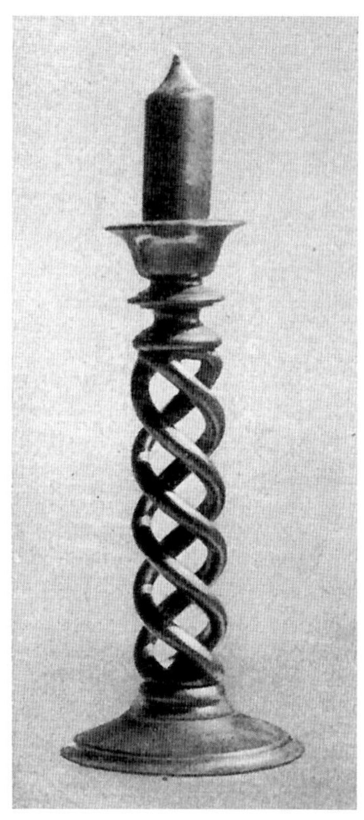

Abb. 532. Kerzenleuchter mit dreifach durchbrochenem Wund (Entw. u. Ausf.: Obermeister R. Haas, Überlingen)

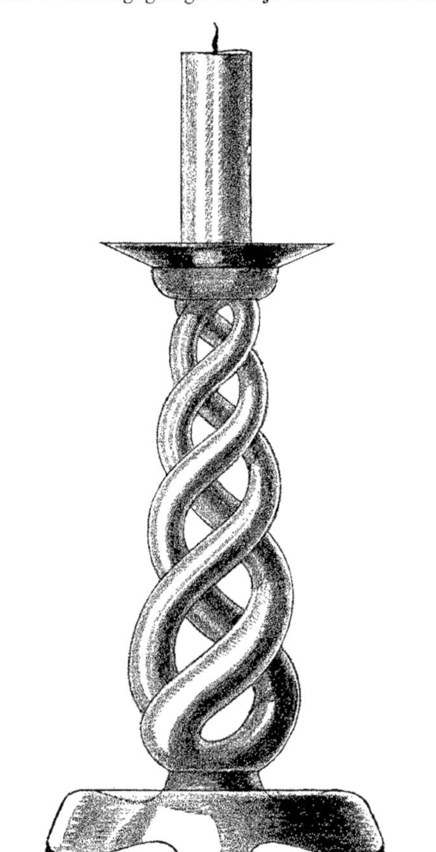

Abb. 533. Entwurf zu einem Kerzenleuchter mit dreifach durchbrochenem Wund (Entwurf und Zeichnung: Meister Hans Strecker, München)

Um aber eine Gewähr für eine richtig und gleichmäßig aufsteigende erste Windungslinie zu erhalten, geht man so vor, wie im Prinzip bereits bei der konischen, einfach gewundenen Säule in *Abb. 510* beschrieben. Lediglich wird man bedenken, daß bei einem mehrfachen Wund die erste Windungslinie naturgemäß steiler laufen muß, damit die Windungen bzw. deren Wulste nicht zu schmal werden.

Auf diese Weise kann man nun jede erste Windungslinie finden, ganz gleich, ob es sich um zwei-, drei-, vier- oder mehrfach gewundene Säulen handelt. Natürlich immer unter Zugrundelegung der im Entwurf angegebenen Steigungsrichtung. Kommt

z. B. eine zwei- oder vierfache Windung in Frage, so können die erst gezeichneten Teile mit den vier axialen und vertikalen Linien (wie wir von der mehrfach gewundenen zylindrischen Säule schon wissen) weiter in acht bzw. sechzehn Teile unterteilt werden.

DER MEHRFACH GEWUNDENE DURCHBROCHENE WUND

(vielfach auch „Hohlwund“ genannt)

In vereinzelten Fällen vermag die Wahl dieser Formen, die ja im Ausdruck sehr heiter sind, sofern sie reizvoll und organisch in Verbindung zu anderen Formen gebracht werden, durchaus berechtigt sein, z. B. bei Kerzenleuchtern und Windlichtern, weniger jedoch zu elektrischen Tischlampensäulen, da hier beim durchbrochenen Wund die Kabellitze sichtbar sein würde. In den *Abb. 531—534* ist gezeigt, daß die Anwendung des durchbrochenen Wunds sehr sinnvoll sein kann.

Es ist naheliegend, daß man bei der Aufzeichnung der Windungslinien für einen solchen durchbrochenen Wund im Prinzip genau so vorgeht, wie bei den vorher gezeigten Säulen bereits beschrieben. Wichtig ist hier, ein gutes Verhältnis zwischen den gewundenen Rundstäben und den Hohlräumen zu finden. Man wird zur Aufzeichnung der Hohlräume entsprechend mehr Linien einzeichnen. Die Herstellung eines durchbrochenen Wunds geht natürlich etwas anders vor sich als beim Vollwund. Nachdem die Säule in ihrer Hauptform gedreht ist, wird sie innen ausgebohrt, und zwar soweit, wie man den inneren Radius wünscht — erst wird mit dem Löffelbohrer ausgebohrt, dann mit dem Ausdrehstahl das Weitere ausgedreht. Dann wird die Säule beidseits auf einen Zapfen gesteckt, wobei der Zapfen einen Ansatz haben muß.

Erst jetzt wird die Aufzeichnung vorgenommen (siehe oben).

Für die Herstellung der Hohlräume wird das Holz, das also herausgenommen werden muß, am besten mit dem Zentrumsbohrer (in Bohrmaschine) herausgebohrt. Dann wird die Säule

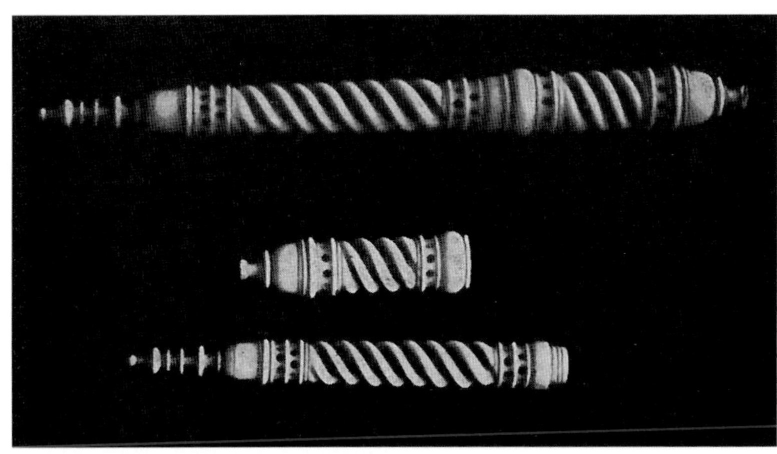

Abb. 534. Knöchernes Nadelbüchschen aus der Biedermeierzeit mit dem Motiv des dreifach durchbrochenen Wundes (aus dem Heimatmuseum zu Feuchtwangen). Das Motiv des durchbrochenen Wundes ist hier sehr sinnvoll angewandt, denn hier ist es möglich, die Nadeln zu sehen. Die beiden Teile sind durch Gewinde miteinander verbunden.

Abb. 535. Fräs-, Kannelier- und Windeapparat (Werkfotos: Alex. Geiger, Ludwigshafen a. Rh.)

Abb. 535 a. Fräs-, Kannelier- und Windeapparat mit besonders aufgesetztem Fräsmotor

Abb. 536. Teilaufnahme des in Abb. 535 gezeigten Fräsapparates. (Aufgenommen: Werkstatt F. Breitling, Vaihingen a. F.)

zur Bearbeitung der Außenseite auf einen durchgehenden Zapfen gesteckt, der wieder herausgenommen werden muß, wenn sie innen bearbeitet wird. Das durch die Bohrung noch stehengebliebene Holz wird mit einem feinen Bildhauereisen weggestochen, wobei darauf zu achten ist, daß mit dem Eisen schon möglichst genau alles gestochen wird. Die Rundstäbe werden mit Riffelraspel *(Abb. 198 und 199)* und Feilen rund gearbeitet, die Innen- und Außenseiten der Stäbe durch Hin- und Herziehen mit Schleifleinewand sauber ausgeschliffen. Je nach Aufgabe können die einzelnen Stäbe noch Profile angeschnitten erhalten.

DAS FRÄSEN VON GEWUNDENEN SÄULEN MIT DEM GEIGERSCHEN FRÄS-, KANNELIER- UND WINDAPPARAT (Abb. 535—536)

Seit vielen Jahren stellt die bekannte Firma Geiger auch einen Windapparat her, der sich vor allem für das Fräsen gewundener zylindrischer Säulen eignet und auf eine Holzdrehbank aufgeschraubt werden kann. Wie an diesem Apparat gearbeitet wird, braucht nicht weiter erklärt zu werden, denn die Firma liefert genaue Gebrauchsanweisungen. Die *Abb. 536* zeigt den Apparat in Arbeit. Der rotierende Fräser wird mittels Support an das sich drehende Werkstück herangeführt.

Man kann mit diesem Apparat wohl auch Säulen mit konischer Grundform winden, indem der Support so gestellt wird, daß er parallel zur konischen Säule steht. Aber es ist nicht möglich, entsprechend der konischen Verjüngung der Säule auch die Windungslinien konisch zu verjüngen, wodurch ein formal unbefriedigendes Bild entsteht. Wir sehen daraus, daß für die Herstellung einer schönen konischen Säule die gediegene Handarbeit nicht ersetzt werden kann. Dieser Apparat erweist sich auch vorteilhaft zum Kannelieren von Säulen und Fräsen von Rosetten.

DAS PASSIGDREHEN

Bei der Technik des sog. Passigdrehens bewegt sich das zu bearbeitende Werkstück nicht allein um seine Achse, sondern es wird außerdem entweder in axialer Richtung noch hin und her bewegt — oder es pendelt zugleich quer zu seiner Achse hin und her. Das Wort „Passig“ kommt wahrscheinlich von dem französischen Wort passer, d. h. vorübergehen, und man darf wohl annehmen, daß diese Technik in Frankreich aufgekommen ist. Eine solche Annahme wird noch dadurch bekräftigt, daß wir in französischen Fachwerken zum erstenmal, und zwar schon im 16. Jahrhundert, Drehbänke mit Einrichtung für Passigdreherei finden (siehe die *Abb. 25* auf Seite 19 und *Abb. 31* auf Seite 22). Wenn wir auch erst im 16. und 17. Jahrhundert in französischen Fachwerken Abbildungen von Passigdrehbänkenfinden, so ist damit nicht gesagt, daß die Technik in dieser Zeit erst aufkam. Sie ist wohl schon älter.

Bei uns in Deutschland haben wir Nachrichten über eine ganze Anzahl von bekannt gewordenen Drechslermeistern, die als Lehrer der „Kunstdrechslerei“ an den verschiedensten deutschen Fürstenhöfen tätig waren; denn wie wir ja schon des öfteren ausgeführt haben, beschäftigen sich von alters her selbst Fürsten mit der Drechslerei, und es scheint, daß sich diese Liebhaberei der Potentaten von der Antike durch das ganze Mittelalter hindurch bis weit in das 18., ja sogar bis ins 19. Jahrhundert erhalten hat.

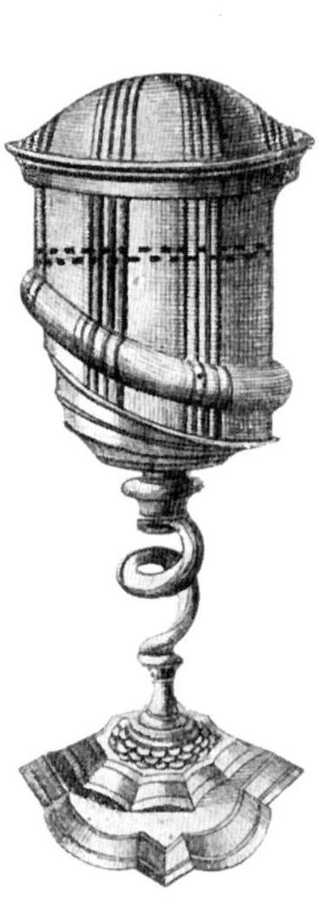

Am frühesten finden wir bei uns die sog. „Kunstdrechslerei“ am Hof des sächsischen Kurfürsten August (1553 bis 1586). Ende des 16. Jahrhunderts begegnen uns die Namen der Kunstdrechslermeister Georg Weckhardt und Egidius Lebenigk — ferner die Namen Jacob Zeller, ein Sohn des aus Regensburg stammenden, seit 1583 in Dresden arbeitenden Pankraz Zeller. Eine Stadt, in der die Kunstdrechslerei besonders geübt wurde, war Nürnberg, in der sich in erster Linie die Familie Zick auszeichnete. Der älteste, Peter Zick (gest. 1632), unterrichtete einige Zeit Rudolf II. in Prag. Vor allem brachte es von seinen drei Söhnen Peter, Christof und Lorenz Zick der letztere zur Berühmtheit. Dieser unterrichtete ebenfalls verschiedene Fürsten und hohe Herren, vor allem Ferdinand III. Von ihm berichtet Dop-

Abb. 537. *Abb. 538.* *Abb. 539.*

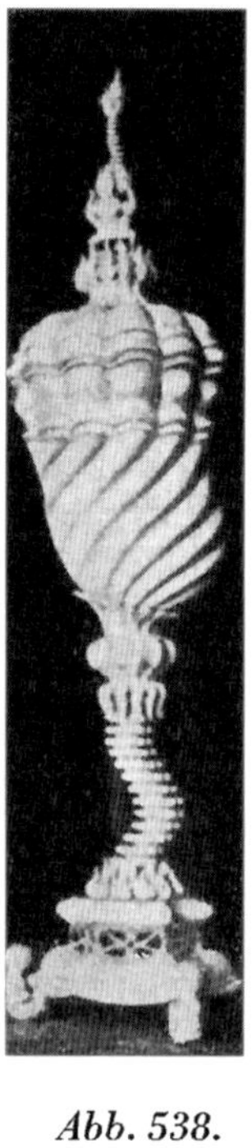

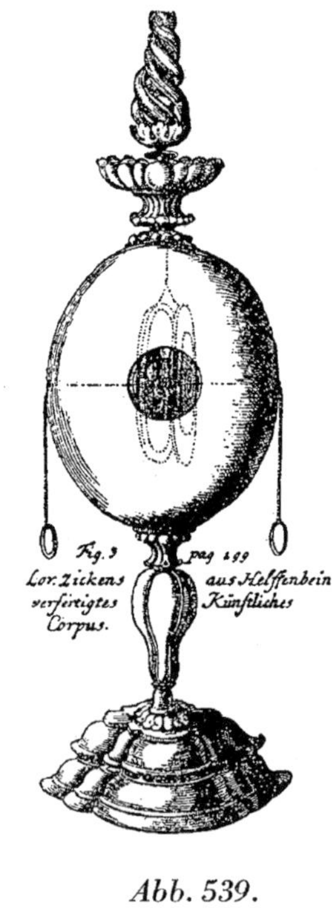

Abb. 537. Pokal aus Elfenbein, teilweise passig gedreht (aus dem Buch von Joh. Martin Teuber, aus dem Jahre 1740)

Abb. 538. Passig gedrehter Elfenbeinpokal, etwa um 1700

Abb. 539. Sog. Kunstdrechslerarbeit von Lorenz Zick, 1594—1666 (aus dem Buch von Joh. Gabriel Doppelmayr: „Historische Nachricht von den Nürnbergischen Mathematicis und Künsten“, 1730)

pelmayr: „er drehte gar trefflich in oval, bassicht gewunden und auch geflammt, und machte aus Helffenbein Pocale in und auswendig, wie solche sonsten die Goldschmidte zu treiben pflegten mit Buckeln, – – –" Ein Sohn des Lorenz Zick, Stefan Zick (1639 bis 1715), setzt die in der Familie Zick Tradition gewordene Kunstdrechslerei noch fort, und mit dem verwandten Nachkommen David Zick (gest. 1777) erlischt der Name der bekannten Drechslerfamilie Zick.

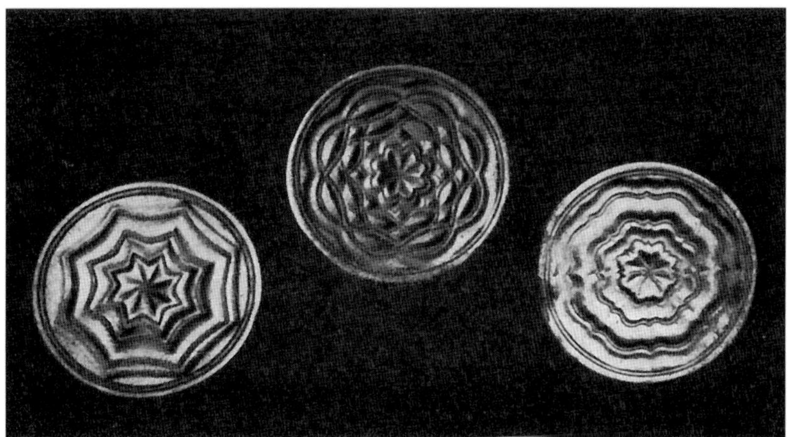

Abb. 540. Spielsteine aus Elfenbein in Querpassig (Nationalmus. München)
Abb. 541. Spazierstockgriff (Elfenb.) in Längspassig (Schloßmus. Stuttgart)

Einen ähnlichen Ruf wie die Nürnberger Familie Zick besaß die Familie Teuber aus Regensburg, die ebenfalls drei Generationen hindurch sich der sog. Kunstdrechslerei hingab. Der jüngste von den dreien gab im Jahre 1740 in Regensburg ein Buch über die gemeine und höhere Drehkunst heraus, in dem er das Verdienst seiner Vorfahren hervorhob und mit eigenem Lob nicht sparte, nannte er sich doch „Der Drechsler Zierde"! Wie es jedoch mit der „Kunst" des J. M. Teuber bestellt war, mag aus der *Abb. 537* hervorgehen!

Außer den genannten Kunstdrechslern sind solche auch noch aus anderen Landschaften bekannt, so setzte z. B. ein Schüler von Teuber, Johann Michael Hahn, 1714 in Schweinfurt geboren, die Richtung von Teuber fort. In Österreich, wo man der Kunstdrechslerei, wie es scheint, wenig Geschmack abgewinnen konnte, und diese mehr von fürstlichen Dilettanten betrieben wurde, sind uns aus dem 17. Jahrhundert einige Namen bekannt, wie: Görlitzer, Daniel Vading, Treumund Kirch. Aus Schwaben ist uns aus dem 17. Jahrhundert Georg Burrer aus Stuttgart bekannt, ferner aus dem 18. Jahrhundert Wilhelm Benoni Knoll und dessen Sohn Michael. Am Düsseldorfer Hofe des Kurfürsten Johann Wilhelm von der Pfalz (1690 bis 1716) tritt uns ein Georg Steiner aus Bensberg entgegen. Zum Schluß seien noch der aus Koburg stammende Johann Eisenberg und Markus Heiden genannt, die auch zusammen gearbeitet haben, wie dies aus einer Inschrift an einem 1630 gedrehten Pokal hervorgeht. Heiden war 1638 von Herzog Wilhelm IV. nach Weimar berufen worden.

Abb. 541.

Abb. 542. Dose aus Elfenbein in Querpassig (Nationalmuseum München)

Die sog. Kunstdrechslerei blühte auch in anderen europäischen Ländern, so, wie schon erwähnt, auch in Frankreich, wo im Jahre 1701 der Pater Charles Plumier ein Buch „Die Kunst des Drechselns" herausgegeben hat, in dem der Passigdreherei ebenfalls ein bedeutender Platz eingeräumt wird.

Schon im Lauf des 18. Jahrhunderts scheint das Interesse an den künstlich verspielten sog. Kunstdrechslerarbeiten zurückzugehen, aber keinesfalls erlitt dadurch das Drechslerhandwerk selbst Einbuße; denn neben der sog. Kunstdrechslerei blühte die ganzen Jahrhunderte hindurch die einfache Runddreherei und leistete ihren wertvollen Beitrag für das kunsthandwerkliche Schaffen ihrer Zeit, wie dies aus dem Kapitel „Geschichte der Drechslerformen" deutlich hervorgeht.

Betrachten wir die große Anzahl der uns überkommenen passiggedrehten Arbeiten, so müssen wir zu der Feststellung kommen, daß diese Periode der sog. „Kunstdrechslerei" nicht dazu angetan war, dem so schönen Handwerk der Drechslerei mit seinen reichen Möglichkeiten zu kulturellem Ansehen zu verhelfen. Die meisten Arbeiten stellen mehr Produkte rein technischer, mathematischer Fähigkeiten dar. Dieser Zug ist wohl damit zu erklären, daß in jener Zeit wichtige technische Erfindungen gemacht wurden, für die die Technik des Drehens Voraussetzung war. Dazu kam die in der Entwicklung des Humanismus aufkommende Überschätzung des Verstandlichen gegenüber dem Künstlerischen. Die technische Kunstfertigkeit des Handwerks genoß die größte Wertschätzung hoher Herren, die aus allgemeinem Interesse sich so auch mit der handwerklichen Technik der Drechslerei abgaben und durch ihren Dilettantismus leider dazu beitrugen, daß das Handwerk oft auf Abwege geriet. So entstanden aus dem Ehrgeiz, stets etwas besonders Neues und Originelles zu erfinden, die kuriosesten Produkte, die wir heute mit dem Wort Kunststücke, aber nicht als Kunstwerke bezeichnen können. In den *Abb. 537—539* geben wir einige Beispiele aus verschiedenen Jahrhunderten. Erst Ende des 17. Jahrhunderts, in dem immer noch die sog. Kunstdrechslerei gepflegt wurde, beginnt ein neu erblühendes und gesundendes Kunsthandwerk die Epoche der schwülstigen Kunstfertigkeiten langsam zu überwinden. Besonders sind es die gebildeten Stände, die sich abwenden von den verspielten, nutzlosen Kuriositäten. Wir finden aus der Zeit wohl noch Passigdrechslereien, doch jetzt meist an gebrauchsfähigen Arbeiten, an Dosen, Spielsteinen usw. Hier ordnet sich die Ziertechnik des Passigdrehens einem Zweck unter. Die *Abb. 540—542* beweisen, daß die Passigdrechslereien aus jener kultivierten Zeit eine Berechtigung hatten und Bereicherungen darstellten. Aber bei aller scheinbaren Vielfalt der technischen Möglichkeiten der Passigdrechslerei spürt man doch eine gewisse Gleichförmigkeit den Dingen an, weil eben dieser Technik ihre Grenzen gezogen sind. Betrachten wir solche Passigarbeiten, so kommen sie in ihrer Wirkung Schnitzereien sehr nahe, und man kann wohl nicht mit Unrecht diese alten Passigarbeiten vergleichen mit unseren mechanischen Schnitzereien, die heute mit Hilfe von modernen Frästechniken hergestellt werden, womit natürlich nicht gesagt werden soll, daß mit den heutigen Frästechniken alle Formen der Passigdreherei gefertigt werden können (siehe auch *Abb. 662)*.

Abb. 543. Döschen aus Ebenholz, Deckel in Längspassig (Abb. 543—545. Entw. und Ausführ. der Drechslerarbeiten: Hans Strecker, Döschen und Knopf aus dem Jahre 1912)

Abb. 544. Schubladenknopf in Ebenholz in Längspassig

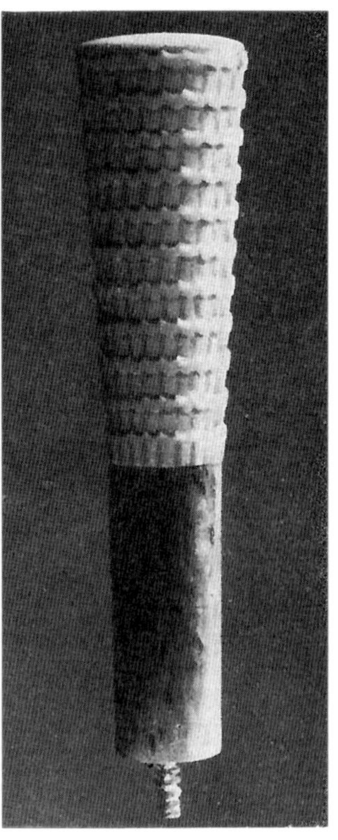

Abb. 545. Schirmgriff aus Elfenbein in Längspassig (aus dem Jahre 1922)

Mit Absicht sind wir so eingehend auf die sog. alte Kunstdrechslerei eingegangen, um zu zeigen, wie bedauerlich es ist, wenn ein Handwerk die durch die Technik natürlich gegebenen Grenzen verläßt und sich auf einen Weg begibt, der nimmermehr zu einem hohen Ziele führen kann. Ganz besonders sei deshalb auf den Irrweg hingewiesen, den das Handwerk in alten Zeiten ging, weil wir im letzten Jahrhundert das traurige Schauspiel erleben mußten, daß wiederum gerade das Drechslerhandwerk aus Mangel an geistiger und künstlerischer Bildung eine Richtung einschlug, die erneut nahezu zu seinem Untergang führte. Aber nicht allein im letzten Jahrhundert, sondern bis in unsere neueste Zeit hinein müssen wir mit Bedauern feststellen, daß ein Teil des Handwerks, und so auch das Drechslerhandwerk, immer wieder Können mit Kunst verwechselte. Und es scheint dem Verfasser, als ob gerade heute wieder, wo dem Handwerk großes Interesse entgegengebracht wird, eine fatale Entwicklung erneut zum Schlechten einsetzt, d. h. wir können oft sehen, daß sich das Nur-Können auf Kosten wirklicher Kunst wieder in den Vordergrund drängt. Fragen wir uns, ob heute die Passigdreherei noch ihre Berechtigung hat, so kommen wir zu folgender Betrachtung: Die alte Technik der Passigdreherei war und bleibt eine sehr zeitraubende Beschäftigung, und es ist zu begreifen, daß sie schon im 19. Jahrhundert durch das Aufkommen der Maschine verdrängt wurde. Deshalb sind heute kaum noch Passigdrehbänke zu finden.

Abgesehen von ganz wenigen Meistern, die sich heute noch in Mußestunden mit Passigarbeiten beschäftigen, ist diese Passigdreherei im allgemeinen verschwunden. (Beispiele neuzeitlicher Passigarbeiten sind in den *Abb. 543—545* gezeigt.) Ob sie jemals wieder erstehen wird, ist sehr fraglich. Wir verfügen über inzwischen neu aufgekommene Techniken, die auf maschinellem Wege leicht und billig solche Formen herstellen können, die in ihrer Wirkung den handgearbeiteten Arbeiten sehr ähnlich sehen, und die, sofern sie formal einwandfrei sind, auch bejaht werden können. Damit soll aber natürlich nicht gesagt werden, daß wir eine gute und schöne handgearbeitete Passigarbeit nicht einer billigen Massenarbeit vorziehen, und wir halten es nicht für unmöglich, daß auch heute noch ein Meister, wenn er Geschmack hat und entsprechend bezahlt wird, reizvolle Arbeiten in der Technik der alten Passigdreherei herstellt. Aber wie wir des öfteren schon gesagt haben, wartet auf das Drechslerhandwerk eine solche Fülle von anderen wichtigen Aufgaben, daß es genügend Gelegenheit hat, sich als wertvollen Faktor einzuschalten in das schöne kulturelle Gestalten unserer Zeit.

Wie wir bereits erwähnt haben, unterscheidet man beim Passigdrehen zwei Hauptarten: das Längspassigdrehen und das Querpassigdrehen.

DAS LÄNGSPASSIG

Hier bewegt sich die Spindel nicht nur um ihre Achse, sondern auch noch in axialer Richtung hin und her. Man spricht auch von „geschoben gedreht".

Die einfachste Form des Längspassigdrehens ist das sog. „Schrägpassig". Die Spindel bewegt sich mit dem Arbeitsstück wäh-

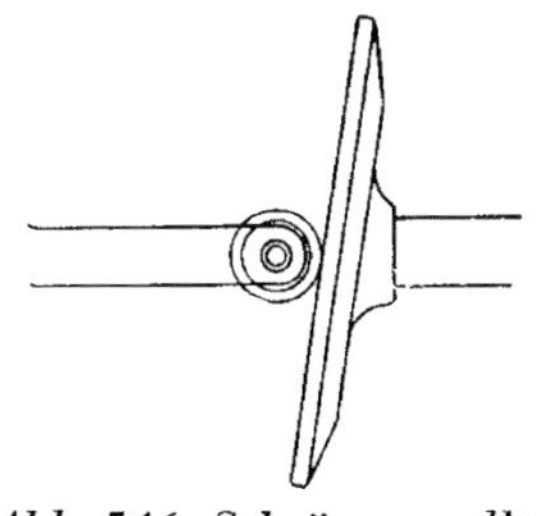
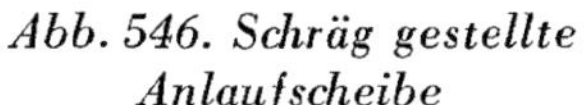

Abb. 546. Schräg gestellte Anlaufscheibe

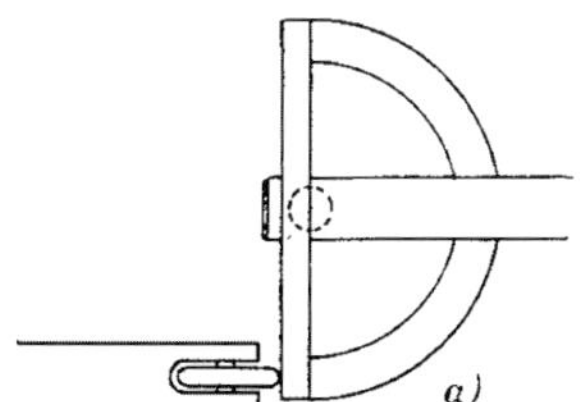

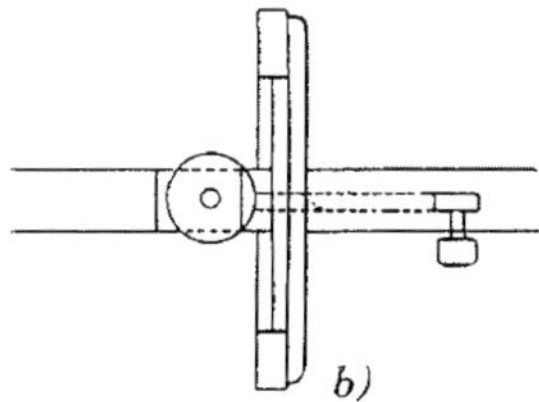

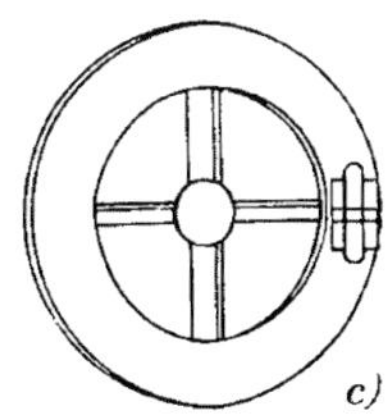

Abb. 547. a) Anlaufring von oben gesehen, gerade gestellt; in dieser Stellung ist auch das Runddrehen möglich — b) Seitenansicht des gerade gestellten Anlaufringes — c) Anlaufring von hinten gesehen

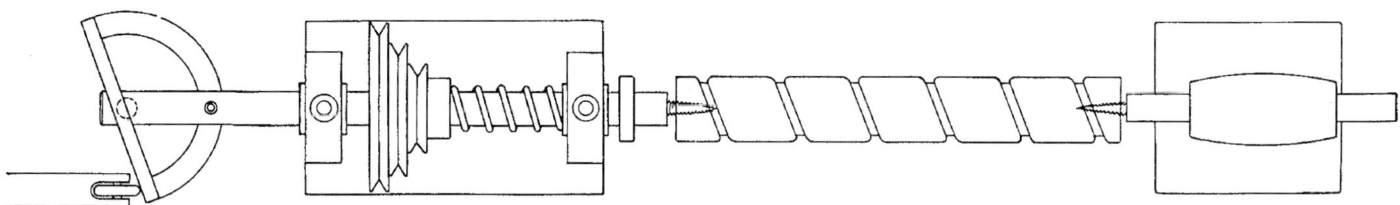

Abb. 547 d. Ansicht von oben

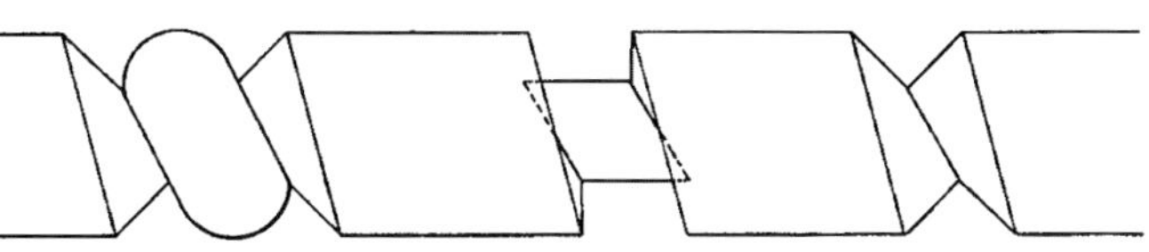

Abb. 548. Beispiel ungeeigneter Profilierungen für das Schrägpassigdrehen

(Abb. 546—549. Zeichnungen von Meister Hans Strecker, München)

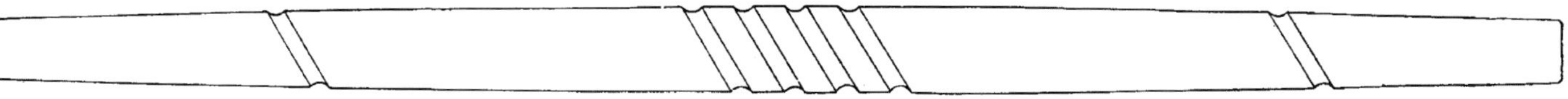

Abb. 549. Treppentraille mit günstiger Profilierung für das Schrägpassigdrehen

rend einer Umdrehung nur einmal hin und zurück, wodurch eine Schräglage der Profilierung zustande kommt *(Abb. 546—554)*. Um eine solche Hin- und Herbewegung der Spindel bzw. des Werkstückes zu erzielen, gibt es verschiedene Einrichtungen. Das eine Ende der doppelt gelagerten Spindel erhält eine Patrone mit mehr oder weniger schräg gestellten Führungsnuten, in die ein Stift eingreift. Dadurch kommt eine axiale Hin- und Herbewegung zustande, und es ergeben sich die Profile in entsprechender Schräglage. Würde man z. B. an Stelle der schrägen Nuten Spiralnuten in die Patrone bringen, so würden sich auf dem Werkstück Windungslinien ergeben.

Eine andere vorteilhaftere Einrichtung zum Schrägpassigdrehen besteht darin, daß an Stelle der Patrone mit schrägen Nuten eine schräg gestellte ebene Scheibe befestigt wird *(Abb. 546)*. Diese Scheibe wird durch Federn an eine Führungsrolle angedrückt, die beliebig mehr oder weniger zur Mitte eingestellt werden kann, wodurch entsprechend mehr oder weniger schräge Profile entstehen. Je weiter die Rolle außen angreift, desto schräger wird die Verschiebung.

An Stelle dieser eben beschriebenen schräg gestellten Scheibe ist noch eine Konstruktion möglich, wie sie aus *Abb. 547 a–d* ersichtlich ist. Hier wird an Stelle der Scheibe ein Anlaufring mittels Bügel verstellbar benutzt. Hierbei bleibt die Anlaufrolle bzw. Führungsrolle fest stehen. Dieser Anlaufring ist schwenkbar in einem Stift, der in der Mitte der Spindel sitzt.

Um die Jahrhundertwende hat die Firma Geiger, Ludwigshafen, eine Spezialschrägpassigdrehbank konstruiert, mit der recht vorteilhaft schräg gedreht werden kann, besonders Traillen für Treppengeländer usw.

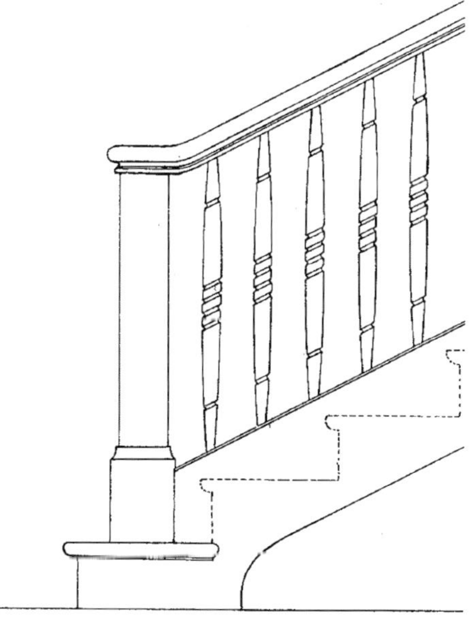

Abb. 550. Treppentraille, gutes Beispiel für die Anwendung von Schrägpassig, siehe auch Abb. 549

Abb. 551. Tisch, gutes Beispiel für die Anwendung der Schrägpassigtechnik der Füße, siehe auch nebenstehende Teilzeichnung Abb. 552

Abb. 553. Treppengeländer aus dem 18. Jahrhundert. Hier wirken die schweren schräg passig gedrehten Treppentraillen durch die starke Verzerrung unschön

Abb. 554. Originaltreppentraille um 1800 unter Verwendung der Technik des Schrägpassigdrehens; diese Formgebung ist noch zu bejahen

Abb. 552. Detail des Tischfußes in Abb. 551, Maßstab 1 : 5

Die Technik des Schräg- oder Geschobendrehens ist hinsichtlich seiner formalen Auswertung denkbar begrenzt. Beim Schrägdrehen verziehen sich die Profile, und es gilt daher, dieser Merkwürdigkeit der Technik bei der formalen Gesaltung Rechnung zu tragen, d. h. solche Profile zu wählen, die die Verziehungen nicht in Erscheinung tre-

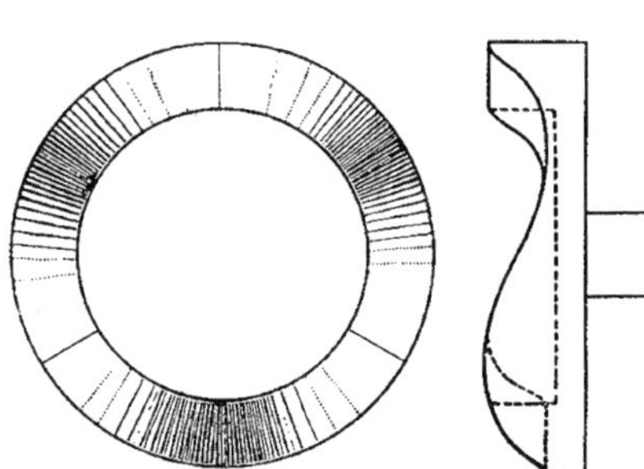

Abb. 555. Scheibe für Längspassig mit 3 Vertiefungen

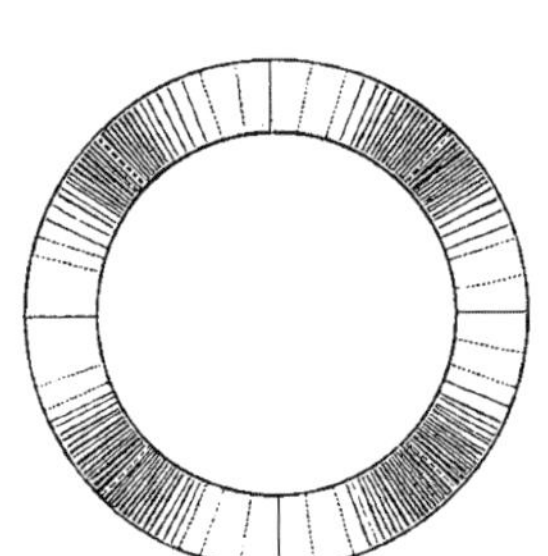

Abb. 556. Scheibe mit 4 Vertiefungen

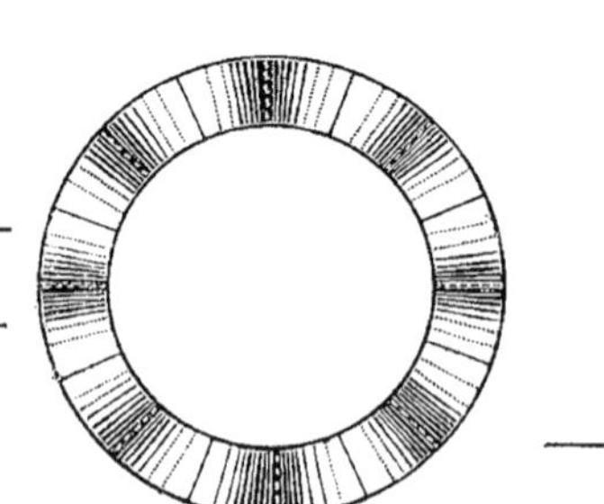

Abb. 557. Scheibe mit 8 Vertiefungen

(Abb. 551—557. Zeichnungen von Meister Hans Strecker, München)

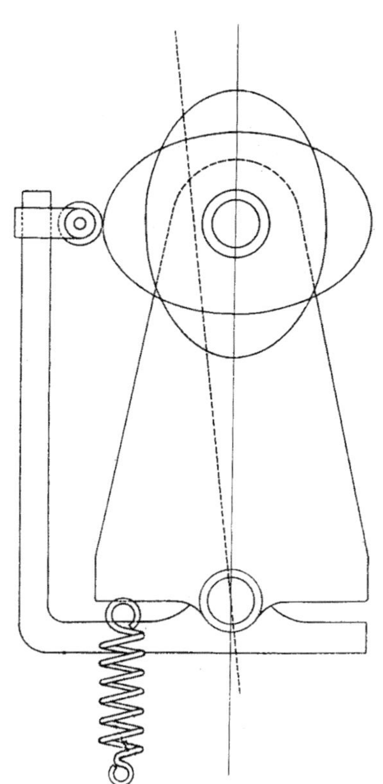

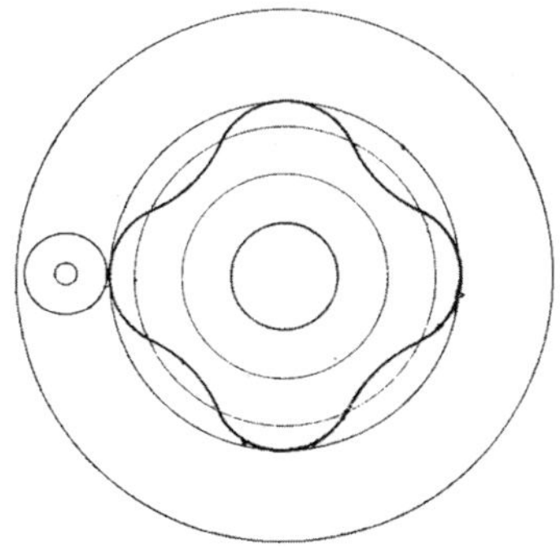

Abb. 559.

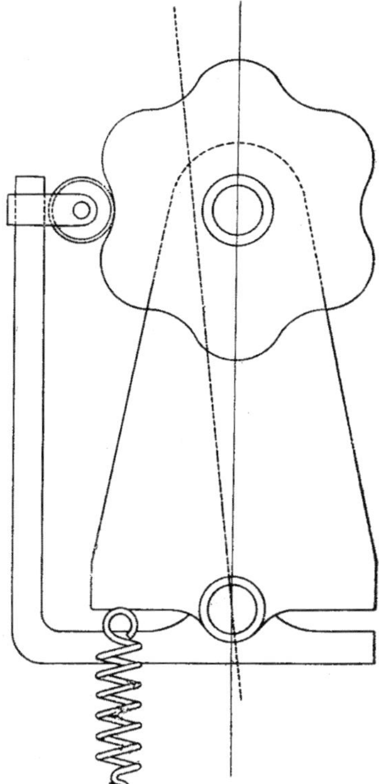

Abb. 558. Schema für das Querpassigdrehen mit ovaler Patrone

Abb. 559. Schablone für das Querpassigdrehen mit 4 Vertiefungen

Abb. 560. Schema für das Querpassigdrehen mit 6 Vertiefungen

Abb. 558. *(Abb. 558—560. Zeichnungen von Meister Hans Strecker, München)* *Abb. 560.*

ten lassen. Das Charakteristische liegt in der Schräglage der einzuarbeitenden Vertiefungen und Linien, die aber wie gesagt nur berechtigt sind bei Treppentraillen, bei denen die Schräglage der Profile parallel läuft mit dem Treppengeländer *(Abb. 549—554)*, bei schräggestellten Stuhl- und Tischfüßen, bei denen die einzudrehenden Verzierungen zu Stuhl- und Tischplatte parallel laufen *(Abb. 551 und 552)*. Leicht zu drehen sind Vertiefungen, also keine plastischen Profile. Man kann wohl vorstehende Profile drehen, aber diese sind weitaus schwieriger und kostspieliger, da auch die Zwischenräume passig gedreht werden müssen. Es sei davor gewarnt, die Profile zu tief zu drehen, denn je tiefer die Profile, desto größer werden die Verzerrungen *(Abb. 548 und 553)*.

Das eigentliche *Längspassigdrehen* besteht nun darin, daß sich das Werkstück während einer Umdrehung statt nur einmal hin und zurück, zwei-, dreimal oder beliebig oft hin und zurück bewegt. An Stelle der ebenen schräg gestellten Scheibe wird eine je nach Bedarf profilierte im rechten Winkel zur Achse stehende Scheibe angebracht *(Abb. 555—557)*. Je nach der Anzahl der Vertiefungen wird sich das Werkstück bei einer Umdrehung verschieden oft hin und her bewegen (siehe auch die *Abb. 543—545)*.
Die Haltung der Stähle ist genau wie beim Ovaldrehen, das Eisen wird immer so gehalten, daß es auf der Höhe der Spindelachse angreift, sonst würden sich die Profile verzerren.

QUERPASSIGDREHEN

Die Einspannvorrichtungen sind die gleichen wie beim Querholzdrehen. Man kann mit der Querpassigspindel auch oval drehen (siehe *Ab. 558)*.
Wie schon gesagt, wird das Werkstück außer seiner eigenen Umdrehung hier im Gegensatz zum Längspassigdrehen quer, also im rechten Winkel zur Achse bewegt. Diese Hin- und Herbewegung kann naturgemäß nur geschehen, wenn die ganze Spindel bzw. der Spindelkasten gewissermaßen hin und her pendelt.
Im Lauf der Zeit sind für die Querpassigdreherei verschiedene Einrichtungen erfunden worden, die sich jedoch im Grundschema von den ersten Erfindungen kaum unterscheiden *(Abb. 558—560)*.
Die pendelnde Spindel wird mit entsprechenden Schablonen, auch Patronen genannt, versehen, an die eine Rolle geführt wird und wodurch die jeweils verschiedenen Bewegungen je nach Form der Schablone erzielt werden. Mittels einer starken Feder wird die Schablone zur Anlaufrolle gedrückt (siehe *Abb. 558 und 560)*. Das Drehen geschieht beim Querpassig frei, oder je nach Aufgabe mit Fassonstählen. Diese aber werden im Support gehalten und zum Spindelzentrum eingestellt. Die Spindel darf sich naturgemäß nur langsam drehen.
Beispiele von Querpassigdrehen finden wir in den *Abb. 540 und 542*. Wir haben uns hier nur auf das Grundsätzliche der Technik des Passigdrehens beschränkt, da, wie wir ja schon erwähnt haben, sie heute, und wohl auch in der Zukunft kaum mehr gepflegt wird.
Im letzten Jahrhundert wurden von Spezialwerkzeugfabriken Drehbänke zum Schräg- und Passigdrehen hergestellt. Abbildungen von solchen Drehbänken finden wir noch in alten Katalogen dieser Fabriken. Wie dem Verfasser eine der ältesten Fabriken mitteilt, werden seit vielen Jahren keine Passigdrehbänke mehr bestellt und somit auch nicht hergestellt. Eine Drehbankfirma hat vor Jahren für die Fachschule in Leipzig noch eine kombinierte Drehbank hergestellt für Längs-, Querpassig- und Ovaldrehen.

DAS OVALDREHEN

Das Ovaldrehen ist wohl so alt wie das Passigdrehen. Wir haben alte Beispiele, aus denen wir sehen, daß Längs-, Querpassig- und Ovaldreherei an einem Stück angewandt wurden. So sehen wir auch in dem Buch von Johann Martin Teuber vom Jahre 1740 Drehbänke abgebildet für Oval- und Passigdreherei. Das Ovaldrehen hat sich jedoch weit länger erhalten als das Passigdrehen; denn wer wollte leugnen, daß die ovale bzw. elliptische Form nicht stets ihre Existenzberechtigung haben wird? Die ovale Form kann bei einer Anzahl von Aufgaben in schönster Weise Anwendung finden, so bei Rahmen, Rosetten, Schalen und Dosen. Eine große Rolle spielte die Ovaldreherei noch im letzten Jahrhundert, besonders in der Biedermeierzeit, in der ovale Bilder- und Spiegelrahmen in großen Mengen in Naturholz oder auch vergoldet hergestellt wurden. Heute noch finden wir z. B. im hohen Schwarzwald Holzdrechsler, die speziell Ovalrahmen drehen. In letzter Zeit macht die Fräse, insbesondere die Oberfräse der Ovaldreherei Konkurrenz, so daß diese heute immer weniger gepflegt wird.

Ähnlich dem Passigdrehen ist auch das Ovaldrehen in der alten Technik eine sehr zeitraubende Arbeit; so finden wir bei den meisten deutschen Drechslermeistern alte Ovalwerke unbenützt und ungeachtet herumliegen, wenn sie nicht schon längst zum alten Eisen geworfen wurden.

Wie wir im Kapitel Elfenbein noch sehen werden, haben die Alten mit ihren primitiven Drehbänken ganz hervorragend oval gedreht und selbst feinste Profilierungen hervorgebracht (s. *Abb. 661*). Weit mehr als bei der Passigdreherei könnte man heute bedauern, daß die Ovaldreherei von Hand so wenig mehr gepflegt wird, da, wie schon gesagt, mit Hilfe dieser Technik ganz reizvolle und auch zweckmäßige Geräte gedreht werden könnten.

Abb. 561. Meister Franz Schmidt, Todtmoos i. Schwarzwald, beim Ovaldrehen

DAS OVALWERK

Zum Ovaldrehen benötigt man das Ovalwerk, das auf der Drehbankspindel bzw. dem Spindelkasten angebracht werden kann, wobei aber Voraussetzung ist, daß die Frontseite des Spindelkastens eine ebene Fläche hat und groß genug ist, um den Schlagring des Ovalwerks zu befestigen. Trotz technischer Erneuerungen der Ovalwerke ist das Prinzip von jeher dasselbe geblieben. In den meisten Fällen wird das Ovalwerk mit dem speziellen Spindelkasten geliefert, weil ein solcher Spindelkasten sehr schwer gelagert sein muß. Ein normaler Spindelkasten würde Not leiden, wenn auf ihm auch oval gedreht werden würde. Das Ovalwerk ermöglicht, daß das Werkstück exzentrisch gedreht werden kann. In den *Abb. 562 bis 565* zeigen wir ein von der altbekannten Firma Alexander Geiger herausgegebenes Ovalwerk, dessen Hauptbestandteile im Nachfolgenden beschrieben seien: die Planscheibe, die auf der Spindel des Spindelstockes aufgeschraubt wird, der Ring, der in einer Nute verstellbar am Spindelkasten befestigt ist, der Schieber, der in

Abb. 562. Planscheibe mit Schieber

Abb. 563. Vollständiges Ovalwerk

Abb. 564 (rechts). Schlagring (zur besseren Verankerung ist zwischen Mauer und Spindelkasten ein Balken eingestemmt)

einer Führung auf der Planscheibe gleitet. Siehe auch die beiden *Abb. 562 und 564*. Durch Verstellen des Ringes außer dem Mittel beschreibt der Mittelpunkt des Schiebers eine ovale Kurve. Das Oval wird um so größer, je weiter der Ring aus dem Mittel verstellt wird.

DAS AUFZEICHNEN UND AUFSPANNEN

Je nach der Form des Ovals bzw. nach dessen unterschiedlicher Achsendifferenz, muß der Schlagring eingestellt werden, d. h. das gegebene Maß bestimmt die Achsendifferenz und diese den Ausschlag. Bei einem Beispiel von 40 : 30 cm ist die Achsendifferenz 10 cm, und der Ausschlag 5 cm, der Schlagring muß also um 5 cm versetzt aus der Mitte gebracht werden. Ist der Ausschlag eingestellt, hält man den Bleistift an die Längsachse der zu drehenden Scheibe und dann ergibt sich von selbst die Querachse bzw. die ganze Ovalform.

Als erstes muß man sich natürlich über die Form des Ovals im klaren sein. Man konstruiert das Oval, wie es im Kapitel „Fachzeichnen" (siehe dort) beschrieben ist, oder zeichnet es mit Hilfe des Ovalzirkels auf. Der Drechsler wird in der Praxis bequemer so vorgehen, indem er ein beliebiges Brett auf das Ovalwerk aufspannt, und wie oben beschrieben durch Anhalten eines Bleistiftes eine Ovalform erhält, die er als Schablone für das zuzurichtende Holz verwenden kann. Die mit Hilfe des Ovalzirkels zu konstruierenden Ovale stimmen mit den auf dem Ovalwerk sich ergebenden Ovalen überein.

Die Ovaldreherei kommt heute vorwiegend noch in Frage z. B. für flache und hohe Teller *(Abb. 582–584)*, handliche Dosen und nach wie vor vor allem für Rahmen *(Abb. 570–572)*, Tabletts, Hutformen, Schubladknöpfe usw.). Für das Zurichten, Aufspannen und Drehen gilt hier im allgemeinen dasselbe, wie beim einfachen Runddrehen schon beschrieben, nur ändert sich etwas die Haltung der Werkzeuge, wie wir noch

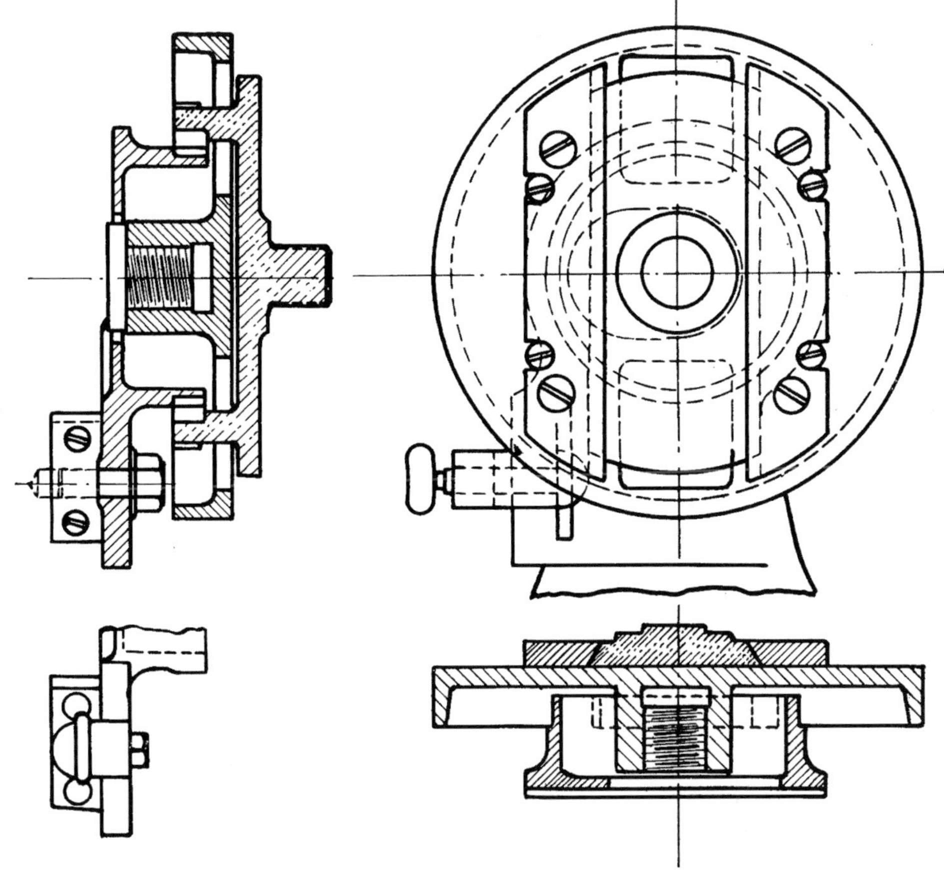

Abb. 565. Konstruktionszeichnung des Ovalwerks (nach Werkzeichnung der Firma Alex. Geiger, Ludwigshafen a. Rh.)

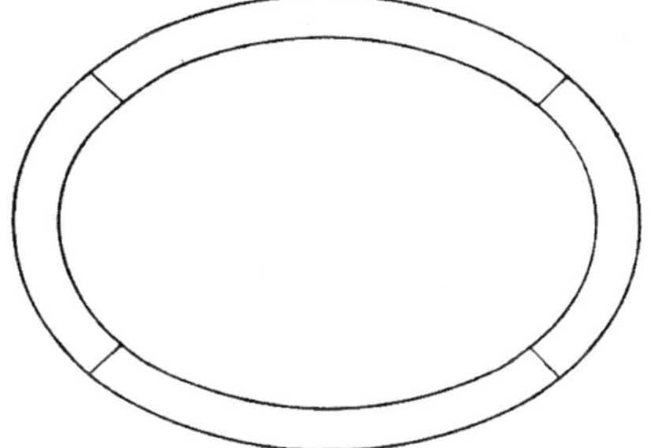

Abb. 567. Verleimung, bei der die Fugen in den Brennpunkten des Ovals liegen

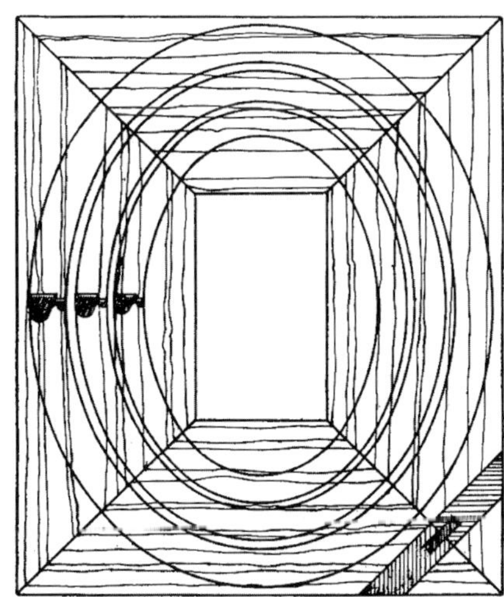

Abb. 566. Verleimung des Holzes für Ovalrahmen

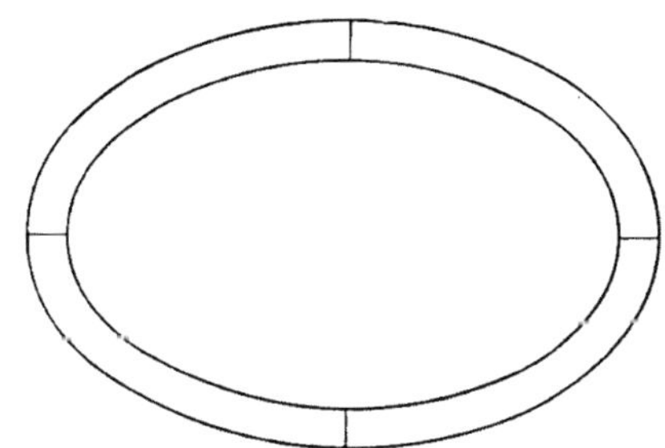

Abb. 568. Verleimung, bei der die Fugen in den Achsen des Ovals liegen

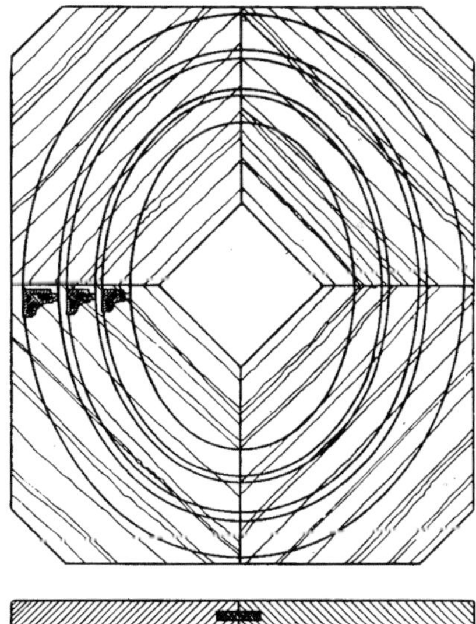

Abb. 569. Verleimung des Holzes für Ovalrahmen

Abb. 570. Alter vergoldeter Ovalrahmen mit reicher Profilierung

Abb. 571. Ovalrähmchen aus massivem Kirschbaumholz, etwa 15 cm hoch

Abb. 572. Größerer, schwarz polierter Ovalrahmen, Rahmenholz durch Schrägfugen verbunden

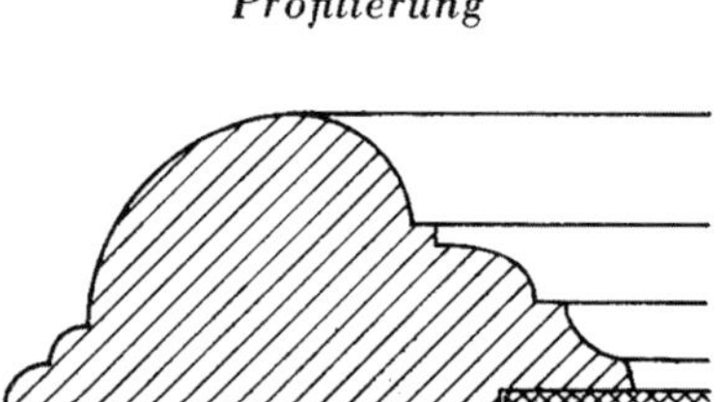

Abb. 570 a. Querschnitt, 2/3 nat. Größe

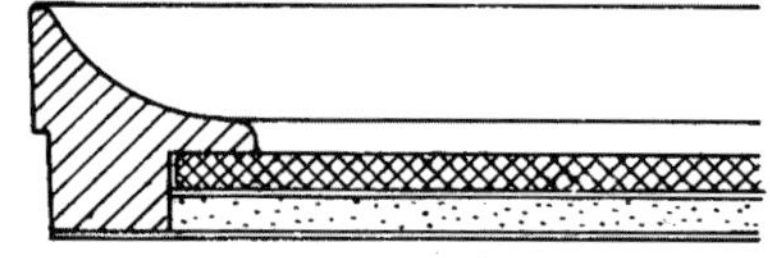

Abb. 571 a. Querschnitt in nat. Größe

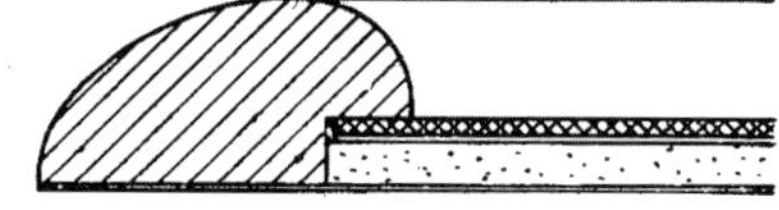

Abb. 572 a. ½ nat. Größe

sehen werden. Kleine Scheiben, Rosetten, Schalen und dergleichen werden auf einem Kittspund oder auf dem Schraubenfutter befestigt, größere besser auf einer Stiftenscheibe. Es empfiehlt sich, die Arbeitsstücke zunächst auf der gewöhnlichen Drehbank herauszudrehen und dann mit demselben Futter auf das Ovalwerk zu spannen.

Eine Aufgabe, bei der das Ovaldrehen auch heute noch in schönster Weise angewendet werden kann, ist, wie schon gesagt, das Drehen von Rahmen. Wenngleich die Frästechnik hier schon sehr vorteilhaft benützt wird, so kann doch für einen tüchtigen Drechslermeister das Drehen ovaler Rahmen eine besonders reizvolle Arbeit darstellen, bei der er beweisen kann, welchen Wert ein handgedrehter Rahmen gegenüber einer Massenware hat, denn das Niveau der Rahmenfabrikation ist nicht sehr hoch. Der Verfasser ist deshalb durchaus der Meinung, daß das Drehen von ovalen Rahmen, z. B. für Porträtaufnahmen, wieder mehr gepflegt werden sollte.

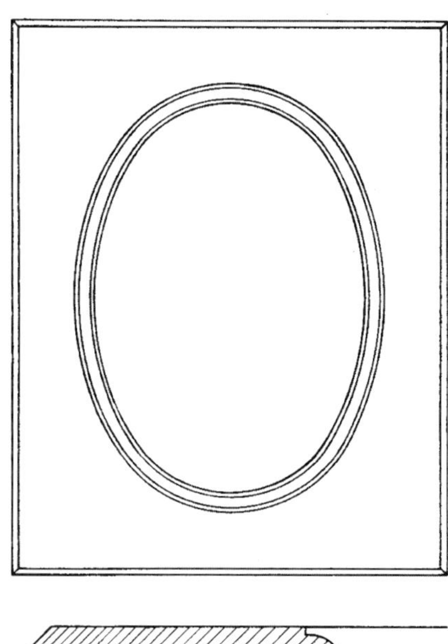

Abb. 573. Kleiner Fotografierahmen mit oval eingedrehtem Profil aus einem Massivbrettchen aus Edelholz

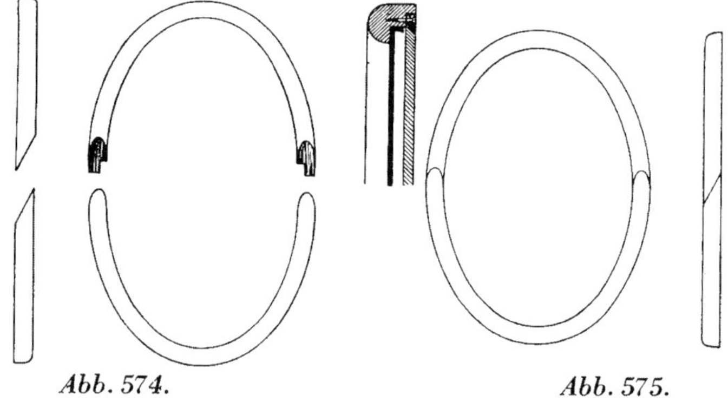

Abb. 574. *Abb. 575.*

Abb. 574 und 575. Herstellung von Ovalrahmen aus gebogenem Holz

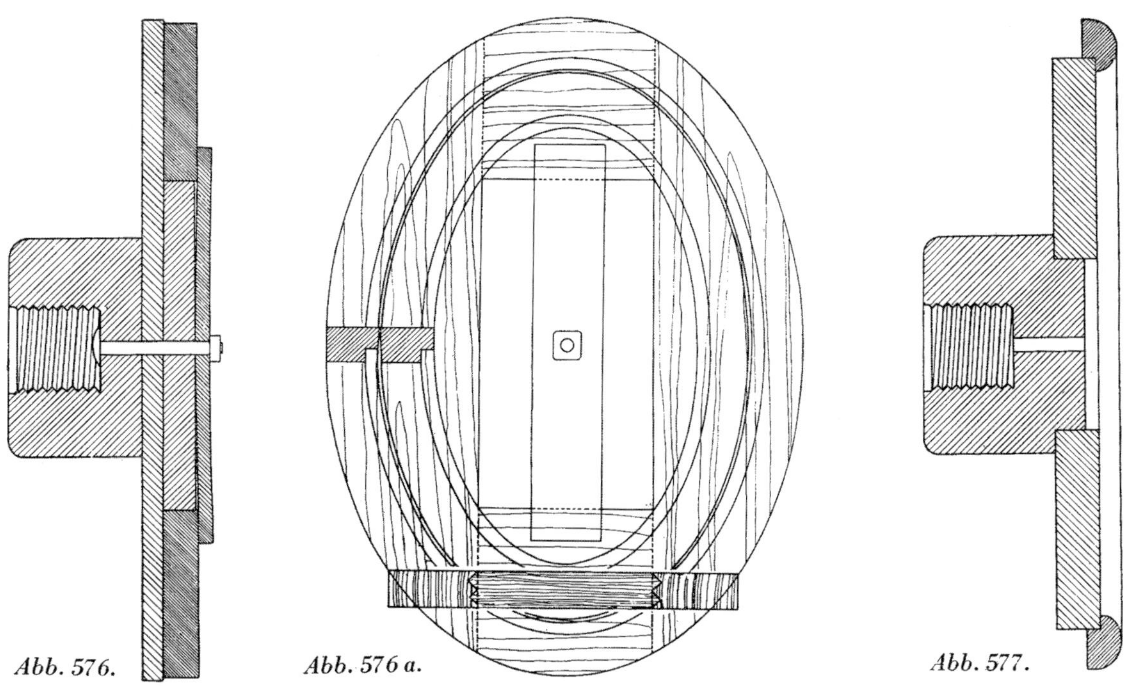

Abb. 576 und 577. Verleimung und Befestigung des Rahmenholzes (nach der Methode von Meister Franz Schmidt, Todtmoos)

Je nach Größe, Form und Material wird das Holz für die Rahmen verschieden zubereitet. Rahmen in einer Größe von etwa 10—30 cm können aus dem vollen Brett herausgedreht werden *(Abb. 571)*. Dabei ist es natürlich besonders wichtig, daß absolut trockenes Holz verwendet wird, um ein etwaiges Arbeiten oder Verziehen zu vermeiden. Man verwende deshalb kleinporiges, zähes Holz, also kein Weichholz. An den Hirnseiten ist das Holz natürlich außerordentlich zerbrechlich, deshalb beachte man die richtige Wahl des Materials. Auch darf das Profil nicht zu schmal sein. Natürlich kann man aus dem vollen Brett mehrere entsprechend kleiner werdende Ovalrahmen drehen. Ebenfalls aus einem massiven Brettstück werden die kleinen Rähmchen zur Aufnahme von Porträts ausgeführt, siehe *Abb. 573* (und auch das runde Rähmchen in *Abb. 421)*. Hier wurde das Oval aus dem vollen Stück herausgedreht unter Belassung des rechteckigen oder runden Brettstückes, welches lediglich am Rand eine Abfasung erhält.

Solche aus einem Brett gedrehte Rähmchen haben wohl auch den Vorteil, daß sich keine Fugen zeigen.

Besser und stabiler ist es jedoch auf alle Fälle, das Holz, besonders für größere Rahmen, so zusammenzusetzen, wie es beim Drehen von runden Ringen auf den Seiten 91, 92

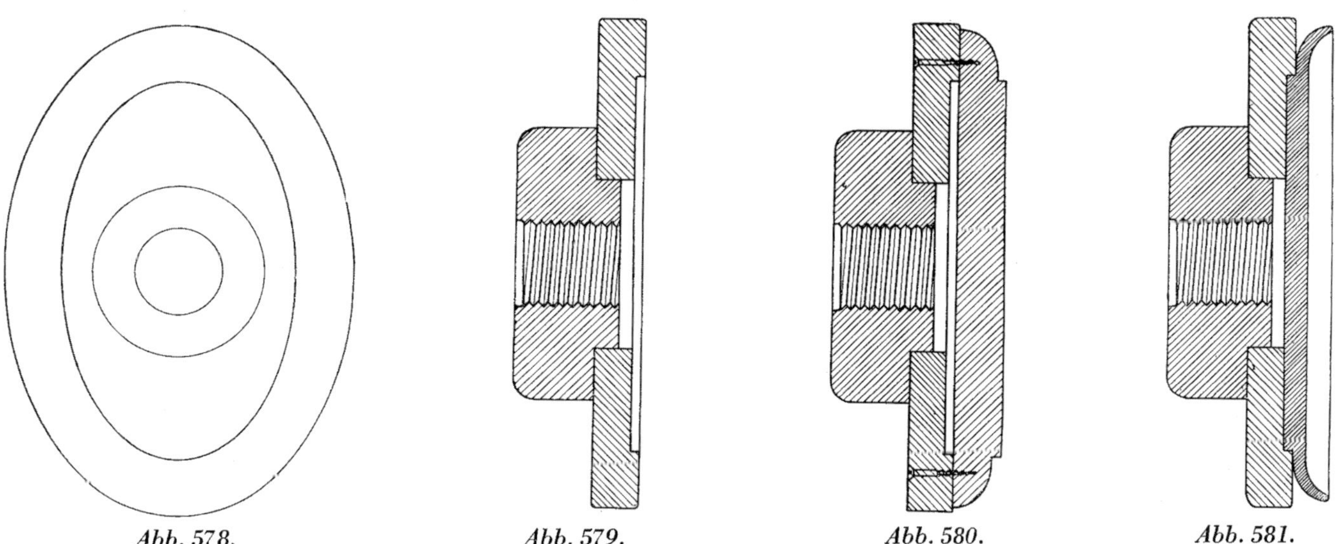

Abb. 578—581. Auf- und Einspannen des Holzes und Drehen von ovalen Tabletts (nach der Methode von Meister Franz Schmidt, Todtmoos)

Abb. 582. Ovales dünnes Tablett aus Nußbaumholz (Drechslerm. H. Ehrlich, Dresden, Neue Sammlung, München)

Abb. 583. Ovales Tablett in Kirschbaum (Ausführung: Meister Franz Schmidt, Todtmoos)

schon beschrieben und dargestellt worden ist. Besonders die Schräg- oder Zackenfuge erweisen sich hier als vorteilhaft. Die Fugen wird man am besten, je nach Form des Ovals, in die Achsen oder Brennpunkte des Ovals legen *(Abb. 567 und 568).*

Außerordentlich rationell ist die Holzverleimung für mehrere Rahmen, wie es die *Abb. 566 und 569* zeigen. Diese Verleimungen haben den Vorteil, daß sie weit leichter herzustellen sind, als wenn man aus einzelnen Rippen den Rahmen zusammensetzt. Man wird natürlich aus einer Verleimung mehrere Rahmen zugleich herausdrehen. Allerdings sei gesagt, daß bei diesen in *Abb. 566 und 569* dargestellten Konstruktionen sehr die Gefahr besteht, daß die Fugen sich besonders markieren, und wir empfehlen deshalb, diese Verbindungen nur bei solchen Rahmen anzuwenden, die vergoldet oder gestrichen werden. Die Verbindung bei den Fugen kann sowohl durch Nut und Feder wie mittels der in *Abb. 565—569* gezeigten zwei Arten von Fugen geschehen. Es ist selbstverständlich, daß die Gehrungen bei der Konstruktion von *Abb. 566* genau passen müssen, damit die Fugen dicht sind. Am besten wird man sich dazu einen besonderen Gehrungswinkel herstellen.

Die einzelnen Rahmen werden mit der Schweif- bzw. Dekupiersäge herausgesägt.

Aber es kann auch so vorgegangen werden, daß die in den *Abb. 566 und 569* gezeigten Hölzer auf eine gesperrte Planscheibe aufgeschraubt, auf dem Ovalwerk aufgespannt und die Rahmen einzeln herausgedreht werden. Bevor man die Ovalrahmen aufspannt, wird man in der Bandsäge den äußeren, größeren Rahmen ausschneiden.

Die *Abb. 574 und 575* zeigen ovale Rahmen aus gebogenem Holz mit Schrägfuge. Dünne große Rahmen werden meist aus gebogenem Holz hergestellt, die entweder von der Fabrik schon fertig verleimt oder in Form von Halbrahmen geliefert werden.

Im nachfolgenden zeigen wir noch, wie Meister Schmidt aus Todtmoos ovale Rahmen und Tabletts dreht, siehe die *Abb. 576–581.* Wie auf der *Abb. 576 a* zu sehen ist, verleimt er aus 2 langen und 2 kurzen Langholzstücken mittels Zackenfuge das Rahmenholz. Dann legt er das zugerichtete Holz auf die Planscheibe und befestigt dieses auf die Weise, daß er ein Beilagbrettchen mittels einer Schraube festklemmt, siehe *Abb. 576.* Das Holz ist so breit genommen, daß zwei Rahmen aus dem Holz gedreht werden können. Zunächst dreht der Meister die Fälze der beiden Rahmen und sticht sie ab. Das nun oval gedrehte, mit Falz versehene, aber noch kantige Holz wird auf eine Spundscheibe aufgesetzt *(Abb. 577)* und das entsprechende Profil angedreht. Es sei zugleich auch noch in den *Abb. 578—581* gezeigt, wie Meister Schmidt auf praktische Weise ovale Tabletts dreht. Im Futter mit Gewinde versehen sitzt im Falz verleimt eine Planscheibe, die wiederum mit einem Falz versehen ist. Zunächst schraubt er das zu drehende Tablettholz auf, dreht den unteren Teil des Tabletts mit einer kleinen Platte an und behandelt die Oberfläche. Nun spannt er auf dieselbe Scheibe das Tablett umgekehrt in den Falz und dreht das Innere fertig.

DAS DREHEN AM OVALWERK

Im Nachfolgenden beschränken wir uns auf das Grundsätzliche dieser Technik, denn das Ovaldrehen läßt man sich am besten in der Werkstatt von einem tüchtigen Meister zeigen.

Gegenüber dem einfachen Runddrehen ist das Ovaldrehen bedeutend schwieriger, es ist dem Querholzdrehen ähnlich. Durch die Bewegung des Schiebers schlägt, wie man sagt, das Ovalwerk, und deshalb ist es notwendig, daß die Umdrehungszahl eine weit geringere ist als beim einfachen Runddrehen. Ganz besonders muß auf eine denkbar gute Verankerung der Drehbank geachtet werden, um ein Vibrieren so weit als möglich zu vermeiden *(Abb. 564).*

Das Werkzeug muß stets zur Mitte der Spindelachse liegen, weshalb man die Schiene entsprechend tiefer stellen wird *(Abb. 561).* Die Schwierigkeit besteht nun darin, daß der einmal angenommene Angriffspunkt genau beibehalten werden muß. Ist dies nicht der Fall, so tritt eine Überschneidung gedrehter Profile ein. Um dies zu vermeiden, muß die Fähigkeit vorhanden sein, den Drehstahl sicher zu führen, d. h. man muß schon viel Übung im Drechseln haben. Ganz besonders wichtig ist es, daß die Führung des Schiebers nicht locker ist und die Gleitbacken auf dem Ring richtig sitzen. Der Gleitring bedarf häufig der Schmierung.

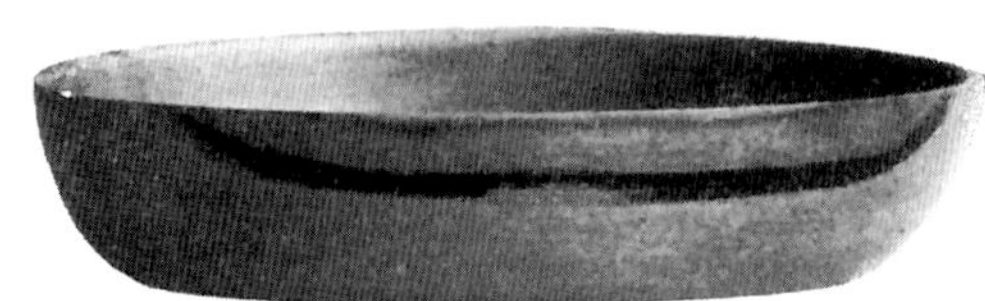

Abb. 584. Tiefe ovale Schale (gedreht von Meister Hans Strecker, Neue Sammlung, München)

Abb. 585. Ebenholzdose mit Guillochierung (Entwurf und Ausführung: Meister Hans Strecker, München, im Jahre 1910)

Abb. 586. Zeichnung der Guillochierung des Deckels in Abb. 585

Man verwendet beim Ovaldrehen entsprechend den verschiedenen Arbeitsgängen dieselben Werkzeuge wie beim einfachen Querholzdrehen, lediglich die Röhre darf nicht wie gewöhnlich halbkreisförmig sein, sondern sie muß ziemlich spitz geschliffen werden. Um beim Ovaldrehen eine saubere Arbeit zu erziehen, muß wie beim Querholzdrehen, besonders bei weichen Holzarten, scharf gedreht werden, was aber ziemlich schwierig ist. Leichter ist schabend zu drehen, besonders aber, wie wir schon wissen, bei harten Hölzern.

Beim Ovaldrehen muß mit größter Vorsicht und Aufmerksamkeit vorgegangen werden, bei jeder auftretenden Unregelmäßigkeit muß der Ursache gleich nachgegangen und Abhilfe geschaffen werden,

Abb. 587. Deckel einer kleinen Dose aus Elfenbein mit Guillochierung (aus der Biedermeierzeit)

da sonst die Gefahr besteht, daß das Ovalwerk sehr bald reparaturbedürftig wird.

Wie wir schon ausgeführt haben, hat heute die Fräsmaschine die Ovaldreherei ziemlich, vor allem bei Rahmen, übernommen. Dies ist vor allem bei großen Ovalrahmen nötig, bei denen die Achsendifferenz des Ovalwerks nicht mehr ausreicht. Die Zubereitung des Holzes für die Fräse ist, nachdem das Oval konstruiert ist, die gleiche wie bei der Herstellung runder Ringe. Die einzelnen Rippen werden nach der Schablone herausgesägt und so verbunden, wie auf den Seiten 91 und 92 beschrieben ist. Ringe mit unterzogenen Profilen können natürlich nicht gefräst, sondern müssen immer gedreht werden (s. z. B. *Abb. 417*).

DAS GUILLOCHIEREN

(Abb. 585—587)

Eine sehr reizvolle Technik, die mit Hilfe der Drehbank leicht auszuführen ist, ist das sog. Guillochieren. Man versteht darunter eine Art Eingravieren von geraden oder auch krummen Linien in großer, sich wiederholender Regelmäßigkeit auf der Oberfläche eines Gegenstandes. Meist wird bei Guillochierungen die Kreisform in Anwendung gebracht.

Diese Technik wurde schon lange in reizvollster Weise mit Hilfe der Fußdrehbank geübt.

Das Werkstück wird auf der Spindel exzentrisch versetzt eingespannt, und dann wird der Stichel mit Hilfe eines Supports an das sich drehende Werkstück herangeführt. Dieselbe Wirkung wird auch erzielt, wenn das Werkstück auf der Spindel festsitzt, sich also nicht dreht, und das durch den Riemen oder einen besonderen Motor in rotierende Bewegung versetzte Werkzeug mit Support an das Werkstück geführt wird. Das Werkstück wird mittels der Teilscheibe jeweils versetzt. (In dieser Technik ist auch der Deckel in *Abb. 587* hergestellt.) Diese Art ähnelt mehr der Technik der heutigen Oberfräse, siehe daselbst.

In der *Abb. 586* sehen wir eine Dose mit guillochiertem Deckel. Entsprechend der Anzahl der Kreise wurde der Deckel exzentrisch auf der Drehbank eingespannt und der Stichel im Support an das stets versetzte Werkstück hingeführt, wodurch die ineinander verschlungenen Kreise entstanden.

Abb. 588. Dose aus Nußbaumholz, Deckel mit an der Oberfräse hergestellten Schmuckformen (Entwurf: Fritz Spannagel, hergestellt in der Werkstatt von Meister Gebhard Heinz, Waal)

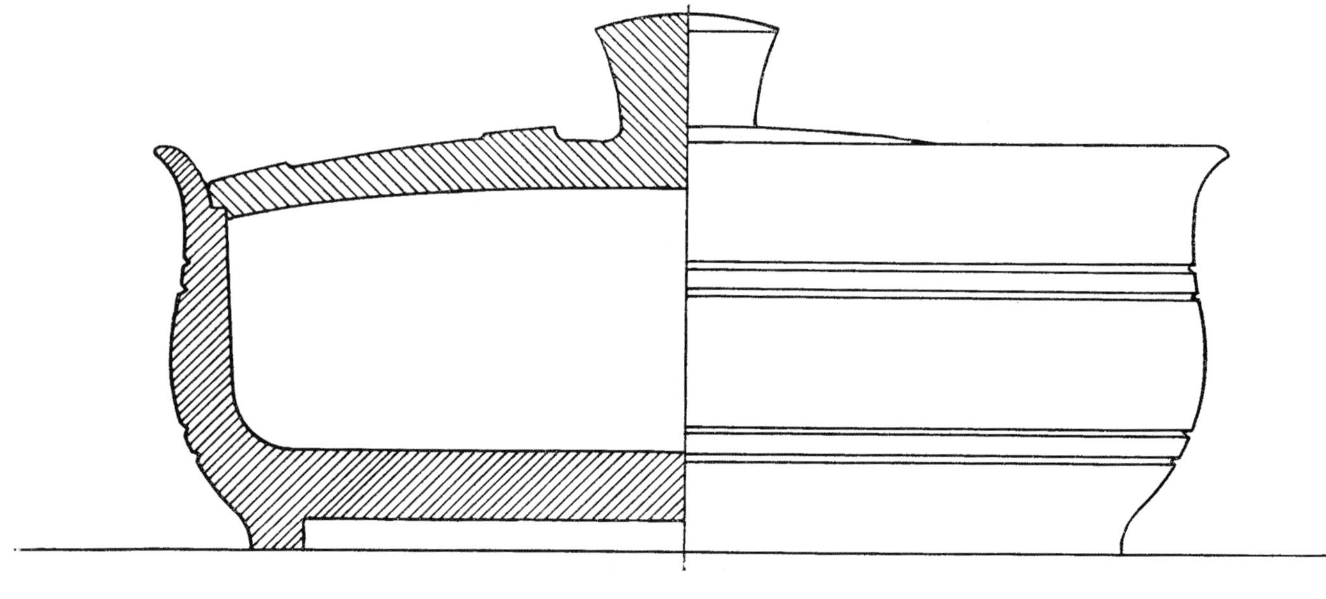

Abb. 589. Werkzeichnung zur obigen Dose in nat. Größe

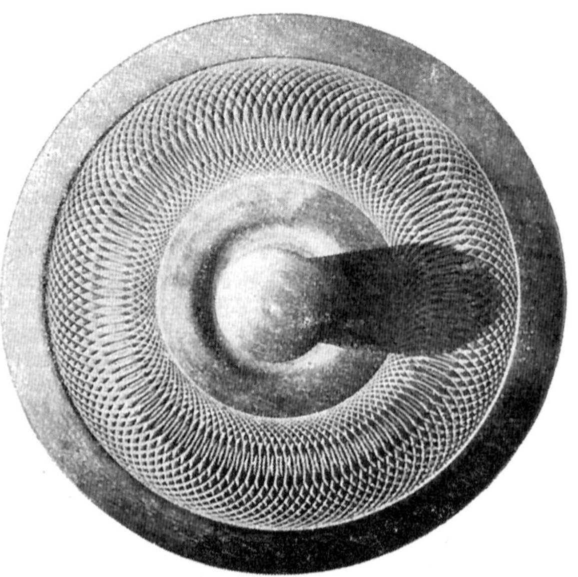

Abb. 590. Oberansicht des Deckels der obigen Dose

Abb. 591. Das Fräsen von Schmuckformen an der Oberfräse, siehe auch Abb. 588—590

Abb. 592. Ornamentierung mittels der Oberfräse auf einem Dosendeckel

Abb. 593—597. Beispiele von Ornamenten (z. B. für Knöpfe), die mittels der Oberfräse hergestellt werden können (Ausführung: Christian Heinz, Waal)

HERSTELLUNG VON ORNAMENTALEM SCHMUCK MIT DER OBERFRÄSE

Wir haben im Kapitel „Maschinen" schon auf die Oberfräse und ihre technischen Möglichkeiten hingewiesen. Hier sei nun im besonderen über deren Möglichkeiten zur Herstellung von Ornamenten etwas gesagt und gezeigt Wie der Name Oberfräse sagt, ist es möglich, mit ihr von oben herab zu fräsen, siehe die *Abb. 591.* Wir sehen auf dem Bilde das kleine Fräseisen, dessen Schneide je nach dem erstrebten Ornament ausgebildet ist. Die Formen der kleinen Fräseisen werden je nach Bedarf selbst hergestellt. Dabei ist darauf zu achten, daß das Fräseisen gut und richtig geschärft ist, denn die Oberfräse besitzt eine besonders hohe Umdrehungszahl. Durch einen Hebel wird das rotierende Fräseisen auf das zu bearbeitende Werkstück herabgedrückt, und je nach der Form des Eisens und entsprechend der Tiefe, in der man das Eisen angreifen läßt, entstehen verschiedenartige Rundornamente, siehe die *Abb. 592—597.* In der *Abb. 591* sehen wir den auf einer Teilscheibe eingespannten Deckel einer Dose. Die Teilscheibe erlaubt mehr oder weniger viele stets gleichmäßig aufgehende Teilungen.

Abb. 598. Das Randerieren (Aufgenommen in der Werkstatt von Obermeister R. Haas, Überlingen.)

Wir beschränken uns hier lediglich auf Beispiele mit Rundornamenten, die mit der Oberfräse leicht hergestellt werden können. Natürlich gehören Geschick und Geschmack dazu, den Eisen entsprechende Formen zu geben und Ornamente herzustellen, die je nach Aufgabe von solcher Wirkung sind, daß sie sich der übrigen Gestalt des zu schmückenden Gegenstandes harmonisch anpassen. In den *Abb. 588—597* sind an einigen Beispielen die Möglichkeiten der Oberfräse für die Herstellung von Rundornamenten gezeigt. Besonders sei noch auf die in dem Vorlagenwerk gezeigten Modelle hingewiesen, an denen der Verfasser versucht hat, vor allem an Gebrauchsgeräten die Technik der Oberfräse zur Herstellung von Ornamenten sinnvoll auszunutzen. In erster Linie ist natürlich auf eine gute Grundform der Gegenstände Wert gelegt und dann erst daran gedacht, durch Hinzufügung bzw. Bereicherung von Oberfräsenornamenten ihre Wirkung zu steigern. Da allen diesen Ornamenten die Grundform des Kreises eigen ist, ferner stets die Symmetrie, ist meist eine befriedigende, reizvolle Bereicherung gesi-

a b c d

Abb. 599 a—d. Beispiele verschiedener Randerierwerkzeuge

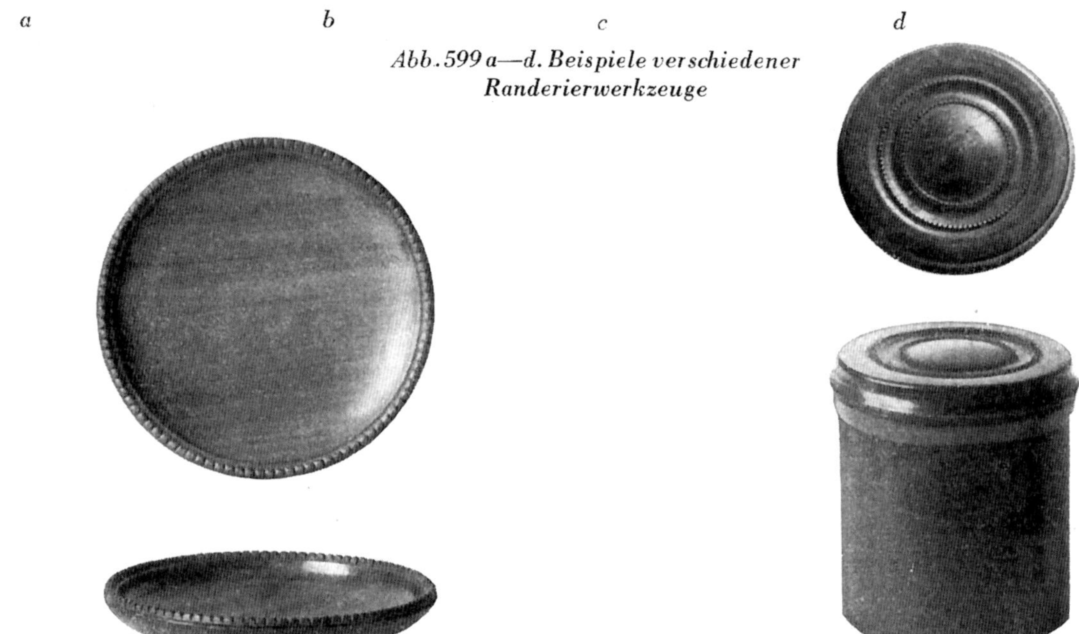

Abb. 600. Nußbaumschälchen mit gerändertem Rand

Abb. 601. Döschen mit randeriertem Deckel

chert. Es sei aber hier ausdrücklich gesagt, daß die Herstellung bzw. Erfindung solcher Ornamente mit „Kunst“ nichts zu tun hat. Es ist lediglich möglich, von einem künstlerischen Ausdruck zu sprechen, wenn Dosenkörper und Ornament sich harmonisch zusammenfügen. Gewarnt aber sei davon, lediglich aus technischen Spielereien an sich schon unschöne Dosenkörper gedankenlos mittels der Oberfräse mit Ornamenten zu überladen oder gute Formen mit sinnlosen Ornamenten zu verderben. Eine solche Anwendung würde die Oberfräse sehr bald in Mißkredit bringen, denn man würde sich an den Dingen übersehen und sie ablehnen.

Natürlich lassen sich mit der Oberfräse auch auf ebenen rechteckigen oder quadratischen Flächen gewissermaßen Ornamentbänder herstellen, deren Grundform aber stets den Kreisbogen aufweist.

Abb. 602. Schubladenknopf mit Randeriertechnik

Auch ist es mit der Oberfräse möglich, an zylindrischen Säulen Windungen anzufräsen, eine Möglichkeit, die jedoch in formaler Beziehung sehr gefährlich ist. Der Verfasser hat Versuche in dieser Richtung gesehen, die in ihrer Wirkung sehr unerfreulich sind und abgelehnt werden müssen, bis nicht weitere Versuche das Gegenteil beweisen werden. Die kulturelle Verantwortung des Verfassers zwingt ihn, dieser Meinung eindringlich und unumwunden Ausdruck zu geben.

Ein besonderes Verdienst um die Möglichkeiten, die Oberfräse in den Dienst des ornamentalen Schmuckes zu stellen, hat sich der Fachhauptlehrer Rosenfelder an der Kunstgewerbeschule Stuttgart erworben, ebenso dessen Schüler Häusler, der auch an der Kunstgewerbeschule in Stuttgart tätig ist. Die sämtlichen in diesem Buch abgebildeten Oberfräsenarbeiten sind entstanden in der Werkstatt des Drechslerobermeisters Gebhard Heinz in Waal, dessen Sohn Christian ebenfalls Schüler von Rosenfelder war. Der Verfasser hatte dort Gelegenheit, die Oberfräse kennenzulernen und, freudig unterstützt von Meister Heinz, die hier abgebildeten Versuche nach seinen Entwürfen herstellen zu lassen. Er ließ sich dabei von den oben erwähnten Grundsätzen leiten und hat sich entschlossen, der Oberfräse in seinem Werk den ihr gebührenden Platz einzuräumen.

DAS RANDERIEREN ODER RÄNDELN

Das sog. Ränderieren, Rändeln oder auch Kordieren genannt, stellt für den Drechsler eine Technik dar, mit deren Hilfe er ohne allzu große Mühe manchen seiner Arbeiten einen reizvollen Schmuck verleihen kann, so vor allem an kleinen Tellerchen, Döschen und deren Deckeln, wie auch an Schubladknöpfen. Die Technik, die aus Frankreich zu kommen scheint, hat ihren Ursprung wohl in der Metallbearbeitung (denn auch Metall läßt sich leicht ränderieren) und ist heute den wenigsten Drechslern mehr bekannt. Der Verfasser fand sie an alten Arbeiten des letzten Jahrhunderts angewandt, und durch eigene Versuche ist er durchaus zu der Überzeugung gekommen, daß dieser Technik erneut eine Existenzberechtigung zugesprochen werden kann. Aus diesem Grund wollen wir hier das Ränderieren noch kurz behandeln.

Mittels rotierenden ornamentierten, in einer Gabel laufenden Stahlrädchens *(Abb. 559)* erhalten entsprechend große, bereits gedrehte Halbrundstäbchen Ornamente in Form von Perlen gewissermaßen angefräst, siehe *Abb. 598.* Es gibt auch breite Rädchen mit geometrischen Ornamenten *(Abb. 559 c)*, mit denen auch ebene Ornamente eingedrückt werden können. An Stelle von Riffelmustern (wie in *Abb. 599 c)* können die Rädchen auch Ornamentformen besitzen. Bei der Anwendung solcher Rädchen ist natürlich darauf zu achten, daß der Umfang des zu bearbeitenden Werkstückes so groß ist, daß das Ornament in seiner Reihung aufgeht, weil sonst durch Überschneidungen der Muster das Ornament zerstört werden würde.

Das Randerieren selbst ist im Grunde sehr einfach. Die Randerierrädchen werden ähnlich wie die übrigen Drehwerkzeuge, jedoch nur in Achsenhöhe, an das langsam laufende Werkstück angedrückt. Beim Anarbeiten von Mustern an Rundstäben ist es nötig, daß das Werkzeug waagerecht hin und her bewegt wird.

Zum Randerieren eignet sich insbesondere feinporiges, zähes, nicht zu hartes Holz, wie Birnbaum, Nußbaum, Apfel, Zwetschge usw., und zwar Quer- wie Langholz.

Diese Ausführungen und die Abbildungen randerierter Gegenstände mögen überzeugend dartun, daß es durchaus einen Sinn hat, wenn der Drechsler sich dieser reizvollen und vergessenen Technik wieder hinwendet. Es wird sich nur darum handeln, daß er sich diese Rädchen besorgen kann. Er wird sich da am besten an eine Metallfabrik wenden.

Meister Friedrich Breitling, Vaihingen a. d. F.

DIE WERKSTOFFE DES DRECHSLERS

DAS HOLZ

Das Holz mit seinen hervorragenden Eigenschaften, seien es die leichte Verarbeitungsmöglichkeit, die Dauerhaftigkeit, die Vielfalt seiner Arten oder seine Schönheit, haben es bis auf heute als eines der edelsten Werkstoffe für die Schreinerei wie auch für die Drechslerei bestimmt. Wir wollen deshalb dem Hauptwerkstoff des Drechslers unsere größte Aufmerksamkeit schenken und im nachfolgenden alles Wissenswerte ausführlich und anschaulich behandeln.

Die Hauptvorzüge und Eigenschaften sind Reichhaltigkeit und Schönheit der verschiedenen Hölzer, Elastizität, Zähigkeit und Widerstandsfähigkeit, leichte Bearbeitungsmöglichkeit sowie Vielseitigkeit der Verwendung.

Neben den guten Eigenschaften hat das Holz auch eine unangenehme Eigenart, welche insbesondere der Tischlerei oder Schreinerei, in der das Holz seine vielseitige Bearbeitung findet, immer Schwierigkeiten bereitet. Es ist dies das sogenannte „Arbeiten" des Holzes. Bevor wir auf diese Eigenart näher eingehen, und um zu verstehen, warum das Holz arbeitet, ist es nötig, daß wir über Wachstum, Bau und Wesen des Holzes etwas erfahren.

Um die Beschaffenheit des Holzes deutlich zu sehen, schneidet man einmal den Stamm quer zu seiner Längsachse (Hirn- oder Kopfschnitt), das zweitemal in der Längsrichtung, und zwar durch den Kern (Radial- oder Spiegelschnitt), das drittemal ebenfalls in der Längsrichtung der Holzfasern, jedoch etwa in der Mitte zwischen Kern und Rinde (Sehnen-, Tangential-, Flammen- oder Fladerschnitt) durch.

HIRN- ODER KOPFSCHNITT

JAHRESRINGE

Betrachtet man den Querschnitt eines Stammes, so liegt ungefähr in der Mitte das Mark. Um dieses herum liegen ringförmig die sog. Jahresringe von verschiedener Tönung und Breite. In unserem Lande wächst der Baum infolge der unterschiedlichen klimatischen Verhältnisse nicht das ganze Jahr gleichmäßig. Die Wachstumszeit liegt etwa zwischen April bis tief in den Sommer hinein. Die Zellen, die sich im Frühjahr bilden, haben dünne Wände und sind weiträumig. Die Holzmasse ist locker und porös. Man nennt das Holz Frühholz oder Frühjahrsholz. Das Sommerholz oder Spätholz genannt, besteht dagegen aus dickwandigeren, engräumigen Zellen. Diese Ringschicht ist härter und fester. Ein jeder Jahresring wird also gebildet durch Früh- und Spätholz. Da das Frühholz mit seinen weiträumigen Zellen heller in Erscheinung tritt als die engräumigen aber dickwandigen Fasern des Sommerholzes, welches dunkler wirkt, so entsteht daraus die hellere und dunklere Tönung *eines* Jahresringes. Es folgen also abwechselnd dunkles Spätholz und helles Frühholz aufeinander. Bei manchen Laubhölzern verhält es sich umgekehrt. Dort ist nämlich das Frühholz dunkler als das Spätholz. Die Breite der Jahresringe ist bei den einzelnen Holzarten verschieden. Auch an einem und demselben Stamm kann die Breite der Jahresringe wechseln, bedingt durch klimatische Einflüsse, z. B. trocknen und nassen Sommer, Kälte, zu große Hitze. Ebenso sind die jeweilig verschiedenen Bodenverhältnisse für die Stärke der Jahresringe von Einfluß. Diese Stärke der Jahresringe bildet einen Maßstab für die jeweilige Güte der Hölzer. Während bei den Nadelhölzern die engringigen Stämme bevorzugt werden, verhält es sich bei den Laubhölzern umgekehrt. Dort gilt das weitringige Holz im allgemeinen als das wertvollere.

DIE POREN

Eine weitere wichtige Erscheinung ist im Querschnitt der Laubhölzer zu erkennen, die „Poren". Diese zeigen sich in den Jahresringen als kleine Löcher. Sie bilden gewissermaßen den Querschnitt von Gefäßen, durch welche der Baum Säfte und vor allem Wasser zugeführt bekommt. Diese Gefäße befinden sich je nach den Holzarten vielfach im Frühholz. Man bezeichnet solche Hölzer als *ringporig*. Oder aber die Poren verteilen sich über den ganzen Jahresring; diese Hölzer nennt man dann *zerstreutporig.*

Abb. 603. Hirnschnitt, Radialschnitt und Sehnenschnitt durch einen Kiefernstamm

DIE MARKSRAHLEN

Neben Jahresringen und Poren sind, insbesondere bei manchen Laubbäumen, wie z. B. der Eiche, die Markstrahlen zu erkennen. Diese verlaufen vom Mark aus strahlenförmig zur Rinde. Auch die Zellen der Markstrahlen sind wichtige Organe des Baumes. Durch sie fließt der Saft von außen nach dem Innern des Stammes. Das Gewebe dieser Zellen stellt gewissermaßen Querverbindungen her. Obwohl die Markstrahlen zum wichtigen Bestand eines jeden Holzes gehören, sind sie dem bloßen Auge nur sichtbar, z. B. bei der Buche, Eiche, Esche, Ulme, Ahorn. Vor allem

Abb. 604. Hirn-, Radial- und Sehnenschnitt durch einen Eichenstamm. Im Radialschnitt sind Markstrahlen (Spiegel) zu erkennen

bei der Eiche treten die Markstrahlen durch ihre Größe und Stärke besonders in Erscheinung (Spiegeleiche) (siehe *Abb. 604*), wogegen sie beim Nadelholz meist so klein sind, daß sie mit dem bloßen Auge nicht wahrgenommen werden können. Ebenso sind sie nicht oder kaum zu erkennen bei Pappel, Linde, Birke, Akazie.

Jahresringe, Poren und Markstrahlen sind von großer Bedeutung für das charakteristische Aussehen und die Wirkung der Hölzer, wie wir bei der weiteren Betrachtung der sich ergebenden Holzflächen durch die Radial- und Sehnenschnitte sehen werden. Bevor wir jedoch jene Schnittflächen betrachten, gilt es, beim Querschnitt der verschiedenen Hölzer noch eine interessante Feststellung zu machen.

SPLINT-, KERN- UND REIFHOLZ

Vergleicht man die Hirnflächen verschiedener Holzarten, besonders nach dem frischen Schnitt, so macht man die Feststellung, daß bei den einen Hölzern die Flächen eine gleichmäßige helle Färbung haben (Tanne, Fichte, Linde, Ahorn, Weiß- und Rotbuche), wogegen bei anderen die mittlere Holzschicht dunkel ist und sich um diese gleich einem Ring helleres Holz anschließt. Den dunkleren Teil des Holzes nennt man Kern, den hellen Teil den Splint. Das Größenverhältnis von Kern und Splint ist je nach Holzart sehr verschieden *(siehe Beschreibung der einzelnen Holzarten)*.

Die Verkernung des inneren Holzes tritt mit dem zunehmenden Alter vieler Bäume ein. Die Zellen im mittleren Stammteil werden nicht mehr für die Zuführung von Säften und Wasser benötigt, sie sterben gewissermaßen ab. Die verbleibenden Hohlräume der Zellen füllen sich je nach der Holzart mit Harz, Gummi und Gerbstoffen. Hierdurch färbt sich das Holz dunkler. Oft tritt eine solche Verfärbung erst nach dem Fällen ein. Durch die Verkernung wird das Holz härter, fester, dauerhafter und neigt dann weniger zum Arbeiten, woraus sich ergibt, daß das Kernholz für die Verarbeitung von größtem Wert ist. Bei einzelnen Baumarten kann nur dieses Holz verarbeitet werden. Dagegen kann bei allen Nadelhölzern Splintholz als vollwertiges Holz zur Verwendung kommen. Das Splintholz ist also das jüngere Holz. Es besteht noch aus lebenden Zellen, die der Saftleitung dienen. Das Holz ist lockerer, da die Zellen noch größer sind. Diese Tatsache ist für das Arbeiten des Holzes von großer Bedeutung *(siehe „Arbeiten des Holzes“)*.

Wie schon gesagt, tritt nicht bei allen Holzarten eine Verkernung ein. Auch gibt es Baumarten, bei denen wohl das mittlere Holz fester wird und ausreift, ohne jedoch seine Farbe zu verändern.

Man unterscheidet: *Splintbäume, Kernholzbäume, Reifholzbäume, Kernreifholzbäume.*

Die *Splintbäume* besitzen keinen Kern. Bei ihnen bleibt die ganze Holzmasse voll Saft und sie behalten deshalb eine gleichmäßig helle Färbung (siehe *Abb. 605*).

Bei *Kernholzbäumen* enthält der Baum nur Kernholz und Splint. Hier hebt sich deutlich der dunklere Kern vom helleren Splint ab (siehe *Abb. 606*).

Reifholzbäume werden jene genannt, bei denen das mittlere, ältere Holz wohl ausreift, jedoch nicht nachdunkelt (siehe *Abb. 607*).

Die *Kernreifholzbäume* nun besitzen Splint-, Reif- und Kernholz (siehe *Abb. 609*).

Abb. 605. Beispiel für einen Splintbaum, Hirn-, Radial- und Sehnenschnitt durch einen Birkenstamm

EXZENTRISCHER WUCHS

Zuletzt dürfen wir nicht vorübergehen an einer charakteristischen Erscheinung, die bei fast allen Holzarten eintreten kann. Wir können feststellen, daß sehr oft die Hirnfläche der Bäume durchaus nicht kreisrund ist, sondern mehr eine ovale Form besitzt. Der Kern, das Mark, sitzt nicht in der Mitte des Stammes, sondern nach einer Seite verschoben. Da sich auf diese Weise naturgemäß verschiedene Radien ergeben, sind die Jahresringe beim kürzeren Radius eng zusammengedrängt und umgekehrt liegen sie im breiteren Radius lockerer, weiter auseinander. Dieser exzentrische Wuchs, der sich besonders gerne gegen das Stammende (Wurzel) und gegen das Zopfende (Krone) bildet, findet seine Erklärung darin, daß sich der Einfluß der Sonne beim Wachstum der Bäume geltend macht. Der der Sonne zustehende Teil entwickelt sich üppiger als der der Schatten- und Nordseite zugewendete. Die Zellen der Jahresringe sind größer, wodurch sich naturgemäß die Jahresringe verbreitern. Umgekehrt bleiben die Zellen der Jahresringe auf der Nordseite kleiner; die Jahresringe sind schmäler und stehen dicht beisammen. Man spricht von einer Süd- und Nordseite (siehe auch *Abb. 608)*. Das Südholz ist dementsprechend weicher und lockerer, das Nordholz ist härter — ein Umstand, der seine Qualität erhöht. Die Tatsache, daß an ein und demselben Stamm Holz von verschiedener Härte, also grobjähriges und feinjähriges vorkommt, ist für die spätere Verarbeitung von großer Wichtigkeit. Ähnlich wie Kern- und Splintholz nicht miteinander verleimt werden dürfen, darf auch grobjähriges Holz nicht mit feinjährigem verleimt werden *(siehe „Arbeiten des Holzes“)*.

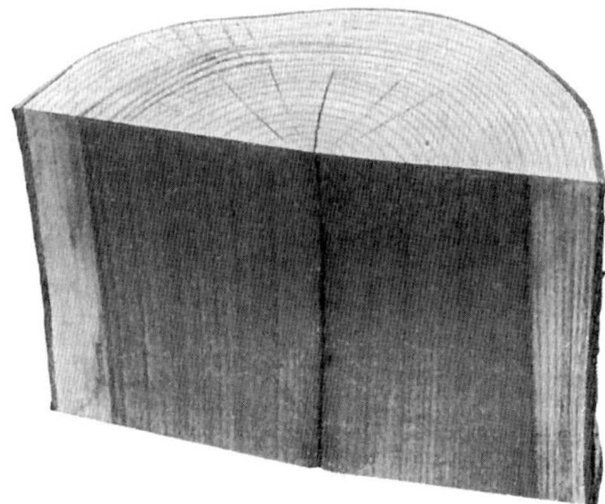

Abb. 606. Beispiel für einen Kernholzbaum, Hirn-, Radial- und Sehnenschnitt durch einen Kirschbaum

Abb. 607. Beispiel für einen Reifholzbaum, Hirn-, Radial- und Sehnenschnitt durch eine Fichte

Wenn auch die Querschnittfläche eines Baumes als Ganzes bei der technischen Verarbeitung nicht in Erscheinung tritt, so war doch deren genaue Untersuchung und Betrachtung nötig, um zu verstehen, wodurch sich die verschiedenartige Zeichnung — Maserung — ergibt, wenn der Stamm zu Brettern geschnitten wird.

SPIEGEL-, RADIAL- ODER SPALTSCHNITT

Dieser Schnitt wird radial in der Richtung der Markstrahlen geführt, er geht also mitten durch das Mark. Hierdurch werden die Jahresringe rechtwinklig durchschnitten und treten so als parallele dunkle und helle Streifen entsprechend ihrem Früh- und Spätholz in Erscheinung. Die Markstrahlen dagegen zeigen sich nun quer zu den Längsstreifen der Jahresringe als glänzende Streifen oder unregelmäßige Flecken, die „Spiegel“ genannt werden (siehe *Abb. 604* unten).

Die Poren der Jahresringe bei den Laubhölzern, die sich im Querschnitt als runde oder ovale Löcher zeigen, werden durch den Radialschnitt in ihrer Längsrichtung durchschnitten, wodurch diese Gefäße wie kleine Ritzen auf der Oberfläche des Holzes wirken. Die Zeichnung, die Maserung der im Radialschnitt geschnittenen Holzflächen ist also ziemlich gerade. Man spricht von „aufrecht stehenden Jahren“. Der Radialschnitt ergibt die Kern- oder Herzbretter (Mittelholz). Das Kernholz stellt das wertvollste Werkholz dar, das am wenigsten arbeitet. Wollte man aus einem Stamm nur Kernbretter schneiden, so müßte man also diesen nur durch Radialschnitte zerlegen.

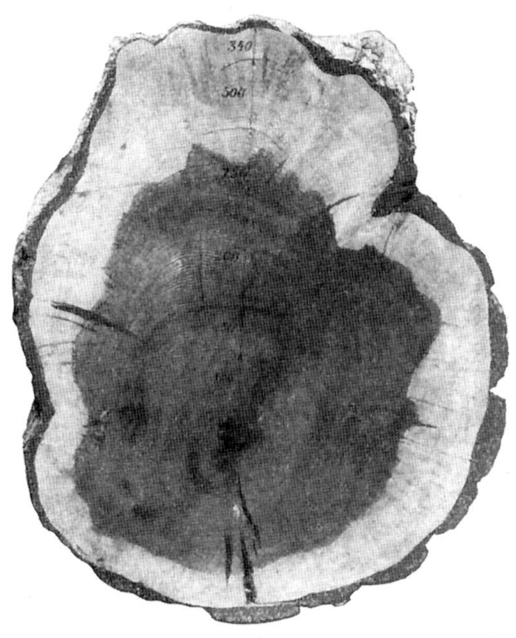

Abb. 608. Hirnschnitt durch einen exzentrisch gewachsenen Forlenstamm. Die Lage des Herzens ist so, daß der Stamm ¾ Südholz und ¼ Nordholz besitzt, Stammdurchmesser 72 : 59 cm, Alter 340 Jahre.

Abb. 609. Beispiel für einen Kernreifholzbaum, Hirnschnitt durch einen Eschenstamm

SEHNEN-, TANGENTIAL-, FLAMMEN- ODER FLADERSCHNITT

(siehe Abb. 603—607, je oben)

Auch dieser Schnitt geht in der Richtung der Längsachse, jedoch liegen die Schnitte außerhalb des Mittelpunkts. Die Jahresringe erscheinen gewissermaßen wie aufeinandergesetzte Pyramiden. Die sich so ergebende Zeichnung oder Maserung nennt man *Flader*. Die Benennung „Maserung" wollen wir für alle Arten von Zeichnung hier anwenden. Es ist zu unterscheiden zwischen schlichter, streifiger, blumiger, welliger, breiter Maserung.

Eine besondere Bedeutung hat die Bezeichnung „Maser". Hierunter versteht man alles Holzmaterial, welches gegenüber der normalen, schlichten Zeichnung eine wellige, unregelmäßige („geaugte") aufweist. Solche Zeichnungen können entstehen aus der eigenartigen Wachstumsart des Stammes, aus der Wurzel (Wurzelmaser) sowie aus Wucherungen und Mißbildungen am Stamm. Man spricht in solchen Fällen z. B. von „Rüstermaser", „Ahornmaser" usw. *(siehe auch Beschreibung der einzelnen Holzarten)*. Auch beim Fladerschnitt erscheinen bei den Laubhölzern die Poren, da sie ebenfalls in der Richtung ihrer Länge geschnitten werden, als feine Striche. Ebenso sind die Markstrahlen je nach der Holzart als schmale Striche erkennbar. So geschnittene Bretter nennt man Seitenholz- oder Seitenbretter. Diese Bretter ergeben die schönste dekorative Wirkung, weshalb sie besonders bei der Drechslerei dann den Vorzug haben, wenn es sich um großflächige Arbeiten handelt, wie flache Teller, Schalen, breite Lampenteller und dergleichen.

Je nach Holzart ist die Maserung der Seitenbretter verschieden. Die Zeichnung oder Maserung stellt einen der wichtigsten Schönheitswerte des Holzes dar. Die richtige Verwendung von feinjährigem und gefladertem Holz ist eine wesentliche Voraussetzung für die Gestaltung des Werkstoffes.

Dies bezieht sich sowohl auf die technische, wie formale Gestaltung bzw. Verarbeitung. So sei hier noch darauf hingewiesen, daß für die Herstellung langer Lampenfüße das Holz der Kernbretter das beste ist, weil dieses, wie wir weiter unten sehen werden, besser steht, weil es weniger schwindet.

DAS ARBEITEN DES HOLZES

Wie wir nun wissen, ist der Baum ein pflanzliches Lebewesen, d. h. er nimmt die zu seinem Wachstum nötige Kohlensäure aus der Luft auf. Unter dem Einfluß des Lichtes und der Wärme wird die aufgenommene Kohlensäure geteilt in Kohlenstoff und Sauerstoff. Der Sauerstoff wird ausgeschieden. Der zurückbleibende Kohlenstoff verbindet sich mit den durch die Wurzeln aufgenommenen Nahrungsstoffen zu Eiweiß, Stärke, Zucker und Zellstoffen, die zur Zellenbildung und damit zum Wachstum des Baumes notwendig sind. Diese verschiedenen chemischen Bestandteile lagern sich als Salze im Baum ab. Diese Salze sind hygroskopisch, d. h. sie nehmen Feuchtigkeit auf. Die Feuchtigkeit dringt in die Zellen bzw. Poren ein. Hierdurch vergrößern sich die Zellen, dehnen sich aus und umgekehrt ziehen sie sich wieder zusammen, verkleinern sich, wenn die Feuchtigkeit infolge von Verdunstung durch die Poren wieder nach außen dringt. Diese Eigenschaft, Feuchtigkeit aufzunehmen und abzugeben, behält das Holz bei, auch wenn es geschnitten und längst verarbeitet ist. Nun sind aber die Poren des Holzes verschieden groß. Das Splintholz hat größere, das Kernholz kleinere Poren. Die verschiedenartige Größe der Poren und die damit zusammenhängende unterschiedliche Aufnahme und Abgabe von Feuchtigkeit bewirken, daß das Holz sowohl in seiner Form wie in seiner Größe einer fortwährenden Veränderung unterliegt; das heißt, es dehnt sich aus und zieht sich zusammen und bewegt sich. Das Ausdehnen nennt man das „*Quellen*", das Zusammenziehen das „*Schwinden*", die Veränderung der Form bzw. Bewegung des Holzes bezeichnet man mit „*Werfen*" oder Verziehen und Reißen. Diese ungünstigen Eigenschaften des Holzes faßt der Tischler unter dem Begriff „*Arbeiten*" zusammen. *Das Holz arbeitet.*

DAS SCHWINDEN

Der lebendige Baum nimmt, wie schon beschrieben, einen großen Teil der für sein Wachstum notwendigen Nährstoffe durch die Wurzel auf. Hierbei kommen große Mengen Wasser in den Holzkörper. Je nach Baumart beträgt die Menge des Wassers 20—60 %, wovon durchschnittlich der Kern etwa 15 % und der Splint 45 % enthält. Nach dem Fällen des Baumes verdunstet das Wasser im Holz, bis sich die Feuchtigkeit im Holz dem Feuchtigkeitsgehalt der Luft angleicht. Es enthält danach das Holz immer noch etwa 15—20 % Wasser. Durch das Verdunsten des Wassers in den Zellen schrumpfen diese zusammen. Das Holz „*schwindet*". Bei längerer Lagerung des Holzes *(siehe „natürliche Trocknung*" Seite 151) geht dessen Feuchtigkeitsgrad je nach der es umgebenden Luft bis auf etwa 10 % zurück. Durch künstliche Trocknung ist es möglich, den Wassergehalt unter 10 % herabzudrücken (siehe „*künstliche Trocknung*" Seite 151). Würde man dem Holz durch künstliche Einwirkungen alle Feuchtigkeit nehmen, so würde der Werkstoff die meisten seiner wichtigsten technischen Eigenschaften einbüßen. Das Holz würde glanzlos, spröde und brüchig werden. Dieser in der Natur des Werkstoffes Holz begründeten und daher natürlichen Eigenschaft, durch die der schöne Werkstoff gewissermaßen ewig lebendig bleibt, sollte man viel mehr Rechnung tragen, ja, man sollte geradezu alles vermeiden, was dazu angetan ist, ihm dieses lebendige Atmen zu nehmen.

Um des Werkstoffes Herr zu werden, ist es nötig, noch viel genauere Untersuchungen über das Schwinden und Quellen anzustellen.

Das Holz schwindet in drei Richtungen, nämlich in seiner Länge, Breite und Stärke, oder besser gesagt in der Richtung der Längsachsen der Zellen, in der Richtung der Markstrahlen oder des Radius und in der Richtung der Jahresringe oder der Sehnen. In der Richtung der Länge schwindet das Holz sehr wenig, etwa 0,1—0,3 %, so daß diese Veränderung der Längen praktisch keinen Schaden bereitet *(Abb. 611)*. In der Richtung der Markstrahlen, des Radius, dagegen beträgt das Schwinden bis zu 5 % *(Abb. 610 B)*. Am meisten schwindet das Holz aber in der Richtung der Jahresringe. Hier kann das Schwindmaß je nach der Holzart bis zu 10 % betragen *(Abb. 610 C)*. *(Bei der Beschreibung der einzelnen Holzarten ist auf den Umfang des jeweiligen Schwindens noch hingewiesen.)*

DAS QUELLEN

Wie schon gesagt, bewirkt die Hygroskopizität des Holzes aber auch in gleichem Maße die Wiederaufnahme von Feuchtigkeit aus der Luft. Dies geschieht unweigerlich, wenn der Feuchtigkeitsgehalt der das Holz umgebenden Luft höher ist als der des Holzes. Die Feuchtigkeit wird ebenso gierig aufgesogen. Die das Wasser aufnehmenden Zellen vergrößern sich: das Holz „*quillt*".

VERZIEHEN ODER WERFEN

Würde nun das Holz ganz gleichmäßig große Poren besitzen, so würde es wohl durch das Schwinden und Quellen in seinem Umfang verkleinert oder vergrößert, ohne aber seine Form zu verändern. Da aber das Holz im Splint- und Kernholz verschieden große Poren oder Zellen besitzt, so wird in ein und demselben Holz eine ungleichmäßige Aufnahme und Abgabe von Feuchtigkeit bewirkt. Dies ist der Grund, weshalb ein Brett sich nicht allein in seiner Größe verändert, sondern auch in seiner Form. *Das Holz wirft sich*, es wird rund und verzogen. Die Ursache hierfür kann also das Schwinden und das Quellen sein. Je nach der Art der Bretter, ob Kern- oder Seitenbretter, macht sich, je nachdem die Bretter Kern- oder Splintholz haben, das Schwinden, Quellen und Werfen, also das „Arbeiten", unterschiedlich bemerkbar. In den *Abb. 614—624* ist, zum besseren Verständnis in etwas übertriebener Art, das Arbeiten des Holzes dargestellt.

WINDSCHIEFWERDEN

In dieser Weise verziehen sich die Bretter nach der Trocknung besonders dann, wenn der Stamm drehwüchsig war. Das in Bretter geschnittene Holz hat das Bestreben, die durch den Drehwuchs bedingte Bewegung wieder einzunehmen.

Auf diesen Nachteil des drehwüchsigen Holzes hat auch der Drechsler zu achten, was jedoch bei kleinen Dimensionen eine geringe Rolle spielt, wogegen es sich bei der Herstellung längerer Lampensäulen peinlich bemerkbar machen würden. Solche Säulen würden leicht brechen.

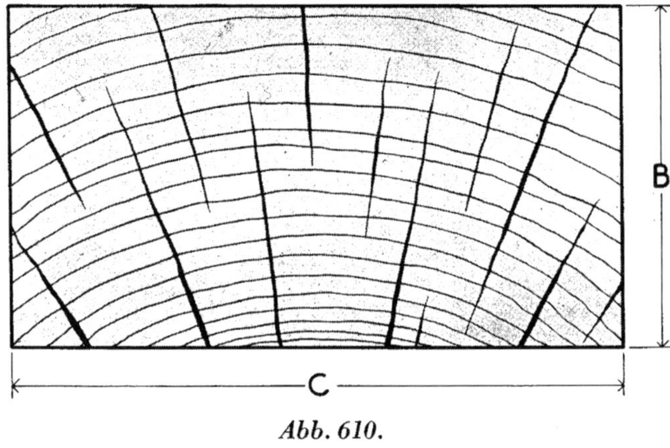

Abb. 610.

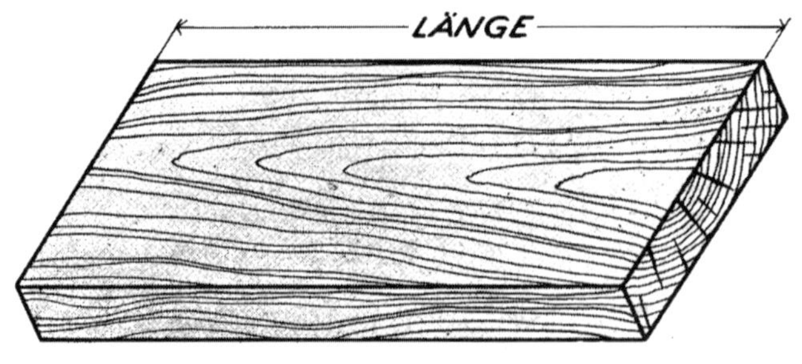

Abb. 611.

REISSEN

Das Reißen des Holzes macht sich besonders an den gefällten Stämmen bemerkbar. Die Oberfläche des Holzes trocknet schneller als das Innere. Es entstehen dadurch Sprünge und Risse. Diese verlaufen in der Richtung der Markstrahlen. Man nennt sie Wind-, Luft- oder Trockenrisse. Durch allzuschnelles Trocknen besteht die Gefahr des Reißens in höherem Maße. Dieser Gefahr des Reißens ist aber auch

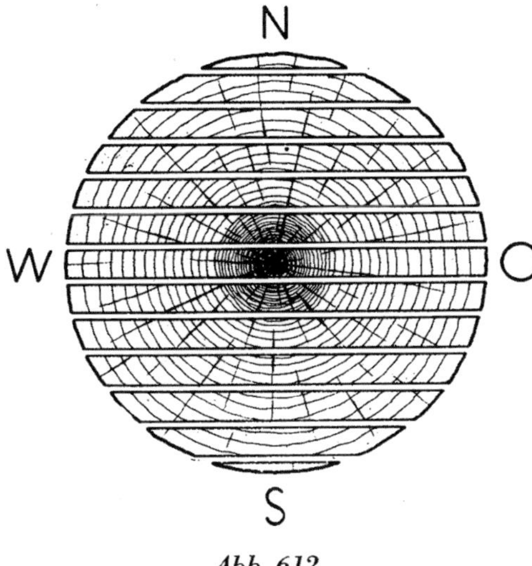

Abb. 612.

das zu Brettern geschnittene Holz noch ausgesetzt. Besonders ist es naturgemäß das Herzstück, welches zum Reißen neigt, da das Holz beidseits des Herzens arbeitet und das Herz bzw. das Mark des Herzens abgestorben ist. Aus diesem Grund ist das Herzstück jeweils aufzutrennen und zu beseitigen und die Bretter zu verleimen.

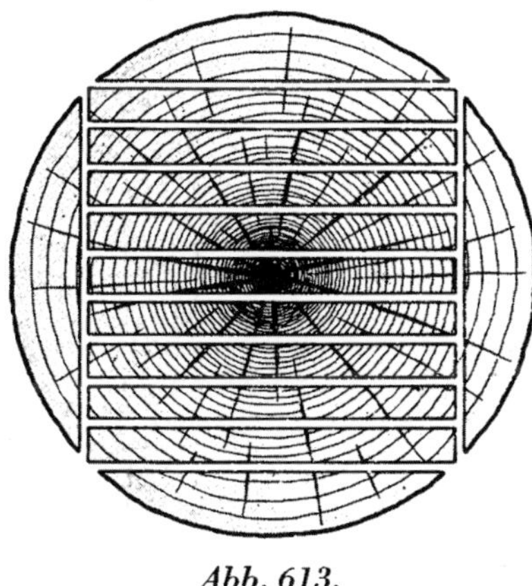

Abb. 613.

Abb. 612 zeigt den Baumstamm, durch das Sägegatter zu einzelnen Brettern gesägt. Je nach Bedarf ist die Stärke der einzelnen Bretter verschieden. Es können auch die mittleren Bretter stärker zu sogenannten Bohlen und die Seitenbretter zu dünneren Brettern gesägt werden. Um an ein und demselben Brett kein Nord- und Südholz zu erhalten, wird der Baumstamm gewöhnlich von Osten nach Westen geschnitten. Den so zu Brettern gesägten Stamm bezeichnet man mit *Blockware*, d. h. die Bretter sind *ungesäumt*, sie besitzen noch die Waldkante. Laubhölzer werden meist

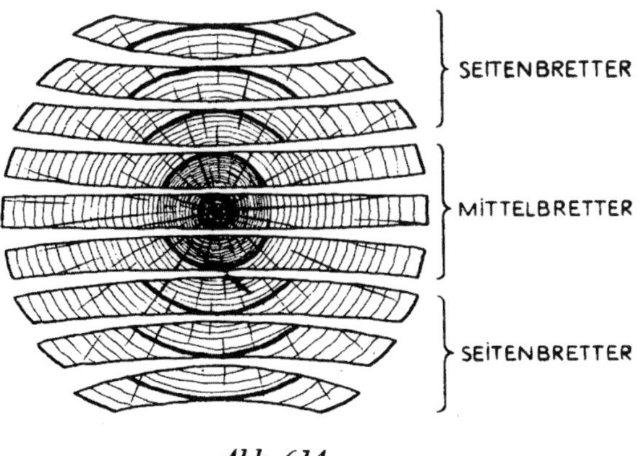

Abb. 614.

als ungesäumte Ware in den Handel gebracht. Im Gegensatz zu den ungesäumten Brettern wird das Werkholz auch *gesäumt* geliefert. Es werden zuerst zwei Schwarten weggesägt, der Stamm danach gewendet und nun im Vollgatter zu Brettern geschnitten. Auf diese Weise ergeben sich ziemlich viele wertlose Schwarten, weshalb man dieses Verfahren nur bei billigen Hölzern anwendet (siehe *Abb. 613*).

Abb. 615.

Abb. 615. Die Aufnahme der Hirnfläche der Bretter eines Tannenbaumes zeigt deutlich, wie nach dem Trocknen sich die Bretter in ihrer Form und ihrem Ausmaß verändern. Das Herzbrett (das im Herz gerissen ist), insbesondere auch die nebenanliegenden Mittelbretter bekommen am Herz einen Knick und bleiben im übrigen gerade und verjüngen

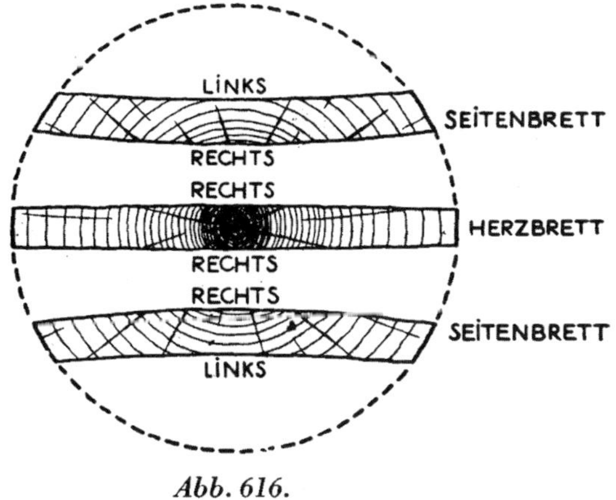

Abb. 616.

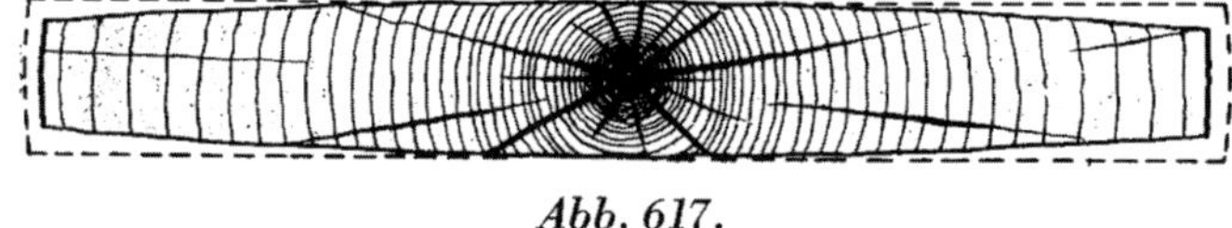

Abb. 617.

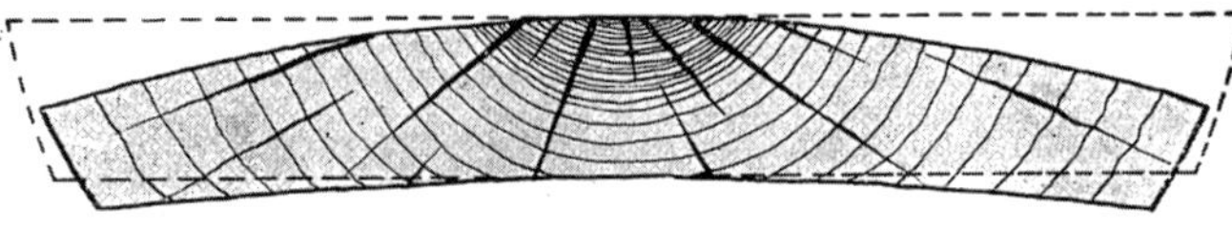

Abb. 618.

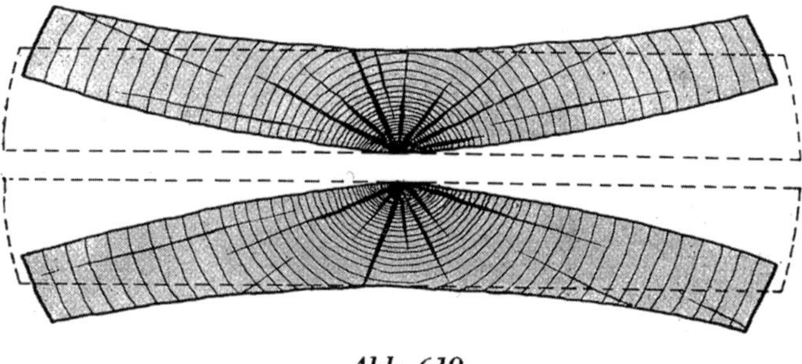

Abb. 619.

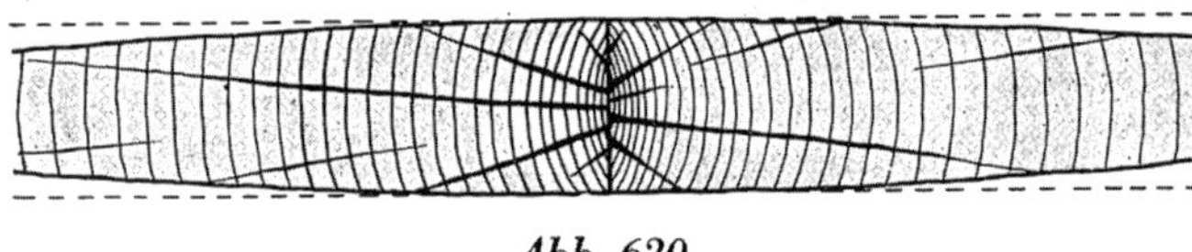

Abb. 620.

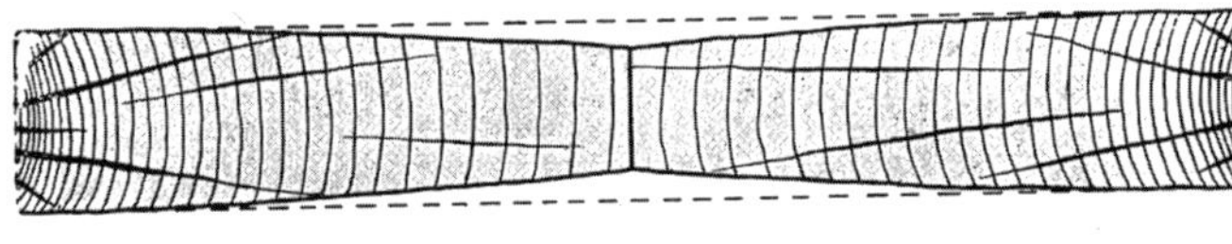

Abb. 621.

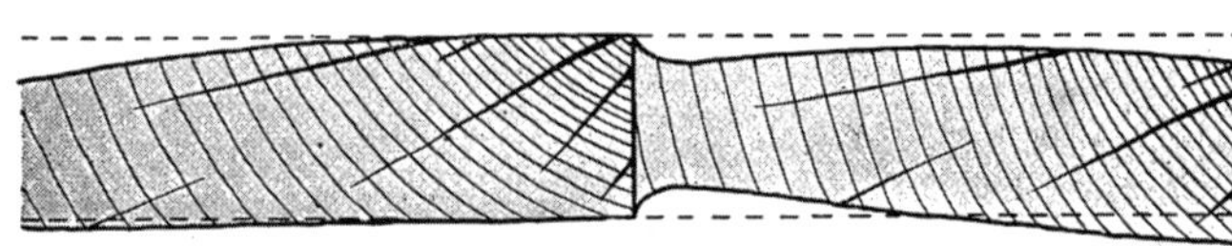

Abb. 622.

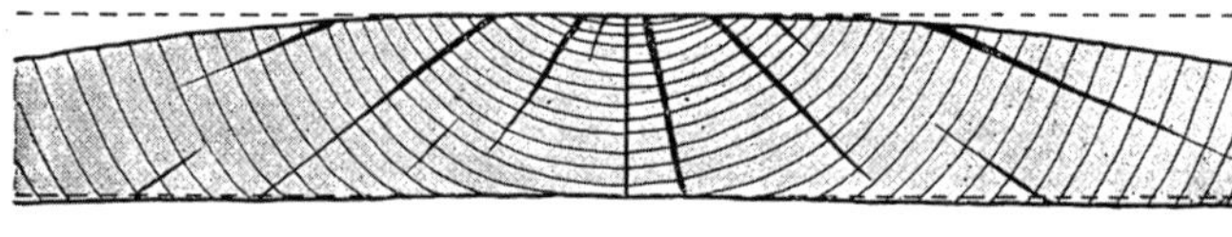

Abb. 623.

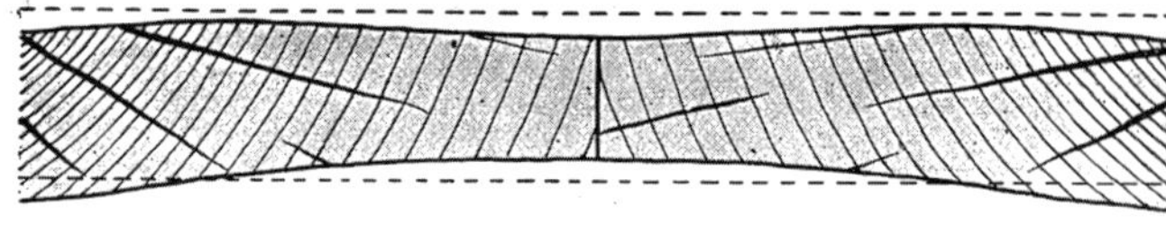

Abb. 624.

sich nach außen, da das Splintholz mehr schwindet. Die Seitenbretter werden nach außen hohl und gegen den Splint zu schwächer.

Abb. 616 (siehe auch *Abb. 614*). Man unterscheidet Herz-, Mittel- und Seitenbretter. Bei den Mittel- und Seitenbrettern unterscheidet man eine linke und rechte Seite. Die linke Seite ist die äußere, sie wird auch Splintseite genannt. Die rechte Seite ist jeweils nach dem Inneren zu, d. h. nach dem Herz zu gelegen bzw. man spricht von Herz- oder Kernseite. Das Herzbrett hat gewissermaßen zwei rechte Seiten.

Abb. 617. Hier ist in übertriebener Weise das Aussehen eines Kernbrettes nach dem Trocknen gezeigt. Das Herzbrett behält seine waagerechte Achse. Es verringert durch das Schwinden seine Breite und verjüngt sich durch das Trocknen konisch nach außen, also nach dem Splint zu.

Dieses Kernholz eignet sich wie oben gesagt, da es am wenigsten arbeitet und gerade stehen bleibt, für die Anfertigung langer, dünner Lampensäulen und Treppentraillen.

Abb. 618 zeigt, welche Formänderung bei einem seitlichen Mittelbrett oder bzw. auch Seitenbrett stattfindet. Diese Bretter werden auf ihrer Splintseite (linke Seite) hohl bzw. nach der Herzseite (rechte Seite) gewölbt, und außerdem verjüngen sie sich etwas konisch nach den äußeren Enden zu.

Abb. 619 zeigt, ebenfalls in übertriebener Weise, die Veränderung zweier Mittelbretter, die beide die Hälfte des Herzes enthalten. Die so geschnittenen Bretter erhalten nach ihrer inneren Seite einen Knick, während sie nach außen hohl werden, und außerdem verjüngen sie sich nach dem Splint zu. Das Herz muß herausgeschnitten werden.

Aus der Tatsache des unterschiedlichen Schwindens der Kern- und Seitenbretter bzw. des Splint- und Kernholzes ergibt sich die gebieterische Forderung, daß jeweils nur Kernholz und Kernholz und Splintholz und Splintholz miteinander verleimt werden dürfen.

In *Abb. 620 und 621* ist die Verleimung von Kernbrettern dargestellt und zugleich in übertriebener Weise zum Ausdruck gebracht, wie die so verleimten Bretter in ihrer Stärke schwinden.

Abb. 622—624 zeigen die Verleimung von Seitenbrettern. Werden Kern- und Splintholz miteinander verleimt, so ergeben sich durch das unterschiedliche Arbeiten bzw. Schwinden des Kern- und Splintholzes sogenannte „Einschläge“ an der Leimfuge (siehe *Abb. 622*).

Abb. 623 zeigt die richtige Verleimung eines Seitenbrettes, wobei Kernholz an Kernholz geleimt ist.

Abb. 624 zeigt die richtige Verleimung, bei der Splintholz an Splintholz geleimt ist.

Abb. 625 und 626. Soll aus zwei Brettstücken das Holz zu einem starken Stollen verleimt werden, so ist es nötig, die linken Seiten der Brettflächen miteinander zu verleimen, und nicht wie in *Abb. 626* die Kernseiten.

Für den Drechsler gibt es Aufgaben, so z. B. bei schweren großen Säulen, wie auch starken runden Tischmittelfüßen, wofür er das Material verleimen muß. Beim Verleimen muß er dann die oben dargelegten Grundsätze beachten, d. h. er muß auch hier, wenn er Schaden vermeiden will, sich davor hüten, die Hölzer falsch zu verleimen.

Abb. 627 zeigt das richtige Verstärken durch Verleimen des Holzes, so z. B. bei Tisch und Stuhlfüßen, bei denen an einer Stelle die Form größere Dimensionen aufweist.

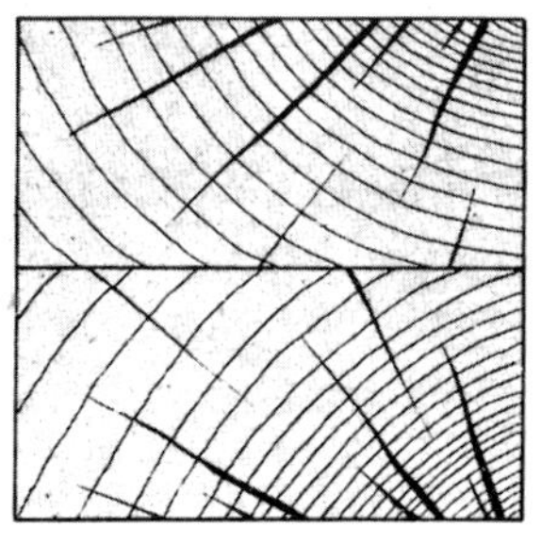
Abb. 625.

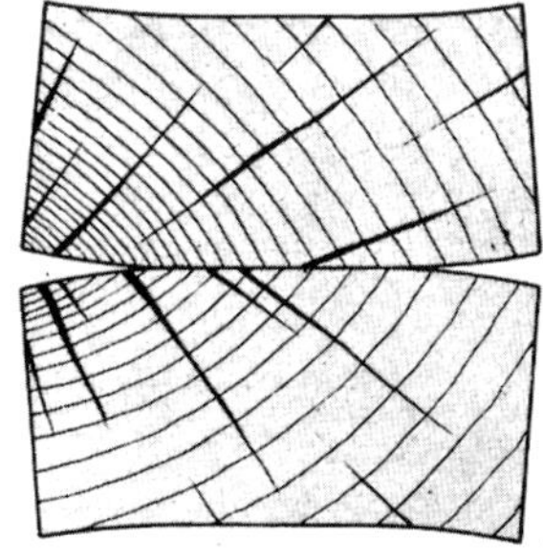
Abb. 626.

Es wird hierdurch eine beträchtliche Holzersparnis erzielt. *Abb. 628 und 629* zeigen zwei verschiedene Arten von richtiger Verleimung starker Säulen oder Tischfüße, wobei letztere natürlich auch noch furniert werden können. In der *Abb. 630* ist eine falsche Verleimung dargestellt.

Wenn sich auch meist der Drechsler vom Schreiner das Holz für starke Pfosten verleimen läßt, so ist es für ihn doch wichtig, daß er feststellen kann, ob das Stollenholz richtig verleimt ist, um bei etwaiger falscher Verleimung den Schreiner darauf aufmerksam zu machen und die Verantwortung für ein eventuelles Reißen ablehnen zu können.

Die Beschreibung und Darstellung vom Verleimen großer Brettflächen wollen wir uns hier ersparen, da dies ja Sache des Schreiners ist und er die Verantwortung für die richtige Verleimung zu tragen hat, so z. B. bei runden Tischplatten, die mit Hartholzkanten versehen sind und an der Drehbank ein Profil angedreht erhalten sollen. Dagegen wollen wir im nachfolgenden noch einige Hinweise auf den Leim und das Verleimen des Holzes geben, wie es für die Verarbeitung an der Drehbank nötig ist.

DAS ZURICHTEN UND VERLEIMEN

DER LEIM

Als Leimsorten stehen die *Glutinleime*, also Haut-, Leder- und Knochenleime immer noch an erster Stelle. Verändert hat sich nur die Form; während man früher ausschließlich den schwer quellbaren Tafelleim verwendete, benutzt man heute kleinstückige Perlen, Schnitzel, Flocken, Würfel oder plättchenförmige Leime. In neuerer Zeit auch solche in gemahlener Form, fertig mit Füllmitteln (Streckmittel) gemischt, die unter den verschiedensten Bezeichnungen im Handel sind. Nächst dem Glutinleim kommt der *Kaseinleim*, meist einfach *Kaltleim* genannt, zur Verwendung. Er wird hauptsächlich wegen seiner höheren Beständigkeit Witterungseinflüssen gegenüber angewendet. Im Hinblick auf die Wasserfestigkeit ist ihm inzwischen ein Konkurrent in dem *Kunstharzleim* entstanden, der seine Nachteile, Verfärben, Neigung zu Bakterien- und Schimmelbefall, nicht hat. Auch ist vom volkswirtschaftlichen Standpunkt dazu zu sagen, daß Kasein zu 90 % aus dem Ausland, Argentinien und Frankreich, eingeführt werden muß, während Kunstharzleime in Deutschland hergestellt werden und keiner fremden Rohstoffe bedürfen. Blutalbumin und Stärkeleime sind für die Möbelfabriken kaum von Bedeutung.

GLUTINLEIME

Von diesen ist der *Hautleim* am hochwertigsten, er hat die höchste Bindekraft, kann am meisten mit Wasser verdünnt werden, färbt gerbsäurereiche Hölzer nicht, bindet am schnellsten ab und ist fast geruchlos. Er wird hergestellt aus Hautabfällen, Sehnen usw. Der *Lederleim* wird aus Lederabfällen, auch aus Chromlederabfällen, hergestellt, und ist in seinen Leistungen dem Knochenleim mehr ähnlich als dem Hautleim. *Knochenleim*, der aus entfetteten Knochen hergestellt wird, ist billiger, muß aber dicker verwendet werden. Er bindet langsam ab und wird deshalb dort angewendet, wo Hautleim zu rasch gelatinieren würde. Er ist schwach sauer und darf daher nie in Eisengefäßen aufbewahrt oder mit Pinseln mit Eisenringen aufgetragen werden. Glutinleime sind, außer dem durch Chemikalien kaltflüssig gemachten „Pitan"-Leim, der einen sehr guten Kaltleim, auch zum Kaltfurnieren, darstellt, immer an die Anwendung von Wärme gebunden. Bei der Zubereitung und Aufbewahrung hat äußerste Sauberkeit zu herrschen; langes Stehen angemachter Mischungen, vor allem aber öfteres Erwärmen, das auf keinen Fall über 60° C hinausgehen darf, setzen die Bindekraft erheblich herab. Man soll nie mehr Leim streichfähig mischen, als man innerhalb einiger Tage verbrauchen kann. Bei guter Behandlung genügen zum Verleimen folgende Konzentrationen:

	Hautleim	Knochenleim
Verleimen von Weichholz	25 %	35 %
Verleimen von Hartholz	35 %	40 %
Leimen von Hirnholz	40 %	50 %

Prozente, bezogen auf die streichfertige Mischung.

Zum Ansetzen bzw. Einweichen benutze man nur reines, kaltes Wasser und schmelze den Leim nicht eher, bis er völlig durchquollen ist. Kochen ist auf jeden Fall zu vermeiden.

Die richtige Zubereitung des Leimes ist hochwichtig, denn von ihr hängt die Bindekraft des Leimes ab. Zunächst wird der Leim in reinem Wasser, womöglich Regenwasser, ein-

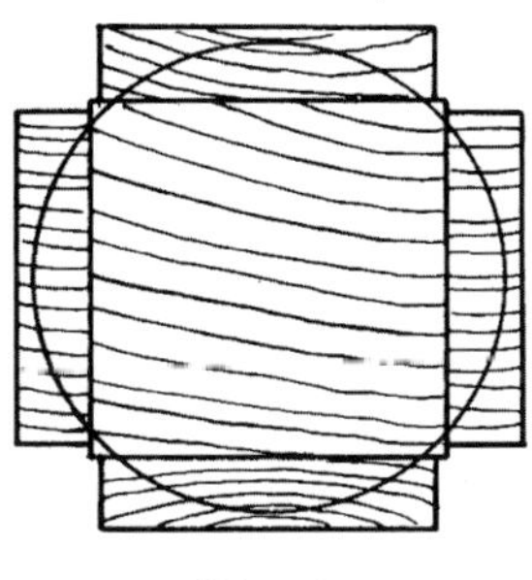
Abb. 627.

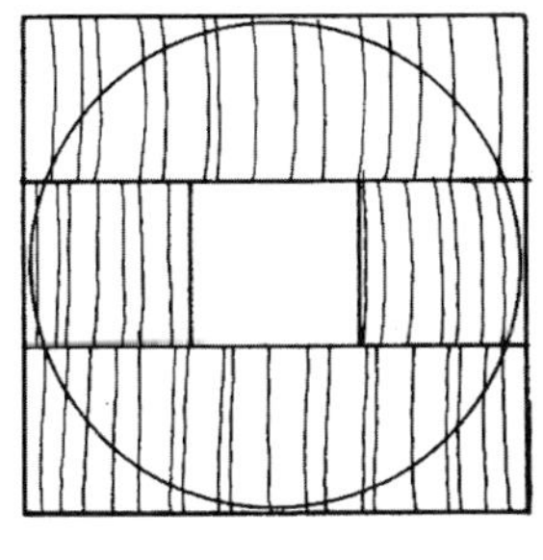
Abb. 628.

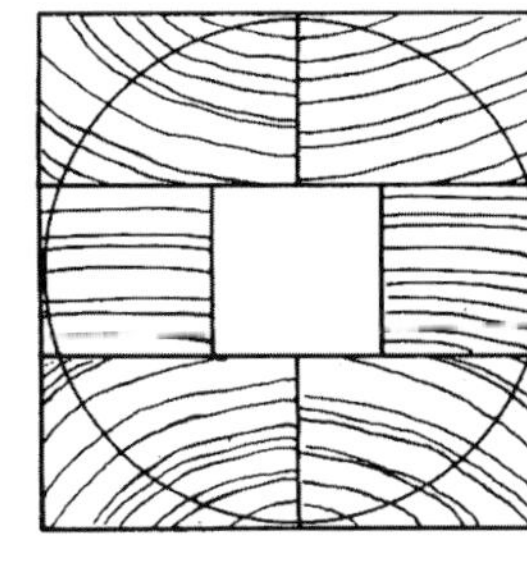
Abb. 629.

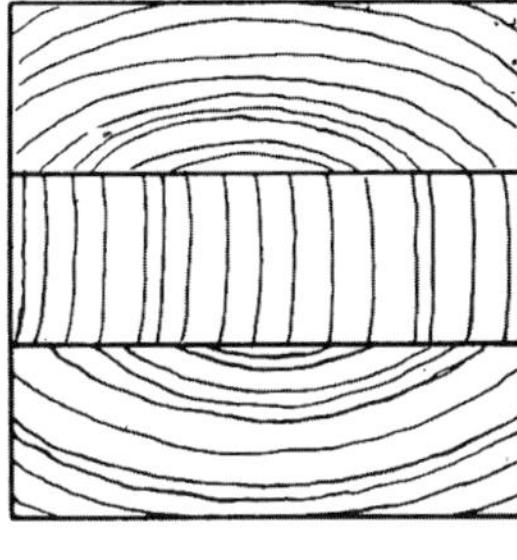
Abb. 630.

geweicht. Bei Tafeln geschieht es in der Weise, daß diese mit Wasser übergossen und so lange im Wasser liegen, bis sie völlig durchweicht sind. Beim Perlenleim werden die Perlen unter ständigem Umrühren langsam in kaltes Wasser geschüttet. Wenn die Perlen völlig durchweicht sind und das Wasser aufgesogen ist, kann der Leim weiter zubereitet werden. Der durchweichte Leim darf niemals auf direktes Feuer gestellt, sondern muß in einem Wasserbad erwärmt bzw. flüssig gemacht werden. Der Leimkessel hängt in einem wassergefüllten Behälter. Gleichwohl man vom Abkochen des Leimes spricht, so darf er nicht zu sehr erhitzt werden oder gar kochen, weil er dadurch bedeutend in seiner Bindekraft verliert. Der Leim wird mit einem Borstenpinsel aufgetragen. (Die Borsten sollen nicht mit einem Eisenring oder Draht zusammengehalten werden, weil das Eisen einen schädigenden Einfluß auf den Leim ausübt.)

KASEINLEIM

Auch dieser Leim kommt für den Drechsler vorteilhaft in Betracht. Da er gegenüber Feuchtigkeit eine weit höhere Beständigkeit aufweist, eignet er sich für Aufgaben in der Baudrechslerei, die Witterungseinflüssen ausgesetzt sind.

Kasein hat sich früher jeder Tischler aus Weißkäse (Quark) und Kalk selbst hergestellt. Er wird heute ausschließlich als fertiggemischtes Pulver verkauft. Er besteht zum größten Teil, bis zu 60 %, je mehr desto besser, aus Kasein. Zur Leimherstellung wird auf natürlichem Wege aus der Magermilch gefälltes Milchsäurekasein verwendet. Als weiterer Hauptbestandteil ist feingemahlener Kalk (Kalziumhydroxyd), zum Aufschließen des Kaseins, enthalten, da dieses sich in Wasser allein nicht löst, sondern nur quillt. Weiter enthält es zur Konservierung Natriumfluorid, Soda oder Kupfersalze, Füllmittel wie Kreide oder Holzmehl, und zum Verhüten des Stäubens Petroleum.

Das Pulver wird unter stetem Rühren, im Mischungsverhältnis nach Vorschrift, meist 1 : 1, in Wasser geschüttet, nicht umgekehrt. Nach dem Mischen lasse man es etwa eine halbe Stunde stehen, ehe man mit dem Verleimen beginnt. Zur Mischung und Aufbewahrung dürfen nur Gefäße aus Emaille, Steingut oder Holz verwendet werden. Zum Auftragen benutze man Pflanzenfaserpinsel. Die Lebensdauer der angerührten Mischung ist kurz, man rühre nur soviel an, als man am gleichen Tage verarbeiten kann. Da sich der Leim schwer streicht, muß davor gewarnt werden, ihn etwa dieserhalb zu verdünnen. Beim Verleimen, vor allem aber, wenn man damit furniert, presse man nicht sofort nach dem Aufstreichen, sondern lasse den Leim erst etwas gelatinieren. Dadurch verhütet man eine magere Verleimung und das Durchschlagen. Die Preßdauer wähle man nicht unter drei Stunden, eine Weiterbearbeitung der verleimten Hölzer nehme man nicht vor vierundzwanzig Stunden vor. Kaseinleime färben gerbsäurereiche Hölzer wie Eiche, Birke, Ahorn, Buche, Nußbaum, Kirschbaum, Kastanie, Mahagoni, Zeder, Zebrano sehr stark und sind daher bei diesen Hölzern nicht ohne weiteres zu verwenden. Spezialkaseinleime, die durch Zusatz von Säuren neutralisiert sind, haben diese Eigenschaft nicht mehr.

KAURITLEIM

Der Kauritleim — ein Stickstoffharzprodukt aus Karbamid und Aldehyd — ist der beste, allerdings auch der teuerste Leim vor allem gegen Witterungseinflüsse.
Er ist sowohl für Kalt- als auch für Warmverleimung und auch für langsames und schnelles Abbinden zu haben. Verleimungen mit Kunstharzen können bedenkenlos monatelang unter Wasser lagern, sie sind von sehr hoher Festigkeit und durch Schimmel oder Bakterien sowie auch Termiten nicht zu zerstören.

DAS LEIMEN

Wenn auch das Leimen für den Drechsler lange nicht die Rolle spielt wie für den Tischler, so muß er doch diese wichtige Arbeit, w e n n er sie zu verrichten hat, genau so gut verstehen wie der Tischler, sonst wird der Schaden unausbleiblich sein. Darum wollen wir uns dieser Aufgabe mit der genügenden Gründlichkeit und Aufmerksamkeit zuwenden.

Für den Drechsler kommt fast ohne Ausnahme die Massivverleimung in Frage.

Unter Verleimung versteht man das feste Zusammenfügen zweier, genau aufeinanderpassender Holzflächen mit Hilfe eines Bindemittels, so daß zwischen den Flächen nur ein dünner aber ununterbrochener Film des Leimes bleibt. Eine dicke Leimschicht zwischen unpassenden Holzflächen ergibt nur eine mangelhaft haltende Verkittung, keine Verleimung. Die Zusammenhangskraft ist größer bei Hölzern, die auf ihrer Oberfläche viele kleine Vertiefungen, Poren, aufweisen, als bei Hölzern, die dicht und vollständig geschlossen sind. Am gebräuchlichsten ist das Verfahren der Warmverleimung, wobei nur unter Anwendung bestimmter Temperaturen eine Verleimung erzielt wird. Bei der Kaltverleimung sind besondere Temperaturen nicht anzuwenden, doch darf die Temperatur nicht unter 10° C sein.

Für den Drechsler kommen hauptsächlich drei Arten der Verleimung in Frage:

1. Das Verleimen von Fugen, so z. B. bei der Herstellung großer Lampenfüße, wie breiten Tellern.
2. Das Aufeinanderleimen von breiten Brettstücken, um starke Dimensionen zu gewinnen, also Breitseite auf Breitseite, und
3. das Leimen von Holzverbindungen, in erster Linie die Verbindung von Rundzapfen und Zapfenloch.

DIE LEIMFUGE

Bevor die Bretter aneinandergeleimt werden können, müssen ihre Kanten „gefügt" werden. So einfach im Grunde die Herstellung einer haltbaren Leimfuge ist, so bedarf es doch ziemlicher Erfahrung und Kenntnisse. Die Bretter, die verleimt werden sollen, werden zusammengelegt und mit einem Zusammengehörigkeitszeichen versehen. Danach werden die einzelnen Brettstücke wechselseitig in die Vorderzange der Hobelbank so eingespannt, daß einmal das Zeichen nach der Bank und das andere Mal das Zeichen zum Arbeitenden liegt und so fort. Das obere Brett, in dem das Zeichen in einem Winkel zusammenläuft, wird zuerst eingespannt. Mit Hilfe einer vierkantigen sog. Fügleiste, die mit der linken Hand an die Sohle der Rauhbank gehalten wird, hobelt oder „b e s t ö ß t" man mit der Rauhbank die Kante (siehe *Abb. 631)*. Der letzte Stoß der Rauhbank über die Brettkante muß ohne abzusetzen durchgeführt werden. Die Fuge darf weder hohl noch rund (sog.

Abb. 631. Fügen der Kanten

Abb. 633. Fügen in der Stoßlade

Spitzfugen) sein. Durch Aufeinanderstellen der gefügten zusammengehörenden Brettstücke vergewissert man sich von dem genauen Zusammenpassen der Fugen. Es empfiehlt sich, schon beim Fügen der einzelnen Bretter mit dem Anschlagwinkel die Kanten auf ihre Rechtwinkligkeit zu prüfen (siehe *Abb. 632).*

Das Fügen von kleinen bzw. kurzen Brettern geschieht vorteilhafter mit Hilfe der Stoßlade. Für den Drechsler handelt es sich meist um solch kleine Brettstücke. Die Stoßlade wird zwischen die Bankhaken eingespannt. Das Brett wird so auf die Stoßlade gelegt, daß es mit einem seiner Hirnenden an dem Absatz der Stoßlade eben anliegt. Die Rauhbank wird auf der Bankplatte so umgelegt, daß ihr Hobeleisen senkrecht zur Platte steht. Indem das Brett mit der linken Hand auf die Stoßlade gedrückt wird, führt man mit der rechten Hand die Rauhbank auf der Platte liegend und fügt das waagerecht liegende Brett (siehe *Abb. 633).*

Die Fugen harter Hölzer sind vorteilhafterweise noch mit dem Zahnhobel zu bearbeiten.

Vor dem Verleimen werden die Fugen angewärmt, jedoch ist zu vermeiden, daß die Fugen zu heiß werden, da sonst der Leim beim Angeben vertrocknet oder gar verbrennt. Durch das Erwärmen der Fugen verdunstet in den Poren die Feuchtigkeit. Die Poren erhalten eine gewisse Saugfähigkeit, wodurch der Leim leichter in die Poren einzudringen vermag. Die gefügten Bretter werden aufeinandergelegt und die Fugen gemeinsam mit Leim bestrichen, der Leim wird „angegeben". Mit eisernen oder hölzernen Schraub- oder Leimknechten werden die Bretter fest zusammengespannt (siehe *Abb. 634).* Nachdem der Leim trocken ist, werden die Knechte von dem verleimten Brett gelöst. Der hervorgequollene Leim wird mit dem Leimkratzer oder einem alten Hobeleisen abgekratzt. Die Fugen müssen dicht sein und es darf sich zwischen ihnen keine Leimschicht zeigen. Fugen mit sichtbarer Leimschicht halten schlecht, da der Leim Feuchtigkeit annimmt, wodurch seine Verbindungskraft verloren geht und die Fuge mit der Zeit auseinanderbricht. Der Leim darf also nicht zwischen den Fugen sitzen, sondern muß in die Poren der beiden Kanten eingedrungen sein. Je nach der Größe der Poren bzw. der Holzfasern muß der Leim dicker oder dünner sein. Bei grobfaserigem Holz ist der Leim stärker zu nehmen. Der Leim soll aber nicht so dick und zäh sein, daß der Pinsel klebt und der Leim sich schlecht auftragen läßt.

ABRICHTEN

Sofern der Drechsler eine Abrichte hat, empfiehlt es sich, je nach Aufgabe das verleimte Brett abzurichten. Ist keine Abrichte vorhanden, besorgt der Drechsler diese Arbeit mit dem Schlicht- oder Doppelhobel. Dies ist besonders dann nötig, wenn das verleimte Brett aus verschiedenen Stärken zusammengeleimt ist.

AUFEINANDERLEIMEN VON BRETTSTÜCKEN

z. B. auch das Verleimen von zwei Langholzfugen zu Stollen bei langen Lampenfüßen.

Abb. 632. Prüfen des rechten Winkels der Kanten mit dem Anschlagwinkel

Abb. 634. Verleimen der gefügten Brettstücke mit dem Leimknecht

Diese Arbeit ist weit weniger schwierig. Es ist aber auch hier selbstverständlich, daß die beiden aufeinanderzuleimenden Brettflächen einwandfrei eben sein müssen. Das Verleimen geschieht mit Hilfe der Zwinge.

VERLEIMEN VON RUNDZAPFEN UND ZAPFENLOCH

Es ist naheliegend, daß die Verleimung nur dann eine gute ist, wenn die einzelnen ineinandergreifenden Holzteile so genau gearbeitet sind, daß diese dicht zusammenpassen, so daß gleich wie bei der Fuge der Leim in die Poren gepreßt wird.
Grundsätzlich streiche man auf beide Teile einer Verbindungsstelle Leim auf.
Aus diesem Grunde ist es von größter Wichtigkeit, wenn der Rundzapfen satt im Zapfenloch sitzt. Ist dies nicht der Fall, so wird der beste Leim nicht viel nützen.
Da, wie wir bereits an anderer Stelle erwähnt haben, die Holzdrechslerei durch die so vorteilhafte Konstruktion von Zapfen und Zapfenloch von jeher bis auf heute von so hoher Bedeutung war, können wir nicht genug betonen, wie wichtig es ist, daß der Drechsler bei solchen Aufgaben allergrößte Sorgfalt anwenden muß, sonst werden die Arbeiten beim Auftraggeber bald in Ungnade fallen, denn ein Stuhl z. B., bei dem Zapfen und Zapfenloch nicht genau ineinanderpassen, kann sich nicht als haltbar erweisen. Und somit würde das Drechslerhandwerk starke Einbuße erleiden.

TROCKNEN UND PFLEGE DES HOLZES FÜR DEN DRECHSLER

Wenn auch der Drechsler hier nicht die Mühe walten lassen muß wie der Schreiner, so gibt es aber auch für ihn bezüglich der Pflege und Trocknung des Holzes unumgängliche Regeln zu beachten, wenn er einmal keinen Schaden erleiden und zum anderen stets verarbeitungsfähiges Holz zur Verfügung haben möchte. Wir dürfen es hier ruhig sagen, daß auf diesem Gebiet noch manche Drechslerwerkstätte viel zu lernen hat.
Der Drechsler in der Stadt wird wohl einmal aus Platzmangel und auch der Bequemlichkeit halber sein Holz je nach Bedarf in der Holzhandlung holen, wo es gut gelagert ist, und oft bevor es der Drechsler empfängt, noch in den Trockenofen kommt. Dagegen aber werden all die Drechsler in der Kleinstadt und auf dem Land sich eher einen genügenden Holzvorrat hertun (auch schon deshalb, weil sie billigere Lagerplätze haben) und dadurch gezwungen sein, der Pflege und Trocknung des Holzes größte Beachtung zu schenken. Die Drechsler in der Kleinstadt und auf dem Lande kaufen das Holz beim Bauern (vor allem die Obst- und Nußbäume), bei den Forstämtern und bei Holzversteigerungen. Es gibt aber auch größere Drechslereibetriebe, die sich in den Städten größere Holzvorräte kaufen, und die die natürliche Trocknung oder auch künstliche Trocknung in Trockenkammern selbst vornehmen. Der Drechsler, der das Stammholz kauft, wird je nach Holzart dieses nach Bedarf in Bohlen und Brettern auf der Säge sägen lassen. Die großen Sägereien besitzen heute schon Anlagen zum Dämpfen, und der Drechsler wird sich ihrer gern für das Dämpfen von Buchen- und Birnbaumholz bedienen. Das Dämpfen muß geschehen, solange das Holz noch frisch ist.
Das Dämpfen stellt eine vorzügliche Methode dar, diese Hölzer zu veredeln, außerdem ist es sehr einfach zu bewerkstelligen. Die Hölzer werden in frischem, also sägefallendem Zustand in geschlossenen Räumen unter Wasserdampf gebracht. Hierdurch werden einmal die schädlichen Stoffe aus dem Holz herausgeholt, d. h. es findet eine Art Humifizierungszersetzung der Ligninbestandteile (wie Zukker, Gummi, Gerbstoffe) statt. Die gedämpften Hölzer werden ruhiger, arbeiten weniger und die Neigung zum Reißen und Werfen verringert sich beträchtlich. Buche und Birnbaum werden besonders schön gleichmäßig gefärbt. So färbt sich Buchenholz schön hell- bis rotbraun und Birnbaum rötlich bis dunkelbraun. Das so gedämpfte und dadurch gefärbte Buchen- und Birnbaumholz sollte man in dieser natürlichen Färbung belassen und nicht weiter beizen, wogegen sich die beiden Hölzer durch das Polieren sehr veredeln. Bei Nußbaum bewirkt das Dämpfen eine gleichmäßige Durchfärbung des Holzes, d. h. das hellere, jüngere Holz bräunt sich dunkler und dadurch wird ein Ausgleich an das dunklere Kernholz geschaffen. (Rinde bei Nußbaum beim Dämpfen dranlassen.) Eine ähnliche Wirkung wird auch beim Kirschbaumholz, das ebenfalls gedämpft werden kann, erzielt.
Abzulehnen ist es dagegen, Ahorn zu dämpfen, der dadurch seine schöne weiße Farbe verlieren würde.
Wir werden bei den einzelnen Holzarten noch erfahren, daß sie als Stamm lagern müssen.

DER HOLZPLATZ

Ein *Holzplatz* soll so angelegt sein, daß auf ihm das Holz ohne Schaden lufttrocken wird. Dazu gehört, daß er etwas höher als die allgemeine Bodenebene liegt und eine dauernde Durchlüftung infolge richtiger Anlage zur Hauptwindrichtung gewährleistet ist. Sein Boden muß trocken, entwässert und keimfrei sein, mindestens einmal monatlich muß er von Holzabfällen, Rindenstücken usw. gereinigt werden.
Die Einteilung muß klar und übersichtlich sein und auf das etwaige Eingreifen der Feuerwehr Rücksicht nehmen (Stapelgassen möglichst beschottert anlegen). Jeder Stapel muß eine Tafel mit Holzart, Menge, Eingangsdatum und Lieferanten tragen.
Alles Holz muß sofort gestapelt werden, je nach Holzart und Trockenheitsgrad mehr oder weniger luftig, sehr nasse Weichhölzer luftiger als Harthölzer, starke Hölzer luftiger als schwache. Kiefer in der Blauzeit (Mai-September) besonders rasch in Stapel bringen. Ahorn erst stehend vortrocknen, Stammende nach unten. Rotbuche stockt leicht und wird von Pilzen befallen. *(Siehe auch Beschreibung der Holzarten.)* Die Stapel stets auf genau waagerecht liegende Balken errichten. Oben abdecken mit etwa 50 cm vorstehendem Dach. Rißbildung ist meist im falschen Stapeln zu suchen.
Durch nachlässiges Stapeln können folgende Schäden entstehen:

Haarrisse, besonders auf Splintseiten, treten auf, wenn die linke Seite nach oben liegt — stets rechte Seite nach oben legen.

Stirnrisse: bei ungeschützten Hirnenden der Bretter. — Schützen durch Annageln von Latten, Überkleben mit Papier, Anstreichen mit altem Lack usw.

Seitenrisse: meist schon im Rundholz, durch Lagern im scharfen Trockenwind. — Anlage von Schuppen, an der Hauptwind- und Regenseite verschalt, ist zu empfehlen. Stirnseiten können verschalt sein, Front offen, damit gute Lüftung gewährleistet ist. Möglichst wenig Stützen setzen.

DIE NATÜRLICHE TROCKNUNG

Die Drechslermeister, die, wie schon erwähnt, das Holz auf Vorrat besorgen, vermögen, wie es noch in früheren Zeiten der Fall war, das Holz natürlich trocknen zu lassen. Je nach Holzart bedürfen das gestapelte Holz sowie auch die als Stamm belassenen Hölzer mehr oder weniger lange Zeit in freier Luft zum Trocknen. Aber wie wir wissen, geht der Feuchtigkeitsgehalt des Holzes selbst unter gedeckten Schuppen höchstens auf 12—15 % herunter, was für die Verarbeitung einen völlig ungenügenden Trockengrad bedeutet. Die weitere Trocknung muß dann in einer erwärmten Werkstatt geschehen.

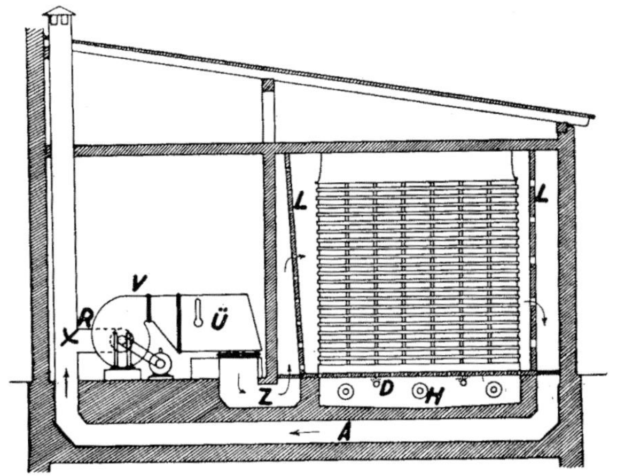

Abb. 635. Trockenkammer.
V Gebläse zur Beförderung der Trockenluft — U Heizkammer zum Aufheizen der Luft — L Leitwände mit Schlitten zum Verteilen der Luft — D Dämpfrohre zum Sprühen (Zuführen von Feuchtigkeit zur Trockenluft) — H Zusätzliche Heizung im Fußboden durch Rippenrohre — A Abluftkanal — R Klappe zum Regeln der Luftführung als Umluft oder Frischluft bzw. Abluft

Eine längere Werkstattlagerung ist dem Drechsler weit eher möglich als dem Schreiner, da die in der Drechslerei meist kleinen Dimensionen von Holzstücken leichter unterzubringen sind. Wie wir später noch erfahren werden, wird der Drechsler meist größere Schalen und Dosen erst roh vordrehen, und dann wieder zur Seite legen, um ein noch endgültigeres Trocknen zu ermöglichen.

DIE KÜNSTLICHE TROCKNUNG

Wie schon erwähnt, werden größere Betriebe, die große Holzmengen verarbeiten, sich eine Trockenkammer zur künstlichen Trocknung zulegen. Für diese Werkstätten kommen nur Trockenkammern in Betracht *(Abb. 635)*.
Den Bau der Anlage übergebe man einer Firma, die Erfahrungen im Bau von Holztrockenanlagen hat. Grundsätzlich muß gefordert werden, daß sich die Anlage leicht bedienen läßt, keinen zu hohen Dampfverbrauch hat und die Luftumwälzung an allen Stellen der Kammer gleichmäßig ist und die Anlage unabhängig von der Außenluft arbeitet. Bei Kaufabschluß sichere man sich durch eine exakte Garantie. „Besser als natürliche Trocknung", „ohne Gefährdung des Trockengutes", „schnell", „grünes Weichholz innerhalb 24 Stunden trocken" sind keine Garantien! Man muß sich bestätigen lassen, daß die Anlage „die verschiedenen Hart- und Weichhölzer mit max. 100 % Feuchtigkeitsgehalt, bezogen auf die absolut trockene Holzmasse, *bis auf 8 % heruntertrocknet, vollkommen rißfrei, ohne Verschalung oder Verfärbung*". Über die Trockendauer verlange man stets Angaben, von dem und dem Feuchtigkeitsgrad bis auf einen bestimmten Endfeuchtigkeitsgehalt unter Beobachtung der obengenannten Qualitätsansprüche.
Es ist besser, zwei kleine Kammern zu bauen als eine große, man kann dann leichter disponieren, Hart- und Weichhölzer stets beim Trocknen voneinander trennen und, da die Wege der Trockenluft kürzer sind, schneller und gleichmäßiger trocknen.
Kammern mit Gebläse (Ventilator) arbeiten schneller und sicherer als solche ohne Gebläse. Nur für Hartholz gebaute Anlagen sind mit kleinerer Heizfläche ausgestattet, arbeiten also bei Beschickung mit Weichholz unwirtschaftlich. Weichholzkammern sind bei der Beschickung mit Hartholz vorsichtig zu bedienen, da sie infolge der höheren Trockenleistung dieses zu schnell trocknen und verderben können. Anlagen für Abdampf sind wirtschaftlicher, die Anlagekosten höher. Bei Frischdampfanlagen sind die Anlagekosten etwas niedriger, die Betriebskosten höher, sind dafür aber leistungsfähiger.
Es ist günstig, die Kammern so zu legen, daß Füllung vom Holzplatz aus und Entleerung in den Zuschnitt erfolgen kann. Man vermeide aber, die Türen während des Trocknens auf die Zuschnittseite zu öffnen, da sonst viel Dampf und feuchte Luft in den Zuschnitt entweicht. Um Beschikkung und Entleerung möglichst schnell zu machen, empfiehlt es sich, das Holz außerhalb der Kammern auf Wagen zu stapeln und die fertigen Stapel in diese einzufahren. Stapelt man in der Kammer, dann stets auf Kanthölzer 10—15 cm hoch. Stapellatten schneide man 25 mal 35 mm, um zwei Stärken zur Verfügung zu haben.

DIE HOLZARTEN

Nur die genaueste Kenntnis des in seinen Eigenschaften so unterschiedlichen Werkstoffes Holz vermag uns in die Lage zu setzen, ihn richtig und natürlich zu gestalten.
Im nachfolgenden wird versucht, dem Leser nicht allein die Kenntnis der verschiedenen Holzarten zu vermitteln, sondern darüber hinaus ihm sozusagen eine warme Liebe zu dem schönen natürlichen Werkstoff einzupflanzen.
Darum werden nicht allein Namen, Herkunft und Aussehen angegeben, sondern bei der nachfolgenden Beschreibung der einzelnen Hölzer wird ausführlich auf die je-

weilige Wesensart und die Eigenschaften eingegangen. Die Hölzer werden betrachtet auf ihre Schönheitswerte hin, sei es Zeichnung, Farbe und Oberfläche — außerdem ist meist gesagt, wie sie gepflegt, behandelt und getrocknet werden müssen, bis sie sich zur Verarbeitung in der Werkstatt eignen. Ferner ist zugleich dargelegt, welche Oberflächenbehandlung für die einzelnen Hölzer entsprechend ihrem Charakter angebracht ist. *(Im übrigen sei auf das besondere Kapitel „Oberflächenbehandlung" hingewiesen.)*

Zur lebendigen Veranschaulichung sind in diesem Kapitel eine Anzahl Hölzer dargestellt, und zwar an bereits verarbeiteten Formen. Ganz besonders sei aber auf das Vorlagenwerk hingewiesen, das nahezu alle für den Drechsler in Frage kommenden Hölzer an verarbeiteten Formen zeigt. Die formale Gestaltung der Gegenstände trägt jeweils dem Wesen der verschiedenen Hölzer Rechnung, d. h. wir sehen daraus anschaulich, zu welchen Aufgaben sich die einzelnen Holzarten vorteilhaft verwenden lassen.

Die einzelnen Holzarten kann man nach mehreren Gesichtspunkten in unterschiedliche Gruppen teilen. So unterscheidet man *leichte* und *schwere* Hölzer, oder man spricht, von der Härte der Hölzer ausgehend, von *Hart-* und *Weichhölzern.* Wichtiger ist es aber wohl, zwischen *Laub-* und *Nadelhölzern* zu unterscheiden, weil zwischen diesen beiden ein grundsätzlicher Unterschied besteht in ihrem inneren Aufbau. Es ist nicht nötig, daß wir uns hier über die Naturgeschichte des Laub- und Nadelholzes verbreiten, es genügt, was wir bereits grundsätzlich über Bau und Wachstum des Holzes gesagt haben. Nur allgemein sei kurz auf die unterschiedliche Wesensart der beiden großen Holzgruppen hingewiesen.

LAUBHÖLZER

Das Laubholz enthält mehrere Arten von Zellen. Die Zellen sind dickwandiger und die Hohlräume kleiner. Die Laubhölzer sind durchweg schwerer als die Nadelhölzer. Das unterschiedliche Gewicht ist nicht etwa in einer verschiedenartigen stofflichen Zusammensetzung zu suchen, sondern ist begründet in der bereits erwähnten Dickwandigkeit der Zellen, also in der dichteren Bauart dieser Hölzer. Es ist deshalb verständlich, daß viele Laubhölzer eine größere Festigkeit als die Nadelhölzer besitzen. Weiter bewirkt die so gänzlich verschiedene Bauart der Laubhölzer eine vielfältigere Struktur als die der Nadelhölzer. Diese reichere Struktur ist von großem Einfluß auf das Aussehen und die Wirkung der Laubhölzer (geflammt, gewimmert, gewässert, geriegelt usw.). Gegenüber den Nadelhölzern sind die meist härteren Laubhölzer im allgemeinen schwieriger zu verarbeiten.

NADELHÖLZER

Der Bau der Nadelhölzer ist bedeutend einfacher. So fehlen z. B. den Nadelhölzern jene Art von Zellen, wie sie die Laubhölzer besitzen, die sich beim Radial- und Tangentialschnitt als sog. Poren zeigen. Die Nadelhölzer haben also keine solchen Poren. Durchweg sind die Nadelhölzer leichter und weicher. Es kann aber Härte, Schwere und Zähigkeit in ein und derselben Holzart wohl verschieden sein. So kann z. B. ein engringiges Nadelholz mit starkem Spätwuchs und geringem Frühwuchs fester und schwerer sein als weitringiges Holz mit reichem Frühwuchs und wenig Spätwuchs. Das Lärchenholz z. B. kann sich durch reichlichen Spätwuchs und dichteren Bau auszeichnen, wodurch es eine besondere Elastizität und Zähigkeit erhält. Diese unterschiedlichen Eigenschaften von Laub- und Nadelholz müssen bei der Verarbeitung berücksichtigt werden. Beide großen Holzgruppen brauchen einander nicht nachzustehen, wenn sie entsprechend ihrer Eigenart verarbeitet und gestaltet werden.

Für den Aufgabenkreis des Drechslers kommen die beiden großen Holzgruppen in Frage.

Nachstehend folgen nun zunächst die einheimischen Holzarten, jeweils ist auch ihr anderweitiges Vorkommen erwähnt. Die nur im Ausland wachsenden Hölzer sind in einem besonderen Abschnitt zusammengefaßt.

NADELHÖLZER

TANNE

Gemeine Tanne, Edeltanne, Weiß- oder *Silbertanne* (Name ist zurückzuführen auf weißlichgraue Rinde und Farbe der Benadelung).

Die Tanne ist vor allem in Mittel- und Süddeutschland verbreitet. Da sie sehr schnell wächst und bald schlagreif ist, ist sie das billigste Holz.

Sie ist ein Reifholzbaum mit ausgeprägten Jahresringen, gelblichweiß, weich, grobfaserig und sehr astig, fast harzfrei, daher nur im Trockenen dauerhaft. Das Splintholz ist gleich gut verwendbar. Die glattgehobelte Fläche läßt das Spätholz der Jahresringe etwas glänzend erscheinen gegenüber dem mattbleibenden Frühholz. Diese Unterschiedlichkeit des Glanzes kann durchaus als ein Schönheitswert des Tannenholzes betrachtet werden. Durch seine leichte Spaltbarkeit wird es viel zur Anfertigung von Holzspanwaren verwendet.

Die Tanne ist für den Drechsler die unbeliebteste Holzart; denn man kann wohl sagen, daß sie sich am schlechtesten von allen Weichhölzern drehen läßt. Tanne ist spröde und über Hirn kaum gut sauber zu drehen, insbesondere sind es die meist abgestorbenen harten Äste, die dem Drechsler Schwierigkeiten machen und die scharf und lang herausgeschliffenen Werkzeuge ruinieren. Es kommt deshalb zum Drehen nur astfreies Tannenholz in Frage.

Die Tanne hat jedoch den Vorteil, daß sie wenig arbeitet und keinen Harzgehalt hat, und durch die in Erscheinung tretende Unterschiedlichkeit von Früh- und Spätholz stellt sie einen gewissen Schönheitswert dar. Sie eignet sich gut zur Herstellung von Tellern, Tabletts (aber nur, soweit diese nicht mit Feuchtigkeit in Berührung kommen). Sie läßt sich nicht gut beizen. Vor allem kommt Tannenholz für billiges Spielzeug, das gestrichen wird, in Frage.

Es gibt etwa 40 Arten. Vorkommen: Europa, Amerika, Asien.

Die im westlichen Nordamerika vorkommende sogenannte *Douglas-Tanne* oder *-Fichte* wird auch in Europa (also auch bei uns) forstlich angebaut.

Die Farbe des Holzes ist gelb bis gelbrot mit breitem weißrotem, stark nachdunkelndem Splint. Das rote Fichtenholz ist gröber in der Struktur und von geringerer Qualität, wogegen das mehr gelbe Holz bevorzugt wird. Die Douglas-Fichte oder Oregon-Pine wird zu ähnlichen Zwecken wie unsere Fichte oder Lärche verarbeitet. Das Holz ähnelt sehr dem Lärchenholz, verschiedentlich wird die kanadische Lärche auch mit Oregon-Pine bezeichnet.

FICHTE ODER ROTTANNE

Die Bezeichnung „Rottanne" hat sie wohl einmal wegen ihrer rötlichbraunen Rinde, wahrscheinlich auch deshalb, weil das Holz der Fichte oft einen leicht rötlichen Schimmer besitzt.

Die Fichte ist gleich der Tanne auch ein Reifholzbaum. In trockenem Zustande gleicht sie hinsichtlich der Farbe und der Härte fast vollkommen der Tanne, und es ist nicht immer leicht, die beiden Holzarten, besonders an einem kleinen Stück, sofort zu unterscheiden. Die Jahresringe sind weniger hart. Das Holz erscheint nach dem Hobeln fast gleichmäßig glänzend. Was die Fichte von der Tanne aber wesentlich unterscheidet, ist ihr Harzgehalt. Schon mit freiem Auge kann man auf der gehobelten Fläche die kleinen Harzkanäle erkennen. Durch Verstopfung dieser Harzkanäle entstehen die sog. Harzgallen. Das Vorkommen, solcher Harzgallen erschwert die Verarbeitung des Fichtenholzes. Das Holz muß entharzt und die Harzgallen ausgebrannt werden. Die entstehenden Löcher werden mit Holz ausgeflickt oder zugekittet. Geschieht dies nicht, so dringt in warmen Räumen sogar durch den Anstrich hindurch das Harz wieder an die Oberfläche. Was für die Verarbeitung der Tanne gesagt ist, gilt auch für das Fichtenholz. Der Bestand an deutschem Fichtenholz ist weit größer als an Tannen. Beim Fichtenholz ist der Härteunterschied in den Jahresringen geringer als beim Tannenholz.

Gut eingewachsene Äste können wohl im Holz mitverwendet werden und geben so einen natürlichen (und wirtschaftlich vorteilhaften) Schmuck ab, für den wieder der Sinn geweckt werden muß.

Die Fichte läßt sich, da sie ein zartes und engeres Gefüge hat, besser drehen als Tanne, auch ist sie besser zu beizen. Auch von der Fichte gibt es etwa 40 Arten. Außer in Europa kommt sie vor in Ostasien, in China, Japan, in Nordzentralasien und Nordamerika. Die in Nordamerika vorkommende Weißfichte gleicht sehr der unsrigen.

Abb. 636. Kiefernschale aus einem Seitenbrett gedreht, Durchmesser etwa 35 cm

KIEFER, FÖHRE, FORLE, FORCHE, KIENE (Abb. 636)

einheimischen Nadelhölzern. Die Kiefer ist ein Kernholzbaum. Sie besitzt einen ziemlich breiten, heller gefärbten Splint, der sich scharf von dem dunklen, gelbroten bis rotbraunen Kern abhebt. Auch das Holz der Kiefer zeigt deutlich die Jahresringe. Es ist schwerer, härter und harzreicher als das der Fichte. Gleich dem Tannen- und Fichtenholz schwindet es ebenfalls wenig. Die lebhafte Struktur der Maserung bzw. der Fladerung, besonders der Seitenbretter, gibt schöne Flächen ab.

Das Kiefernholz beginnt in allerkürzester Zeit eine schöne Färbung anzunehmen, die im Lauf von Jahrzehnten sich zu einem wundervollen, tiefen Braun steigern kann, deshalb sollte man diesen Werkstoff erst recht in seiner Natürlichkeit belassen, abgesehen davon, daß sich Kiefer noch weniger gut beizen läßt als Tanne.

Die fettere Kiefer, die wohl auch Harz hat, jedoch nicht so viel wie die Fichte, läßt sich schon bedeutend besser drehen als Tanne und Fichte, vor allem zu großen Tellern und Schalen, bei denen die schöne Fladerung zu vollster Wirkung kommt, wie auch zu Bechern und Dosen. Auch zu Aufgaben in der Baudrechslerei eignet sie sich gut, da sie im Freien sehr dauerhaft ist.

Es gibt etwa 90 Arten von Kiefern. Sie kommen vor: auf der nördlichen Halbkugel, nur auf den Sundainseln den Äquator nach Süden überschreitend, in den Tropen nur in Gebirgshöhen. Nachstehend sind die wichtigsten ausländischen Kiefernarten, die auch bei uns Verwendung finden, einzeln aufgeführt.

Zuerst sei noch auf eine Kiefernart hingewiesen, die zum Teil auch noch in unseren höheren Gebirgen vorkommt. Diese *Bergkiefer* ist unter verschiedenen Namen bekannt: *Legföhre, Latsche, Knieholz-* oder *Krummholz-Kiefer.* Das Holz ist sehr feinjährig, harzreich und schwer zu spalten. Es wird hauptsächlich als Schnitz- und Drechslerholz verwendet.

In besonders großen Mengen kommt die Kiefer in *Polen* und *Rußland* vor, sie besitzt auch hier dieselben Eigenschaften wie unsere Kiefer.

In den Mittelmeerländern gibt die schirmförmige „*Pinie*" der Landschaft ihr charakteristisches Gepräge (sie ist im Vergleich zu der unsrigen Kiefer harzarm).

JAPANISCHE ROTKIEFER

Sie ist der gemeinen Kiefer ähnlich. Besonders steht die japanische Schwarzkiefer der europäischen Schwarzkiefer nahe. Sie ist in Japan ein wichtiger Forstbaum.

Es gibt natürlich noch eine große Anzahl anderer Kiefernarten, die aber für uns nicht weiter in Betracht kommen.

ZIRBELKIEFER, ZIRBE, ZÜRBEL, ZIRME ODER ARVE

Sie findet sich bei uns in den höheren Gebirgslagen der Alpenländer. Dieser Kernholzbaum hat wenig Splint. Meist ist sogar zwischen Splint und Kern kein Unterschied zu sehen. Das Holz hat ein feineres Gefüge als das der Fichte und Kiefer und stellt ein ausgezeichnetes beliebtes Drechslerholz dar. Es läßt sich viel besser drehen als Fichte und Kiefer. Das nach dem Fällen gelblichweiße Holz verfärbt sich nach kurzer Zeit. Es enthält viele, meist gut eingewachsene hellrotbraune bis rotbraune Äste. Diese Äste wurden immer als eine selbstverständliche, dekorativ schmükkende, schöne Eigenart des Holzes gelten gelassen. Sie bilden für das Drehen keine Schwierigkeiten, da sie nicht hart sind. Es muß hier, wie bei den übrigen Weichholzarten, scharf gedreht werden.

Mit der Zeit färbt sich das Holz, natur belassen, lediglich mit einem schützenden Überzug überzogen, in einen unnachahmlich schönen, rötlichbraunen Ton. Es ist deshalb eine Selbstverständlichkeit, unter keiner Bedingung dieses Holz etwa beizen bzw. färben zu wollen.

Abb. 637. Lärchenholzschale aus einem Seitenbrett gedreht, Durchmesser etwa 32 cm (Ausf.: Drechslermeister F. Breitling in Vaihingen a. F.)

Wie wir schon erfahren haben (siehe Seite 80), ist das leicht zu drehende Zirbelholz der rechte Werkstoff unseres Schüsseldrechslers, und wir finden in den Bergländern aus frühesten Zeiten eine unübersehbare Anzahl aller möglichen Schüsseln, Dosen, Büchsen, Kannen, Humpen (siehe auch *Abb. 721* auf Seite 199). Das Zirbelholz findet, wie auch in anderen reichen, einsamen Holzgegenden, in denen es keine Tonwaren gibt, vielseitige Anwendung aller Art.

Sonst kommt die Zirbelkiefer außer in den Alpen und in den Karpathen auch im nordöstlichen Rußland und in Sibirien vor. Sie gleicht der bereits beschriebenen einheimischen Zirbelkiefer.

LÄRCHE
(Abb. 637)

Leider kommt das Lärchenholz in Deutschland nur in ziemlich kleinen Mengen vor und ist deshalb teuer. Es ist das wertvollste der Nadelhölzer.

Die Lärche ist ein Kernholzbaum mit schmalem Splint, der mitverarbeitet werden kann. Er ist wohl bedeutend heller als das Kernholz, welches eine gelbrote Farbe hat. Das Holz ist harzreich und schwer, schwerer als das Kiefernholz, von großer Festigkeit und sehr dauerhaft.

Das Lärchenholz schwindet wenig und ist feinjährig.

Seitenbretter sind wundervoll gefladert. Schon nach sehr kurzer Zeit färbt sich das naturbelassene Holz rötlichbraun.

Abb. 638. Humpen aus dem Holz des Lebensbaumes (Zeit Karls II.) (Victoria and Albert-Museum, Aus: Brackett „Englische Möbel")

(Um das seltene, schöne Material besser auszunutzen, wird es wie auch die Kiefer zu Furnieren geschnitten.) Gleich wie die übrigen Nadelhölzer, sollte dieses von Natur aus schon so schön gefärbte und bald nachdunkelnde Holz unter gar keinen Umständen gebeizt oder gefärbt werden, um so mehr, als sich Lärche nicht gut beizen läßt. Es ist auch nicht ratsam, zu versuchen, den hellen Splint durch Beizen der Farbe des Kernholzes anzupassen. Das gebeizte Splintholz verfärbt sich durch Beizen unansehnlich, und es ist deshalb richtiger, nicht zu beizen, um so mehr, als mit der Zeit der Splint nachdunkelt und dadurch sich dem Kernholz anpaßt. Lärche benötigt die doppelte Zeit zum Trocknen als das Tannenholz. Das Lärchenholz ist mit Harzadern durchzogen, die sich meist in der Nähe des Markes befinden.

Wohl läßt sich die Lärche ähnlich der Tanne und Fichte weniger gut drehen, aber wegen seiner Schönheit wird dieses Holz je nach der Verwendung grob- oder feinjährig zu allerhand größeren und kleineren Aufgaben gerne verwendet.

Die Lärche kommt in etwa 10 Arten vor, sie wächst in Europa, Nord- und Südamerika. In Europa finden wir sie hauptsächlich in den Alpen und Karpathen, in Höhen von 900 bis fast 2000 m. Für die in Kanada wachsende Lärche wird auch die Bezeichnung Oregon-Pine angewandt *(siehe auch Douglastanne)*.

Zum Schluß wären noch einige bei uns vorkommende Nadelholzarten zu erwähnen, deren Holz jedoch, auch schon wegen seines geringen Vorkommens, weniger Beachtung findet.

Aber wir wollen dennoch einige für die Drechsler sehr interessante und schöne Nadelholzarten hier erwähnen, die sich für die Anfertigung, besonders auch von kleinen Gegenständen, gut eignen, und in den kleinen Dimensionen für den Drechsler lange nicht so schwer zu beschaffen sind wie für den Schreiner.

LEBENSBAUM (THUJA)
(Abb. 638)

Seit langem werden bei uns diese exotischen, wohl zur Familie der Zypressen gehörenden immergrünen Bäume gepflanzt, vor allem als Zierbäume in Parkanlagen, wie auch als Hecken, die durch Beschneiden niedergehalten werden. Man unterscheidet nach ihrer

Herkunft den orientalischen (Thuja orientalis) und den abendländischen Lebensbaum (Thuja occidentalis). Der erstere kann eine Höhe von etwa 3—7 m, der letztere von 6—15 m und höher erreichen. Die mehr blätterartigen Nadeln beider Thujaarten ergeben beim Zerreiben einen angenehmen Geruch. Gegenüber dem abendländischen Lebensbaum hat der orientalische eine schlankere und spitzere Form.

Das Holz der Lebensbäume hat einen weißlichgelben Splint und ist im Kern hellbraun. Das bei uns vorkommende Holz in seinen meist geringen Dimensionen wird für feine Tischler- und Drechslerarbeiten als wertvoller Werkstoff genützt.

Sehr bekannt ist der *Thujamaser*, das Wurzelholz der Lebensbäume. Es sei aber auch darauf hingewiesen, daß der bekannte Werkstoff „Thujamaser", welcher in Form von großen Knollen aus Nordamerika zu uns kommt, von der Wurzel der *Sandarak-Zypresse* stammt. Auch sei bemerkt, daß das Wurzelholz der Zedern ein dem Thujamaser sehr verwandtes Material liefert (siehe auch Zypressen und Zedern auf Seite 167).

EIBE ODER TAXUS

Wir kennen den immergrünen Taxus bei uns meist als Strauch oder Hecke. Er hat lange Nadeln und kleine rote Beeren. Als Baum kann er eine Höhe von 15 m erreichen. Er ist ein Kernholzbaum mit sehr schmalem, gelblichweißem Splint und schönem, dunkelbraunrotem Kern. Dos Holz ist feinjährig, schwer und hart, spröde und sehr dauerhaft. Es läßt sich gut beizen und polieren, weshalb es ein ausgezeichnetes Drechslerholz darstellt.

Wir können es wohl als das härteste Nadelholz bezeichnen, bei dem Frühjahr- und Sommerholz kaum zu unterscheiden ist. Besonders schönes Drechslerholz stellt der Roteibenmaser dar. (Die Eibe wird schwarz gebeizt oft auch als Ersatz für Ebenholz verwendet.)

Die Eibe kommt auch in Norditalien, Griechenland, Nordafrika und Westindien vor. In Art und Eigenschaften gleicht sie der unsrigen.

VOM BEIZEN DER WEICHHÖLZER

(siehe auch „Oberflächenbehandlung")

Obwohl der Verfasser Gegner vor allem der Färberei der Weichhölzer, wie Tanne, Fichte, Kiefer ist, so wird nicht bestritten, daß es Fälle geben kann, in denen aus gewissen Gründen ein Beizen nötig und angebracht erscheint. So ist z. B. das Beizen berechtigt bei untergeordneten einfachen billigen Drechslerarbeiten.

Von den drei Holzarten läßt sich Tanne (da es nicht harzhaltig ist) am leichtesten beizen — Fichte und Kiefer dagegen müssen wegen ihres Harzgehaltes zuvor gewissermaßen entfettet, entharzt werden, d. h. es ist nicht möglich, das Harz aus dem Holz herauszubringen. Vielmehr muß das weiche Harz erhärtet und gleichmäßig verteilt werden, und zwar auf folgende Weise:

Eine kräftige Lösung von Pottasche oder Soda mit Wasser wird mit einer Wurzelbürste heiß aufgerieben. Man spricht von „Verseifung". Danach muß die Fläche mit reinem Wasser nachgewaschen und gebürstet werden.

Für das Beizen von Nadelholz sollte nur chemische Beize in Frage kommen *(siehe daselbst)*. Durch fachgemäßes chemisches Beizen, und wenn bei der Wahl der Töne mit richtigem Takt und Geschmack vorgegangen wird, können bei Tanne, Fichte und Kiefer schöne Wirkungen erzielt werden. Die harten Jahre erhalten einen matten Glanz und treten dunkel aus der mattbleibenden hellen Oberfläche hervor. Durch die Vollendung mit den Schutzüberzügen, sei es Wachs, Mattierung, Schellack-Politur oder Zellulose-Lacke, erhält die Oberfläche ihre technische wie ästhetische Vollendung.

Für die Wahl der Beiztöne zeigt uns die Natur den einzig richtigen Weg. Man wähle nur solche Töne, wie sie die von der Natur belassenen Hölzer mit der Zeit von selbst erhalten würden. Vor allem hüte man sich davor, dunkel oder zu dunkel zu beizen, weil dadurch die Fladerung bzw. die Zeichnung der Hölzer ihre schmückende Wirkung verlieren würden.

(Bei dieser Gelegenheit sei noch darauf aufmerksam gemacht, daß dunkel gebeizte Flächen niemals mit gelber Mattierung behandelt werden dürfen, da sich hierdurch der Ton in ein häßliches Graugrün verwandeln würde. Dunkle Beiztöne und auch mittlere Töne behandelt man am besten mit blonder oder weißer Mattine, besser noch mit geklärter Politur oder mit Zellulose.)

Die richtige Färbung würde also lediglich mehr eine Beschleunigung des natürlichen Vorgangs bedeuten. Wie bereits bei den einzelnen Holzarten beschrieben, bräunen sich Kiefer und besonders Lärche verhältnismäßig sehr rasch, weshalb von der Beizung dieser Hölzer abgesehen werden sollte.

Die chemische Beize kommt der natürlichen Verbräunung am nächsten, was besonders bei der zweiten Art des Beizens mit Farben mit den sogenannten „Wasserbeizen" nicht der Fall ist *(siehe daselbst)*. Das Beizen von Nadelhölzern mit diesen Wasserfarben bereitet außerdem beträchtliche Schwierigkeiten, nicht allein, weil natürlich auch hier die harzhaltigen Hölzer erst entharzt werden müssen, es kommt dazu, daß sie sich nur schwer gleichmäßig auftragen lassen. Die weichen, mehr schwammigen Teile des Holzes nehmen die Farbstoffe gierig und in ziemlichen Mengen auf und werden dadurch dunkel, wogegen das harte Holz in den Jahresringen weniger Beize aufnehmen kann, wodurch es heller

Foto: Barleben

Abb. 639. Schale in Wassereiche (Entwurf: Th. A. Winde, Dresden)

erscheint. Man versucht deshalb eine gleichmäßige Feuchtigkeit zu erzielen, indem man die Fläche vor dem Beizen mit Wasser anfeuchtet.

Abb. 640. Schale aus Rüsternholz, Durchmesser 18 cm (Ausf.: Drechslermeister Hans Strecker, München)

LAUBHÖLZER

EICHE

In Deutschland kommen zweierlei Arten von Eichen vor:

1. die *Stein-*, *Winter-*, *Trauben-* oder *Haseleiche;* diese wächst in den bergigen Gegenden;
2. die *Stiel-* oder *Sommereiche*, die mehr in der Tiefebene heimisch ist.

Die deutsche Eiche ist das wertvollste Nutzholz. Beide Arten sind Kernholzbäume mit schmalem, weißlichgelbem Splint. Dieser ist für irgendwelche Verarbeitung unbrauchbar, da er nach dem Trocknen sofort von Würmern heimgesucht wird. Das Holz ist von hellgelblich-brauner bis gelbrötlicher Farbe. Es ist ringporig. Im Sehnen- oder Tangentialschnitt treten die Jahresringe kurvenförmig zutage. Die in ihrer Länge geschnittenen großen Poren erscheinen deutlich als dunkle Ritze. Im Radialschnitt treten die bald schmäleren und bald breiteren hellen Markstrahlen sehr in den Vordergrund. Man nennt diese Markstrahlen „Spiegel" (Spiegeleiche). Im Sehnenschnitt dagegen erscheinen die Markstrahlen als dunkle, senkrecht laufende, bald dickere, bald dünnere Linien. Das Eichenholz arbeitet stark.

Die bei uns in Deutschland vorkommenden Eichen weisen unterschiedlichen Charakter auf. Besonders geschätzt ist das schöne gelbliche, milde, feinjährige und feinporige Holz der im Spessart wachsenden Traubeneiche, welches hauptsächlich zu Furnier geschnitten wird. Nicht ganz so mild ist die süddeutsche und auch die pfälzische Eiche. Die norddeutsche Eiche ist ziemlich rauh und grob. Gegenüber der süddeutschen und norddeutschen unterscheidet sich die Spessarteiche auch besonders durch ihren mehr helleren, goldbraunen Ton. Das Eichenholz ist ganz besonders gerbsäurehaltig, wodurch es sich vorzüglich räuchern läßt. Wenngleich man auch das Eichenholz nicht beizen, sondern in seinem Naturton belassen sollte, stellt das Räuchern doch ein vorzügliches Mittel dar, dem Holz eine seiner Art gemäße Tönung zu geben, die es sonst im Lauf der Zeit durch Einwirkung von Licht und Luft nehmen würde. Es sollte jedoch das Holz nie zu dunkel, also nur wenig geräuchert werden, damit es seine Naturhaftigkeit nicht verliert. Allerdings ist zu beachten, daß beim Räuchern womöglich für ein und dasselbe Möbel oder eine Zimmereinrichtung Holz mit gleichmäßigem Gerbsäuregehalt Verwendung findet, da sonst beim Räuchern ungleiche Tönungen entstehen. (Unter Umständen ist es nötig, einzelne Teile zu beizen.) *(Siehe auch „Räuchern" im Kapitel „Oberflächenbehandlung".)* Ganz besonders sollte man das Holz nicht so bearbeiten, daß seine Poren geschlossen werden. Es wäre ganz falsch, Eiche etwa polieren zu wollen. Diese großen Poren des Eichenholzes, die diesem Werkstoff seine charakteristische, belebte, schöne Oberfläche geben, sollten unbedingt belassen werden. Gerade an ganz alten Eichenmöbeln entzückt uns die im Lauf der Zeit eingetretene natürliche tiefe Tönung und die lebendige Oberfläche mit den großen Poren, durch die gewissermaßen Licht- und Schattenwirkungen entstehen.

Das Eichenholz ist so recht der Werkstoff für alle vorkommenden Arbeiten für die Baudrechslerei, sei es im Freien oder im Haus, hier besonders für Treppenpfosten, Treppengeländer. Wegen seiner Großporigkeit und deshalb schlechten Polierfähigkeit sollte man aus Eichenholz keine Kleingegenstände anfertigen. Eher mag sich ein ausgeprägtes Eichenholz für größere Schalen eignen, siehe *Abb. 639.* Zu Küchengeräten eignet sich das Eichenholz auch weniger, da es sich wegen seiner großen Poren nicht gut reinigen läßt. Es sei noch bemerkt, daß die Stiel- oder Sommereiche, die mehr in der Ebene wächst, sich besser drehen läßt als die Steineiche.

Es gibt im ganzen über 300 Arten von Eichen, wovon die meisten in Asien und Amerika wachsen. In Europa gedeihen 17 Arten. Australien besitzt keine Eichen.

Keine dieser Eichen kommt in ihrer Qualität hinsichtlich Feinheit und Farbe und auch der sonstigen Beschaffenheit der deutschen Sommereiche gleich. So stellt unsere einheimische Eiche das wertvollste deutsche wie auch europäische Eichenholz dar.

Abb. 641 und 642. Ober- und Seitenansicht einer Eschenholzschale, Durchmesser etwa 40 cm (Entwurf und Ausführung: Loheland-Werkstätte, Fulda, Neue Sammlung, München)

ULME, RÜSTER
(Abb. 640)

In unserem Land kommen drei Arten von Ulmen in Betracht:

1. *Feldulme, Rüster* oder *Rotulme,*
2. *Flatter-* oder *Weißulme,*
3. *Waldulme, Berg-* oder *Haselrüster.*

Reifholzbaum mit gelblichweißem Splint. Das Holz im Kern ist von schöner, hell- bis dunkelbrauner Färbung. Die Rotulme ist dunkler. Das Holz ist ringporig. Im Radialschnitt zeigt es glänzende Markstrahlen. Das zähe, harte Holz ist elastisch und dauerhaft. Seine Fladerung oder Maserung ist ähnlich der des Eichenholzes, jedoch unterscheidet sich die Oberfläche des geschnittenen Ulmenholzes vom Eichenholz durch eine Art Zwischenfladerung. Diese wird hervorgerufen durch kleinere Gefäße, die sich außerhalb des Frühholzkreises befinden und die sich zu querlaufenden wellenförmigen Linien vereinigen. Hierdurch entsteht eine außerordentlich reizvolle Oberfläche.

Das schöne und wertvolle Rüsternholz wächst bei uns leider nur in ungenügenden Mengen. Beim Drechsler ist das Rüsternholz beliebter als die Eiche, da es etwas weicher ist. Wegen seiner schönen Fladerung wird es gern zur Anfertigung von Schalen und Tellern verwendet. Wegen seiner großen Poren sollte es auch nicht poliert werden.

Ebenso soll dies großporige Holz, welches in kurzer Zeit eine wundervoll natürliche braune Färbung erhält, unter keiner Bedingung gebeizt oder gefärbt, sondern lediglich mit einem schützenden Überzug aus wasserhellen Präparaten (wie Zellulose) versehen werden. Durch das Beizen verliert das von Natur aus schön gefärbte Holz seinen Reiz. Das Rüsternholz kann wie der Kirschbaum einige Zeit in der Rinde liegen und ist fast ebenso lang zu trocknen wie das der Kirsche. Nach dem Schneiden müssen die Bretter in gedeckten Schuppen gestapelt werden. Hervorragend schön ist der Maser, der aus geeigneten Stämmen der Rüster stammt. Es sei allerdings darauf hingewiesen, daß Rüstermaser sehr spröde und deshalb schwer zu verarbeiten ist.

Die Ulme kommt in allen europäischen Staaten vor, die seltene Rotulme auch in Asien *(Abb. 921)* und in Amerika. Besonders geschätzt wird das gut polierbare Ulmenmaserholz, das besonders von Frankreich aus in den Handel kommt.

Ferner ist zu erwähnen die *slawonische Rüster* sowie auch die viel eingeführten *amerikanischen Ulmenhölzer.*

ESCHE
(Abb. 641 und 642)

Das Holz dieses Kernreifholzbaumes stellt auch für den Drechsler einen wichtigen Werkstoff dar. Allerdings ist es nicht leicht zu verarbeiten. Dieses ringporige Holz hat einen ziemlich breiten, gelblichweißen Splint, der mitverarbeitet werden kann, und braunen Kern. Es ist ziemlich schwer, hart und zeichnet sich durch große Festigkeit und Zähigkeit besonders aus. Das glänzende Holz läßt sich eher als Eiche und Rüster polieren, jedoch schlecht beizen. Im Tangentialschnitt zeigt das Holz schöne, kräftige Fladern. Durch die Herstellung von Furnieren wird das schöne Material vorteilhaft ausgenützt. Auch das Holz der Esche liefert besonders schöne Maserfurniere. Das lebendig gezeichnete, glänzende Holz mit seiner schönen Naturfarbe sollte überhaupt nicht gebeizt werden, sondern eine solche Oberflächenbehandlung erfahren, daß es seine Naturfarbe behält.

Bezüglich der Eignung zum Drehen gilt ähnliches, was schon bei Eiche und Rüster gesagt wurde. Die Esche ist vor allem das Holz des Wagners, der es je nach Aufgabe vielseitig auf der Drehbank verarbeitet. Besonders beliebt ist es durch seine Elastizität und Zähigkeit für Werkzeuge, Turngeräte, auch Speere. Wegen der lebendigen, schönen Fladerung seiner Seitenbretter kann das Eschenholz auch zum Drehen größerer Schalen verwendet werden, wogegen es sich für kleinere Gegenstände weniger eignet.

Die Esche gibt es in etwa 60 Arten; sie ist in ganz Europa verbreitet, ferner kommt sie auch in Nordamerika und in den östlichen Vereinigten Staaten vor, wo sie die Bezeichnung „Weißesche" führt. Diese ist der europäischen Esche sehr ähnlich, wogegen die in Ostasien heimische *mandschurische Esche* (sibirische Esche) eine mehr bräunliche Farbe besitzt, schmalringiger und leichter ist. Von den europäischen Eschen wird besonders die Eberesche als *ungarische,* und die *slawonische* (Wellen- und Blumenesche) in den Handel gebracht. Die ungarische Esche war schon zur Zeit der deutschen Renaissance ein sehr beliebtes Holz. Sie wurde als Furnier besonders zu schmückenden Füllungen verwendet. Das Holz der südeuropäischen Blumen- oder Mannaesche ist sehr dicht und schwer. Es unterscheidet sich von der gewöhnlichen Esche durch eine mehr gelblichrötliche Farbe.

Unter der Bezeichnung *Oliveneschee* kommt vom Balkan und Kaukasus eine Eschenholzart in den Handel, so genannt wegen der bräunlichgelben bis ins grünliche gehenden Färbung, ähnlich der Olive. Sie kommt sowohl gemessert in schlichter Zeichnung, als auch geschält in fladriger Zeichnung in 0,8 mm in den Handel.

(Besondere Bedeutung hat der geschälte Oliveneschen-Maser, der zu großflächigen Möbeln und Wandvertäfelungen verwendet wird.)

ROTBUCHE

Dieser Reifholzbaum stellt das meistvorkommende deutsche Hartholz. Die Jahresringe treten gegenüber dem Eichenholz nicht so deutlich in Erscheinung. Dagegen sind die Markstrahlen auf den Längsschnitten sehr gut als dunkle, kleine Flecken sichtbar. Die kleinen Gefäße sind im ganzen Jahresring gleichmäßig verteilt; die Buche zählt deshalb zu den zerstreutporigen Hölzern. Die Farbe des Holzes ist gelblichweiß, gelblichrot bis rötlichbraun. Das Holz ist schwer und hart, arbeitet stark und ist leicht dem Wurmfraß ausgesetzt. Durch das Dämpfen ist es jedoch möglich geworden, das Buchenholz wesentlich zu veredeln. Das Holz wird durch das Dämpfen ruhiger und widerstandsfähiger und erhält außerdem eine gleichmäßige, schöne, rötlichbräunliche Färbung durch seine ganze Masse. Wir haben deshalb Grund, dem bisher so stiefmütterlich behandelten Holz viel größere Beachtung zu schenken und uns zu bemühen, den bei uns so reichlich vorkommenden Werkstoff für die Herstellung unseres Hausrates zu verwenden. Das Holz ist gut beiz- und polierbar und bei richtiger Konstruktion bestimmt geeignet, einen ganz anderen Platz als bisher in der Möbelherstellung einzunehmen. In gedämpftem Zustand läßt sich das Holz auch sehr gut biegen, weshalb es schon lange bei der Fabrikation

von gebogenen Möbeln (z. B. den bekannten Thonet-Möbeln) als das wichtigste Material Verwendung findet.
Hinsichtlich der Drechslerei ist gedämpfte Buche in hervorragender Weise zum Bau von gedrechselten Stühlen geeignet. Einen großen Platz nimmt das Buchenholz ein als Drechslerwerkstoff zur Herstellung einer ganzen Anzahl einfacher praktischer Geräte für Küche und Hausrat. Wegen seiner nicht ausdrucksvollen Zeichnung wird es dagegen weniger zu wertvolleren Schalen und Dosen verwendet, auch weil es sehr arbeitet.

WEISSBUCHE, HAINBUCHE, HAGEBUCHE

Das weißlichgelbe bis grauweiße Holz hat fast dieselben Eigenschaften wie das Rotbuchenholz. Von den Laubhölzern hat es das größte Schwindmaß. Die Weißbuche kommt kaum als geschlossener Waldbestand vor. Ihr Holz wird hauptsächlich in der Werkzeugfabrikation zu Hobeln, Heften usw. verarbeitet. (Bei billigen Möbeln wird es hauptsächlich zur Herstellung von Füßen und Pfosten verwendet.)
Die Buche kommt in etwa sieben Arten auf der nördlichen Halbinsel und in gemäßigten Zonen vor. Während sie in Norddeutschland nur bis etwa 650 m über dem Meere wächst, gedeiht sie in den Alpen bis zu einer Höhe von 1350 m.
Obwohl sich Weißbuche nicht so gut drehen läßt wie Rotbuche, spielt es doch in der Drechslerei eine große Rolle. Es ist eines der härtesten einheimischen Hölzer, und so das gegebene Holz für Kegel — Boccia — und Croquetkugeln und auch Holzhämmer. Außerdem ist es für den Drechsler wichtig zur Verarbeitung von Futtern, Spindeln, Gewinden.

AHORN

Für uns kommen drei Arten dieses Baumes in Frage:
1. *Bergahorn, weißer* oder *stumpfblättriger Ahorn*,
2. *Spitz-* oder *spitzblättriger Ahorn*, und
3. *Feldahorn* oder *Maßholder*.

Der Ahorn ist ein Splintbaum, dessen Jahresringe mit dem bloßen Auge schwer zu erkennen sind. Ebenso schwer sind mit bloßem Auge die über die ganze Breite des Jahresringes sich verteilenden Poren zu erkennen. Das Holz der ersten beiden Arten ist gelblichweiß. Besonders rein und schön ist das Holz des Bergahorns, wogegen die Farbe des Feldahorns mehr rötlich und weniger rein ist. Sein härteres Holz ist auch weniger geschätzt. Das zerstreutporige, mittelschwere, ziemlich harte, feine, polierfähige Holz arbeitet wenig und steht gut. Es eignet sich deshalb vorzüglich für den Möbelbau und wird insbesondere zu feinsten Arbeiten, vor allem für das Innere von Möbeln, verwendet (Einsätze von Sekretären, Schubladen u. dgl.). Da das Holz gut steht, wird es mit Vorliebe zu abwaschbaren Tischplatten und auch Küchengeräten verwendet, ebenso zu Böden von Streichinstrumenten. Es ist auch ein hervorragendes Holz für den Drechsler.
Kein Wunder, läßt es sich doch wegen seiner gleichmäßigen, feinen, zarten Struktur leicht drehen. Es kann vielseitige Verwendung finden, sei es für größere oder kleinere Schalen, wie überhaupt praktisch für Küchengeräte, da es sich leicht waschen und reinigen läßt. Da dieses helle Holz eben leicht schmutzt und nachdunkelt, kommt es weniger zur Herstellung von wertvolleren Schmuckgegenständen in Frage. Sehr beliebt ist es dagegen für Knöpfe, gedrehte Einlagen, Schlüsselbüchschen. Durch seine Struktur verträgt es feine Profilierungen.
Das schöne, weiße Ahornholz, das sich ohnedies nicht gut beizen läßt, sollte nur geschützt werden durch Überzüge aus weißer Politur (Zellulose-Präparate).
Es sollte auch, damit es seine weiße Farbe nicht verliert, nicht geölt werden, oder nur mit Paraffinöl. Geschliffen wird es mit Talg.
Der Ahornbaum muß im Saft geschnitten werden. Die Bretter sind sofort vom Sägmehl zu befreien, weil sonst durch dessen Feuchtigkeit das Holz sich verfärbt und fleckig wird. Es empfiehlt sich, nach dem Sägen die Bretter abzuwaschen, wodurch es möglich ist, das Holz aufzuhellen. Nach dem Schwinden muß das Holz unter Dach weitmaschig gehölzelt — besser stehend, und zwar mit dem Kopfende nach unten — und je nach der Stärke zwei oder mehr Jahre gelagert werden. Vor der Verarbeitung in der Werkstätte muß das Holz als zugeschnittene Ware etwa drei Wochen liegengelassen werden.
Der Ahornbaum wächst in ganz Europa, in Asien, in Nordamerika, sowie in einigen tropischen Gebirgen.
Von den ausländischen Ahornarten werden besonders der amerikanische Ahorn (Zuckerahorn), sowie das buntere Ahornholz des Balkans bevorzugt, welches meist aus Bosnien kommt.
Ein edles Material für den Drechsler stellt das Wurzelholz des Ahorns dar. Das „Ahornmaserholz" kann sowohl aus der Wurzel wie durch Ausbuchtungen, d. h. Verwachsungen und Gabelungen der Äste, sich ergeben, es wird gebeizt und gern als Nußbaummaserersatz verwendet. Dies ist deshalb berechtigt, weil der Ahornmaser vielfach in der Farbe ungleichmäßig und fleckig ist. Die reinfarbigen Ahornmaser dagegen werden ungebeizt in ihrer natürlichen schönen Tönung belassen. Die Farbe solcher reinfarbigen Ahornmaser ist zart gelblich bis rosa.

BIRKE

(Gemeine Birke, Weinbirke, Rauhbirke, Harzbirke)
(Abb. 643)

Splintholzbaum von bald gelblich- bis rötlichweißer Farbe. Das zerstreutporige Holz hat meist ein flammiges Aussehen, wodurch es leicht zu erkennen ist. Das wenig harte Holz ist leicht, fein und sehr zäh, arbeitet jedoch stark. Das Holz liefert schönes Furnier; besonders schön sind die Maserfurniere. Gleich Ahorn läßt sich auch Birke nicht leicht beizen, jedoch gut polieren. Die Hölzer sollten deshalb in ihrer Naturfarbe belassen werden. Einen angenehmen, stumpfmachenden Ton bekommt die Birke durch matte Zellulose-Präparate. Muß Birke gebeizt werden, so soll dies nur mit lichtechten Teerfarbstoffen geschehen.
Die deutsche Birke ist für den Bau von Möbeln nicht sehr ergiebig. Meist ist sie vielastig und die Zeichnung des Holzes nicht sehr ausgeprägt. Der Hauptnachteil besteht in den meist schwachen Dimensionen, wobei hinzukommt, daß das Herz in ziemlichem Umfang gewöhnlich unbrauchbar ist. Aus diesem Grunde wird die deutsche Birke hauptsächlich geschält, und ihr kommt als deutsche Sperrplatte für Flächen wie beim Möbelbau große Bedeutung zu.
Weit eher dagegen kann das so ausdrucksvolle Wurzel-

Foto: Barleben

Abb. 643. Dose aus schwedischer Birke, Durchm. etwa 10 cm (Entwurf: Th. A. Winde, Dresden)

maserholz der Birke in schönster Weise zu feinen Döschen, Büchschen, Tellern und dergleichen verwendet werden.
Die *kanadische Birke* unterscheidet sich besonders in der Farbe von den schwedischen und finnischen Birken.
Sie ist bräunlich, breit geflammt. Das Holz des in stärkeren Dimensionen vorkommenden Baumes ist gröber. Sehr geschätzt wird bei uns die finnische oder schwedische Birke. Sie ist viel heller als die kanadische Birke. Sie kann rein weiß bis gelblich, bis rötlich sein und weist ganz besonders schöne, feine Flammungen auf. Auch die skandinavischen Birken kommen meist nur in schwachen Dimensionen vor.
Besonders beliebt ist das schwedische Birkenmaserholz (siehe die Schale in *Abb. 643*).
Aus Afrika kommt unter der Bezeichnung Avodire oder afrikanische Goldbirke eine stark geflammte gelblichgrünliche Holzart in den Handel.

NUSSBAUM (WALNUSS)
(Abb. 644)

Gleich wie für den Tischler stellt das Nußbaumholz für den Drechsler einen der hervorragendsten Werkstoffe dar.
Der Nußbaum, der uns eines der edelsten Hölzer beschert, sollte bei uns viel mehr angepflanzt werden. Sein Holz schwindet stark, weshalb auf seinen richtigen Zusammenbau größter Wert gelegt werden muß. Das groß- und zerstreutporige Holz hat ungleichbreiten weißlichen bis grauweißlichen Splint, der dem Wurmfraß ausgesetzt ist. Nußbaum bekommt auch leicht Frostrisse. Das geringe Vorhandensein des Nußbaumes veranlaßt uns, das schöne Material denkbar ökonomisch zu nützen. Besonders ist auch sein Wurzelholz für den Drechsler zur Anfertigung edler, kleiner kunstgewerblicher Arbeiten unendlich wertvoll.
Das schöne Holz reizt dazu, es durch Verarbeiten zu Furnieren auszunutzen. Besonders geben auch die Wurzelstöcke hervorragend schöne Maserfurniere ab. Der Baum wird deshalb nicht wie die übrigen Bäume oberhalb des Erdbodens abgesägt, sondern mitsamt dem Wurzelstock herausgenommen.
Es versteht sich von selbst, daß das von Natur so schön gefärbte, heller oder dunkler getönte Nußbaumholz mit seiner lebendigen Zeichnung niemals gebeizt werden soll. Man vermeide, das Holz vor dem Polieren zu ölen. Durch die Politur kommt das schöne Nußbaum zur schönsten Entfaltung, man hüte sich jedoch, eine zu hoch glänzende Politur anzubringen.
Das Nußbaum eignet sich durch seine hervorragenden Eigenschaften zu allen nur möglichen Drechslerarbeiten, wobei natürlich gesagt werden muß, daß es Takt und Gefühl verlangt, dem so unterschiedlichen Werkstoff die jeweilig entsprechende Form zu geben. So wird man z. B. bei einer Aufgabe mit reichen Profilierungen ein ruhiges Nußbaum wählen, wogegen bei größeren Gegenständen, wie bei Schalen mit großen Flächen, eine ausdrucksvolle Maserung angebracht ist. Selbstverständlich wird man jedoch bei kleinen feinen Döschen z. B. die Gesamtform durch eine zu starke Zeichnung nicht zerstören (siehe auch das Kapitel „Gestaltung" auf Seite 253). Das deutsche Nußbaum ist im allgemeinen leichter zu drehen als das ausländische.
Nußbaum kann etwa zwei Jahre in der Rinde liegen bleiben, jedoch nicht länger, da sonst die Vergrauung des Splintes eintritt. Wird es gedämpft, so muß dies gleich nach dem Fällen geschehen, und nach dem Schneiden muß es sofort in gedecktem Schuppen gehölzelt werden, wo es je nach der Holzstärke zwei bis drei Jahre und länger lagern muß. Im Gegensatz zu den meist ausländischen Nußbäumen, besonders dem kaukasischen Nußbaum, ist der deutsche Nußbaum im allgemeinen viel heller, in der Zeichnung gleichmäßiger und ruhiger. Er besitzt nicht jene starke, markante, geradezu wilde, etwas aufdringliche Zeichnung des kaukasischen Nußbaumholzes. Gegenüber dem zur großen Mode gewordenen kaukasischen Nußbaum war der anscheinend bescheidene deutsche Nußbaum, besonders was das schlichte Furnier betrifft, lange Zeit fast völlig in den Hintergrund getreten. Die Mißachtung unseres deutschen Nußbaumholzes, das allerdings leider

Abb. 644. Dose (Knäuelbecher) aus Nußbaumholz (Entwurf und Ausführung: D. Häusler)

recht selten ist, geschieht zu unrecht. Da das Nußbaumholz eines der geeignetsten Drechslerhölzer darstellt, werden wir im nachfolgenden auch die bei uns weniger bekannten Nußbaumarten aufzählen und kurz beschreiben.

Das Nußbaumholz wird je nach seiner Herkunft näher bezeichnet, z. B. als deutsches, französisches, italienisches, bulgarisches, türkisches, kaukasisches usw. Diese Nußbaumarten zeigen bräunlichgroße bis reinbraune Töne mit sogenannter „gewässerter" Zeichnung und besitzen meist eine schöne, geflammte Maserung.

Der *italienische Nußbaum* kommt dem deutschen in seiner Wirkung nahe. Die Zeichnung ist nur ausgesprochener, seine Farbe etwas rötlich.

Auch der *französische Nußbaum* besitzt im allgemeinen eine ruhige, gleichmäßig schöne Zeichnung. Besonders schöne Nußbäume kommen in den Pyrenäen vor und in dem Departement Dordogne, unter welcher Bezeichnung der Baum in den Handel kommt. Wie der deutsche Nußbaum, zeigt der französische zwischen der braunen Tönung leichte olivgrüne Färbungen.

Den breitesten Raum nimmt heute noch das durch die Mode geförderte Furnier des *kaukasischen Nußbaumes* ein. Es zeichnet sich durch seine mehr dunkel- bis hellbraune Färbung mit ausgeprägter, meist dunkler bis schwarzer Zeichnung aus. Der kaukasische Wurzelmaser gilt als der vornehmste, weist jedoch (gegenüber dem amerikanischen Nußbaummaser) mehr Löcher (Fehler) auf. Er ist außerdem sehr rar und teuer. Hier sei aber gleich darauf hingewiesen, daß die Bezeichnung „Kaukasisch Nußbaum" gewissermaßen zu einem Qualitätsbegriff geworden ist, d. h. unter kaukasisch Nußbaum werden auch solche Hölzer gehandelt, die von Bäumen anderer Länder stammen, wenn sie die für den kaukasischen Nußbaum so typische mehr dunkle bis gelbbraune Tönung und vor allem die markante wilde Zeichnung besitzen. Solche dem kaukasischen Nußbaum ähnelnde Bäume können überall, selbst in Deutschland vorkommen.

Nachfolgend seien nun noch einige ausländische Nußbaumarten erwähnt. Bezüglich ihrer Verwendung gilt dasselbe wie bei den vorher beschriebenen Nußbaumarten.

Anatolischer Nußbaum (Anatolien: türkischer Name für Morgenland). Dieser Baum ist in Farbe und Struktur dem kaukasischen Nußbaum ähnlich, jedoch weniger edel und weniger markant — das Holz ist großporiger und rauher.

In diesem Zusammenhang sei auf den *afghanistanischen Nußbaum* hingewiesen, er hat einen gelblich bis rötlichbraunen Ton mit dunklen Adern.

Amerikanisches Nußbaumholz. Seine Farbe ist gleichmäßig und von glänzend braunem bis dunkelviolett oder rötlichbraunem Ton. Das vorzügliche, mehr feinporige Holz wird sehr geschätzt und findet dieselbe Verwendung wie das einheimische. Es kommt bei uns als Bohle und Furnier in den Handel.

Besondere Bedeutung hat der *amerikanische Nußbaummaser,* dieser ist etwas rötlicher als der kaukasische Wurzelmaser, besitzt jedoch nicht die edle Farbe wie dieser. Er ist dagegen im allgemeinen gesünder (nicht so löcherig) und wohlfeiler.

Unter der Bezeichnung *Embuja* kommt z. B. bei uns ein brasilianischer Nußbaum besonders als Furnier in den Handel.

Erwähnt sei der Vollständigkeit halber noch der *australische Nußbaum.* Dieser ist von einer eigenartigen, mehr gelbrötlichen bis orangefarbigen Tönung. Er besitzt einen starken, widerlichen Geruch und wird deshalb vorwiegend nur in kleinen Dimensionen zu Marketeurarbeiten verwendet.

Unter der Bezeichnung „Nußbaum" kommen noch drei Arten von Hölzern in Frage. Es sind dies:

1. Das *Paranußholz,* das in Afrika beheimatet ist. Dieses afrikanische Nußbaumholz (im Handel unter der Bezeichnung „Limba" bekannt) von hellem ockerbraunem Farbton hat eine ähnliche Maserung wie das Tabasco-Mahagoni, unterscheidet sich jedoch von diesem durch seine braune Farbe und die feinen Poren. Limba besitzt breiten, gelblichgrünen Splint und stark abstechendes, dunkelbraunes Kernholz.

2. Das *Abbazziaholz.* Es ist dies das Holz eines Hülsenfrüchtenbaumes mit mimosenartigen Blättern, der im tropischen Asien und Afrika wächst. Es kommt als sogenanntes *ostindisches Nußbaumholz* in den Handel.

3. Das *Amberholz.* Es ist dies das Holz des Amberbaumes, der im östlichen Nordamerika wächst. Die Ähnlichkeit des Holzes mit echtem Nußbaumholz, besonders durch seine Färbung, verschafften ihm den Namen *Satin-Nußbaum,* unter welcher Bezeichnung es auch in den Handel kommt. Das Holz hat seinen Namen von dem seidenartigen Glanz. Es ist von blasser, gelblichgraubrauner Farbe. Das dankbare und wohlfeile, wenn auch in seiner Wirkung bescheidene Material, wurde früher viel verwendet und ist zu Unrecht in den letzten Jahren in Vergessenheit geraten.

Zu erwähnen sei noch das *Hickory-Holz* (Holz des Caya, von der die weiße Hickory-Nuß kommt). Der Baum ist auch in Deutschland versuchsweise angepflanzt. Das hellfarbige bis rötliche oder bräunliche Holz ist schwerspaltig, sehr zäh und elastisch und als Werkholz dem Eschenholz überlegen, es kommt wie dieses auch für Wagner und Stellmacher, auch zur Herstellung von Werkzeugen in Frage.

KIRSCHBAUM

Wir kennen bei uns die *Süß-* oder *Gartensüßkirsche, Wild-* oder *Vogelkirsche, Sauer-* oder *Weichselkirsche.* Es ist ein Kernbaum mit gelblichweißem bis rötlichem Splint, der meist mitverarbeitet werden kann. Sein Kern ist von schöner rötlichgelber bis gelbrotbrauner Farbe. Das zerstreutporige Holz ist sehr schwer und hart, dagegen fein und engporig und deshalb gut polierbar. Es arbeitet jedoch stark. Bei fachgemäßer Verarbeitung ist es eines der schönsten Drechslerhölzer. Es läßt sich nicht weniger gut drehen als Nußbaumholz. Es erfreute sich besonders in der Biedermeierzeit großer Beliebtheit, und es ist schwer verständlich, wie dieses so schöne Material in letzter Zeit so wenig Wertschätzung finden konnte. Das Holz ist manchmal gestreift und auch geflammt; diese Zeichnung verleiht ihm eine besondere Schönheit.

Manches Kirschbaumholz hat grüngraue Streifen. Solches Holz kann durch Bleichung von dieser Verfärbung befreit werden. Dies geschieht auf folgende Weise: nach dem Putzen wird mit Wasser verdünntes Wasserstoffsuperoxyd durch Holzpinsel (ohne Metall) auf die grüngrauen Streifen aufgetragen. Nach einigen Stunden werden die so behandelten Flächen mit lauwarmem Seifenwasser wieder abgewaschen. Zu beachten ist, daß die Wasserstoffsuperoxydlösung nur in irdenem Geschirr gemengt wird.

Das Kirschbaumholz, das von Natur schon eine schöne Färbung besitzt, sollte nicht gebeizt werden, um so mehr, als es sich sehr bald von Natur aus bräunt. Es muß allerdings zugegeben werden, daß das Holz durch eine leichte goldgelbe, braune bis rötlichbraune Beizung von vorteilhafter Wirkung ist und dadurch den Eindruck erweckt, als sei das Stück schon älter. Es ist zu vermeiden, das Holz vor dem Polieren mit Mineralölen zu behandeln, weil es dadurch Gefahr läuft, fleckig zu werden. An Stelle von Mineralölen empfiehlt es sich, ungesalzenes Schweinefett oder hartgetrocknete Pflanzenöle zu verwenden. Wie Nußbaum ist auch das Kirschbaumholz außerordentlich zum Polieren geeignet, wodurch auch die Schönheit des Werkstoffes zu voller Geltung kommt. Vielerorts findet man leider, daß der Landmann nicht den rechten Nutzen aus den gefällten Stämmen zieht, sondern sie ohne Pflege jahrelang liegen läßt, bis sie für die Verarbeitung unbrauchbar geworden sind, so daß er sie nur noch als Brennholz nützen kann. In den Landschaften, in denen der Kirschbaum zu Hause ist, deckt sich allerdings der Drechslermeister meist mit diesem für sein Handwerk so schönen Werkstoff zur Genüge ein.

Der Kirschbaum soll nach dem Fällen mit der Rinde an einem schattigen Ort im Freien zwei bis drei Jahre liegengelassen werden, jedoch nicht direkt auf der Erde, sondern auf Holzlagern. Dadurch gleicht sich oft die Farbe des Splintes der des Kernholzes an und das Holz wird ruhiger. Nach dem Schneiden wird das Holz entrindet und dann in überdachtem, luftdurchlässigem Raum gehölzelt. Dort bleibt es weitere zwei oder mehr Jahre, je nach der Stärke des Holzes, liegen. Es ist vorteilhaft, das Holz ab und zu umzusetzen. Zur Vermeidung der Luftrisse an den Hirnflächen sind diese mit Brettchen zu vernageln oder mit einem Aufstrich einer deckenden Masse zu versehen. Das lufttrockene Holz muß nach dem Zerschneiden, besonders im Winter, so lange in der Werkstatt belassen werden, bis es die Werkstatt-Temperatur angenommen hat.

Der Kirschbaum liefert schöne Wurzel- und Kopfmaser, letztere ergeben sich auch bei der Gabelung besonders starker Äste.

Der Kirschbaum wächst in ganz Europa, im Orient, Amerika und Ostasien. Im Handel spielt der Schweizer Kirschbaum eine große Rolle. Wohl zu Unrecht wird er dem süddeutschen Kirschbaum vorgezogen, und es kommt deshalb vor, daß oft süddeutscher Kirschbaum als Schweizer Material gehandelt wird.

Von hoher Qualität ist das *amerikanische Kirschbaumholz.* Die Bäume werden bis zu 24 m hoch und erreichen einen Stammdurchmesser bis zu 1 m. Dieses amerikanische Kirschbaumholz arbeitet weniger als unseres. Das naturbelassene Holz nimmt besonders im Alter eine schöne Farbe an, wie wir dies ja an alten schönen Biedermeiermöbeln sehen können.

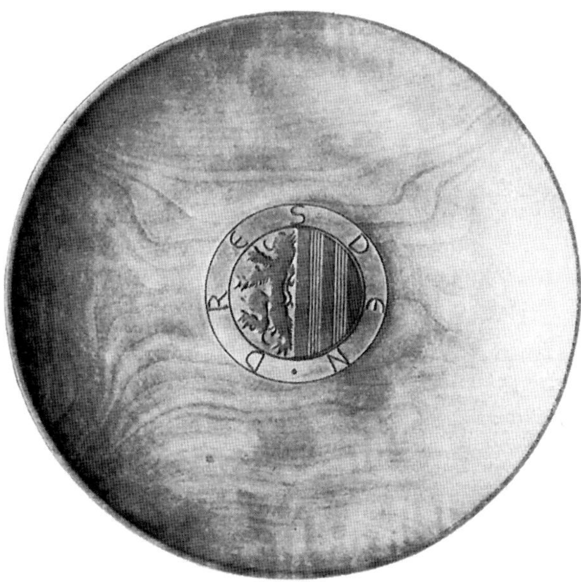

Abb. 645. Schale aus gedämpftem Birnbaumholz, Durchmesser etwa 37 cm, mit eingeschnitztem Dresdner Wappen (Entwurf und Ausführung: Alfred Hesse)

BIRNBAUM
(Abb. 645)

Gleich dem Kirschbaumholz ist das Holz des Birnbaums eines der geeignetsten Werkstoffe für den Drechsler, weshalb ihm auch die ganze Liebe des Meisters gehört. Dabei ist das Holz der nichtveredelten Stämme (Mostbirnbaum) das wertvollere. Dieser Reifholzbaum liefert ein rötlichbraunes, zerstreutporiges Holz (jüngeres Holz ist heller). Es ist dicht, hart, ziemlich schwer, feinjährig und gleichmäßig in der Struktur und läßt sich gut bearbeiten und polieren. Das Holz arbeitet wenig. Durch Dämpfen erhöht sich die Qualität des Materials; es bekommt eine gleichmäßige rötlichbraune Färbung und arbeitet dann noch weniger. Am besten wird das Holz grün geschnitten und gedämpft, danach in gedeckten Schuppen gelegt, wo es je nach der Stärke zwei bis drei Jahre liegen muß. Das von Natur aus schön gefärbte Holz, besonders auch das gedämpfte, sollte nicht gebeizt (gefärbt), sondern in seiner Naturfarbe belassen, mit einem schützenden Überzug überzogen oder poliert werden. Birnbaum läßt sich wie das Ahornholz schwarz durchfärben und kann an Stelle von Ebenholz Verwendung finden.

Nicht unterlassen wollen wir, auf den schönen Wurzelmaser des Birnbaums hinzuweisen.

Der Birnbaum findet sich in Mittel- und ganz Südeuropa und in Afrika, Vorderasien und Sibirien.

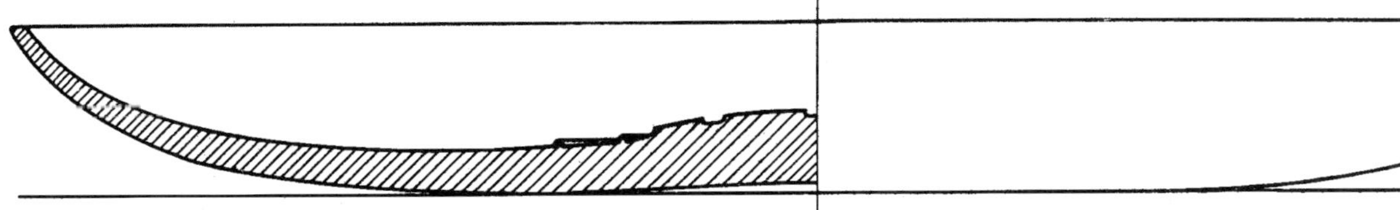

Abb. 645 a. Querschnitt der Schale in Abb. 645, ½ nat. Größe

Besonderer Beliebtheit erfreut sich seit einiger Zeit das *afrikanische Birnbaumholz*, das zu Furnieren verarbeitet für feine Möbel Verwendung findet. Es hat eine schöne hellrotbraune Farbe, besitzt oft feine Spiegel und ist gewimmert, es kann aber auch ganz schlicht sein. Dieser Baum ist jedoch kein Obstbaum, sein Holz wird lediglich wegen seiner Ähnlichkeit mit unserem Birnbaum so benannt.

ZWETSCHGEN- ODER PFLAUMENBAUM

Ein Kernholzbaum von braunroter bis blauvioletter Farbe und hellerem Splint, der nicht mitverarbeitet wird. Das Holz besitzt kleine rötliche Markstrahlen (Spiegel), es hat ähnliche Eigenschaften wie der Kirschbaum. Es ist auch hart, dicht und fein und daher ebenfalls gut zu polieren. Das Zwetschgenholz arbeitet jedoch sehr. Da der Baum nur in kleinen Mengen vorkommt und die Stämme auch von geringem Umfang bleiben, dient das Holz hauptsächlich zur Verarbeitung für kleine, edle Kunstschreiner- und Drechslerarbeiten. Auch zum Schnitzen ist es nicht ungeeignet. Diesem edlen Werkstoff dürfte ebenfalls mehr Aufmerksamkeit geschenkt werden. Allzuoft muß man feststellen, daß das Holz gedankenlos zu Heizzwecken verwendet wird.

In Gegenden, in denen Wein wächst, werden aus Zwetschgenholz Faßhahnen gedreht (siehe Faßhahndrehen auf Seite 111). Das edle und reizvolle Material mit seiner schönen Zeichnung und rötlichen Färbung ist dazu berufen, daß aus ihm köstliche, feine Drechslerarbeiten hergestellt werden. Es läßt sich nicht so gut drehen wie Birne und Kirsche, was aber für den tüchtigen Drechslermeister kein Hindernis sein dürfte, sich den edlen Werkstoff nutzbar zu machen.

Der Zwetschgenbaum kommt in Europa und Asien vor, er soll aus Turkestan und dem südlichen Atlasgebiet stammen. Im südöstlichen Donauraum tritt er in Form ganzer Wälder auf.

APFELBAUM

Das zerstreutporige Holz des Apfelbaumes ähnelt dem des Kirsch- und Birnbaumes. Im Kern ist es bräunlich mit sogenannter gewässerter Zeichnung, im Splint heller. Es ist aber noch härter und fester als das Kirsch- und Birnbaumholz, wirft sich stark und reißt gerne, weshalb es in der Schreinerei und Drechslerei weniger beliebt ist. Zu kleineren Aufgaben eignet es sich aber durchaus für die Drechslerei, so für Hefte und Werkzeuge, wie auch für kleine Gebrauchs- und Schmuckgegenstände, denn bei solch kleinen Dimensionen treten die nachteiligen Eigenschaften weniger in Erscheinung. In Gegenden, in denen der Apfelbaum zu Hause ist, sollte dieser Werkstoff noch viel mehr ausgenützt werden. Der Apfelbaum ist verbreitet in Mitteleuropa, Zentralasien, Ost- und Westindien, Australien, in Süd- und Nordamerika.

ERLE

auch Else oder Eller genannt (Schwarzerle, Roterle, Weiß- oder Grauerle)

Die Erle gedeiht auf feuchtem Boden, deswegen kommt sie hauptsächlich in der Ebene, an Flußläufen und Seen vor, weniger in gebirgigen Gegenden.

Sie ist ein Splintbaum mit zerstreutporigem Holzkörper von hellbrauner bis rötlicher Farbe. Die Weißerle ist etwas glänzend. Sonst unterscheiden sich die verschiedenen Erlen im Holz nicht voneinander. Das leichte, weiche, gut spaltbare Holz ist naturgemäß leicht zu bearbeiten. Es besitzt jedoch eine geringe Elastizität und wird leicht brüchig. Das Holz ist außerordentlich dem Wurmfraß ausgesetzt. Unter Wasser ist es dauerhafter (gutes Wasserbauholz, Holzschuhe). Das Holz wurde durch entsprechende Behandlung gerne zur Nachahmung von Mahagoni-, Palisander- und Ebenholz verwendet.

Nicht zu unterschätzen ist der Erlenmaser, dessen Schönheit dem der Birke und Rüster kaum nachsteht.

Die Erle gibt dem Drechsler für eine ganze Anzahl von Aufgaben einen sehr beliebten Werkstoff ab, der sich leicht drehen läßt. Er ist weich, zäh und feinjährig, aber wie schon gesagt, ist das Erlenholz sehr dem Wurmfraß ausgesetzt, weshalb größte Vorsicht für die Verarbeitung geboten ist. Ganz besonders sollten niemals Rundlinge verarbeitet werden, in denen das Kernholz verbleibt. Unachtsamkeit und Gleichgültigkeit hat manchem Drechsler schon viel Schaden und Abbruch seines Ansehens gebracht. Es ist auch z. B. davor zu warnen, Treppengeländer aus Erlenholz zu fertigen. Lasse man sich also nicht verführen, das so bequem zu bearbeitende Erlenholz gedankenlos zu verarbeiten. Es ist dagegen für den Drechsler das gegebene Material zur Anfertigung von Modellen, die nur kurz benötigt werden, wie auch zur Herstellung von Versuchen, so auch besonders dann, wenn man sich über die Form einer in Edelholz zu drehenden Aufgabe ein genaues Bild machen möchte.

Die Erle wächst in ganz Europa, Nordafrika, im Orient, Sibirien und ist auch in Japan zu finden. Für die Möbelindustrie kommt besonders das russische und polnische Material in Frage. (Wassererle, geflößte Ware.)

LINDE

Weit eher als die Erle stellt das ebenso gut drehbare Holz der Linde für den Drechsler einen brauchbaren Werkstoff dar. Er kommt für dieselben Aufgaben in Betracht, wie bei der Erle beschrieben, nur daß seine Qualität eine weit edlere und höhere ist. Wohl hat auch die Linde keine ausdrucksvolle Maserung, aber sie ist das gegebene Holz für Anstrich, besonders für feinen Schleiflack. Auch für die Herstellung ganz exakter, kleiner Modelle wird man Linde der Erle vorziehen. Es ist auch das Holz der Spielwaren, da es sich besonders gut schnitzen läßt.

Wir unterscheiden zwischen der *Winter-*, *Stein-* oder *kleinblättrigen Linde* und der *Sommer-* oder *großblättrigen Linde*. Dieser Baum hat gelblichweißes bis rötlichweißes Reifholz mit fast weißem Splint. Es hat ähnliche Eigenschaften wie das Erlen- und Pappelholz: es ist weich und leicht, nur im Trockenen dauerhaft, schwindet auch sehr wenig und findet deshalb ähnliche Verwendung.

Das Holz ist außerdem vorzüglich verwendbar für Reißbretter, Zeichentische, Gußmodelle und Spielwaren. Ganz besonders hochgeschätzt wird das Material vom Holzbildhauer. Viele unserer Meisterwerke des Mittelalters sind aus Lindenholz. Linde läßt sich besonders gut vergolden (Bilderrahmen). Das Holz der Winterlinde ist etwas härter und fester als das der Sommerlinde.

PAPPEL

Von unseren einheimischen Arten kommen folgende in Betracht:

1. die *Zitterpappel, Aspe* oder *Espe,*
2. die *Silber-* oder *Weißpappel,*
3. die *Schwarzpappel* oder *Felber,*
4. die *Pyramiden-* oder *italienische Pappel*
5. sowie die *Kanada-Pappel.*

Die Pappel kommt als Splint- und auch als Kernbaum vor. Das weißliche bis grauweiße Holz, im Kern von rötlichgelber oder auch hellgrünlichbrauner Farbe, ist von sehr weicher, leichter, schwammiger Struktur, das zwar leicht zu bearbeiten ist, jedoch vermag man mit dem Dreheisen keine wirklich glatte Fläche zu erzielen. Die Aspe oder Zitterpappel ist von heller, gleichmäßiger Farbe, fast ohne Splint und von schönem, gerade gewachsenem Stamm. Sie läßt sich eher glatt bearbeiten und ist etwas glänzend, mit breiten, deutlichen Jahresringen, sie kommt deshalb am ehesten noch für den Drechsler in Frage. Das Holz ist von geringer Dauerhaftigkeit und bleibt nur im Trocknen bestehen. Es arbeitet sehr wenig.

Abb. 646. Büchse in Akazienholz, ½ nat. Größe

Pappel liefert auch einen Maser von nicht geringer Schönheit, der unter der Phantasiebezeichnung *Mappa* besonders als Schälfurnier in den Handel kommt. Durch entsprechende nußbaumfarbige Beizen wird dieses stark in seiner Zeichnung und Struktur dem Nußbaummaser sehr ähnliche Holz als Ersatz für echten Nußbaummaser verwendet[1]).

Wir wollen es uns ersparen, ausführlich auf die verschiedenen in- und ausländischen Pappelarten einzugehen, da, wie schon erwähnt, sich Pappelholz schwer drehen läßt. Lediglich sei vermerkt, daß es, da es gut steht und kaum arbeitet, zu gestrichenen Arbeiten sehr empfohlen werden kann, so z. B. für große Beleuchtungskörper usw.

WEIDE

Obwohl die Weide noch weniger ein Drechslerholz als die Pappel darstellt, wollen wir ganz kurz auch diese anführen. Unter Umständen kann ihr Holz dem Drechsler dann gute Dienste leisten, wenn es gilt, größere Gußmodelle herzustellen. Auch für gedrehte Spielwaren kann die Weide Verwendung finden.

Dieses Holz hat außerordentliche Ähnlichkeit mit dem Holz der Pappel. Besonders sind es die beiden verbreitetsten Baumweiden, die *Weiß-* oder *Silberweide* und die *Bruchweide,* dann aber auch, allerdings in geringerem Maße, die schwächere *Salweide,* die für eine Verarbeitung in Betracht kommen. Diese Weiden sind nur Kernholzbäume mit zerstreutporigem Holz, braungelb- bis rötlichgelbem Kern und meist sehr hellem bis gelblichem Splint. Gleich dem Pappelholz ist auch dieses sehr weich, wenig fest und wenig dauerhaft. Das allzu minderwertig betrachtete Holz ist jedoch durchaus ähnlich dem Holz der Pappel verwendbar, nämlich zu Blindholz.

EDEL- ODER ESSBARE KASTANIE

Dieser Baum ist wohl durch die Römer zu uns gebracht worden. Wir finden ihn noch längs des Mittelrheins, an den Hängen des Schwarzwaldes und in der Pfalz. Das Holz dieses Kernholzbaumes hat sehr schmalen Splint und einen hellbraunen, stark nachdunkelnden Kern. Es ist ringporig, mittelhart und schwer. In der Farbe ähnelt es dem Eichenholz, ist jedoch zarter geflammt und unterscheidet sich von diesem durch das Fehlen breiter Markstrahlen. Es ist ein vortreffliches Werk- und Bauholz, das auch vom Küfer und Drechsler hochgeschätzt wird. Dann eignet es sich auch gut zu Bugholz. Da es bei uns sehr selten ist, wird es naturgemäß wenig verarbeitet.

Die Edelkastanie findet sich in Südeuropa, Nordafrika und im Orient.

Das seltene Holz läßt sich ganz gut drehen.

WILDE ODER ROSSKASTANIE

Die als Zierbaum bei uns weit mehr vorkommende Roßkastanie eignet sich leider weniger als die Edelkastanie zum Drehen.

Er ist ein Splintbaum mit zerstreutporigem Holz von dem Ahorn ähnlicher weißlicher bis gelblichrötlicher Farbe. Das Holz ist weich, leicht und von sehr gleichmäßigem, feinem Gefüge, aber oft filzig und haarig und deshalb beim Drechsler nicht beliebt. (Es tut als Blindholz gute Dienste und wird neuerdings, nicht mit Unrecht, da es sich gut polieren läßt, auch zu Deckfurnieren verarbeitet.) Auch das Wurzelholz gibt einen sehr schönen Maser. Außerdem eignet sich das Holz zu gröberem Schnitzwerk und wird vorwiegend auch zur Anfertigung von Kisten verwendet.

Die Roßkastanie scheint in Asien beheimatet zu sein, sie wächst auch in Gebirgen Nordgriechenlands.

PLATANE

Es werden bei uns zwei Arten von Platanen als Zierbaum gepflanzt: die *amerikanische Platane* (auch Sycomore genannt) aus Nordamerika sowie die *orientalische Platane* aus Kleinasien.

Beider Holz ist sich vollkommen gleich. Es sind Kernbäume mit rötlichem bis braunem Kern und hellerem Splint. In der Struktur ist das Holz der der Rotbuche ähnlich. Der zerstreutporige Holzkörper besitzt starke Markstrahlen (Spiegel), die dem Holz eine schöne, charakteristische Zeichnung verleihen. Das von Natur seidig glänzende, feine, harte und feste Holz läßt sich gut drehen und we-

[1]) Unter dem Namen „Camballa“ kommt für denselben Zweck ein heller Weichholzmaser in den Handel.

niger gut polieren. Die Spiegel sind schiefrig und lösen sich gern. Es ist vorteilhaft, nicht mit der freien Hand zu polieren, sondern unter Zuhilfenahme eines Korks. Da das Holz stark zum Reißen neigt, ist auf eine sorgsame Verarbeitung besonderer Wert zu legen. Um dem leider selten vorkommenden schönen Material zu einer denkbar großen Wirkung zu verhelfen, empfiehlt es sich, flächige Arbeiten, z. B. große Schalen zu drehen.
Besondere Beachtung findet zur Zeit das schöne Material der kaukasischen Platane für gute Möbel und Innenausstattung.

AKAZIE (Robinie)
(Abb. 646)

(benannt nach Jean Robin, der sie etwa um 1600 zum erstenmal gezogen hat) — *Schotendorn, „Falsche Akazie"*. Die bei uns vorkommende „Falsche Akazie" findet man als Zierstrauch oder Baum ziemlich selten. Sie ist ein Kernholzbaum mit meist schmalem, gelblichweißem Splint und hellem, oft grünlichgelbbraunem Kern. Die Krone wird gewöhnlich kugelförmig gezüchtet. Das harte, schwere aber elastische und sehr zähe Holz ist nicht leicht zu verarbeiten, dagegen sehr gut zu drechseln. Seine vorzüglichen Eigenschaften, vor allem auch seine Dauerhaftigkeit und sein geringes Arbeiten, lassen es vielseitige Verwendung finden. Da es gut polierbar ist, wird es auch als Furnier für kleine Flächen verarbeitet, es eignet sich sehr gut für Drechsler- und Wagnerarbeiten.
Die Akazie oder Robinie gedeiht in Mitteleuropa und findet sich auch in Nordamerika.
Die *echte Akazie* kommt nur in der warmen Zone, d. h. in Australien, Afrika, in vielen Arten vor. Von den afrikanischen Arten wird das wertvolle Gummi arabicum gewonnen.

GLEDITSCHE
(auch Christusdorn, Christusakazie genannt)

(So genannt nach dem Botaniker Gleditsch 1714—1786.) Die Gleditsche, ebenfalls ein Schotendorn, ist der oben beschriebenen falschen Akazie sehr ähnlich und besitzt dieselben Eigenschaften. Gegenüber der gelblichen falschen Akazie ist ihre Farbe mehr orangerot. Wir erwähnen auch diesen Baum, weil er ein sowohl gutes wie schönes Drechslermaterial darstellt. Er kommt bei uns allerdings nur selten, und zwar vor allem in Süddeutschland als Parkbaum, vor.

STRÄUCHER UND KLEINE ZIERBÄUME

Außer den oben angeführten Bäumen bzw. Holzarten, die uns am bekanntesten sind und meist in großen Mengen bei uns vorkommen, gibt es bei uns im Lande eine ganze Anzahl je nach den klimatischen Verhältnissen kleinere Bäume (zum Teil exotischer Herkunft, d. h. sie wurden vom Ausland eingeführt) von seltenem Vorkommen, sowie vor allem auch, ebenfalls von der Landschaft abhängig, eine große Anzahl Sträucher. Das Holz all dieser kleinen Bäume und Sträucher stellt ein durchaus brauchbares, in der Struktur und im Aussehen reizvolles Werkmaterial für den Drechsler dar.
Den meisten alten Drechslermeistern sind die Bäume und sämtliche Sträucher wohl bekannt. Bei ihren sonntäglichen Spaziergängen liebäugeln sie in Wald und Feld, in den Gärten und an den Wegen mit all den Sträuchern und achten darauf, rechtzeitig in den Besitz abgängiger Sträucher zu gelangen. Aber ein solches Schauen und Betrachten finden wir heute bei unserem jungen Nachwuchs kaum mehr, dabei wäre es heute mehr denn je angebracht, so köstlichen, feinen, wenn auch kleinen Werkstoff, der am Wege wächst, wieder mehr zu achten und zu nützen, besonders für das schöne Drechslerhandwerk. Aus diesem Grunde wollen wir uns mit den bei uns wachsenden und für den Drechsler in Betracht kommenden kleinen Bäumen und Sträuchern beschäftigen, an denen es uns ja nicht mangelt! Das Holz all dieser Sträucher läßt sich meist gut drehen, verarbeiten und polieren, die einen mehr, die anderen weniger gut.

BUCHSBAUM
(Siehe Abb. 1166 auf Seite 303)

Wer kennt nicht den immergrünen Strauch mit den kleinen Blättchen, der unsere Gärten ziert, als Hecken geschnitten und oft als kleiner Baum von einer Höhe von 4—10 m.
Er ist ein Splintbaum von gelber, gleichmäßiger Farbe, fein und kaum erkennbar gestreift, schwer, von hartem, dichtem Gefüge. Der Baum hat einen geringen Durchmesser und wächst außerordentlich langsam. Das wertvolle Holz wird nach Gewicht verkauft.
Dem Buchsbaum gehört ähnlich wie dem Birnbaum die ganze Liebe des Drechslers.
Es ist eine Freude, ihn zu drehen und zu polieren, sein feines, dichtes Gefüge erlaubt feinste und kleinste Profilierung. Aus ihm drehte man schon im Altertum Flöten und Kreisel. In schönster Weise wird der Buchsbaum verarbeitet zu allerhand kleinen Gebrauchsgegenständen, wie auch Knöpfen und Schachspielen, wo es die Stelle von Elfenbein übernehmen kann.
Außer bei uns ist der Buchsbaum in ganz Südeuropa, im Orient, Westindien und Nordafrika verbreitet. Besonders schön ist das *türkische Buchsbaumholz*, das von seidenartigem Glanze ist, sehr viele Bäume haben jedoch den Nachteil, daß sie gerne drehwüchsig sind.

GÖTTERBAUM

Der aus China stammende Baum ist auch bei uns als Zierbaum sehr beliebt. Er hat einen orangefarbigen Kern und gelblichen Splint. Das atlasglänzende schöne Material ist vorzüglich geeignet für kleine Drechslerarbeiten.

DER FLIEDER (Syringen)

Das sehr harte und schwere Holz des bei uns beliebten Zierstrauches mit seinen duftenden weißen und lila Blütendolden wird mit seinem dichten, feinen Gefüge hauptsächlich zu Drechsler- und Einlagearbeiten verwendet. Es ist sehr gut polierfähig, gelblich bis rötlich, der Kern hellviolett (oft gleich seiner Blüte) oder rötlichbraun. Der Splint dagegen ist sehr hell.
Der Flieder kommt auch vor allem in Südosteuropa und im Orient vor.

HASELHOLZ (Gemeiner Haselstrauch)

Das Holz des Haselstrauches, der uns die beliebten Haselnüsse beschert, ist weich, zäh und biegsam, mittelschwer

und in seiner Farbe rötlichgelblichweiß. Es ist verwendbar zu kleinen feinen Drechslerarbeiten und als Schnitz- und Intarsienholz.
Der Haselstrauch wächst in ganz Europa, Westasien und Nordamerika.

HOLUNDER

Er kommt in ganz Europa bis in die Kaukasusländer vor. Sein Holz ist fest, hart und zäh, von großer Feinheit und hat eine gelblichweiße Farbe. Die Wurzelstöcke liefern schönes Maserholz, das auch vorteilhaft für Drechslerarbeiten verwendet wird.

WACHOLDER

(Gemeiner Wacholder, Kranawettstrauch)

Dies ist ein Kernreifholzbaum mit gelblichweißem Splint und rötlichgelblichem bis gelbbraunem Kern. Trotz seiner Weichheit ist das Holz fest und zäh. Es eignet sich für kleine Drechsler-, Schreiner- und Einlegearbeiten.
Dieser niedere Strauch liefert uns auch die Wacholderbeere, die zum Würzen der Speisen verwendet wird. Auch wird aus ihm der Schnaps „Genevre“ gewonnen. Der Wacholder wurde schon bei unseren Vorfahren sehr geehrt. (Siehe auch *Abb. 880* auf Seite 241).

STECHPALME (Hülsendorn)

Sie wächst in Mittel- und Südeuropa und kommt auch in Amerika vor. Das Holz ist ziemlich hart, schwer, fein und zäh, es schwindet stark. Seine Farbe ist weißlich bis gelblichgrün. Es eignet sich zu Einlege- und Drechslerarbeiten. Die amerikanische Stechpalme ist nahezu weiß und etwas weniger hart als die unsrige. Wir erkennen die bei uns wachsende Stechpalme, die bis 8—10 m hoch wird, an ihren dunkelgrünen, glänzenden, ledrigen, immergrünen und stacheligen Blättern und an ihren kleinen roten Beeren.

WEISSDORN — HAGEDORN

Das sehr harte und weißliche bis rötliche Holz ist dem Birnbaumholz sehr ähnlich. Es läßt sich gut polieren und gibt ein vorzügliches Drechslerholz ab. Der Weißdorn wächst fast in ganz Europa. Er wächst bei uns an Waldrändern und als Hecken. Er wird bis 3 m hoch und hat weiße, unangenehm riechende Blüten und scharlachrote, eiförmige, mehlige Beeren mit 2—3 Steinen.

MAULBEERBAUM

Man unterscheidet je nach der Farbe der Frucht einen weißen und einen schwarzen Maulbeerbaum. Er ist ein Kernholzbaum mit gelblichem schmalem Splint und rotem bis gelbbraunem Kern. Das ringporige Holz ist dem Akazien- und Rüsternholz ähnlich. Bei uns findet man meist den aus China stammenden weißen Maulbeerbaum (der schwarze kommt aus Persien). Er wird etwa 6—12 m hoch.

VOGELBEERBAUM oder GEMEINE EBERESCHE

Wer kennt nicht den Baum mit seinen roten Beeren, der in Wäldern wächst und vielfach an den Landstraßen gepflanzt wird? Dieser Kernbaum besitzt gelblichweißen Splint und einen bräunlich geflammten Kern. Das zerstreutporige Holz eignet sich vorzüglich zum Drehen.

ELSBEERBAUM

Er ist in seiner Art dem Vogelbeerbaum ähnlich. Das Holz dieses Baumes oder Strauches wird schon in alten Büchern als ein ganz hervorragendes Drechslerholz erwähnt. Wir kennen den Baum vor allem an seinen Früchten, die zunächst gelbrot, später lederbraun aussehen. Sie sind sogar genießbar. Der Reifholzbaum besitzt weißlichen Splint. Das Holz ist gelblichbraun bis rotbraun. Der Baum sollte sehr bald entrindet und im Schatten getrocknet werden.

MEHLBEERBAUM

Dieser ist dem Vogelbeerbaum und dem Elsbeerbaum wohl sehr ähnlich, darf aber mit ihnen nicht verwechselt werden. Die Blätter sind einfach kurz gestielt, wogegen die Blätter der Elsbeere tief gelappt und die der Vogelbeere gefiedert sind. Die Mehlbeere, die als Strauch oder kleiner Baum wild in Gebirgswäldern, aber auch als Zierbaum, wächst, blüht wie die Elsbeere weiß. Ihre Früchte sind kugelig, orangerot und eßbar, jedoch fade im Geschmack.
Das Holz der Maulbeere ist sehr verwandt mit dem Birnbaum und im verarbeiteten Zustand leicht zu verwechseln. Gleich ihm steht es ausgezeichnet und ist noch etwas zäher als dieses (siehe auch die *Abb. 761* auf Seite 213).

Zum Schluß seien zusammenfassend noch einige Sträucher aufgezählt, die sich alle für das schöne Drechslerhandwerk verwerten lassen. Wir sehen davon ab, diese näher zu beschreiben. Beachtet sie und lernt sie und ihren Werkstoff kennen.
Es sind dies die Hölzer vom *Goldregen*, so genannt nach den goldgelben, traubenartigen Blüten und auch dem goldschimmernden Holz im verarbeiteten Zustand, vom *Kreuz- oder Wegedorn*, von diesem niederen Strauch gibt es verschiedene Arten, er hat meist kleine, weiße Blüten und schwarze Beeren, vom
Sauerdorn (Berberitze); er wird 1—2 m hoch mit länglichen, roten, genießbaren Beeren, das Holz der
Rainweide, des Ligusters, eines 1—4 m hohen Strauches mit kleinen weißen, unangenehm riechenden Blüten und kleinen schwarzen Beeren, ferner der
Heckenkirsche, auch *Beinweide* oder *Beinholz* genannt, auch von dieser gibt es verschiedene Arten mit schwarzen oder roten, meist giftigen Beeren, der
Hirschkolben, sowie des *Spindelbaumes* oder *Spillbaumes* (Spille), er wird auch wegen der Form und Farbe seiner Früchte „Pfaffenhütchen“ oder „Pfaffenkäppchen“ genannt.

HOLZARTEN, DIE NUR IM AUSLAND VORKOMMEN

Wenn wir auch, wie wir oben gesehen haben, in unserem Vaterland eine reiche Auswahl und auch in genügenden Mengen Drechslerholz besitzen und wir es uns kaum leisten können, fremde Holzarten einzuführen, so wollen wir es dennoch nicht unterlassen, all jene ausländischen, schönen Edelhölzer im nachfolgenden kurz zu erwähnen, die für den Drechsler in Frage kommen. Wir wollen hoffen, daß wir es auf diesem Gebiet wieder zu Leistungen bringen, die vom Ausland begehrt werden, d. h., daß eben auch das Drechslerhandwerk exportfähige Arbeiten leistet, die mit im Ausland heimischen Hölzern ausgeführt sind.

Abb. 647. Schale mit Deckel für Handarbeiten aus Zypresse (Entwurf und Ausführung: Alfred Hesse)

Wir hoffen aber, daß jene Arbeiten, die in inländischem Material gearbeitet sind, auch Anklang finden.
Wir beschränken uns bei diesen ausländischen Holzarten natürlich auf solche, die sich für den Drechsler besonders eignen. Außerdem sei bemerkt, daß der Meister, vor allem in den Großstädten, in den Holzhandlungen eine große Auswahl von schönen, besonders die sogenannten Gewichtshölzer antrifft, und es ihm gar nicht so sehr darauf ankommt, alle diese Hölzer dem Namen nach zu kennen. Man kann wohl sagen, daß sogar oft die Handlungen manche Holzart dem Namen nach kaum kennen; denn die Vielfältigkeit exotischer Holzarten ist beträchtlich. Von mancher Holzart fehlen genaue Angaben über Herkunft und botanischen Charakter. Auch werden vom Handel immer wieder neue Bezeichnungen eingeführt, die sich auf schon bekannte Holzarten beziehen, wodurch mit der Zeit die Gefahr einer Verwirrung naheliegt. Es kann deshalb für die nachfolgenden Ausführungen nicht volle Gewähr übernommen werden.

MAHAGONI

Unter dem Sammelnamen „Mahagoni" kommt eine ganze Reihe von Holzarten auf den Markt, die je nach ihrem Herkunftsort benannt sind. Die Mahagonibäume (Laubhölzer) wachsen in Zentralamerika, Westindien und in Afrika. Die hervorragenden Eigenschaften dieses Tropenholzes lassen es als eines der wertvollsten exotischen Möbelhölzer gelten, weshalb wir es hier auch an erster Stelle erwähnen. Die verschiedenen Mahagoniholzarten sind fest, hart, schwer, dauerhaft, und lassen sich gut verarbeiten. Die zerstreutporigen Hölzer sind gut polierfähig und arbeiten ganz wenig. Die Farbe ist je nach den Arten unterschiedlich: gelb, braun, rötlichgelb, rotbraun bis rot, die Struktur bzw. Maserung bald geädert, geflammt, gefleckt, gemasert, gestreift, gewellt oder ganz schlicht.
Aus Amerika kommen das *Tabasco-, Kuba-, Sandomingo-, Mexiko-, Honduras-, Guatemala-, Corinto-, Sabicu-, Panama-, Nikaragua-Mahagoni und andere mehr.*
Das amerikanische *Tabasco*-Mahagoni gilt als das wertvollste. Es ist von ziemlich heller Farbe und meist schlichter Struktur. Sein Holz ist ein vorzüglicher Werkstoff für den Drechsler.
Das wohl ebenso wertvolle *Kuba-Mahagoni* ist schön gemasert (Mahagoni-Moiré); es liefert besonders das so beliebte geflammte Pyramiden-Mahagoni. (Diese Zeichnung der sogenannten Pyramiden entsteht, indem sich große Äste von den Stämmen abzweigen.)
Das *Sandomingo-Mahagoni* ist von rotbrauner Farbe und schön gemasert, wogegen das *Honduras-Mahagoni* zwar von derselben Farbe, aber schlichter ist.
Aus Afrika kommt das bekannte und vielverwendete, schöngestreifte Sapeli-Mahagoni. Dieses läßt sich weniger gut drehen.
Mahagoniholz soll um 1730 zum erstenmal aus Westindien nach England gebracht worden sein. Es ist dort bald sehr beliebt geworden und bis heute ein bevorzugtes Möbelholz geblieben. Auch bei unseren Vorfahren erfreute sich dieses schöne, edle Material großer Beliebtheit. Von dem feinen Verständnis, das man diesem Material entgegengebracht hat, zeugt noch eine große Anzahl Möbel, besonders aus der Biedermeierzeit.
Das von Natur aus schöngefärbte Holz sollte niemals und unter keinen Umständen gefärbt (gebeizt) werden, da es im Laufe der Zeit ohnehin bald eine dunkle Tönung annimmt.
Das schöne Mahagoniholz ist wie für die Schreinerei so auch für die Drechslerei vorzüglich zu verwenden. So finden wir auch an vielen alten Möbeln aus Mahagoniholz die Drechslerei angewendet.
Eine Holzart, die wohl irrtümlich in die Mahagoniarten eingereiht wird, ist das *Okoumé oder Gabun*, so genannt nach dem afrikanischen Ausfuhrgebiet. Diese Holzart, die unter der Bezeichnung *amerikanisches* oder *wei-*

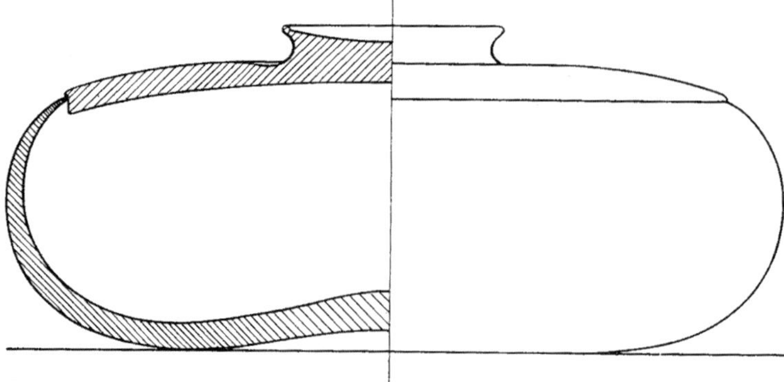

Abb. 647 a. Werkzeichnung zu obiger Schale, Durchm. etwa 30 cm

ßes Mahagoni zu uns kommt, unterscheidet sich wesentlich von den wirklichen Mahagonihölzern. Es kann im Gegensatz zu diesen als Weichholz bezeichnet werden. Das Holz ist leicht, von heller Farbe und besitzt eine andere Struktur. Es läßt sich naturgemäß weniger gut drehen, wie das härtere, echte Mahagoniholz. (Es ist ein vorzügliches Blindholz und ein geeignetes Material für Sperrholzfurniere.)

ZYPRESSE *(Abb. 647)*

Obwohl sich die Zypresse auch bei uns — allerdings nur selten in botanischen Gärten und Parkanlagen — findet, müssen wir sie zu den ausländischen Holzarten zählen. Wir unterscheiden eine ganze Anzahl von Zypressen, die alle in die Familie der Koniferen (Nadelholzbäume) gehören. Alle Zypressenarten sind große stattliche Bäume mit pyramidenartiger, feierlicher Form, sie wurden von jeher gern auf Friedhöfen, Tempelhainen usw. angepflanzt und können ein sehr hohes Alter erreichen.

Sie wachsen in ganzen Wäldern und strömen einen balsamischen Duft aus, so daß sich auch Kranke gern in solchen Zypressenwäldern aufhalten. Auch wird die Zypresse vielfach zu medizinischen Zwecken (Zypressenöl) verwendet.

Gleich den Zedernbäumen, denen sie verwandt ist, stellt ihr Holz für jede Art von Holzbearbeitung einen edlen Werkstoff dar, denn es ist wie das Holz der Zeder sehr fest und dauerhaft.

Wie gesagt, unterscheidet man viele Arten von Zypressen je nach ihrer Herkunft aus Nordamerika, Japan, auch aus dem Orient, sie können 30—60 m hoch werden. Eine der bekanntesten Arten ist die sogenannte *Sumpfzypresse* (virginische Zypresse), wie auch die aus Nordafrika stammende *Sandarak-Zypresse.* Ihr Holz ist rötlichbraun. Sie kommt in Form von Knollen zu uns und liefert uns, wie schon auf Seite 154 erwähnt, den sogenannten *Thujamaser.* Die Knollen werden zu wertvollen Furnieren geschnitten, das schön gefärbte Massivholz mit schwarzbraunen Augen stellt eines der wertvollsten Drechslerhölzer dar.

Es sei hier auch darauf hingewiesen, daß infolge der großen Artverwandtschaft von Zypressen, Zedern und auch der Lebensbäume (Thujaarten) vielfach Überschneidungen der Begriffe vorkommen.

ZEDER (Sadebäume)

Unter diesem Namen wird eine Anzahl Koniferen (Nadelholzbäume) zusammengefaßt, die trotz ihrer verschiedenen Baumgattung sich durch gemeinsame Merkmale, wie das dichte, gleichmäßige, langfaserige Gefüge, den Mangel an Harzgängen sowie starken aromatischen Duft auszeichnet. Die Bäume haben meist ein weiches, aber sehr dauerhaftes Holz von schöner, hellgelblich-rötlicher bis rotbrauner Färbung. Die echte Zeder selbst stammt aus dem Orient, besonders aus Kleinasien, Syrien, der Insel Cypern, sowie auch aus dem Atlasgebirge in Nordafrika. Ein wertvolles Holz liefert die Deodara-Zeder, die in Indien im nordwestlichen Himalaja vorkommt. (Die asiatische Zeder ist oft geflammt.)

Berühmt ist die *Libanonzeder*, die in ganzen Wäldern im heutigen Syrien vorkommt. Schon im Altertum finden wir diese Libanonzeder oft erwähnt. Diese Zeder ist auch im wärmeren Europa als Parkbaum zu finden.

Rote Zeder oder virginischer Sadebaum. Sie wächst im östlichen Nordamerika. Bei uns wird dieses Holz für die Fassung der Bleistifte verwandt. Es hat ein dichtes, sehr gleichmäßiges Gefüge mit meist bläulichrotem Kern, wogegen der Splint gelblich hell ist. Es ist ein vorzügliches Werkholz, das auch in der Möbel- und vor allem in der Kunsttischlerei Verwendung findet. Das rote Zedernholz ist auch gut polierfähig, weshalb es für den Drechsler einen willkommenen Werkstoff darstellt, allerdings sei bemerkt, daß es längst nicht den lebendigen Ausdruck hat wie das Mahagoniholz.

Von ähnlicher Beschaffenheit sind die Bäume, die als *Florida-Zeder* und *Haiti-Zeder* bezeichnet werden. Ebenso ist zu dieser Art der *abessinische Sadebaum* zu rechnen. Unter der Bezeichnung *Wawona* kommt auch eine Zedernart in den Handel.

Zedrelenholz oder *Zedrelaholz* (falsches Zedernholz, sogenanntes Zigarrenkistenholz). Das Holz wächst in Westindien. Es ist dem hellen Mahagoni sehr ähnlich und dient deshalb als Ersatz für dasselbe. (Das Holz findet als Blindholz wie auch als Sperrfurnier gerne Anwendung.)

Zu erwähnen wäre noch das Holz des im nördlichen Asien und in Nordamerika vorkommenden gemeinen Wacholders, der in Nordamerika unter dem Namen „Ground-Zeder" bekannt ist. Das sehr feste, dauerhafte Holz wird vom Drechsler und vom Holzschnitzer bevorzugt. Da es jedoch nur in geringen Mengen vorkommt, hat es weniger Bedeutung.

Gegenüber den zuletzt beschriebenen Holzarten (Zeder und Mahagoni) stellen die nachfolgend aufgezählten Hölzer weit härtere Werkstoffe dar, die sich gegenüber dem feinen, zarten, ruhigen Mahagoni als viel spröder auszeichnen und deshalb weniger gut bearbeiten lassen. Aber sie spielen trotzdem für den Drechsler eine wichtige Rolle durch ihre so außerordentliche Schönheit von Farbe und Maserung.

Sie sind nicht allein schwerer zu bearbeiten, sondern auch schon ihre Pflege, Lagerung und Trocknung ist weit schwieriger und mit mehr Risiko verbunden, da sie sehr zum Reißen neigen. Die Hölzer müssen in einem trockenen Raum lagern, der wohl stets gelüftet sein muß, aber keinen Zug haben darf. Besonders empfindliche Hölzer, wie Zitrone, verfärben sich bei unsachgemäßer Lagerung, z. B. in feuchten, ungelüfteten Räumen, und erhalten Stockflecke. Es empfiehlt sich, die Hirnenden der Hölzer mit Papier zu bekleben.

Bei der Verarbeitung der spröden exotischen Holzarten bedarf es ganz besonderer Behutsamkeit, wenn man nicht erst durch großen Schaden klug werden möchte. Wie oft zeigt es sich, daß z. B. ein Stück verarbeitetes Edelholz, das völlig trocken schien, nach einigen Stunden schon, oder am anderen Tag, die schlimmsten Risse aufweist und dadurch für die gewählte Aufgabe unbrauchbar geworden ist. Die Gründe sind im folgenden zu suchen: je härter das exotische Holz ist, desto mehr Zeit braucht es zum Trocknen. Oft reichen viele Jahre nicht aus, bis der Trokkenprozeß abgeschlossen ist. Wird nun ein im Inneren noch nicht ganz trockenes Holz geschnitten und kommt es in zu große Wärme, so liegt es nahe, daß sich vor allem Hirnrisse bilden. Der erfahrene Meister wird die vorgeschrubbte Arbeit über Nacht nicht offen stehen lassen, sondern sie nach rohem Vordrehen sorgsam in Späne wickeln, um das neu entblößte Holz langsam an die wärmere Temperatur zu gewöhnen. Außerdem sollte die neu entstandene Hirnfläche raschestens wieder mit Papier beklebt werden. Die nachfolgend aufgezählten exotischen Holzarten werden meist nach Gewicht verkauft.

PALISANDER (auch Polixander)

zur Pflanzengattung der Jacaranda gehörend, deshalb auch oft „Jacaranda" genannt.
Palisander kommt hauptsächlich aus Brasilien und Ostindien. Besonders geschätzt wird *Rio-Palisander*, dessen Holz lebhafter und farbiger ist als das ostindische. Die Farbe des Holzes ist violett bis dunkelbraun mit dunklen bis schwarzen Streifen. Das harte, schwere und auch etwas spröde Holz läßt sich nicht so gut bearbeiten wie das Mahagoni. Es muß jedoch trotzdem als eines der wertvollsten exotischen Hölzer für die Drechslerei betrachtet werden.
Unter der Bezeichnung *„Jacarandaholz"* kommt ein mehr oder minder helles bis dunkelviolettes hartes Holz mit dunkeln Streifen in den Handel. Es ist nicht immer leicht, die so variierenden Palisander- bzw. Jacarandahölzer voneinander zu unterscheiden.

EBENHOLZ

Es kommt vor in Ostindien und Afrika. Der wertvolle Werkstoff wurde schon im klassischen Altertum sehr beachtet und zu Hausgeräten verwendet. Er ist eine der schönsten und härtesten Holzarten und wird in Blöcken eingeführt. Wir unterscheiden hauptsächlich zwei Arten, nämlich das *afrikanische* und das *Makassar-Ebenholz.* Ersteres hat einen nahezu schwarzen gleichmäßigen Ton, während das Makassar-Ebenholz mit dunkelbraunen Streifen durchzogen ist. Das ausgezeichnete polierfähige Material wird zu feinen Möbeln und Einlagearbeiten verwendet und stellt auch einen wertvollen Werkstoff für die Drechslerei dar. Das Holz ist teuer, da mit ziemlich viel Verschnitt gerechnet werden muß; denn es ist vielfach rissig. Dieser Umstand bringt bei der Verarbeitung des Holzes, vor allem, wenn es sich um größere Flächen handelt, viel Unannehmlichkeiten und Verdruß. Es ist ratsam, für Arbeiten in Makassarholz keine Garantien zu geben und den Besteller auf das spätere unausbleibliche Verhalten dieses von Natur aus so harten und spröden Materials hinzuweisen.
Es werden noch andere harte und in ihrem Gefüge ähnliche Hölzer Ebenholz genannt, so wird ein grünlichgelbes Holz mit dunkleren Stellen aus dem tropischen Amerika *grünes Ebenholz* genannt, das sich besonders zu Einlagearbeiten eignet.
Das Ebenholz findet hauptsächlich Verwendung zu kleinen, feinen Gegenständen, wie Schachspielen, Knöpfen, Kannenhenkeln, Trommelschlägern. Seine Verarbeitung ist für den Drechsler unerquicklich, da es stark auf die Schleimhäute wirkt. Man muß auch wissen, daß es sich nicht leimen läßt und deshalb auch ein Ausflicken nicht möglich ist.
Zur Gruppe der Ebenhölzer gehört noch das unter der Bezeichnung „Grenadill" bekannte afrikanische Holz, auch rotes oder braunes Ebenholz genannt. Es ist außerordentlich schwer und hart, seine Farbe rötlich bis kaffeebraun. Es eignet sich sehr zur Herstellung von Holzblasinstrumenten, zu Flöten, Klarinetten und Oboen. Grenadill, welches zu den sogenannten Eisenhölzern gezählt wird, läßt sich schwer verarbeiten.

ZITRONENHOLZ (französisch: Citronier)

Der Baum findet sich im nördlichen Ostasien, Westindien, Nordafrika (sein Holz kommt von dort unter der Bezeichnung „Mowingi" in den Handel), Spanien und Italien. Das Holz des Zitronenbaumes ist schön, seidenartig, schlicht und geflammt, von blaßgelber bis goldgelber Farbe. Es ist hart und fein, jedoch nicht so zäh wie das Ebenholz, es wird meist zu Furnieren verarbeitet. In massivem Zustand wird es nach Gewicht verkauft. Obwohl sich das Holz gut polieren läßt, ist es sonst schwierig zu bearbeiten, da es gern schwindet und reißt.
Trotzdem ist das Zitronenholz wegen seiner schönen Struktur und weil es gut riecht, bei den meisten Drechslern sehr beliebt. (Siehe z. B. auch *Abb. 1096* auf Seite 284.)

SATINHOLZ (Seidenholz, Gelb- oder auch Atlasholz)

Ein dem Zitronenholz außerordentlich ähnliches Material stellen Hölzer dar, die unter dem Begriff „Satinholz" bekannt sind. Es sind Hölzer von seidenartigem Glanz. Die Bäume, die diese Hölzer liefern, wachsen in Südamerika, auf den Bahamainseln, West- und Ostindien. Man spricht von Sandomingosatin. Die besseren Qualitäten werden zu Furnieren geschnitten, während das weniger geschätzte ostindische Satinholz zu Massivholz verwendet wird.
Die Verwendungsarten sind dieselben wie beim Zitronenholz. Manche der Hölzer, besonders das gelbe Atlasholz, sind gesundheitsschädlich, und es muß bei der Verarbeitung mit Vorsicht vorgegangen werden *(siehe auch Satin-Nußbaum, Seite 160).*

BUBINGA (afrikanische Rose)

Unter dieser Bezeichnung kommt seit nicht langer Zeit ein Holz in den Handel von hellbrauner Farbe, das mit rotbraunen Adern schön gezeichnet ist. Das sehr harte, aber spröde Holz, das sich auch gut polieren läßt, kann durchaus für den Drechsler einen beachtenswerten Werkstoff darstellen. Da es dem Rosenholz ähnlich ist, wird es manchmal zu dieser Art gezählt.

AMBOINA

Unter dieser Bezeichnung kommt aus Indien ein Maserholz in den Handel. Es ist fein geaugt, von rötlichgelber Farbe, sehr hart und dauerhaft. Es wird meist als Furnier zu feinsten Möbeln und kunstgewerblichen Arbeiten verwendet.

OLIVENHOLZ (das Holz des Ölbaums) (Abb. 648)

Der Ölbaum, von dem das Olivenholz stammt, wird so genannt, weil aus dem Kern seiner Früchte das berühmte und beliebte Olivenöl gewonnen wird. Es kommt aus dem Morgenland und wächst seit dem Altertum am Mittelmeer, wurde dann auch in Amerika, Südafrika und Australien eingeführt. Wenngleich der Baum nur 6—10 m hoch wird, erreicht er ein hohes Alter.
Mancher Drechsler kennt diesen schönen Werkstoff gar nicht. Jene Meister aber, die mit ihm bekannt wurden, lieben ihn als einen Werkstoff von ganz besonderem Reiz, der sich auch gut drehen und polieren läßt. Das Kernholz ist hellgelblichbraun, oft etwas grünlich und besitzt eine schöne, braune, ausdrucksvolle Aderung, auch ist es oft

Abb. 648. Teller aus Olivenholz
(Ausführung: Meister Hans Strecker, München)

Abb. 648 a. Schnittzeichnung zum Teller in Abb. 648
nat. Größe

gemasert. Da der Baum nur geringe Dimensionen aufweist, wird das Holz mehr zu kleinen, feinen Arbeiten verwendet.

ROSENHOLZ
(Abb. 650 und 651)

Unter dieser Bezeichnung versteht man eine ganze Anzahl Hölzer verschiedener Bäume, so aus Brasilien, Ost- und Westindien, auch Afrika. Die Hölzer dieser Bäume werden so genannt wegen ihrer teilweise eigenartigen Färbung, oder auch Geruch, an die Rose erinnernd. Nach ihrem Herkommen unterscheidet man verschiedene Arten. Man unterscheidet auch echtes und unechtes Rosenholz. Als das echte Rosenholz gilt das *brasilianische*, dies kommt aus *Bahia* (Staat Brasiliens) in den Handel, wonach es auch oft genannt wird. Das von Natur aus rosen- oder fleischrotfarbene Holz, das auch tiefkarminrot sein kann, verliert die schöne Farbigkeit mit der Zeit leider beträchtlich. Dennoch bleibt seine Wirkung außerordentlich reizvoll, und für manche Aufgaben in der Drechslerei spielt das Rosenholz eine wichtige Rolle. Es eignet sich für feine, kleine Gegenstände. Die Verarbeitung dieses Rosenholzes ist nicht gerade angenehm, es enthält Giftstoffe und ist deshalb gesundheitsschädlich.
Ähnlich ist das *ostindische Rosenholz*, es ist dunkler, purpurfarbig, oft geflammt und geruchlos. Das *westindische Rosenholz* und das *Jamaikarosenholz* ist hellfarbiger, wohlriechend und liefert Öl. Der Vollständigkeit halber sei noch das von den Kanarischen Inseln stammende Rosenholz, auch *Rhodiserholz* genannt, erwähnt. Es ist hellrot bis braunrot geflammt mit kräftigem, angenehmem Geruch. Es wird jedoch weniger verwendet, auch verblaßt es sehr.

ZEBRAHOLZ (Zebrano, Zirikotaholz)
(Abb. 649)

Das Holz hat seinen Namen wohl von seiner eigenartigen, dem Zebrafell ähnlichen Maserung. Wir erkennen das ausdrucksvolle Holz an seiner satten, braunen Färbung mit dunkel bis schwarzer Maserung. In seinem Charakter ähnelt es unserem Eichenholz. Der ausdrucksvolle Werkstoff ist beim Drechsler, obwohl er nicht leicht zu verarbeiten ist, recht beliebt. Wegen seiner starken und großformigen Maserung sollte man nur größere Arbeiten, Teller und Schalen aus ihm drehen. Bei kleinen, feinen Arbeiten würde die unruhige Maserung die Form zerstören.
Das Zebraholz soll von der Dattel- und Kokospalme stammen. Die erstere wächst in Afrika, Asien, die Kokospalme an allen tropischen Küsten, z. B. in Südamerika.
Wir finden an Stelle von „Zebraholz“ auch die Bezeichnung *Zebrano*. In mancher Literatur wird dieses als das falsche Zebraholz bezeichnet, das aus Afrika stammen soll. Das weniger gut zu verarbeitende Holz ist ebenfalls sehr grobporig, hat mehr rötlichen Grund mit dunkelroten bis braunen Streifen. Dem Verfasser ist dieses Holz kaum bekannt, und es sei ausdrücklich bemerkt, daß im allgemeinen mit Zebraholz und Zebrano dasselbe Holz gemeint ist. *Abb. 653* zeigt ein Döschen auch aus einem Palmenholz, das „*Palmira*“ genannt wird.

SCHLANGENHOLZ
(Abb. 652)

Es wird so genannt wegen seiner der Schlangenhaut ähnlichen Zeichnung. Die Grundfarbe ist gelb bis rotbraun mit dunkler bzw. gefleckter Zeichnung. Das sehr seltene Holz ist eines der edelsten und schwersten Hölzer, welches aus den Tropen kommt, sowie aus Indien, und reizt den richtigen Drechslermeister als Werkstoff in besonderem Maße. Es kommt auch, da es sehr teuer ist, nur für sehr wertvolle und edle Arbeiten in Frage. Da es Strychnin enthält, ist es gesundheitsschädlich. Das Holz kommt nur als Gewichtsholz in den Handel.

VERSCHIEDENE FARBHÖLZER (Gewichtshölzer)

Weiter haben wir noch eine ganze Anzahl von exotischen, schweren Hölzern (Gewichtshölzer) aufzuführen, die vor allem wegen ihrer Farbigkeit den Gesamtbegriff „Farb-

Abb. 649. Schalen aus Zebranoholz

Abb. 650. Teller aus ostindischem Rosenholz, Durchm. etwa 20 cm (Ausführung: Meister Hans Strecker, München. — Neue Sammlung, München)

Abb. 652. Tellerchen aus Schlangenholz, Durchm. 9½ cm (Ausführung: Meister Hans Strecker, München)

hölzer" haben, und im einzelnen sich wieder unterscheiden, so als Rothölzer und Gelbhölzer. Man spricht auch von Eisenhölzern, womit man auf die Härte und Schwere der Hölzer hinweisen möchte. Die meisten dieser Hölzer, vor allem die Rothölzer, die frisch geschnitten eine lebendige gelbliche, hell- und dunkelrote oder violette Färbung haben, dunkeln nahezu ohne Ausnahme mit der Zeit nußbaumfarbig nach, so daß es nach ihrer Verarbeitung kaum mehr möglich ist, ihre eigene Art wiederzuerkennen. Wir wollen es uns deshalb ersparen, diese Hölzer genau zu beschreiben, sondern sie nur summarisch aufführen.

Zu den *Rothölzern* können wir zählen:

das südamerikanische *Amarantholz*, das *Padoukholz* aus Indien wie auch Südafrika (Korallenpadouk), das bernsteinfarbige *Korallenpadouk* aus Westindien, das brasilianische *Fernambukholz*, das wohlriechende indische *Sappanholz*, das indische rote und gelbe *Sandelholz*. Dann sollen noch genannt sein: das aus Amerika stammende *Cocobolo*, das zunächst rot ist, fast schwarze Adern hat und sehr gesundheitsschädlich ist, — ferner das *Pferdefleischholz*, das gleich dem Cocobolo aus dem tropischen Amerika kommt, zunächst dunkelrot, dann nachdunkelnd. Wegen seiner Härte wird es auch zu den Eisenhölzern gezählt. Es wird hauptsächlich zu Violinbogen verwendet. Erwähnt sei hier noch das *Partridge* (Rebhuhnholz), es hat eine bräunliche Färbung und ähnlich wie Rebhuhnfedern viele helle, kleine Flecken. Zu kleinen, feinen Drechslerarbeiten wird auch das teure sogenannte *Königsholz* verwendet, das in seiner Farbe an das Riopalisander erinnert, und von Sumatra und Brasilien eingeführt wird. Das harte, schwere, feste Holz besitzt kaum Poren und läßt sich deshalb gut polieren. Es ist ein beliebtes Drechslerholz und eignet sich besonders zur Herstellung von Stöcken.

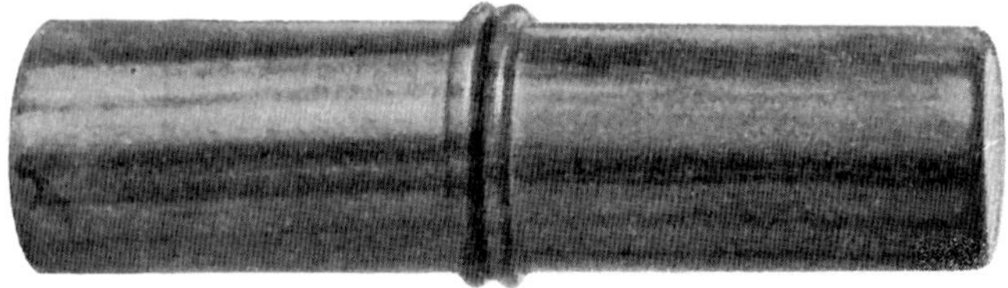

Abb. 651. Nadelbüchschen aus brasilianischem Rosenholz (Ausführung: Meister Georg Kadoke, Berlin)

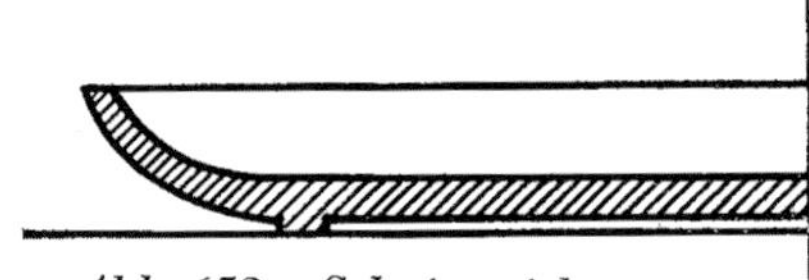

Abb. 652 a. Schnittzeichnung zum Teller in Abb. 652 (nat. Größe)

Zum Schluß seien noch zwei besonders harte und schwere Hölzer genannt, die vor allem den Drechslermeistern bekannt sind, die Kegeln, Kugeln, Krickets usw. herstellen. Es sind dies das *Pockholz* (auch Franzosenholz genannt). Es ist wohl das härteste aller Hölzer. Die Fasern dieses Holzes laufen gewissermaßen ineinander, die auftretenden Ringrisse sind weiter nicht von Schaden (siehe auch Seite 83, Beschreibung der Herstellung von Kegelkugeln). Das Holz ist frischgeschnitten bräunlich mit grüngelben Punkten, es dunkelt jedoch auch sehr rasch nach. Wegen seiner außerordentlichen Härte, und da es kaum schwindet und reißt, eignet es sich am besten zur Herstellung von Kugeln, Kegeln und Krickets.

Ähnlich ist das Holz des *Quebracho*, das aus Argentinien kommt. Es ist orange bis fleischrot. Es wird auch vorwiegend zur Herstellung von Kegelkugeln verwandt, es ist jedoch nicht in dem Maß wie das Pockholz strapazierfähig.

Abb. 653. Döschen aus Palmiraholz, nat. Größe (Entwurf: Spannagel, Ausführ.: Meister Gustav Harder, Lindau)

WEITERE WERKSTOFFE DES DRECHSLERS

ZAHNBEINE

Sowohl das echte Elfenbein, das aus den Stoßzähnen des Elefanten gewonnen wird, als auch die Zahngebilde anderer Tiere, die wir als Ersatz des echten Elfenbeins betrachten müssen, sind schon im Altertum als wertvoller Werkstoff geschätzt worden, für die Bildhauerei, wie auch für die Drechslerei, siehe die Seiten 211 und 214.

Die großen Vorzüge und Möglichkeiten der Verarbeitung des so schönen und edlen Materials werden dieses, solange es solches gibt, stets als begehrten Werkstoff für die kunsthandwerkliche Gestaltung so auch für die Drechslerei gelten lassen.

ELFENBEIN

Wenngleich wir in Deutschland auf die Einfuhr angewiesen sind, und mit der Zeit mit dem Aussterben des Elefanten gerechnet werden muß, so wollen wir dennoch diesem wohl edelsten und ältesten Werkstoff der Drechslerei die gebührende Beachtung schenken, auch schon deshalb, weil wir der nahezu unverwüstlichen Haltbarkeit des Elfenbeins (im Gegensatz zum vergänglichen Holz) frühe und wertvolle Funde von Drechslerarbeiten zu verdanken haben als Beweise für Alter und Bedeutung der Drechslertechnik überhaupt. Nach wie vor bietet das Elfenbein dem Drechsler zahllose Möglichkeiten zur Gestaltung von reizvollen Arbeiten, seien es Dosen, Büchsen, Schmuckgegenstände, bei denen ausschließlich Elfenbein verwendet wird, oder auch wenn es gilt, das gedrechselte Elfenbein als wertvolle Bereicherung in Verbindung mit Hölzern zu gestalten.

Das echte Elfenbein, das, wie schon erwähnt, aus den Stoßzähnen des Elefanten gewonnen wird, d. h. das Zahnbein, von dem die strukturlose weiße Rinde (sog. Zement) gelöst ist, ist von gelblichweißer, manchmal sogar bis ins Bräunliche gehender Farbe. Diese Färbung hängt ab von verschiedenen Umständen, so vom Alter der Zähne und von der Herkunft des Elefanten. Was dem Elfenbein außer seiner hellen Farbe einen eigentümlichen lebendigen Reiz verleiht und wodurch man an ihm das natürliche Wachstum verspürt (gegenüber den heutigen Kunstprodukten), ist seine schöne, in seinem Wachstum begründete Zeichnung. Die Faserbündel zeichnen sich der Länge nach als feinlinige, leicht gewellte Streifen, und im Querschnitt als eine netzartige Zeichnung. Auch diese Struktur des Elfenbeins kann mehr oder weniger ausdrucksvoll sein und die Tönung unterschiedlich, ja sogar in einem und demselben Zahn sind Unterschiede in der Struktur möglich, was von Wachstum, Ernährung, klimatischen Verhältnissen, in denen die Tiere lebten, abhängig ist. So zeigt sich die dem Kern des Zahnes zunächstliegende Masse weißer, fester und dichter, während die äußere der Rinde zu liegende Schicht gröber und von mehr gelblicher Farbe ist. Auch können im Elfenbein kleinere und größere dunkle Flecken, sog. Erbsen, vorkommen, die oft tief gehen und einen recht empfindlichen Materialverlust verursachen können. Andere Zähne wieder weisen abwechselnd dunkle und hellere Ringe auf. Solches Bein nennt man „wolkiges Bein“. Eine beträchtliche Einbuße an der Qualität kann das Elfenbein besonders dann erleiden und es für die Herstellung verschiedener Gegenstände unbrauchbar machen, wenn es Risse besitzt, die konzentrisch von außen nach dem Kern verlaufen. Es gilt also, hierauf beim Kauf sehr zu achten.

Die Beschaffenheit des Elfenbeins ist recht unterschiedlich. So unterscheidet man z. B. hartes und weiches — es gibt faseriges Elfenbein, das sich gut drehen, aber schlecht polieren läßt, Glaselfenbein, grünlich transparent, im Querschnitt grünlichweiß, das kaum eine Zeichnung erkennen läßt. Die Größe der Zähne ist abhängig vom Alter und der Größe des Tieres wie auch von dessen Nahrung. Die Zähne können eine Länge von 2—2½ m erreichen und ein Gewicht von 50—90 kg.

Im allgemeinen unterscheidet man indisches und afrikanisches Elfenbein, da nur in diesen Ländern Elefanten vorkommen. Es würde hier zu weit führen, ausführlich auf die Unterschiedlichkeit dieser beiden Elfenbeinarten einzugehen. Im allgemeinen kann gesagt werden, daß indische Elefantenzähne, obwohl sie kleiner sind, wegen ihrer weißen Farbe den gelblichen afrikanischen Elefantenzähnen vorgezogen werden. Letztere neigen auch gern zur Rißbildung und sind meist härter und spröder.

Betrachten wir nun den Stoßzahn selbst, so ist er uns ja allen in seinem Aussehen ziemlich bekannt. Der große, in seinem Querschnitt runde bis ovale Zahn ist stark gebogen und verjüngt sich konisch ziemlich spitz. Je nach Alter der Zähne bzw. der Tiere ist die Hohlung verschieden groß. Die Zähne der ausgewachsenen Tiere weisen eine weit kleinere Hohlung auf, man spricht von „schweren Zähnen“, siehe auch *Abb. 656*. Es sei hier kurz noch auf solche Zähne hingewiesen, die bei verendeten Tieren gefunden wurden und durch langes Liegen an der Sonne ge-

Abb. 654 und 655. Gedrehte und geschnitzte Elfenbeinbüchse aus dem 17. Jahrhundert, Durchmesser etwa 6 cm (Nationalm. München)

litten haben. Solche Zähne werden auch verwendet, sind aber weniger wertvoll. Man spricht von „Sonnenzähnen". Von Ausnahmen abgesehen wird der Drechsler, der Elfenbein verarbeitet, keine ganzen Zähne erwerben, sondern je nach Bedarf in den Elfenbeinhandlungen den Werkstoff in der ihm nötigen Größe in Form von sogenannten Ausschnitten kaufen. Die Elfenbeinhandlungen haben stets eine größere Auswahl von vorhandenen Ausschnitten vorrätig. Sie liefern oft auch halb gefertigte Gegenstände. Die sich in allen möglichen Formen ergebenden Abfälle werden ebenfalls wieder für kleinere Arbeiten verwendet, kurz, das wertvolle Material wird denkbar ökonomisch ausgenützt. (Siehe auch *Abb. 657.)*

Wie die *Abb. 656* zeigt, unterscheidet man im großen und ganzen: die Hohlung, das Mittelstück und die Spitze. Aus den Hohlungen gewinnt man vorteilhaft die Wandungen runder Dosen, in die Böden eingesprengt werden. Je nach Aufgabe wird sich der Drechsler die entsprechenden Ausschnitte besorgen und die Abfälle von diesen Stücken geschickt auswerten. Recht vorteilhaft erweisen sich z. B. die sich beim Zerteilen des Zahnes ergebenden sogenannten Keilstücke, aus denen geschickt Böden und Deckel gedreht werden können.

Um sich vor Schaden zu hüten, ist zu empfehlen, das vorrätige Elfenbein sachgemäß zu lagern, denn das wasserhaltige Material schwindet gern, wodurch leicht Risse entstehen. Es ist ratsam, die Hirnseite des Elfenbeins mit Leim oder Lack zu bestreichen, um der Gefahr des Reißens zu begegnen. Der Lagerraum soll von gleichmäßiger Temperatur sein, nicht zu warm, nicht zu kalt. Vor allem muß das Elfenbein vor raschem Temperaturwechsel bewahrt bleiben.

Das Elfenbein, das leicht zum Vergilben neigt, d. h. es wird leicht gelblich, kann je nach Bedarf wieder hell gemacht, d. h. gebleicht werden. Am besten geschieht dies, wenn man das Material wiederholt mit Wasserstoffsuperoxyd begießt und Sonne und Luft aussetzt. Der Verfasser ist jedoch der Meinung, daß man das Material in seiner Naturfarbe belassen sollte. (Die übrige technische Bearbeitung des Elfenbeins siehe unten.)

Die hier beigegebenen Abbildungen stellen einige meist ältere typische Beispiele dar für die sinngemäße Verarbeitung und Verwendung des schönen Werkstoffes Elfenbein. Die Aufgaben sind bis auf heute fast dieselben geblieben, entweder solche, die ganz aus Elfenbein bestehen, wie Dosen, Büchsen, Schmucksachen, Spiele und dergl. mehr — oder Elfenbein in Verarbeitung mit anderem Material wie Holz, Edelmetallen, ferner z. B. als Schirm- und Stockgriffe, Knöpfe, Schlüsselschildchen usw. Siehe auch im Kapitel „Passigdrehen" die Abbildungen auf den Seiten 125 und 126.

Der Vollständigkeit halber sei noch erwähnt, daß auch aus den Backenzähnen der Elefanten Elfenbein, allerdings von bedeutend geringerem Wert, in den Handel gebracht wird.

DIE VERARBEITUNG VON ELFENBEIN

Sägen und Zurichten

Das wertvolle Material verlangt gebieterisch größtmöglichste Ausnützung, und es gilt schon beim Zurichten, so beim Zerkleinern, mit größtem Bedacht vorzugehen. Die Zerkleinerung geschieht am besten mittels kleiner Kreissäge, die auf die Spindel der Drehbank gesteckt wird. Um das Werkstück gut und sicher zur Kreissäge zu führen, bedient man sich am besten eines besonderen kleinen Sägetisches, siehe *Abb. 193 und 197.* Um ein Verbrennen des Elfenbeins zu verhüten, müssen die Zähne nur gering geschränkt und nicht auf Stoß geschärft sein. Das Sägeblatt hat etwa

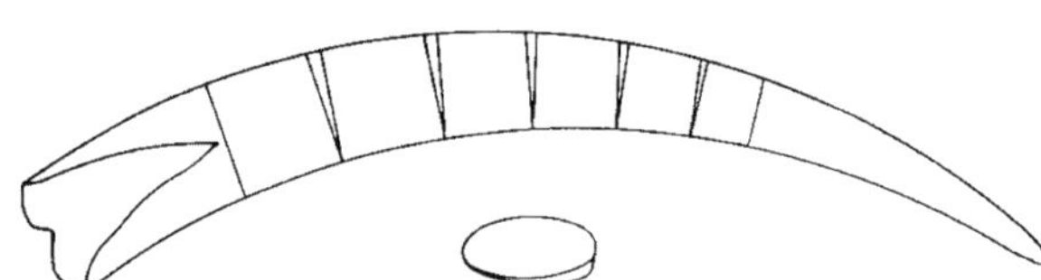

Abb. 656. Schnitt durch einen Elefantenzahn mit Darstellung der Keilstücke

Foto: Weltrundschau

Abb. 657. Aus einer Elfenbeinhandlung (aus der Zeitschrift „Kolonie und Heimat")

Abb. 658. Elfenbeinfiguren eines Schachspieles aus dem 18. Jahrhundert, etwa 1/2 nat. Größe (Nationalmuseum München)

15—20 mm Durchmesser und muß eine feine Zahnteilung aufweisen. Auch darf die Säge nicht auf zu hohe Touren gebracht werden. Vor dem Drehen muß der sogenannte Zement, also die Rinde des Elfenbeins, entfernt werden, was am besten mittels der Kreisraspel geschieht. Das entsprechend zugerichtete Elfenbein wird am besten in einem Teilspund oder auch je nach Form in einem Klemmfutter befestigt, siehe *Abb. 379 und 380.* Es ist ratsam, die zugerichteten Stücke an den Stirnkanten zu brechen, um ein Reißen zu vermeiden. Zum Drehen von Elfenbein benötigt man solche Dreheisen, die unter der Gesamtbezeichnung „Schrotstähle" uns schon vom Drehen ganz harter Hölzer bekannt sind. Die Schrotstähle zur Bearbeitung von Elfenbein und Knochen usw. sind in ihren Dimensionen jedoch noch kleiner, siehe die *Abb. 142.* Wir ersehen aus diesen Abbildungen, daß diese Schrotstähle im Gegensatz zu den in *Abb. 140* dargestellten Schrotstählen im Querschnitt nicht quadratisch sind, sondern eine längliche Form aufweisen, damit mit ihnen auch die kleinsten Formen gedreht werden können. Wir weisen auch noch auf den vielseitig verwendbaren Schaber *(Abb. 148)* hin und auf den Plattenstahl, der sich vom gewöhnlichen Plattenstahl dadurch unterscheidet, daß er beidseitig abgeschrägt ist. (Seite 46 oben, dritte Abbildung von rechts.)

Bezüglich der sparsamen Ausnützung des Elfenbeins gilt dasselbe, was im Kapitel „Knochen" in den *Abb. 678 und 679* auf Seite 176 noch veranschaulicht wird. Je nach Bedarf wird man für massiv zu drehende Werkstücke entweder die Wandungen der Hohlungen zerteilen oder die Spitze verwenden. Gilt es, Dosen zu fertigen, so wird man vorteilhafterweise die Hohlungen benutzen (siehe *Abb. 663).* Der Boden bzw. die Füllung des Deckels wird in die Wandung eingesprengt. Um den Boden einzusprengen, erhält das Innere der Wandung mit dem Nut- oder Falzeisen *(Abb. 134 und 136)* eine Spitznute eingedreht. (Siehe auch *Abb. 665.)*

OBERFLÄCHENBEHANDLUNG
Schleifen und Polieren

Das fertig gedrehte Elfenbeinstück wird auf der Drehbank mittels feinstem Glaspapier, danach mit Bimsstein und Wasser geschliffen. Das Polieren geschieht mittels Spiritus und Schlämmkreide. Will man einen besonders hohen Glanz erzielen, gibt man noch Wiener Kalk hinzu. Wertvolle Einzelarbeit wird stets auf der Drehbank poliert, bei einer Massenanfertigung kann man sich dagegen der Polierschwabbelscheibe bedienen, wofür es im Handel eine besondere Polierpaste gibt. Die Schwabbelscheibe wird ähnlich der Kreissäge mittels Gewinde auf der Spindel der Drehbank befestigt. Sie besteht aus schichtenweise in der Mitte aufeinandergenähten drellartigen Stoffscheiben, die mit zwei Flanschen gehalten sind. Das *Beizen* des schönen, edlen Elfenbeins ist nur angebracht bei Schachspielfiguren und sonstigen Spielsteinen, und zwar dürfte hierfür ein schönes Rot, Grün oder Schwarz in Frage kommen. Damit das Elfenbein die Beize besser aufnimmt, ist es nötig, die fertig geschliffenen Werkstücke 5—10 Minuten in verdünnte Salz- oder Salpetersäure zu legen. Nach dieser Art Vorbeize ist das Werkstück gründlich mit Wasser zu spülen.

Bezüglich des Bleichens ist der Verfasser, wie schon erwähnt, der Meinung, daß, von Ausnahmen abgesehen, das von Natur so schöne Elfenbein nicht ge-

Abb. 659. Alter gedrehter und geschnitzter indischer Becher aus Elfenbein, etwa 1/3 nat. Größe (Völkerkundemuseum Berlin)

Abb. 660. Gedrehte und geschnitzte indische Elfenbeinbüchse mit bronzenem Scharnier, 18. Jahrh. (Völkerkundemuseum Berlin)

Abb. 661. Ovale, gedrehte Elfenbeinbüchse aus dem 17. Jahrhundert, etwa 2/3 nat. Größe (Nationalmuseum München)

Abb. 662. Puderbüchse aus Elfenbein aus dem 18. Jahrh., oval-, quer- und längspassig gedreht, etwa 2/3 nat. Größe (Nationalmuseum München)

bleicht werden soll. Man geht am besten so vor, daß man das Elfenbeinstück mit Wasserstoffsuperoxyd begießt und in die Sonne legt.

MAMMUTZÄHNE

Zum echten Elfenbein können wir die noch heute in Nordsibirien auffindbaren Zähne des längst ausgestorbenen Mammuts zählen, einer ausgestorbenen Elefantenart der Eiszeit. Diese Mammutzähne haben durch die Verwitterung natürlich sehr gelitten, sie sind hart und besitzen eine schlechte Farbe.

DEM ELFENBEIN ÄHNLICHE WERKSTOFFE AUS DEN ZÄHNEN ANDERER TIERE

Es sei hier noch kurz auf die Zähne des *Walrosses*, des *Narwals* oder Einwalzahns, des *Flußpferdes* (Nilpferd) und des *Pottwals* (Kaschelottzähne) hingewiesen.

ZÄHNE DES WALROSSES

Die Zähne sind meist 60—70 cm lang und 2—3 kg schwer, sie sind etwa 2/3 der Länge hohl, die äußere Schicht oder Rinde ist dunkel gefärbt und gerippt. Das zu verwendende Zahnbein selbst ist weiß, es kann aber auch der mehr gelbliche Kern mitverarbeitet werden. Gegenüber dem Elfenbein ist dieser Werkstoff härter, spröder und glasiger, wodurch die Verarbeitung an der Drehbank nicht so leicht ist wie bei Elfenbein.

Abb. 663. Kleine Elfenbeinbüchse, nat. Größe, Deckel mit Gewinde versehen. Deckelboden sowie unterer Boden eingesprengt (aus der Elfenbeinwerkstätte A. Schreiber, Unterhaching bei München)

ZAHN DES NARWALS

Der Vollständigkeit halber sei hier noch der Narwal erwähnt, der sehr selten ist und dessen Zahn kaum mehr als Material für den Drechsler in Frage kommt, auch schon deshalb, weil das Material stark drehwüchsig und rissig ist. Es wird heute mehr unbearbeitet zu dekorativen Zwecken verwendet.

DER POTTWAL

Dies ist ein ebenfalls im Aussterben befindliches Tier, das Material der kugelförmigen Zähne wurde auch zu Drechslerarbeiten verwendet, vor allem zu Knöpfen und Spielsteinen.

ZÄHNE DES NILPFERDES

Als Ersatz für Elfenbein werden auch die Zähne des Nilpferdes verwendet, es sind je zwei gerade und zwei krumme Zähne. Das Material ist weiß, ohne jede Zeichnung, die Struktur ganz klar. Die Zähne des Nilpferdes vergilben weniger leicht als die der Elefanten. Die glasharte Rinde ist dunkelfarbig und gerippt und muß abgeschliffen oder besser mit Schwefelsäure abgebeizt werden. Das Material der Nilpferdzähne kann für kleine Drechslerarbeiten recht gut verwendet werden.

KNOCHEN

Die Knochen, das Bein unserer Rinder, waren schon in der Antike ein sehr wertvoller Werkstoff des Drechslers, wie dies aus den Funden von Pompeji hervorgeht. Dort finden sich allerlei reizvolle Drechslereien aus Knochen, z. B. Spielsteine, Büchsen, Knöpfe, Ringe und dergleichen mehr.
Bis in die heutige Zeit blieben die Knochen ein beliebter Drechslerwerkstoff. Ganz besonders hat sich die arme Biedermeierzeit wieder der Verwendung von Knochen angenommen, zu kleinen Geräten und Knöpfen und dergleichen, siehe auch *Abb. 534*. Dies mit Recht, denn es ist heute durchaus wieder zeitgemäß und angebracht, diesem dem Elfenbein ähnlichen Material Beachtung zu schenken, denn wie die uns überkommenen alten Beispiele beweisen, können wir aus diesem uns zur Genüge zur Verfügung

Abb. 664. Schachspiel aus Knochen, nat. Größe
(Gedreht von Meister Steurer im Bregenzer Wald nach einem alten Vorbild)

stehenden Material eine ganze Reihe reizvoller Aufgaben mit Hilfe der Drechslertechnik lösen.

Der Verfasser ist der Meinung, daß der Drechslermeister, wenn er sich diesem Gebiet wieder mit mehr Interesse zuwendet, sich erneut seinen Aufgabenkreis und damit auch die Erwerbsmöglichkeit erweitern kann. Wir wollen uns darüber klar sein, daß, sofern dieser Naturstoff reizvoll verarbeitet wird, er wohl durch die Handverarbeitung teurer, aber in seiner Qualität und naturhaften Wirkung viel höher einzuschätzen ist als jene Massenprodukte aus künstlichen Stoffen, wie Kunstharz usw. Gegenüber diesen Kunststoffen ist und bleibt das Naturbein ein edler Werkstoff. Wenngleich die Knochen unserer Rinder nicht die Dimensionen haben wie die der amerikanischen Rinder, deren Bein bei uns eingeführt wird, so weisen doch auch unsere Rinderknochen genügende Stärken zur Herstellung verschiedener kleiner Drechslerarbeiten auf. Aus diesen Erwägungen heraus hat der Verfasser hier einige Entwürfe für Knochenarbeiten abgebildet und an Hand von Zeichnungen die ökonomische Ausnutzung des Beins dargestellt. Da der Werkstoff im Grunde doch recht billig ist, wird der Drechsler den Arbeitslohn so hoch setzen können, daß er auf seine Kosten kommt. Wir wollen uns der Hoffnung hingeben, daß das Drechslerhandwerk erneut mit Interesse verstehen lernt, den so reizvollen Werkstoff in die Gestaltung einzubauen, sowohl als Einzelprodukt, oft in Verbindung mit anderen Werkstoffen, z. B. mit Holz. Lediglich einen Nachteil hat der Knochen, daß er leichter als z. B. Elfenbein Schmutz annimmt.

Die Bearbeitung und Oberflächenbehandlung der *Knochen* geschieht auf dieselbe Weise wie beim Elfenbein. Es wird lediglich beim Schleifen im allgemeinen kein Bimsstein verwendet, da dieser die Poren des Knochens verschmutzt.

Um vor dem Drehen die einzelnen Stücke grob auf eine bessere runde Form zu bringen, kann man auf zwei Arten vorgehen. Entweder werden die Knochen mit dem Meißel behauen oder die noch unrunden Knochen an der Schleifscheibe geschliffen.

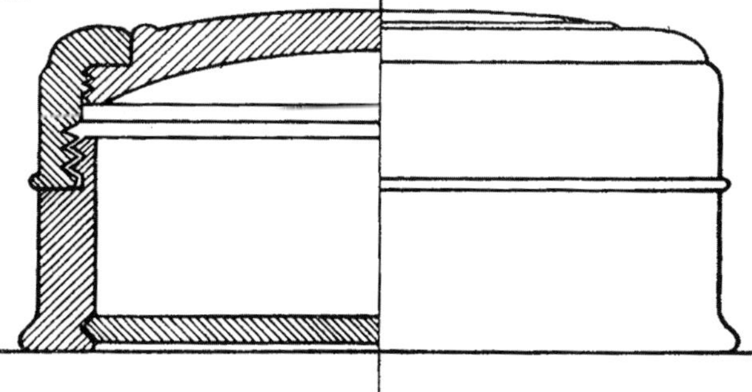

Abb. 665. Zeichnung zu einer Knochenbüchse, Deckel in Gewinde sitzend, Boden des Deckels durch Gewinde verbunden, unterer Boden eingesprengt (nach Zeichnung von Meister Hans Strecker, München, in doppelter nat. Größe)

BESCHAFFUNG DER KNOCHEN FÜR DEN DRECHSLER

Entweder besorgt sich der Drechsler, so besonders bei großem Bedarf, in Spezialhandlungen das Beinmaterial, wo er die ausländischen Knochen, aus Amerika und Ungarn, erhält. Diese kommen entmarkt und entfettet mit abgesägten Gelenkenden, meist auch schon vorgebleicht in den Handel. Trotzdem empfiehlt es sich, diese Knochen noch kurz zu lagern. Aber für viele Aufgaben, so vor allem dort, wo es sich um kleine Gegenstände handelt, nützt der Drechsler gern die Suppenknochen, wie er sie vom Metzger erhält. Er wird natürlich je nach Bedarf danach trachten, besonders große und vorteilhafte Knochen zu bekommen. Von unsern einheimischen Knochen kommen vor allem die Rinderknochen in Frage (für einige Aufgaben können unter Umständen auch Hammelknochen ganz gute Dienste leisten), und zwar die starken Markknochen, es sind die Hinterfuß- und Vorderfußknochen. Im Querschnitt unterscheiden sich diese Knochen voneinander. Die Hinterfußknochen haben mehr eine Rundform, ähnlich einem Quadrat mit abgeschrägten Ecken *(Abb. 672)*. Die Stärken ihrer Wandungen schwanken zwischen 10 bis 15 mm. Die Hohlung ist ziemlich rund. Die schwächeren Vorderfußknochen haben eine dünnere Wandung. Auch ist oft an einem und demselben Knochen der Querschnitt verschieden, so weist meist das Mittelstück eine fast runde Form auf, wogegen die Endstücke mehr dreieckig sind, siehe *Abb. 674 und 675.*

Besorgt sich die Frau Meisterin die Suppenknochen samt Mark, dazu noch ein Stück Ochsenfleisch, so wird sie zunächst eine gute Markknödelsuppe kochen! Dann werden die so ausgekochten Knochen mit kaltem Wasser abgewaschen und gebürstet und etwa vier Wochen in Luft und Sonne gelegt, Wind und Regen ausgesetzt, wodurch die Knochen gebleicht werden. Auf diese Weise erhält der Meister einen schönen, billigen Werkstoff.

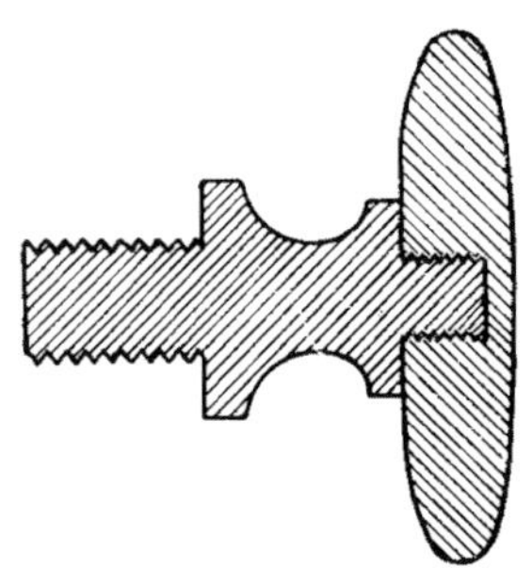

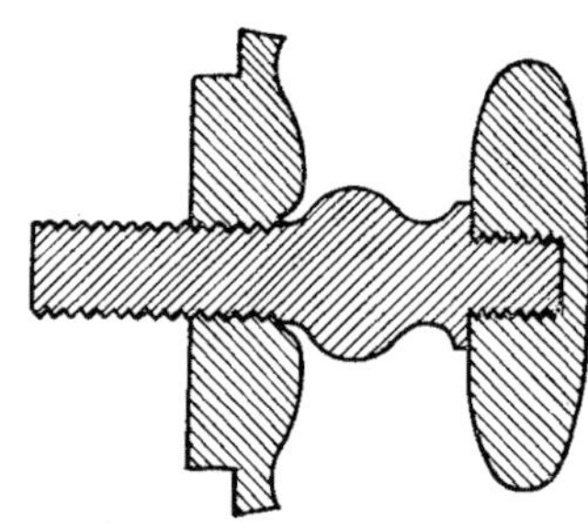

Abb. 666 und 667. Werkzeichnungen zu knöchernen Schubladknöpfchen, doppelte nat. Größe

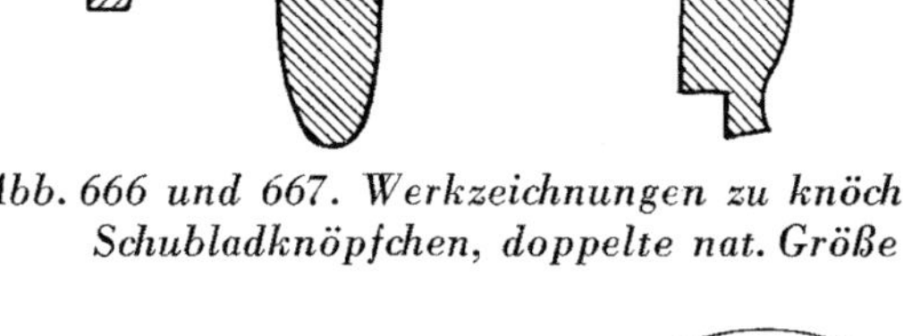

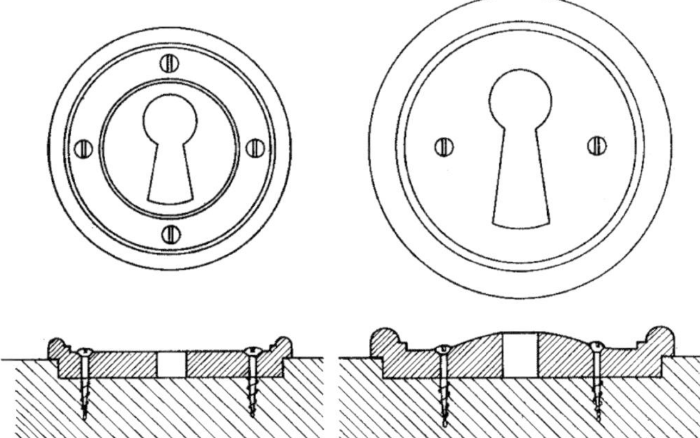

Abb. 668 und 669. Ansichten und Schnittzeichnungen zu knöchernen Schlüsselbüchschen, etwa doppelte nat. Größe

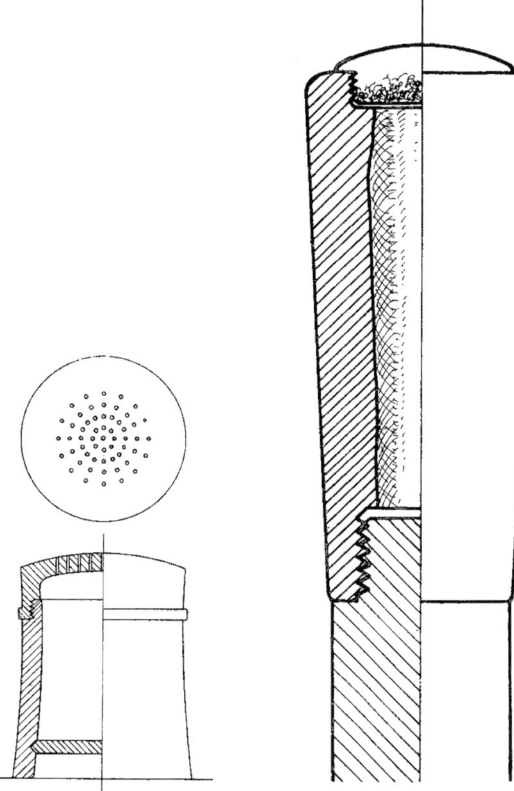

Abb. 670. Zeichnung zu einem knöchernen Salzbüchschen, etwa nat. Größe

Abb. 671. Zeichnung zu einem Schirmgriff aus Knochen, etwa nat. Größe

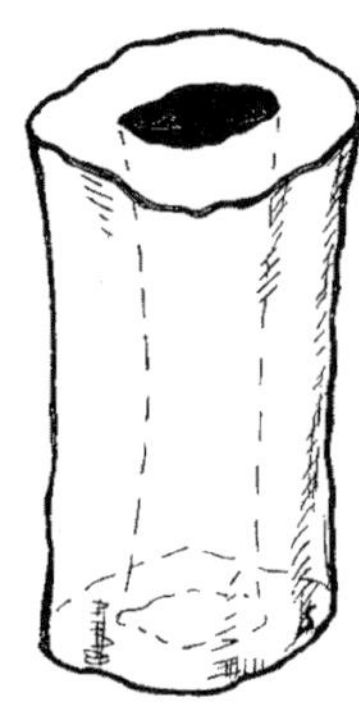

Abb. 672. Knochenmittelstück, unbearbeitet

Abb. 673. Knochenmittelstück, zum Drehen zugerichtet

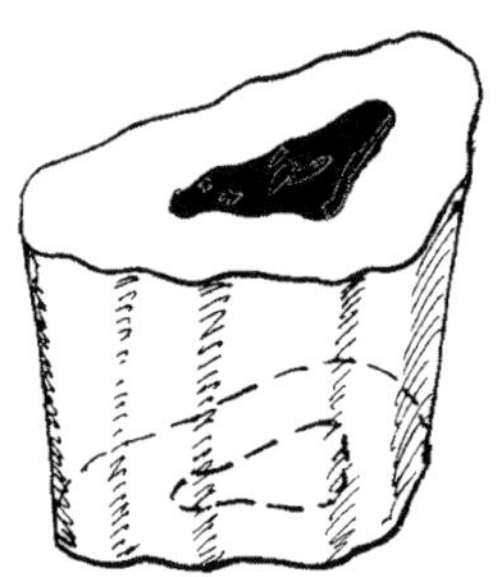

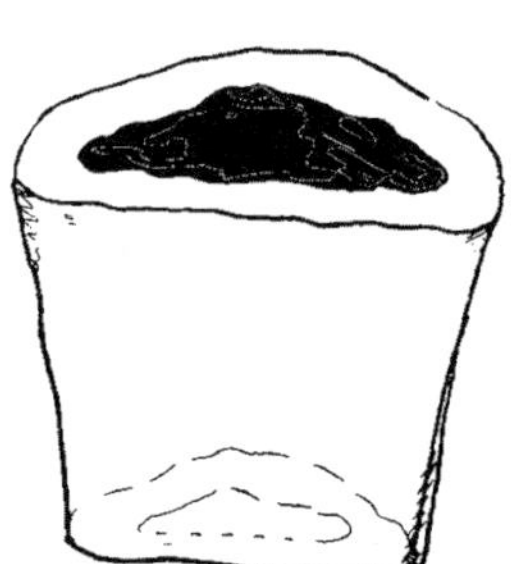

Abb. 674 und 675. Knochenendstück

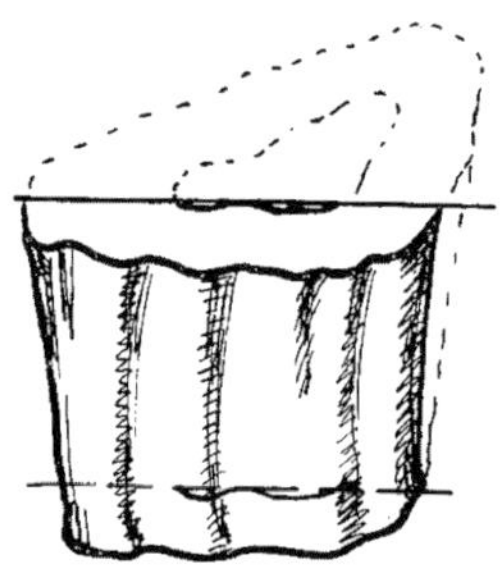

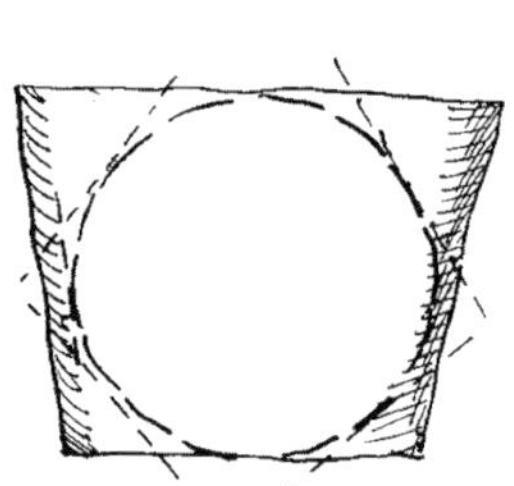

Abb. 676 und 677. Zurichtung von Knochenendstücken

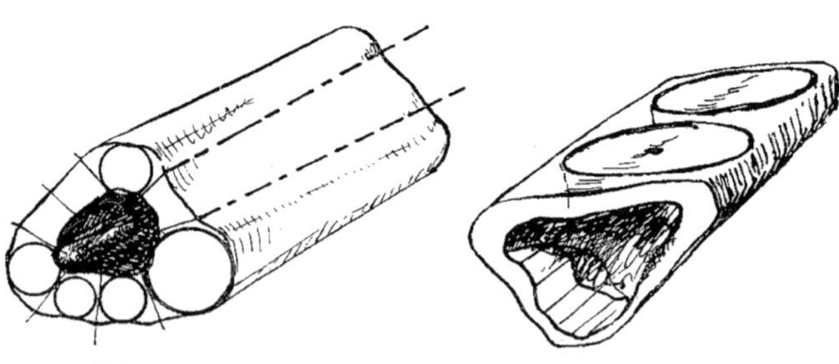

Abb. 678 und 679. Darstellung der Auswertung von Knochenstücken

Die Abb. 671—679 stammen von Meister Hans Strecker, München

Die Knochen können zu ähnlichen Gegenständen verarbeitet werden (abgesehen von Billardbällen) wie das Elfenbein. In den *Abb. 664—671* sind einige Entwürfe für Knochenarbeiten dargestellt. Die *Abb. 676—679* zeigen die Zurichtung der Knochen auf sparsamste Weise.

HIRSCH- UND REHHORN

Den vorherbeschriebenen Knochen sind die Hörner der Hirsche und Rehe am ähnlichsten, da diese Hörner aus Knochensubstanz bestehen gegenüber den Hörnern der übrigen Tiere. Und zwar verwendet man die Hörner besonders unserer einheimischen Edelhirsche. Von den ausländischen Arten finden vorwiegend das Horn des ostindischen Hirsches sowie die Schaufeln der Elche Verwendung. Das Horn der deutschen Hirsche unterscheidet sich von dem der ostindischen Hirsche dadurch, daß letzteres bedeutend dickwandiger und stärker ist, „geperlt" *(Abb. 682 a und b).*

Das Material der Hirschhörner wird nicht wie Elfenbein, Knochen und gewöhnliches Horn in Formen gedreht, sondern man läßt soweit wie möglich den sehr teuren Werkstoff mit seiner interessanten, geperlten Oberfläche bestehen und nützt durch geschicktes Zuschneiden das Material zu Messergriffen, vor allem zu Knöpfen für Trachtenjoppen usw. Für Griffe werden nur Rehgeweihe verwendet. Die Verarbeitung von Hirschhorn ist, abgesehen von großen Pfeifenfabriken eine handwerksmäßige.

Die Hirschhornstücke werden mit der Kreissäge in zwei Hälften gesägt, und aus solchen Stücken werden die Knöpfe dann mit dem Kronenbohrer herausgebohrt. Es muß vorsichtig gearbeitet werden, damit die geperlte Oberfläche nicht verletzt wird. Die so gewonnenen runden Scheiben werden gebohrt, auf der hinteren Seite an der Schleifscheibe abgeschliffen. Die Perlseite der Knöpfe kann auch noch etwas abgedreht werden, so daß nur noch ein Perlenkranz stehenbleibt. (Leider gibt es auf dem Markt eine ganze Anzahl von Hirschhornknöpfen in billiger Nachahmung von natürlich viel geringerer Qualität als die echten Hirschhornknöpfe, *Abb. 680 und 681.)*

HÖRNER VON RINDERN, BÜFFELN, SCHAFEN, ZIEGEN, ANTILOPEN UND VOM EINHORN

Wie schon erwähnt, unterscheiden sich die nachfolgend aufgeführten Hornarten in ihrer Substanz von den Hirschhörnern. Das Gewebe dieser Hörner ist von einfachster Art ohne Gefäße und Nerven, sondern ein Eiweißstoff.

Dieses Horn läßt sich gut drehen, in formaler Beziehung ähnlich wie Elfenbein und Knochen. Auch das Horn stellt ein schönes Naturprodukt dar, aus dem sich sowohl praktische wie formal reizvolle Dinge herstellen lassen.

Den Werkstoff Horn liefern uns das Rind, Büffel (Bison), Schafe, Ziegen, auch Gemsen und Antilopenarten, Nashorn oder Einhorn.

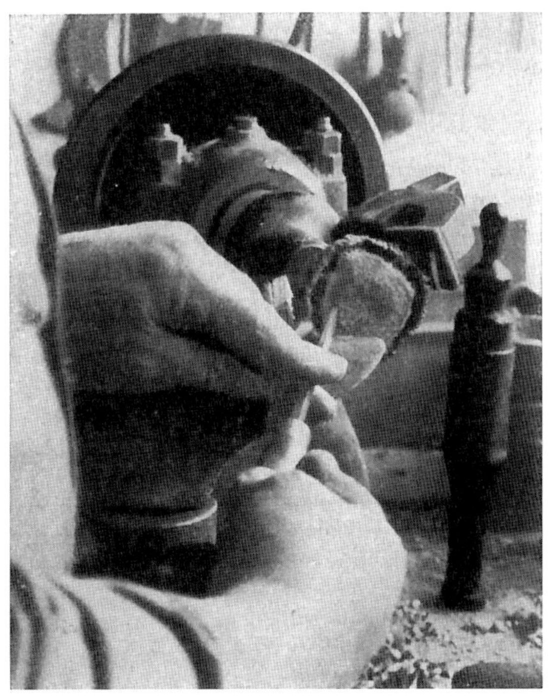

Abb. 680. Abdrehen des Kerns der Krone eines Rehgeweihes im Hornfutter mit einem Schrotstahl

Je nach Tierart ist die Beschaffenheit der einzelnen Hornarten natürlich verschieden bezüglich Aussehen und Qualität. Wir finden da Hörner vom fast reinsten Weiß bis zu dunkelbrauner Färbung, auch grau und braun gestreift, wie gefleckt. Manche Hornarten sind sehr durchsichtig. Meist sind die Hörner bis zu einem Drittel voll, es gibt auch solche, die ganz hohl sind.

RINDERHORN

Das wertvollste Horn besitzen die südamerikanischen Rinderrassen, das auch unter dem Namen „Brasilhorn" in den Handel kommt. Diese Hörner sind meist von den unteren Enden an etwa ⅓ schwarz, der übrige Teil ist hell bis weiß, ihr Material eignet sich sehr gut zur Knopfherstellung.

Bei uns in Europa verdienen die ungarischen Ochsen, die die größten Hörner aufweisen, an erster Stelle genannt zu werden. Die Hörner unserer deutschen Rinder sind weniger vorteilhaft, sie sind klein und besitzen keine schöne Färbung. Zu bevorzugen sind die großen Ochsenhörner, die Kuhhörner sind noch kleiner und oft auch rissig.

BÜFFELHÖRNER

Der Büffel gehört in die Gattung der Rinder, gegenüber diesen ist er ein sogenanntes „Wildrind" (in Indien wird er auch als Nutztier gezogen).

Das wertvollste Horn liefert der nordamerikanische Büffel, auch Bison genannt. (Dieses Tier steht heute unter Naturschutz.) Das Bisonhorn zeichnet sich aus durch seine Härte und Schwärze mit kaum erkennbarer Struktur. Es ist sehr selten und deshalb auch teuer. Ferner kommt der Büffel auch in Indien vor. Seine Hörner sind sehr groß. Diese werden oft aufgeschnitten und zu Platten gepreßt. Sie spielen auch in der Kammfabrikation eine große Rolle.

SCHAF- UND ZIEGENHÖRNER

Das Horn der Schafe und Ziegen kommt wegen seiner geringen Dimension nur wenig in Betracht. Immerhin kann der Drechsler aus diesem mehr hell bis blondfarbigem Werkstoff manche Arbeit ausführen. Es ist bedeutend weicher als das übrige Horn.

ANTILOPEN

Das Horn der Antilopen kommt für den Drechsler kaum in Frage, es wird meist in seiner Form belassen, in früheren Zeiten viel zu Trinkgefäßen oder auch Blasinstrumenten verarbeitet.

EINHORN

Zum Schluß sei noch auf dieses Tier hingewiesen, dessen Horn ein wertvolles Material darstellt. Der Drechsler verwendet es zu Schirm- und Stockgriffen. Es kann bis zu einem halben Meter lang werden und besitzt eine Zeichnung von oft blonder bis braunrötlicher Farbe.

Der Vollständigkeit halber sei noch erwähnt, daß *Hufen* und *Klauen*, die ja ebenfalls ein Hornprodukt darstellen, aber viel weicher und gröber in der Faser sind, auch gedreht werden können. Sie finden meist in der Hornknopffabrikation Verwendung und sind im Vergleich zum echten Horn jedoch recht minderwertig.

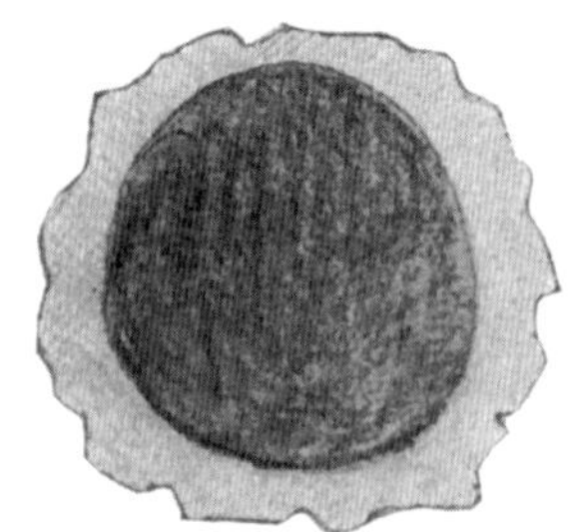

Abb. 682 a. Schematische Darstellung des Querschnittes durch Horn vom deutschen Hirsch

Abb. 682 b. Schematische Darstellung des Querschnittes durch Horn vom ostindischen Hirsch

BESCHAFFUNG DES HORNES

Der Drechsler bezieht das Horn ähnlich wie Elfenbein und Knochen in speziellen Handlungen, völlig verarbeitungsbereit, und zwar in Form von Hornausschnitten, Hohlungen und massiven Spitzen. Je nach Bedarf können auch

Abb. 681. Sog. Reh- oder Hirschhornfutter mit eingestecktem Geweih

gekochte und gepreßte Hornplatten geliefert werden. Die gewöhnlichen deutschen Rinderhörner sind sehr billig im Schlachthaus zu beschaffen. Solche Hörner müssen dann noch der Luft, aber im Gegensatz zu den Knochen nicht der Sonne ausgesetzt werden, und zwar etwa ¼ Jahr. Durch Kochen kann die Lagerzeit verkürzt werden.

Gleich dem Elfenbein und Knochen ist die Verwendung des Hornes eine recht vielseitige. Aus den massiven Stükken werden Schachspiele u. dgl. gedreht, auch Pfeifenspitzen, Signalpfeifen usw. Erstere werden in fertig gedrehtem Zustand durch Erhitzung (siehe weiter unten) gebogen. Trinkbecher aus Horn sind auch beliebt, die konischen Hohlstücke werden gedreht und erhalten Böden eingesprengt. Horn spielt aber auch in der Knopffabrikation eine große Rolle. Dort werden die Hornstücke aufgeschnitten und zu Platten gepreßt. Wie schon erwähnt, werden in Hornhandlungen die Platten dem Drechsler geliefert, der auf leichte Weise mit der Kronenfräse die betreffenden Stücke herausschneiden, bohren und polieren kann.

DIE BEARBEITUNG DES HORNES

Das Horn wird mit denselben Schrotstählen bearbeitet wie Elfenbein und Knochen, nur müssen hier die Schneidewinkel der Eisen weniger stumpf sein, da das Horn mit seinem faserigen Gewebe gegenüber dem Elfenbein mehr geschnitten und weniger geschabt werden muß. Gebohrt wurde mit dem Plattbohrer, *Abb. 683*, an seine Stelle tritt aber heute der vorteilhaftere Spiralbohrer, siehe *Abb. 158.*

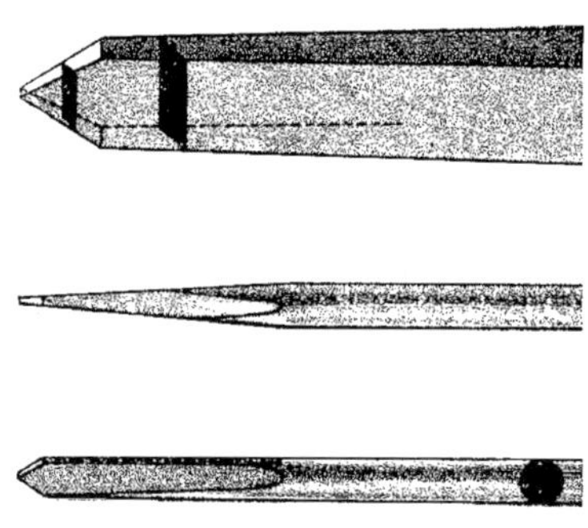

Abb. 683. Plattbohrer

Wie wir schon erwähnt haben, läßt sich Horn zur Herstellung von Pfeifen, Stock- und Schirmgriffen sehr gut biegen. Die fertig gedrehten und geschliffenen, mit Bohrung und Gewinde versehenen Werkstücke werden gewässert, gekocht und gleich danach gebogen. Dies kann frei oder über eine entsprechende Form geschehen. Das so gebogene Hornstück wird in Öl getaucht, damit es die Form behält. Horn wird im Gegensatz zu Elfenbein nicht mit Sandpapier geschliffen, sondern gleich mit Bimsstein und Wasser. Poliert wird es wie Elfenbein und Knochen. Das so schön gefärbte Horn zu beizen, wäre verfehlt, es sollte stets in seiner Naturfarbe belassen werden.

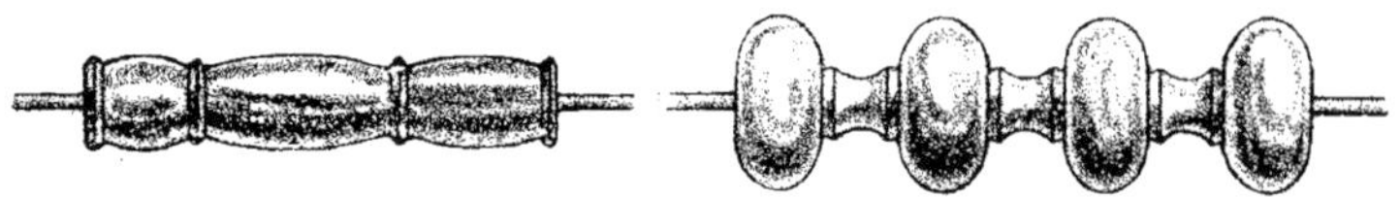

Abb. 684. Fragmente römischer gedrehter Bernsteinketten (aus Otto Pelka, „Elfenbein“)

Abb. 685. Gedrehtes und geschnitztes Schachspiel aus Bernstein, ½ nat. Größe (Schloßmuseum Stuttgart)
Abb. 686. Stockgriff aus Bernstein aus dem 18. Jahrhundert (aus Pelka, „Bernstein“)

BERNSTEIN

Der uns ja wohl allen bekannte schöne Bernstein, das „deutsche Gold“, wird von der Wissenschaft als versteinertes Kiefernharz aus der vorgeschichtlichen Zeit erklärt. Man findet ihn in verschiedenen Gegenden der Erde, vor allem aber waren wir selbst in der glücklichen Lage, in unserem eigenen Lande die größten Fundstätten des edlen Materials zu besitzen, nämlich in dem ostpreußischen Samland. Er wird gefischt oder bergmännisch gewonnen. Wir haben schon aus der vorgeschichtlichen Zeit Funde von seiner Bearbeitung aufzuweisen, so finden wir aus der Steinzeit primitive Tierformen zu Amuletten und Schmuckstücken geschnitten. Aus der geschichtlichen Zeit finden wir dann stets den Bernstein in der vielfältigsten Weise zu Geräten und Schmuckstücken verwendet (siehe die *Abb. 684—686)*. Besonders wertvoll sind größere Fundstücke mit eingeschlossenen Insekten und pflanzlichen Einschlüssen. Aus Bernsteinabfällen, die sich nicht mehr zur Bearbeitung eignen, wird in den staatlichen Bernsteinwerken der sogenannte Preßbernstein hergestellt.

Abb. 686.

Der echte Bernstein ist meist goldgelb bis rötlich-dunkelbraun, oft sehr durchsichtig und klar, oft auch milchig und trüb. Seine Qualität unterscheidet sich je nach Größe, Reinheit, Farbe und Form. Wenngleich dieser schöne und leicht zu drehende Werkstoff heute meist nur noch zu Reparaturen zum Meister in die Werkstatt kommt, so wollen wir doch, wenn auch nur kurz, dem Bernstein unsere Beachtung schenken.

Seine Hauptbearbeitung findet er heute in der staatlichen Bernsteinmanufaktur. Hier spielt die Technik des Drehens immer noch eine bedeutende Rolle. Welche Bedeutung der Bernstein in früheren Zeiten für die Drechslerei schon hatte, beweist z. B., daß es in Danzig im Jahre 1480 schon eine besondere Bernsteindreherzunft gab. Es ist jedoch durchaus kein Grund vorhanden, warum der Drechsler nicht wieder den edlen, wenn auch teuren, gut zu drehenden Werkstoff zur Herstellung kunsthandwerklicher Arbeiten nützen sollte.

BEARBEITUNG VON BERNSTEIN

Je nach Art des Bernsteins erfährt dieser eine unterschiedliche Behandlung. Der im Meer gewonnene Bernstein ist klar und von Sand und Wasser sauber gespült, während der durch Graben gefundene Bernstein eine Kruste aufweist, die erst mit einem besonderen Bernsteinmeißel oder einer Papierschleifscheibe entfernt werden muß. Das Trennen und Schneiden geschieht auf feinen, kleinen, leicht geschränkten Kreissägen auf der Drehbank. Auch mittels Feilscheiben kann der Werkstoff auf seine Hauptform gebracht werden. Beim Feilen und Schleifen muß darauf geachtet werden, daß keine allzu starke Erhitzung erfolgt, wodurch Risse entstehen können. Das Aufspannen geschieht am besten im Klemmfutter mit Korkeinlagen, um Druckstellen zu vermeiden. Gedreht wird mit Spitz- und Kehlstählen. Je nach Härte des Bernsteins, wird der Schneidwinkel mehr oder weniger stumpf sein, im allgemeinen kann jedoch gesagt werden, daß ähnlich wie beim Horn im Gegensatz zu Elfenbein und Knochen mehr geschnitten als geschabt wird. Gebohrt wird mit dem Plattbohrer *(Abb. 683)*, der sich für Bernstein besser eignet als der Spiralbohrer. Man beginnt mit ganz feinen Plattbohrern und geht langsam zu stärkeren über. Manche Meister stellen, um durch Erwärmung die Sprödigkeit des Materials zu mindern, während des Bohrens eine Flamme in die Nähe des sich drehenden Werkstückes.

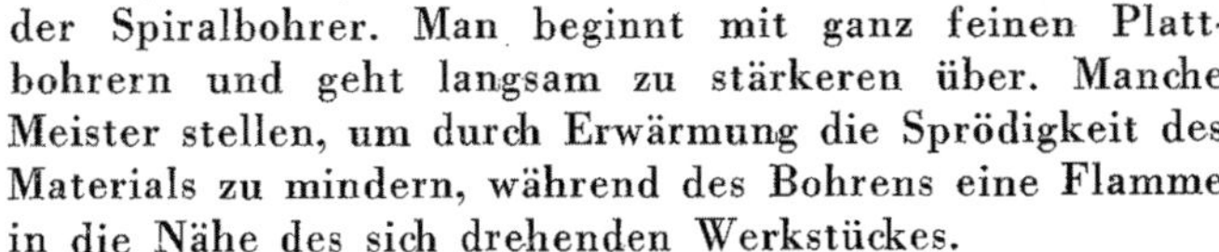

Das Schleifen geschieht mittels eines Öls, das nicht harzt, und Bimsstein, und zum Polieren bedient man sich weicher Schwabbelscheiben. Will man einen besonderen Glanz erzielen, gibt man noch Wiener Kalk hinzu. Im Handel gibt es besondere Tripelpolierpasten.

Bernstein läßt sich wie das Horn biegen. Das Material wird in ein Ölbad von hoher Temperatur gelegt, und der richtige Augenblick zur Biegung muß mit feinem Gefühl erkannt werden. Die Abkühlung muß nur langsam vor sich gehen. Es ist auch möglich, Bernstein über offenem Feuer zu biegen.

Gerade den jungen aufstrebenden Drechsler müßte es reizen, diesen edlen, kostbaren Werkstoff an der Drehbank zu gestalten und ihn zu nützen für die Herstellung kunsthandwerklicher Arbeiten, die gegenüber der Massenerzeugung in Manufakturen mehr persönlichen Charakter haben.

Abb. 687. Alte gedrehte und geschnitzte chinesische Dose aus Schildpatt

Abb. 688. Dose aus Birkenmaser mit Schildpatteinsatz aus der Biedermeierzeit, siehe auch Schnittzeichnung Abb. 689

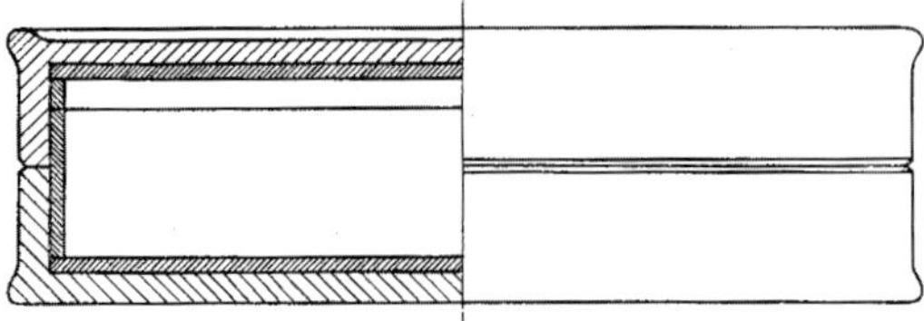

Abb. 689. Schnittzeichnung zu Abb. 688

SCHILDPATT ODER SCHILDKROT

(Abb. 687—689)

Wenngleich in der Drechslerei das Schildpatt eine untergeordnete Rolle spielt, und es nicht wie Elfenbein oder Knochen einen eigentlichen Drehwerkstoff darstellt, so wollen wir doch der Vollständigkeit halber dieses an sich so edle und schöne Material nicht übergehen. Das echte Schildpatt oder -krot wird nur gewonnen von der Karettschildkröte (Chelonia imbricata L.). Der Haupthandelsplatz für Schildpatt ist Singapore, dort kommt das beste und schönste Produkt in den Handel. Gutes Material wird auch gewonnen in China, Madagaskar, Celebes, Neuguinea, Bismarckarchipel. Von alters her hat es besonders China verstanden, das schöne und edle Material zu Schmuck- und Gebrauchsgegenständen zu verarbeiten.

Die sog. gemeine oder unechte Karette, sowie die anderen Schildkröten liefern kaum brauchbares Schildpatt.

Das Schildpatt, welches vielleicht dem Büffelhorn, nicht in seiner Farbe, aber hinsichtlich seiner Beschaffenheit und seiner Verarbeitung am ähnlichsten ist, steht in seiner Schönheit über jedem feinsten Horn. Gleich diesem besteht es aus einer hornähnlichen Substanz. Es läßt sich leicht verarbeiten, so auch drehen, und nimmt eine hochglänzende Politur an. Das echte Schildpatt ist von einer gelbroten, rosa- bis blaßgelben Färbung mit geflammter, gefleckter, schwarzbrauner, unregelmäßiger Zeichnung. Von dem Rückenschild einer ausgewachsenen Karettschildkröte werden gewöhnlich 13 Platten gewonnen, von denen die längste bis zu ½ m lang sein kann. Die Dicken der Platten weisen dagegen nur die schwachen Dimensionen von 3—6 mm auf. Aus diesem Grunde kann von einem Massivdrehen im üblichen Sinne kaum die Rede sein. Wir werden weiter unten sehen, wie dennoch das schöne Material, sowohl für sich allein, wie auch in Verbindung mit edlen Holzarten für den Drechsler wertvolle Anwendung finden kann. Um stärkeres Plattenmaterial zu gewinnen, wird der von Natur aus spröde Werkstoff in heißem Wasser geschmeidig gemacht, und in diesem Zustand werden die dünnen Platten unter dem Druck von Walzen aufeinandergepreßt oder geschweißt.

So aufeinandergepreßte Platten können eine Stärke von 15—20 mm erhalten, die dann zu besonderen starken Arbeiten, wie auch z. B. zu Schirmgriffen usw. verarbeitet werden können. Natürlich wird solches Material recht teuer.

Das Schildpatt läßt sich auch, statt zu Platten, mittels Formen zu Schalen pressen.

Aus den Schildkrotplatten werden Knöpfe hergestellt, und zwar auf die Weise, daß diese gleich in solchen Formen gepreßt werden, oder man stellt sie bei Einzelanfertigung auf der Drehbank her.

Die Bearbeitung, so das Drehen, Schleifen und Polieren, geschieht wie beim Büffelhorn.

NÜSSE

DIE STEINNUSS

(auch Elfenbeinnuß genannt)

Seit etwa Anfang des letzten Jahrhunderts wurde bei uns die Steinnuß eingeführt. Man bezeichnet diese Steinnüsse als sogenanntes vegetabilisches (pflanzliches) Elfenbein, wohl aus dem Grund, weil die Steinnuß sowohl in ihrem Aussehen, wie hinsichtlich ihrer Bearbeitung, an das Elfenbein erinnert. Die Steinnüsse sind die Kerne einer genießbaren großen Palmenfrucht aus tropischen Ländern. Die

Früchte enthalten gewöhnlich 6—7 eiförmige, kastanienähnliche Kerne. Ihre zunächst fleischige Substanz wird schließlich beinhart. Die Farbe ist weiß oder hellbraun bis blaßgrün. Die Kerne sind umgeben mit einer braunschwarzen, spröden, dünnen Haut, die vor dem Drehen entfernt werden muß. Der fast beinharte Eiweißkern hat im Innern stets eine Höhlung. Die Steinnuß läßt sich gut drehen, dagegen weniger gut mit dem Messer bearbeiten. Zu erwähnen ist, daß sie schwindet und sich gern verzieht. Die Steinnuß spielt eine wichtige Rolle in der Knopffabrikation, sie kann aber auch vom Drechsler zu allerhand kleinen reizvollen Arbeiten genützt werden.
Die Bearbeitung ist dieselbe wie bei Bein und Elfenbein.

KOKOSNUSS

(Abb. 690)

Bei der von der Kokospalme stammenden Kokosnuß wird nicht der Kern, sondern die Schale bearbeitet, und zwar wird entweder die Schale in ihrer Form als solche genützt und auf der Drehbank zu Schalen ausgearbeitet, oder aus der massiven Schicht der Schale können auch kleine Gegenstände, Perlen, Knöpfe usw. gedreht werden. Die Substanz der Kokosnuß ist beinhart, aber nicht sehr gleichmäßig, die Farbe ist meist schokoladenbraun oder fast schwarz mit hellen Fasern.

PERLMUTTER

Perlmutter ist heute kaum mehr als Werkstoff für den Drechsler zu betrachten. Hauptsächlich wird dieses spröde und harte Material in der Knopffabrikation genützt. Wir wollen deshalb nicht im einzelnen auf die Verarbeitung des Perlmutter eingehen, lediglich kommt es ab und zu vor, daß Reparaturen gewünscht werden, z. B. das Neueinpassen von Griffen bei Messern u. dgl. Da das Perlmutter sehr hart ist, ist es sehr schwer zu drehen und zu bohren, weshalb die Spindel nur sehr langsam laufen muß. Die Werkstücke, die am besten ins Klemmfutter gesteckt werden, werden unter Zuführung von Wasser mit dem Schrotstahl oder dem Schaber bearbeitet. Das Schleifen und Polieren geschieht wie bereits bei Elfenbein und Knochen beschrieben wurde.

DIE KUNSTPRODUKTE

Die Bezeichnung „Kunstprodukte“ oder auch Kunststoffe sind zu einem umfassenden Begriff geworden für all jene neuartigen bzw. neu erfundenen Roh- oder Werkstoffe, die ihr Entstehen wohl zunächst der Absicht verdanken, schöne und wertvolle Naturstoffe nachzuahmen. Wenn auch im Grunde die Imitation edler Stoffe vom ästhetischen Gesichtspunkt aus abgelehnt werden muß, so weisen aber doch die Kunststoffe heute eine hohe Qualität auf, vielleicht weniger wegen ihres Aussehens, als hinsichtlich der Vielfältigkeit der Verwendungsmöglichkeit für eine große Anzahl von vor allem technisch nötigen Gegenständen, die aus teurem, edlem Naturstoff niemals hergestellt werden könnten.
Auch für den Drechsler sind diese Kunststoffe für manche Arbeiten unentbehrlich geworden. Wir wollen deshalb diesem neuartigen Werkstoff, der nicht teuer ist, die hier nötige Aufmerksamkeit schenken. Wir unterscheiden heute in der Hauptsache zwei große Gruppen, nämlich das Kunstharz und das Kunsthorn.

KUNSTHARZ

Das Kunstharz ist ein Kohleprodukt, eine organisch-chemische Verbindung des Phenols (Karbolsäure) mit Formaldehyd. Für den Drechsler kommt das „Gußharz“ in Frage, wogegen das „Preßharz“ nur in der Massenverarbeitung Verwendung findet. Diese durch Pressen des pulverförmigen Materials hergestellten Massenartikel tun dem Drechslerhandwerk starken Abbruch.
Bei der Herstellung des Kunstharzes mittels der beiden

Abb. 690. Schale aus einer Kokosnuß, abgedreht und geschnitzt, etwa 2/3 nat. Größe (Schloßmuseum Stuttgart)

Abb. 691. Gedrehte Deckeldose aus Jade, 1/2 nat. Größe (Völkerkundemuseum Berlin)

Grundstoffe wird zugleich Farbe zugesetzt, was den großen Vorteil hat, daß der Werkstoff durch und durch gefärbt ist. Dem Kunstharz kann jede mögliche Farbe gegeben werden, seine Substanz kann auch durchsichtigen Charakter bekommen. Durch Beigabe verschiedenster Massen können sogar verschiedenfarbige und wolkige Zeichnungen und Muster erzielt werden, so können z. B. bernsteinähnliche Produkte gewonnen werden. Aber wie schon oben angeführt, wollen wir diesen immerhin primitiven Nachahmungen, die als Ersatz für edles Material dienen wollen, nicht das Wort reden, besonders denken wir hier an die kitschigen, bunten Kunstharze, aus denen die billigen Massenartikel hergestellt werden und bei denen das Unechte peinlich ins Auge springt. Wir wollen das Kunstharz eher dort bejahen, wo es in diskreter Weise als berechtigter Ersatz verwendet wird.

Abb. 692. Altes Schachspiel aus Jaspis, ½ nat. Größe (Schloßmuseum Stuttgart)

Die Kunstharze kommen in Blöcken, Platten, Röhren, Stangen im Durchmesser bis zu 10 cm in den Handel. Es werden je nach Bedarf Stangen, sogenannte Gießlinge, von den Fabriken geliefert, die gleich den Querschnitt aufweisen, wie ihn die jeweilige Aufgabe erfordert.

Das Kunstharz, welches wohl härter und spröder ist als Kunsthorn, läßt sich gut verarbeiten und stellt für den Drechsler ein absolut brauchbares und für allerhand Arbeiten günstiges Material dar. Es läßt sich wie alle Kunstprodukte gut polieren und nimmt Wasser nicht an. Kunstharz kann als guter Ersatz für alle die Gegenstände genommen werden, die aus dem teuren Elfenbein hergestellt werden, z. B. Möbelknöpfe. (Hierbei sei kurz bemerkt, daß Möbelknöpfe aus Kunststoffen einen hölzernen Dübel erhalten müssen, weil Zapfen aus dem spröden Kunstharz leicht abbrechen.) Das Kunstharz ist außerdem ein ausgezeichnetes Material für Billardbälle. Für diesen Zweck ist das Kunstharz sogar von höherer Qualität als Elfenbein. Kunstharz kann zur Herstellung von Schachspielen, Spielsteinen u. dgl. verwendet werden.

Im Lauf der Entwicklung gelang es, die Qualität des Kunstharzes sehr zu steigern, und es kommt unter verschiedenen Namen je nach den Herstellungsmethoden auf den Markt. So sei z. B. hier das „Trolon“ erwähnt. Besonders bekannt wurde das Kunstharz unter dem Namen „Bakelite“, genannt nach H. Baekeland, dem es zum erstenmal gelang, das wohl schon bekannte, aber unbeachtet gebliebene Kunstharz für die technische Verwertung nutzbar zu machen. Das Bakelite spielt vor allem in der Elektroindustrie eine bedeutende Rolle.

KUNSTHORN

(unter der Marke „Galalith“ bekannt, Galalith = Milchstein, gala = Milch, lithos = Stein)

Kunsthorn besteht aus dem der Milch entronnenen Kasein, das mit Formaldehyd (einer Gasart) behandelt wird. Es wird schon seit der Jahrhundertwende hergestellt. Es kommt in Platten bis zu 15—20 mm und in Rundstäben und Röhren in den Handel. Gleich dem Kunstharz kann es in allen Farben gefärbt und auch durchsichtig gemacht werden. Es ist farbbeständiger als das Kunstharz.

Aus Galalith, das sich gut drehen, bohren und polieren läßt (es ist nicht so spröde wie Kunstharz), werden dieselben Drechslerarbeiten hergestellt wie aus Kunstharz. Lediglich ist seine Verwendungsmöglichkeit wegen der geringeren Dimensionen begrenzt.

Im allgemeinen verarbeitet aber der zünftige Drechsler nur ungern die Kunstprodukte. Er liebt mit Recht die Naturstoffe mit ihrem lebendigen Wesen. Es ist davon abgesehen worden, hier Formen von Kunstprodukten zu zeigen, da ja, wie erwähnt, die Formen dieselben sein können wie bei den vorbeschriebenen Materialien, wie Elfenbein und Knochen. Das Kunstharz ist auch deshalb bei vielen Meistern unbeliebt, weil es beim Verarbeiten einen unangenehmen Geruch ausströmt.

DIE VERARBEITUNG VON KUNSTSTOFFEN

Das Sägen geschieht mit kleinen, schwach geschränkten Kreissägen mit 2—3 mm starker Zahnung. Vor dem Sägen muß der Werkstoff ¼ Stunde in kochendem Wasser weichen, um dem Material die Sprödigkeit zu nehmen und die Säge zu schonen.

Kunststoffe werden mit denselben Schrotstählen bearbeitet wie Elfenbein und Knochen, nur ist eine höhere Tourenzahl notwendig.

Abb. 693. Schreibzeug und Kerzenhalter aus Serpentinstein (Entwurf: Spannagel, Ausführung: Serpentinsteinwerkstätte Zöblitz im Erzgebirge, aus dem Jahre 1916)

ZELLULOID

Der Vollständigkeit halber sei noch auf das älteste Kunstprodukt, das Zelluloid, hingewiesen, das aus pflanzlichem Zellstoff gewonnen wird. Es hat den Nachteil leichter Brennbarkeit.

Dem Zelluloid ähnlich ist das später erfundene *Zellon*, dieses brennt zwar auch, jedoch ist es nicht ganz so feuergefährlich. Es kann leicht gedreht werden, kommt aber für den Drechsler kaum noch in Frage, da es durch die weit vorteilhafteren neuen Kunststoffe seinen Platz verloren hat.

STEINE

Unser Drechslerwerk wäre unvollständig, wenn wir nicht, wenn auch nur kurz, die Steindreherei erwähnen würden. Es ist wohl keine falsche Behauptung, zu sagen, daß seit der Erfindung der Technik des Drechselns wohl auch bald Stein gedreht wurde. Und so ist die Betrachtung der Steindreherei also auch hinsichtlich der technologischen Entwicklung, wie auch vom kulturhistorischen Standpunkt aus von Interesse.

Wir weisen zunächst auf Halbedelsteinarten hin, die auch dem Drechslermeister einen edlen Werkstoff liefern können zur Herstellung von Schalen, Spielsteinen, Schachspielen usw., z. B. *Jaspis (Abb. 692), Achat, Amethyst.*

Ein reizvolles Steinmaterial ist auch *Jade*, siehe *Abb. 691.*

Abb. 694. Zeitgenössischer Stich einer Alabasterwerkstätte aus dem 17. Jahrh.

SPECKSTEIN UND SERPENTINSTEIN

Beide Steinarten gehören zu den sogenannten Fettsteinen (Steatite).

SPECKSTEIN
(Abb. 696)

Man unterscheidet einen edlen und gemeinen Speckstein, letzterer wird auch Bildstein genannt. Der einfache Speckstein ist weicher als Serpentin und undurchsichtig. Er kann in seiner Farbe weiß, grau, gelb bis grünlich, auch rötlich sein und ist von dunklen Adern durchzogen, schwach fettglänzend. (Durch Erwärmen oder durch vorheriges Tränken in Öl und nachfolgendes Brennen kann die Härte noch verstärkt werden.) Auch den Speckstein finden wir bei uns in Deutschland, so in Bayern. Kurz hingewiesen sei noch auf den chinesischen Speck-Bildstein. Dieser ist gelblich bis grünlichgrau gestreift oder gefleckt, etwas durchschimmernd und fettglänzend. Er läßt sich sehr gut schnitzen und ebenso gut drehen. Wie früh schon die Specksteine verarbeitet wurden, zeigt die *Abb. 696.*

Die Bearbeitung auf der Drehbank geschieht mittels Drehmeißels und Drehröhre. Das Drehen muß mehr schabend geschehen.

SERPENTIN
(Abb. 693)

Dieser Stein wird wegen seines Aussehens auch oft „Schlangenstein" genannt, er ist meist grün mit schwarzen Flecken oder auch umgekehrt. Man unterscheidet auch hier einen edlen und einen gemeinen Serpentin. Der edle ist heller gefärbt, durchscheinend, mattglänzend — der gemeine ist weniger schön in der Farbe und mit Asbestadern durchzogen. Frisch aus dem Bruch ist der Serpentin weich, leicht schneid- und gut drehbar. Wir haben allen Grund, dem schönen Material unsere Aufmerksamkeit zuzuwenden, da es ja bei uns in Deutschland, so vor allem im Erz- und Fichtelgebirge, in Schlesien, in großen Massen vorkommt. Sehr viel finden wir ihn zu allerlei Geräten, Tintenzeugen, Schirmgriffen, Schalen usw. verarbeitet.

Wohl ist die Bearbeitung des Serpentins eigentlich nicht Aufgabe unserer Drechslermeister, sondern dies geschieht meist in der Nähe der Brüche in Spezialwerkstätten. Leider läßt die Gestaltung der aus Serpentinstein geformten Gegenstände noch sehr zu wünschen übrig, hier dürfte eine geschmackvollere Haltung sehr am Platze sein. Die *Abb. 693* zeigt ein Tintenzeug, das der Verfasser in einer Serpentinwerkstätte im Jahre 1916 hat drehen lassen. Die Schale ist oval gedreht, woraus ersichtlich ist, wie leicht dieser Stein zu drehen und auch zu polieren ist.

Abb. 695. Gedrehte Dose aus Alabaster, etwa ⅓ nat. Größe, etwa um 1700

Abb. 696. Reliquienbehälter aus Steatit aus Vorderindien, 2. Jahrhundert v. Chr. (aus Bossert, „Geschichte des Kunstgewerbes")

Der Vollständigkeit halber sei noch auf den

Fluorit-, Flöz-, Flußspat hingewiesen, einen schönen Kristall von dunkelblauer Farbe, der auch bei uns in Bayern vorkommt.
Der wertvolle Werkstoff wurde schon von den Alten zu edlen Vasen verarbeitet. Besonders wird ein in England vorkommender edler Flußspat von dunkelvioletter Farbe zu Vasen, Dosen, Knöpfen und Uhrgehäusen gedreht. Der sehr harte Werkstoff wird mit Hilfe des Spitzstahles bearbeitet. Beim Drehen ist größte Aufmerksamkeit notwendig, da sich dieser Stein leicht spaltet und abbröckelt.

ALABASTER
(Abb. 694 und 695)

Der Alabaster, auch Gipsstein genannt, ist ein mehr oder minder körniger, dichter Gips (wasserhaltiger, schwefelsaurer Kalk), reinweiß oder marmoriert, meist durchscheinend. Dieser dem Marmor ähnliche, so reizvolle Alabaster, der wegen seiner geringen Härte außerordentlich leicht zu bearbeiten ist, stellte seit Alterszeiten ein sehr beliebtes Material für den Steindreher dar. So wird seit dem Altertum bis auf heute Alabaster gedreht zu Vasen, Schalen, Ampeln und anderen Dingen mehr (siehe *Abb. 695*). In unserem Lande findet sich in Hannover, Amt Liebenburg, ein weißer oder mit lichten, fleischroten oder grauen Adern durchzogener Alabaster. Das meiste Vorkommen von Alabaster ist in der Nähe von Florenz und Genua. Dort wird der schneeweiße, grau marmorierte, auch ölgelbe und braune Alabaster gefunden. (Ein weißer, marmorierter Alabaster findet sich in Derby in England.) Er kommt in Form von Blöcken in verschiedenen Größen in den Handel. Er kann leicht gesägt werden, gedreht wird er auf der Drehbank mit schabenden Stählen, Raspel und Feile. Er läßt sich gut polieren.

Der Kandelgiesser.

Das Zin mach ich im Feuwer fließn/
Thu darnach in die Mödel gießn/
Kandel/Flaschen/groß vnd auch klein/
Darauß zu trincken Bier vnd Wein/
Schüssel/Blatten/Täller/der maß/
Schenck Kandel/Saltzfaß vnd Gießfaß/
Ohlbüchßn/Leuchter vnd Schüsselring/
Vnd sonst ins Hauß fast nütze ding.

Abb. 697. Holzschnitt aus dem Ständebuch von Jost Amman mit Reimen von Hans Sachs aus dem Jahre 1568

MARMOR UND SANDSTEIN

Sämtliche vorkommenden Marmorarten und Sandsteine wurden unter Zuhilfenahme der Technik des Drehens von jeher bearbeitet, so vor allem zu Säulen für große und kleine Bauten. So sind ja auch alle uns bekannten runden Steinbalustraden gedreht. Je nach dem Härtegrad von Marmor und Stein richtet sich auch die Umdrehungsgeschwindigkeit des Materials. Für beide Werkstoffe werden dieselben Drehstähle verwendet, und je nach Steinart werden diese frei von Hand oder mit Hilfe von Supports gedreht. (Ähnlich wie bei der Holzdreherei werden Schrubb- und Schlichtstähle und für Profilierungen Fassonstähle verwendet.) Selbstverständlich benötigt man zum Steindrehen schwere Drehbänke, ähnlich wie bei der Eisendreherei mit Supportanlagen. Zum Drehen großer Marmorsäulen bedient man sich heute vorteilhaft der Carborundumscheiben. Die sich drehende Carborundumscheibe wird mittels Support an den sich drehenden Marmor geführt. Die Steine können auch gut gebohrt werden. In unserem Lande verfügen wir über eine große Anzahl der verschiedensten Marmorarten, so gibt es den schönen roten Untersberger Marmor bei Salzburg, den schwarzgrundigen des Fichtelgebirges und des Frankenwaldes, den goldgelben bis gelbbraunen Juramarmor, den farbenprächtigen Lahnmarmor, den Thüringer Marmor usw. Für die Gestaltung des so herrlichen Naturmaterials wird die Technik des Drehens stets unentbehrlich sein.

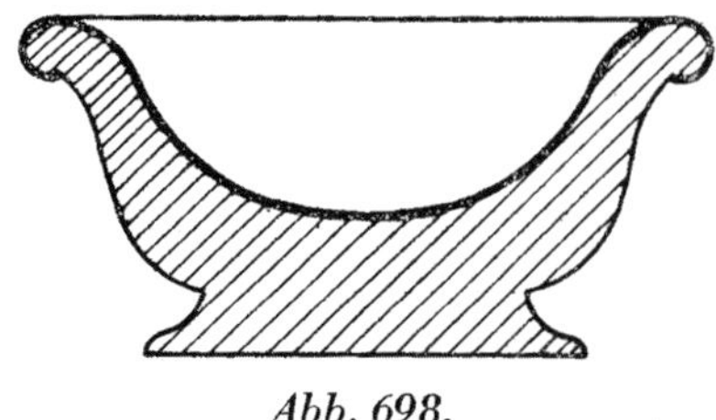

Abb. 698.

METALLE

Auch für die Bearbeitung von Metall, so vor allem für das Abdrehen und Drücken von Metall ist die Drehbank unerläßlich. Auch wird mit Hilfe der Drehbank die sog. Aufzieharbeit durchgeführt, d. h. es werden auf gedrehten Holzformen dünne Metallbleche, z. B. bei Kerzenleuchtern, aufgedrückt. Die Anwendung von Handdrehstählen kommt nur bei kleinen Dreharbeiten in Frage, so z. B. beim Abdrehen von Gußwaren, Messing, Bronze, Zinn. Große Arbeitsstücke müssen natürlich auf Spezialbänken mittels Support gedreht werden. Die Metalldreherei spielt seit vielen hundert Jahren eine große Rolle, so auch bei Geschützteilen, astronomischen Geräten, Uhren und dergleichen.
Eine sehr reizvolle Bereicherung bietet die Drehbanktechnik zur Verzierung von Gußwaren bei Tellern, Bronzegefäßen usw.
Kurz wollen wir noch eingehen auf die Drück- und Aufzieharbeiten. Diese Arbeit kommt für den Drechsler noch oft in Frage, wenn es sich darum handelt, z. B. Schalen und Kerzenleuchter mit Metall zu fassen. Wir wollen an zwei praktischen Aufgaben dieses sog.

METALLDRÜCKEN

anschaulich darstellen.
Bei der ersten Aufgabe handelt es sich

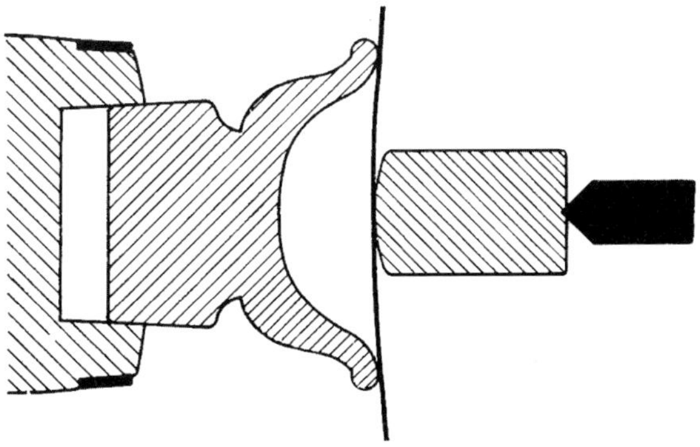

Abb. 699.

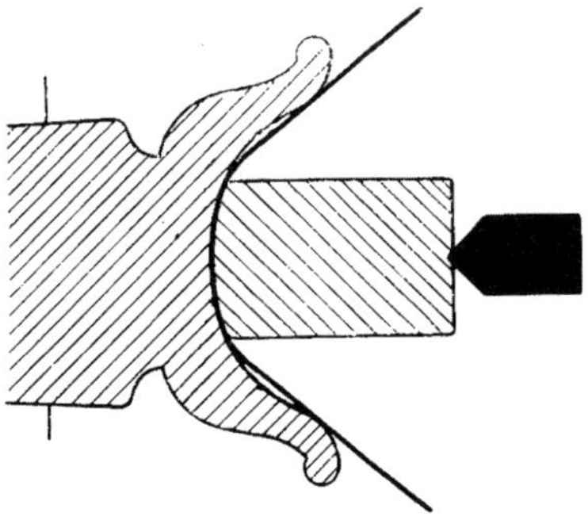

Abb. 700.

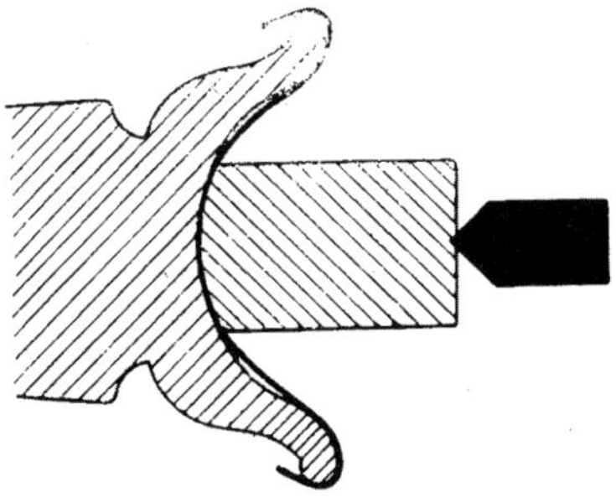

Abb. 701.

Abb. 702.

Abb. 703.

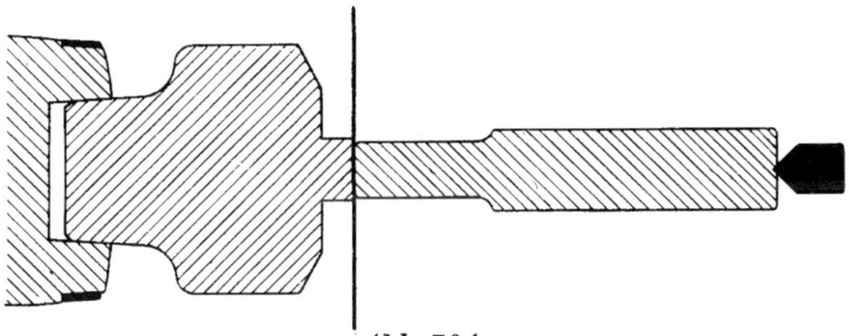

Abb. 704.

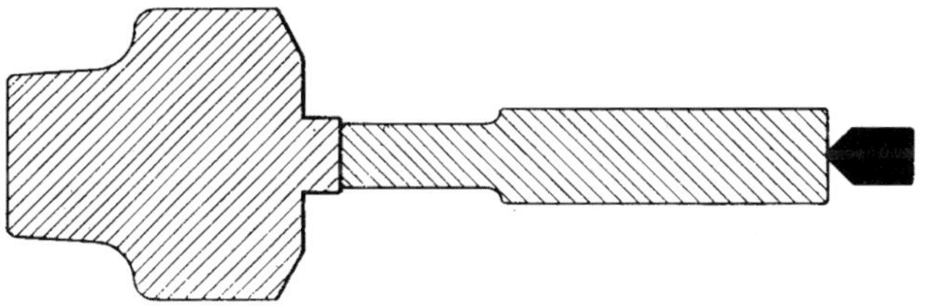

Abb. 705.

darum, das Innere einer Aschenschale und den Rand derselben mit einem Messingblech zu bekleiden, siehe *Abb. 698.* Zunächst wird die endgültige Form der Schale gedreht unter Belassung des Spundes, der im Futter sitzt *(Abb. 699).* Das entsprechend groß und rund geschnittene Messingblech wird mittels eines entsprechend geformten Stücks Holz bzw. Dübels mit der Reitstockspitze auf die Mitte der Schale eingedrückt *(Abb. 700).* Danach wird das Blech ringsum, wie es aus der *Abb. 701* hervorgeht, so um den Rand gedrückt, daß das Blech sich nicht mehr von der Schale lösen kann. Der Dübel wird entfernt, und mit dem Aufzieheisen wird das Blech nun vollends in das Innere der Schale eingedrückt *(Abb. 702).* Zum Schluß wird das Blech mit dem Eisen ganz um den Rand festgedrückt, zuvor *(Abb. 703)* wird das zu große Blech mittels des Stichels abgedreht. Die zweite, beim Drechsler häufiger vorkommende Aufgabe besteht in der Selbstherstellung der metallenen Einsätze zur Aufnahme von Kerzen *(Abb. 706).* Die Herstellung eines solchen Kerzenbleches ist einfach. Man dreht zunächst das Negativ, d. h. das Innere der Blechform. Das entsprechend groß und rund geschnittene Blech wird mittels eines Dübels durch die Reitstockspitze an die Negativform geführt, wobei es ratsam ist, an den Dübel etwas Kreide anzugeben *(Abb. 704).* Bei laufender Bank wird nun mit dem entsprechenden Eisen das Blech auf die Form aufgedrückt (siehe *Abb. 705).* Es sei zum Schluß noch bemerkt, daß die aufgedrückten Metallteile durch das Randerieren eine reizvolle ornamentale Bereicherung erfahren können (siehe daselbst auf Seite 139).

Abb. 706. Kerzenleuchter mit Messingeinsatz (Ausf.: Meister R. Haas, Überlingen)

OBERFLÄCHENBEHANDLUNG

Für den Drechsler stellt das Kapitel „Oberflächenbehandlung" lange nicht ein so schwieriges Problem dar wie für den Schreiner, weil der Drechsler es meist nur mit Massivholz zu tun hat. Vor allem braucht er nicht ängstlich darauf zu achten, ob die zu polierenden Flächen völlig getrocknet sind und etwa eine von innen nach außen dringende Feuchtigkeit, z. B. bei gesperrten und furnierten Flächen, die Oberfläche wieder zerstört. Außerdem läßt sich das an der Drehbank rotierende Werkstück einfacher, leichter und rascher schleifen und polieren, als es bei den großen Flächen dem Schreiner möglich ist. Bei unserer Betrachtung, mit der wir uns hauptsächlich an kleinere und mittlere handwerkliche Betriebe wenden, wollen wir uns auf grundsätzliche und praktische Hinweise beschränken; denn es wäre müßig, sich theoretisch über die Oberflächenbehandlung in der Drechslerei allzusehr auszubreiten. Es ist vielmehr versucht worden, sowohl bei der Darstellung der einzelnen Arbeitsgänge in dem Kapitel „Die zeitgemäße Technik" wie bei der Beschreibung der verschiedenen Holzarten und weiterer Werkstoffe für den Drechsler die wichtigsten Hinweise für die jeweilig erforderliche Oberflächenbehandlung gleich praktisch mit einzubeziehen.

Natürlich ist die richtige Oberflächenbehandlung entsprechend der Art und dem Wesen der jeweiligen Arbeit von hoher Wichtigkeit und ein bedeutsames Mittel, den Drechslerwerken noch die letzte Vollendung zu geben. Es wäre falsch, zu meinen, daß bei der Oberflächenbehandlung in der Drechslerei, auch wenn sie leichter zu bewerkstelligen ist als in der Schreinerei, weniger Liebe und Sorgfalt für ihre Fertigstellung notwendig sei. Im Gegenteil, jeder Arbeitsvorgang erfordert äußerste Gründlichkeit, beginnt doch die Oberflächenbehandlung eigentlich schon beim Drehen selbst, wie es in dem alten Sprichwort heißt: „Sauber gedreht ist halb poliert."

Weshalb muß nun die Oberfläche des Holzes behandelt werden? — Sowohl aus technischen wie aus ästhetischen Gründen.

Einmal muß das Holz geschützt werden vor äußeren schädlichen Einflüssen. Das Eindringen und Haftenbleiben von Schmutz und Staub in den offenen Poren muß unterbunden, und die Holzflächen müssen durch entsprechende Schutzanstriche und Behandlung widerstandsfähig gemacht werden gegen Einflüsse der unterschiedlichen Luftfeuchtigkeit. Außerdem erhöht sich durch diese Schutzüberzüge, die in keiner Weise die Struktur des Holzes beeinträchtigen, die Haltbarkeit der Dinge. Solche Überzüge bzw. Behandlungen bestehen in Ölen, Wachsen, Polieren, Streichen mit Ölfarbe und Schleiflackanstrich und Lackieren. Diese Behandlungsarten (abgesehen vom Ölanstrich) tragen zugleich auch dazu bei, die ästhetische Wirkung der Hölzer zu steigern.

Das Beizen bzw. Färben des Holzes wird vorwiegend aus ästhetischen Gründen angewandt. Dadurch wird der Naturton des Holzes dunkler gestaltet bzw. erhalten die hellen Flächen je nach Wunsch durch Färbung eine beliebige Farbe. Hierbei erfährt jedoch die Struktur, nämlich die Zeichnung, Maserung oder Fladerung der Hölzer keine nachteilige Veränderung, sofern nicht die Geschmacklosigkeit begangen wird, die Hölzer zu dunkel oder nahezu schwarz zu färben. (Eine Ausnahme bildet natürlich der Farbanstrich.) Die gebeizten Holzflächen müssen auf alle Fälle einen Schutzüberzug erhalten.

Es wäre falsch, nur das Überziehen der Holzfläche mit einem schützenden Überzug zur Oberflächenbehandlung zu zählen. Diese beginnt vielmehr, wie oben schon erwähnt, mit den Arbeitsgängen, die nötig sind, die gedrechselten Arbeiten so zu bearbeiten und zu glätten, daß sie genügend vorbereitet sind für die Aufnahme der aufzutragenden Beizen und Überzüge. Diese Arbeitsgänge sind in erster Linie das Schlichten bzw. „Sauberdrehen" und das Schleifen. Beide Arten sind natürlich abhängig von der jeweiligen Holzart und weiter zu erfolgenden Oberflächenbehandlung.

Über das *Sauberdrehen bzw. Schlichten* der Werkstücke braucht hier nichts weiter gesagt zu werden, da dies im Kapitel „Zeitgemäße Technik" bei den einzelnen Arbeitsvorgängen schon ausführlich behandelt worden ist.

DAS SCHLEIFEN

Geschliffen wird mit Sandpapier, und zwar verwendet man im allgemeinen für Weichhölzer etwas gröberes Sandpapier (Nr. 2, 1 und 0) und für Harthölzer feineres (Nr. 1, 0 und 00). Nach dem ersten Schliff muß das Werkstück gewässert werden, damit die niedergedrückten Fasern wieder aufstehen können. Jedes Holz soll gewässert werden, und vor allem muß Weichholz dann gründlich gewässert werden, wenn es vorher mit Raspel und Feile bearbeitet wurde. Es ist empfehlenswert, dem leicht gewärmten Wasser etwas Soda oder Salz zuzusetzen, dagegen ist die gerne verwendete Leimtränke abzulehnen, da sie das Holz leicht grau färbt. Das Wässern geschieht mit Schwamm oder Pinsel und am besten sofort nach dem ersten Schliff. Nach dem Wässern folgen noch zwei weitere Schliffe mit feinstem Sandpapier, bei harten Hölzern mit abgeschliffenem Papier oder mit Stahlwolle. Für ganz ebene Flächen, z. B. bei großen Tellern mit ebenen Böden, kann man mit Schleifklotz arbeiten und bei Profilierungen mit entsprechend profilierten Keilstücken. Das Schleifen und Wässern geschieht bei langsam laufender Bank. Es ist ratsam, das Werkstück stets von zwei Seiten zu schleifen. Zu diesem Zweck wird man das Werkstück einfach umspannen.

Je nach Aufgabe stellt sich der Drechsler besondere Schleifvorrichtungen her, z. B. wenn er einen besonderen Artikel in größeren Mengen herzustellen hat. So ist es vor allem die erprobte und zweckmäßige Schleifscheibe, die sich jeder Drechsler selbst anfertigt, siehe die *Abb. 205.* Sie besteht aus einer Sperrholzscheibe mit eingesetztem Gewindestück. Die Scheibe ist an ihrer Oberkante abgerundet und nach hinten schräg gefast. Das Schleifpapier ist auf dieser Fase aufgeleimt oder mit Siegellack befestigt. Manche Meister lassen die Scheibe auch kantig und klemmen mit einem genau passenden Eisenring das Papier fest. (Diese Scheibe eignet sich auch zum Fassonieren (Facetten und Abrundungen). Es empfiehlt sich natürlich, mehrere Scheiben, mit verschieden gekörnten Sandpapieren überzogen, vorrätig zu haben.

In besonderen Fällen kann auch die selbstgefertigte kleine Bandschleifmaschine verwendet werden, siehe die *Abb. 507.* Das Band läuft über zwei hölzerne Rollen, wovon die eine mit Gewinde versehen auf der Spindel der Drehbank läuft und die andere auf einem entsprechenden Gestell.

DAS BEIZEN

Bei der Beschreibung des Beizens können wir uns auf das Grundsätzliche beschränken, und zwar deshalb, weil dieses nur bei einigen Weichhölzern in Frage kommen sollte (abgesehen von wenigen Ausnahmen, auf die wir noch kurz zu sprechen kommen). Das Beizen von Weichhölzern ist bereits bei der Betrachtung der Holzarten auf Seite 155 kurz behandelt worden. Nach des Verfassers Meinung ist es eine Sünde, edle Harthölzer, die von Natur aus eine so schöne Färbung haben und diese mit der Zeit immer mehr annehmen, zu beizen. Eine Ausnahme kann vielleicht das Eichenholz machen, welches aber nur geräuchert werden sollte (siehe unten). Selbst Kiefer und Lärche sollten, wenn irgend möglich, nie gebeizt werden, denn diese Hölzer erhalten mit der Zeit eine so wundervolle Färbung, wie sie keine Beize je erzeugen könnte. Hat der Drechsler Möbelfüße, Knöpfe usw. für den Schreiner zu drehen und zu beizen, so wird er von ihm eine Farbprobe erhalten, nach der er sich die Beize herstellt. Noch vorteilhafter ist es aber, wenn er vom Schreiner die Beize bereits mitgeliefert bekommt. Um zu vermeiden, daß das Hirnholz zu dunkel wird, wird er die Beize entsprechend verdünnen müssen.

Wir unterscheiden zwei in ihrem Wesen verschiedene Beizarten:

1. das chemische Beizen,
2. das Beizen mit Farben (Farbbeizen, Wasserbeizen).

Wie schon erwähnt, wollen wir mehr dem chemischen Beizen das Wort reden und das Beizen mit Farben nur kurz erwähnen.

Das Beizen mit Farben

Es mag Fälle geben, in denen die Verwendung von Farbbeizen nicht zu umgehen ist, so vor allem, wenn man Weichhölzern einen nußbaumfarbenen Ton geben möchte. Hierzu verwendet der Drechsler die ihm wohlbekannte Körnerbeize. Beizt man Nadelhölzer und auch Buche mit Körnerbeize, so empfiehlt es sich, zuvor mit Kali vorzubeizen, damit die Stirnseiten nicht zu dunkel werden. (An Stelle der heute üblichen Körnerbeize verwendeten die alten Meister die vorzügliche, aus Nußschalen selbsthergestellte Nußbeize.) Ein solches Braunbeizen, sofern es nicht in einem zu dunklen Ton ausfällt, ist vom ästhetischen Standpunkt aus eher zu bejahen, weil diese Färbung noch „holzmäßig" ist. Außerdem kann bei Ergänzungsarbeiten z. B. zu Mahagonimöbeln das Färben notwendig sein. Zur Nachahmung von Mahagoni eignen sich am besten Birke, helles Nußbaum oder besser noch Nußbaumsplint. Man bedient sich dann der Teerfarbe mahagonibraun, die in kochendem Wasser aufgelöst filtriert wird. Es empfiehlt sich, den Beizen Salmiak zuzusetzen, wodurch die Farbe tiefer in das Holz eindringt und sich nicht so leicht abgreift.

Das Farbbeizen, so vor allem von ausdrucksvollen Weichhölzern mit ihrem unterschiedlichen Früh- und Spätholz, hat den Nachteil, daß das weichere Frühholz die Beize stärker aufnimmt und sich somit dunkler färbt als das härtere Spätholz. Es bleiben also die harten Jahre heller als das weiche Holz des Frühholzes, wodurch eine unnatürliche Wirkung entsteht. Dies wird beim chemischen Beizen vermieden, d. h. es bleibt die der Natürlichkeit entsprechende Wirkung des ungebeizten Holzes bestehen

Eine Ausnahme bildet ferner das sog. Schwarzbeizen, das für das Färben von Schachfiguren und Spielfiguren und dergleichen vorkommen kann und wofür man sich der Ebenholzbeizen bedient. Solche schwarz gefärbten Gegenstände werden natürlich meist poliert. Nach dem Beizen wird mit schwarzer Politur grundiert, der in Spiritus gelöster Schwarzlack beigegeben wird. Man hüte sich, zuviel Farbe zuzusetzen, weil dann die Gefahr besteht, daß mit der Zeit die Politurdecke rissig wird. Nicht zu empfehlen ist das bei manchen alten Drechslern noch bekannte Polieren mit Kienruß. Für das Fertigpolieren bedient man sich nur noch ganz leicht gefärbter Politur oder des Nitrozelluloselackes. Besonders gut schwarz färben und polieren läßt sich Birnbaum.

Chemische Beizen

Bei diesen Beizen handelt es sich nicht um ein eigentliches Färben des Holzes, sondern die Skala der Töne bewegt sich hier zwischen ganz hellbraunen bis dunkelbraunen Tönen, so wie sie die verschiedenen Hölzer im Lauf der Zeit je nach ihrer Art von selbst erhalten würden. Wie wir weiter unten sehen werden, ist es auch möglich, den chemischen Beizen durch geringen Zusatz von Farbstoffen eine Farbtönung zu geben. Die eigentlichen chemischen Beizen entbehren jeglicher Farbstoffe, hier werden die Töne erzeugt durch Verbindung von Gerbsäuren und Metallsalzen. Die Unterschiedlichkeit der Farbtöne wird erreicht durch die jeweilig verschiedene Zusammensetzung der Gerbsäuren und Metallsalze. Man spricht von „Vor"- und „Nach"-Beizen.

Nun ist zu beachten, daß manche Holzarten schon von Natur aus Gerbsäure besitzen, wie z. B. besonders das Eichenholz. Solche gerbsäurehaltigen Holzarten können also eine Gerbsäurebehandlung bzw. ein Vorbeizen entbehren und schon allein durch die Auftragung von gelösten Metallsalzen je nach der Stärke der Lösung mehr oder minder gebräunt werden. Jene Holzarten aber, die keine Gerbsäure oder nur wenig davon besitzen, müssen deshalb zunächst mit Gerbsäurelösung getränkt, also vorgebeizt werden und dürfen erst danach den Aufstrich der Metalllösung erhalten. Es kann aber auch in e i n e m Arbeitsgang eine Mischung von Gerbsäure und Metallsalzen aufgetragen werden.

Nach Adolf R u d o l f[1] kommen als Gerbsäuren in Betracht:

Pyrogallussäure (weißes, weiches, flockiges Salz),
Brenzkatechin (weißes Salz),
Tannin (gelbliches Pulver).

Und als Metallsalze kommen zur Anwendung:

Kupferchlorid (grünliches Salz),
Eisenchlorid (grünliche Brocken),
Doppeltchromsaures Kali (gelbrote Kristalle).

Der Vollständigkeit halber sei noch angeführt, daß es möglich ist, chemische Beizen unter Mitanwendung von Farben zu verwenden. (So verwendet man z. B., wenn es sich darum handelt, einen mehr rötlichen Ton zu erzielen, Teerfarben.) Ferner ist es auch möglich, mit einer Lösung zu beizen, die aus Gerbsäure, Metallsalzen und Farbe be-

[1]) Adolf Rudolf: „Das Polieren von Edelholz, das Problem und die Praxis des Polierens", Verlag Georg D. W. Callwey, München.

steht, sie ist in Pulverform oder als fertige Lösung zu kaufen.
Vor dem Beizen muß das Holz erst gewässert werden. Das Beizen selbst geschieht am besten mittels Schwamm, wobei das auf der Drehbank eingespannte Werkstück mit der Hand leicht gedreht wird. Ratsam ist, zum Ansetzen der Beize gekochtes oder Regenwasser zu verwenden. (Zwischen dem Vor- und Nachbeizen soll das Werkstück nicht geschliffen werden.)
Sollen billige Artikel in großen Mengen gebeizt werden, so geschieht das Beizen am besten durch Eintauchen in einen mit Beize gefüllten Holzbottich.
Nach dem Beizen muß das Werkstück nochmals geschliffen werden, Weichholz mit Sandpapier, Hartholz mit Roßhaar. Dann wird mit einem Wollappen Hartgrund aufgetragen und das Arbeitsstück mindestens eine Viertelstunde stehengelassen, danach mit Stahlwolle geschliffen und nochmals mit Hartgrund eingelassen. Bei einfacher Ausführung wird das mit Hartgrund nochmals eingelassene Werkstück mit feinster Stahlwolle noch einmal geschliffen. Um einen noch höheren Glanz zu erzielen, kann das so vorbereitete Stück noch leicht mit Politur übergangen werden, oder es wird mit Zellulosepolitur richtig poliert, siehe unten. Nach dieser Vorarbeit kann mit dem Polieren begonnen werden (siehe daselbst).

Das Räuchern

Um braune Beiztöne zu erreichen, genügt es auch schon, wenn die bereits mit Gerbsäure behandelten oder die von Natur aus Gerbsäure enthaltenden Hölzer mit Salmiakgeist gedämpft werden. Diese Behandlungsart wird schon seit langem angewandt und ist unter der Bezeichnung „Räuchern" bekannt, wird aber im allgemeinen in der Drechslerei wenig betrieben. Besonders schön und vorteilhaft läßt sich Eichenholz räuchern, da es von Natur viel Gerbsäure enthält.
Die fertig gedrehten und geschliffenen Werkstücke werden in einem dicht schließbaren Raum — bei kleineren Stücken kann es eine Kiste sein — frei aufgestellt. In flachen Schalen wird Salmiakgeist eingegossen.
Dieses sog. Räuchern kommt der natürlichen Verbräunung, die im Lauf der Zeit durch die Atmosphäre zustande kommt, am nächsten. Vor allem auch hat es den Vorteil, daß hierbei im Gegensatz zum feuchten Beizen das Holz kaum aufgerauht wird. Je nach der Dauer des Räucherns erzielt man eine hellere oder dunklere Bräunung. Nach dem Räuchern müssen die Gegenstände noch einige Stunden der Luft ausgesetzt werden, wodurch sich der endgültige Farbton bildet und die noch anhaftenden Gase entweichen.

SCHUTZÜBERZÜGE FÜR NICHT GEBEIZTE SOWIE GEBEIZTE HÖLZER

DAS WACHSEN
(Wichsen oder Bohnern)

Das Wachsen war früher neben dem Polieren eines der gebräuchlichsten und bewährtesten Vollendungsverfahren. Das mit Recht so beliebte Wachsen gibt den Holzflächen einen stumpfen, vornehm wirkenden Mattglanz, dabei ist es außerordentlich leicht durchzuführen.
Der Wachsüberzug besteht aus einer Lösung von zwei Teilen reinem Bienenwachs und einem Teil Terpentinöl. Das Wachs wird zusammen mit dem Terpentinöl in einem glasierten Gefäß erhitzt und zum Schmelzen gebracht, gut durcheinandergerührt (kann auch kalt angerührt werden, um Terpentin zu sparen). Danach wird diese Mischung, die erst abkühlen muß, mit einer Bürste oder einem Pinsel gleichmäßig aufgetragen und verteilt. Nach etwa 4—6 Stunden wird das Werkstück mit einer Roßhaarbürste gebürstet. Bei einfachen Arbeiten, z. B. bei Kegeln, kann man das Stück Bienenwachs auch an das in der Drehbank laufende Werkstück mit der Hand halten.
Es kann aber auch, wie aus *Abb. 204* ersichtlich, das so vorbereitete Werkstück in die Hand genommen und an eine in der Drehbank laufende Bürste gehalten werden. Um den Wachsüberzug wasserfest zu machen, können die Flächen mit einer guten Schellackpolitur noch überzogen werden. (Starke Zellulosepräparate trocknen auf Wachs nicht!)
Soll verhütet werden, daß durch das gelbliche Bienenwachs helle Hölzer sich färben, so muß das Bienenwachs gebleicht werden.

MATTIEREN

Die Verwendung der Schellackmattine ist heute in der Drechslerei nahezu verschwunden. Die Zellulosepräparate haben die alte Technik verdrängt, und dies wohl mit Recht, denn die Vorteile dieser neuen Technik sind so erheblich, daß sie das Feld erobern mußten.

Der Hartgrund

An Stelle der Schellackmattine ist der mit Recht heute so beliebte und bekannte Hartgrund in allen Drechslerwerkstätten zu Hause. Das sauber gedrehte Werkstück wird geschliffen, danach gewässert, nochmals geschliffen, und dann wird der Hartgrund mit Wollappen oder Pinsel aufgetragen. Nach Erhärtung des Hartgrundes, die meist schon nach einer Viertelstunde eintritt, wird das Werkstück mit Stahlwolle geschliffen, mit dünnem Hartgrund (Tuffmatt) eingelassen und nochmals mit feiner Stahlwolle geschliffen oder mit Roßhaar gebürstet.
Um einen noch besseren Glanz zu erzielen, kann dieses so bearbeitete Werkstück mit leichter Zellulosepolitur mittels Lappen oder Wattebausch überzogen werden.

DAS POLIEREN

Was bezüglich des Mattierens gesagt wurde, gilt auch für das Polieren. Die alte Schellackpoliertechnik mit ihrem langwierigen Grundieren und Porenfüllen wird heute kaum mehr von einem den neuzeitlichen Errungenschaften zugetanen Drechsler ausgeführt. Heute bedient er sich der Zellulosepräparate, die härter und dichter sind und das Holz weit mehr vor dem Eindringen von Feuchtigkeit schützen als die alten Schellackpolituren. Mit der Zellulosepolitur ist vor allem ein rascheres Arbeiten möglich, da sie schneller erhärtet.
Wir unterscheiden beim Polieren auf der Basis der Zelluloselacke drei Hauptarbeitsgänge: 1. das Grundieren, 2. das Deckpolieren, 3. das Auspolieren.
1. Das Grundieren geschieht mit dem bereits erwähnten Hartgrund, der zugleich ein guter Porenfüller ist. Es wird so vorgegangen, wie bei der Behandlung mit Hartgrund schon beschrieben wurde. Lediglich wird nach dem ersten Wässern und Schleifen das Holz noch geölt (manche Höl-

zer, z. B. Ahorn, dürfen jedoch nicht geölt werden), wenn die Maserung des Holzes noch besser zur Wirkung kommen soll. So wird für Kirschbaum mit Vorliebe das sog. „Goldöl" verwendet.

2. Das so vorbereitete Werkstück wird nun mit Zellulosepolitur poliert. Dieses Deckpolieren geschieht mittels Polierlappen oder Wattebausch bei langsam laufender Bank. Hierbei wird die Politur mit etwas Spiritus verdünnt, und auf dem Ballen ein Tropfen Schleiföl zugegeben. (Häufig werden von den Fabriken auch besondere Politurverdünnungsmittel mitgeliefert.) Je nach Qualität des betreffenden Stückes wird die Polierung eine mehr oder minder große Vollendung erfahren, d. h. das Polieren wird ein- oder zweimal wiederholt, wobei beim zweitenmal die Politur noch stärker verdünnt wird. Zwischen den einzelnen Poliervorgängen muß das Werkstück jeweils gut trocknen.

Je nach Bedarf wird man eine helle, klare Politur, die sog. blonde, oder dunkle Politur verwenden, wie sie im Handel erhältlich ist. Überall dort, wo man den Naturton des Holzes erhalten will, wird man selbstverständlich die klare Politur benutzen. Bei allzu hellem Kirschbaum wird man der sog. „blonden" Politur den Vorzug geben, oder wenn nötig auch die dunkle Politur verwenden.

3. Das Auspolieren hat den Zweck, das beim Deckpolieren beigegebene Öl wieder zu entziehen, wodurch der letzte Hochglanz erzielt wird. Das Auspolieren geschieht mit Polierwasser (Schwefelsäure und Wiener Kalk) oder man verwendet eine schwache Benzoelösung.

Das Auspolieren verlangt außerordentlich viel Erfahrung und Gefühl; wie schon gesagt, hier macht nur viel Übung den Meister. Nach einem Buch allein ist eine so schwierige Arbeit niemals zu erlernen.

Zum Schluß sei über das Polieren noch etwas Grundsätzliches gesagt. Ein guter Drechsler poliert natürlich von Herzen gern seine Arbeiten, um ihnen ihren letzten „Glanz" zu geben. Besonders waren es die alten Meister, die glaubten, es müsse alles auf „Hochglanz" poliert sein. Sie taten wohl oft des Guten zuviel. Auch hier erinnert der Verfasser an das Sprichwort „In der Beschränkung zeigt sich der Meister". Nicht für alle Holzarten, besonders wenn Edelhölzer zu Geräten verwendet werden, ist das Hochglanzpolieren angebracht. Geräte, die man gerne in die Hand nimmt, sollten keinesfalls hochglanzpoliert werden. In solchen Fällen sollte der Mattpolierung der Vorzug gegeben werden.

Für eine Reihe von Geräten und Drechslerarbeiten genügt zur Erzielung eines guten, matt glänzenden Tones die oben beschriebene Behandlung mit Hartgrund. Dagegen wird man Arbeiten aus edlen und teuren Harthölzern, und sofern diese Arbeit bezahlt wird, „mattpolieren", d. h. das erst auf Hochglanz gebrachte Werkstück erhält durch entsprechende Behandlung einen feinen Mattglanz. Beim Mattpolieren wird Terpentin leicht aufgetragen, Bimssteinpulver aufgestreut und mit feiner Bürste so lange gebürstet, bis das Öl wieder entfernt ist. Man kann aber auch nur mit feinem Bimssteinpulver bürsten, wodurch der Glanz etwas blanker bleibt.

DAS SANDELN

Es sei noch an dieser Stelle auf das zur Mode gewordene Bestreben hingewiesen, auch Drechslerarbeiten, so vor allem Teller und Dosen, zu sandeln, um ihnen ein altes Aussehen zu verleihen. Der Verfasser hat in seinem Fachwerk „Der Möbelbau" schon energisch Stellung genommen gegen dieses künstliche Verfahren, das mit Vorliebe bei Möbeln und Wandvertäfelungen angewendet wird. Noch verfehlter ist es aber, Teller aus Lärchen- oder Kiefern- oder gar Zirbelholz zu sandeln. Gerade diese dem praktischen Gebrauch dienenden Geräte künstlich aufzurauhen stellt eine brutale, die Natur vergewaltigende Technik dar, die wir unbedingt wieder beiseite lassen sollen. Die Geräte erhalten mit der Zeit von selbst eine sympathische Veränderung, d. h. man spürt an ihnen, daß sie gebraucht werden, sie erhalten eine menschliche Wärme. Und das ist auch das Geheimnis, warum wir diese Dinge lieben.

Wir wollen, da wir diese Technik ablehnen, auch gar nicht weiter beschreiben, auf welch verschiedene Weise das schöne Holz massakriert wird.

LACKIEREN

All dort, wo gedrechselte Arbeiten im Freien der Witterung ausgesetzt sind, so z. B. bei Gartentoren, deren Sprossen gedreht sind, Treppengeländern und dergleichen, ist die Lackierung von Naturholz unumgänglich notwendig. Obwohl diese Arbeit selten vom Drechsler selbst getan wird, sondern meist vom Maler am Bau ausgeführt wird, wollen wir hier kurz darauf hinweisen.

Am besten werden die Holzflächen ein- oder zweimal mit Zellulose eingelassen. Auch der Zellulosegrund muß vor der Weiterbearbeitung jedesmal gut trocken sein. Die Stücke werden nun leicht mit Roßhaar überschliffen, gereinigt und danach mit einem Kopal- oder Kunstharzlack überstrichen.

ÖLANSTRICH UND SCHLEIFLACK

Bei einer ganzen Reihe von gedrechselten Arbeiten ist der Überzug mit Ölfarbe oder einem feinen Schleiflack einmal aus praktischen Gründen nötig, zum anderen vermögen gedrechselte Formen je nach der Aufgabe durch farbigen Schleiflack eine durchaus zu bejahende Bereicherung erhalten. Wir wollen es uns hier schenken, näher auf diese alte Technik des Ölanstrichs und die des neueren Schleiflacks einzugehen. Für den Drechslermeister kommen diese Techniken kaum in Betracht, er wird je nach Bedarf solche Modelle zum Maler geben, der diese Arbeit fach- und wunschgemäß durchführt. Es gibt wohl auch größere Drechslerwerkstätten, die Ölanstrich und Schleiflackarbeiten in einer eigenen Spezialwerkstatt herstellen. Diese bedienen sich vorteilhaft der Spritzlackierung, d. h. der Spritzpistole. Wir wollen hier darauf verzichten, auf diese Technik näher einzugehen.

Zum Schluß sei noch darauf hingewiesen, daß für Schleiflackarbeiten möglichst weiche und große Formen gewählt werden sollten und man zu kleine, feine tiefe Profile vermeiden muß, da die einwandfreie Schleiflackbehandlung solche Arbeiten sehr erschwert und verteuert.

Lange Zeit wurde der Schleiflackanstrich in großem Umfang bei Gebrauchsgütern, Tellern und Tabletten und dergleichen angewandt. Solche Gebrauchsgeräte, vor allem wenn sie mit heißem Geschirr in Berührung kamen, haben sich nicht bewährt, die Flächen wurden stets rissig, wodurch die Geräte bald ein unahnsehnliches Aussehen bekamen. Die Erfahrung hat gelehrt, daß Schleiflack bei gedrechselten Geräten nur dann angebracht ist, wenn diese nicht zu sehr dem Gebrauch ausgesetzt sind, sondern mehr Schmuckformen darstellen.

ETWAS ÜBER DIE GESCHICHTE DES DRECHSLERHANDWERKS

ENTSTEHUNG DER ZUNFT, ZUNFTLEBEN UND GEBRÄUCHE DER NEUAUFBAU DES HANDWERKS

Wie im Vorwort schon zum Ausdruck gebracht, stellt sich dieses Buch über die Vermittlung des rein fachlichen Wissens die Aufgabe, den Gesichtskreis des jungen Drechslers zu weiten und in allen Kapiteln stets auch von der großen kulturellen Bedeutung des alten Drechslerhandwerks ein anschauliches Bild zu geben. Wie in den Kapiteln „Geschichte der Drechslertechnik" und „Stilgeschichte der Drechslerformen" auf die frühesten uns bekannten Anfänge hingewiesen wird, so wollen wir auch in diesem Abschnitt über die Geschichte des Drechslerhandwerks weiter ausholen. Für jeden Angehörigen dieses Handwerks sind die Kenntnisse über seinen Beruf, auch wenn sie ihn nicht in produktiver Weise fördern, interessant und wichtig. Wenn die Zünfte bei allem Schönen, was sie besaßen, auch einen Niedergang und Zusammenbruch erlebten, so können wir nur daraus lernen. Wir müssen das Gesunde und Schöne einer vergangenen Epoche herübernehmen in unsere heutige Zeit, was ja auch schon angestrebt wird. Heute werden hinsichtlich fachlicher Leistung wie auch charakterlicher Erziehung wieder dieselben Forderungen aufgestellt wie zur Blütezeit der alten Zünfte. Dagegen wollen wir uns aber hüten, sentimental veraltete Gebräuche und unzeitgemäße Äußerlichkeiten nachzuahmen.

In den nachfolgenden Ausführungen ist nicht nur von der Entwicklung des Drechslerhandwerks allein die Rede, sondern es wird in einer allgemein umfassenden Betrachtung über die Entstehung des Handwerks überhaupt erst volles Verständnis auch für unser Drechslerhandwerk geweckt.

Bevor wir uns nun der Entwicklung in unseren Landen zuwenden, ist noch zuvor etwas über das Drechslerhandwerk der Antike zu sagen.

Der hohe Stand der antiken Ausdruckskultur, von der wir uns durch die über uns gekommenen Arbeiten, so vor allem die Schöpfungen des Kunsthandwerks, eine Vorstellung machen können, berechtigt uns ohne Zweifel zu der Annahme, daß in jenen frühen Zeiten einer Hochkultur die Hand- und Kunsthandwerker schon einen eigenen Stand bildeten. Wir wissen aus geschichtlichen Quellen, daß bei den alten Ägyptern, wie auch bei den Griechen und Römern, so vor allem in ihren Städten, ausgesprochene Manufakturen vorhanden waren, also Spezialwerkstätten für die einzelnen Gewerbe, wobei die Handwerker meist aus Sklaven bestanden. Diese Betriebe stellten in unserem heutigen Sinne Fabriken dar, die einzelnen reichen Fabrikherren gehörten. In solchen Manufakturen wurden schon in frühen Zeiten Typen von Geräten in großen Massen hergestellt. Diese unfreien, also hörigen Arbeiter lebten von ihrem Handwerk, also nur von ihrer Hände Arbeit. Es ist möglich, daß sie von ihrem Fabrikherrn Wohnung und ein Stück Land zum Bebauen bekamen. Rom hat während seiner Weltherrschaft, nachdem es auch Griechenland unterworfen hatte, die besten griechischen Hand- und Kunsthandwerker als Sklaven übernommen. Wir sehen daraus, daß der mit seinen Händen arbeitende, anderen dienende Handwerker und Kunsthandwerker schon damals der untersten Klasse der Bevölkerung angehörte, und mit Betrübnis müssen wir feststellen, daß auch in unserem Land dieser Zustand bis weit ins Mittelalter hinein herrschte, wo der Handwerker hörig war. Erst zu Beginn des 12. Jahrhunderts gelang es dem Handwerker, aus dieser Hörigkeit herauszukommen und sich zum freien Bürger heraufzuarbeiten.

Abb. 707. Siegel der „Holz-, Bain-, Horn- und Metall-Drexler in Nürnberg" aus der Zeit um 1700
(Im Besitz des Alt- und Ehrenmeisters Hermann Saueracker, Nürnberg)

Wenden wir uns nun der Entwicklung der Handwerksarten in unseren deutschen Ländern zu. Hier gab es zunächst keine Städte. Die einzelnen Stämme bestanden aus Familiensippen mit geschlossenen Hauswirtschaften, die sich verstreut im Lande ansiedelten. Als freie Bauern, Hirten und Jäger schufen sie sich selbst, was sie zum Leben benötigten. Je nach der Arbeit lag diese in den Händen der Frauen, so vor allem das Spinnen, Weben und Flechten, wogegen wohl die Bearbeitung des Holzes zu Geräten den Männern oblag. So mußte ein jeder von allem etwas verstehen, der einzelne Hausstand war auf sich selbst angewiesen und entbehrte jeder fremden Hilfe. So blieb es auch, als die einzelnen Völkerstämme der Germanen nach dem Süden wanderten und sich dort seßhaft machten.

Im Grunde hat sich dieser Zustand teilweise bis nahezu in unsere heutige Zeit erhalten, besonders in ländlichen Gegenden, wo vor allem in der langen Winterszeit Männer wie Frauen sich handwerklich vielseitig beschäftigten, wie es die auf uns überkommenen Arbeiten der Volkskunst beweisen, die meist in häuslicher Heimarbeit geschaffen wurden. Ganz besonders wurde so auch seit langen Zeiten die Drechslerei gepflegt in gebirgigen, einsamen, holzreichen Gegenden, in denen der Bauersmann zugleich noch geschicktester Handwerker blieb. Noch im letzten Jahrhundert brauchte der Bauer die Drehbank als ein unentbehrliches Werkzeug zur Herstellung von Geräten und Werkzeugen, die er auch für die Bestellung seiner Felder brauchte, wie er auch oft sein eigener

Wagnermeister war. Er war ein guter Kenner des Werkstoffes Holz, das ja auf seinem eigenen Grund und Boden wuchs. Je nach den auszuführenden Arbeiten hatte er lange Zeit zuvor schon das richtige Holz geschlagen und gelagert, so daß es stets verarbeitungsfähig zur Verfügung stand. In dem Kapitel *Stilgeschichte der Drechslerformen*, vor allem bei der Darstellung der ländlichen Geräte auf den Seiten 205 und 237, finden wir die verschiedensten Gebrauchsgegenstände. Noch heute ist der Drechsler auf dem Lande oft auch noch Bauer, siehe auch den Schüsseldrechsler auf Seite 80. Ja, der Verfasser kennt einen Drechslermeister, der noch ein richtiger Großbauer ist.

In diesem Zusammenhang sei auf die *Abb. 710* hingewiesen, die uns auf einem primitiven Holzschnitt einen drechselnden Bauern vor Augen führt. Natürlich hat der Bauer nicht auf dem Felde gedrechselt, sondern wir müssen das Bild symbolisch betrachten, auf dem die verschiedenen Arbeiten des Bauern dargestellt werden.

Nach dieser kurzen Abschweifung bis in unsere Zeit hinein kehren wir zum Anfang der Entwicklung in unseren Landen zurück.

Nach Beendigung der Völkerwanderung wurden die einzelnen Stämme seßhaft. Der mächtige germanische Stamm der Franken machte sich die übrigen, einzelnen Stämme untertan. So war es vor allem der Frankenkönig Klodwig, der den Grundstein zu einer nahezu dreihundertjährigen Herrschaft der Merowinger legte, die Frankreich, Belgien, West- und Süddeutschland umfaßte. Mit dem Frankenreich kam das Lehnswesen auf, d. h. die Beamten der Könige und Fürsten sowie die Adligen erhielten erbliche Lehen. Die unterlegenen Stämme wurden in die Hörigkeit gezwungen, die Leibeigenschaft kam auf. Eine wichtige Rolle spielte der Fronhof, auf dem von den Leibeigenen Fronarbeit geleistet werden mußte. Dies trifft jedenfalls für den größten Teil der Bevölkerung zu. Lediglich in einigen wenigen Städten, die aus der römischen Zeit stammen, gab es wohl auch noch freie Kleinbauern, Handwerker, Taglöhner und Kaufleute.

Es gab nun Untergebene, die sich nach dem Willen des Herrn richten mußten. Die einzelnen bekamen ihren Dienst im Machtbereich der Herrschenden zugewiesen, die früher freiwillig und nur für eigene Zwecke ausgeübte Tätigkeit wurde zur Pflicht im Dienst des Herrn und im Interesse der gesamten Folgschaft. Die Tätigkeit der verschiedenen Handwerker wurde schließlich zu Ämtern, in die meist die nachkommenden Söhne eintraten. Durch diese Entwicklung ergaben sich langsam auch Rechtsverhältnisse, d. h. es entwickelten sich geschlossene Handwerkerstände, deren Beschäftigung lediglich in der Ausübung ihres Handwerks bestand. Auch die aufkommenden Klöster entwickelten sich zu Großgrundbesitzern. Der größte Grundbesitzer waren der König und seine nächsten Beamten.

Abb. 708. Der Drechsler an der Wippdrehbank (Kupferstich von Jan Joris van Vliet aus dem Jahre 1600, Münchner Kupferstich-Kabinett)

Das dreihundertjährige Reich der Merowinger wird durch das fränkische Geschlecht der Karolinger abgelöst. Die frühesten Beweise für die geschlossenen Handwerkergruppen haben wir in dem sog. capitulare von Villis, einem Gesetz, das Karl der Große für seine Grundherrschaft etwa um 800 herausgab. In diesem Gesetz werden verschiedene Gewerbe aufgezählt, und es wird zum Ausdruck gebracht, daß diese mit schon berufsmäßig ausgebildeten Handwerkern besetzt werden sollten. Unter diesen Handwerkern finden wir auch schon den Drechsler.

Das Drechslerhandwerk gehörte zur damaligen Zeit zu einem der wichtigsten Handwerke, denn ihm war es nahezu allein vorbehalten, alle beweglichen Möbel, wie Stühle, Bänke, Betten, Liegen, zu fertigen, da merkwürdigerweise damals ein Schreinerhandwerk in unserem heutigen Sinn nicht oder kaum vorhanden war im Gegensatz zum Altertum, wo dieses schon in einer hohen Blüte stand. Die Entwicklung war hier unterbrochen worden, d. h. es war die einstmals hochentwickelte Schreinertechnik des Altertums verlorengegangen. Die plumpe Schreinerarbeit gehörte in das Bereich der Zimmerleute, die aus Bohlen die Platten für Bänke und Tische herstellten, wie auch Truhen und Schränke. Letztere bauten sie meist in die Häuser als Wandschränke ein.

Daß die Drechslerei schon so früh an der Herstellung der beweglichen Möbel beteiligt wurde, hat seinen Grund wohl darin, daß sie als eins der ersten mechanisch arbeitenden Handwerke imstande war, die eminent vorteilhafte Konstruktion des Zapfens und Zapfenloches auf der Drehbank rasch und vorteilhaft herzustellen.

Erst im Lauf des 14. Jahrhunderts begann sich das eigentliche technisch verfeinerte selbständige Tischlerhandwerk zu entwickeln, vor allem gefördert durch die Erfindung der Brettersäge, die etwa im ersten Drittel des 14. Jahrhunderts aufkam.

Sehr früh haben sich dann Drechsler und Schreiner bezüglich der Abgrenzung ihres Handwerks bekämpft. Der Kampf ging jahrhundertelang. Wir haben eine Fülle von Gerichtsakten, die dies bestätigen.

Neben und außer den Grundherren waren es in der weiteren Zeit vor allem auch, wie schon gesagt, die Klöster, die sich einen Handwerkerstamm heranzogen, und ihr Einfluß auf die Entwicklung des gesamten Handwerks kann nicht hoch genug eingeschätzt werden. Bestimmt waren sie weit mehr dazu berufen, die kulturelle Führung ihrer Untergebenen (was die Handwerker damals waren) in der Hand zu haben. Die weltlichen Herren, die meist nur Sinn für Jagd und Krieg hatten und keine allzu große Achtung dem Hand-

Abb. 709. Holzdrechsler, eine Kugel an der Wippbank drehend (Holzschnitt von Jost Amman aus dem Jahre 1568)
Auf dem Ladentisch sehen wir Feldflaschen, Teller und auch Stuhlbeine liegen

werk entgegenbrachten, kümmerten sich wahrscheinlich bedeutend weniger um die Entwicklung und die Fortschritte der handwerklichen Fähigkeiten. So waren es insbesondere schon im 6. Jahrhundert die Benediktiner, die alle Handwerke und Techniken förderten.

So wissen wir weiter, daß der Abt von Fulda um 750 die Klostergebäude so ausführen ließ, daß die verschiedenen Handwerke und Berufe darin arbeiten konnten. Aus dem Jahre 820 sehen wir aus dem Grundriß für den Neubau des Klosters St. Gallen einen Werkstattraum für die Drechsler vorgesehen. Es ist naheliegend, daß die Klöster durch ihre Beziehungen, vor allem zu Rom, einen weiteren Gesichtskreis hatten, und (im 1. Jahrtausend) auch wohl manches der schon in der Antike hochstehenden Techniken vermittelten, wie sie auch wohl überhaupt höhere und verfeinerte Ansprüche an eine kultivierte Lebensart stellten, als dies auf den Herrenhöfen der Fall war. Der Laienbruder (so hießen die in den Klöstern arbeitenden Handwerker, die selbst keine Weihe empfangen hatten) war nicht nur des Handwerks kundig, sondern er hat auch seinen wesentlichen Teil zur Entwicklung des Handwerks beigetragen.

Auf den Herrenhöfen, wie in den Klöstern, waren die Handwerker, wie schon ausgeführt, Hörige, d. h. sie waren Leibeigene und gehörten dem Herrn, sie erhielten keinen eigentlichen Lohn, sondern Wohnung und Kost, wohl auch ein Stück Land zur Selbstbewirtschaftung, das Material für ihre Arbeit wurde ihnen geliefert. Im Lauf der Zeit entstanden, auch durch vielfältige Vererbung, eine solche Überzahl von Handwerkern, daß die Grundherren nicht immer genügend für sie zu tun hatten. So wurde manchem Handwerker von Fall zu Fall gestattet, für fremde Rechnung zu arbeiten. Wie eng noch die Bindung zwischen Herrn und Untergebenen dieser Zeit war, geht daraus hervor, daß für etwaige an Fremde gelieferte schlechte Arbeit der Herr für den Schaden seines Untergebenen einstehen mußte. War der Schaden bedeutend, so konnte der Herr auf diese Weise dafür aufkommen, daß er dem Geschädigten den betreffenden Handwerker überließ.

Auf den mit der Zeit entstandenen öffentlichen Märkten durften die hörigen Handwerker ihre Ware nur mit Erlaubnis ihres Herrn feilbieten. Auf diese Weise kamen die Handwerker langsam zu Geld, welches mit der Zeit allgemein eingeführt wurde. An die Stelle der Fronarbeit, wofür der Arbeitende Lebensunterhaltung und Wohnung erhielt, trat die Lohnarbeit, d. h. er wurde nun mit Geld belohnt. Jetzt konnten sich allmählich diejenigen, die nicht mehr bei dem Grundherrn beschäftigt werden konnten, bei diesem loskaufen. Man nannte dies einen Gewerbekauf. Außer dieser einmaligen Zahlung hatten diese Handwerker noch die Verpflichtung, ihrem Herrn eine grundherrliche Abgabe, das sog. „Halbanum" zu entrichten.

Es entwickelte sich so langsam ein freier Handwerkerstand. Besonders förderten diese Entwicklung die in schnellem Wachstum begriffenen Städte und Plätze. Durch den Ausbau großer Verkehrsstraßen blühte der Handel. Von den bald aufblühenden Städten wurden die Handwerker mit offenen Armen aufgenommen. Besonders begann um die Mitte des 10. Jahrhunderts ein großer Zuzug zu diesen, wo begreiflicherweise für den Aufbau alle Handwerker nötig waren, so auch um die vielen Bedürfnisse, die sich bei den großen Menschenansammlungen immer mehr ergaben, zu befriedigen. Die Flucht in die Städte aus dem Land heraus war zu verständlich, denn dieses war durch unaufhörliche Kriege immer wieder verwüstet worden und unsicher — nicht zuletzt strebten die Handwerker auch nach persönlicher Freiheit und waren froh, aus der Hörigkeit herauszukommen, bei der sie sich ja auch in körperlicher Abhängigkeit befanden. Außerdem lockten sie auch die ganz anderen wirtschaftlichen Möglichkeiten in den Städten.

Aber auch die sich immer mehr ausbreitenden und entwickelnden Klöster auf dem Land wie auch in den Städten benötigten wertvolle Facharbeit und nahmen die Handwerker gerne auf. Wohl waren sie dort noch keine Freien und hatten noch keinen Anteil an einer Rechtsgemeinschaft wie die Bürger der Städte. Sie besaßen kein freies Eigentum, wie Haus, Grund und Boden, sondern die Klosterherrschaft baute ihnen Häuser zur Erbleihe, wofür sie

Abb. 710. Darstellung auf einem alten Holzschnitt von Bauern bei handwerklicher Arbeit
Wir erkennen links einen Bauern, der an einer primitiven Drehbank ein Gefäß dreht. („Historia-Foto".)

Miete zahlen mußten. Aber verglichen mit den früheren Hörigkeitsverhältnissen zum Grundherrn waren die Lasten bedeutend gemildert. Die dem Kloster dienenden Handwerker hieß man Gottesleute, die sich sehr wohlgefühlt zu haben scheinen. Manchen Handwerkern, die es in die Stadt und in die Klöster zog, war es zunächst wohl weniger um die persönliche Freiheit zu tun, sie strebten vielmehr in das Hof-, Kloster- oder Stadtrecht hinein, wo sie gern bereit waren, unter Leitung eines Offizialen (Amtsvorstehers) zu arbeiten.

Abb. 711. Drechsler an der Wippdrehbank (nach einem Kupferstich aus Christoff Weigels Ständebuch 1698)

Wie es scheint, haben wir es hier mit einem Meister zu tun, der hauptsächlich Kegel und Kegelkugeln herstellt

Im Lauf der Zeit, als besonders in den Städten eine größere Anzahl der einzelnen Handwerkerkategorien vorhanden war, strebten diese nach persönlicher und wirtschaftlicher Freiheit und vor allem eigener Gerichtsbarkeit, und so wurden je nach den Verhältnissen in den einzelnen Städten nach mehr oder minder großen Kämpfen diese allzu berechtigten Forderungen langsam gesetzlich garantiert.

Der siegreiche Kampf der Handwerker endigte mit der Errichtung der Zünfte, teilweise schon im 13., dann im 14. und 15. Jahrhundert. Die sich zusammenschließenden einzelnen Handwerkerkategorien schufen sehr früh schon sog. Ordnungen, die dazu dienten, die Interessen und Belange der einzelnen Handwerker zu wahren und so den Nachwuchs zu fördern. Zunächst standen die einzelnen zusammengeschlossenen Handwerkerverbände unter der Herrschaft von Patriziern, Beamten, oder unmittelbar unter der Leitung der Machthaber, so den Bischöfen oder Burggrafen. Die erste Nachricht, daß das Handwerk Meistern aus ihrer Mitte unterstellt werden soll, finden wir in einer Urkunde aus dem Jahre 1263 aus Straßburg.

Aber wir spüren schon sehr früh den festen Willen des Handwerks, seine Sache in eigene Hände zu nehmen, es strebt zielbewußt und unentwegt der wirtschaftlichen und politischen Freiheit zu.

Wir müssen annehmen, daß in den sog. Bruderschaften die Vorboten der späteren Zünfte zu erblicken sind. Die Bruderschaften entstanden dadurch, daß die Kirche begann, alle diejenigen Handwerker zu sammeln, die ihre Grundherrschaften verließen, und meist wohl ohne Erlaubnis ihres Herrn, also flohen und wohl oft hart verfolgt wurden. Diese Handwerker hatten noch keine Fühlung mit den übrigen, bereits in den Städten ansässigen Berufsgenossen und standen im freien Erwerbsleben oft schwer kämpfend für sich allein. In diesen Bruderschaften wurden sowohl geistige Übungen gehalten, wie auch bereits die gewerblichen Interessen des Berufes besprochen. Aber nicht allein diese in die Städte zugewanderten Handwerker standen in enger Beziehung zur Kirche, sondern nicht minder hatten die bereits in den Städten ansässigen Meister naturgemäß eine Bindung zur Kirche, die sowohl als Machthaberin wie als Auftraggeberin eine große Rolle spielte.

Dem Buch von Fritz Hellwag „Geschichte des Tischlerhandwerks" sei noch folgendes entnommen: „Etwas ganz Neues wurde in diesen, halb religiösen, halb wirtschaftlichen Zusammenkünften geboren: Das war die Handwerkerehre! Man brachte die Handwerker dazu, sich, mangels bestehender Gesetze, durch freiwillige gegenseitige Verpflichtung eine eigene bruderschaftliche Gerichtsbarkeit zu schaffen, die erstens die Grundlagen des Berufes festlegte, indem sie durch Regelung der Lehrzeit gelernte Handwerke schuf und sie so über das Störertum hinaushob, zweitens aber die Überschreitungen der vereinbarten Regeln und des geschäftlichen Anstandes unter Strafe stellte, deren gemeinsame Vollstreckung sie sich gegenseitig garantierten. Nicht erst die betrügliche Handlung, sondern schon die Nichteinhaltung des Versprechens ist unter Strafe gestellt. Der Handwerker soll nicht nur als ehrlich, sondern als ehrenhaft gelten. Das ist das neue Zunftrecht, das sich auf der Ehre der Arbeit aufbaut." (Eberstadt, a. a. O., S. 152). Eine der ältesten Urkunden solcher zünftlerischen Vereinbarungen, die wir überhaupt kennen, ist den Kölner Holzarbeitern, und zwar den Drechslern gewidmet. Sie stammt aus der Zeit um 1180 und regelt zuerst das Lehrwesen. Der Begriff der Bruderschaften hat sich noch mehrere hundert Jahre erhalten bis in die Neuzeit, und zwar stellten sie später die Vereinigung der Gesellen als sog. Gesellenbruderschaften dar.

Wir erkennen hier also den Beginn einer geregelten Art freiwilliger Verfassung des Handwerks, die es sich selbst schuf, und die von den Beteiligten wohltuend empfunden wurde. Aber diese Art Verfassung hatte noch keine gesetzliche Anerkennung. Eine solche zu erreichen, war naheliegend und wurde mit Zähigkeit verfolgt. Durch die im Lauf der Zeit aufkommenden Zünfte erreichte das Handwerk das gesteckte und wohlberechtigte Ziel.

Das aus der Hörigkeit kommende Handwerk hat im Lauf der Jahrhunderte sich zu hohem Können heraufgearbeitet. Es bestanden stete Wechselbeziehungen zwischen Anforderungen und Leistungen, denn eine sich veredelnde Lebensart stellte immer größere Ansprüche an das Handwerk. Die tätige und lebendige Anteilnahme an dem Kulturschaffen ihrer Zeit ließen in dem erstarkenden Handwerk sittliche, staatsbildende Kräfte wachsen und es in diesem Bewußtsein stolz machen. Auch noch andere Gründe waren es, die nach den jeweiligen Verhältnissen in den Städten dazu beitrugen, daß dem ehrbar schaffenden Handwerk sein Recht wurde. So brachte es bei den immer größer werdenden Städten schon die Verwaltung mit sich, daß die einzelnen Gewerbe zusammengefaßt wurden und damit die Zünfte entstanden, d. h. es wurden die bereits bestehenden „Ordnungen" des Handwerks vom Rat der Stadt sanktioniert, bestätigt. Je nachdem die Verhältnisse gelagert waren und vor allem wie weit das Verständnis und die Weitsicht bei den bisherigen Machthabern der Stände vorhanden war, entwickelten sich die Zünfte mehr oder weniger reibungslos zu großer Blüte. So nahmen ihre Vertreter, die Zunftherren, als Ratsherren, sogar als Bürgermeister Anteil am Stadtregiment.

Abb. 712. Zunftfahne der Münchner Drechslerzunft aus dem Jahre 1720 (aufgestellt im alten Rathaus der Stadt München)

In manchen Städten stellten die aufkommenden Zünfte eine wertvolle Macht dar im Kampf der Fürsten und regierenden Grafen gegen die anmaßenden städtischen Patriziergeschlechter und Adligen, die oft recht selbstsüchtig herrschten und auch das fleißig arbeitende Handwerk mit hohen Steuern plagten. So erhält das Handwerk je nach den Umständen große Privilegien. In vielen Städten kam es sogar so weit, daß die Geschlechter verdrängt wurden und das Handwerk zusammen mit dem Kaufmannsstand — mit dem es allerdings auch oft in Fehde lag — die Stadtherrschaft übernahm.

Das wehrfähige Handwerk stellte mit der Zeit auch einen nicht zu unterschätzenden Soldatenstand für den Kriegsfall dar zur Verteidigung der Stadt und somit von Hab und Gut. (In späteren Zunftordnungen finden wir oft als selbstverständliche und unerläßliche Bedingung, daß jeder Zunftgenosse einen Harnisch besitzt!) Bei Kriegen zogen die Handwerker als geschlossene „Fähnlein", geführt von Hauptleuten des Handwerks, nach einzelnen Zünften geordnet ins Feld. Je nach Höhe des Vermögens des Handwerkers, mußte dieser in Kriegszeit mit Waffe und Harnisch versehen sein. Diese Stellung als waffentragender Bürger förderte natürlich nicht wenig das Selbstbewußtsein, welches mit der Zeit in den Gebräuchen des Zunftlebens zum Ausdruck kam. Gleich dem Ritter war auch er bewaffnet und beschützte Haus und Hof. So ist es auch erklärlich, daß wir in alten Zunftsiegeln die Sinnbilder des Rittertums sehen, wie da sind Harnisch mit Helmzier *(Abb. 724)*.

Auch zu sonstigen, der Allgemeinheit nützenden Einrichtungen diente das Handwerk vorbildlich, so auch beim Feuerlöschdienst, wie das ja auch heute noch der Fall ist.

Man könnte über die Entwicklung und Erstarkung der Zünfte in den deutschen Städten ein großes Werk schreiben. Wir weisen in diesem Zusammenhang auch auf das Buch von Wissell: „Des alten Handwerks Recht und Gewohnheit" sowie auf das schon erwähnte Werk von Hellwag: „Geschichte des Tischlerhandwerks" hin; für das Drechslerhandwerk besonders hat der Archivdirektor in Nürnberg, Ernst Mummenhoff, einen wertvollen Beitrag geliefert.

ZUNFTLEBEN UND GEBRÄUCHE

In der Blütezeit des deutschen Handwerks bis zum unseligen Dreißigjährigen Krieg war das Zunftwesen, von einigen Ausnahmen abgesehen, erfüllt von ethischer Verantwortung. Es hatte sich zur Hauptaufgabe gemacht, die Mitglieder ihrer Zunft nicht allein zu tüchtigen Handwerkern, sondern auch zu charaktervollen Menschen zu erziehen. Vor allem aber auch kam in der Feierlichkeit der Gebräuche das stolze Bewußtsein des Handwerks über seine Leistung und Geltung als den staatbildenden und -stärkenden Menschen zum Ausdruck.

Im Lauf der Entwicklung haben sich bei allen Handwerken besondere Gebräuche gebildet. Für alle Handlungen, sei es die Aufnahme der Lehrjungen, deren Erhebung in den Gesellenstand, wie die Erhebung der Gesellen in den Meisterstand, als auch für das letzte Geleit des toten Meisters, gab es eine bis in alle Einzelheiten festgelegte Ordnung, der alle unterworfen waren.

Wie bei der Kaufmannschaft die Gilden, waren es beim Handwerk die Zünfte, in deren Rahmen sich gewissermaßen auch sein gesellschaftliches Leben abspielte. Jeder Stand lebte für sich, und es herrschte gerade kein erfreulicher Kastengeist. Schon damals sah ein Stand auf den anderen herab, so fühlten sich z. B. die in den Gilden zusammengehaltenen Kaufleute weit vornehmer als die mit ihren Händen arbeitenden Handwerker, die in den Zünften vereinigt waren.

Bei der Aufnahme in die Zunft war meist Voraussetzung „Deutsches Geblüt, ehrliche Geburt, unbescholtene Sittlichkeit." Aus dem vortrefflichen Werk von Wissell: „Des alten Handwerks Recht und Gewohnheit" erfahren wir unter anderem folgendes:

„Die den Tischlern so nahestehenden Drechsler haben sich in ihren Gebräuchen ganz denen der Tischler angepaßt. Aufdingen und Lossprechen der Jungen vollzog sich ganz im Rahmen des bei den Tischlern üblichen. Nach der Rolle der ‚Dreyer' zu Lübeck vom 18. August 1507 konnte der Lehrmeister den Jungen 14 Tage auf seine Tauglichkeit zum Handwerk prüfen. Dann aber mußte er ihn vor die

Älterleute bringen, und zwar mit frommen Leuten, die seine Geburt bezeugen konnten und ‚gudt vor eme seyn (gut für ihn sein), seyne lere to holden'. Dem Jungen wurde dann von den Älterleuten der Zunft ‚vorbeden alle spele by broke', und darauf hatte er dann drei Jahre (oft auch mehr, der Verfasser) zu lernen. So scheint es überall und die ganzen Jahrhunderte hindurch gewesen zu sein. Nach der Lehrzeit vollzog sich die Freisprechung wieder vor dem versammelten Handwerk, unter dem der Obermeister eine Umfrage wie folgt einleitete:

Abb. 713. Darstellung einer Drechslerwerkstatt von Chodowiecki (1726—1801)

Mit Gunst, kunstliebende Meister!

Sie werden sich erinnern, daß wenn ehrliche, rechtschaffene Meister zusammenkommen, daß man pflegt eine öffentliche Umfrage zu halten. Eine ist keine, zwei ist auch keine, drei ist eine. So viel Ihr Umfrage begehrt, die sollen nach Handwerksgebrauch und Gewohnheit Euch gehalten werden. So, mit Gunst, habe ich ausgeredet.'

Der dem Obermeister zunächst sitzende Meister antwortete darauf:

‚Mit Gunst, Herr Handwerksmeister!

Es ist billig und wohl, daß ich Euch Rede und Antwort gebe. Zwar Euch nicht allein, sondern allen rechtschaffenen Meistern, die mich fragen oder nachmals fragen werden. Was ich zu verrichten habe, das könnte wohl mit einer Umfrage geschehen, es dürfte aber wohl ein rechtschaffener Meister am Tische sitzen, der mehr zu verrichten hätte als ich. Deswegen soll mein Wort nicht alleine gelten, sondern sein Will' und Meinung soll auch dabei sein. Mit Gunst, habe ich ausgeredet.'

Dann fragte der Obermeister den, der eben gesprochen:

‚Ich frage Euch zum erstenmal, wie ein rechtschaffener Meister den andern zu fragen pflegt, ob Euch etwas bewußt und eingefallen, das dem Handwerk nicht zu leiden noch zu dulden stünde. Das werdet Ihr anmelden und nicht verschweigen. Werdet Ihr was verschweigen und nachmals reden, so werdet Ihr Euren Schaden reden. Darum bedenkt Euch wohl, was Ihr redet. Schaden tut weh. Nachreden gelten. Ich sehe Euch für denjenigen Meister an, der sich wird wissen vor Schaden und Unkosten zu hüten. Mit Gunst habe ich ausgeredet!' —

Nach der zweiten Umfrage wurde dann der Junge vorgerufen, losgegeben und: ‚Weil man nichts als alles Liebes und Gutes wüßte, ihm zu fernerm Glück alles Gute angewünscht.'

Jetzt erst wurden die Gesellen hereingerufen, die ‚mit Höflichkeit' in die Stube treten und sich an einen Nebentisch setzen mußten. Auch sie wurden jeder einzeln vom Obermeister gefragt: ‚ob ihnen etwas wissend, was dem Handwerk nicht zu leiden, oder zu dulden, das sollten sie melden. Oder so sie auf den Jungen was wüßten, so sollten sie vor offener Lade es melden. Würden sie etwas verschweigen und nachher reden, so würden sie ihren eigenen Schaden reden.'

Wußten auch sie nichts ‚als alles Gute', wurde der Lehrling ihnen mit der Mitteilung übergeben, daß er seine Jahre ehrlich ausgestanden und vor offener Lade frei und losgesprochen sei. Da man nichts Böses von ihm wisse, sollten sie ihn zu einem ehrlichen Gesellen machen, der Sache aber nicht zu viel oder zu wenig tun. Der Junge wurde nun vom ältesten Örtengesellen gefragt, ob er gesonnen sei, auszustehen, was ein anderer ehrlicher Geselle auszustehen habe. Natürlich bejahte er dann diese Frage und fügte die Bitte hinzu, die Gesellen möchten es leidlich machen."

Ob der Lehrling am Ende seiner Lehrlingszeit ein Gesellenstück machen mußte, ist dem Verfasser nicht bekannt geworden. Wohl aber können wir annehmen, daß da und dort auch ein Gesellenstück verlangt wurde, denn wir hören den Begriff „nach abgelegter Probe". Dort, wo sog. Bruderschaften bestanden, mußte der ausgelernte Lehrling, also der junge Geselle, sich auch von der Gesellenbruderschaft lossprechen lassen. Erst dann heißt er auch bei ihnen „ein ausgemachter Geselle", also erst dann sehen sie ihn als einen Gesellen der ihren mit an. Dieser Vorgang stellt zugleich die Aufnahme in die Gemeinschaft der Gesellen dar.

Das Gesellenmachen wird nun von Frisius (Leipzig 1705) wie folgt geschildert:

„Sie führen den Lehrling hinaus, ziehen ihn an als einen Bacchanten, bringen ihn in procession wieder hinein, wobei sich der Örtengeselle etwas anders ankleidet. Die andern stecken Lichter in die Besen; einer klingelt. Sie setzen ihn auf eine Bank, der älteste macht allerlei Bossen. Darauf nehmen sie etliche hölzerne Instrumente, als einen Hobel, mit Schellen gefüllet, einen Cirkul abgeteilet und behackt (behacken ihn), damit man sieht, daß man aus einem Klotz einen Mercurium schnitzen könne. Wenn dies geschehen, so läßt sich der älteste Geselle die Zähne weisen und schmeißt ihm ein Ei ins Maul, barbieren ihn mit einem hölzernen Schermesser. Nach diesem muß er wieder hinaus sich anders ankleiden und als ein rechtschaffener Geselle hineinkommen. Darauf setzen sie ihn zu Tisch obenan, muß er seinen Gesellenkranz dem ältesten Örtengesellen geben. Hernach legen die Gesellen die Hüte bei sich auf den Tisch, der Örtengeselle setzt ihm den Kranz auf, gibt ihm eine Maulschelle und saget: ‚Diese leide von mir, wenn dir aber einer eine andere gibt, so wehre dich.' Darauf sagen die Gesellen dem neuen die Handwerks-Gewohnheit und schenken ihm wie einem fremden."

Der „Drechsler-Gesellen-Articuls-Brief" Nürnbergs von 1671 zeigt folgenden Nachtrag:

„Die übeln Mißbräuch bey den Gesellen sind abgeschafft. Zum Zweiundzwaintzigsten sollen die Geschworne Meister und Laden Gesellen dran seyn, daß es bey ihren Gesellenmachen nicht mehr so unordentlich da hergehe wie vormahls mit großen Ärgernuß geschehen ist; wie dann die hl. Taufe und Predigt dabey ferner nicht mißbraucht werden solle. Es sollen auch nicht mehr denn sechs Gesellen, als vier hiesige und zwey frembde mit den jungen Gesellen abgeben, umbgehen und ihme zum Gesellenmachen, die andern aber sollen bey Straf einer Maß Wein an ihren Tischen bleiben, damit keine Unordnung dabei vorgehe. Ferner soll der junge Gesell nicht mehr als dreymal von der Bank geworfen, andere Üppigkeiten aber dabey außengelassen werden, bey Vermeydung der Straff.
(Qu. 396, Bl. 462.)
Decretum den 11. Aug. Ao. 1701."

Der junge Geselle erhielt sodann von den Behörden bzw. von der Zunft, vor allem, bevor er sich auf die Wanderschaft begab (wozu er seit dem 16. Jahrhundert verpflichtet war) eine Art Gesellenbrief, auch Gesellenpaß oder die Kundschaft genannt (siehe *Abb. 720*).

WANDERPFLICHT

Schon im Lauf des 14. Jahrhunderts finden wir bei einigen Handwerken die Forderung des Wanderns für die Gesellen. So wissen wir von den Nürnberger Gesellen, daß sie außer den Gesellenjahren noch bis zu zwei Jahren zu wandern hatten. Dieses Wandern des Handwerks war von großer Bedeutung für dieses, und Wissell sagt mit Recht folgendes:

„Natürlich mußte das Durcheinanderwirbeln der sich aus allen Gegenden Deutschlands treffenden Gesellen ihren Blick ganz ungemein weiten. Die Kenntnis anderer Dialekte, anderer Gewohnheiten und Sitten mußten den einzelnen duldsamer gegen den anderen machen, als es in der engen Heimat möglich gewesen wäre. Sie schliffen sich aneinander ab und lernten im fremden Berufskollegen den gleichberechtigten Mitbürger achten. Sie alle waren Brüder, die Not und Freude gemeinsam tragen mußten, und das schuf das Solidaritätsbewußtsein, das in so hohem Maße in den Gesellen des alten Handwerks lebte. Und nicht nur die engeren Berufskollegen lernten sich so achten, auch der Handwerker des einen Berufs den des anderen. Die Zeit des Wanderns wurde eine Zeit der Schulung, nicht nur im Sinne der Erlangung größerer Fertigkeiten im eigenen Beruf, sondern auch in politischer Hinsicht. Die Handwerker lernten über den Kirchturm der eigenen Heimat hinaus ins Weite sehen. Sie hinderten das Entstehen eines engen partikularen Bürgergeistes und verschmolzen die Eigenart des eigenen Stammes zu einer Einheit deutschen Wesens und Denkens."

Wir entnehmen aber auch da und dort aus Berichten, daß verwöhnte Meistersöhne, statt in die Weite zu wandern, ihre Wanderzeit oft untätig in der Nähe ihrer Heimatstadt verbrachten und den Kirchturm ihrer Stadt nicht aus dem Auge ließen. Da es damals noch keine Art Arbeitsbuch gab, waren sie nicht zu kontrollieren. Daß solche Meistersöhne dem Handwerk nicht gerade förderlich waren, braucht nicht weiter gesagt zu werden!

Abb. 714. *Abb. 715.* *Abb. 716.*

Abb. 717.

Abb. 714. Altes Zunftzepter aus Ostpreußen (aus „Deutsche Volkskunst, Bd. X)
Abb. 715. Alter Zunftstab (Museum für deutsche Volkskunde, Berlin)
Abb. 716 und 717. Zunftzepter und Zunfthammer (Märkisches Museum, Berlin)

Schon sehr früh gab es Wanderverbote, z. B. gegen Ende des 14. Jahrhunderts für die Bernsteindreher, die Paternoster machten. Durch ein solches Wanderverbot wollte man vermeiden, daß außerhalb eine Konkurrenz der Spezialarbeiter erwuchs. Man bezeichnete die Handwerke, die das Wandern verboten, als „gesperrte Handwerke". So finden wir auch in Nürnberg eine ganze Anzahl solcher Handwerke, die vor allem spezielle in der Stadt gemachte Erfindungen auswerteten, z. B. Brillen- und Trompetenmacher. Das Wanderverbot brachte für die Gesellen natürlich eine wirtschaftliche wie ideelle Gefahr mit sich, und in einem Dekret von 1501 gibt der weise Nürnberger Rat besondere Vorschriften für die Betreuung dieser Gesellen heraus. Wir erkennen eine Art Arbeitslosenversicherung, d. h. die Gesellen, die nicht voll beschäftigt werden konnten, bekamen eine Unterstützung von den Meistern. Natürlich hörte dieser Zustand bald auf, denn die Entwicklung war nicht aufzuhalten.

Je nach der Macht und Größe der einzelnen Handwerke in den verschiedenen Städten besaßen die Innungen und Zünfte das Recht zum Besitz einer eigenen freien Schenke, d. h. die ganz reichen Zünfte hatten ihre eigenen Zunft-

Abb. 718. Truhe der Münchner Drechslergesellen aus dem 17. Jahrhundert (Stadtmuseum, München)

häuser (die auch Übernachtungsmöglichkeiten boten), für Sitzungen und Verhandlungen, wo auch ausgeschenkt wurde. Dort wurde die Zunftlade mit den Kleinodien aufbewahrt, die Zunftfahne, die Humpen, Geräte und dergleichen. Wir kennen auch den Begriff „Zunftlauben", d. h. Verkaufshallen bei den Zunfthäusern, wo die Ware verkauft werden konnte.

Aber bei unseren Drechslern dürfte alles ein bescheideneres Ausmaß gehabt haben, so diente vor allem in kleineren Städten die Wohnung des Zunftmeisters als Versammlungsort der Zunft, oder es genügte in einem Wirtshaus das Zunftzimmer oder die Zunftstube. Wurden die Kleinodien und Zunftzeichen im Haus des Zunftmeisters aufbewahrt, so wurden diese nach Wahl eines neuen Meisters in feierlichem Zuge in dessen Heim gebracht.

Im Lauf des 15. Jahrhunderts schlossen sich die Gesellen in sog. Bruderschaften, auch Gesellenbruderschaften genannt, zusammen. Wir erblicken darin bereits eine Interessengemeinschaft, d h. die Gesellen schlossen sich zusammen, um auch ihre Rechte gegenüber den Meistern besser wahren zu können. Es hört langsam die harmonische enge Bindung zwischen Meister und Gesellen auf. Die Bruderschaften hatten ihre eigenen Satzungen und Ordnungen, gleich den Meistern, die sie peinlichst einhielten. Der Altgeselle stand der Gesellenbruderschaft vor und wurde vom Örtengesellen unterstützt.

Die Zusammenkünfte hielten die Bruderschaften in den Gesellenherbergen, wo auch die Wandergesellen Unterkunft und Beköstigung fanden. In der Herberge hatte der Herbergsvater auf Zucht und Ordnung zu achten. Auch die Bruderschaften besaßen ihre Kleinodien, die in einem Wandschrank der Herberge aufbewahrt wurden. In der Herbergsstube bzw. Gastwirtschaft hingen entweder an der Wand oder über dem Stammtisch schwebend die Stubenschilde oder Zunftzeichen (siehe z. B. die *Abb. 723)*.

Gleich wie die Meister unter sich führten die Bruderschaften gewissermaßen ein eigenes Zunftleben mit ähnlichen Bräuchen. Auch sie hielten regelmäßige Versammlungen ab, wobei der Altgeselle das Präsidium führte, der sich, um Ruhe zu schaffen, des hölzernen Aufschlagzepters bediente (siehe *Abb. 714, 716 und 717)*. (In Norddeutschland auch „Ställes" oder „Stillungsmacher" genannt.) Bei geöffneter Zunftlade wurden dann die einzelnen Zunfthandlungen. gleich wie bei den Meistern, vorgenommen, etwaige Strafgelder aufgelegt, eine Strafe erteilt, in Geldbüchsen gesammelt und dergleichen mehr. Man begrüßte dann auch die zugewanderten Gesellen mit althergebrachten umständlichen Redewendungen. Der fremde Wandergeselle bekam vom Altgesellen gewöhnlich eine Ausweismarke aus Blech mit dem Zunftwahrzeichen ausgehändigt, worauf er beim Herbergsvater Nachtlager, Essen und Trinken erhielt. Fand der Wandergeselle durch Vermittlung Arbeit bei einem Meister, so wurde dieser beim Zugang vom 2. Altgesellen vor der Lade mit einer Ansprache eingegrüßt. Diese Eingrüßer hatten den „Eingruß" meist in Geld zu zahlen, wofür einige Maß Wein bereitgestellt wurden, meist in hohen, gedrehten, hölzernen mit Pergament überzogenen Humpen. Man nannte diese die „Irtenkannen" *(Abb. 721)*. Ohne Zweifel waren des öfteren bei Versammlungen der Gesellen, so auch bei besonders festlichen Angelegenheiten, der Zunftmeister selbst, oder sog. Beisitzer der Meisterschaft anwesend, und wir können uns natürlich denken, daß bei der Begrüßung der wichtigen Persönlichkeiten viel getrunken wurde. So gab es z. B. sieben Begrüßungen!

Im Lauf der Entwicklung wurde die Gewährung der Gastfreundschaft für die wandernden Gesellen zur Pflicht, und mit der Zeit gab es ganz bestimmte Vorschriften und Regeln dafür. Mit dem Aufkommen der Herbergen wählten die einzelnen Handwerke ihre Wirtshäuser, wo sie auch ihre Versammlungen abhielten und gewissermaßen auch ihren Stammtisch hatten. Diese Herbergen machten durch entsprechende Zeichen an ihrem Wirtshausschild erkenntlich, welche Handwerker dort verkehrten (siehe *Abb. 722)*.

Diese Herbergen bedeuteten sowohl für die wandernden wie die am Ort ansässigen Gesellen den Treffpunkt. Hier sprach man sich aus und erkundigte sich über die örtlichen Verhältnisse, und so mancher Meister wird dort auch einer nicht sanften Kritik ausgesetzt gewesen sein!

Das Drechslerhandwerk zählte zu den sog. „geschenkten Handwerken". (Bezüglich des Ausdruckes „Geschenk" geht der Autor mit Wissell einig in der Annahme, daß zu Beginn der Zünfte das Wort „schenken" von der Schänke oder Schenke, nämlich der Wirtschaft, kam. Man nannte von alters her den Ort, wo Getränke zu sofortigem Genuß verabreicht wurden, die Schenke. In den Schenken kamen

Abb. 719. Zunfttruhe der Drechsler aus dem Jahre 1750 (Schloßmuseum, Stuttgart)

die Handwerker zum gemeinsamen Trinken zusammen. Dort wurde der wandernde Geselle mit dem Willkomm begrüßt. Später, als geregelte Vorschriften über die Unterstützung der wandernden Gesellen aufgestellt wurden, änderte sich der Begriff der Schenkung in unserem heutigen Sinn, man „schenkte".) Der Unterschied zwischen geschenktem und ungeschenktem Handwerk besteht darin, daß bei dem sog. geschenkten Handwerk die Angehörigen des Handwerks einen Rechtsanspruch auf das Geschenk hatten, was für das sog. ungeschenkte Handwerk nicht zutraf, was aber nicht bedeutet, daß dieses nicht auch geschenkt hätte.

Von jeher stellte beim Handwerk bei dessen zünftigen Zusammenkünften das Trinken keine unbedeutende Rolle! So ehrte man den Zunftkollegen durch Zutrinken, man trank auf sein Wohl. Fremden Zunftmeistern wurde der „Ehrentrunk" gereicht. Daß bei diesen Zusammenkünften nicht immer maßgehalten wurde, geht aus verschiedenen Urkunden hervor. Ja, so haben wir Kunde, daß sich die Handwerker gerade zur Zeit der Zunftkämpfe Mut zutranken, wonach sie sich dann oft, ihrer Sinne nicht mehr mächtig, zu Taten hinreißen ließen, die nicht selten von schwerwiegenden Folgen waren. Mancher Handwerker mußte die in seinem Trunke begangenen Frevel mit dem Tode bezahlen.

DIE MEISTERSCHAFT

Vor Ablegung der Meisterprüfung war den Gesellen noch eine Art Wartezeit, die „Mutzeit", vorgeschrieben (muthen = von jemandem etwas erbitten oder herkömmlich fordern). Diese Wartezeit konnte ½, 1 oder 2 Jahre dauern. Diese von den Zünften vorgeschriebene Wartezeit war eine berechtigte Vorsichtsmaßregel und vor allem dort angebracht, wenn man sich über die von anderen Orten ein-

Abb. 720. Gesellenbrief der Drechslerzunft zu Dresden, ausgestellt im Jahre 1795 (Stich aus dem Jahre 1769, im Besitz des Herrn Dr. Rudolf Wissell, Berlin)

wandernden Gesellen, die Meister werden wollten und die man noch nicht kannte (denn durch diese Einrichtung fand man Zeit), erkundigen bzw. deren Charakter und Leistung prüfen wollte. Mit der Zeit allerdings sah oft die Konkurrenz fürchtende Meisterschaft darin ein Mittel, den Gesellen das Meisterwerden zu erschweren, und so finden wir oft eine Mutzeit von 2 Jahren vor, so daß für die Gesellen die Mutzeit oft zu einer „Qualzeit" wurde.

Schon im 14. Jahrhundert finden wir da und dort bei den Drechslern die Forderung, zur Erringung des Meistertitels ein selbstgefertigtes sog. „Meisterstück" vorzuweisen. So finden wir in Christoff Weigels Ständebuch 1698: „An vielen Orten machen sie kein Meister-Stuck, an einigen aber eine runde, hölzerne, mit ebenfalls runden, tieffen Löchern versehene Würz-Büchse, ein Spinn-Rad und ein Schach-Spiel." Die Meisterstücke mußten im Beisein der Zunftvorsteher gemacht werden. Nach der feierlichen Erhebung der Gesellen in den Meisterstand folgte bei den meisten Zünften anschließend ein großes Meisteressen! Hielt sich dieses Essen in früheren Zeiten in bescheidenem Rahmen, so steigerten sich die Ansprüche im 16. und 17. Jahrhundert bedeutend, und sie fanden oft kein Maß mehr. So finden wir auch schon bei den Drechslern in Lübeck im Jahre 1507 in ihrer Rolle eine diesbezügliche Bemerkung, unter anderem ist von „Stubengelagen" die Rede. Dieses große Essen stellte an den Geldbeutel des Gesellen bzw. des jungen Meisters große Anforderungen, auch hatte er für das Meisterwerden beträchtliche Abgaben zu entrichten. Die Kosten des Meisterwerdens waren verschieden und oft sehr beträchtlich. Da gab es sog. Einkaufgelder, Abgaben für die Amtskosten, nicht gering waren die Kosten für die Beschaffung des Lehr- und Geburtsbriefes. Dazu kam, daß der junge Meister das Bürgerrecht erwerben mußte, was auch nicht billig war. Vor allem galt es auch die Kosten aufzubringen zur Erwerbung einer neuen Werkstätte wie für einen neu zu gründenden Haushalt, war es doch die Regel, daß der junge Meister sich sofort zu verheiraten hatte, was keine finanziellen Schwierigkeiten hatte, wenn die Braut begütert war. Es war deshalb kein Wunder, wenn manch junger, tüchtiger, aber armer Geselle eine viel ältere Meisterswitwe heiratete, um so „ins Amt" zu kommen. Manch junger Meister, der aus Liebe eine arme Frau heiratete, war jahrelang mit Schulden belastet, die ihm aus dem Meisterstand erwuchsen.

Die wichtigen Zunfthandlungen, vor allem die Verleihung des Meistertitels oder die Wahl des neuen Zunftmeisters, ging mit ganz besonderer Feierlichkeit vor sich.

„Von hoher sinnbildlicher Bedeutung war die Zunftlade, das Heiligtum der Zunft. Sie wurde (sofern keine besondere Zunftstube vorhanden war) im Hause des älteren Zunftmeisters verwahrt. Bei der Zunftversammlung stand sie auf dem Tisch und wurde bei Beginn der Amtshandlung geöffnet. Vor geöffneter Lade erfolgte die Überprüfung des Meisterstückes und die Verleihung des Meisterrechtes. Stand die Lade offen, hatte jeder Trunk zu unterbleiben, jedes unrechte Wort war streng untersagt und wurde empfindlich bestraft. Die Zunftlade wurde geschnitzt und bemalt, später meist furniert, besaß meist zwei Schlösser; sie ließ an sinnvollen Abzeichen das Gewerbe erkennen, dem sie gehörte. In ihr wurden die Urkunden und Kleinodien, das Zunftzeichen und die Siegelstempel aufbewahrt. Zu den Schlössern hatten die beiden Zunftmeister je einen Schlüssel; sie konnten die Lade nur gemeinsam öffnen. Am Hauptzunfttage, an dem die Neuwahl der Zunftmeister vorgenommen wurde, erfolgte die feierliche Übertragung der Zunftlade vom alten zum neugewählten Zunftmeister."

Abb. 721. Gedrechselte hölzerne Zunftkrüge (bei den Gesellenbruderschaften „Irten-" oder „Örtenkannen" genannt) und Trinkbecher aus Zirbelholz (18. Jahrhundert)

NIEDERGANG DER ZÜNFTE UND NEUAUFBAU

Nach dem Dreißigjährigen Krieg, der dem deutschen Volk fürchterliche Wunden schlug, war es mit der alten Zunftherrlichkeit vorbei. Eine gänzlich neue Zeit war angebrochen. Durch die Entdeckung fremder Länder, Verbesserung des Verkehrs und der Schiffahrt, durch wichtige neue Erfindungen ergaben sich Handel und Wandel. So war es vor allem der Handel, der alle Verhältnisse sprengte. Die Zünfte mit ihren alten Ordnungen waren unzeitgemäß geworden. Noch lange aber klebte das Handwerk äußerlich an den überkommenen alten Bräuchen, die nicht mehr in die neue Zeit hineinpaßten. Man gefiel sich in Nachahmungen des Gehabens von Patriziern, Adligen und Kanzleien.

So berührt es peinlich, wenn die Zunftsiegel ritterliche Helme aufwiesen, aus denen als Zierde der „Wund" hervorwuchs und dergleichen, siehe *Abb. 724.* (In *Abb. 707* ist ein gutes Zunftsiegel abgebildet.) Es mag aber sein, daß diese Helme erinnern sollen an die früher auch Harnische tragenden, bewaffneten Zunftmitglieder.

Solche Äußerlichkeiten waren eben schon Anzeichen eines inneren Verfalls. Wissell sagt mit Recht: „Das Handwerk war alt geworden, ihm war die jugendliche Spannkraft verlorengegangen, die es im Ringen um die Anteilnahme an der städtischen Gewalt gezeigt hatte." Längst hatte man die Nachteile der veralteten Verordnungen für die gesunde Entwicklung erkannt, und schon im 2. Drittel des 17. Jahrhunderts war man von Reichs wegen bemüht, die Mißbräuche im Handwerk einzuschränken, jedoch hat es noch lange gebraucht, bis im Jahre 1731 der Reichsabschied energisch den alten Gewohnheiten der Zünfte zu Leibe rückte. In diesem Reichsabschied von 1731 wurden nahezu alle Ordnungen der Zünfte einer gründlichen Prüfung und Abänderung unterzogen und alle unzeitgemäßen, eine freie Entwicklung hemmenden Einrichtungen abgeschafft.

Abb. 722. Herbergsschild mehrerer Handwerker in Odernheim in der Pfalz, um 1730
(Aus Karl Gröber: „Alte deutsche Zunftherrlichkeit")

Auch werden die langsam ins Lächerliche, Zopfige gehenden Gebräuche ad acta gelegt, wenn auch die Zünfte als solche noch nicht abgeschafft wurden.
Der Niedergang der Zünfte hat jedoch die handwerklichen Fähigkeiten keineswegs verringert — im Gegenteil, die Sprengung der alten, engen Fesseln hatte eine gesunde und reiche Entfaltung der Kräfte zur Folge. Daß dem so war, bezeugen uns ja die so hochstehenden Leistungen des Handwerks und Kunsthandwerks Ausgang des 17. Jahrhunderts und vor allem durch das ganze 18. Jahrhundert hindurch.
Wie wir aus ungezählten Urkunden wissen, war aber die Durchführung des Reichsabschieds von 1731 nicht leicht. Das schwerfällige und zähe an der Überlieferung hängende, wohl oft auch selbstsüchtige Handwerk bereitete der Obrigkeit noch lange die größten Schwierigkeiten. So ist in Preußen sowie auch in anderen Ländern und auch Reichsstädten die Frage schon Ende des 18. Jahrhunderts aufgetaucht, die Handwerkerverbindungen, Zünfte und Innungen überhaupt aufzuheben. Diese Drohung war ja auch im Reichsabschied von 1731 schon zum Ausdruck gebracht worden für den Fall der Nichtachtung des Gesetzes. Außer den rein kulturpolitischen und wirtschaftlichen Gründen, die für die Aufhebung der alten Ordnung maßgebend waren, waren es vor allem bei den Gesellenbruderschaften politische Momente, die schon sehr früh, so im Jahre 1810 in Sachsen, zu dem Verbot auch der Gesellenvereinigung führten. Die Auswirkung der Französischen Revolution machten sich spürbar, und es spukte in den Köpfen der Gesellen der Begriff von Freiheit, Gleichheit und Brüderlichkeit. Die Unzufriedenheit der Gesellen mag aber zum Teil schon berechtigt gewesen sein, vor allem waren es die schlechten Arbeitsbedingungen, die ihnen nur ein kärgliches Leben und Auskommen ermöglichten.
Ein weiteres Vorgehen finden wir dann durch den Deutschen Bund in Frankfurt a. M. am 15. Januar 1835, wo in einem Bundesbeschluß gemeinsam gegen die Gesellenverbindung vorgegangen wurde. In einer Menge von Paragraphen wurde die Freiheit der Gesellen weiter eingeengt. Die Bemühungen der einzelnen Staaten, vor allem Sachsens, die Gesellenvereinigungen aufzuheben, wurden von Bayern und Württemberg nicht gerade unterstützt. In diesen süddeutschen Ländern waren die Verhältnisse wohl noch etwas günstiger, und auch in politischer Beziehung ruhiger.
Im Jahre 1835 wurden durch ein Gesetz sog. Gewerbekammern gegründet. Diese vertraten nicht allein die Interessen des Handwerks, sondern die aller Gewerbe, wie auch die der inzwischen aufkommenden Industrien.
Je nach den örtlichen Verhältnissen bzw. den der einzelnen Länder war die Entwicklung der Dinge bis zur Gewerbefreiheit eine durchaus uneinheitliche. So brachte Preußen bereits im Jahre 1810 ein Edikt heraus sowie 1811 ein Gesetz, welche einer beinahe völligen Gewerbefreiheit und Aufhebung aller Zünfte gleichkamen. Dies geschah in der Absicht, den schon in Preußen früh aufkommenden Industrien volle Entwicklungsfreiheit zu geben. So blieb die Lage des Handwerks bzw. der Innungen eine recht unterschiedliche bis zur Gewerbefreiheit, die in Deutschland im Jahre 1868 allgemein gesetzlich eingeführt wurde. Durch das Gesetz konnte nicht allein der gelernte Handwerker, sondern auch jeder Privatmensch einen Gewerbebetrieb bzw. Fabrik eröffnen, und zwar nicht nur für ein Gewerbe, sondern zugleich für mehrere.
Die Gewerbefreiheit war bei der Entwicklung der Dinge nicht mehr aufzuhalten, sie hat ihr Gutes und ihr Böses gehabt. Auf der einen Seite beseitigte sie unhaltbare Zustände, auch im Handwerk, die lähmend auf seine zeitgemäßere Entwicklung einwirkten. Deshalb wurde zunächst auch von seiten des Handwerks die Gewerbefreiheit mit Jubel begrüßt. Ja, man entledigte sich sogar voll Stolz, nun frei zu sein, auf nicht gerade schöne Weise alter Zunftkleinodien, die verschleudert, wenn nicht gerade vernichtet wurden! Andererseits barg die Gewerbefreiheit auch viele Gefahren in sich, und es fehlt auch nicht an Stimmen aus dem Handwerk, die diese Gefahren erkannten. Es dauerte nicht lange, so entwickelte sich eine kapitalistische und nur spekulativ eingestellte Industrie, die nicht mehr Kulturwerte, sondern einen entsetzlich billigen

Abb. 723. Stubenzeichen der Stuttgarter Drechsler, Anfang des 18. Jahrhunderts
(Aus Karl Gröber: „Alte deutsche Zunftherrlichkeit")

Massenkitsch produzierte und nahezu den Untergang des Handwerks zur Folge hatte. Das Handwerk machte in den darauffolgenden Jahrzehnten schwere Zeiten durch.
Die aufkommende billige Massenware kulturell verantwortungslos kapitalistisch eingestellter Fabrikunternehmer nahm dem Handwerk das Brot weg. Mehrere Umstände

Abb. 724. Altes Drechslersiegel nach dem Vorbild ritterlicher Wappensiegel (Im Besitz des Alt- und Ehrenmeisters Hermann Saueracker, Nürnberg)

waren es, die im Lauf der Zeit das Handwerk zu vernichten drohten. Einmal verlor es seine guten Facharbeiter, die zur Industrie übergingen, und niemand kümmerte sich um die Erziehung des Nachwuchses. Das Handwerk verlor auch äußerlich sein gesellschaftliches Ansehen. Ein mit der Zeit aus dem Handwerkerstand heraufkommendes bürgerliches Fabrikantengeschlecht sah voll Verachtung auf das Handwerk herab, das noch mit seiner Hände Arbeit ehrbar sein Brot verdiente. Dies hatte zur Folge, daß sich das Handwerk bezüglich des Nachwuchses schwer tat. Ein eitel gewordenes Bürgertum wollte seine Söhne nicht mehr dem Handwerk zuführen. — Dies konnte nur noch aus minderwertiger Jugend, die in den sog. höheren Schulen nicht mehr mitkam, seinen Nachwuchs holen. Im Bestreben, seinem Nachwuchs außer einer gründlichen handwerklichen Lehre eine solche Schulung angedeihen zu lassen, die ihm für die Zukunft auch eine kulturelle Führung sicherte, gründete das Handwerk, oft aus eigenen Mitteln, Innungsschulen. Es fehlte aber auch bei den Behörden nicht an Einsichtigen, und so wurden die Innungsschulen als Gewerbeschulen von Gemeinden und Ländern eingerichtet, die leider sehr früh gleich den übrigen Gewerbeschulen eine bald für das Handwerk abwegige Richtung einschlugen. Diese Schulen besaßen meist keine Werkstätten. Die zunächst aus dem Handwerk bestehende Schülerschaft, vor allem die Meistersöhne, wurden zu geschickten Zeichnern, sog. „Entwerfern" erzogen, von denen viele nicht mehr in des Vaters Werkstatt zurückkehrten, sondern in erster Linie von der Industrie übernommen wurden, wo sie bald das Leben von sog. Musterzeichnern führten, und je nach der Mode der Industrie jeweils neue Entwürfe liefern mußten. Der Zeichenstift und das Papier hatten so die Überhand gewonnen. Immer mehr aber verlor man die Fähigkeit, kunsthandwerklich zu gestalten. Mit der Zeit wurden die Kunstgewerbeschulen von des Handwerks nicht kundigen Schülern besucht, die von dem Werkstoff keine Ahnung mehr hatten. Eine eitle, der Handarbeit abholde Lehrerschaft, die zum Werkstoff keine Beziehung mehr hatte, verfiel einer oberflächlichen Zeichnerei.

Diese Verhältnisse zogen immer mehr in die Gewerbe- und Innungsschulen, auch in solche mit Werkstätten, ein. So waren die Schulen, anstatt dem Handwerk zu helfen, für dieses eine große Gefahr geworden.

Absichtlich weist der Verfasser so ausführlich auf diese Zustände hin, denn sie bildeten letzten Endes den Grund, weshalb das Handwerk als eigener, kulturschöpferischer Stand bis in unsere Zeit nicht mehr in Frage kam. Auch das Drechslerhandwerk hatte eigene Schulen auf die Beine gebracht, die aber aus den oben erwähnten Gründen, vielleicht abgesehen von der Erhaltung technischer Fähigkeiten, nicht dazu berufen waren, dem Drechslerhandwerk zu kultureller Bedeutung und zu künstlerischen Leistungen zu verhelfen, sondern sie verfielen wie die anderen Schulen dem Zeichenstift. Wohl hatten diese Drechslerschulen gut eingerichtete Werkstätten, und es wurden dort alle Techniken gepflegt. Aber in diesen Schulen sind kaum je (wie leicht nachzuweisen ist) kulturell hochstehende Leistungen hervorgebracht worden, es gelang ihnen auch kaum, künstlerisch befähigte Menschen zu verpflichten.

Das Drechslerhandwerk hatte in Deutschland seine eigene Schule 1884 in Sachsen gegründet, die bald nach Leipzig verlegt wurde. Sie hieß: Die Deutsche Fachschule für Drechsler und Bildschnitzer. Die Schule hat sich bis vor kurzem erhalten, sie ist bei der Umorganisation der gewerblichen Fachschulen in Leipzig stark in den Hintergrund getreten und besteht als Spezialschule nicht mehr. In der Leipziger Kunstgewerbeschule gibt es lediglich noch eine Abteilung für Drechsler, außerdem haben junge Drechsler im Abendunterricht noch Gelegenheit, zeichnerisch geschult zu werden.

Im Jahre 1877 erschien die Zeitschrift „Für Drechsler, Elfenbein- und Holzschnitzer". In Leipzig wurde die „Deutsche Drechslerzeitschrift" gegründet. Auch in Wien wurde im Jahre 1874 eine Spezialdrechslerschule in Mariahilf gegründet, die im Anfang 73 und nach 25 Jahren bereits 180 Schüler zählte. 1881 wurde in Wien eine zweite Drechslerfachschule, allerdings nur für die Perlmutterdreherei, eingerichtet.

Im Jahre 1896 wurden die Handwerkskammern geschaffen, um die Belange des Handwerks zu vertreten. Zu gleicher Zeit entstanden wieder Innungen und sogar Zwangsinnungen.

Im Jahre 1881 entstand ein Zentralverband Deutscher Drechslerinnungen und Fachgenossen. Alle Jahre finden große Drechslertage in verschiedenen Städten Deutschlands statt. Seit 1905 bestand auch eine freie Vereinigung der selbständigen Drechsler Deutschlands. Sie zählte 1906 zwölf Dutzend Mitglieder. Der Verband verfolgte vor allem wirtschaftliche Ziele.

Die Verbände arbeiteten gegeneinander. Aus eigenen Reihen des Handwerks wird über die Uneinigkeit des Handwerks bittere Klage geführt, und die Protokolle der Innungsversammlungen sowie die der Drechslertage geben ein betrübliches Bild über die Uneinigkeit. Auf dem 21. Drechslertag 1905 ist man sogar nahe dabei, die Auflösung des Zentralverbandes zu beschließen.

All diese Einrichtungen, wie Schulen, Zeitschriften und Verbände, haben es nicht vermocht, gerade das Drechslerhandwerk zu fördern, oder ihm gar zu einem Aufschwung zu verhelfen.

Der Gründe für diesen Mißerfolg waren mehrere. Die Zeit nach der Gewerbefreiheit war dem Drechslerhandwerk insofern äußerlich günstig, als bei uns der Stil der deutschen Pseudorenaissance herrschte, der sich in hohem Maße der Drechslerei bediente. Allerdings war hinsichtlich des Geschmacks dieser Stil dazu berufen — um so mehr als auch eine billige Massenfabrikation schlechter Dinge einsetzte —, das Drechslerhandwerk in bösen Verruf zu bringen, denn es war ihm nicht gegeben, sich künstlerisch im Rahmen dieser Stilepoche auszuwirken. Im Gegenteil, im Zug dieser Zeit war es gerade das Drechslerhandwerk, das fast

Abb. 725. Schlußstein im Haustürgewände am Haus eines Drechslermeisters in Markbreit in Unterfanken im 18. Jahrhundert

Siehe auch Abb. 719. Der Vorwurf dieses Drechslerzeichens scheint sehr alt zu sein. Es zeigt uns die elementaren Werkzeuge des Drechslers: Röhre, Meißel und Greifzirkel. Die Kugel stellt symbolisch die Weltkugel dar, in alten Hymnen über das Drechslerhandwerk wird stets Gott Vater als der erste Drechsler genannt, der die Weltkugel gedreht hat, siehe auch die Zunftfahne in Abb. 712.

ohne Ausnahme seinen Teil dazu beitrug, die greulichsten Gebilde zu schaffen. (Siehe auch die nachfolgende „Stilgeschichte der Drechslerformen".) Nach dem Verschwinden der Pseudorenaissance hatte das Drechslerhandwerk insofern noch viel zu tun, als man sich verschiedener Stilarten bediente, die meist noch Drechslerarbeiten benötigten. Aber zur Zeit des Jugendstils und der nachfolgenden „Moderne", so im letzten Jahrzehnt des letzten Jahrhunderts bis zum Kriegsausbruch, macht das Drechslerhandwerk eine böse Zeit durch, es war fast völlig am untergehen. Lediglich in kleineren Städten und ländlichen Gegenden verblieb dem Drechsler ein, wenn auch nur kleiner Aufgabenkreis. Verheerend aber sah es in den Großstädten aus!

Es war dem Handwerk selbst nicht gegeben, von sich aus in den ganzen Jahrzehnten zu einer persönlichen kulturellen Leistung zu kommen. Lediglich konnte es sich hinsichtlich seiner technischen Leistung und Fähigkeiten glücklicherweise bis auf heute erhalten. Um sein Handwerk hat sich kaum ein Künstler gekümmert, es lief führerlos durch die ganzen Jahrzehnte. Auch die von ihm gegründeten Schulen, auch die übrigen Kunstgewerbe- und Gewerbeschulen mit ihren jahrzehntelang verfehlten Zielsetzungen, konnten nicht im geringsten dem Handwerk fördernd sein. Wer sich davon überzeugen möchte, braucht nur die Jahrgänge der Deutschen Drechslerzeitungen sich anzusehen, wie auch die Produktion des Drechslerhandwerks. Lediglich dort, wo sich außenstehende künstlerische Menschen mit der Technik beschäftigten, waren gesunde Ansätze zu spüren.

Nur wenn sich das Drechslerhandwerk, wie die neueste Zeit beweist, erziehen läßt, d. h. wenn ihm künstlerische Menschen, seines Handwerks kundig, beistehen, vermag es mit ihm wieder aufwärts zu gehen. Der Glaube des Verfassers an das Wiederaufblühen des Drechslerhandwerks war der Grund, weshalb er sich mit dieser ungeheuren Arbeit abgegeben hat. Das diesem Buch beigegebene Vorlagenwerk dürfte den lebendigsten Beweis für den Glauben des Verfassers darstellen.

STILGESCHICHTE DER DRECHSLERFORMEN

EINFÜHRUNG

„Alles Gescheite ist schon gedacht worden,
man muß nur versuchen, es noch einmal zu denken."
(Goethe)

Wenn wir diesen Ausspruch der nun nachfolgenden Stilgeschichte der Drechslerformen voransetzen, so wollen wir damit zum Ausdruck bringen, daß, wie das Sprichwort sagt, noch „kein Meister vom Himmel gefallen ist", d. h. daß der gestaltende Künstler auf dem überkommenen Erbe auf- und weiterbauen soll und muß. Und dies ist der maßgebende Gesichtspunkt, der uns bei der nachfolgenden Darstellung der kurzen Stillehre der Drechslerei leiten wird. Das Studium der Drechslerformen wollen wir in erster Linie deshalb betreiben, um dabei etwas zu lernen, sowohl im positiven, wie auch im negativen Sinn, d. h. wir werden an manchen Beispielen alter Arbeiten merken, wie man es auch nicht machen darf, so daß diese kurze Stillehre in erster Linie die Aufgabe erfüllt, uns für unser zeitgemäßes Gestalten von Drechslerarbeiten anzuregen.

Wohl besitzen wir über die Geschichte des Kunstgewerbes Bücher, wie auch Spezialwerke über die Entwicklung der Möbelformen aus allen Stilepochen, in denen ein reichhaltiger Überblick gegeben ist über solche Möbel und Geräte, die entweder ganz gedreht oder an denen die Technik des Drechselns mehr oder weniger Anwendung fand. Aber in diesen Werken ist der Drechslerei keine große Beachtung geschenkt, und es fehlt eine zusammenfassende Darstellung der Entwicklung der Drechslerformen.

Aus diesem Grunde, und da es dem einzelnen wohl kaum möglich ist, sich all die oben erwähnten Werke zu beschaffen, ist in dem nachfolgenden Kapitel versucht – wenn auch nur in gedrängter Weise –, die Stilgeschichte der Drechslerformen von den ersten Anfängen bis heute darzustellen.

Wie wir schon aus dem Kapitel der „Geschichte der Technik" wissen, gehört die Drechslerei zu einer der frühesten mechanischen Techniken der Welt überhaupt. Die Stillehre überzeugt uns davon, welch hoch entwickelte Technik, welche Vielfalt und welchen Reichtum der Formen die Drechslerei seit nahezu Jahrtausenden aufweist und welch bedeutsame Stellung sie von jeher einnahm im Kulturschaffen der Völker. Wir werden erkennen, welchen Nutzen und wieviel Schönheit dieses so reizvolle Handwerk zu schenken vermag. Wir erkennen mit Staunen, daß im Grunde alles schon einmal da war und daß es kaum möglich ist, viel Neues hinzu zu erfinden.

Darum haben wir allen Grund, uns eingehendst dem Studium der alten Formenwelt der Drechslerei hinzugeben – ohne das wir nimmermehr in der Lage sein können, Ebenbürtiges und Neues zu schaffen.

Nur dem gestaltenden Künstler wird es gelingen, auf- und weiterbauend die schönen alten Drechslerarbeiten für manche neuen, zeitgemäßen Aufgaben sinnvoll zu nützen.

Über das fachliche, also technische und formale Studium der Drechslerei hinaus wird dem Fachmann auch ein interessanter Einblick in das kulturhistorische Schaffen unserer Vorfahren überhaupt gegeben.

Da jeder sogenannte Stil eben der äußere sichtbare Ausdruck des geistigen Zustandes eines Volkes ist, so vermögen wir jeweils die verschiedenen Stilepochen nur dann richtig zu verstehen, wenn wir das Wesen jener Völker erfassen, die Träger der einzelnen Stilarten waren. Aus diesem Grunde ist bei den nachfolgenden Beschreibungen der Stilarten jeweils kurz versucht, den geistigen Voraussetzungen nachzuspüren, die zum besseren Verständnis der Entstehung der einzelnen Stilarten und ihres Wesens nötig sind. Im Rahmen dieses Buches kann eine solche Stillehre natürlich nur in großen Zügen gegeben werden.

In welchem Land oder bei welchem Volk die Drechslerei ihren Ursprung hat, ist bis heute mit Sicherheit noch nicht festgestellt worden. Der Verfasser muß es der Wissenschaft überlassen, hierüber endgültige Klarheit zu schaffen, kommt es ihm ja bei der Untersuchung der alten Drechslerarbeiten weniger darauf an, ihre historische Entstehung zu prüfen, als das überlieferte Kulturgut auf seine formalen, also künstlerischen Werte zu betrachten und es in Beziehung zu bringen zu einem heutigen, zeitgemäßen Schaffen.

Abb. 726. Der Wagen von Dejbjerg in Jütland, etwa 150 v. Chr. (Rekonstruktion nach den Originalfunden des Museums in Kopenhagen)

DRECHSLERARBEITEN DES GERMANISCHEN KULTURKREISES

Betrachten wir die Drechslerformen des germanischen Kulturkreises, so stellen wir eine durchgehende Einheitlichkeit des Ausdrucks fest, sowohl was die Bauart der gedrechselten Möbel betrifft als die auf der Drehbank hergestellten Verzierungen, Profile und dergleichen. Der größte Unterschied in der Gesamterscheinung gegenüber den südlichen Drechslerarbeiten besteht darin, daß in den germanischen Landen die Technik des Drechselns das Primäre blieb, d. h. die Drechseltechnik wurde weit mehr in den Dienst des Konstruktiven gestellt als zur Erzeugung von Kunstformen. Die gedrechselten Hauptteile, wie Pfosten, Stege und Geländer, die man zu Möbeln, Gestellen zusammenbaute, erhielten, nachdem sie auf zylindrische Form gedreht waren, noch einfache Verzierungen in Form von Rillen und Wulsten. Die Pfosten erhielten oben meist noch eine Kugel und unten Füße angedreht. Es weisen aber auch schon sehr früh die Zwischenglieder, die Traillen (siehe der nordische Wagen und das Grab von Oberflacht), eine bewegtere Form auf, jedoch noch ohne den Ausdruck des Tragenden. Die Gesamthaltung der Formensprache ist streng, ernst und entspricht vor allem völlig dem Werkstoff Holz, d. h. das Holz bleibt Holz, es lehnt sich nicht an Formen aus anderen Materialien, Ton oder Bronze an. Bei der Beschreibung der Abbildungen werden wir noch auf weitere Einzelheiten eingehen.

Wir wollen nun die chronologische Entwicklung verfolgen, zu der wir durch die uns überkommenen Funde originaler Drechslerformen sowie an Hand alter Denkmäler in der Lage sind. Das interessanteste und früheste Beispiel nordisch germanischer Drechslerarbeit stellt der bekannte Wagen von Dejbjerg dar. In der *Abb. 726* bringen wir das Bild einer Rekonstruktion, die in unseren Tagen nach eingehenden Studien des Originals in Kopenhagen, von dem die *Abb. 727—729* Einzelheiten zeigen, angefertigt wurde.

Interessant ist sodann, was wir durch den berühmten römischen Geschichtsschreiber Tacitus († 117 n. Chr.) über einen germanischen Wagen erfahren, und die Vermutung liegt nahe, daß wir in diesem hier abgebildeten Wagen einen solchen vor uns haben. „Auf einer Insel des Ozeans ist ein heiliger Hain, und in ihm steht ihr geweihter Wagen mit einem Teppich bedeckt. Und der Priester begleitet in tiefer Ehrfurcht ihren von Kühen gezogenen Wagen. Da gibt es

Abb. 727—729. Einzelheiten des oben dargestellten Wagens aus Dejbjerg Links: Gedrehte Radnabe — Mitte: Stuhlgestell — Rechts: Vorderer Eckpfosten des Stuhles

Abb. 730. *Abb. 731.*

Gedrehte Holzschüsseln aus der La-Tène-Zeit
(Etwa um 150 v. Chr., wohl als Maßschüsseln für Getreide und dergleichen anzusehen)

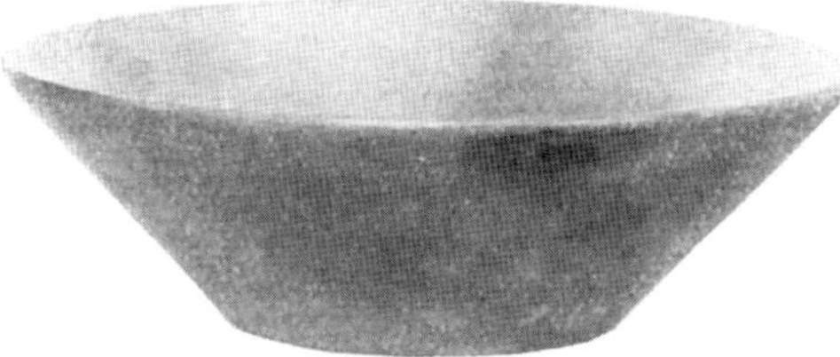

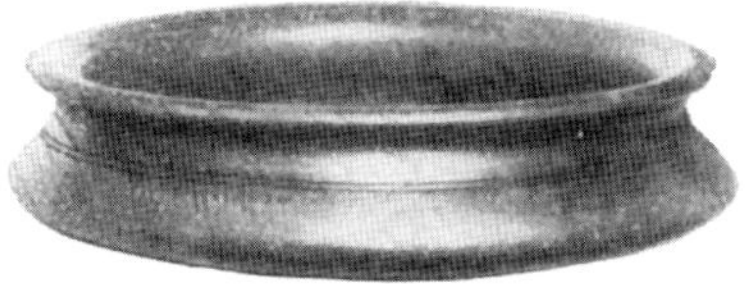

Abb. 732. *Abb. 733.* *Abb. 734.*

Gedrehte Holzschalen und Teller aus der La-Tène-Zeit

fröhliche Tage und Feste. Kein Krieg wird geführt, keine Waffe ergriffen. Jedes Eisen ist verschlossen." — Es ist natürlich naheliegend, daß dieser Wagen schon mehrere Jahrhunderte älter ist als zu der Zeit von Tacitus.

Aus derselben Zeit stammen die in den *Abb. 730—737* gezeigten Holzschalen und Dosen aus der La-Tène-Zeit. Sie wurden gefunden am Neuenburger See in der Schweiz. Wir müssen annehmen, daß zur Herstellung mancher dieser Formen bereits neben dem Meißel auch die Röhre und der Ausdrehhaken verwendet wurden. Vergleichen wir die Formen mit denen des 18. und 19. Jahrhunderts (siehe Seite 237), so stellen wir eine verblüffende Übereinstimmung fest. Dieser Umstand ist aber im Grunde weiter nicht verwunderlich, denn diese Formen wurden geschaffen aus dem Zweck heraus, der früher wie heute derselbe geblieben ist. Wir können hier schon den Ausdruck „Ewige Formen" anwenden.

Abb. 735. Gedrehte Holzdose aus der La-Tène-Zeit

Bis in unsere Zeit hinein (siehe „Volkskunst" auf Seite 237) haben die Bergbewohner der Alpenländer diese praktischen Gebrauchsgeräte, als da sind tiefe Schalen, Teller, Büchsen und Dosen, aus dem ihnen reichlich zur Verfügung stehenden Holzmaterial an ihrer Drehbank gedreht. Es ist nicht anders denkbar, als daß diese Schalen und Dosen auf entsprechenden Spund- oder Schraubenfuttern frei gedreht wurden. Die Drehbank wurde wohl

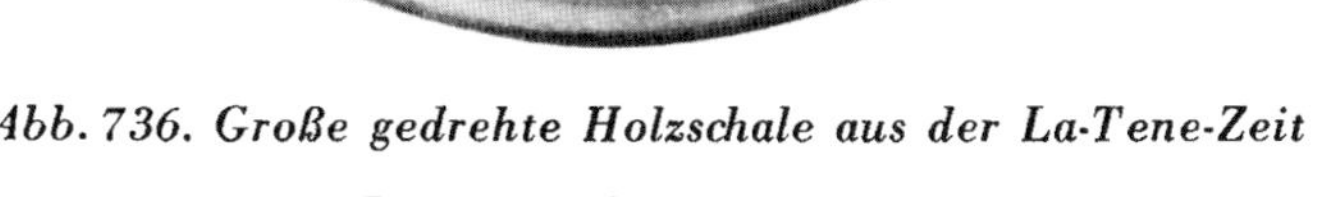

Abb. 736. Große gedrehte Holzschale aus der La-Tene-Zeit *Abb. 737. Unteransicht der nebenstehenden Holzschale*

(Die Fotos der Abb. 730—737 stammen aus dem Schweizerischen Landesmuseum, Zürich)

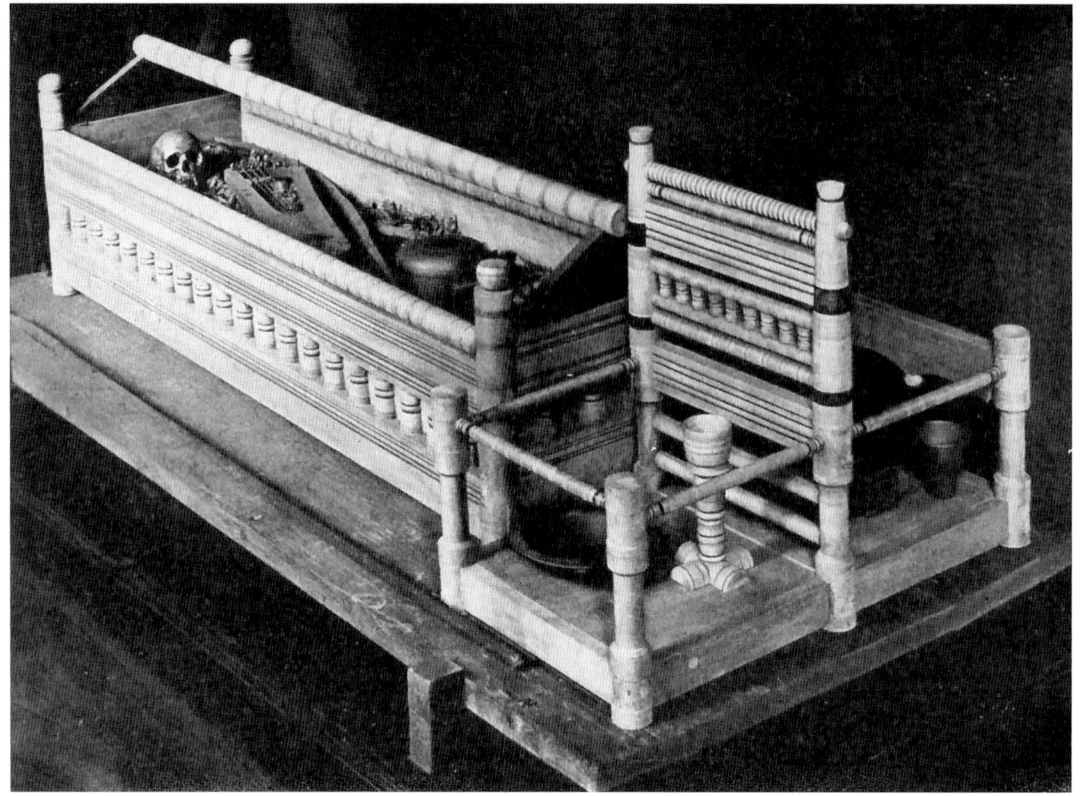

Abb. 738. Rekonstruktion der alamanischen Totenbettstatt mit Gebrauchsgegenständen aus dem Alamannenfriedhof von Oberflacht in Württemberg, 6.—7. Jahrhundert n. Chr.
(Foto: Staatl. Museum für Vor- und Frühgeschichte, Berlin)

teilweise noch von einem besonderen Arbeiter bedient, damit der Drechsler das Werkzeug mit beiden Händen führen konnte. Schönste Anschauung dafür, welche Bedeutung die Drechslerei für die Ausdruckskultur unserer alamannischen Vorfahren hatte, bieten uns die berühmten Gräberfunde von Oberflacht. Die *Abb. 738—740* zeigen uns die Rekonstruktion nach sorgfältigen Studien der uns überkommenen Originalreste, wie da sind Totenbetten, Stühle, Teller, Becher, Leuchter, Feldflaschen, sozusagen bald alle wichtigsten Geräte, die die damaligen Menschen zum Leben nötig hatten. Diese Fülle von Drechslerarbeiten ist für uns wieder ein Beweis für die eminente Bedeutung der Drechslerei lange vor dem Bestehen der eigentlichen Schreinerei.

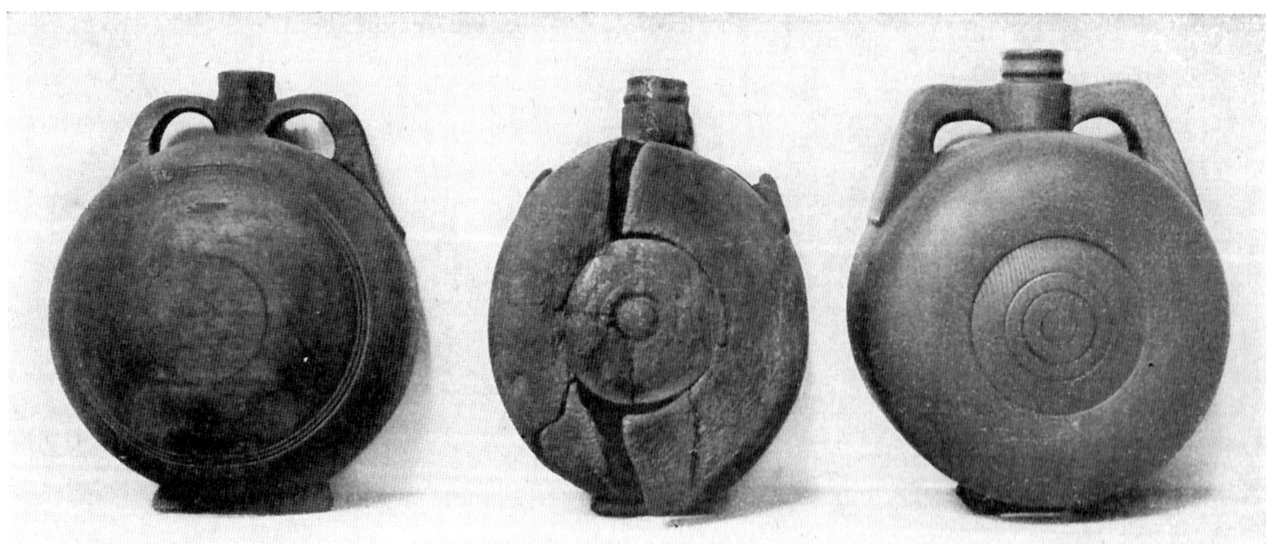

Abb. 739. Gedrehte Feldflaschen als Beigaben der oben dargestellten Totenbettstatt
Die beiden äußeren Flaschen sind Rekonstruktionen, die mittlere Flasche stellt den Originalfund dar. Der kleine runde Deckel ist mittels Zwickfalz eingesprengt. (Siehe auch die Feldflasche in Abb. 858 auf Seite 237.)

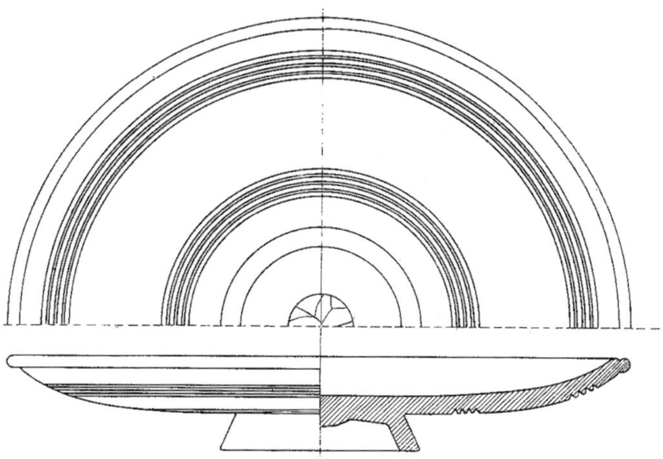

Abb. 740. Zeichnerische Aufnahme in etwa ¼ der nat. Größe eines gedrehten Buchenholztellers aus Oberflacht
(Gefunden bei neueren Ausgrabungen von W. Veeck, Stuttgart, Zeichnung nach W. Veeck)

Betrachten wir nun die interessanten Funde, die auf unserem Heimatboden entstanden sind, näher. Bei der Konstruktion des Bettes springt uns zunächst der Stollenbau ins Auge. Das Bett ist gebildet durch vier Pfosten, in denen schmale und lange Zargen eingezapft sind. Zwischen den Zargen reihen sich runde gedrehte Säulchen. Dieses Motiv finden wir das ganze Mittelalter hindurch bis zum Ende der sog. romanischen Zeitepoche, sogar bis zur Gotik hinein (vgl. auch die *Abb. 744—750)*. Merkwürdig sind die den beiden obersten Längszargen aufgesetzten runden und ornamentierten Rundhölzer. Von derselben Form ist das die beiden Spitzgiebel verbindende Firstholz. Ohne Zweifel ist dieser Sarg die genaue Nachahmung der im Leben in Gebrauch gewesenen Bettstellen der Alamannen. Die Giebelform der beiden Schmalseiten erinnert uns an die Form der Sarkophage der Antike.

Wir müssen uns vorstellen, daß diese Grabbetten beidseits dachartig abgedeckt waren. Wir finden diese uralte Form noch erhalten an alten Truhen aus dem Schweizer Hochland. Nicht leicht zu erklären ist das im Vordergrund stehende Möbelstück, das eine Art Doppelsitz darstellt. Es ist anzunehmen, daß die in die Pfosten eingedübelten Zargen das Bastgeflecht für die Sitzflächen aufgenommen haben. Die als Grabbeigaben gefundenen Hausgeräte, wie Teller, Becher usw., sind von einfacher, sachlicher Form, die uns heute noch Vorbild sein könnte. Wie geschickt die alamannischen Drechsler schon ihre Technik z. B. für die Herstellung eines Leuchters genützt haben, geht aus der Abbildung deutlich hervor. Man hat einen gedrechselten Stab auseinandergesägt oder gespalten, die beiden Halbscheite über Kreuz aufeinandergeplattet und den Schaft des gedrechselten Leuchters durch einen Zapfen mit diesem so gebildeten Fuß verbunden. Der Rundzapfen verbindet also zugleich die übereinandergeplatteten Fußteile. Diese so einfache Konstruktion wurde wohl die ganzen Jahrhunderte hindurch genützt, wie dies überzeugend aus der *Abb. 840* eines Rokkens auf Seite 236 hervorgeht. Wir wollen nicht unterlassen, auf ein Musikinstrument von edler Form hinzuweisen, welches dem Toten beigegeben ist und das uns davon überzeugt, daß wir es hier wohl mit einem königlichen Sänger zu tun haben. Und wo gesungen wurde, da wurde auch getrunken!

Wir glauben nicht, daß man in der in *Abb. 739* dargestellten Feldflasche, die umgegürtet werden konnte, allein Wasser mit sich geführt hat, sondern auch einen guten mit Met gemischten Honigwein!

Der Ursprung dieser Form von Feldflaschen geht in die Urzeiten menschlichen Gestaltens zurück. Wir finden sie schon in der Frühantike aus Ton und sie hat sich bis auf heute in ihrer Form erhalten, hauptsächlich in Rumänien und Ungarn. Siehe auch *Abb. 858* und Beschreibung.

Etwa aus derselben Zeit wie der Fund aus Oberflacht besitzt Frankreich eines der ältesten Denkmäler der Möbelkunst, das in der *Abb. 741* gezeigte Lesepult der heiligen Radegunde, die in der Mitte des 6. Jahrhunderts gelebt hat. Wir sehen auch bei diesem Pult, daß die Holzdrechslerei ein bedeutsames Mittel der Gestaltung abgibt und finden erstmalig die Anwendung eines zu kirchlichen Zwecken dienenden Geräts. Es ist möglich, daß diese Arbeit aus der Werkstatt eines Klosters stammt. Betrachten wir die Drechslerform aufmerksam und vergleichen wir sie mit den gedrechselten Rundformen des alamannischen Grabes, so können wir nicht übersehen, daß die Formen der Säulchen des Pultes einen tragenden Ausdruck haben, d. h. sie sind nicht mehr zylindrisch, sondern gliedern sich bereits in Kapitel, Schaft und Basis. Diese Säule bekommt einen lebendigen, tragenden Ausdruck und erinnert letzten Endes an die antiken Säulen. Man kann wohl annehmen, daß dieses Pult unter byzantinischem Einfluß entstanden ist. Ohne Zweifel bleibt das kunstgewerbliche Byzanz, wo sich die antike Grundform am längsten erhalten hat, die ganzen Jahrhunderte hindurch von großem Einfluß auf die Arbeiten des gesamten Abendlandes. Byzanz, dem oströmischen Reiche, war es vorbehalten, die Kunst der Antike herüberzuretten, nachdem das weströmische Reich schon längst untergegangen war. Nur so kön-

Abb. 741. Zeichnerische Darstellung des Lesepultes der Hl. Radegunde aus der Mitte des 6. Jahrhunderts
(Nach Molinier)

Abb. 742. Ausschnitt aus einer Elfenbeinschnitzerei auf einem Kästchen des 9. Jahrhunderts
(Kaiser-Friedrich-Museum, Berlin). Das Motiv am gedrehten Stuhlpfosten finden wir bereits in der Antike.

nen wir begreifen, daß wir bis in das 9. Jahrhundert hinein Arbeiten begegnen, deren Formensprache uns in vorbildlicher Weise an antike Gegenstände, selbst bis in das 5. Jahrhundert v. Chr. erinnern können (vgl. z. B. die *Abb. 742, 743, 762 und 763).* Wir finden aus dem 9. Jahrhundert einen richtigen Armlehnsessel in Stollenbau. Die *Abb. 742* zeigt einen Teil einer Elfenbeinplatte. Die gedrehten Stollen setzen sich aus perlenartig gereihten Grundformen von Rundstäben und Platten zusammen.

Ebenso gestaltet sind die Stuhlpfosten in *Abb. 743* mit dem Unterschied, daß statt einer zwei Scheiben zwischen den Kugeln sitzen. Sie unterscheiden sich kaum von dem Handgriff des antiken italischen Spiegels in *Abb. 762.* Wir sehen also, wie sich nahezu 1500 Jahre eine und dieselbe Kunstform erhalten hat. Wenn auch die antike Form am Spiegelgriff ihre Berechtigung haben mag, so erscheint sie uns als Säule in den *Abb. 742 und 743* nicht mehr überzeugend, d. h. diese aufeinandergereihten Formen wirken lediglich ornamental und entbehren des tragenden Ausdrucks, was wir hier hinsichtlich einer künstlerischen Gestaltung ausdrücklich bemerken wollen. Wir wollen uns ruhig diese Kritik erlauben, um Erkenntnisse für die Gesetze der Gestaltung zu gewinnen. Es sei in diesem Zusammenhang auch auf die *Abb. 766* der römischen Stuhlfüße hingewiesen.

Der Einfluß der alten byzantinischen Gestaltung ist in jenen Ländern des Ostens in der kulturellen Weiterentwicklung bis nahezu in unsere Zeit wirkend geblieben. So fand der Verfasser im Magazin des Völkerkundemuseums zu Berlin-Dahlem einen schwerfälligen, primitiven Armlehnsessel aus dem Kaukasus, der auffallend an die längst vergangene byzantinische Gestaltungsweise erinnert. Seine Pfosten weisen eine ähnliche Form auf wie die des Hockers in *Abb. 743.*

Abb. 743. Elfenbeinschnitzerei, byzantinisch, 8.-10. Jahrhundert n. Chr. (Aus Schmitz: „Das Möbelwerk".) Diese Stuhlpfosten erinnern ebenfalls an den antiken Spiegel in Abb. 762.

Wir kommen nun zur Betrachtung der typischen Drechslerarbeiten aus dem Mittelalter, der sog. romanischen Stilepoche. Wenngleich, wie schon zum Ausdruck gebracht, bis ins späte Mittelalter hinein byzantinische Formelemente beeinflussend waren, so spüren wir doch das Vorherrschen eines anderen Ausdrucks in diesen ernsten, strengen Bänken, Stühlen und Bettstellen. Wenn sie auch hinsichtlich ihres künstlerischen Niveaus bescheiden genannt werden können, so imponieren sie doch durch ihre klare, konstruktive, ernste Bauweise. Die Pfosten werden nicht aufgelöst in einzelne Formelemente, sondern sie bleiben in erster Linie tragende, konstruktive Pfosten. Wohl werden sie noch leicht geschmückt durch kerbartige Linien. Wir dürfen diese Haltung als einen charaktervollen Ausdruck des im Norden beheimateten Menschen ansprechen. Darin liegt wohl auch der Grund, daß sich diese strenge Bauart geradezu unverändert bis ins Ende des 18. Jahrhunderts im Norden unseres Landes erhalten hat, wie dies ja in lebendigster Weise aus den *Abb. 748—750 und 836—839* hervorgeht. Der Eindruck der andersartigen Haltung wird auch nicht beeinträchtigt durch die Anlehnung an byzantinische Vorbilder, wie wir sie erkennen müssen in der Gestaltung der Rückenfüllung des Stuhles in *Abb. 748* und der Alpirsbacher Bank in *Abb. 747.* Diese Füllung, bestehend aus aneinandergereihten gedrehten Stäbchen, stammt wohl aus Byzanz, und wir finden diese eigenartige gitterartige Füllung heute noch im Orient erhalten. Überblickt man die Formenwelt vom frühen Mittelalter bis hinein in die spätromanische Zeit, so vermag man noch keine nationalen Unterschiede in Europa zu erkennen, obwohl sich während dieser Zeit längst die einzelnen Nationalstaaten herausgebildet haben. Und so finden

Abb. 744. Relief am Grabmal des Papstes Clemens II. im Bamberger Dom aus dem 12. Jahrhundert

Wir erhalten durch diese Darstellung ein anschauliches Bild über das Aussehen der Bettstellen jener Zeit. Siehe auch die Totenbettstatt in Abb. 738.

Abb. 745. Romanische Bank (Märkisches Museum, Berlin) (vgl. auch die Abb. 747)

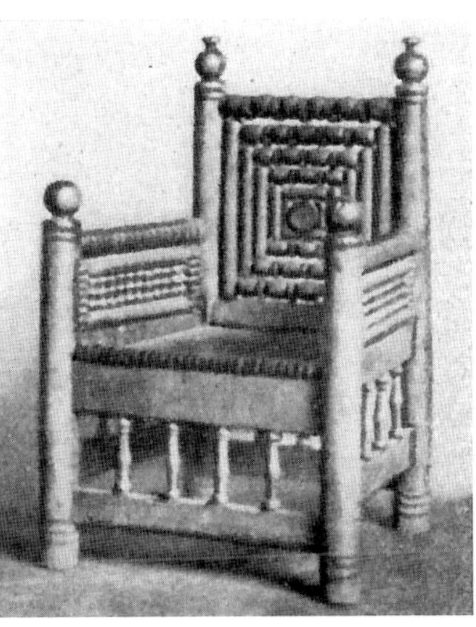

Abb. 746. Romanischer Kirchenstuhl aus Hedemarken in Christiana (Aus Lehnert: „Geschichte des Kunstgewerbes“)

Abb. 747. Bank aus der Alpirsbacher Klosterkirche (Aus Feulner: „Kunstgeschichte des Möbels“)

wir, wie im Norden auch im Süden Deutschlands und den übrigen Staaten, eine völlig gleiche Formensprache, wie dies aus den *Abb. 745—747* erkenntlich ist. Der Grund für die so lange andauernde Übereinstimmung der Form der Möbel ist wohl weniger in etwaigen ähnlichen kulturellen oder politischen Zuständen der einzelnen Länder zu suchen, als weit mehr in der Einheitlichkeit der handwerklichen Primitivität. Wir können einmal feststellen, daß merkwürdigerweise die germanischen Völker nichts mehr wußten von der hochentwickelten Schreinertechnik der antiken Welt, dagegen ist die Drechslertechnik, wie wir gesehen haben, von Anfang an vorhanden gewesen. Dieses Handwerk gab also von der Antike bis spät in die romanische Zeit den typischen formalen Ausdruck für alle die Möbel, die in dieser Zeit gemacht wurden. Was an Kastenmöbeln aus der mittelalterlichen Zeit uns überkommen ist, ist nur rohe Zimmermannsarbeit. Die Schreinerei entwickelt sich bei uns erst wieder im Lauf des 14. Jahrhunderts, vor allem durch das Aufkommen der Sägegatter, durch die es möglich war, die Baumstämme bequem in Bretter zu zersägen. Wir wissen also, daß alle Sitzgelegenheiten und Bettstellen fast ohne Ausnahme der Drechslerei bis dahin vorbehalten blieben.

Aber noch ein anderer und nicht unwesentlicher Grund ist es, der der Holzdrechslerei die mehrtausendjährige Existenz sicherte: die der Drechslerei ureigene und vorteilhafte konstruktive Möglichkeit, nämlich der Verbindung durch Dübel und den Rundzapfen, der leicht eingedreht

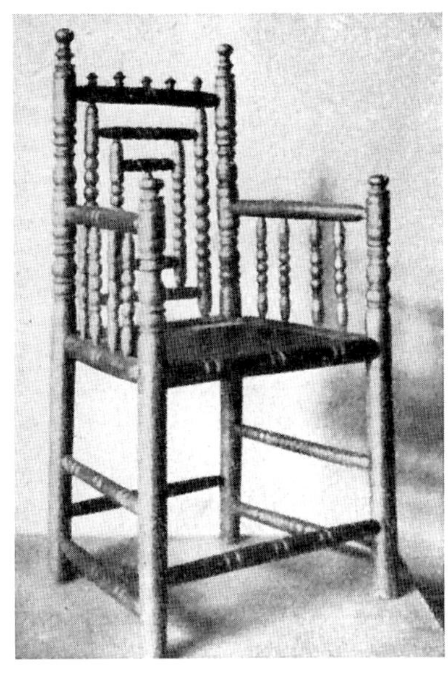

Abb. 748—750. Gedrechselte Stühle von der Wasserkante aus dem Ende des 18. Jahrhunderts

Diese 3 Stühle geben einen überzeugenden Beweis dafür, wie lange sich Konstruktion und Form aus der romanischen Zeit erhalten haben.

werden kann, mit dem runden Zapfenloch, das ebenso bequem auf der Drehbank gebohrt wird. Dies ist wohl einer der wesentlichsten Gründe, weshalb besonders Bänke, Stühle, Hokker und Tischgestelle bis ins 18. Jahrhundert gedrechselt wurden. Unschwer können wir dies feststellen beim Studium der Sitzmöbel dieser Jahrhunderte (vgl. vor allem die *Abb. 745—50, 753, 836 und 837*). Bei diesen Stühlen und Bänken springt uns sofort der einheitliche tektonische und konstruktive, in der Drechseltechnik beruhende Ausdruck entgegen.

Abb. 751. Trinkgefäß aus Maserholz. aus dem 15. Jahrh. (Schloßmus. Stuttgart). Dieser originelle Becher ist in seiner Form wohl schon sehr alt, er begegnet uns vom 14. bis zum 16. Jahrhundert.

DER GOTISCHE STIL

Zur Zeit der Gotik kommt, wie schon oben erwähnt, bei uns erneut die eigentliche Schreinerei auf, was erklärt, warum die Stilepoche der Gotik die Drechslerei aus ihrer Vormachtstellung gedrängt hat. Lediglich hielt sich die Technik des Drechselns, vor allem in ländlichen Gegenden, für die Herstellung insbesondere von Stühlen und auch Tischen, die bis ins 18. Jahrhundert romanische Formen beibehalten haben. In den Städten und kultivierten Zentren dagegen bedient man sich zur Herstellung der meisten Möbel nun der in der Schreinertechnik beruhenden Konstruktionen. An Stelle der schweren vom Zimmermann mit der Axt hergestellten Schränke tritt die feine Brettkonstruktion. So ist es vor allem die Konstruktion von Rahmen und Füllung, die einen völlig neuen Ausdruck schafft. Nach wie vor wird natürlich der technisch so hervorragende Pfostenbau verwendet, in Verbindung mit Rahmen und Füllung. Diese Pfosten sind jedoch nicht mehr gedreht, sondern bleiben viereckig, und den ornamentalen Schmuck übernimmt die Holzbildhauerei.

Wohl spannt sich die Gotik mit ihrem ausdrucksvollen, eigenartigen Stil über ganz Europa, aber wir können in der Spätgotik eine Differenzierung des Stils der einzelnen großen Staaten bemerken. Die hervorragendste Eigentümlichkeit des gotischen Stils besteht darin, daß er eine ureigene originale Erfindung Nordeuropas, besonders Frankreichs und Deutschlands war und in keiner Verbindung steht mit der Antike, wie dies wiederum bei der nachfolgenden Renaissance der Fall ist. Gegenüber der mehr das Diesseits bejahenden, aus der Antike kommenden Renaissance ist der gotische Stil weit mehr der Ausdruck einer innerlichen, geistigen, religiösen Haltung, die der Lebensbejahung ursprünglich abgewendet war.

Mit dieser Betrachtung schließen wir nunmehr unsere Untersuchung über die Gestaltung von Drechslerarbeiten der romanischen und gotischen Zeit ab, denn die neueinsetzende

Abb. 752. Spätromanischer Altarkerzenleuchter

(Märkisches Museum, Berlin.) Diese Form wurde auch maßgebend für die Ausführung in Bronze und Messing.

Abb. 753. Gedrechseltes Tischgestell

(Nach einem Gemälde von Lucas Moser aus dem 15. Jahrhundert.) Wir erkennen hier die vorteilhafte Konstruktion der Drechseltechnik, die auch während der Zeit der Gotik angewandt wurde. Das gedrechselte Gestell ist mittels Zapfen und Zapfenlöchern zusammengebaut.

Abb. 754. Gotischer Altarleuchter

(Nationalmuseum, München)

Der Typ dieses Leuchters hat sich jahrhundertelang bis ins 18. Jahrhundert erhalten.

Stilepoche der Renaissance baut auf antiken Bildungsgesetzen auf, d. h. auf der Kunst der Griechen und Römer. Das ganze Abendland, das sich nunmehr zusammensetzt aus einzelnen Nationalstaaten, als da sind Deutschland, Italien, Frankreich und England, begibt sich nun in die Abhängigkeit dieser mächtig emporkommenden Stilepoche, der Renaissance.

Bevor wir uns dieser so bedeutsamen Epoche hinwenden, ist es nötig, uns erst mit der Antike zu beschäftigen, auf der, wie gesagt, die Renaissance auf- und weiterbaut.

Der klassischen Zeit der Griechen, die den Höhepunkt antiker Kultur bedeutet, ging eine archaische, d. h. eine Früh-Epoche voraus, die sich anlehnt an die Ausdruckskultur der alten Ägypter, Assyrer und Perser. Aus diesem Grund und da wir aus jener alten Zeit Funde gedrechselter Arbeiten aufzuweisen haben, wollen wir uns kurz auch mit dieser Zeit des Altertums beschäftigen.

DIE ASSYRER UND PERSER

Die frühesten dem Verfasser bekannten Drechslerarbeiten stammen etwa aus dem 8.—7. Jahrhundert v. Chr. Wir sehen in den beiden *Abb. 756 und 757* Fragmente, wohl Teile von Möbelfüßen aus gedrehtem und geschnitztem Elfenbein. Diese stammen wohl aus dem assyrischen Reiche, das im 8. und 7. Jahrhundert v. Chr. seine Blüte erlebte. (Die Könige Assurbanipal, Sardanapal in Ninive.)

Abb. 755. Unterteil eines Thrones von einem Relief aus dem 6. Jahrh. v. Chr. aus Altpersien

(Aus H. Schmitz: „Das Möbelwerk".) Die Formgebung der Füße des Thronsessels gibt uns die Überzeugung, daß die Drechseltechnik damals für die Herstellung von Stühlen Anwendung fand.

Trotz der starken Verwitterung des Elfenbeins vermögen wir die Schönheit der Arbeit sowohl in formaler wie in technischer Beziehung zu erkennen. Wir dürfen ohne weiteres als selbstverständlich annehmen, daß in dieser Zeit die Drechslerei vor allem auch in Holz in großer Blüte stand, und daß die einfachen Gebrauchsmöbel des Volkes aus Holz ähnliche Formen aufwiesen. Wir haben aus jener Zeit keine hölzernen Funde, weil dieser Werkstoff ja nicht die Unverwüstlichkeit des Elfenbeins besitzt. So verdanken wir dem widerstandsfähigen Elfenbein, daß wir uns heute noch eine Vorstellung der Drechslerei aus jener Zeit machen können.

Obwohl das alte viel früher blühende Ägypten längst eine hohe Kultur besaß mit hoch entwickeltem Kunsthandwerk, finden wir dort keine Spur von Drechslerarbeiten. (Was an Drechslerarbeiten in Ägypten aus den letzten Jahrhunderten v. Chr. gefunden worden ist, stammt von den Assyrern und Persern sowie den Griechen und Römern.)

Nach dem Untergang des assyrischen Reiches kommt das persische Reich zur Macht. (Sieg des Perserkönigs Cyrus im Jahre 539 v. Chr. über die Assyrer.) Auch aus dem Perserreiche sind uns Denkmäler erhalten, aus denen zweifellos hervorgeht, daß dort die Drechslerei wie in Assyrien eine bedeutende Rolle spielt. Die Perser haben vieles aus der assyrischen Kultur übernommen, so daß ihre Formensprache sehr der der vorangegangenen und in ihrer Macht abgelösten Assyrer ähnelt (siehe *Abb. 755).*

DIE GRIECHEN

Man nimmt an, daß die Griechen indogermanischen Ursprungs sind und etwa um 2000 v. Chr. in Griechenland einwanderten.

Wenn wir auch erst etwa aus dem 5. Jahrhundert Beispiele

Abb. 756

Abb. 757

Abb. 756 und 757. Fragmente von gedrehten Möbelfüßen aus Elfenbein, nordsyrisch, etwa 8.-7. Jahrhundert v. Chr.

(Foto: Neues Museum, Berlin, vorderasiatische Abteilung)

Abb. 758. Griechischer Armlehnstuhl, archaisches Steinrelief, etwa 6. Jahrhundert v. Chr.

Hier ist noch der assyrische, ägyptische Einfluß spürbar. Die Stuhlfüße bedienen sich der naturalistischen Form von Tierfüßen. Die ganze Haltung ist starr und repräsentativ. Der Stuhl ist nur dem König vorbehalten.

Abb. 759. Armlehnstuhl. Griechisches Grabmal aus dem 4. Jahrhundert v. Chr.

Welch völlig andere Welt spricht aus diesem Relief zu uns! Die Haltung ist eine natürliche und menschliche geworden. Wir empfinden geradezu die Freiheit des Geistes dieser Zeit. Hier finden wir die Drechseltechnik in den Dienst einer natürlichen Gestaltung gestellt.

von Drechslerformen bei den Griechen finden, so wissen wir andererseits aus der alten Literatur, daß schon in früheren Jahrhunderten der archaischen Zeit das Drechseln längst bekannt war. So finden wir in den Epen Homers Stellen, aus denen zweifellos hervorgeht, daß bei der Herstellung des Hausrats die Drehbank eine wichtige Rolle spielte. Es ist wohl anzunehmen, daß in dieser Zeit die Drechslerformen jenen im zur selben Zeit blühenden Reiche der Assyrer ähnlich waren.

Nun aber beginnt Griechenland im 5. Jahrhundert selbständig zu werden, und die griechische Kultur erreicht im 5. und 4. Jahrhundert v. Chr. eine Höhe, wie sie die Welt noch nie erlebt hatte. Den Griechen war es gegeben, dem abendländischen Geiste zum Sieg zu verhelfen. Wir können uns hier natürlich nur mit Andeutungen begnügen; wer die Kultur der Griechen kennt, der weiß, daß diese eine Höhe erreicht hat, zu der wir heute noch bewundernd aufsehen müssen. Das griechische Denken und Leben befreit sich von orientalischen und asiatischen Einflüssen. Das griechische Volk verharrt nicht mehr, wie es bei den andern Mittelmeervölkern der Fall war, im Banne der Hierarchie einer allmächtigen Priesterschaft; seine Philosophen führen es zu einer Freiheit des Geistes. Kunst und Wissenschaft entwickeln sich dabei zu ungeahnter Höhe.

Diese ungeheure geistige Wandlung spüren wir an der gänzlich neuen und ureigenen Ausdruckskultur der Griechen. Gleich wie die Menschen dieser Zeit natürlich leben und sich geben, so auch sich kleiden, werden die Formen von Möbeln und Geräten freier und natürlicher in ihrem Ausdruck — vor allem werden die Möbel bequemer, treten zum menschlichen Körper in Beziehung und verlieren jede Starrheit (vgl. die *Abb. 758 und 759).* Alle Dinge sind nicht nur nach der Forderung nach Zweck und Gebrauchsfähigkeit gestaltet, sondern man war bestrebt, auch die Forderung nach Schönheit der Dinge zu stellen. Betrachten wir daraufhin die uns überkommenen Drechslerformen, so wird uns der Unterschied klar, der in der ganzen Grundauffassung dieses im Süden sich so hochentwickelnden Volkes der Griechen gegenüber dem Norden liegt. Bei den Griechen sind die Pfosten der Stühle nicht mehr allein verzierte Rundpfosten, sondern die Stuhlfüße erhalten eine tektonische Gestaltung, d. h. sie bekommen den Ausdruck des Tragenden gleich den Säulen an Tempeln (vgl. die *Abb. 759 und 760).* Ähnlich verhält es sich bei den Geräten, Schalen, Vasen und dergleichen, bei denen man sich nicht mit der einfachen Zweckform begnügt, sondern auch eine schöne, lebendige Kunstform anstrebt voll schönsten Ausdrucks, siehe die *Abb. 761.*

Abb. 760. Griechische Stühle mit gedrehten Beinen, 5. Jahrhundert v. Chr.

(Aus H. Schmitz: „Das Möbelwerk")

Einem außerordentlich glücklichen Umstand verdanken wir es, uns eine absolute Vorstellung

Abb. 761. Griechische hölzerne Trinkschale von Uffing, 6. Jahrhundert v. Chr.
Rekonstruktion aus Mehlbeerbaum von Meister J. Walz, Tübingen, Foto: Dr. Rieth, Tübingen

machen zu können von der nicht allein künstlerischen, sondern auch geradezu verblüffenden technischen Höhe der griechischen Drechslerei. Es gelang nämlich dem Archäologen Julius Naue in den achtziger Jahren des letzten Jahrhunderts, in einem Hügelgrab in Oberbayern eine gedrehte Holzschale zu finden, von der wir in der *Abb. 761* ein klares Bild geben können. Julius Naue schreibt in seinem im Jahre 1887 herausgegebenen Buch „Die Hügelgräber" folgendes:

„Diese kylixartige Schale hatte eine Höhe von 55 mm, wovon 20 mm auf den Fuß entfallen; der obere Durchmesser betrug 124 mm und derjenige des Fußes 64 mm. Das für dieselbe verwendete Holz ist vom wilden Birnbaum. Der Fuß sowohl als die Schale gliedert sich in zwei Teile; der erstere in einen breiteren, in schöner Linie aufsteigenden und in einen schmäleren, gerade nach dem Unterteil der Schale gehenden; sowohl der eigentliche breitere als auch der schmälere Fuß ist verziert, jener mit neun scharf erhabenen Rippen, welche horizontal herumgehen, dieser mit einem breiteren und einem schmäleren zweimal gerippten Streifen. Unterhalb desselben liegt ein größerer, ebenfalls zweimal gerippter, doch beweglicher Reif oder Ring, der aus dem Holze gedrechselt worden ist. Die Schale, aus dem eigentlichen Schalenkörper und dem Rande bestehend, gliedert sich durch die rings um dieselbe laufenden zahlreichen Rippen, welche in 5 verschieden großen Abteilungen angeordnet sind, nochmals in sehr schöner und geschmackvoller Weise; mit kluger Berechnung legt man nämlich an den oberen Schalenbauch die Mehrzahl der Rippen, teilte diese aber, um nicht einförmig zu werden und allzu massiv zu wirken, wieder in 4 Reihen, die durch einen breiteren und zwei schmälere Reifen geschieden werden; zudem wurde die vierte Rippenreihe verjüngter als die anderen angefertigt. Mit dieser wirklich künstlerisch durchdachten Anordnung begnügte man sich jedoch keineswegs, vielmehr fügte man eine so überaus fein empfundene Profilierung der einzelnen Abteilungen hinzu, daß dadurch erst recht die edel schöne Form der Schale zur Geltung kommt. Die untere, fein ausgeführte Rippenreihe ist mit gleich kluger Berechnung in richtigem Abstande von jenen oberen und von dem Fußansatze angeordnet. Der Rand ladet in schön geschwungener Linie ziemlich weit aus, aber doch nur so weit, als es durch das Verhältnis zu den anderen Teilen bedingt ist, ein Mehr oder Weniger hätte geschadet. Das Innenprofil der Schale zeigt die ähnliche Feinheit des Umrisses und den gleich schönen Fluß der Linien; der Innenboden ist zudem noch mit zwei Rippenkreisen verziert, die, wie nicht anders zu erwarten, dieselbe Vortrefflichkeit in der Raumeinteilung beweisen. Die Form des Gefäßes erinnert lebhaft an diejenige der Kylix, nur daß die Henkel fehlen, was sich ja durch das Material, aus welchem unsere Trinkschale hergestellt worden ist, erklärt."
(Bemerkung des Verfassers: Es lag auch in der Drechseltechnik begründet, die Henkel wegzulassen gegenüber Tonschalen, bei denen man die Henkel ohne weiteres mit der Form der Schale verbinden und dann brennen konnte.)

Diese hölzerne Fußschale ist in mehreren Beziehungen für uns von außerordentlichem Interesse, und sie ist es wert, daß wir uns eingehender mit ihr beschäftigen. Kulturgeschichtlich, stilgeschichtlich, wie auch technisch erweckt sie unsere Aufmerksamkeit. Wie Naue uns mitteilt, fand man in der Schale einen zusammengetrockneten Rückstand einer aus Honig oder Met und Quarkkäse bereiteten Speisemitgabe. Daraus können wir ohne weiteres folgern, daß diese Schale auch wirklich als Gebrauchsgefäß benutzt, d. h. aus ihr getrunken wurde. Der Verfasser geht mit Archäologen (siehe unten) einig in der Annahme, daß diese Trinkschale griechischen Ursprungs ist. Betrachten wir nun die Form der hölzernen Schale näher, so können wir sofort die Ähnlichkeit mit tönernen und teilweise auch metallenen Gefäßen erkennen. Wir sehen daran die Einheitlichkeit des Stiles griechischer Schalen und Vasenformen, die sich in verschiedenen Materialien beibehalten hat, wobei wir natürlich feststellen können, daß bei unseren Schalen aus Holz die Technik ausdrucksvoll in den Dienst der Gestaltung gestellt wurde.

Dieser Umstand ist von großer Bedeutung für die Untersuchung des Problems der Gestaltung von Holz überhaupt (siehe auch das Kapitel „Die Gestaltung"). Wir haben es hier mit einer vollendeten Verbindung von Zweck und

Schmuckform zu tun. Es ist naheliegend, daß natürlich solche Trinkschalen nur benutzt wurden von der führenden Gesellschaftsschicht, sie wurden vermutlich beim Gastmahl des Wohlhabenden gereicht, und nicht in der Stube des Bauern, der mit solchen Geräten nichts hätte anfangen können. Diese benutzten einfache aber auch edle Holzgefäße, wie sie z. B. im Abschnitt „Volkskunst" abgebildet sind. Von nicht geringem Interesse ist für den Fachmann der vom Holz des Fußes frei abgedrehte Ring, was uns zeigt, wie alt schon diese Idee war und die Fähigkeit, solches zu machen. Diese Art Spielerei hat sich ja noch bis heute erhalten. Wir finden sie in der Renaissance oft bei den sog. Klappstühlen (siehe *Abb. 782* an den Knöpfen der Seitenlehnen).

Wir verdanken die Wiederentdekkung der schönen griechischen Schale, ihre Beschreibung und Veröffentlichung dem Archäologen Dr. Rieth, Tübingen; wir überlassen es ihm selbst, seine Meinung über die Schale zu äußern.

Abb. 762. Bronzespiegel mit gedrehtem Elfenbeingriff aus Süditalien, um 500 v. Chr. (Alte Pinakothek, Antikensammlung, München)

ZUR HÖLZERNEN TRINKSCHALE VON UFFING:*

„Die hohe Meisterschaft antiker Drechseltechnik offenbart sich überzeugend in der hölzernen Trinkschale von Uffing (Oberbayern).

Die Schale wurde in den achtziger Jahren des vorigen Jahrhunderts in einem Hügelgrab der späteren Hallstattzeit (6. Jahrhundert v. Chr.) gefunden. Sie stand, als Totenbeigabe, in einem Bronzeeimer, über den ein Korb gestülpt war. Diesen Umständen und der Tatsache, daß das dortige Gelände stark vermoort ist, haben wir es zu verdanken, daß sich das Stück überhaupt erhalten hat.

Schon der Ausgräber des Grabes und der Schale, Naue, erkannte deren antikes Gepräge, vertrat aber die Meinung, daß sie von einem einheimischen Handwerker geschaffen worden sei. — Dagegen erheben sich allerlei Bedenken, zumal man nördlich der Alpen in der späten Hallstattzeit gerade erst mit Drechseln begonnen hatte. Die Uffinger Schale aber ist ein Meisterstück, dessen tönerne Vorbilder in Italien und Griechenland beheimatet sind. Unsere Holzschale klingt in ihren ganzen Proportionen an ionische (bemalte) Meisterschalen der ersten Hälfte des 6. Jahrhunderts an; ihr geschwungener Rand erinnert außerdem an gewisse Metallgefäße derselben Zeit. Die Uffinger Schale muß demnach aus der Werkstätte eines italischen oder griechischen Drechslers stammen und gelangte auf dem Wege des Handels, wie vieles andere in jenem Jahrhundert, nach Oberbayern. — Was soll man an der Schale mehr bewundern: ihre edle Form oder den vom Fuß abgestochenen Ring, der dazu in sich noch profiliert ist?

Das Originalstück ist heute leider, infolge ungenügender Konservierung, verbogen und geschrumpft. Glücklicherweise wurde es von Naue sofort nach der Ausgrabung gezeichnet. Diese Skizze und genaue Messungen der Holzstärke ermöglichten die Ausarbeitung einer Profilzeichnung, nach der Drechslermeister Johannes Walz in Tübingen eine ausgezeichnete Rekonstruktion des Stückes anfertigte. (Walz verwendete dazu Holz vom Mehlbeerbaum, während das Original aus Pappelholz gearbeitet ist. Zum Hinterdrechseln des Ringes benutzte Walz einen selbst geschmiedeten Hakenstahl.)

Die Uffinger „Kylix" ist eines der wenigen erhaltenen, griechischen Holzgefäße, die wir aus Griechenland selbst, infolge ungünstiger Klima- und Bodenverhältnisse, kaum je kennenlernen werden."

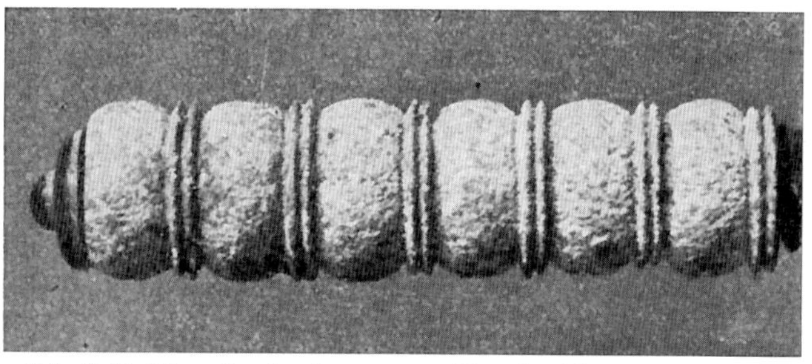

Abb. 763. Einzelaufnahme vom Handgriff obigen Spiegels

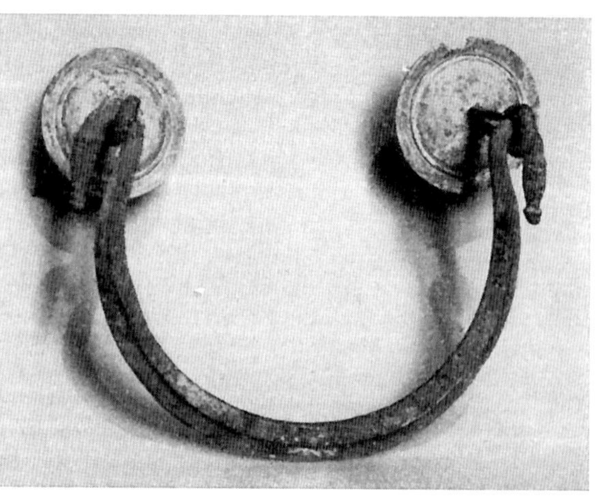

Abb. 764. Gedrehte Elfenbeinrosetten griechischen Ursprungs, 5. Jahrhundert v. Chr. (Alte Pinakothek, Antikensammlung, München)

Ebenfalls in den Bereich griechischer Handwerkskultur gehört der bronzene Spiegel mit

*) Die Ausführungen über die Trinkschale von Uffing sind einer im Sommer 1938 in Druck gegebenen Arbeit über die „Entwicklung der antiken Drechseltechnik" entnommen, die im „Internationalen Jahrbuch für Prähistor. und Ethnograph. Kunst" erscheinen wird; der Beitrag wurde dem Verfasser von Dr. Rieth (Tübingen) zur Verfügung gestellt.

gedrechseltem Elfenbeingriff in *Abb. 762*, der süditalischen Ursprungs ist. Der Typ des Spiegels selbst ist schon viel älter, wir kennen ihn (allerdings ohne gedrechselten Griff) aus Funden in Ägypten im Neuen Reich etwa um 1400 v. Chr. Der noch gut erhaltene elfenbeinerne Griff gibt uns eine lebendige Vorstellung von der formalen Gestaltung von Drechslerarbeiten. Dieses an sich einfache Motiv einer kettenähnlichen, ornamentalen Wirkung scheint sehr viel verbreitet und viele Jahrhunderte immer wieder angewendet worden zu sein. Finden wir doch, wie schon ausgeführt, in den *Abb. 742 und 743* dasselbe Motiv, z. B. als Stuhlfuß ausgebildet. Wer des Drechselns kundig ist, der muß sich sagen, daß wir es hier mit einer ganz einfachen elementaren Drechslerform zu tun haben, wie man sie geradezu Anfängern als Übung aufgeben würde. Zwischen gleichgroßen Wulsten sitzen 2 Platten, die nach einer Seite scharf abgefast sind, eine Arbeit, die lediglich mit dem einfachen Meißel leicht hergestellt werden kann. Dieses formale Motiv mit seiner so einfachen, drechslermäßigen Grundform hat sich die ganzen Jahrhunderte bis ins Mittelalter erhalten, wie wir schon oben erwähnt haben.

Wie reizvoll die Drechseltechnik in den Dienst feinen Schmuckes gestellt wurde, zeigt der in *Abb. 764* dargestellte Griff einer Truhe, dessen Ringkloben zur Aufnahme des Henkels eine Verschönerung in organischer Weise durch elfenbeinerne Rosetten erhalten haben.

In *Abb. 765* ist das Original eines ägyptischen Schemels, etwa 300—200 v. Chr., gezeigt. In dieser Zeit stand Ägypten unter der Oberhoheit der Griechen, und an der Formgebung der gedrechselten Beine erkennen wir griechische Arbeit.

Abb. 765. Ägyptischer Holzschemel mit gedrehten Beinen, völlig unter griechischem Einfluß entstanden, etwa 3.—2. Jahrhundert v. Chr.

Es ist anzunehmen, daß die Füße dieses Schemels auf einem Drehstuhl, wie in Abb. 1 gezeigt, gedreht wurden

Abb. 766. Gedrechselte römische Möbelfüße aus Hartholz

(Aus Koeppen und Breuer: „Geschichte des Möbels", Berliner Museum)

DIE RÖMER

Wie die Griechen, so waren auch die Römer ein indogermanischer Volksstamm, der sich etwa im 8. Jahrhundert v. Chr. in Italien ansiedelte. Sie waren zunächst, bis etwa 500 v. Chr., teilweise etruskischen Königen untertan. Gegen 400 wurde die Macht der Etrusker durch den Einfall der Kelten (390 v. Chr.) vernichtet und auch Rom erobert und niedergebrannt. Nachdem sich Rom von dem Keltenüberfall erholt hatte, unterwarf es die Etrusker politisch sowie kulturell. Nach der siegreichen Auseinandersetzung Roms auch mit Karthago, die sich über mehr als ein ganzes Jahrhundert, bis 146 v. Chr., erstreckte, begann die Herrschaft der Römer sich auszubreiten, und Rom wurde zur Weltmacht. Die großartigste Blütezeit erlebte Rom am Ende der Republik im Übergang zur Zeit der römischen Kaiser, der Cäsaren. Erst später begann sein Niedergang während der zügellosen Regierung rasch aufeinanderfolgender habgieriger und auch oft unfähiger Kaiser.

Rom hatte sich nahezu die ganzen Mittelmeerländer untertan gemacht und vor allem auch 146 v. Chr. Griechenland sich unterworfen. Es schleppte die Griechen als Sklaven in sein Land, insbesondere die griechischen Künstler und Handwerker, die nun für die einem luxuriösen Leben sich hingebenden Römer arbeiten mußten. Mit praktischem Geschick machten sich die römischen Künstler die Vorbilder der Griechen zunutze und bauten auch auf den technischen Fertigkeiten der Etrusker weiter — und trotz der im Grunde fremden Vorbilder verstanden es die Römer, ihrer ganzen Kunst und Ausdruckskultur ein römisches, nationales Gepräge zu geben. Weit reicher als die Griechen, konnten sie besonders in der Kaiserzeit einen verschwenderischen Prunk treiben und ihre Lebensführung in ungeheurem Maße verfeinern. Aber diese luxuriöse Lebenshaltung hatten allmählich Weichlichkeit und Verfall der Sitten zur Folge, was den Niedergang und die endgültige Auflösung des Reiches mit sich brachte. Vergleichen wir die Kultur der Griechen mit der der Römer, vor allem die Kunst und das Handwerk der beiden, so kommen wir zu folgender Feststellung und Betrachtung: den Griechen war die Kunst eine innerliche Lebensnotwendigkeit — ihr Verhältnis zu Wohnstätte und Gerät war mehr ein geistiges.

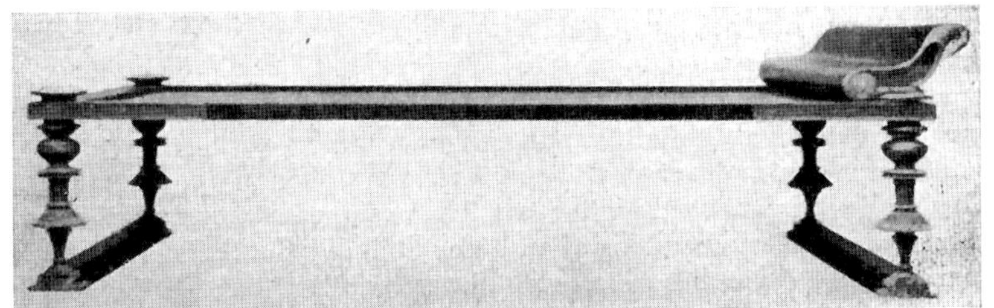

Abb. 767. Römisches Bronzebett aus Boscoreale, etwa 100 v. bis 100 n. Chr.

(Aus Bossert: „Geschichte des Kunstgewerbes", Berlin, Staatl. Museen)

Abb. 768. Römisches Ruhebett mit gedrehten Füßen, 3. Jahrhundert n. Chr. (Aus Schmitz: „Das Möbelwerk")

Den Römern dagegen war die Kunst mehr Mittel zum Zweck. Wohl waren auch die Römer empfänglich für das Schöne, aber es fehlte ihnen das geistige Fundament der Griechen. Sie begnügten sich damit, Kunst und Kultur der unterworfenen Völker für ihre Zwecke nutzbar zu machen. Ihre Prunkliebe ließ eine überreiche Dekoration vor allem in der Kaiserzeit aufkommen. Alle Künste traten in den Dienst eines üppigen Lebensgenusses.

Es ist wohl selbstverständlich, daß die Römer die Drechseltechnik, die sie schon von den Griechen und Etruskern übernommen hatten, für die Herstellung ihrer Möbel und Geräte nun weitgehendst ebenfalls anwendeten, und zwar in Holz, Elfenbein, Bronze, Marmor, Edelstein, Bernstein, Schildpatt. Einen interessanten Einblick gewähren auch die Funde aus Pompeji. In den dortigen Sammlungen findet sich eine große Anzahl von Drechslerarbeiten, so feine Teller aus Holz, Spielfiguren aus Elfenbein und Knochen sowie Gewichte aus Marmor. Aus der römischen Zeit sind ebenfalls Überreste von gedrehten Möbelfüßen aus Holz auf uns gekommen (siehe *Abb. 766*). Wie wir wissen, haben die Römer insbesondere auch die hochstehende etruskische Bronzetechnik übernommen und weiterentwickelt. Mit Vorliebe hat man reichere Möbel, Hocker, Sessel und Bettstellen mit runden, bronzenen Füßen versehen, die unverkennbar ihre Entstehung der Technik und formalen Gestaltung des Drechselns verdanken *(Abb. 767)*. Wir gehen dabei nicht fehl, wenn wir (wie das ja immer der Fall war und bleiben wird) annehmen, daß für die einfachen Holzmöbel die reichen feinen Möbelteile Vorbild wurden. Es findet gewissermaßen ein Kreislauf der Entwicklung statt: die Bronzetechnik hat sich ursprünglich an die in Holz gedrehten Formen angelehnt — und die bei den reichen Möbeln zur Mode gewordenen Bronzefüße wurden wieder Vorbild für die hölzernen Füße der einfachen Möbel. Dies ist unschwer zu erkennen an der Ähnlichkeit der in *Abb. 766* abgebildeten Holzfüße mit den bronzenen Füßen der Bank in *Abb. 767*. Wir stellen dabei fest, daß die bronzenen Formen, wohl eher von künstlerischen Menschen entworfen, edler und schöner sind als die etwas plumpen, mehr gedankenlos zusammengereihten Formen der Füße aus Holz.

Betrachten wir diese Holzpfosten, die wohl Überreste eines Stuhles oder einer Bank sind, so befriedigt uns die Gestaltung dieser Stuhlfüße nicht. Sie wirken gerade, als ob gedankenlos einzelne in sich abgeschlossene Formen aufeinandergestellt wären, und wir können uns nicht bejahend zu dieser Kunstform stellen, im Gegenteil, wir müssen erstaunt sein über den sehr dürftigen künstlerischen Gehalt dieser Arbeiten und gehen wohl nicht fehl, wenn wir in ihnen im Gegensatz zu früheren schönen Formen den Ausdruck eines kulturellen und damit künstlerischen Zerfalls des römischen Reiches erblicken.

Wir sehen also, wie die Technik des Drechselns auch bei dem großen Volk der Römer ein wertvolles Mittel darstellt für die Herstellung eines wesentlichen Teils ihres Hausrates. (Siehe auch die *Abb. 768.)*

Noch bis in das 4. Jahrhundert vermag sich Rom zu halten. Aber dann bereitet die große germanische Völkerwanderung im 4. Jahrhundert dem römischen Reich seinen endgültigen Niedergang. Die römische Kultur rettet sich nach dem oströmischen, dem später byzantinischen Reich, wo sich besonders am dortigen Kaiserhofe vieles der spätantiken Kunst durch die folgenden Jahrhunderte hindurch erhalten hat. Hierbei interessiert uns die Tatsache, daß gerade in diesen Jahrhunderten dort die Drechslerei tonangebend blieb, ja, wohl mehr, als dies bei den Griechen und Römern der Fall war, wie wir schon weiter oben ausgeführt haben.

Die Entwicklung ging in der Art weiter, daß sich die germanischen Stämme die noch vorhandene und vor allem byzantinische Ausdruckskultur zunutze machen, wobei natürlich germanische Stilelemente sich mit denen der Antike vereinen. Bis zur romanischen Zeit finden wir Spuren dieser Mischung, bis sich dann in der eigentlichen romanischen Stilepoche ein klarer, geschlossener Stil bildet, wie wir ihn schon im vorhergehenden entwickelt haben.

Als ureigenste westeuropäische Schöpfung entsteht dann der Stil der Gotik. Absichtlich sind die im nördlichen Lebensraum bis zur Gotik sich entwickelnden Stilepochen schon für sich behandelt worden. Wir schließen nun unmittelbar an die spätrömischen Arbeiten jene der Renaissance an, da sie aus der Formenwelt der Antike schöpfen.

DIE RENAISSANCE

Das aus dem Französischen kommende Wort „Renaissance“ (italienisch: rinascimento), auf deutsch: „Wiedergeburt“, ist nicht allein als Bezeichnung für einen bestimmten Stil zu nehmen, sondern dieser Begriff umfaßt eine der wichtigsten Epochen der Menschheits- und Kulturgeschichte überhaupt. Mit dem Wort „Wiedergeburt“ soll nicht nur zum Ausdruck gebracht werden, daß man sich in Italien für das Kunstschaffen die antike Formenwelt zum Vorbild nahm, sondern daß man sich überhaupt die gesamte Kulturäußerung der Antike zunutze machte und darauf weiter aufbaute. Die Renaissance war erfüllt von einer neuen Geistesrichtung, die man unter dem Gesamtbegriff Humanismus versteht. Der Humanismus, dessen Trachten dahin ging, den Kulturzustand der Menschheit zu fördern, war berufen, den Kampf aufzunehmen gegen das, was man unter dem „dunkeln Mittelalter“ verstand, wie auch gegen kirchliche Mißstände. Die Kirche hatte ihre geistige Herrschaft über einen großen Teil des Volkes eingebüßt. An Stelle der durch die Kirche geförderten Sehnsucht nach dem Tode und dem Jenseits trat stärker wieder die Bejahung des irdischen Lebens.

Diese neue Grundeinstellung zum Leben förderte nicht allein die Entwicklung der Wissenschaften, sondern zugleich schuf sie einer großzügigen künstlerischen, wie nun auch individuellen Gestaltung freie Bahn. Gleich wie in der Antike hält man sich an die Natur, man studiert sie und erfüllt gewissermaßen die neuen Werke mit der organischen Harmonie, wie sie die Natur gebildet hat also ganz im Gegensatz zu dem Stilausdruck der vorangegangenen Gotik, die mit ihrem spirituellen Charakter dem Studium der Natur abhold war.

Es sei aber dabei hervorgehoben, daß es sich bei der mit dem Anfang des 15. Jahrhunderts einsetzenden Epoche des Renaissancestiles in der italienischen Kunst und dem Kunsthandwerk nicht um ein äußerliches und gedankenloses Nachahmen der antiken Formen handelt. Wäre dies der Fall gewesen, dann hätte sich der Einfluß der Renaissance nicht nahezu ein halbes Jahrtausend erhalten können. Nein, der Renaissance verdanken wir, trotz der Anlehnung an antike Vorbilder, eine Entfaltung alles Künstlerischen zu einer Höhe, die sich voll mit der griechischen Blütezeit eines

Abb. 769. Dreibeinstuhl aus Italien, 15. Jahrhundert

(Aus Lehnert: „Geschichte des Kunstgewerbes“.) Vergleichen wir die beiden Stühle in Abb. 749 und 750, so erkennen wir dieselbe romanische Drechslerkonstruktion, lediglich weisen hier die gedrehten Profile die lebendige Formensprache der Renaissance auf.

Abb. 770. Venezianisches Himmelbett nach einem Holzschnitt von 1499

(Aus Schottmüller: „Möbel der italienischen Renaissance“.) Das Motiv des durch Säulen getragenen Baldachins über dem Bett findet sich schon in der gotischen Zeit, in der die Säulen meist kantig bzw. geschnitzt waren, während sich die Renaissance dafür wieder der Drechslerei bedient. Das Himmelbett hat sich die ganzen Jahrhunderte hindurch erhalten und wurde vor allem auch in ländlichen Gegenden bis in das 19. Jahrhundert hinein mit Vorliebe verwendet, siehe auch die Abb. 833 und 834 auf Seite 234.

Abb. 771. Truhe aus Verona aus dem Jahre 1510

(Aus Schottmüller: „Möbel der italienischen Renaissance“, Mailand, Museo Poldi-Pezzoli.) Wir erkennen hier, in welch origineller Weise sich die Renaissance zur Herstellung von Schmuckformen der Drechslerei bedient.

Abb. 773 (rechts). Teil einer doppelseitigen Kirchenbank aus Süditalien, Ende des 16. Jahrh.

(Aus Schottmüller: „Möbel der italienischen Renaissance“, Kaiser-Friedrich-Museum, Berlin.) Die Rückenlehne ist als eine Art Balustrade ausgebildet mit aufrechten, gedrehten Stäben von völlig symmetrischer Form. Dieses Motiv der symmetrisch gedrehten Säule ist typisch für die italienische Frührenaissance, vgl. auch die Formen der Säulen in den Abb. 775 bis 777 und folgende mit Beschreibung.

Abb. 772. Kredenz aus Toskana nach 1550

(Aus Schottmüller: „Möbel der italienischen Renaissance“, Kaiser-Friedrich-Museum, Berlin.) Die gedrechselte Rosette ist zu einer wichtigen Schmuckform geworden, auch der Schubladenknopf ist gedreht.

Abb. 774 (links). Gedrechselte Dose der italienischen Renaissance, im Grund rot bemalt mit goldenem Rankenfries

(Aus Bossert: „Geschichte des Kunstgewerbes“, Landesmuseum, Troppau)

Perikles messen kann. Der Grund hierfür liegt in einer für uns bedeutsamen Tatsache, aus der wir für unsere zukünftigen Arbeiten Nutzen ziehen sollten — nämlich, daß zu dieser Zeit die wirkliche und große Kunst in engster Beziehung stand zum Handwerk. Dieser innigen Beziehung von Kunst und Handwerk verdankt die Renaissance in Italien den hohen künst-

Abb. 774.

Abb. 775.

Abb. 776.

Abb. 777.

Abb. 775 und 777. Stollenschränke aus Ligurien oder Südfrankreich, spätes 16. Jahrhundert

(Aus Schottmüller: „Möbel der italienischen Renaissance“.) Der Typ des Stollenschrankes stammt aus der Gotik. Mit besonderer Absicht werden hier die beiden italienischen Stollenschränke gezeigt, um auf die formal so unterschiedliche Anwendung der gedrehten Säule hinzuweisen. Die Säule links lehnt sich an die Gestaltung der steinernen architektonischen Säule an, und die Technik stellt nur ein nötiges Mittel zum Zweck dar. Bei dem Stollenschrank rechts dagegen ist die Holzform in ausgezeichneter Weise in den Dienst der Gestaltung gestellt, sie ist in ihrem Ausdruck barock, wogegen die linke Säule eine klassizistische Haltung aufweist. Wir finden im Klassizismus des 18. Jahrhunderts wieder dieselbe Behandlung der Säule. Abb. 776 ist die Säule vom Mittelsteg eines Florentiner Tisches um 1550. Diese Säule mit ihrem keulenförmigen Schaft ist typisch für die Hochrenaissance in Italien. Diese Grundform finden wir auch in der deutschen Renaissance vielfach als Treppenbalustraden (Abb. 791). Das Grundmotiv dieser Säule wird später auch umgekehrt verwandt und führt dann die Bezeichnung „Balustersäule“, siehe Abb. 830.

lerischen Gehalt auf dem Gebiet auch des Kunsthandwerks. Bei aller Einheitlichkeit des Stils der Renaissance tritt ein starkes individuelles Wollen der einzelnen künstlerischen Persönlichkeiten zutage, die untereinander wetteiferten, es zu immer höheren Leistungen zu bringen. Dabei kam eine Wechselwirkung zustande zwischen einem gesteigerten künstlerischen Interesse der Auftraggeber — zu denen vor allem hochgebildete fürstliche und geistliche Machthaber zählten — und dem Ehrgeiz der schaffenden Künstler.

Wir können uns hier nicht weiter über das übrige Kunsthandwerk der Renaissance verbreiten, sondern müssen uns der Betrachtung der Drechslerarbeiten in dieser Zeit hingeben. In der Renaissance feiert die Drechslerei, die in der Gotik nahezu verschwunden war, erneut ihr Wiederaufblühen. Wenn sie auch nicht mehr die ausschlaggebende Bedeutung bei den Liege- und Sitzgelegenheiten hat wie in der romanischen Zeit, so wird sie wohl mit großem Geschick für den praktischen Gebrauch nutzbar gemacht und dabei mit künstlerischem Takt einbezogen in die Gestaltung der Möbel, wo sie in organischer Weise eine edle Bereicherung abgibt.

Abb. 778 (links).
Lesepult der Spätrenaissance aus Toskana
(Aus Schottmüller: „Möbel der italienischen Renaissance".) An dieser Säule erkennen wir den Einfluß des plastischen Gestaltens auf die Drechslerei; die Welt des Barocks, in der die Holzplastik ihre große Entfaltung erlebt, kündigt sich an. Dieser Säulenschaft mit seinem tragenden Ausdruck mag uns ein Beweis sein, daß es möglich ist, mit der Drechslerei Kunstformen zu schaffen.

Dies ist also die Stellung der Drechslerei in der Renaissance — sie hört auf, ein Eigenleben zu führen und tritt in enge Beziehung zu einer edlen schreinermäßigen Gestaltung. Dabei wird ihre Wirkung oft noch erhöht durch den schönen Schmuck künstlerischer Schnitzerei, wie dies ähnlich schon im Altertum der Fall war.

Das inzwischen zur hohen Blüte sich entwickelnde Schreinerhandwerk drängte die vordem hauptsächlich aus konstruktiven Gründen sich behauptende Drechslerei zurück. Wo wir dennoch, so z. B. an Stühlen, Bänken und dergleichen, gedrehte Teile finden, da haben diese nicht mehr nur konstruktive Forderungen zu

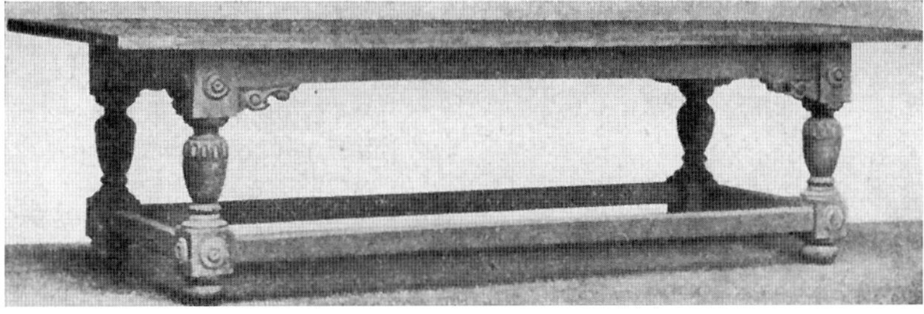

Abb. 779. Oberitalienischer Tisch, um 1600
(Aus Schottmüller: „Möbel der italienischen Renaissance".) Außer den gedrehten und geschnitzten Säulen sind die auf die kubischen Pfostenteile aufgesetzten Rosetten gedreht.

Abb. 780. Tisch aus Bologna, 17. Jahrhundert
(Aus Schottmüller: „Möbel der italienischen Renaissance".) Die gedrehten Fußsäulen verlieren ihre große Grundform und werden in eine Vielheit von Profilen aufgelöst, wobei aber immer noch der tragende Ausdruck durch das Mittelhauptglied gewahrt wird.

Abb. 781. Italienischer Stuhl, 17. Jahrhundert
(Aus Schottmüller: „Möbel der italienischen Renaissance")

Abb. 782. Sog. Scherenstuhl aus Oberitalien
(Aus Schottmüller: „Möbel der ital. Renaissance".) Hier sind lediglich die Knöpfe der Armlehnen gedreht sowie die kleine Rosette in der Achse der Scheren. Hingewiesen sei auf die ausgedrehten Ringe zwischen Knopf und Armlehnholz. Diese Ringe haben nicht wenig dem Spieltrieb der damaligen Menschen Vorschub geleistet. Diese technische Spielerei ist auch schon den Griechen des 5. Jahrhunderts bekannt gewesen, siehe die griechische Trinkschale in Abb. 761.

Abb. 781.

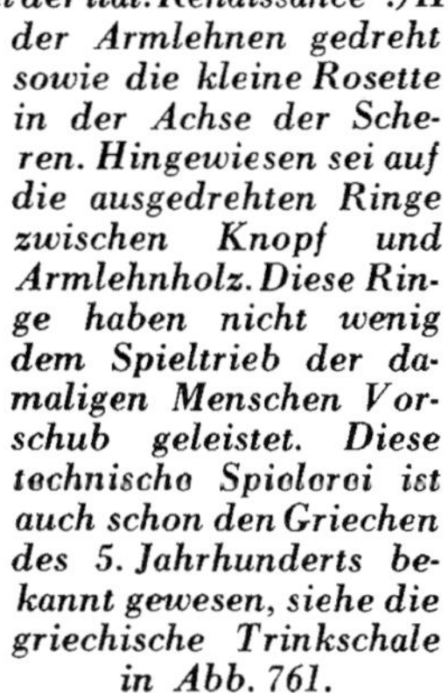

Abb. 782.

Abb. 783 (rechts). Armlehnstuhl aus Mittelitalien, 16.—17. Jahrhundert
(Aus Schottmüller: „Möbel der italienischen Renaissance".) Äußerst reizvoll sind die die Armlehnen tragenden kleinen Säulen. Der Typ dieses an sich einfachen Stuhles vermag uns heute durchaus als Vorbild zu dienen.

Abb. 783.

Abb. 784 (links). Französischer Armlehnstuhl, 16. Jahrhundert

(Aus Feulner: „Kunstgeschichte des Möbels", Museum des Cluny, Paris.) Dieser alte französische sog. Plauderstuhl (caquetoire) stellte an den damaligen Drechsler oder Stuhlbauer beträchtliche Anforderungen. Abgesehen von den etwas schweren, schon fast barocken Armlehnen und deren Stützen erinnert uns diese Gestaltung an den späteren Klassizismus des 18. Jahrhunderts, siehe auch Abb. 787.

Abb. 785 (rechts). Holländischer Armlehnstuhl aus der 2. Hälfte des 16. Jahrhunderts

(Aus „Architektur und Kunstgewerbe in Alt-Holland", Reichsmuseum, Amsterdam.) Während der französische Stuhl für die Füße die rein klassische Säule als Vorbild nimmt, weisen hier die gedrehten Füße und Armlehnstützen eine bewegtere Profilierung auf.

Abb. 786 (unten). Verstellbarer Tisch (Grate leg table) aus England, 17. Jahrhundert

(Aus Feulner: „Kunstgeschichte des Möbels", Viktoria- and Albertmuseum, London.) Die feinen Säulen sind beidseits leicht konisch. Anregend ist die etwas abweichende Durchbildung der oberen und unteren Profile.

erfüllen, sondern sie werden darüber hinaus, wie bei der Betrachtung der griechischen Möbel schon erwähnt, auch in den Dienst einer formalen künstlerischen Bereicherung und auch Schmuckes gestellt. Diese Drechslerformen unterscheiden sich darum wesentlich in ihrem Ausdruck von dem der romanischen Formen. An Stelle der dortigen, meist einfachen Rundformen beginnen diese in der Renaissance bewegtere, plastische Formen anzunehmen. Die einzelnen Drechslerformen der Renaissance setzen sich zusammen aus den Elementen antiker Grundformen, als da sind Platte, Viertel- und Rundstäbe, Hohlkehlen und Karniese. Je nach Aufgabe, bei denen die Drechslerformen genützt werden, haben diese oft einen mehr oder weniger selbständigen Charakter. Aber stets sind diese Formen erfüllt von einem überzeugenden, tektonisch organischen Ausdruck. Man spürt bei der Formgebung den Willen, den gedrehten Füßen z. B. an Tischen und Stühlen den Ausdruck des Tragens zu geben. Da im Zug der Renaissance, ähnlich wie in der Antike, sich die Plastik erneut zur vollsten Blüte entwickelt, macht sich diese Sicherheit

Abb. 787. Französischer Renaissancetisch

(Aus Feulner: „Kunstgeschichte des Möbels", Musée des Arts decoratifs.) Hingewiesen sei wiederum auf den gedrehten, architektonisch durchgebildeten Tischfuß (vgl. auch Abb. 775).

Abb. 788. Tisch aus Oberitalien, 16. Jahrhundert

(Aus Feulner: „Kunstgeschichte des Möbels".) Gegenüber dem links stehenden Tisch haben die Fußpfosten dieses Tisches die Form von sog. Balusterfüßen, siehe auch die Abb. 776 und 777. Der Tisch links wirkt festlicher, während der rechts mehr von einer profanen Haltung ist.

des plastischen Gestaltens bei der Bildung von Rundformen natürlich auch in schönster Weise geltend. Solche Rundformen, die sich der Drechseltechnik bedienen, werden nun auch mit weit mehr Takt und Sparsamkeit angewendet, und zwar nur da und dort um so ausdrucksvoller, wo sie eine lebendige und ausdrucksvolle Funktion zu erfüllen haben, gegenüber den romanischen Drechslerarbeiten, bei denen man schon aus konstruktiven Gründen, so die Rückenlehnen z. B. in *Abb. 745 und 746*, mit Hilfe gedrehter, senkrecht stehender Stäbe bildete, die natürlich nicht gerade bequem waren.

Wir müssen uns in diesem Buch auf nur wenige Abbildungen beschränken, diese aber sind so gewählt, daß sie sowohl, was die Anwendung wie die Entwicklung der Drechslerformen betrifft, ein charakteristisches Bild geben.

Auch für die Herstellung von Dosen spielte die Drechslerei eine große Rolle, siehe *Abb. 774*. Ebenso finden wir als besondere Liebhaberei die Drechslerei in Form von reich profilierten Rosetten und Möbelknöpfen auf Möbeln *(Abb. 772)*.

Der neue Geist der Renaissance hielt auch bald in den übrigen Ländern Europas einen siegreichen Einzug. Je nach der Aufnahmefähigkeit und dem Verständnis sowie auch der künstlerischen Fähigkeit und dem technischen Können der einzelnen Länder, in denen sich die Renaissance ausbreitete, wird dieser Stil mehr oder weniger geschickt übernommen und teilweise von der völkischen Eigenart dieser Länder beeinflußt. Es würde zu weit führen, die Entwicklung des Renaissancestiles in den einzelnen Ländern Europas genau zu verfolgen. Es sei in diesem Zusammenhang auf die *Abb. 784—787* hingewiesen, die Stühle und Tische der französischen, englischen und holländischen Renaissance zeigen. Wir wollen uns nun noch kurz der Betrachtung der Renaissance in Deutschland zuwenden.

Abb. 789. Kirchlicher Kerzenleuchter aus der deutschen Frührenaissance

mit noch gotischen Schragenfüßen (Bayr. Nationalmuseum, München). Hingewiesen sei auf die Verbindung von Schnitzerei und Drechslerei. Am oberen Teil der Säule ist der mehrfache Wund angewandt.

DIE RENAISSANCE IN DEUTSCHLAND

Um es vorweg zu nehmen, uns Deutschen fehlte — vielleicht von Ausnahmen abgesehen — letzten Endes eine innere Beziehung zur Renaissance, und wir dürfen uns nicht darüber täuschen, daß wir nie völlig eingedrungen sind in den Geist dieser Epoche. Es lag bei uns keine innere Notwendigkeit vor, unsere durchaus auf einem hohen Stand befindliche Wohn- und Möbelkultur, mit der wir innerlich in einem ganz anderen Maße verbunden waren, zu ändern. Es hat seinen tiefen Grund, weshalb die gotische Tektonik unserer Möbel, also die gotischen Möbelformen, bis in das Spätbarock beibehalten wurden. Man beschränkte sich also meist mehr darauf, die vorhandenen, durchaus zweckdienlichen Möbelkörper lediglich mit der neuaufkommenden Ornamentik der italienischen Renaissance äußerlich zu dekorieren

Abb. 790. Lehnstuhl aus der Ulmer Gegend, datiert 1669

(Aus Feulner: „Kunstgeschichte des Möbels“.) Die formale Durchbildung der Füße ist nicht völlig befriedigend, besonders was die Verbindung der dünnen unteren Profile der Füße mit den Pfosten der Stege anbetrifft. Die Säule scheint lediglich aufgestellt zu sein. Die geschnitzte Rückenlehne ist weniger für den praktischen Gebrauch als zur Repräsentation gedacht.

Abb. 791. Treppenbalustrade aus der deutschen Renaissance, 16. Jahrh.,

aus dem Festsaal des Dachauer Schlosses (Bayr. Nationalmuseum, München), vgl. auch die Abb. 776 mit Text

Abb. 792.

Abb. 793.

Abb. 794.

Abb. 792. Italienischer barocker Armlehnsessel aus dem 17. Jahrhundert

(Aus Schottmüller: „Möbel der italienischen Renaissance".) Hier begegnet uns zum erstenmal wieder die Durchbildung von Füßen und Stäben in Form von sog. Eierstäben, die wir in ähnlicher Form schon aus der Antike, der mittelalterlichen und byzantinischen Zeit kennen, siehe die Abb. 742, 743 und 762. Als Steg kann das Motiv des Eierstabs, sofern er zwischen Vierkantpfosten gesetzt ist, bejaht werden, wogegen es, wie schon auf Seite 208 gesagt, für tragende und freistehende Säulen abgelehnt werden muß. Dies Motiv der aufeinandergereihten Wulste hat die barocke, gewundene Säule weiterentwickelt, siehe die Abb. 793 und 794.

Abb. 795.

Abb. 793. Englischer Armlehnsessel mit Strohgeflecht, 17. Jahrhundert

(Aus Brackett: „Englische Möbel".) Das Motiv des Doppelwunds ist hier konsequent und einheitlich an Stegen und Pfosten angewandt. Man wird diesem feinen Doppelwund gegenüber dem Eierstab wohl den Vorzug geben. Wo bei einem zeitgemäßen Stuhl der Wund einmal angewandt werden soll, da mag dieses Möbel als Vorbild dienen.

Abb. 794. Französischer Armlehnsessel, 17. Jahrhundert

(Aus Feulner: „Kunstgeschichte des Möbels".) Hier tritt uns zum erstenmal das Motiv des einfachen Wundes am Stuhl entgegen. (Siehe auch „Gewundene Säule" auf Seite 113.) Nicht befriedigend ist die ebenfalls gewundene Armlehne. Diese ist bei dem englischen Stuhl in Abb. 793 in sachlicher wie in formaler Beziehung besser gelöst.

Abb. 795. Englischer Tisch, erste Hälfte des 17. Jahrh.

(Aus Brackett: „Englische Möbel", Cassioburg Park, Graf Essex.) Dieser Tisch zeigt uns, welch ausdrucksvolles Mittel die Drechslerei für die Gestaltung solcher Möbel abgibt.

Abb. 796. Holländ. Polsterstuhl aus Nußbaumholz, 1690

(Aus Feulner: „Kunstgeschichte des Möbels", Niederländisches Museum, Amsterdam.) Auch bei den reichen, runden geschnitzten Balusterfüßen kann die Drechslerei nicht entbehrt werden.

Abb. 797. Englischer Armlehnsessel, Ende 17. Jahrh.

(Aus Brackett: „Englische Möbel", in Boughton, Northants, Herzog von Buccleuch.) Dieser prachtvolle, nie veraltende Sessel bedient sich der Drechslerei als reizvolles Mittel zur organischen wie schmückenden Gestaltung.

Abb. 796.

Abb. 797.

oder mit anderen Worten: die italienische Renaissance wurde mehr aus modischen Gründen bei uns angewendet. Vielleicht war dies noch nicht die schlimmste Zeit, denn die spätgotischen Möbel eigneten sich gar nicht schlecht bei Beibehaltung ihrer Tektonik für die Aufnahme des italienischen Ornaments, und manche dieser Arbeiten sind von sehr großem Reiz.

Das Verhängnis aber begann in der nächsten Periode, als man anfing, wahllos antikische Architekturformen besonders auf der Vorderseite der Möbel anzubringen, die frühere, klare Tektonik des Möbels verließ und auch die praktische Brauchbarkeit außer acht ließ.

(Es sei allerdings hervorgehoben, daß neben den überladenen Möbeln und Geräten eines reich gewordenen, geltungsbedürftigen Bürgertums die Möbel, wie vor allem auch die Gebrauchsgeräte des Volkes stets eine gesunde, natürliche Grundhaltung beibehielten.)

Abb. 798. Norddeutscher Barockschrank 2. Hälfte des 17. Jahrhunderts

(Aus H. Schmitz: „Das Möbelwerk".) Das Modell zeigt die Ausbildung der Pilaster in Form von leicht konischen, einfachen Wunden. Hingewiesen sei auch auf die schweren, gedrehten Füße. Mit „Kunst" haben diese Art Schränke nichts zu tun.

Wohl hat auch das italienische Möbel bis zur Spätzeit für seine künstlerische Gestaltung die Architekturform zu Hilfe genommen, aber dort waren diese Formen tektonisch motiviert und künstlerisch gestaltet, und vor allem waren dort die Zweckformen immer das wichtigste geblieben. Die deutschen Prunkschränke, die von sog. „Kunsttischlern" gefertigt wurden, protzten mit einer Anhäufung toten Wissens antiker Architekturformen. Man nannte diese Schränke „Kunstschränke". Aber weder die Meister noch ihre Arbeiten hatten mit Kunst etwas zu tun. Es spricht aus den Arbeiten eine beschämende Eitelkeit, und eine Unbildung zugleich, vor der wir uns in Zukunft hüten müssen. Die technische Leistung an diesen Produkten wäre einer besseren Sache würdig gewesen. Diese Arbeiten waren keine Kunstwerke, sondern Kunststücke! Dieser unerfreulichen Entwicklung konnte sich auch die Drechslerei nicht entziehen, lediglich blieben die einfachen Gebrauchsgeräte und Möbel ihrer alten und gesunden Haltung treu.

Wir wollen kurz den Gründen nachgehen, die an dieser so unerfreulichen Fehlentwicklung schuld waren. Sehr bald nach dem Aufkommen der italienischen Renaissance erschien in Italien, vor allem aber auch in Deutschland eine Unmenge Vorlagen (Ornamentstiche), die den deutschen Möbelmeistern nun als Vorbild dienten. Man war stolz, und es lag so recht im Zug des Humanismus, sich ein großes Wissen an Architekturformen anzueignen. So entstand ein äußerliches, gedankenloses Nachahmen, und die Wirkung war um so schlimmer, weil die Ornamentstecher meist selbst des Handwerks unkundig waren. Die gleichen und noch verheerenderen Irrwege wurden bei uns in Deutschland wieder zur Zeit der Pseudorenaissance beschritten. Nicht genug können wir uns diese Erfahrung für unser heutiges Gestalten zunutze machen.

Abb. 799.

Ende des 16. Jahrhunderts tritt dann bei uns in Deutschland aber eine Besserung ein. Ein erneutes Studium italienischer guter Vorbilder (deutsche Künstler reisten nach Italien) wirkte sich vorteilhaft aus. Es kam wieder mehr Klarheit in den Aufbau der Möbel, d. h. sie wurden wieder edler und künstlerischer und von persönlicher deutscher Eigenart.

Die Drechslerei findet in der deutschen Renaissance gegenüber der italienischen weit weniger Anwendung, besonders an den Möbeln selbst. Vor allem die deutsche Frührenaissance, in der sich die Möbel in Bauart und Tektonik noch gänzlich der gotischen

Abb. 799. Barocker Polsterstuhl, Anfang 18. Jahrh.

(Aus H. Schmitz: „Deutsche Möbel des Barock und Rokoko", aus Schloß Oranienburg bei Dessau.) Wir sehen, wie auch im 18. Jahrhundert lustig weitergedreht wurde. Wir wollen jedoch diesen Stuhl nicht als vorbildlich hinstellen, die Verhältnisse der einzelnen Formen lassen zu wünschen übrig. Auch an alten Beispielen können wir lernen, wie man es nicht machen soll!

Abb. 800. Polsterstuhl Augusts des Starken, 1727

(Aus H. Schmitz: „Deutsche Möbel des Barock und Rokoko", in Schloß Moritzburg.) Dieser Stuhl erinnert an Vorbilder der italienischen Renaissance.

Abb. 800.

Vorbilder bedienten (die, wie wir wissen, keine Drechslerei angewendet hat), hat die Drechslerei nicht mit einbezogen. Eher schaltet sie sich wieder ein in der zweiten Periode der deutschen Renaissance, wo Architekturformen reichste Verwendung finden, bei denen die Säulen gedreht wurden. Vor allem blieb die Drechslerei dort lebendig, wo die Stühle der deutschen Renaissance nach dem italienischen Vorbild gearbeitet wurden, siehe *Abb. 790.*

BAROCK

Das der Renaissance folgende Zeitalter nennen wir heute das Zeitalter des Barock. Wir müssen uns hier leider nur mit einer kurzen Charakterisierung des Stils begnügen. Wer tiefer in diese Zeit eindringen möchte, der sei auf die Spezialliteratur hingewiesen.

Ursprünglich bedeutete „Barock" in der nachfolgenden Zeit des Klassizismus einen Spottnamen. Es ist wohl richtig, anzunehmen, daß die Bezeichnung „barock", was verschroben, übertrieben heißen soll, mehr dem sog. Rokoko galt, welches als letzter Ausläufer des Barockstils aufkam.

Wie die Renaissance, so nimmt auch der Barock gegen Ende des 16. Jahrhunderts von dem in der Kunst führend gebliebenen Italien seinen Ausgang, und zwar mehr auf dem Gebiet der Architektur. Der Stil des Barock entsteht nicht etwa als ein neuer origineller Stil, sondern entwickelt sich aus der Formenwelt der Renaissance und macht innerhalb etwa 1½ Jahrhunderten verschiedene Entwicklungsstadien durch, und erst im Spätbarock, Ende des 17. und nahezu das ganze 18. Jahrhundert hindurch, erhebt er sich zu einem originalen Ausdruck. Bis dahin aber weisen die Barockmöbel in ihrem typischen Aufbau Wesenszüge der Renaissance und selbst noch des Mittelalters auf.

Von einem großen Gesichtspunkt aus gesehen, ist in der barocken Formenwelt mehr das Gefühlsmäßige herrschend gegenüber dem viel mehr verstandesmäßigen, philosophischen und aufklärerischen Geist der Renaissance. Es tritt gewissermaßen eine Ermüdung dem Verstandesmäßigen gegenüber ein. Diese Epoche können wir in Zusammenhang mit der Gegenreformation bringen, in der ja, wie bekannt, die katholische Kirche wieder größeren Einfluß und mit der Zeit ein Übergewicht gewinnt. So ist es auch erklärlich, warum gerade die katholische Kirche sich des Stiles bemächtigt und ihn in weitestem Maße für den Ausdruck der Machtentfaltung nutzbar macht.

Abb. 801. Englisch-amerikanische Kommode in Nußbaum, bemalt, um 1700

(Aus Lockwood: „Amerikanische Möbel der Kolonialzeit".) Im Original wirkt dieses Möbel weit vorteilhafter, als es das hier gezeigte Bild vermitteln kann, auf dem die Formen des gedrehten Untergestelles zu hart in Erscheinung treten.

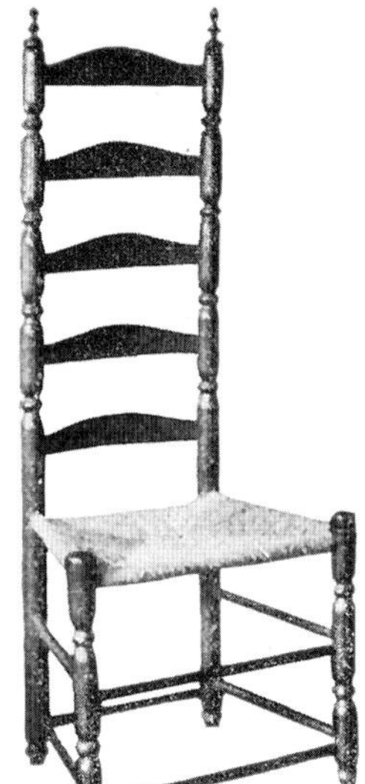

Abb. 802.

Abb. 803

Abb. 804.

Abb. 802 und 804. Englisch-amerikanische Landhausstühle mit Binsensitz, 18.—19. Jahrhundert

(Aus Lockwood: „Amerikanische Möbel der Kolonialzeit".) Diese Typen werden noch heute hergestellt, wenn auch mit kürzeren und meist schräger gestellten Rückenlehnen, siehe auch die Abb. 839 auf Seite 235. Abb. 803 zeigt den sog. Windsorstuhl des 18. Jahrhunderts. Dieser originelle Stuhl wird auch heute noch in großen Mengen gefertigt, wobei aber gesagt sein soll, daß er keine große Strapazierfähigkeit besitzt.

Abb. 805. Schwarz lackierte Kommode aus der Zeit des Rokoko

(Aus „Holländische Möbel".) Der Stil des Rokoko hat der Drechslerei kaum Aufgaben gestellt, lediglich bei solchen im Grundriß geschweiften Kommoden hat man oft diese gedrehten Kugelfüße angewendet.

Abb. 806. Eichene Kommode aus der amerikanischen Kolonialzeit, Ende des 17. Jahrhunderts

(Aus Lockwood: „Amerikanische Möbel der Kolonialzeit".) Wir sehen das Motiv des gedrechselten, halbierten Pilasters aus der Frührenaissance hier nochmals aufgegriffen. Man kann über diesen Schmuck geteilter Meinung sein. Das Möbel dürfte in Wirklichkeit weit vorteilhafter wirken, als es auf der Abbildung der Fall ist. (Vgl. die Truhe in Abb. 771 auf Seite 217.)

Wir sehen also, daß mannigfache Strömungen kultureller, religiöser wie auch politischer Art die grundlegenden Voraussetzungen für das Entstehen des Barocks bilden. Es ist deshalb auch gar kein Zufall, daß der mächtigste Mann seiner Zeit, nämlich Ludwig XIV., König von Frankreich, ein katholischer Fürst war, in dessen Landen das von Italien übernommene Barock im Spätbarock, Ende des 17. und noch Anfang des 18. Jahrhunderts seine große Blüte und Entfaltung erfährt und tonangebend wird für die ganzen übrigen Länder. Das französische Barock wurde zum internationalen Geschmack und Mode, dem auch die in Deutschland nach dem Dreißigjährigen Krieg zur Macht kommenden Fürstenhöfe unterlagen. Unsere Potentaten wollten es dem „Sonnenkönig" von Frankreich nachtun. Bei aller Prachtliebe Ludwigs XIV. waren die Möbel dieser Zeit nicht protzig und überladen wie die oft unkünstlerischen, nur handwerklichen Möbel des Frühbarock, sondern bei allem Reichtum stets künstlerisch. Kein Wunder, denn der Sonnenkönig rief die besten Künstler und Handwerker seines Landes zusammen. So war es verständlich, daß diese künstlerischen Möbel Vorbild für die übrige Welt wurden, sowohl für die Fürsten und reichen Bürger, wie in größter Vereinfachung bis hinab in alle Volksschichten.

Die einzelnen Länder bilden dann das aus Frankreich kommende Barock ihrem unterschiedlichen Wesen und auch Verhältnissen gemäß zur besonderen Eigenart um. Siehe die *Abb. 795 bis 797*. Wir wollen uns nun noch kurz der Entwicklung in Deutschland zuwenden.

Abb. 807. Wandtisch, gezeichnet von Robert Adam, 1772

(Aus Feulner: „Kunstgeschichte des Möbels", Viktoria and Albert Museum, London.) Auch die Zeit des Klassizismus des ausgehenden 18. Jahrhunderts hat, wie wir sehen, sich der Drechslerei zur Herstellung schöner, eleganter Möbelfüße bedient.

Gleich wie in Frankreich nahmen sich auch bei uns die gebildeten Fürsten mit größtem Interesse nach dem Dreißigjährigen Krieg des Kulturschaffens ihrer Zeit an. Auch sie bedienten sich bester Künstler und Handwerker, die sie zum Teil aus Italien und Frankreich beriefen. Das Handwerk war nicht mehr sich selbst überlassen, sondern angeregt und geführt von künstlerischen Auftraggebern. Die Möbel dieser Zeit bestanden nicht mehr aus einer unkünstlerischen Anhäufung unverstandener Formelemente und technischer Spitzfindigkeiten, sondern wurden zu künstlerischen Gebilden. Die Barockschränke z. B. haben nicht mehr das Fassadenhafte einer Steinarchitektur, der Werkstoff Holz wird weit materialgerechter verwendet. Die Möbel bleiben immer Möbel. Eine Ausnahme machen vielleicht die bürgerlichen reichen Barockmöbel vor allem an der Wasserkante. Wir zeigen in *Abb. 798* einen solchen norddeutschen Barockschrank, bei dem, wie wir sehen, die Drechslerei auf ihre Kosten kommt. Einen strengen künstlerischen Maßstab dürfen wir aber an diesen Schrank nicht legen, er erinnert an zwei aufeinandergestellte Truhen, und das schwere Hauptgesims steht in keinem Verhältnis zum

Oberteil des Schrankes. Aber im übrigen erleben Kunst und Handwerk eine neue Blüte und stellen sich wieder in den Dienst einer Lebensfreude. Auf Schritt und Tritt spüren wir in den deutschen Landen noch heute jene schaffensfrohe künstlerische Zeit, deren lebens- und gemütvoller Stil alles umfaßt. Es war uns Deutschen weit mehr, als dies in der Renaissance der Fall war, gelungen, dem wohl auch von außen her aufgenommenen Barockstil unser deutsches Wesen aufzuprägen, das den verschiedenen Volksstämmen entsprechend und durch einzelne individuelle Künstler verschiedenartigen Ausdruck erhielt. So begegnet uns in Deutschland ein buntes, reiches Bild.

Das schöne Vorbild einzelner Kulturzentren wirkt hinein bis in alle Volksschichten von Stadt und Land, und es ist auch gerade die Volkskunst in dieser Zeit, die uns für heute noch eine Fülle von Anregungen zu geben vermag. Die Dinge haben vor allem Gefühls- und Gemütswerte und spiegeln lebendig die Vielfalt der Unterschiedlichkeit von Mensch und Landschaft wieder, siehe die Seiten 234 ff. Die Möbel und Geräte sind deshalb so schön, weil sie noch gebildet sind von Handwerkern und Kunsthandwerkern, die aus Liebe zu ihrem Handwerk arbeiten und noch nicht an Profit und Spekulation dachten, wie es ja dann im 19. Jahrhundert durch das Aufkommen von Industrie und händlerischem Geist der Fall wurde.

In der Zeit des Barocks beginnt auch wieder mit dem Neuaufblühen aller Handwerke das schöne Drechslerhandwerk zur Geltung zu kommen. Wir sehen, in welch vielfältiger Weise die Drechslertechnik in die Gestaltung erneut einbezogen wird. Sowohl das Möbel selbst bedient sich der Drechslerei, aber vor allem sind es Stühle und sonstige Sitzgelegenheiten, die der Drechslerei nicht mehr entbehren. Dann aber wurden allerlei Gebrauchsgeräte von großem Reiz gedreht, denen wir heute noch zugeneigt sein müssen, und die wir zur Anregung nehmen können. Aus diesem Grunde ist in einem besonderen Kapitel dieser deutschen Volkskunst das ganze 18. Jahrhundert hindurch bis hinein ins 19. Jahrhundert Aufmerksamkeit geschenkt.

Schon zur Zeit Ludwigs XIII. findet die Drechslerei wieder bedeutend mehr Verwendung, die Skulptur wird zurückgedrängt. Besonders kommen zu dieser Zeit bei Stühlen und Möbeln die spiralförmigen (gewundenen) Drechslerformen auf *(Abb. 793 und 794).* (Siehe auch die Abhandlung über die gewundene Säule im Kapitel „Zeitgemäße Technik". Seite 113.) Man geht wohl nicht fehl in der Annahme, daß die einfach gewundene Säule im Barock ihren Ursprung hat.

ROKOKO

Wie schon erwähnt, klingt der Barockstil im „Rokoko" aus. Dieses war eine rein französische Erfindung. Die Epoche des Rokoko wird auch der Stil „Louis Quinze" genannt, da er während der Regierungszeit Ludwigs XV. (1735—1765) seine glänzendste Zeit erlebte. Zwischen dem Barock Ludwigs XIV. und dem Rokoko schiebt sich auch kurz der Regence-Stil ein (so genannt nach der Regentschaft Philipps v. Orleans). Er bildete den Übergang vom Barock zum Rokokostil.

Gegenüber dem Barockstil beschränkte sich das Rokoko mehr auf die Gestaltung des Innenraumes und der Möbel, es ist vor allem ein Dekorationsstil. Das französische Rokoko steht künstlerisch auf einer bedeutenden Höhe, und es ist kein Wunder, daß dieser Stil auch bei uns in Deutschland Eingang gefunden hat. Unser höfisches Rokoko war prunkvoll und überladen, und oft voll grotesker Auswüchse, im Gegensatz zum französischen Rokoko, das eine künstlerische Höhe behielt. Gleich wie in Frankreich war jedoch das bürgerliche Heim der Rokokozeit in seiner Vereinfachung liebenswürdig, menschlich heiter und lebensfroh. Aus dieser Zeit finden sich noch in manchem Haus in Stadt und Land gut erhaltene reizvolle Beispiele. Die Möbel erhalten im Rokoko an Stelle des für den Barock noch typischen architektonischen Aufbaues geschwungene Formen und Linien. Die Möbel werden gewissermaßen zu plastischen Gebilden, sie werden bequemer, behaglicher, die Schnitzerei wird eines der vornehmsten Mittel zu Schmuck und Dekoration. Wir verdanken dieser Zeit eine ganze Reihe neuer Typen von Sitzmöbeln.

Die Drechslerei wird hier jedoch stark in den Hintergrund gedrängt. Lediglich hat sie sich in bescheidenem Umfang erhalten bei im Grundriß geschwungenen Schränken und niederen Kommoden, die gedrehte, gewissermaßen zusammengedrückte Füße erhalten, siehe die *Abb. 805.* Bei uns in Deutschland aber hat sich, besonders in ländlichen Gegenden und Kleinstädten, die Drechslerei immer erhalten, denn man war dort traditionell gebunden. So haben sich z. B. in der Gegend an der Wasserkante, wie schon öfter erwähnt, selbst noch romanische Drechslerformen, besonders an Tischen und Bänken, bis ins 19. Jahrhundert hinein erhalten. Kurz, all das, was wir unter „Volkskunst" verstehen, hat die Drechslerei nie entbehrt.

DER KLASSIZISMUS

Gegenüber der Möbel- und Raumkunst hat sich in Frankreich in der Architektur im 18. Jahrhundert immer mehr eine klassizistische Richtung entwickelt. Diese setzt sich nach dem Überleben des Rokoko durch und erfaßt nun auch das Gebiet des Möbels und der Dekoration.

Dem Klassizismus war geistig und weltanschaulich schon lange der Boden bereitet. Immer mehr regt sich beim Volk, das unter der Vorherrschaft des Adels und der Kirche schwer leidet, die Sehnsucht nach persönlicher wie geistiger Freiheit. Mit der Ablehnung der vorherrschenden Klasse lehnte man natürlich auch ihre Ausdruckskultur ab, man begeisterte sich wieder an dem Ideal der Antike. Das neue Interesse für die Antike wurde vor allem gefördert durch Funde in Griechenland und Süditalien. Bei uns in Deutschland war es besonders Johann Joachim Winckelmann, der mit seinen Schriften „Die Formen der Antike" bahnbrechend und anregend wirkte. Hierin ist auch der Grund zu erblicken, weshalb wir diese Zeitepoche „Klassizismus" nennen. Dieser Stil hielt sich bis etwa ins 3. Jahrzehnt des 19. Jahrhunderts in verschiedenen Abarten. Er nahm seinen Ausgang in Frankreich. Wir bezeichnen ihn heute mit dem Stil Louis XVI. Das in Erstarkung begriffene, aufgeklärte und bisher unterdrückte französische Bürgertum lehnte die Vorherrschaft der Fürsten und des Adels ab und war damit auch naturgemäß der reichen und prunkvollen Wohnkultur der herrschenden Klassen immer mehr abhold. Es begann, sich seine eigene ihm zeitgemäße Ausdruckskultur zu schaffen. An Stelle von Reichtum und Prunk traten Schlichtheit und Natürlichkeit.

In dieser Zeit des sog. „Louis-Seize"-Stils wird gegenüber

dem Rokoko erneut die Technik des Drechselns eingeschaltet — bei weitem aber nicht in dem Umfang und in der beherrschenden Weise, wie dies im Zeitalter des Barocks der Fall war —, sondern mehr als in der Renaissance wird die Technik benötigt für die Herstellung gedrehter Stuhlfüße und Stützen der Armlehnen, wie der Füße an Möbeln, die meist durch Kannelüren und Schnitzereien bereichert werden. Während in der Barockzeit die Technik des Drechselns geradezu die Form durch ihre Möglichkeiten beeinflußt, ist es hier umgekehrt, die Technik des Drechselns ordnet sich mehr unter und stellt sich unauffällig in den Dienst einer mehr architektonischen Formensprache.

Gegen Ende des 18. Jahrhunderts entwickelt sich bei uns in Deutschland auch in Anlehnung an das englische bürgerliche Möbel eine klassizistische Möbelkunst, die sich befreit von dem Ornamentstil des Louis XVI. und ihre eigenen Wege geht. Die Möbel werden einfach, aber in schönen Hölzern, wie Mahagoni, Birnbaum, Birke, Nuß- und Kirschbaum poliert ausgeführt. Es sind dies jene Möbel von schlichter, edler Formgebung und Zweckmäßigkeit, deren Schmuck hauptsächlich das edle, schön gearbeitete Material darstellt — jene Möbel, wie sie Goethe liebte. Unsere deutsche Möbelkultur jener Zeit atmete eine freie, geistige Gesinnung, sie war der Ausdruck für ein hochstehendes, geistiges Bürgertum von edler Lebensart.

Diese Zeit des deutschen Klassizismus, wie wir sie bezeichnen wollen, entbehrte ebenfalls nahezu gänzlich der Drechslerei. Die Möbel mit ihren glatten, polierten Flächen hatten meist konische, vierkantige Füße.

In Frankreich bekommt der Klassizismus nach der Revolution unter dem sog. „Directoir" etwa um 1795 noch eine neue Richtung, die sich dann unter dem Kaiserreich Napoleons weiterentwickelt zu dem uns heute bekannten Stil des „Empire". Wohl verdanken wir dem Empire manche in der Form einfache Möbeltypen, die dem deutschen klassizistischen Möbel bis weit ins Biedermeier hinein Anregung gaben. Aber das Vorbild des reichen repräsentativen und prunkvollen Empires, dessen sich das Kaisertum in seiner Prachtliebe bediente, war weit weniger günstig für die damalige Möbelkultur, denn es bediente sich römischer, griechischer, ja selbst ägyptischer Vorbilder, die dem Stil etwas Gewolltes, Unverhältnismäßiges gaben, und wir können diesen Stil nicht zu unrecht gewissermaßen einen Pseudostil nennen, der einer rasch reich und im Innern damit nicht fertig gewordenen Bevölkerungsschicht Ausdruck für ihre Lebensart war. Gegenüber dem vorher besprochenen Klassizismus bringt das Empire die Drechslerei wieder stärker in Anwendung. Man bediente sich auch wieder der Formensprache der Architektur, wobei die runde Säule eine nicht unwesentliche Rolle spielte. Wir finden viel gedrehte Stuhl- und Tischfüße, allerdings von strengen Formen, die ab und zu auch Schnitzereien und Bronzefassungen erhielten (siehe *Abb. 811).*

DAS BIEDERMEIER

Im 2. und besonders im 3. Jahrzehnt des 19. Jahrhunderts tritt an Stelle von Strenge und Schlichtheit eine Weichheit der Formen, die Möbel werden wieder bequemer. Die ganze Grundstimmung jener Wohnungen wird etwas behaglicher, man hat dieser Zeit die Bezeichnung „Biedermeier" gegeben. Dieser sog. Biedermeierstil trägt bereits Anzeichen eines Niedergangs der Möbelkultur. Die Möbel bestehen aus einem Gemisch der Formenwelt des Klassizismus und eines vereinfachten Empires. Ferner machen sich bereits im 3. Jahrzehnt Anfänge gotischer Formen der Romantik, wie auch in den vierziger Jahren die Sprache des Zweiten Rokokos geltend.

Die Zeit des Biedermeier besitzt also keinen organischen Stil mehr. Sie entbehrt den starken Zug einer Einheitlichkeit, wie dies bei den vorangegangenen Stilepochen der Fall war. Aber immerhin sind uns die Möbel dieser Zeit noch sehr sympathisch, weil wir noch an ihnen den Menschen spüren, der sie aus einer anständigen Gesinnung gestaltet und gearbeitet hatte. Es schaffte noch der Handwerker mit Liebe und Freude ohne Profitsucht. Aber es beginnt nun die Zeit, in der die Kunst sich dem Handwerk entfremdet. Die enge Beziehung zwischen Kunst und Handwerk, wie dies noch im 18. Jahrhundert der Fall war, geht verloren. Die Möbel entbehren immer mehr eines künstlerischen Wertes, und man hat deshalb diese Zeit nicht mit Unrecht spöttisch „Biedermeier" genannt.

Das Biedermeier, besonders in seiner letzten Phase, bedient sich wieder in zunehmendem Maße der Drechslerei, und zwar vor allem an Stuhl- und Tischfüßen *(Abb. 812).*

WEITERE ENTWICKLUNG IM 19. UND 20. JAHRHUNDERT

Im Lauf der dreißiger Jahre kommt das sog. „Zweite Rokoko" auf, das in Frankreich nach der Wiederherstellung des Königreiches seinen Ausgang nahm. Vergleicht man die Zeit des Zweiten Rokokos mit den nachfolgenden Pseudostilen, so kann man mit Recht behaupten, daß bei allen Einwänden, die man gegen das Zweite Rokoko machen kann, diese Zeit die letzte Periode einer immerhin noch anständigen Wohnkultur darstellt, denn das Vorbild (nämlich das französische Rokoko) war ein gutes.

Im Zweiten Rokoko finden wir, da es sich ja stark an das echte Rokoko des 18. Jahrhunderts anlehnt, ebenfalls kaum Drechslerarbeiten. Aber im 4. und 5. Jahrzehnt treten einzelne gedrehte Formen auf, die schon an die nachfolgende Zeit der Pseudorenaissance anklingen oder sich auch noch an das Biedermeier anlehnen *(Abb. 813).*

Der wie das Neurokoko kurz bestehende Stil der Neugotik, der hauptsächlich seine Formenwelt aus der kirchlichen Steinarchitektur hernahm, war für die Drechslerei von keiner Bedeutung, da ja das Vorbild, wie wir wissen, sich der Drechslerei auch nicht bediente (siehe *Abb. 814).*

Nun setzt bis zum Ende des Jahrhunderts ein chaotisches Nebeneinander fast aller Stilarten ein, die es je gab. Es waren lediglich äußerliche, gedankenlose Nachahmungen.

Es ist natürlich, daß bei all den Stilarten die Drechsler wieder sehr auf ihre Kosten kamen, besonders bei all den Arbeiten, die sich jene Stile zum Vorbild nahmen, die sich vornehmlich der Drechselei bedient hatten. Mit einem der hervorragendsten Pseudostile des letzten Drittels des 19. Jahrhunderts haben wir uns noch ausgiebiger zu beschäftigen, in dem die Drechslerei wieder ganz außerordentlich zu Worte kam, dies ist die Pseudorenaissance. Dieser Stil hielt sich nahezu bis in das 20. Jahrhundert hinein und war vor allem in den achtziger Jahren beherrschend. Abgesehen von wenigen künstlerisch hochstehenden Leistungen dieser eklektischen Stilepoche stellen die meisten Arbeiten lediglich äußerliche und dann auch meist billige Nachahmungen der Renaissance dar. Man bedient sich vor allem wahllos mit Vorliebe der reichen dekorativen Vorbilder der deutschen Renaissance des 16. und 17. Jahrhunderts, die an sich schon nicht von so hohem geistigen Inhalt, meist prunkvoll und überladen waren. Es ist auffallend und sehr interessant, daß z. Z. der Pseudorenaissance auch wieder nach Vorlagen gearbeitet wurde, die allermeist von des Handwerks unkundigen Architekten und vielfach auch von Schulmeistern entworfen wurden.

Es ist darum interessant, einen Vergleich zwischen der Zeit der deutschen Renaissance des 16. und 17. Jahrhunderts und der Pseudorenaissance des 19. Jahrhunderts anzustellen. Auch die echte Renaissance war ja schon einmal der Zeitstil des reich gewordenen Bürgertums, ähnlich wie dies im 19. Jahrhundert dann der Fall war. Man kann dem zu Wohlstand gekommenen Bürgertum beider Zeitepochen den Vorwurf machen, daß es ihm an gediegener geistiger Bildung mangelte und es ihm nicht gegeben war, die Grenzen der Bescheidung zu finden. Besonders das wohlhabende Bürgertum des 19. Jahrhunderts verfiel in den Rausch einer naiven Protzerei, die in dem Aufkommen eines überladenen, schwülstigen Dekorationsstils ihren Ausdruck fand.

In dieser Zeit, die sich vor allem an die deutsche überladene Spätrenaissance anlehnt, kommt erneut jener sog. „Kunstdrechsler“ auf. Es entstehen wieder solche Drechslerkunststückchen und Kuriositäten, die bewirkten, daß sich das gebildete Publikum mit Entsetzen von ihnen abwendete. Wir müssen hier die Tatsache feststellen, daß in manch alten und auch jungen Drechslermeistern noch bis heute jenes „Künstlertum“

Abb. 808. (Siehe auch Abb. 517)

Abb. 809.

Abb. 808. Sessel im Stil des Louis XVI., letztes Drittel des 18. Jahrhunderts

(Aus Schmitz: „Deutsche Möbel des Klassizismus“.) Wie uns dieses Modell aus der so wichtigen Stilepoche des 18. Jahrhunderts zeigt, spielen runde Formelemente, wie Stuhlbeine und Armlehnstützen, bei der Gestaltung der Sitzmöbel eine hervorragende Rolle.

Abb. 809. Toilettentischchen im Sheraton-Stil um 1800

(Aus Lockwood: „Amerikanische Möbel der Kolonialzeit“.) Wie Ringe legen sich die feinen, wulstigen Profile um die zusammengebündelten Stäbe, die die Säulen bilden. Zugleich wirken die gereihten Wulste als tragende Kapitäle. Dieser kurze Hinweis mag uns auch die organische Wirkung der Füße erklären.

Abb. 810. Klapptisch, Ende 18. Jahrhundert

(Aus Schmitz: „Deutsche Möbel des Klassizismus“.) Für diesen Tisch gilt ähnliches, was bei Abb. 808 schon gesagt wurde.

Abb. 811. Empiretisch aus dem Residenzschloß zu Stuttgart

(Aus Schmitz: „Deutsche Möbel des Klassizismus“.) Wie im Text schon ausgeführt, bedienen sich die klassizistischen Stile der Drechslerei zur Herstellung vor allem runder, in ihrer Form sich an Architekturvorbilder anlehnender Säulen.

Abb. 810.

Abb. 811.

Abb. 812. Tisch- und Armlehnstuhl aus der Biedermeierzeit, etwa 1820 (Aus Paul Mebes: „Um 1800“.) Wir sehen, daß die letzte noch sympathische Möbelkultur des vergangenen Jahrhunderts sich in bedeutendem Maße der Drechslerei bedient.

in den Köpfen spukt, vor dem das Drechslerhandwerk nicht genug gewarnt werden kann (siehe die *Abb. 816 b).*

Wohl blieb der Drechslerei in der Zeit der deutschen Pseudorenaissance eine Fülle von Aufgaben vorbehalten, aber nach dem Vorhergesagten ist leicht zu begreifen, daß, von wenig Ausnahmen abgesehen, das Gesamtniveau der Drechslerarbeiten in formaler Hinsicht kein erfreuliches war. Dazu kam noch, daß durch die soziologischen Umwälzungen, bedingt durch das Aufkommen der Industrialisierung und der damit heranwachsenden ärmeren Bevölkerung, die kulturell immer verantwortungsloser werdende Industrie und der spekulativ eingestellte Möbelhandel die protzigen reichen Möbel des wohlhabenden Bürgertums auch für die billige Industriemassenware zum Vorbild nahmen, was von verheerenden Folgen war. Damit sank auch naturgemäß das wohl immer noch stark beschäftigte Drechslerhandwerk hinsichtlich seiner kulturellen Leistung immer weiter hinab. Und es ist wohl gerade die Erinnerung an diese Zeit der Pseudorenaissance mit ihren schlechten, billigen, gedrehten Formen, die auf Jahrzehnte hinaus, ja bis heute die meisten bewegt, vom Drechseln nichts mehr wissen zu wollen.

Abb. 813. Wandschirm aus der Zeit des sog. „Zweiten Rokoko“
Die Säule dieses merkwürdigen Möbels ist gedrechselt.

In den letzten Jahrzehnten des 19. Jahrhunderts bot, wie schon erwähnt, die gesamte Ausdruckskultur ein Chaos aller Stilarten, die es je gegeben hat. Eine grenzenlose Verwirrung des allgemeinen Geschmacks war eingetreten, und was vielleicht das schlimmste war und was auch in der Folge alle Ansätze gesunder Erneuerung der Form an Gerät und Möbeln immer wieder überwucherte, das war das verhängnisvolle Streben der Fabriken, mit überladenen, pompösen Formen einem ungesunden Repräsentationsbedürfnis der Menschen zu schmeicheln. Dies ist eine Erscheinung, die sich bis in die Gegenwart herein noch nicht überwinden ließ, weil sie im Konkurrenzkampf der erzeugenden Fabriken ein sicheres Mittel ist, die Kauflust der großen Menge immer wieder anzureizen. Das modische Erzeugnis, das durch seinen stets von neuem überraschenden Formenwechsel bestechen konnte, siegte dabei immer wieder über die qualitativ guten Lösungen weniger Werkstätten und erdrückte so alle guten Bemühungen.

Die Entwicklung seit der Jahrhundertwende ist in ihren wechselvollen Sprüngen den meisten Lesern noch bekannt und gegenwärtig. Die Stilnachahmungen der letzten Jahrzehnte des 19. Jahrhunderts löste ein im Grunde von der technischen Entwicklung her richtig beeinflußter kon-

Abb. 814. Wäschekasten in pseudogotischem Stil aus dem Jahre 1858
Man bediente sich, wie wir sehen, des gotischen Kirchenstils für gänzlich prosaische Möbel. Wie an dem echten gotischen Kastenmöbel, so hatte die Drechslerei auch hier keinen Anteil bei der Gestaltung.

Abb. 816 a. Dieses war die Wanduhr (Regulator) der großen Masse im „reichen“ Stil der Renaissance

Noch heute verunschönen diese ganz billigen überladenen Gebilde viele Wohnungen. Durch diese billige Massenware kam die Drechslerei in stärksten Mißkredit.

Abb. 815. Geschirrschrank aus den achtziger Jahren des letzten Jahrhunderts

wie wir ihn in den meisten gutsituierten bürgerlichen Haushaltungen antrafen. Das Möbel ist verhältnismäßig noch ruhig und anständig und von einem tüchtigen Schreinermeister von Hand gearbeitet. Nahezu drei Jahrzehnte hatte das Drechslerhandwerk während dieser Stilepoche wohl Arbeit und Brot. Aber diese unkünstlerische Zeit war nicht dazu angetan, die Drechslerei kulturell auf eine Höhe zu bringen.

Abb. 816 b. Sog. Kunstdrechslerarbeit des 19. Jahrhunderts

Dieses merkwürdige Gebilde ist nur ein Beispiel vieler solcher Kuriositäten, deren Hersteller sich den Namen „Kunstdrechsler“ beimaßen.

struktiver Bauwille ab, der alle Anlehnung an historische Stile ablehnte. Da künstlerische Menschen auch in jener Zeit nicht auf Gemütswerte verzichten wollten, glaubten sie als Vorbild für den funktionalen Ausdruck und den ornamentalen Schmuck die organische Natur- und Pflanzenwelt nehmen zu können. Diese Bewegung erhielt bei uns in Deutschland die Bezeichnung „Jugendstil“. Wohl waren die Werke führender Persönlichkeiten in ihrer Art künstlerisch, aber die Wirkung wurde eine geradezu verheerende und unglückselige, als der neue Stil zur Mode und von einer spekulativen Massenproduktion erfaßt wurde. Die billige Massenware der Pseudorenaissance hatte, verglichen mit den schlechten Produkten des Jugendstils, geradezu noch eine anständige Gesinnung.

Sowohl der Jugendstil wie die sog. „moderne“ Richtung der nachfolgenden Jahre hat, von verschwindend wenig Ausnahmen abgesehen, die Technik des Drechselns nahezu völlig ignoriert. Die Ablehnung der Drechslerei durch die gestaltenden Künstler jener Zeit entsprang wohl der Abneigung, die man naturgemäß den schlechten. häßlichen und oberflächlichen Kopien aller Stilarten der vergangenen Epochen entgegenbrachte. Lediglich wurde bei uns in Deutschland dann gedreht, wenn es sich um Kopien alter Möbel handelte. Die Jahre nach dem Jugendstil bis zum Weltkrieg waren erfüllt vom Wunsche der Besinnung auf Einfachheit und Zweckmäßigkeit der Formen, wobei man in der Möbelkultur teilweise auf gute alte Vorbilder um 1800 zurückgriff. Diese ganze Zeit wie auch die ersten Jahre nach dem Krieg boten dem Drechslerhandwerk wenig Gelegenheit, sich in die Erzeugung mit einzuschalten. Lediglich waren es einige wenige Künstler (z. B. Adelbert Niemeyer) und auch Kunstgewerbeschulen (so die Münchner Lehrwerkstätten unter Debschitz), die in den Jahren vor dem Krieg sich um neue Drechslerformen bemühten (vgl. *Abb. 818*).

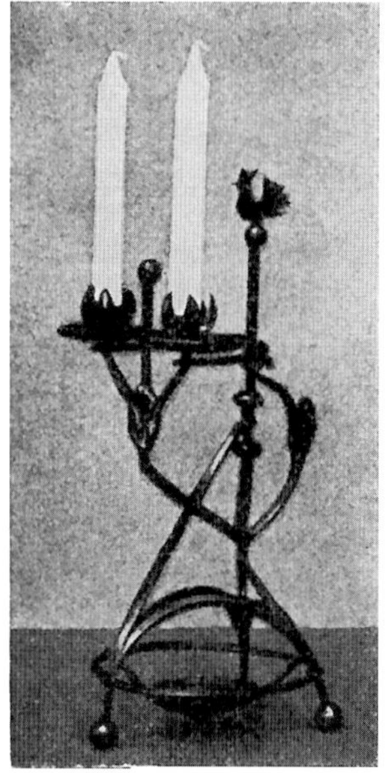

Abb. 817. Schmiedeeiserner Handleuchter der Jugendstilzeit

Die organischen Pflanzenformen werden fast unverändert für die formale Gestaltung übernommen.

Erst jene Zeit der Nachkriegsjahre, die. vorbereitet vom sog. Expressionismus, auch

Abb. 818. Drechslerarbeiten aus der Debschitzschule, München, aus dem Jahre 1907. Wenn auch nicht alle diese Modelle schon eine endgültige Lösung bedeuten, so stellen sie immerhin schon ganz gesunde Ansätze dar.

Abb. 819. Drechslerarbeiten aus dem Jahre 1922. Wir können hier schon von einem bedeutenden Fortschritt sprechen.

Möbel und Gebrauchsformen in eine erregte Formensprache, für die die Zickzacklinie charakteristisch war, versetzte, brachte auch auf dem Gebiet des Gebrauchsgeräts Versuche von Drechselarbeiten zutage; sie waren jedoch aus expressionistischem Formenideal heraus meist nur auf dem Papier entworfen.

Der hoffnungslos enge Formalismus, in dem die expressionistische Ausdruckskultur versackte, hatte nunmehr zur Folge, daß eine längst in der Entwicklung sich befindende Richtung zur Auswirkung kam, die jedoch eine so einseitig intellektuelle und kühle Haltung einnahm, daß sie nicht Wurzel fassen konnte, zumal auch alsbald von der gewissenlosen Menge modischer Entwerfer ihre im Kern wohl gute Absicht wieder sabotiert wurde. Diese kurze Epoche der sog. „Neuen Sachlichkeit" stand der Drechslertechnik naturgemäß völlig ablehnend gegenüber.

Erst die Besinnung auf die wahren Werte und Quellen eines gesunden Volkstums und seiner guten Tradition ermöglichten es einer kleinen Gruppe von handwerklich geschulten Künstlern, die sich schon immer für die aus einer gesunden Tradition heraus entwickelten Formen einsetzte, entscheidenden Einfluß zu gewinnen und mit ihren Ideen eine gesunde, natürliche Gestaltung des Gebrauchsgeräts durchzusetzen. (Es sind dies in erster Linie die künstlerischen Mitarbeiter dieses Buches und der Verfasser; und sie waren es vor allem, die sich stets auch der Drechslerei und ihrer Wiederbelebung annahmen.)

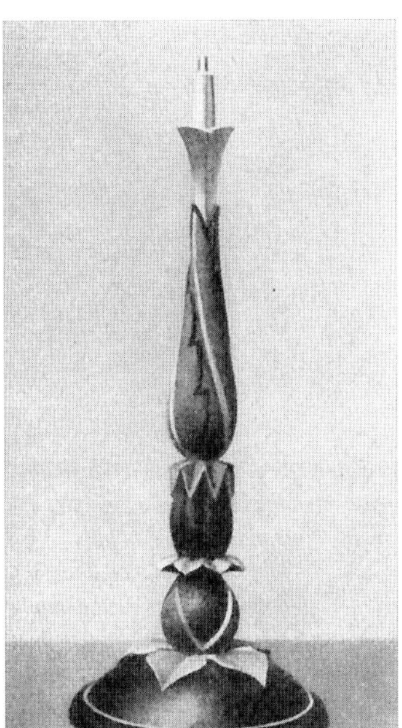

Abb. 820. Dieses Beispiel aus der kurzen Zeit des sog. Expressionismus mag beweisen, welch unerfreulichen Einfluß diese Epoche auf unsere gedrechselten und geschnitzten Geräte hatte

Wie zu Beginn dieses Kapitels schon erwähnt wurde, bezweckt die hier kurz gegebene Stillehre der Drechslerarbeiten, positive Anregungen für ein heutiges Gestalten von Drechslerformen zu geben. Der Gang durch die Jahrhunderte zeigt uns, wie früh schon die Menschen sich leiten ließen von vernünftigen Überlegungen, zweckdienliche Geräte zu gestalten, und wir sehen dann, welche Gefahren sich ergaben durch das Aufkommen von Stilarten mit engbegrenztem Formschema. Natürlich wird in Zukunft jede Zeit ihren bestimmten künstlerischen formalen Ausdruck haben, und es wird für die Drechslerei die Aufgabe sein und bleiben, eine stets zeitgemäße harmonische Verbindung von Zweck- und Schmuckform zu finden. Dabei wird sich der Einfluß einer kurzlebigen Stilepoche eher bei solchen Arbeiten geltend machen, die einen tektonischen Aufbau erheischen, als bei Gebrauchsgeräten, für die wir eine überzeitliche Formensprache anstreben sollten.

Abb. 821. Gedrechselte Dosen und Büchsen aus schwedischem Birkenholz. Entwurf und Ausführung Meister Hans Strecker, München, aus dem Jahre 1921. An dieser Arbeit können wir die gesunde Auswirkung der Münchner Schule erkennen.

Abb. 822. Haustüre aus Nördlingen um 1800 mit gedrechselter Schlagleiste

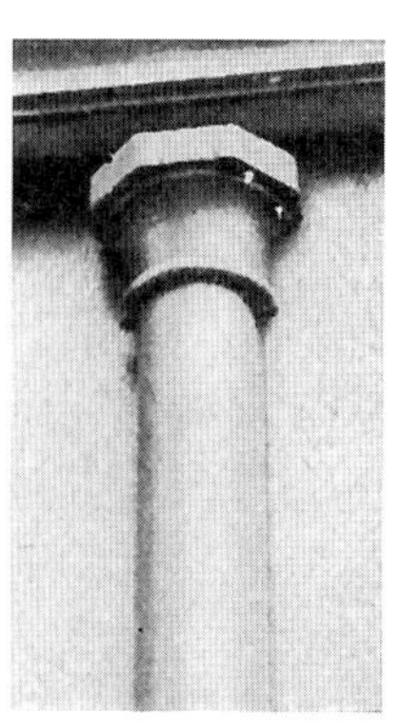

Abb. 823/824. Einzelaufnahmen der Schlagleiste der Türe in Abb. 825

Abb. 825. Alte Haustüre aus Nördlingen mit gedrechselter Schlagleiste, siehe die Abb. 823 und 824

ALTE BAUDRECHSLEREI

Unter der Bezeichnung „Baudrechslerei" verstehen wir all jene Drechslerarbeiten, die einen Bestandteil des Hausbaues darstellen, z. B. tragende Säulen, Treppenpfosten und vor allem das breite Aufgabengebiet der Geländer, sowohl bei Treppen wie Balkonen. Seit der Renaissance und den nachfolgenden Stilepochen, in denen gedreht wurde, stellte dieses Gebiet für den Drechsler mit eine der bedeutendsten Aufgaben dar, die dem Handwerk beste Existenzmöglichkeiten boten. Aus der Antike wie aus der germanischen und romanischen Zeit sind dem Verfasser keine Baudrechslereien bekannt. Es ist aber durchaus wahrscheinlich, daß auch in jenen Zeiten beim Holzbau Drechslerarbeiten genützt wurden, aber alte Arbeiten dieser Art sind nicht überliefert.

Auf diesen beiden Seiten in den *Abb. 822 bis 831* sind alte typische Baudrechslerarbeiten gezeigt. Es ist naheliegend, daß die formale Gestaltung vom jeweils

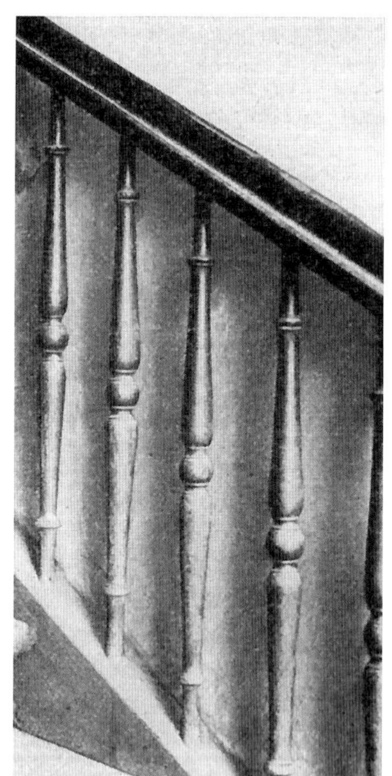

Abb. 826. Treppengeländer eines Bürgerhauses in Ansbach, letztes Drittel des 18. Jahrhunderts

Die Traille weist in ihrer Hauptunterteilung das Maß des Goldenen Schnittes auf.

Abb. 827. Treppengeländer aus einem Haus in Passau, letztes Jahrhundert

Dieses leicht an das Vorbild der Renaissance erinnernde Motiv finden wir jahrzehntelang im letzten Jahrhundert in großer Verbreitung. Die Treppentraille dient uns heute noch als Vorbild.

Abb. 828. Balkongeländer an einem alten Bauernhaus in Oberbayern

Die Form dieser Säulen gleicht in ihrer heiteren Musikalität den bayerischen Volksliedern. Solche Balkone müssen natürlich durch weit vorstehende Dächer vor dem Regen geschützt werden.

Abb. 829. Typischer sog. Laubengang, 16.—17. Jahrhundert,
wie wir ihn jahrhundertelang in den großen Bürgerstädten finden. Wir erkennen an der symmetrischen Form der Traille ihren italienischen Ursprung, siehe auch Abb. 773.

herrschenden Stil beeinflußt wurde, bei der Schaffung von Balustraden bediente man sich gern der Vorbilder aus Stein. Den einzelnen Abbildungen sind kurze Hinweise beigegeben (siehe auch die Baudrechslerarbeiten im Vorlagenwerk).

Den Architekten kann nur empfohlen werden, den Möglichkeiten der Drechslerei erneut eine ganz andere Aufmerksamkeit zu schenken. Wie die Abbildungen hier zeigen, haben die alten Baukünstler mit feinem Verständnis sich des schönen formalen Ausdrucks der gedrechselten Form bedient. Der Baukunst wie dem Drechslerhandwerk wird ein Wiederaufkommen der Baudrechslerei nur von Vorteil sein.

Diese hier gezeigten wenigen Beispiele alter Baudrechslerarbeiten geben natürlich noch keinen Begriff von dem Formenreichtum wie von dem Umfang der Möglichkeiten der Aufgaben. Das Studium der alten Vorbilder kann nicht dringend genug empfohlen werden.

Abb. 830. Treppengeländer in Eichenholz aus Schloß Salem in Baden, 17. Jahrhundert

Diese schweren Balustraden harmonieren gut zu den starken Pfeilern des Treppenhauses. Solche Baluster wurden früher weit mehr im Grundriß quadratisch gehalten und geschnitzt, wir sehen aber, daß die Drechselform nicht weniger reizvoll sein kann.

Abb. 831. Aus einem Treppenhaus, um 1800

Die in ihrer Form strengen, schlanken, gedrehten Traillen mit ihrem tragenden Ausdruck könnten wir heute noch ebensogut für unsere Treppen verwenden. Bei aller Einfachheit wirkt dieses Treppengeländer edel und vornehm.

Wie wir in der Stilgeschichte, so vor allem bei der Betrachtung der romanischen Zeit und des Barockstils ausgeführt haben, hat die „Volkskunst" nahezu ohne Unterbrechung bis auf den heutigen Tag die Drechslerei zur Gestaltung nahezu allen Hausgeräts und der Möbel nicht entbehrt.

Unter dem Begriff Volkskunst wollen wir in der Hauptsache all die Schöpfungen verstehen, die auf dem einsamen Land, vielleicht auch noch in kleinen Städten, zustande kamen — kurz, es handelt sich um ländlichen Hausrat und Geräte. Je nach den Verhältnissen in den ländlichen Gegenden wurden die Dinge vom Kleinhandwerker, der oft auch Bauer war, hergestellt. Viele Geräte, so vor allem reine Drechslerarbeiten, sind bis weit in das letzte Jahrhundert hinein von den Bauern in der Winterszeit in holzreichen Gegenden selbst gefertigt worden, wie dies, wie wir aus dem Kapitel „Geschichte der Drechslertechnik" wissen, seit dem Aufkommen der Drechslerei der Fall war. In ärmlichen, aber waldreichen Gegenden haben sich im Lauf der Zeit geradezu Spezialhausindustrien entwickelt. Hierzu gehören die Spielwaren des Erzgebirges und die Uhren des Schwarzwaldes. Über die Anwendung der Drechslerarbeiten an ländlichen Möbeln und Geräten könnte man ein großes Werk schreiben. Die hier auf diesen Seiten abgebildeten Beispiele mögen einen interessanten Einblick in das Gebiet geben.

Abb. 832. Wiege aus Oberbayern, 18. Jahrhundert
(Aus K. Hahm: „Deutsche Bauernmöbel")

Was nun die Formgebung solcher ländlichen Drechslerarbeiten anbetrifft, ist folgendes zu sagen. Hier können wir nicht von einer kontinuierlichen Entwicklung der verschiedenen Stile sprechen, wie dies in den Städten der Fall war. Das weit bodenständigere Landvolk blieb stets konservativer eingestellt und nahm natürlich nicht so rasch wie die Städter die verschiedenen Stilarten auf. Weit mehr als die städtische Bevölkerung bewahrte es alte Gebräuche und hing auch

Abb. 833. Himmelbettstelle, um 1800
(Aus J. M. Ritz: „Das Kronacher Heimatmuseum")

Abb. 834. Himmelbettstatt aus dem südlichen Schwarzwald, 17.—18. Jahrhundert
(Aus: „Deutsche Volkskunst", Bd. XIII)

Betrachten wir die Säulen der beiden Bettstellen, so machen wir die interessante Feststellung, von welchem Einfluß die Stile auf die Drechslerformen waren; links erkennen wir die klassizistische Haltung, wogegen wir die Säule rechts zur barocken Gestaltungswelt zählen können.

an alten Überlieferungen zähe fest. Wohl entzog sich das Landvolk nicht dem Vorbild der Ausdruckskultur der Städte, aber es dauerte immer lange Zeit, bis es sich die neuen Ausdrucksformen zu eigen machte, und dies geschah durchaus nicht in allzu strenger, ängstlicher Anlehnung, sondern die Formenwelt wurde von ihm vereinfacht übernommen und auch den ländlichen Lebensbedingungen ein- und untergeordnet, verschmolzen mit ureigenen Elementen seines Charakters, seiner Psyche, seines Gemüts. Die Landbevölkerung mit ihrer engeren Beziehung zur Natur war in der Lage, ihren kulturellen Äußerungen originellsten und eigensten Ausdruck zu verleihen. So finden wir an alten Bauernmöbeln und Geräten reichsten Schmuck, so vor

Abb. 835. Schragentisch (Nürnberg, 17. Jahrh. Aus K. Hahm: „Deutsche Bauernmöbel")

Abb. 836. Bett mit Strohgeflecht aus Schlesien, um 1800 (Foto: Museum für Deutsche Volkskunde, Berlin.) Man geht wohl nicht fehl, in diesem so seltenen und interessanten Modell den uralten Typ des sog. Spannbettes aus dem Mittelalter und noch früherer Zeit zu erblicken. Es ist das ureigene „Bettgestell", das gänzlich vom Drechsler an der Drehbank gefertigt wurde, wobei möglich ist, daß die langen Verbindungshölzer nur mit der Axt gerundet wurden. Das durch Zapfen zusammengebaute Gestell wurde mit Strohgeflecht umspannt, wodurch eine nicht unbequeme Liegestatt geschaffen wurde.

Abb. 837.

Abb. 838.

Abb. 839

Abb. 837. Stuhl aus dem Marienburger Werder, 1786 (aus: „Deutsche Volkskunst, Bd. X). Sämtliche Teile des Stuhlgestelles sind wie in der romanischen Zeit auf der Drehbank hergestellt.
Abb. 838. Kinderstuhl, 18. Jahrhundert (Foto: Museum für Deutsche Volkskunde).
Abb. 839. Norddeutscher, weit verbreiteter Typ eines Armlehnsessels mit Strohgeflecht, 18. bis 20. Jahrhundert. Dieser Stuhl wird immer zeitgemäß bleiben.

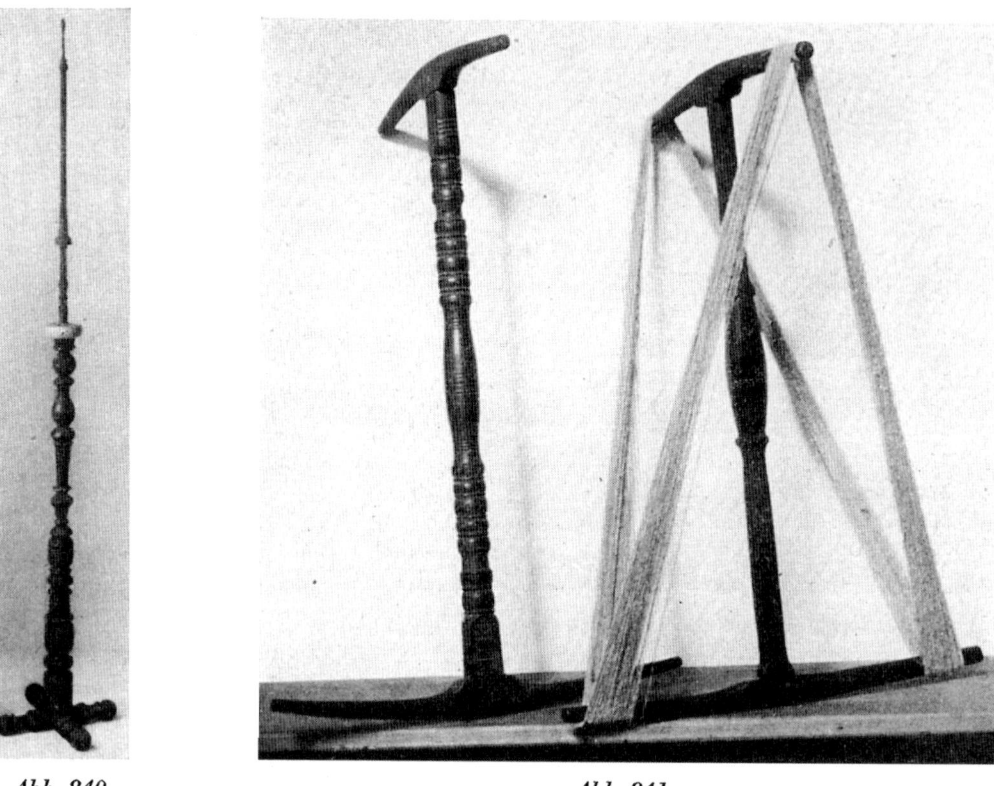

Abb. 840. Abb. 841. Abb. 842.

Abb. 840. Rocken oder Kunkel für das Spinnrad. Die Konstruktion des Kreuzfußes finden wir bereits bei den Holzfunden der Alamannengräber, siehe Seite 206 oben. — Abb. 841. Garnhalter (Foto: Museum für Deutsche Volkskunde, Berlin). — Abb. 842. Spinnrad mit Kunkel aus dem Schwarzwald. Die Spinnräder wurden Jahrhunderte hindurch von besonderen Spinnraddrechslern hergestellt.

Abb. 843. Abb. 844. Abb. 845. Abb. 846. Abb. 847.

Abb. 843, 844 u. 846. Gedrechselte Knäuelbüchsen mit Knocheneinsätzen, etwa ¼ der nat. Größe — Abb. 845. Knöchernes Nadelbüchschen, etwa ⅓ der nat. Größe, ornamental durchlöchert, um die Nadeln sehen zu lassen (siehe auch knöchernes Nadelbüchschen in Abb. 534). — Abb. 847. Gedrehte hölzerne, bemalte Dose, etwa ⅓ der nat. Größe. Die Form der Büchse finden wir schon bei den alten Gesellenbruderschaften bei Geldsammelbüchsen.

Abb. 849. Abb. 850.

Abb. 848. Abb. 851. Abb. 852.

Abb. 848 Gewürzmörser. — Abb. 849 und 850. Haselnußknacker. — Abb. 851. Büchse für Stricknadeln. — Abb. 852. Kaffeemühle (Klassizistische Form). Die klassizistische Kunstform erscheint uns für dieses Gebrauchsgerät nicht angebracht.

Die Modelle Abb. 843—852 befinden sich im Märkischen Museum, Ermelerhaus und im Museum für Deutsche Volkskunde, Berlin.

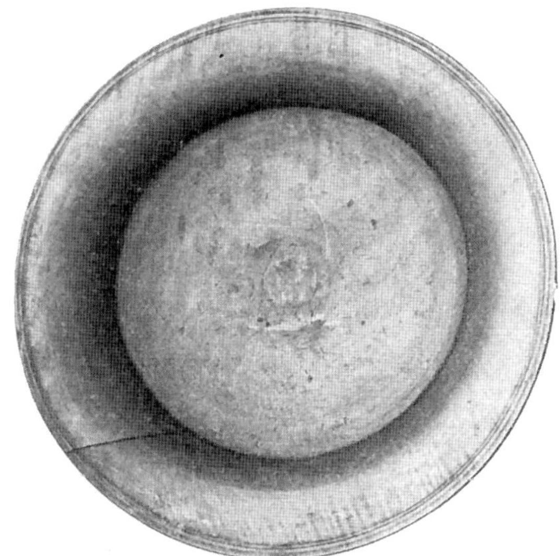

Abb. 853. Großer Holzteller aus Ahorn, Durchm. etwa 45 cm (Museum für Deutsche Volkskunde, Berlin)

Abb. 854. Gedrechselter Holzteller aus Ahorn, aus dem Sarntal

Abb. 855.

Abb. 856.

Abb. 857.

Abb. 857 a. Bindenagel zum Binden von Garben

Abb. 858.

Abb. 859.

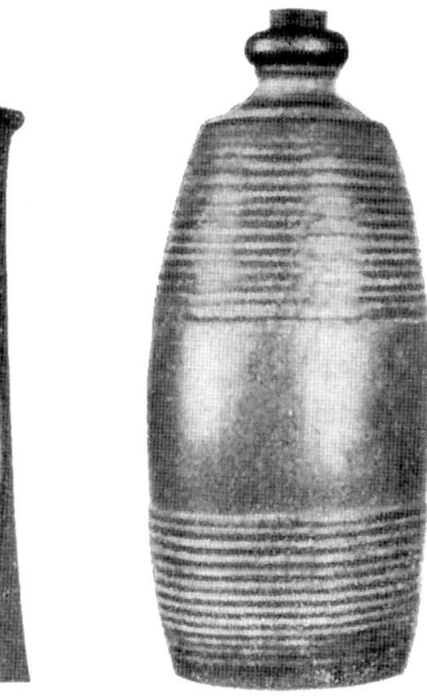

Abb. 860.

Abb. 861.

Abb. 855. Holzbüchse mit flachem Deckel zur Aufnahme von Hülsenfrüchten, Durchm. 25 cm (Museum für Deutsche Volkskunde, Berlin). — Abb. 856. Tiroler Knödelschale aus Alpach, Durchm. etwa 35 cm. — Abb. 858. Gedrechselte Holzflasche, auch Weinschutter genannt (Völkerkundemuseum, Berlin). Noch bis in das letzte Jahrhundert stellt diese Holzflasche, vor allem in Ungarn und Rumänien, geradezu ein Nationalgerät dar, das von Spezialflaschendrechslern gefertigt wurde. Über den Gebrauch hinaus stellt es zugleich ein Zierstück vieler Bauernhäuser dar, das je nach der Wohlhabenheit der Besitzer eine mehr oder weniger reiche Ausgestaltung durch Bemalung und Schnitzerei erhielt (siehe auch die alamannische Feldflasche in Abb. 739 auf Seite 206). — Abb. 859. Apothekerbüchse, Ende des 18. Jahrhunderts (Völkerkundemuseum, Berlin). In alten Apotheken finden wir diese Büchsen noch häufig, manche in klassizistischer Haltung in Kelchform mit Fuß. — Abb. 860. Gedrechselte Flasche aus dem Memelgebiet. — Abb. 861. Gedrechselte Büchse mit Randerierarbeit (siehe auch „Randerieren" auf Seite 139). (Die Abb. 856 und 857 stammen aus dem Museum für Tirolische Volkskunst und Gewerbe in Innsbruck. Die letzten beiden Abbildungen sind aus Bd. X von „Deutsche Volkskunst".)

Abb. 862.

Abb. 863.

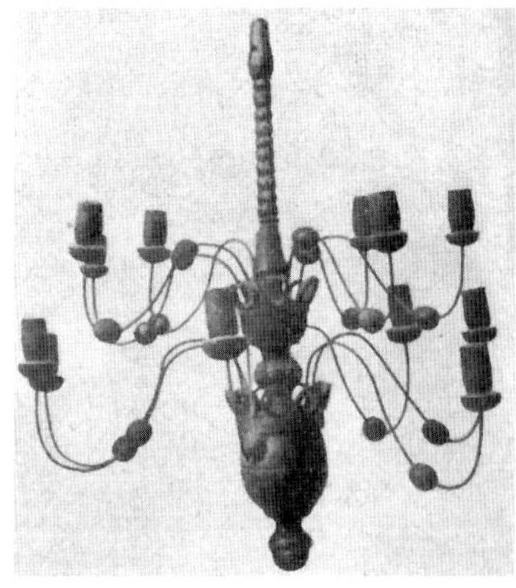

Abb. 864.

Abb. 862. Kerzenlüster mit aus Holz gedrehtem Mittelstück, 18. Jahrhundert, aus Spanien. — Abb. 863. Wandarm. Durch Halbierung des Mittelstückes entstehen zwei halbe Teile für die Wandarme (aus dem Besitz der Kunstschlosserei Gebr. Kirsch, München). Abb. 864. Holzlüster für Kerzenbeleuchtung aus dem Memelgebiet (aus: „Deutsche Volkskunst", Bd. X). Diese lustigen, mit bescheidenen Mitteln hergestellten und meist farbig bemalten Lüster gaben auch den einfachsten Stuben unserer Vorfahren eine strahlende, festliche Beleuchtung.

allem einfache Holzschnitzereien, auch Malereien, die uns erzählen von altem schönem, auch geistigem Brauchtum. Ja, wir können an manchen uns überkommenen Arbeiten noch Sinnbilder finden, die sogar noch in der vorchristlichen Zeit ihren Ursprung haben und uns heute noch anregen können. So finden wir auch Inschriften und Jahreszahlen. Wer das Gebiet besser kennt, der weiß, welche Fülle von Gedanken, Ideen und Reichtum der Formen diese Werke der Volkskunst enthalten, und es ist nicht zuviel gesagt, wenn man behauptet, daß in dem uns überkommenen, so reichen Schatz für unser heutiges Schaffen eine Fülle von Anregungen verborgen liegt. Damit soll aber nicht gesagt sein, daß, wie dies ja leider aus modischen Gründen und spekulativer Einstellung schon geschieht, gedankenlos die uns überkommenen ländlichen Formen kopiert werden sollen, sondern es gilt, das überlieferte ländliche Kulturgut einzubauen in ein zeitgemäßes Arbeiten. Wir können die reizvollen ländlichen Arbeiten vergleichen mit Volksliedern; gleich diesen sind ihre Urheber unbekannt geblieben, sie sind im Lauf der Zeiten geworden, um- und weitergebildet in ihrer gemütvollen, melodiösen Art und wurden so zum wirklichen Besitz des ländlichen Volkes.

Abb. 865. Abb. 867.

Abb. 865—867. Alte holzgedrechselte Kirchenleuchter, wohl aus dem 18. Jahrh. stammend. Die Leuchter in Abb. 865 und 866 sind barock.

Der Leuchter in Abb. 867 hat die alte romanische Formgebung beibehalten. (Abb. 865 und 867 stammen aus dem Museum für Deutsche Volkskunde, Abb. 866 aus dem Völkerkundemuseum, Berlin.)

Abb. 868.

Abb. 869.

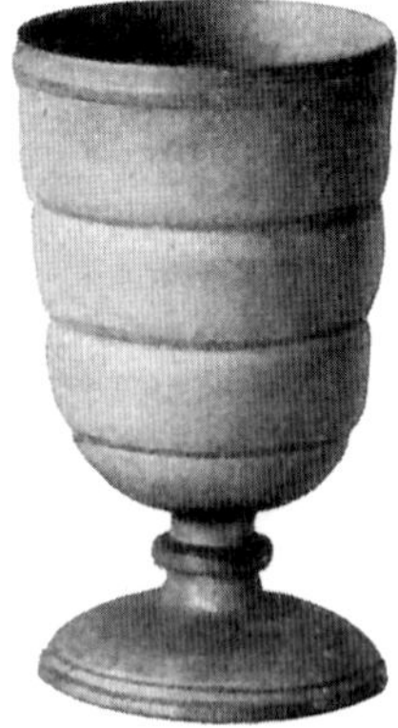

Abb. 870.

Abb. 868—870. Gedrechselte Altarkelche aus Schweizer Gebirgsdörfern (Landesmuseum Zürich). Abb. 869 zeigt das Modell eines ahornen Abendmahlkelches mit Teller, wovon jeder Bürger seinen eigenen Kelch besaß.

Besonders war es, wie schon gesagt, die Drechslerei, die sich in ganz besonderem Maß für die Gestaltung ländlicher Möbel und Hausgeräte eignete, sei es als zusätzliche Arbeit und vor allem und nicht zum geringsten als nahezu einzige Technik für die Herstellung aller nur möglichen Geräte. So unterscheiden wir also die Dreharbeiten an Möbeln, die kaum der Drechslerei irgendwie entbehrten, dabei hielten sich die an Schreinermöbel gedrehten Teile in ihrer Form selbstverständlich an die jeweils herrschenden Stile.

Eine große Rolle spielt, wie schon erwähnt, die Drechslerei an Stühlen, Bänken und Betten. Bei solchen Arbeiten finden wir zu unserem Erstaunen bis Anfang des letzten Jahrhunderts selbst romanische, wenn nicht germanische Formen erhalten. Siehe die *Abb. 836, 837 und 840.*

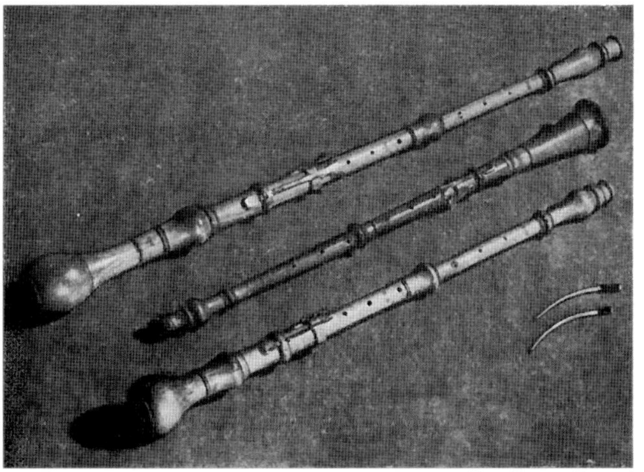

Foto Renger-Patzsch

Abb. 871. Oboen nach Originalen aus dem Jahre 1750

Das zweite große Gebiet, das die Drechslerei ebenso von jeher beherrschte, war die große Fülle von Gebrauchsgeräten, Tellern, Schalen, Büchsen, Dosen, haus- und landwirtschaftlichen Geräten, die, wie schon erwähnt, in holzreichen Gegenden meist von den Bauern selbst gefertigt wurden. Diese mehr rein dem Zweck dienenden einfachen Gebrauchsgeräte, die nahezu Jahrtausende hindurch ein und demselben Zweck zu dienen hatten, haben ihre alte erprobte Gestalt beibehalten, so daß wir hier mit Recht von „ewigen Formen“ sprechen können, vgl. die *Abb. 730—737* mit den *Abb. 853—857.* Da und dort finden wir an diesen einfachen Gebrauchsgeräten auch eine Anbringung von leichten Schmuckformen, die in der Drechseltechnik begründet liegen — wie kerbartige Einschnitte, kleine runde Stäbe und Hohlkehlen und dergleichen.

Abb. 872. Schulzenstab mit gedrehtem Handgriff

Solche Stäbe haben früher die Bürgermeister zum Zeichen ihrer Würde bei Amtshandlungen in der Hand getragen

Abb. 873. Schwur- oder Eidstab

„Beim fränkischen Gerichtsverfahren wurde einst der Eid mit einem solchen argumentum juramenti und Wahrzeichen richterlicher Macht ‚gestabt‘, indem der Richter den gleichzeitig das Evangeliumbuch oder ein geweihtes Kreuz anfassenden Eidesleister auf den ihm vorgehaltenen Eidstab schwören ließ.“ (Aus: „Mein Heimatland“, Heft 1, 1938.)

Abb. 874. Zunftzepter des Innungsmeisters der Drechsler

(Alle drei Abbildungen nach Fotos aus dem Museum für Deutsche Volkskunde, Berlin)

Abb. 875. Wappenurkunde aus dem Jahre 1670 mit holzgedrechselter Siegelkapsel

Jahrhundertelang wurden die Siegel von Urkunden in solche Holzkapseln eingelegt

Der Anfang aller Spielzeuge mag der gleiche gewesen sein: zuerst sind sie immer aus dem häuslichen Basteln und Bauen entstanden, später hat sich dann hieraus an verschiedenen Stellen unserer Heimat die Heimindustrie des Spielzeugs entwickelt. Dieses Entstehen können wir noch heute immer wieder in jenen Gegenden beobachten, wo sich die Fertigkeiten der Hand noch ursprünglich erhalten haben, wo die Männer in Stunden, die frei sind von der Tagesarbeit, zum Werkzeug greifen und basteln und schnitzen. Aus dieser Betätigung sind noch immer die besten Spielzeuge hervorgegangen, weil jene Männer, die in ihren Mußestunden für ihren Jungen oder ihr Mädel die kleinen Wunderdinge schufen, das Wesen des kindlichen Spiels zutiefst erfaßt und in sich getragen haben. Der Spruch des Erzgebirgischen Schnitzers: „In deiner Hand, du Schnitzersmann, fängt noch einmal die Schöpfung an" zeigt die Parallele des jung gebliebenen Menschen zum kindlichen Spiel. Das Kind erspielt sich die Welt, wird im Spiel vertraut mit jedem Gegenstand, mit seiner Umwelt und seinem Wesen, seinem Leben und seinen Handlungen. Auch der Schnitzer will sich Stück für Stück der Umwelt erobern, und dadurch erwirbt er sie sich überhaupt erst. Hier entsteht für das Kind jene innere Aufgeschlossenheit und Empfänglichkeit, die sich für sein ganzes Leben auswirken sollen, den Erwachsenen gibt jenes Schaffen und Schöpfen Bereicherung und innere Sammlung. Es vermögen dieses noch die wenigsten Menschen; der Großstädter sucht nach Geschäftsschluß Zerstreuung; in jenen wenigen Gegenden, wie beispielsweise dem Erzgebirge, dient der Feierabend der inneren Sammlung. Hier finden sich noch die Auswirkungen und Ergebnisse, die mit Volkskunst im besten Sinne bezeichnet werden können.

Aus jener Haltung heraus sind auch die Spielzeuge entstanden, die trotz der Industrialisierung der Spielzeugherstellung ihren landschaftsgebundenen Charakter und ihre ursprüngliche elementare Kraft bewahrt haben. Noch heute wird in Tirol geschnitzt, die Bewohner der Alp in den Berchtesgadener Gegenden fertigen Spielzeuge, im Spielzeugwinkel des Erzgebirges wird unermüdlich Spielzeug gedrechselt und geschnitzt.

Der Trieb zum Bearbeiten des Holzes lebte von jeher bei den Leuten der Berge, die im Winter wochenlang eingeschneit sind, oder bei den Schäfern, denen viel Zeit zu besinnlicher Arbeit gegeben ist. So wird es erklärlich, daß in vielen Landschaften, vielleicht gänzlich unabhängig voneinander, die Spielzeugherstellung entstanden ist, weil sie einfach einem elementaren Drang entspringt.

Der Ursprung für das Thüringische Spielzeug ist wohl in den bayerischen Bergen zu suchen und ist durch Einführung Berchtesgadener Spielwaren entstanden. Auch die Ostpreußische Spielzeugherstellung hat nie zu einem eigentlichen Gewerbe und Beruf geführt. Im Winter, wenn die Fischer verhindert sind, ihrem Gewerbe nachzugehen, sitzen sie daheim in ihren Hütten und schnitzen Spielzeug.

Abb. 876. Gedrehte Figuren aus Naturholz, z. T. leicht getönt, sog. „Docken"

Im Erzgebirge liegt der Fall ganz ähnlich. Schon frühzeitig hat neben dem Bergbau die Schnitzerei bestanden. Der große Waldreichtum des Erzgebirges hat geradezu dazu aufgefordert. Zur Schnitzerei wählten die Bergleute Vorgänge aus ihrer Werktätigkeit, oder sie stellten sich selbst dar, zumeist in ihrer Paradetracht. Gefördert wurde diese Schnitzerei und Bastelei am meisten durch die Notzeit, als der Erzreichtum der sächsischen Bergwerke nachließ. Die Bergleute, die in der Gegend um Seiffen Zinn förderten, griffen schon immer zur Winterszeit zum Schnitzmesser, um Holzknöpfe für die Bergmannskutten herzustellen. Als dann der Zinnbergbau erlahmte und eingestellt werden mußte, entstand hieraus die Spielzeugdrechslerei, und aus den Bergleuten wurden „Männelmacher". So hat sich die Spielwarenherstellung um Seiffen und Heidelberg entwickelt. Noch heute kommt der Drechselei innerhalb der Spielwarenherstellung des Erzgebirges die größte Bedeutung zu. Sie ist im Laufe der Jahre zu einer hochentwickelten Kunstfertigkeit entfaltet worden.

Abb. 877. Soldaten aus dem Erzgebirge aus Naturholz und z. T. bemalt, neuere Form

Zur Knopfdreherei gesellte sich die Kegel- und Kreiseldreherei, schließlich auch die Figurendreherei. Nachdem schon immer Bergleute geschnitzt worden waren, lag es nahe, die menschliche Figur aus einem Drehkörper zu entwickeln. Es entstanden zuerst die Holzdocken, die Puppen für die kleinen Mädchen. Sie sind in den verschiedensten Formen aus Berchtesgaden, Oberammergau, Sonneberg und dem Erzgebirge bekannt. Die ersten Formen sind ganz einfach, sie

Abb. 878. Hühner aus dem Erzgebirge aus Naturholz, teilweise bemalt

(Foto : Kluge)

Abb. 879. Gänseliesel aus verschiedenem Naturholz, neuere Gestaltung

tragen den Kopf und einen Leib mit sehr schlanker Taille. Diese ergibt sich aus dem Drechseln, ebenso ergibt sich, daß man zuerst die weibliche Form mit dem Rock findet, bei dem an sich schon der Drehkörper klar vorgezeichnet ist. Die Rückseite dieser Docken wurde abgespaltet, damit sie liegen konnten. Wenn man nur den Oberkörper abspaltete, so entstand die natürliche Form des Rückens. Dadurch erhalten die Figuren die herausgehobene Brust, somit die ihnen eigene straffe, immer etwas soldatische Haltung. Damit ist auch schon die letzte Lösung gefunden, und wenn auch die Formen immer mehr verfeinert wurden, so hat sich im Prinzip des Drehkörpers nichts mehr geändert.

Die Zahl der gedrechselten Spielzeuge ist eine große. Es entstanden die Docken, Figuren aller Arten, in vielfarbigen Bemalungen, mit buntem Rock und goldenen Knöpfen, den Kopf mit Mütze oder Hut. Zu diesem lustigen, farbenprächtigen und figurenreichen Völkchen gehören auch die Nußknacker; oft derbe, grimmige Gesellen, mit dickem Kopf, mit großem Maul, in dem sie die Nüsse zerbeißen. König Nußknacker ist heute noch genau so lebendig, wie seinerzeit, als Dr. Heinrich Hoffmann durch sein Buch „König Nußknacker" ihm ein unvergängliches Denkmal gesetzt hat. Gleiche urwüchsige Burschen sind auch die Räuchermänner geblieben, Holzfäller mit langen Bärten und hohen, kühnen Hüten. Ihr oberer Teil wird abgehoben, und in den Bauch stellt man ein Räucherkerzchen. Aus dem offenen Munde dringt dann der Qualm heraus: es sieht genau so aus, als ob der Mann raucht.

Die Bergmänner und Leuchterengel sind freundlicher. In der Weihnachtszeit stehen sie zur Abwehr des Bösen in den Fenstern und leuchten mit ihrem Licht in die dunkle Nacht. Sie künden vom Kindersegen des Hauses: soviel Mädel, soviel Engel, soviel Jungen, soviel Bergmänner. — Leider sind sie als fade Massenware zu Tausenden hergestellt worden, das Kunstgewerbe hat sie zu den weißgelackten, süßlichen Engeln verunstaltet, in deren Gefolge unzählige verniedlichte Figürchen in weißen Hemdchen und mit puppenhaften Gesichtern entstanden sind.

Abb. 880. Heiligenbeiler Spielzeugbüchse aus Wacholderholz

In neuerer Zeit wurden Figuren geschaffen, die nicht mehr wie die alten in einer Achse aufgebaut sind. Die Achse des Körpers steht dabei oft nicht mehr senkrecht, auch Kopf und Hut stehen in einem anderen Winkel zum Körper. Die einzelnen Teile werden zusammengeleimt. Dadurch hat die Figurendrechslerei eine Bereicherung erfahren.

Vögel aller Art haben gedrechselte Körper.

In den verschiedenen Landschaften haben sich verschiedene Pferdeformen entwickelt. Fast allen ist gemeinsam ein gedrechselter Körper, in den Beine, Kopf und Schwanz eingefügt werden. Da sind die Pferdchen aus Ostpreußen, Sonneberg oder dem Erzgebirge, teils mit stolzen Reitern, mit beweglichem Kopf oder Schwanz. Auch die bunten Hampelmänner tragen stattliche bunte Hüte, auch sie und der Kopf sind gedrechselt.

Kegel und Kreisel, alles Gerät für Kaufmannsläden und Puppenstuben wird gedrechselt. Das Oskar-Seyffert-Museum in Dresden besitzt ein altes Spielzeugbuch, den Katalog eines Spielzeughändlers, der damit wohl zu seinen Geschäftsfreunden und zur Leipziger Messe gefahren ist. Darin sind auf vielen Seiten die Spielzeuge aufgezeichnet und bunt ausgemalt. Kaum eines ist darin, das nicht gedrechselt wäre. Kinder, Frauen und Männer, kleine gedrehte Spanbäumchen, Tauben und Taubenschlag, Karussells, Wagen und Hausgerät.

Unter dem gedrechselten Gerät für kleine Puppenmütter und Kaufleute nimmt eine besondere Stelle die Heiligenbeiler Büchse ein. In dieser sind kleine Schüsseln, Teller, Tassen, Mörser, ein Butterfaß und anderes enthalten. Die Gegenstände sind alle ganz dünn und

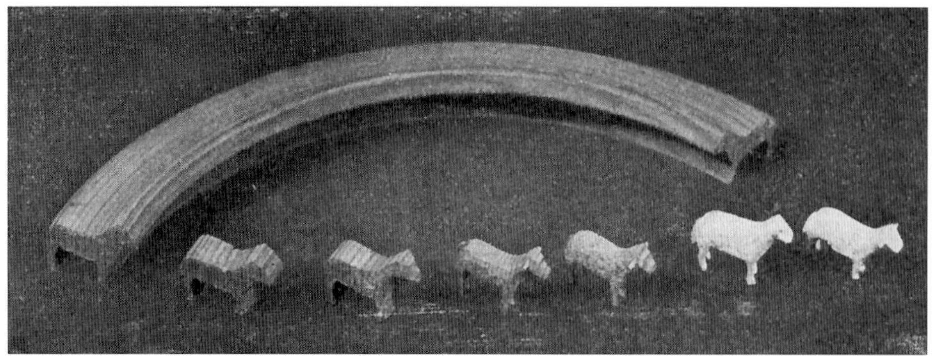

Abb. 881. Vorteilhafte Herstellung von Spielzeug durch das sog. „Reifendrehen“
(Foto: Museum für Deutsche Volkskunde, Berlin)

fein gedrechselt aus dem für solche Arbeiten nur geeig neten Wacholderholz. Leider muß schon heute dieses alte und schöne Spielzeug als ausgestorben betrachtet werden.

Eine besondere Eigenart, die sich aus dem Figurendrehen entwickelt hat, ist das Reifendrehen. Dieses ist eine eigentliche Erzgebirgische Kunstfertigkeit. Wenn man auch in Thüringen Reifen gedrechselt hat, so ist man doch dort nie über primitive Anfänge hinaus gekommen. Das Prinzip des Reifendrehens ist folgendermaßen: es wird ein Reifen so gedrechselt, daß sein Querschnitt die Umrisse eines Tieres ergibt. Kommt der Reifen aus der Drechslerei, so wird er mit dem Messer in lauter Scheiben gespalten, so wie man einen runden Kuchen zerschneidet. Nach einem heißen Bad werden diese „groben Dinger“ mit wenigen Schnitten zu ordentlichen Tieren fertiggeschnitzt. Hörner und Schwänze werden eingeleimt, dann werden die kleinen Tiere angestrichen. Es gehört eine große Sicherheit dazu, aus der Holzscheibe jenen Reifen herauszudrehen, der dann später im Querschnitt die einzelne Form zeigt. Die Erzgebirgischen Reifendreher entwickeln dabei eine seltene Meisterschaft, und lassen so Hirsche und Rehe, Pferde, Rinder und Hunde, überhaupt alle denkbaren Tiere entstehen. Diese Fähigkeiten sind dem Erzgebirgler eigen und haben sich von Generation auf Generation entwickelt und vererbt.

Bemerkung des Verfassers: Mögen auch diese kurzen, interessanten Ausführungen von Hans Joachim Kluge etwas dazu beitragen, Anregung zu geben und uns wieder zur Besinnung zu bringen, welche Voraussetzungen nötig sind, um gutes Spielzeug hervorzubringen. Wie überall, so ist auch hier der Markt angefüllt mit häßlicher und kitschiger Ware.

Abb. 882. Männchenleuchter aus dem Erzgebirge (Foto: Museum für Deutsche Volkskunde, Berlin)

Abb. 883. Nußknacker, um 1700 (Aus dem Sonneberger Spielzeugmuseum)

Abb. 884. Alter Engelleuchter aus dem Erzgebirge (Foto: Museum für Deutsche Volkskunde, Berlin)

Abb. 885. Gedrechselte Schale mit Lackmalerei mit roten, gelben und blauen Farber aus Korea, etwa 2000 Jahre alt, Durchmesser 27,5 cm

(Aus: „Lo-Lang by Y. Harada. A Report on the Excavation of Wang Hsü's Tomb in the Ancient Chinese Colony in Korea".)

OSTASIATISCHE DRECHSLEREIEN

Die Stilgeschichte der Drechslerformen wäre unvollständig, wenn wir nicht den ostasiatischen Kulturkreis in unsere Stilbetrachtung einbeziehen würden. Vor allem China und Japan sind Länder uralter Kulturen mit hochentwickelten künstlerischen und technischen Leistungen. So war auch dort die Drechslerei seit Urzeiten zu Hause.
Wie kaum ein anderes Volk schufen diese Völker Typen von Gebrauchsgegenständen, die im höchsten Maß Anspruch auf die Bewertung als „ewige Formen" haben dürfen. Aus diesem Grunde wollen wir den so vollendeten aus Holz gedrechselten Schalen und Büchsen unser Augenmerk schenken, sind sie doch hervorragend dazu geeignet, uns schönstes Vorbild zu sein und zu bleiben.
Warum sind nun diese ostasiatischen Geräte so schön und zeitlos?
Ein hochentwickeltes, edles zeremonielles Brauchtum ließ in langer Zeit diese nicht zu überbietende Gerätekultur hervorbringen. Dabei darf man wohl behaupten, daß es vor allem Japan war, das seine Gebrauchsgeräte von edelster Einfachheit und Zeitlosigkeit schuf. Weniger ist dies bei den Chinesen der Fall, deren Geräte weit mehr Schaugeräte, repräsentative Kunstformen darstellen. Der einfachste Gegenstand selbst der Ärmsten der Japaner war von edelster Form, der keiner Mode und keinem sog. Stil unterworfen war, sondern gestaltet wurde aus letzter Erfahrung und feinstem Gefühl. Bei den alten gedrehten japanischen Holzgeräten kommt nun noch hinzu, daß diese über die primitive Gebrauchsform hinaus eine kultivierte, technische wie künstlerische Durchbildung erfahren haben. So erhalten diese Geräte auch sehr früh eine feine Oberflächenbehandlung. Die Chinesen und Japaner bedienten sich der Drechslerei vor allem zu wirklichen Gebrauchsgeräten, sie verfielen nicht, wie dies bei uns leider oft genug der Fall war, in äußerliche technische Spielereien, die allzu leicht auf der Drehbank herzustellen sind. Wenn

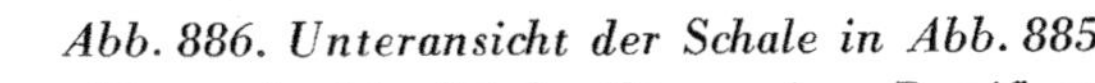

Abb. 886. Unteransicht der Schale in Abb. 885

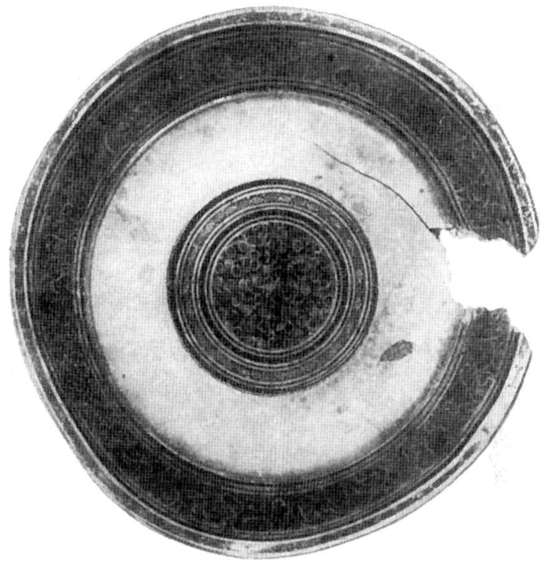

Abb. 887. Innenansicht der Schale in Abb. 885

Diese schöne und reiche Schale gibt uns einen Begriff, auf welch hoher technischer wie künstlerischer Stufe sich die Drechslerei in Ostasien vor 2000 Jahren schon befand

Abb. 888. Alte Chinesische Teeschale mit geschnittenem Lack

(Völkerkundemuseum, Berlin, Ostasiatische Abteilung)

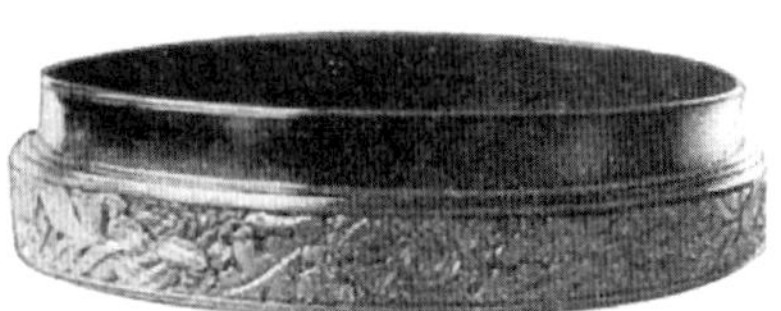

Abb. 889. Chinesische gedrehte Dose mit geschnittenem Lack, Anfang des 15. Jahrhunderts

Wir sehen, wie früh schon die alten Chinesen solchen Dosen eine ganz einfache Form gegeben haben. Der Hauptschmuck liegt in dem geschnittenen Lack von sowohl hohem technischen wie auch künstlerischen Wert.

Abb. 890—892. Chinesische holzgedrechselte Deckelbüchsen mit geschnittenem Lack, Durchmesser 8—10 cm

Bei all diesen jahrhundertealten Büchsen wurde auf Handlichkeit größter Wert gelegt. Zweck und Kunstform wurden in Verbindung mit dem Schmuck zur harmonischen Einheit.

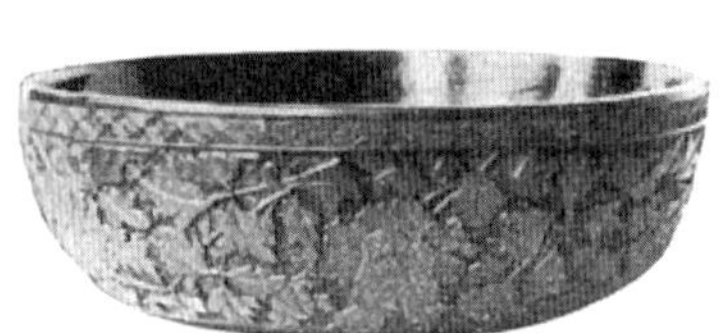

Abb. 893. Chinesische Büchse in geschnittenem Rotlack, um 1700, Durchmesser 20 cm

Abb. 894. Japanische Teebüchse für den Sommer, außen Reliefgoldlack, innen Schwarzlack, 18. Jahrhundert, Durchmesser 9 cm

Diese edle Zweckform wird zum Kunstwerk durch ihren künstlerischen Schmuck. Die unterschiedlich starke Abrundung von Deckel und Boden betont das Unten und das Oben des Körpers.

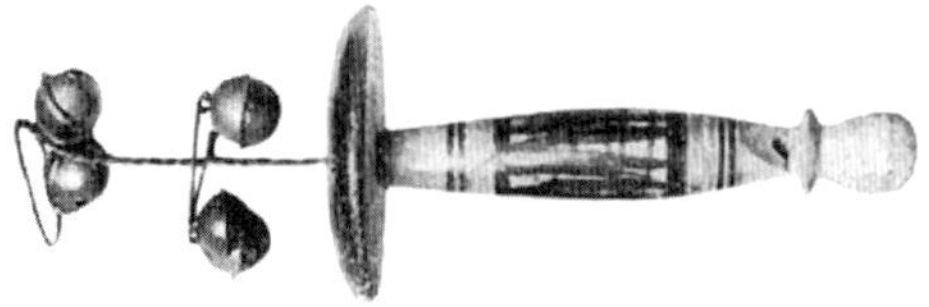

Abb. 895. Altes chinesisches Kinderspielzeug, der Griff ist als Pfeife ausgebildet

Die Modelle der *Abb. 889—895* stammen aus dem Völkerkundemuseum Berlin, Ostasiatische Abteilung.

Abb. 896. Japanische Schale, Naturholz, leicht bemalt und lackiert

Abb. 897. Japanische Schale, Naturholz, lackiert

wir auch in Museen chinesische Elfenbeinarbeiten finden, die mehr Spielereien darstellen (z. B. die sog. „chinesische Kugel"), so glaubt der Verfasser dafür bürgen zu können, daß diese technischen Spielereien von Europa nach Asien kamen und von dort wieder exportiert wurden. Kurz, es ist so vor allem den Japanern gelungen, ihre Geräte so zu gestalten, daß sich Zweckmäßigkeit und Schönheit zu einer Harmonie vereinigen, was ja letzten Endes das Ziel ist für unser heutiges Gestalten. Die Japaner haben edelstes Naturholz verwendet und dieses poliert, während die Chinesen die holzgedrechselten Dosen mit Vorliebe mit Lack bearbeitet haben. Dieses vollkommene Überziehen

Studium der ostasiatischen Gerätekultur abzugeben. Wir sagen „erneut wieder", weil ja schon einmal diese Gerätekultur aus den so entfernten Landen in bedeutender und hervorragender Weise von großem und erfreulichem Einfluß war für die Gestaltung solcher Geräte im 18. Jahrhundert. Bei manchen edlen Gebrauchsformen aus dieser Zeit, die uns heute noch durch ihre Zweckmäßigkeit und Schönheit entzücken, standen ostasiatische Vorbilder Pate. Kein Wunder, denn diese edlen Geräte mit ihren ewigen Formen waren im Grunde jenen alten deutschen Volksformen, die auch erst im Laufe von Jahrhunderten entstanden waren, in ihrem Wesen weit verwandter als die

Abb. 898. Japanische Büchse zur Aufnahme von Halsketten, lackiert

Die Modelle der *Abb. 896—898* stammen aus dem Völkerkundemuseum Berlin, Ostasiatische Abteilung.

mit verschiedenen Lackschichten geschah vor allem auch, um das Holz vor dem feuchten Klima dieses Landes zu schützen.

Die *Abb. 885—887* zeigen eine prachtvolle, gedrehte Schale aus Korea, die etwa 2000 Jahre alt ist. Wir müssen uns natürlich vorstellen, daß die gezeigten Ansichten kein richtiges Bild mehr von der Form geben, denn durch Witterungseinflüsse ist die ursprünglich gerade Form verzogen. Wer ist nicht erstaunt über die künstlerische und technische Leistung dieser so uralten Schale. Wir wissen, daß Japan hinsichtlich seiner Gerätekultur Korea viel Anregung zu verdanken hat.

Wir haben allen Grund, uns heute erneut wieder mit dem

Geräte zur Zeit der Renaissance und des Klassizismus. Gleich den deutschen alten Gebrauchsformen weisen die ostasiatischen Geräte die ruhigen, geschlossenen, großen Formen auf, im Gegensatz zu den klassizistischen, die nach ganz anderen Gesetzen gebaut waren — d. h. diese waren zusammengesetzt aus einzelnen Formelementen, ähnlich wie bei der Architektur.

Bedenken wir, was noch heute eine große Massenfabrikation an kitschigen Formen alljährlich auf den Markt wirft, so müssen wir uns recht schämen. Es muß ernsthaft erstrebt werden, diesem kulturlosen Gebaren ein Ende zu bereiten und die einst innegehabte Höhe wiederzuerlangen.

Abb. 899. Alte japanische Reisschale, lackiert

Abb. 900. Japanische Eßschale mit Deckel aus Naturholz

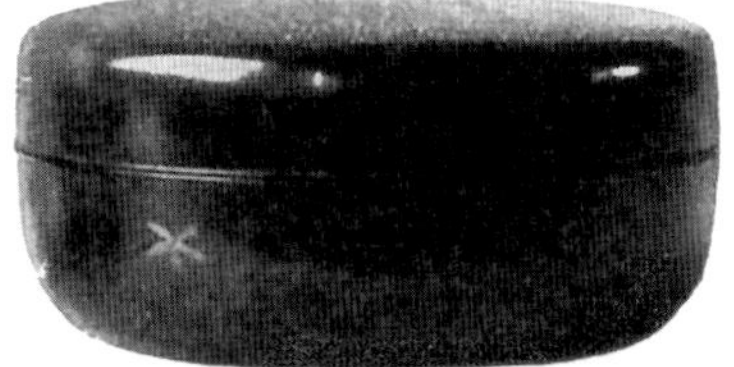

Abb. 901. Japanische Büchse, Lackarbeit, mit leichter Bemalung

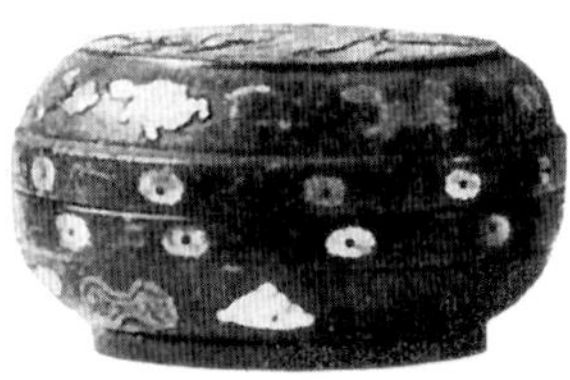

Abb. 902. Japanische Büchse mit Perlmuttereinlage

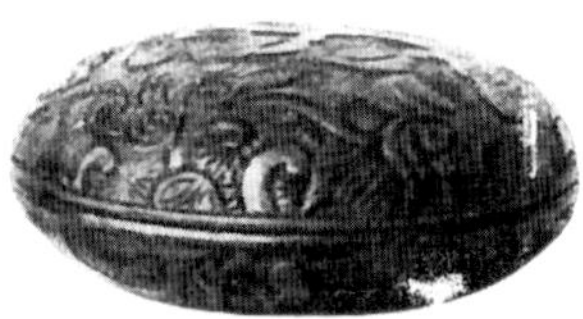

Abb. 903. Kleine japanische Dose für Räucherwerk, geschnitzt und schwarz und rot lackiert, 19. Jahrhundert

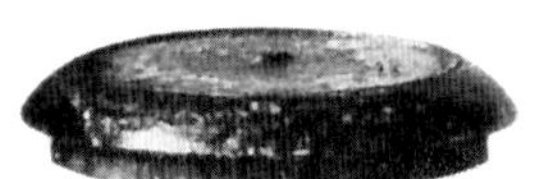

Abb. 904. Japanische Deckelbüchse aus Birkenholz, natur

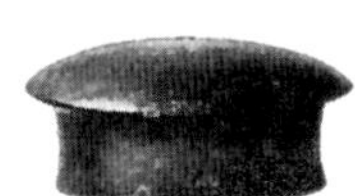

Abb. 905. Japanische Teebüchse, Lackarbeit. Die Büchse hat einen zweiten, dicht sitzenden Deckel

Die Modelle der *Abb. 899—905* stammen aus dem Völkerkundemuseum Berlin, Ostasiatische Abteilung.

INDISCHE DRECHSLERARBEITEN

Der Vollständigkeit halber sei auch noch kurz auf die indischen Drechslerarbeiten hingewiesen. Auch in Indien scheint die Drechslerei ein uraltes Handwerk zu sein. Man darf wohl annehmen, daß schon im Altertum eine kulturelle Beziehung bestand zwischen dem alten Indien und den persischen und syrischen Ländern. Betrachten wir die indischen Arbeiten in den *Abb. 906—912*, so können wir zwei Typen von Geräten feststellen, solche, die mehr sakralen Zwecken dienen, und solche, die für nur profanen Gebrauch hergestellt wurden. Die ersteren erinnern uns an indische Architekturgebilde *(Abb. 906—908)*. Die übrigen gezeigten Gegenstände sind profaner Natur. So sehen wir in *Abb. 909* einen hölzernen gedrehten Bettfuß, farbig bemalt. In *Abb. 910* ist ein Reisgefäß in geöffnetem und geschlossenem Zustand dargestellt, seine Form gleicht den ostasiatischen Dosen. An dem gedrehten Teil der Wasserpfeife in *Abb. 912* können wir sehen, daß sich auch in Indien die Drechsler nicht genug tun konnten in der Herstellung verspielter Formen. Eine besonders schöne Arbeit stellt die gedrehte und geschnitzte Urkundenbüchse in *Abb. 911* dar. Diese scheint teilweise auch randeriert zu sein. (Siehe „Randerieren“ auf Seite 139.)

Abb. 906. Altindisches sakrales Holzgefäß, bemalt

Abb. 907. Räucherlampe aus Ostturkestan, etwa 1000 Jahre alt

Abb. 908. Kultisches Eßgefäß aus Indien

Abb. 910. Indisches Reisgefäß mit eingesetztem Eßteller

Abb. 912. Gedrehter Teil einer Wasserpfeife aus Vorderindien

Abb. 909. Gedrehter Pfosten an einem indischen Bett

Abb. 911. Indische gedrehte und geschnitzte Büchse aus Naturholz zur Aufnahme von Urkunden

Die Modelle der *Abb. 906—912* stammen aus dem Völkerkundemuseum Berlin, Indische Abteilung.

ORIENTALISCHE DRECHSLERARBEITEN

Mit einer kurzen Betrachtung und der Erwähnung orientalischer Drechslerarbeiten wollen wir das Kapitel der Geschichte der Drechslerformen beschließen. Wir wissen bereits, daß im alten Orient die Drechslerei schon sehr früh zu Hause war und welchen Einfluß sie ausübte bis ins späte Mittelalter (vgl. die romanische Bank aus Alpirsbach). Interessant ist dabei, daß bis heute noch der Orientale, so vor allem der Türke, sich des primitiven Drehstuhls mittels des Fiedelbogens bedient, wie dies auch in Indien geschieht, siehe *Abb. 14.* In der *Abb. 913* bringen wir ein holzgedrechseltes Gitter, dessen Typ schon Jahrtausende alt ist. Natürlich wurde und wird auch heute noch im Orient viel gedreht, so z. B. eine große Anzahl Gebrauchsgeräte, Pfeifenköpfe u. dgl. mehr.

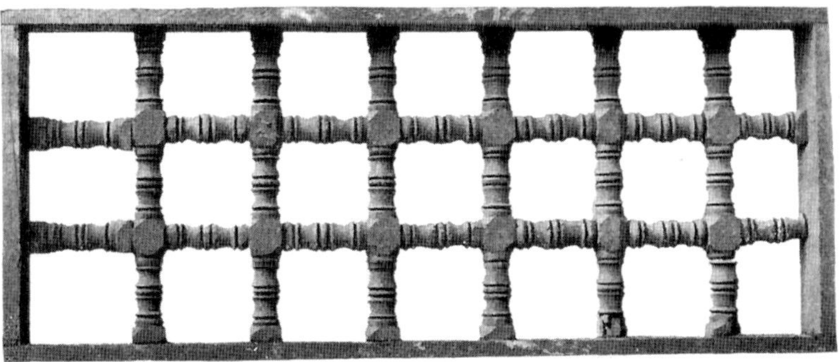

Abb. 913. Beispiel eines orientalischen Holzgitters (Neue Sammlung, München)

DIE GESTALTUNG VON DRECHSLERARBEITEN

„In der Beschränkung zeigt sich der Meister"
(Goethe)

Mit ganz besonderer Absicht stellen wir Goethes Ausspruch der nachfolgenden Betrachtung voran, denn gerade bei der Drechslerei ist die Gefahr besonders groß, nicht maßhalten zu können und sich gehen zu lassen in formalen Spielereien, die in dieser Technik so leicht und rasch herzustellen sind. Wir wissen, daß auch schon die Drechsler des 16. und 17. Jahrhunderts den großen Fehler begangen haben, ihre technischen Spielereien als Kunstwerke zu betrachten. Zum Verständnis dieses Kapitels sei dem Leser dringend empfohlen, sich erst den Inhalt aller vorangegangenen Kapitel zu eigen zu machen, und sich besonders mit der Stilgeschichte der Drechslerformen zu befassen.

Wie im Vorwort schon ausgeführt, verfolgt der Verfasser mit diesem Werk letzten Endes das Ziel, die Drechslerei erneut in den Dienst einer zeitgemäßen Gestaltung zu stellen und damit auch dem so schwer um seine Existenz kämpfenden Drechslerhandwerk von neuem den verlorenen Platz einzuräumen. Dies wird aber nur möglich sein, wenn es dem Drechslerhandwerk, vor allem auch dem Gestalter von Drechslerarbeiten gelingt, ihre Arbeiten mit künstlerischem Gehalt zu erfüllen. Somit kommen wir zur wichtigsten und schwierigsten Aufgabe, nämlich der Gestaltung von Drechslerarbeiten.

Es gibt nichts Herrlicheres für einen Menschen als schöpferische Arbeit. Doch gerade hier gilt: „Viele sind berufen, aber wenige sind auserwählt." Wer ist schöpferisch, wer kann es sein, wer vermag schöne Dinge zu schaffen? Gar vieles ist dazu nötig: außer einem erlernbaren Wissen und einem großen Können müssen Kräfte des Geistes am Werke sein. Je umfassender die Fähigkeiten sind, und je mehr ein Mensch ausgestattet ist mit Gütern des Geistes und des Herzens, desto mehr wird er in der Lage sein, den Dingen solches Leben einzuhauchen, daß von ihnen eine beglückende und auch erzieherische Wirkung ausgeht.

Es ist also außer der Beherrschung des Technischen eine geistige und menschliche Reife nötig. Es muß die vornehmste Aufgabe sein, neben der Vermittlung aller fachlichen Kenntnisse Geist und Seele der jungen Menschen zu bilden und damit alle die Kräfte in ihnen zu entfalten, die zur schöpferischen Arbeit unentbehrlich sind. Endgültige Formen entstehen nicht in einer kurzen, spielerischen Laune. Ein schönes Werk, das Bestand haben soll, braucht Zeit und Vorbereitung. Meist gelingt es einem Kopf allein nicht, etwas Endgültiges zu schaffen, sondern man wird sich vielmehr anregen lassen müssen von bereits vorhandenen Kulturgütern. Durch Arbeiten, Studieren und durch wiederholte Verbesserungen wird eine Idee erst endgültig reifen, und oft sind dazu mehrere Generationen nötig. Auf solche Weise entsteht auch das, was wir Tradition nennen. So gewachsene Werke werden dann zu anerkannten und erprobten Typen und zum allgemeinen Besitz eines schönen, volkstümlichen Brauchtums.

Man wird nun fragen: In welchem Stil sollen unsere Drechslereien entstehen, in was für einem Stil wollen wir arbeiten?

Darauf ist zu antworten, daß es überhaupt falsch ist, in irgendeinem sogenannten „Stil" arbeiten zu wollen. (Wohl kann man sagen, dieses oder jenes Stück „hat Stil" – aber diese Bezeichnung sollte nur so aufgefaßt werden, daß man damit sagen will, daß die Arbeit in sich schön und vollendet sei.) Wir müssen vermeiden, zu einem eng begrenzten Formrezept zu kommen, das lediglich den Ausdruck eines vorübergehenden, meist modischen Zeitgeistes darstellt, und wobei auch die menschliche Eitelkeit und der Ehrgeiz, stets etwas ganz Besonderes und Neues gestalten zu wollen, eine nicht unbedeutende Rolle spielt. Aus welchem Born schöpft der wirkliche Künstler seine Kräfte, was ist ihm Vorbild, was Maßstab?

Die Natur allein ist es, die ihn zu lehren vermag, und voran ist es der Mensch selbst, der in seinem Ebenmaß gebildet ist nach göttlichen Gesetzen. Es gilt also einzudringen in diese göttliche Gesetzmäßigkeit aller Erscheinungen, nur dann wird er fähig werden, seine Werke so zu formen, daß sie in engste Beziehung zum Menschen selbst kommen und sich einfügen in die Sichtbarkeit der ihn umgebenden Natur. Aber der moderne Stadtmensch insbesondere hat sich entfernt von der Natur und ihre Sprache verlernt. Eitel baut er sich seine eigenen Gesetze, und es ist kein Zufall, daß in der Häßlichkeit der Großstadt eine ungesunde Lebensart – und damit Lebenskultur ihren Ausgang nehmen konnte, die armselig war und ohne jeden Glauben.

Wenn wir die Natur als die beste Lehrmeisterin anerkennen, so wollen wir darunter nicht verstanden wissen, daß es schon genügt, etwa die reinen Naturformen nur äußerlich zu kopieren (wie es z. B. zur Zeit des Jugendstils gemacht wurde), sondern wir müssen der inneren Ordnung und Gesetzmäßigkeit, die alle Organismen besitzen, inne werden und die

Fähigkeit gewinnen, das gefühlsmäßig Erfaßte konkret für unsere Gestaltung gewissermaßen zu übersetzen.

Wir sehen also, mit welchen Gaben der Künstler begnadet sein muß, und man wird begreifen, daß es nicht möglich ist, schöpferische Kräfte dem Menschen einzuimpfen. Dies will und kann ja auch nimmermehr Aufgabe dieses Buches sein, aber dennoch hofft der Verfasser, mit dieser grundlegenden umfassenden Arbeit auch dem jungen Künstler den Boden zu bereiten und ihm das richtige Ziel zu zeigen. Ferner gibt er sich der Überzeugung hin, daß es ihm gelingen wird, all die unumgänglich elementaren Grundbegriffe der Gestaltung von Drechslerarbeiten zu geben, so daß auch der mit geringen schöpferischen Kräften ausgestattete Handwerker und Entwerfer sichere Führung erhält. Wenn er durch gründliches Studium die in diesem Buch zusammengetragenen Erkenntnisse sich zu eigen macht, wird er bestimmt in der Lage sein, solche Drechslerarbeiten auszudenken und auszuführen, die ihm selbst und seinem Handwerk zur Ehre gereichen. Dann wird jene gedankenlose „Entwerferei" aufhören, die von so vielen oberflächlich gepflegt wird. So kann und will dieses Werk nichts weiter sein als eine gründliche Schule, die sich darauf beschränken muß, elementares Wissen zu vermitteln, auf dem sich dann die einzelne Persönlichkeit weiter frei entwickeln kann. Es geht dem Verfasser nicht darum, etwa ein Rezept für einen Stil zu geben, sondern er versucht an praktischen Aufgaben für diese die grundlegenden Gestaltungsgesetze zu finden.

Bevor wir in konkreter Weise die einzelnen Aufgaben der Drechslerarbeiten behandeln, wollen wir zunächst noch grundsätzlich über das Wesen aller Drechslerarbeiten einige Worte sagen.

Alle auf der Drehbank hergestellten Produkte sind plastische Gebilde, d. h. sie sind naturgemäß reine Rundplastiken von dreidimensionalen Ausmaßen: Höhe, Breite und Tiefe, wobei hier stets Breite und Tiefe gleich groß sind (von ovalen Formen natürlich abgesehen).

Wie wir an den Zeichnungen und dargestellten praktischen Beispielen sehen werden, gibt es erstaunlicherweise nur wenige elementare Grundformen (siehe Seite 63), die der Drechslerei zur Verfügung stehen. Diese einzelnen Formen anzuwenden und auszuwerten, d. h. zu in sich geschlossenen schönen Gebilden zusammenzufügen, das ist die ureigenste und schönste Aufgabe des Drechslers. Die Grundformen sind zu vergleichen mit Tönen der Musik, die in der Reihenfolge die Melodie ergeben. Gleich den Tönen fügen sich die einzelnen Formen zusammen zu Harmonien und Melodien, und wir werden erstaunen, daß, wie bei der Musik, nur mit diesen wenigen einzelnen Elementen eine unerschöpfliche Vielfalt von Harmonien möglich ist, die die Menschen ergreifen und bewegen können. Gleich den Gesetzen in der Musik gibt es auch für die Aneinanderreihung von Formen Grundgesetze, ohne deren Beachtung unweigerlich Mißtöne = Mißformen entstehen, die dem künstlerischen Menschen weh tun und ihn peinlich berühren. Aber die meisten Menschen haben das sichere Gefühl für reine gute Formen weit mehr verloren als für die Klänge in der Musik. Gleich wie bei einer Melodie die einzelnen Töne im richtigen Verhältnis zueinander stehen müssen, so gilt dies auch beim Gestalten von Drechslerarbeiten zu bedenken. Die aneinandergereihten Formen müssen stets zwangsläufig auseinander hervorwachsen, und die einzelnen Formen zusammengenommen müssen ein harmonisches Ganzes ergeben.

Gleich wie bei der Plastik ist es bei der Drechslerei nicht möglich, sich nur durch eine flächige Zeichnung eine absolut richtige Vorstellung von der endgültigen plastischen Wirkung einer Drechslerarbeit zu machen. Der Drechsler muß sich – so wie der Bildhauer modelliert – auf der Drechslerbank erst ein Modell drechseln, will er eine wirkliche Vorstellung der erdachten Form bekommen. Dabei ist es natürlich mehr oder weniger Sache der größten Erfahrung und Übung, die einen mit der Zeit in die Lage versetzen, immer wiederkehrende Aufgaben auch zeichnerisch festzulegen. So wird man begreifen, daß selbst der künstlerischste Mensch keine edlen und gelösten Drechslerarbeiten gestalten kann, wenn er nicht mit dem Meister an der Drehbank steht, denn dort wird dem Künstler sofort klar, was er beim ersten Entwurf richtig oder falsch gemacht hat. Wie bei freien Rundplastiken, so spielt auch bei den Drechslerformen die Berücksichtigung optischer perspektivischer Gesetze eine wichtige Rolle, ohne deren Kenntnis und Beachtung es nicht möglich ist, zu vollendeten Gebilden zu gelangen.

Die gedrehte Form wird durch das Gesetz der Perspektive z. B. stets kleiner wirken als auf der Zeichnung, bei der die Begrenzungslinien der Form sich in einer Ebene befinden, während sie bei der plastischen Form in der Natur um die Hälfte des Durchmessers zurückliegen. Ähnlich verhält es sich auch mit Formen, die über oder unter dem Augenpunkt liegen und sich einander überschneiden. So kann es vorkommen, daß ein auf dem Papier gezeichnetes gut wirkendes Modell in Wirklichkeit anders und geradezu falsch wirkt. Solche Fehler müssen dann durch Überhöhungen usw. ausgeglichen werden. (Siehe die nachfolgenden Abbildungen mit Beschreibungen.)

Nach solch allgemeinen Betrachtungen kommen wir nun zur Besprechung konkreter Aufgaben.

Es ist wohl richtig, bei der Gestaltung von Drechslerarbeiten einen grundsätzlichen Unterschied zu machen. Wir müssen unterscheiden zwischen zwei Hauptaufgaben der Drechslerei:

1. Solche Arbeiten, bei denen es sich um praktische

Gebrauchsgeräte aller Art, wie Büchsen, Dosen, Teller, Schalen und dergleichen handelt, für welche Geräte die Drechslerei in schönster Weise genützt werden kann.

2. Solche Arbeiten, die ein zusätzliches Gestaltungselement darstellen (z. B. bei Möbeln), und die eine tektonische Funktion haben und bei denen also architektonische Elemente nötig sind, so bei säulenmäßigen tragenden Füßen, bei Stühlen, Tischen und anderen Möbeln sowie bei der Baudrechslerei, bei Treppengeländern, Säulen usw. Es können aber auch bei Lampenfüßen z. B., die nur in Drechslerarbeit ausgeführt werden, tektonische Ansprüche gestellt werden.

GEDRECHSELTE GERÄTE

Geräte, die in die Hände genommen werden, unterliegen völlig anderen Gestaltungsgesetzen als bei der zweiterwähnten Aufgabe, bei der es sich gewissermaßen um architektonische Gebilde handelt. Hier müssen wir vor allem an die Hände und ihre Bewegungen denken. Da können wir keine Architektur brauchen; die Geräte müssen von solcher Art sein, daß sie sich bequem und gut anfassen lassen, wodurch die Hände eine natürliche und schöne Haltung einnehmen und einen edlen Ausdruck erhalten.

Wenn wir an diese Forderungen denken, werden wir mit Staunen merken, daß es gar nicht so schwer ist, die richtige Form für die Gebrauchsgeräte zu finden: sie müssen sich den Händen anschmiegen, und der Anblick der Hände, die ein Gerät halten, muß in uns geradezu einen ästhetischen Genuß erzeugen.

Aber nicht die äußere Erscheinung der Form allein ist es, die befriedigt, sondern darüber hinaus wird in dem Menschen, dem die Empfindung für den Tastsinn noch nicht verlorengegangen ist, fast möchte man sagen, ein körperliches Wohlbehagen erzeugt! Solche Geräte wird man dann auch lieben, sie werden zu vertrauten Dienern, in deren Umgebung es einem wohl ist, und die durch den Gebrauch mit der Zeit geradezu menschliche Wärme annehmen.

Dagegen werden häßliche Geräte, die nicht nach diesen Grundsätzen gearbeitet sind, die gedankenlos und verspielt hergestellt wurden (oft sogar architektonischen Gebilden gleichen), geradezu das Gegenteil bewirken. Die Bewegungen der Hände werden unnatürlich und verlieren beim Anfassen der falschen Geräte an Ausdruck, und statt eines körperlichen Wohlbehagens wird eine Abneigung eintreten, man wird die Dinge mit der Zeit verachten oder sie als unbrauchbare sogenannte „Nippes" herumstehen lassen.

Bedenken wir, wie eine spekulativ eingestellte Massenindustrie sich damit plagt, alle halben Jahre neue Formen zu erfinden und auf den Markt zu werfen, wie wir es ja auf den Messen feststellen können! Solange wir uns nicht von einem solchen törichten Gebaren abwenden, werden wir nimmermehr zu edlen Gebrauchsgeräten kommen. Eine Besserung kann nur eintreten, wenn es gelingt, in die Menschen wieder das Gefühl für die gesunde Natürlichkeit aller Gestaltung zu pflanzen. Wie wir auch schon aus der Stilgeschichte der Drechslerformen erfahren haben, gibt es ewige Formen, gleich dem Menschen, gleich seinen Händen, die ja immer dieselben Formen haben und sozusagen immer dieselben Bewegungen ausführen. Aber wieviel Unnötiges und Überflüssiges steht oft in unseren vier Wänden. Wieviel wichtiger wäre es, wenige, aber schöne Dinge von hohem Gebrauchswert zu besitzen. Denken wir auch hier an einen Ausspruch von Goethe:

„Es bleibt ewig wahr: sich zu beschränken, einen Gegenstand, wenige Gegenstände, recht bedürfen, so auch recht lieben, an ihnen hängen, sie auf alle Seiten wenden, mit ihnen vereinigt werden, — das macht den Dichter, den Künstler, den Menschen."

Bei solcher Betrachtung sehen wir also, daß die Zweckbestimmung der Geräte natürlich wohl das Primäre bleibt, denn sie sollen in erster Linie denkbar „handlich" sein.

Eine weitere wichtige Rolle bei der Gestaltung von Geräten spielt natürlich auch die richtige Wahl des Materials — denn es ist durchaus nicht gleichgültig, ob eine Form in dieser oder jener Holzart ausgeführt wird. Nicht allein die Maserung oder Zeichnung der Hölzer, sondern auch die Unterschiedlichkeit der Poren, die Härte und Weichheit des Holzes — alles ist von hoher Bedeutung! So wird man z. B. für eine ruhige, wenig bewegte Form mit großen Flächen eher ein in der Zeichnung lebhaftes, ausdrucksvoll gemasertes Holz wählen als bei Formen von lebhafter, bewegter Gestaltung. Hier werden wir gut tun, diese durch eine lebhafte Maserung nicht noch zu beunruhigen. Oder man wird für ganz kleine Geräte nicht Hölzer wählen mit weiter, großer Fladerung und Maserung, die die intime, kleine Form gewissermaßen zersprengen und aufheben *(Abb. 924)*. Außer der richtigen Wahl des Werkstoffes spielt natürlich auch die entsprechende Oberflächenbehandlung des Materials eine wichtige Rolle. (Siehe auch das Kapitel „Oberflächenbehandlung".)

Wir haben im Verlauf der verschiedenen Stilentwicklungen erlebt, daß in Epochen vor allem künstlerisch hochstehender Stilarten mit ausgeprägter Formensprache sich die Stile natürlich allen formalen Gestaltens bemächtigen, so vor allem unserer Gebrauchsgeräte. Dieser Umstand hat sich oft nicht gerade günstig auf die Gestaltung solcher Geräte ausgewirkt, d. h. die längst in ihrer Form gelösten Gebrauchsgeräte wurden in ein enges Stilschema eingezwängt oder umgeformt, ganz gleich, ob die Gebrauchsfähigkeit und Handhabung dadurch vermindert wurde. Besonders ist das stets dann peinlich gewesen, wenn einfachen, für profanen Gebrauch bestimmten Geräten architektonische Gestaltung gegeben wurde.

Wir haben dabei jedoch gewisse Grenzgebiete zu beachten. Es gibt interessante Beispiele, die wir auch bejahen, wenn sie über den praktischen Gebrauch hinaus auch noch so gestaltet sind, daß wir für sie die Bezeichnung „Kunstform“ anwenden dürfen. Solche „künstlerischen“ Gebrauchsgeräte können wir nur dann anerkennen, wenn sie die primäre Forderung nach Zweckmäßigkeit erfüllen und die Kunstform in keiner Weise der Gebrauchsfähigkeit hindernd im Wege steht, sondern sie sich mit feinem Takt mit der Zweckform harmonisch zu einer Einheit verbindet. Solche Gebrauchsgeräte zu künstlerischen Formen zu gestalten, ist natürlich nur dem wirklichen Künstler gegeben. Ihm kann es sogar gelingen, eine dem Zweck dienende Form als Mittel zur künstlerischen Gestaltung zu verwerten. Es wird natürlich von dem jeweiligen Verwendungszweck des Gebrauchsgerätes abhängen, wie weit dies möglich ist, denn das Bestreben, das Gebrauchsgerät über die reine Zweckform hinaus in künstlerische Form zu kleiden, hat nur dann Sinn und Berechtigung, wenn an das Gerät auch ethische Forderungen gestellt werden. Es ist z. B. ein Unterschied, ob wir es mit einem hölzernen, derben Holzgefäß zu tun haben, das täglich gebraucht und außerordentlich strapaziert wird oder mit einer polierten Schale aus teurem Holz für edlen Frauenschmuck – vergleiche z. B. *Abb. 731* mit *761*.

Welches sind nun die Mittel der Drechseltechnik, beim Gerät die reine Zweckform noch zu schmücken und zu einer Kunstform zu gestalten?

Einmal kann eine Form in ihrer Grundhaltung bereits künstlerischen Ausdruck bekommen, der noch gesteigert werden kann durch Betonung der Verhältnisse, durch Anbringung von Rillen und Stäben und einfachen Schnitzereien. Wie schon oben gesagt, ist es aber auch unter Umständen möglich, daß ein Gebrauchsgerät nach tektonischen Grundsätzen gestaltet sein kann, d. h. das Gefäß besteht nicht mehr aus einer geschlossenen Form, sondern es ist zusammengesetzt und aufgebaut aus einzelnen Gliedern und Formelementen. So haben wir alte gotische gedrechselte Altarkelche, auch die schöne griechische Trinkschale mag hierfür ein Beispiel sein.

Wir wollen uns davor hüten, schulmeisterlich zu sagen, wo Kunst anfängt und aufhört. Ja, wir tun gut, das Wort „Kunst“ überhaupt noch gar nicht zu erwähnen, sondern wir wollen froh sein, wenn es uns gelingt, unsere einfachen Gebrauchsgeräte zweckmäßig und selbstverständlich zu gestalten. Solange dies nicht der Fall ist, können wir wie gesagt nicht an Kunst denken.

Es muß aufhören, daß die der Technik völlig unkundigen Entwerfer dem Handwerk mit Entwürfen an die Hand gehen wollen. Der junge Drechsler selbst muß sich das Sprichwort vor Augen halten: „In der Beschränkung zeigt sich der Meister.“ Er darf nimmermehr meinen, das Arbeiten mit Anhäufungen von technischen, gedankenlosen Spielereien künstlerisch zu nennen. Hüte er sich auch, sich den Titel „Kunstdrechsler“ zuzulegen. Solches Tun ist lächerliche Anmaßung. Mit Kunst haben diese sogenannten Kunstdrechsler nichts zu tun.

AUFGABEN, DIE EINE TEKTONISCHE FORMGEBUNG FORDERN

Diese Arbeiten können von der Art sein, daß sie gänzlich vom Drechsler hergestellt werden, wie da sind Tisch-, Stand- und Hängelampen und dergleichen, oder es handelt sich um Bestandteile von Möbeln, die der Schreiner herstellt, wie da sind vor allem Füße von Stühlen, Tischen und eine große Anzahl von Kleinmöbeln.

Behandeln wir zunächst die *Beleuchtungskörper*, Tisch- und Standlampen. Wollten wir z. B. Lampenfüße nur nach Geboten des Zweckes lösen, so kämen wir aus mit einem einfachen Teller und einem rohrartigen Stab, siehe *Abb. 939*. Wie die Anzahl alter und neuer Vorbilder von Beleuchtungskörpern zeigen, ist bei deren Lösung durchaus das Bestreben vorhanden, über den Zweck hinaus solchen hinaufwachsenden und tragenden Formelementen künstlerischen Ausdruck zu geben. Je mehr es uns gelingt, in uns das Gefühl zu erwecken, daß einmal der Schaft aus dem Fuß herauswächst und daß der Schaft einen Ausdruck des Tragenden hat, desto mehr wird es uns gelingen, zu einem wirklich künstlerischen Ausdruck zu gelangen. Solche plastischen Gebilde, die zugleich auch ihrem Zweck dienen, sind mit Mitteln der Drechslerei auf das schönste zu bilden. Je mehr die Einzelteile harmonisch zum Ganzen stehen, desto mehr bereiten sie uns Freude.

Ganz besonders reizvolle Aufgaben bietet natürlich der frei gedrehte im Raum hängende Beleuchtungskörper. Bei solchen, also über dem Augenpunkt schwebenden Körpern ist ein ganz besonders feines Verständnis und Gefühl für optische Veränderungen nötig. Gerade beim Entwerfen solcher Lampen muß man die Veränderungen des Ausdruckes der Form durch Überschneidungen in Betracht ziehen. Eine geometrische Zeichnung ist hier oft sehr irreführend, und der Anfänger wird erstaunt sein, wie anders das ausgeführte aufgehängte Modell wirkt als die geometrische Zeichnung, und wird feststellen, daß wie oben schon erwähnt, manche Einzelformen verändert bzw. überhöht werden müssen, so daß sie der sich ergebenden optischen Wirkung Rechnung tragen. Bei solchen Aufgaben ist es deshalb am besten, wenn man aus billigem Holz erst Modelle anfertigt, anstatt sich nur auf die Zeichnung zu verlassen.

Wir kommen nun zum letzten Aufgabenkreis des Drechslers, nämlich zum *Drehen von zusätzlichen Formen an Möbeln*. Die Gestaltung solcher Möbel geschieht meist vom Möbelarchitekten aus, und der Drechsler hat dabei wenig Gelegenheit, gestaltend mit-

Fortsetzung auf Seite 263

Abb. 914. Büchse aus Mahagoni natur, Entwurf: Fritz Spannagel

Abb. 915. Teebüchse aus Padouk natur, Entwurf: Fritz Spannagel, Ausführung: Obermeister Franz Dornheim, Karlsruhe, Herstellungsjahr 1922. (Siehe auch die gleiche Dose mit abgenommenem Deckel in Abb. 1022 auf Seite 267.)

Abb. 916. Büchse aus Birnbaum natur, Entwurf: Fritz Spannagel (Abb. 914 und 916 Ausführung: G. Heinz, Waal)

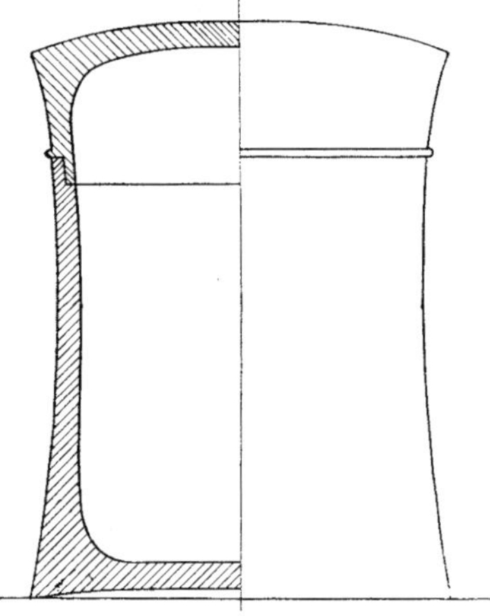

Abb. 917. Werkzeichnung zur Dose in Abb. 914, ½ nat. Größe

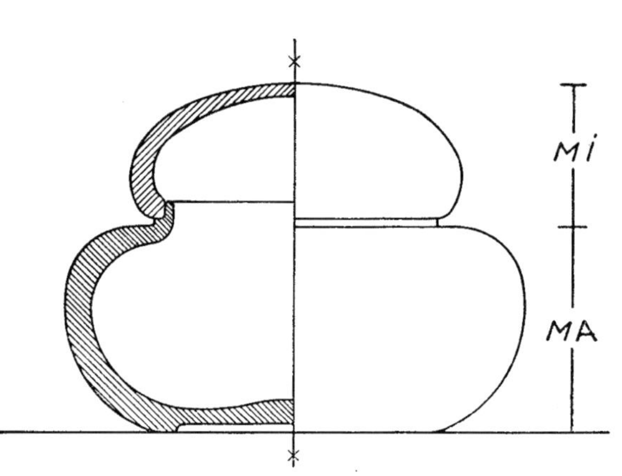

Abb. 918. Werkzeichnung zur Dose in Abb. 915, ½ nat. Größe (Büchse und Deckel in „Goldenem Schnitt", siehe Seite 266)

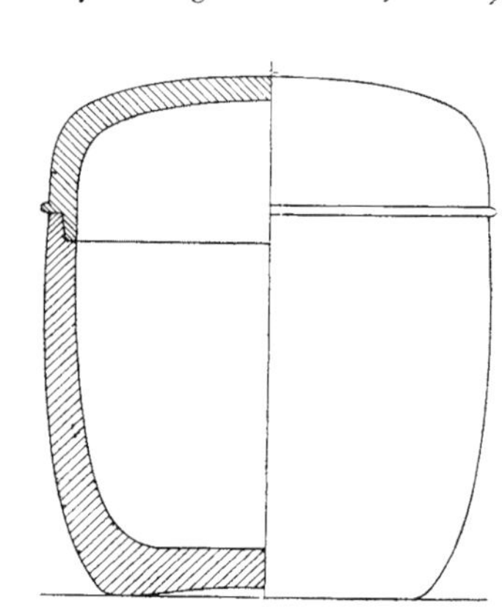

Abb. 919. Werkzeichnung zur Dose in Abb. 916, ½ nat. Größe

Die hier abgebildeten Büchsen entsprechen den auf den vorangegangenen Seiten erwähnten Grundsätzen, sie lassen sich gut anfassen, sie sind „handlich". Alle Deckel der Büchsen, abgesehen von dem in *Abb. 921*, können mit der ganzen Hand abgenommen werden und müssen deshalb so gedreht werden, daß sie dicht mit den Büchsenkörpern verbunden sind. Hierdurch ist es möglich, in diesen fest geschlossenen Büchsen Tee, Schokolade und dergleichen aufzubewahren (vgl. auch alle ähnlichen Büchsen im Vorlagenwerk). Allen diesen Dosen, so vielfältig sie auch gestaltet sind, ist der wichtigste

Abb. 920 (links). Mahagonibüchse, Entwurf u. Ausführ.: Alfred Hesse, Dresden

Abb. 921 (rechts). Neue japanische Keksbüchse aus Rotulme (Exportware)

Grundsatz für diese Geräte, die in die Hand genommen werden, eigen, es sind handliche, richtige Gebrauchsgeräte, die man nicht mehr entbehren möchte, die gestaltet sind auf Grund langer Erfahrung und gründlichen Studiums alter edler Holzgeräte, auch solcher, wie sie in Ostasien, besonders in Japan, seit langem in Gebrauch sind.

Große Dosen, deren Deckel man nicht mehr mit einer Hand umfassen kann, müssen natürlich mit einem Knopf versehen werden, weswegen Dosenkörper und Deckel nicht so fest aufeinandersitzen dürfen. In der *Abb. 921* sehen wir, wie der unvermeidliche Knopf die ruhige Form der Büchse nicht stört, sondern er sitzt in einer leichten, weichen Vertiefung.

Abb. 922.

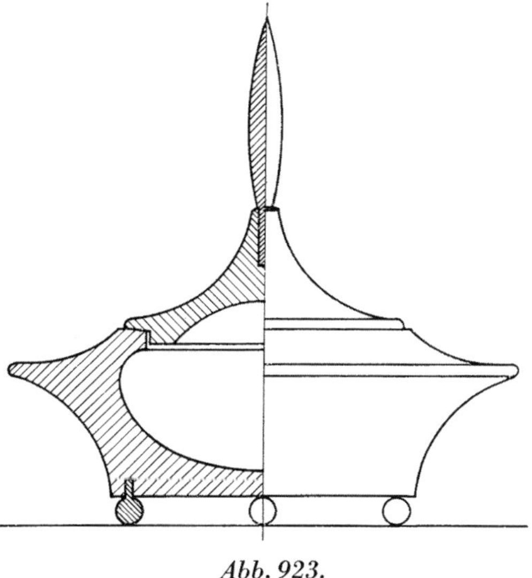

Abb. 923.

Die hier in den *Abb. 922—930* gezeigten Modelle von Büchsen und Dosen stellen Gegenbeispiele dar. Sie stammen ohne Ausnahme aus Fachzeitschriften und kleinen Fachwerken und sollten dem Handwerk als Vorbild dienen. Die *Abb. 928 bis 930* sind älteren Datums, wogegen die übrigen Büchsen erst vor kurzem in den Fachzeitschriften erschienen sind. *Abb. 922* zeigt den Typ einer Büchse, wie er uns nahezu in allen Drechslerläden begegnet. Diese Dose ist häßlich und gehört zu den sog. „Nippes‘. Die Füße in Form runder Kugeln haben keinen Zusammenhang mit der Gestalt der Dose. Besonders zu verwerfen ist der spitze, in anderem Holz ausgeführte Griff, der bald abbricht oder herausfällt. Diese

Abb. 924. *Abb. 925.* *Abb. 926.* *Abb. 927.*

Dose ist nicht „handlich“, denn sie kann sich der Hand nicht anschmiegen. Von oben gesehen wird der Dosenkörper völlig verdeckt. Das Modell in *Abb. 924* wäre formal an sich zu bejahen, jedoch zerstört hier die unruhige Maserung des Zebraholzes die Form. Bei der Dose in *Abb. 925* stört die gleichmäßige Gestaltung von Deckel und Fuß. Die Dose hat kein Unten und Oben. Auf den Fuß könnte verzichtet werden. Die Dose in *Abb. 926* wirkt unruhig durch das verschiedene Material, auch sind die Verhältnisse des Körpers zu gleichmäßig, wodurch die Form in 3 Ringe aufgelöst wird. *Abb. 927.* Aus so verleimten Hölzern Dosen zu drehen, ist eine Geschmacklosigkeit, vor der dringend zu warnen ist, denn

Abb. 928. *Abb. 929.* *Abb. 930.*

Abb. 933.

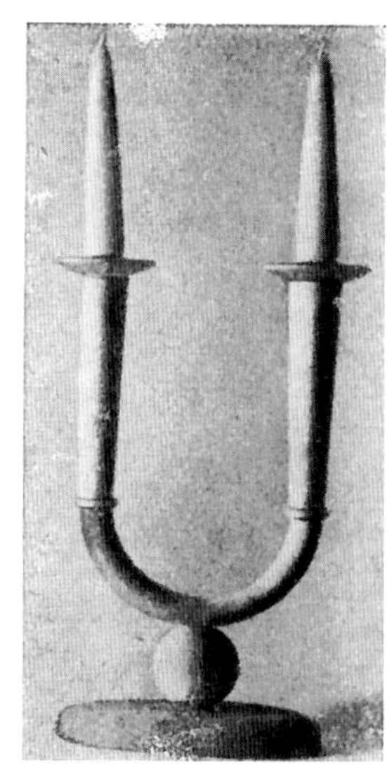

Abb. 934.

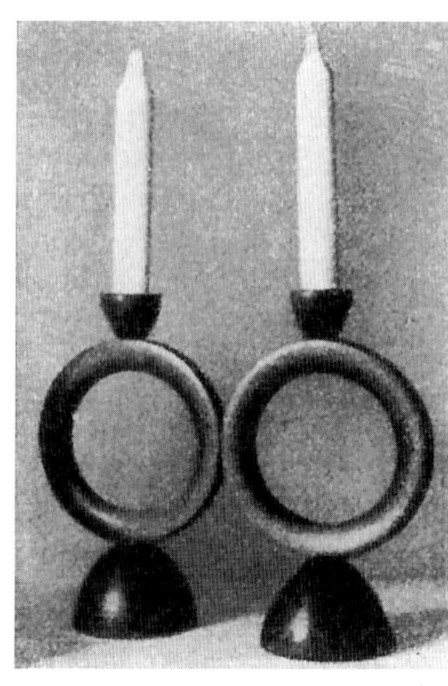

Abb. 935.

Abb. 931. Gutes Beispiel für einen Kerzenleuchter. Der Leuchter setzt sich zusammen aus Fuß, Säule und Kelch, organisch wächst die Säule aus dem Fuß heraus, die den breit ausladenden Kelch mit dem messingnen Kerzenhalter trägt. Diese drei Teile fügen sich harmonisch zu einem Ganzen. (Entwurf: Fritz Spannagel, siehe auch die Kerzenleuchter in Abb. 1098 und 1099.)

Abb. 933. Dieser dürftige Leuchter, der aus zwei aufeinandergesetzten Kegeln besteht, ist in seiner Gestaltung völlig undrechslermäßig und erinnert an Metallformen, die innen hohl sind

Abb. 934. Eine solche Lösung finden wir allzuoft in Zeitschriften und Schaufenstern. Es wirkt wie ein Akrobatenstückchen, wie der Leuchter auf der Kugel balanciert.

Abb. 935. Bei diesem Gebilde denkt man an ein Kinderspielzeug, es soll jedoch einen Leuchter darstellen! Unorganisch sitzt eine Form auf der anderen aufgetürmt.

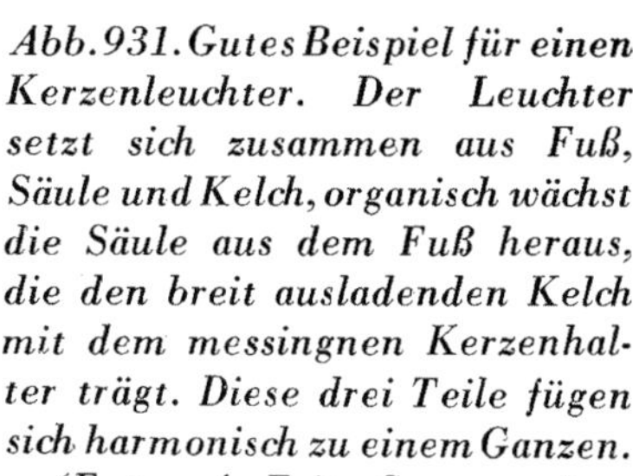

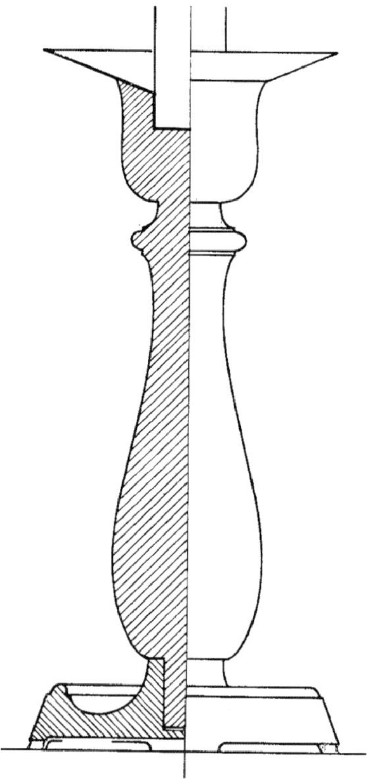

Abb. 932. Werkzeichnung zu obigem Leuchter

es geht dabei jede Form verloren. Die in der *Abb. 928* gezeigten zwei Dosen sind leider typisch für sog. Entwürfe, wie wir sie seit langem und auch heute noch in den Fachzeitschriften finden. Man spürt an ihnen so recht die Reißschiene und den Winkel. Die spitzwinkligen Formen sind materialwidrig. *Abb. 929.* Genau so oberflächlich ist dieses greuliche, einen Eierbecher darstellende Gebilde entworfen! Einen solchen „tektonischen" Entwurf müssen wir natürlich ablehnen, denn die einzelnen Glieder bilden in sich geschlossene Körper, die zusammenhanglos aufeinandergesetzt sind. *Abb. 930.* Diese Grotesken dienten auch einmal als Vorbild! Besonders peinlich berührt bei der linken Dose der spitze Hut und das hohe Postament, auf dem die Dose steht. Dächte man sich den Zuckerhut und den Sockel in Form eines stumpfen Kegels weg, so wäre der Dosenkörper annehmbar.

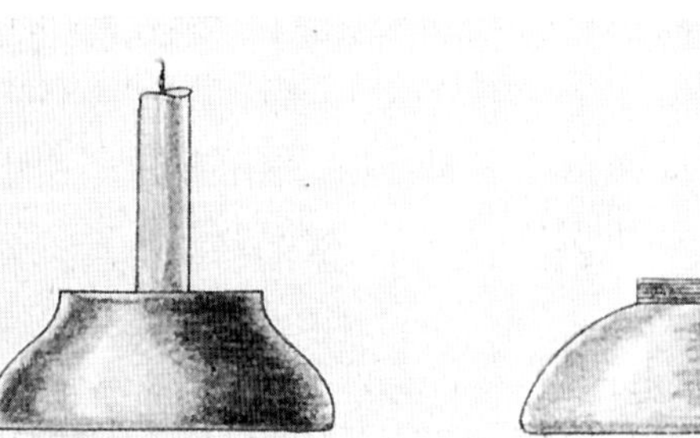

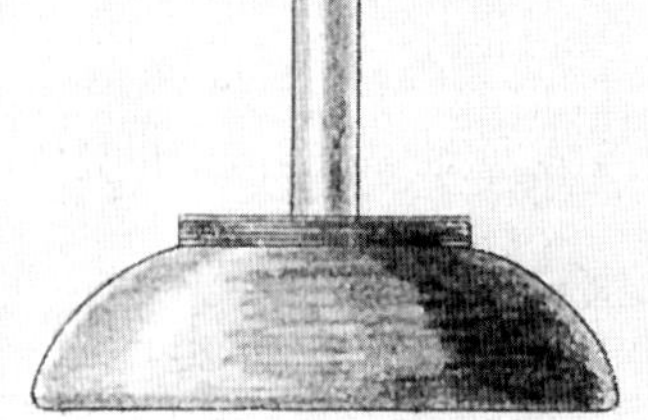

Abb. 936—938. Denken wir uns hier die Kerzen weg und stellen die Holzkörper auf den Kopf, dann haben wir drei ganz nette Schalen vor uns! Wir sehen, wie unsinnig eine solche Lösung von Kerzenleuchtern ist. So sind z. B. die Modelle in Abb. 936 und 937 kaum zu fassen und trotz ihrer ruhigen Form unhandlich.

Es sei zum Schluß noch darauf hingewiesen, daß jeder Leuchter einen großen metallenen, aus dem Holz leicht herausnehmbaren Blecheinsatz haben sollte, der gut zu reinigen ist. (Siehe auch „Metalldrücken" auf Seite 184 u. 185 wie auch Abb. 932.)

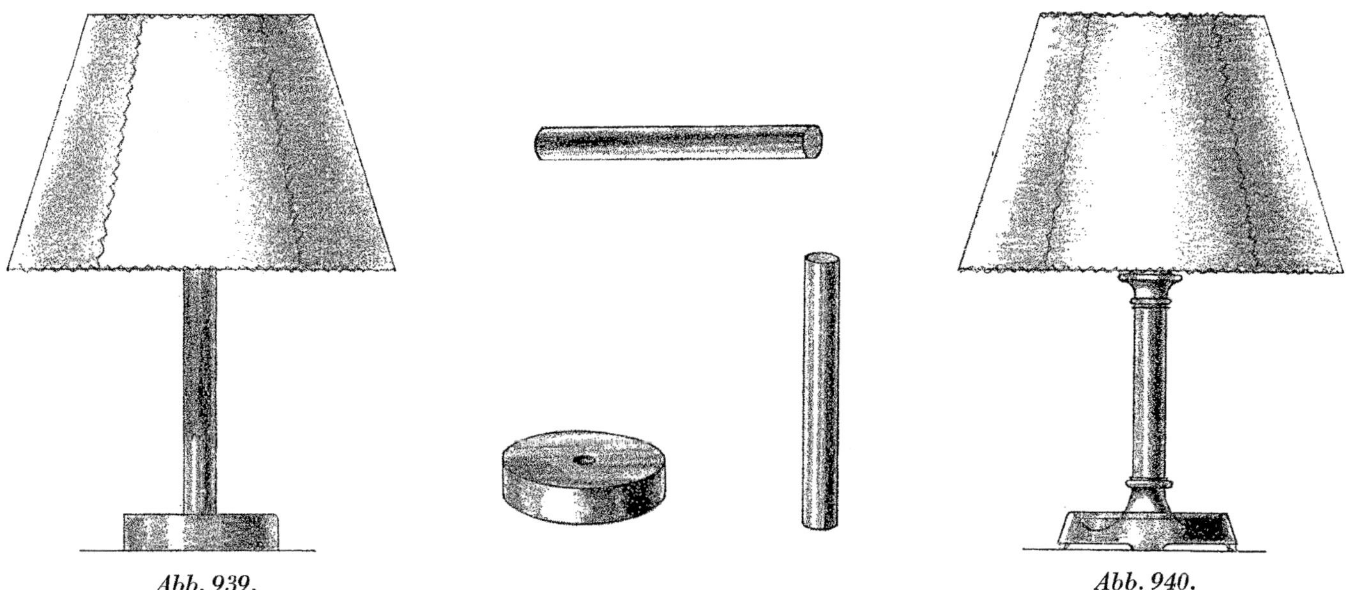

Abb. 939. *Abb. 940.*

Abb. 939 zeigt die sog. sachliche Gestaltung einer Tischlampe, d. h. es ist auf jeden tektonischen Ausdruck verzichtet worden. (Eine solche Gestaltung mag für Metall, wobei die Säule ein hohles Rohr ist, eher angebracht sein.) Wenn auch eine solche Lösung gerade keinen Kitsch darstellt, so entbehrt sie doch auch jeden funktionalen und damit künstlerischen Ausdruck. Der Fuß ist eine runde Scheibe, und die Säule hat weder ein Unten noch ein Oben. Wir haben Scheibe und Rohr auch einzeln dargestellt, um zu zeigen, wie ausdruckslos und beziehungslos diese Formelemente sind, vgl. dazu die *Abb. 941.* Fuß und Säule haben keine Beziehung zueinander. Eine zylindrische Säule kann eher dann einmal in die Gestaltung einbezogen werden, wenn sie, wie *Abb. 940* zeigt, gewissermaßen mit einer Art Kapitell und Basis versehen ist. Wir finden diese Formensprache im Klassizismus vollendet genützt, siehe auch den Leuchter in Abb. *1098*, Seite 285.
Abb. 941. Vergleichen wir diese Lampe mit der in *Abb. 939* dargestellten, so erkennen wir hier ein organisches, ausdrucksvolles Gebilde. Fuß und Säule sind voneinander abhängig. Der Fuß spreizt sich gewissermaßen, um die Last der Säule zu tragen, und organisch wächst aus ihm die Säule mit ihrem tragenden Ausdruck. *Abb. 942* zeigt die Werkzeichnung der nebenstehenden Lampe. Der untere Teil des Zapfens ist mit Gewinde versehen. (Siehe auch Seite 71.)

Abb. 941. (Entwurf: Fritz Spannagel)

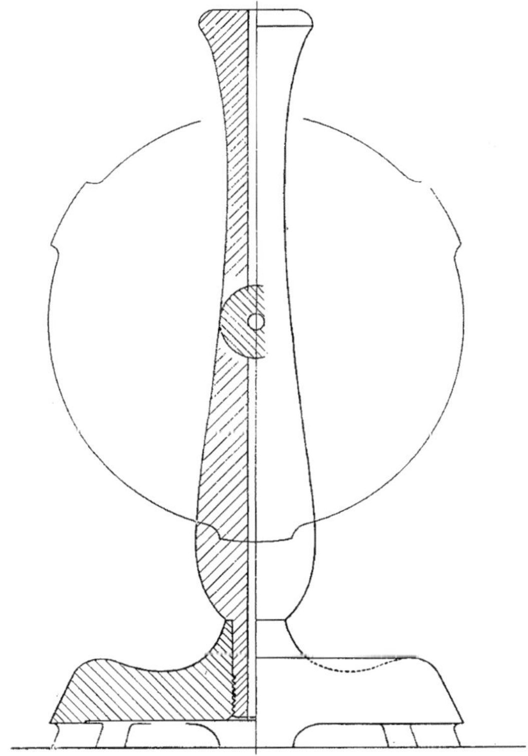

Abb. 942. Werkzeichnung in etwa ¼ der nat. Größe

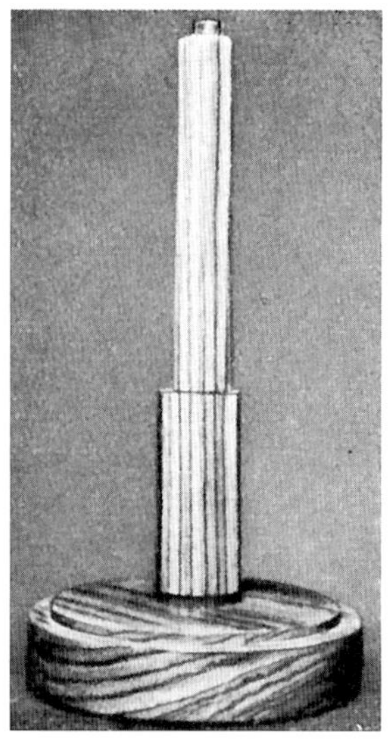

Abb. 943.

Abb. 944.

Abb. 945.

Abb. 943. Lampenfuß aus Zebraholz. Wenn man hier auch die ruhige Gestaltung, die auf das unruhige Zebraholz Rücksicht nimmt, bejahen könnte, so ist die Form doch unorganisch durch die beziehungslos übereinandergesetzten Teile.
Abb. 944. Dies soll den Fuß einer Nachttischlampe darstellen! Die drei aufeinandergestellten Körper entbehren jeden organischen Zusammenhang und jede Handlichkeit. Nehmen wir das Holz und machen drei Schalen daraus!
Abb. 945. Lampenfuß aus Eschenholz. Der Fuß besteht aus drei aufeinandergelegten Scheiben und die Säule aus fünf ineinandergesteckten Teilen, wodurch auch die Maserung des Eschenholzes unterbrochen bzw. zerstört wird.

Abb. 947—949. Diese drei Lampen sind so recht instruktive Gegenbeispiele, die jedoch nur allzuoft unsere Schaufenster bevölkern. Gerade vor der Verwendung der Kugel müssen wir eindringlich warnen, denn sie läßt sich im Grunde in ihrer rein runden Form nicht in die Gestaltung von Drechslerformen einfügen. Was anderes ist es natürlich, wenn sie als selbständige Kugel, z. B. als Spielkugel, auftritt, oder wenn sie zur Kette gereiht oder vom Bildhauer zu einem geschnitzten Stab verwendet wird, siehe *Abb. 946.* Niemals aber kann man aus aufeinandergesetzten Kugeln eine ausdrucksvolle Säule bilden. Besonders häßlich ist es, wenn in einer Kugel spitze Kegel stecken oder aus einer großen Kugel eine Stange brutal herauswächst. Auch sei ein für allemal gesagt, daß Kugeln keine Füße sein können, denn eine Kugel rollt, sie trägt nicht und bleibt nicht stehen!

Abb. 946.

Abb. 947.

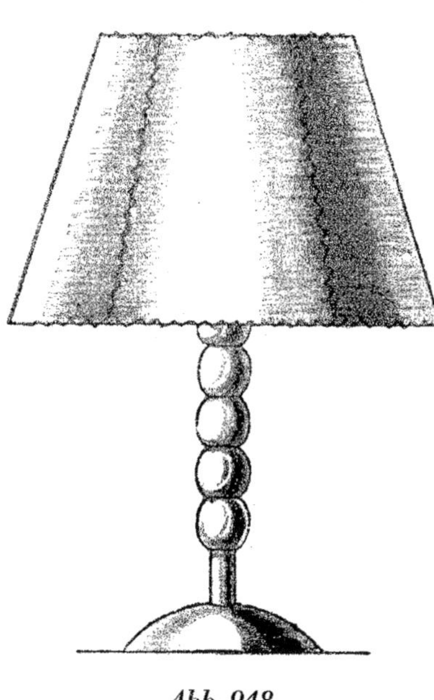

Abb. 948.

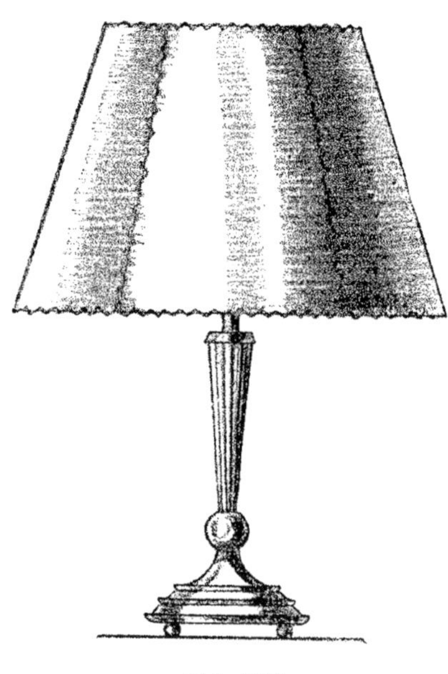

Abb. 949.

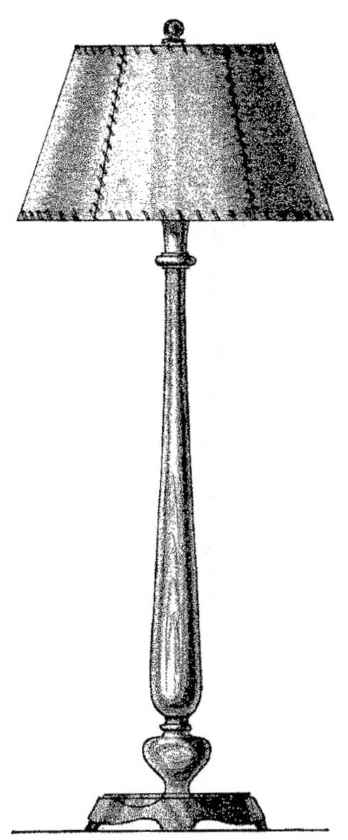

Abb. 950. Stehlampe, gutes Beispiel

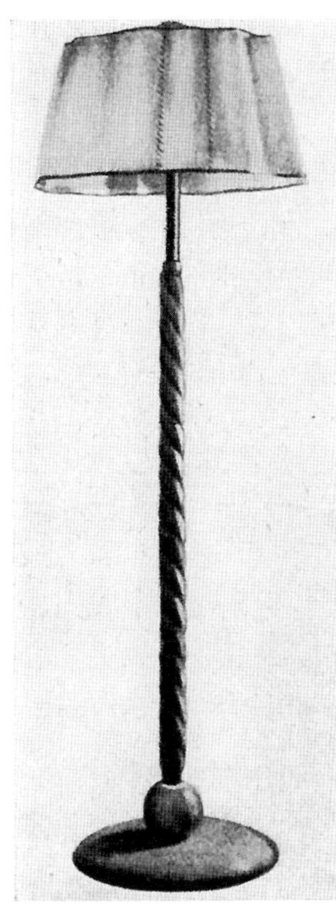

Abb. 951. Stehlampe, schlechtes Beispiel

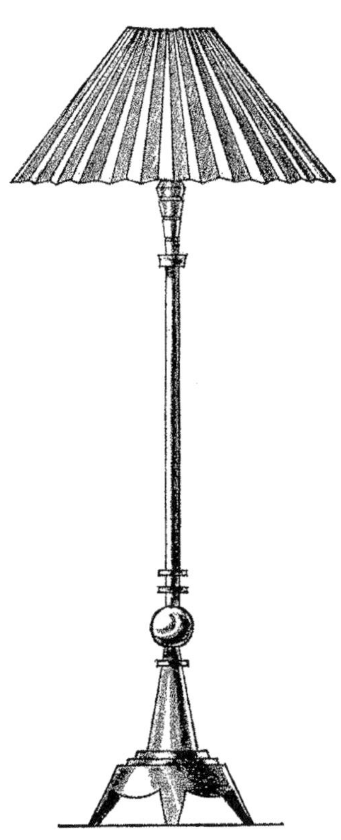

Abb. 952. Stehlampe, schlechtes Beispiel

Die Steh- und Hängelampen weisen ein nicht besseres Niveau auf als die Tischlampen. Auch die hier gezeigten schlechten Beispiele sind aus Fachzeitschriften übernommen, sie sind charakteristisch für alle diese „entworfenen Vorlagen".

Wie unorganisch sind z. B. in *Abb. 951* Fuß, Kugel und Säule zusammengesetzt. (Siehe auch, was über die Kugel schon auf der vorangegangenen Seite gesagt wurde.) Allein technisch ist diese Konstruktion nicht haltbar, und es ist interessant, daß eine schlechte Formgebung meist auch technische Mängel in sich schließt. Vor allem aber geht es gegen jedes gesunde Gefühl, gewissermaßen eine Kugel auf einen gewölbten Teller zu legen und in diese Kugel einen Säulenschaft zu stecken — für das Auge fällt das alles zusammen! Wie diese Aufgabe organisch etwa gelöst werden kann, zeigt das gute Beispiel in *Abb. 950.* Ganz verheerend ist der an eine modische Metallverarbeitung sich anlehnende Entwurf der Standlampe in *Abb. 952,* denn dies sind keine Holzdrechslerformen. Auch hier wird die unvermeidliche Kugel auf einen Kegel aufgespießt, die kleinen Ringe über der Kugel haben keinen organischen Halt. Ganz ähnlich verhält es sich mit den beiden Hängeleuchten in *Abb. 954 und 955,* die verraten, daß der Entwerfer kein Gefühl für Material und Technik besitzt, man spürt ihnen so recht Winkel, Reißschiene und Zirkel an. In *Abb. 953* ist den schlechten Beispielen eine gute Lösung gegenübergestellt, wobei bemerkt sein soll, daß dieses persönliche Modell natürlich nicht die einzig mögliche Lösung darstellt. (Siehe auch weitere Lampenmodelle in dem nachfolgenden Vorlagenwerk.)

Abb. 953. Hängelampe, gutes Beispiel

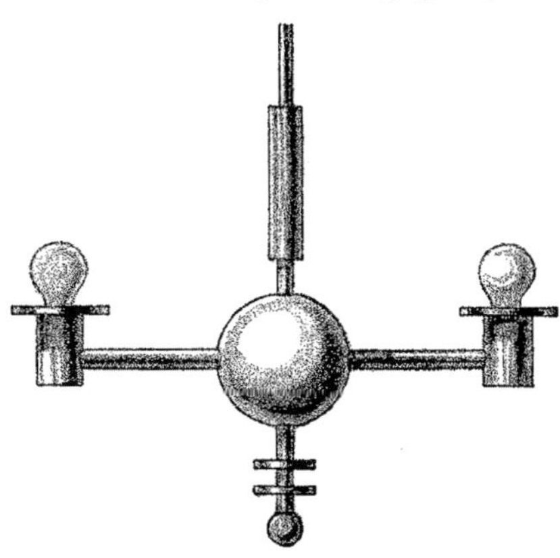

Abb. 954. Hängelampe, schlechtes Beispiel

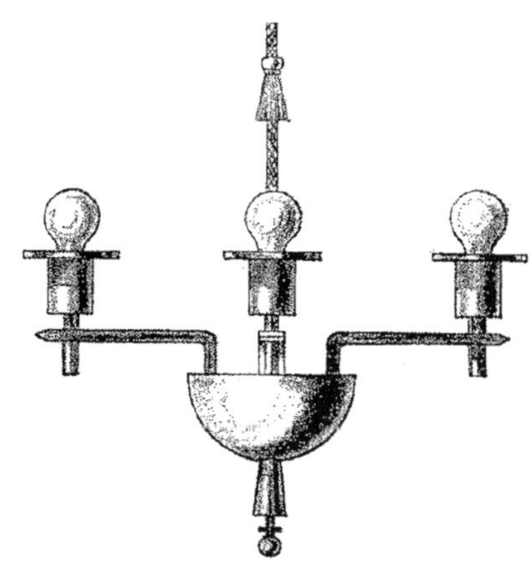

Abb. 955. Hängelampe, schlechtes Beispiel

Welche Geschmacklosigkeit heute auch bei den Schreibgeräten herrscht, dafür mag die *Abb. 956* den Beweis erbringen. In dieser Abbildung sehen wir wieder die unvermeidliche Kugel. Obwohl sie sich gut greifen läßt, wirkt sie auch hier unorganisch, da sie scheinbar wegzurollen droht! Einen vorbildlichen Löscher zeigt die *Abb. 957*. Die *Abb. 958 und 959* zeigen Modelle des heute so praktischen und notwendigen Füllfederhalterständers. Für den Schreib- und Zeichentisch sehr brauchbar ist ein großer Teller für Bleistifte und andere nötige Dinge, wofür die Ovaldrechslerei in schönster Weise genützt werden kann. (Siehe *Abb. 960.)*

Abb. 957. Löscher, gutes Beispiel (Entw.: Fritz Spannagel)

Abb. 956. Schreibzeug, schlechtes Beispiel

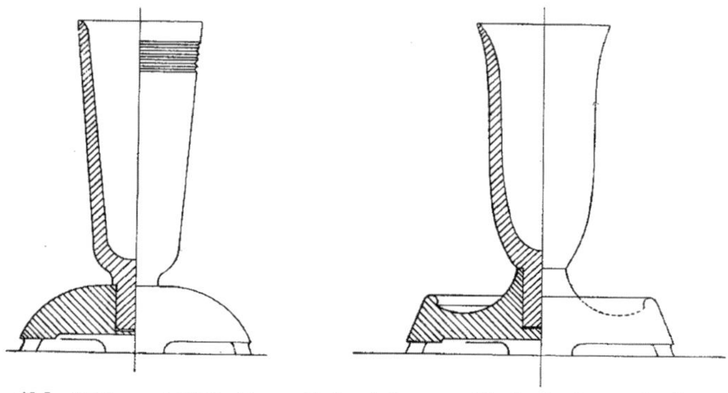

Abb. 958 und 959. Gute Beispiele von Federhalterständern, ½ nat. Größe (siehe auch Abb. 107)

Betrachte auch die Schreibzeuge und Geräte auf Seite 280. Es ist schon in der Einführung zu diesem Kapitel gesagt worden, daß es im Grunde gar nicht so schwer ist, einwandfreie Geräte zu gestalten. Man braucht sich auch nur leiten zu lassen von vernünftigen Überlegungen.
Gleich wie bei den Dosen handelt es sich bei den Holztellern aller Art um größte Handlichkeit. Man kann da nicht stets etwas Neues erfinden wollen, denn im Grunde gibt es nur ganz wenige Grundformen von Querschnitten für Teller, die in ihrer Form natürlich sind. (Vgl. die unten gezeigten guten und schlechten Beispiele von Tellerprofilen, siehe auch die *Abb. 1078 und 1079*, sowie die *Abb. 582—584* auf Seite 134.) *Abb. 967* zeigt den Schnitt eines Tellers, der auf dem inneren Rand Schrift oder Ornament eingeschnitten erhält.

Abb. 960. Ovaler Teller für Bleistifte und dergleichen

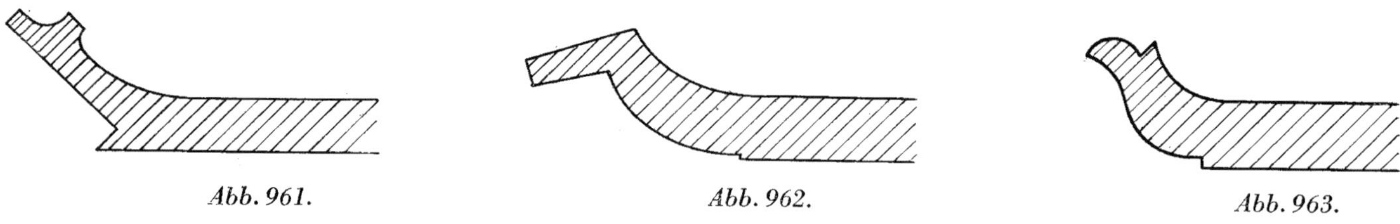

Abb. 961. *Abb. 962.* *Abb. 963.*

Abb. 961—963. Querschnitte von Tellern, schlechte Beispiele, da diese Profile unhandlich sind

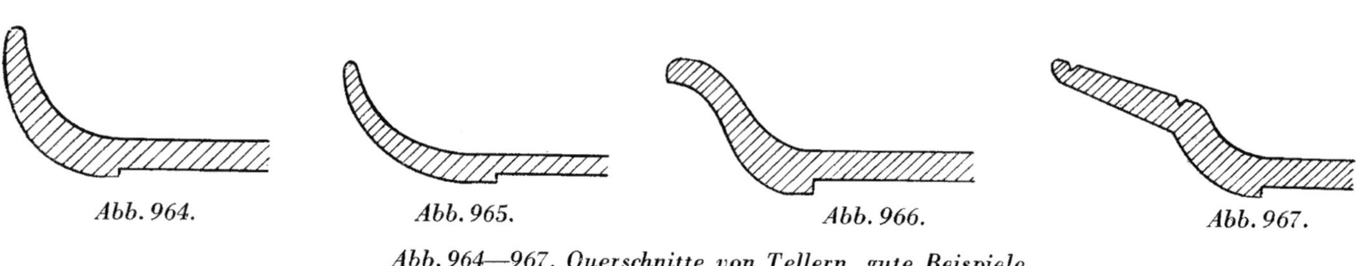

Abb. 964. *Abb. 965.* *Abb. 966.* *Abb. 967.*

Abb. 964—967. Querschnitte von Tellern, gute Beispiele

Abb. 968. Treppengeländer, gutes Beispiel

Abb. 969. Treppengeländer, gutes Beispiel

Abb. 970. Treppengeländer, gutes Beispiel

Ein Problem stellen noch gedrechselte Treppenpfosten und -traillen dar. Was auf diesem Gebiet in den Fachzeitschriften dem Handwerk zugemutet wird, mögen die *Abb. 972* und *Abb. 973* dartun. So finden wir bei der *Abb. 972* unten am Pfosten eine Kugel, in die die Wange gewissermaßen hineinstößt. Die Groteske eines Treppengeländers und Pfostens in der *Abb. 973* ist auch noch nicht so sehr alt! Man weiß nicht, wie der Entwerfer sich die letzte unterste Stufe denkt. Da diese nur so breit wie die übrigen sein kann, sitzt der Pfosten als besonderes Ungetüm für sich. Diese zwei Entwürfe, die direkt aus Fachzeitschriften übernommen wurden, zeigen auch die unvorbildliche Darstellungsart. Die *Abb. 968—971* mögen einige Anregungen geben für verschiedene gute einfache und reichere Lösungen. (Siehe auch die Entwürfe im nachfolgenden Vorlagenwerk sowie die Beispiele alter Treppen auf den Seiten 232 und 233.)

Die ganzen letzten Jahrhunderte hindurch, so auch noch im ersten Drittel des 19. Jahrhunderts, finden wir eine solche Fülle von Lösungen alter reizender Treppen, deren Studium besonders jenen oberflächlichen Entwerfern dringend anzuraten ist, die mit ihren neuen „Erfindungen", auf die sie stolz sind, die Fachzeitschriften versorgen. Mögen sich solche Grundsätze auch die Fachschriftleiter zu Gemüte führen!

Abb. 971. Treppengeländer, gutes Beispiel

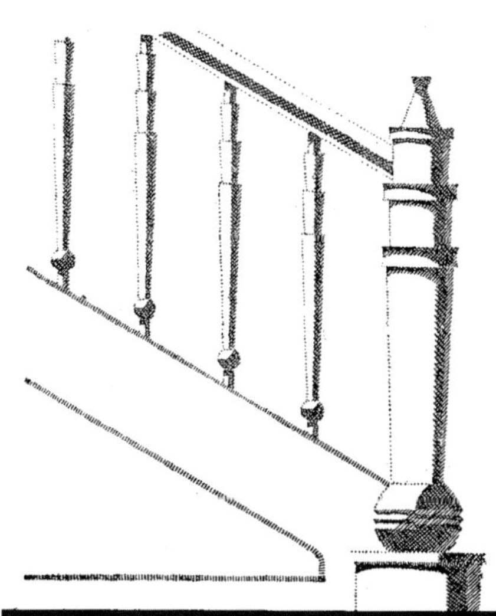

Abb. 972. Treppengeländer, schlechtes Beispiel

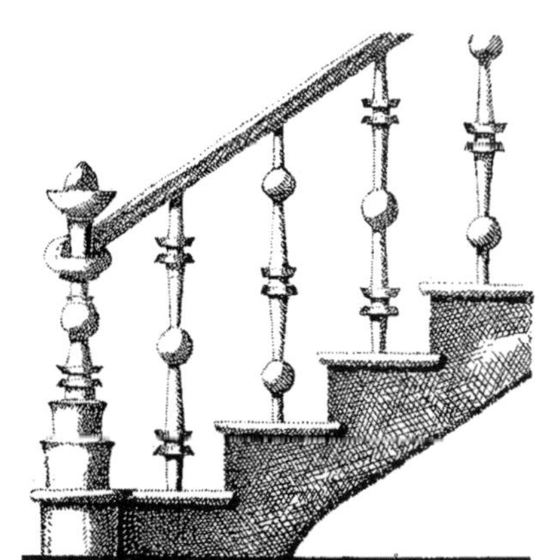

Abb. 973. Treppengeländer, schlechtes Beispiel

Abb. 974. Schlechte Kleiderablage im Stil der Pseudorenaissance, um 1890

Der Vergleich der beiden in *Abb. 974 und 975* dargestellten Kleiderablagen kann uns anschaulich den Unterschied zeigen zwischen der überladenen Formensprache einer eklektischen Stilepoche einerseits, wie es die Pseudorenaissance war, und einer zeitgemäßen und hier berechtigten sachlichen Lösung andererseits ein und derselben Aufgabe. Komplizierte Säulen mit reicher Profilierung und architektonischem Aufbau, an dem Kleiderhaken aufgeschraubt sind, haben an einer praktischen Kleiderablage nichts zu suchen. Der zeitgemäße Kleiderständer in *Abb. 975* zeigt uns, daß die Arbeit des Drechslers sinngemäß auch für solche Möbel Anwendung finden kann. Auch der Kleiderständer ist das Objekt einer gewissenlosen Industrie geworden, wer kennt sie nicht, diese modischen, unpraktischen und meist auch nicht haltbaren Garderoben in den Möbelhandlungen!

Abb. 975. Kleiderablage aus dem Jahre 1930 (Entwurf: Fritz Spannagel)

Abb. 976 stellt einen Entwurf zu einer Schale aus dem Jahre 1924 dar. Die Lösung einer solchen Schale mit Fuß wäre durchaus nicht von der Hand zu weisen. (Hier sei auf die griechische, 2500 Jahre alte Schale auf Seite 213 hingewiesen.) Die Schale allein wäre annehmbar, aber wie zusammenhanglos steht sie auf diesem merkwürdigen Gestell! Besonders peinlich sind hier die aus Kugeln zusammengesetzten Säulchen, welche auf einem quadratischen Sockel ruhen, der nicht in geringster Beziehung zu der runden Schale steht.

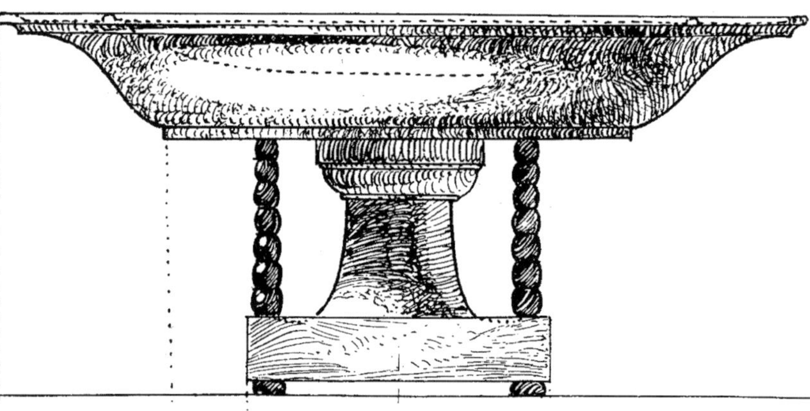

Abb. 976. Schlechtes Beispiel einer Schale

Auch diese Zeichnung ist dem Handwerk als vorbildlicher Entwurf vorgesetzt worden, und wir finden dieses Modell auch heute immer noch!

Auch bei den Schubladknöpfen geben sich die Entwerfer alle Mühe, diese unhandlich und meist technisch schlecht zu gestalten. Es müßte doch selbstverständlich sein, daß sich gerade Holzknöpfe den Händen anschmiegen und deshalb hier Ornamente und spitze Kanten zu verwerfen sind. Die hier abgebildeten schlechten Beispiele von Knöpfen werden dem armen Drechsler als Vorbilder hingestellt! Eine Anzahl guter, erprobter Holzknöpfe findet sich im folgenden Vorlagenwerk.

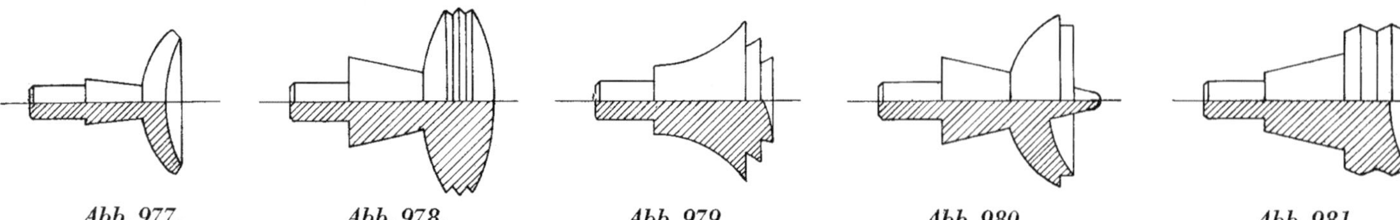

Abb. 977. *Abb. 978.* *Abb. 979.* *Abb. 980.* *Abb. 981.*

Gutes Beispiel *Abb. 978—981. Zeichnungen zu Holzknöpfen, schlechte Beispiele*

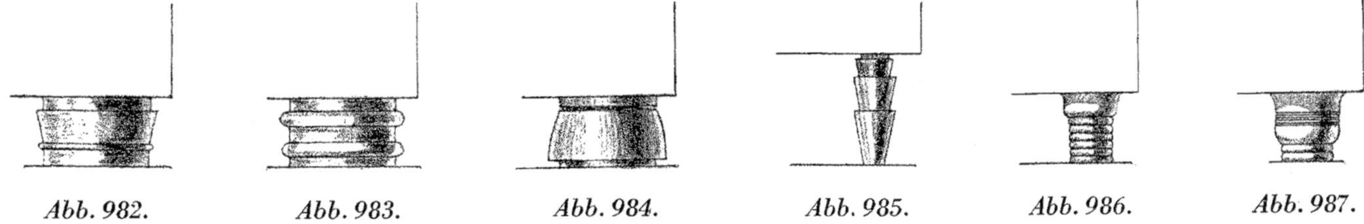

Abb. 982. *Abb. 983.* *Abb. 984.* *Abb. 985.* *Abb. 986.* *Abb. 987.*

Die in den *Abb. 982—987* dargestellten Möbelfüße sind aus den Fachzeitschriften nachgezeichnet, sie sind gedankenlos hingezeichnet, ohne dem Studierenden zu sagen, zu welcher Art Möbel sie gehören. Meist stellen sie Gefäße und Dosen dar. Möbelfüße können nur in Beziehung zum Möbel selbst entworfen werden. Auch die Möbelfüße in den *Abb. 989 und 990* sind bei aller Einfachheit nicht gut, sie stehen ohne Zusammenhang unter dem Kastenmöbel, sie lassen sich schlecht befestigen und fallen gewöhnlich heraus. Der Fuß in *Abb. 988* ist abzulehnen; wie unorganisch sitzt der wulstige Ring um den konischen Fuß. Weit eher ist die Lösung in *Abb. 991* möglich. Hier ist der einfach rund gedrehte Fuß verbunden mit Stegen zu einem Gestell, auf dem das Kastenmöbel ruht. Aber auch hier stört die kubische Form des Möbels. Vorbildlich ist die Lösung, wie sie *Abb. 992* zeigt. Als gute Beispiele mögen auch die *Abb. 993 und 994* zur Anregung dienen. In welch organischer Verbindung der gedrehte Fuß mit dem Kastenmöbel stehen muß, zeigen die *Abb. 995 und 996.*

Abb. 988. Schlechtes Beispiel

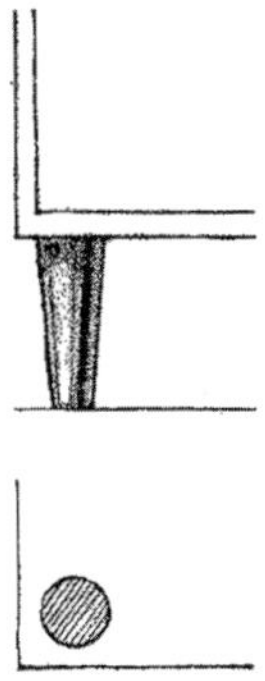

Abb. 989. 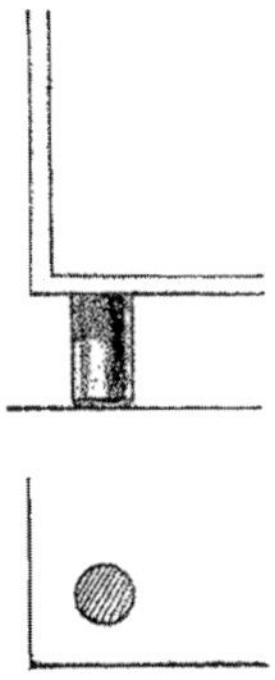 *Abb. 990.* 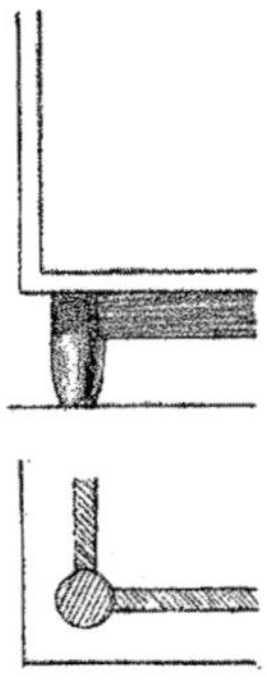 *Abb. 991.* 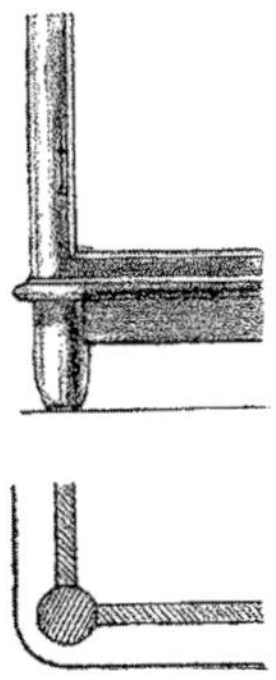 *Abb. 992.*  *Abb. 993.*  *Abb. 994.*

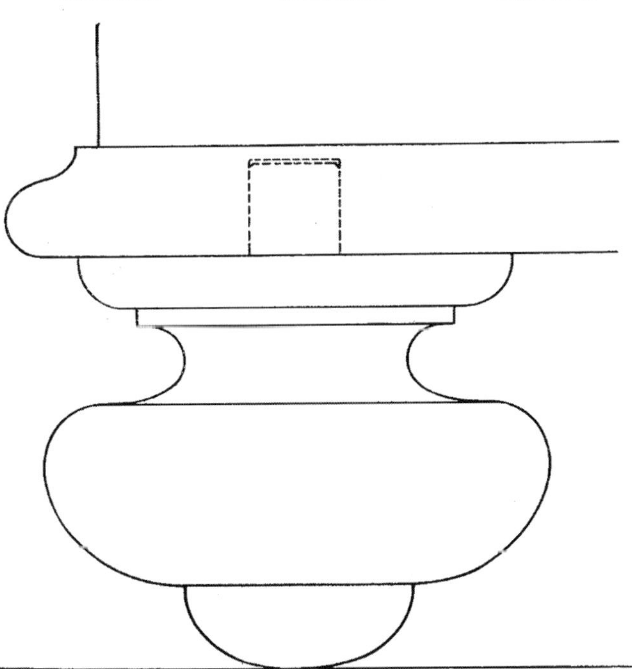

Abb. 995. Teilzeichnung, etwa ½ nat. Größe des Fußes in Abb. 996

Abb. 996. Gutes Beispiel für die Anwendung eines gedrehten Fußes. (Siehe auch Abb. 1223)

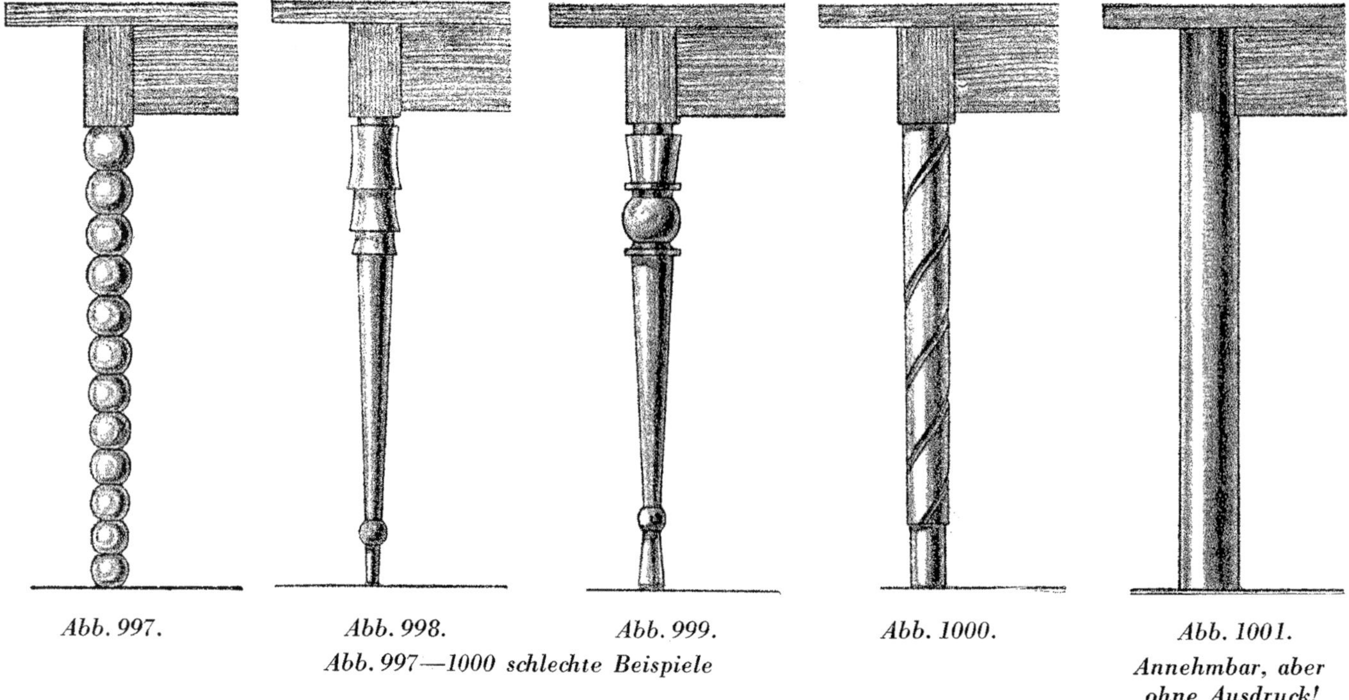

Abb. 997. Abb. 998. Abb. 999. Abb. 1000. Abb. 1001.

Abb. 997—1000 schlechte Beispiele

Abb. 1001. Annehmbar, aber ohne Ausdruck!

Welch schöne und wichtige Aufgabe hätte der Drechsler zu erfüllen bei der Gestaltung und Herstellung von Möbelfüßen aller Art an Kastenmöbeln, Tischen und Stühlen. Den Entwerfern, die stets etwas ganz Modernes erfinden wollen, sei geraten, all die vielen schönen alten Möbel zu studieren und daraus zu lernen. Wir können hier in diesem kleinen Rahmen nur grundsätzlich einige Anregungen geben.

Abb. 997. Man kann nicht einen Fuß mit tragendem Ausdruck gestalten, der aus aufeinandergesetzten Kugeln besteht. Die scharfen Kanten der häßlichen Profile bei den Modellen in *Abb. 998 und 999* machen sich besonders beim Gebrauch peinlichst bemerkbar, wenn man an ihnen die Kniescheiben wund stößt. Die Lösung in *Abb. 1000* mit dem eingearbeiteten vertieften Wund erinnert uns an eine Schraube. Der einfache zylindrisch rund gedrehte Tischpfosten in *Abb. 1001* ist langweilig und ohne jeden Ausdruck. Einen tragenden Ausdruck haben die konisch verjüngten Formen, wie sie die *Abb. 1002* zeigt. Die Verjüngung spielt für die Stabilität keine Rolle. In den *Abb. 1003 und 1004* seien noch 2 Lösungen zur Anregung gegeben. Für schwere Tische mit Stegen mögen die Beispiele in *Abb. 1005 und 1006* einen anregenden Beitrag liefern. Natürlich kann an Stelle des dreifachen Wundes in *Abb. 1006* auch der einfache, konisch verjüngte Wund treten. (Siehe auch verschiedene alte Möbel in den übrigen Kapiteln und im Kapitel „Gewundene Säule" auf Seite 114.)

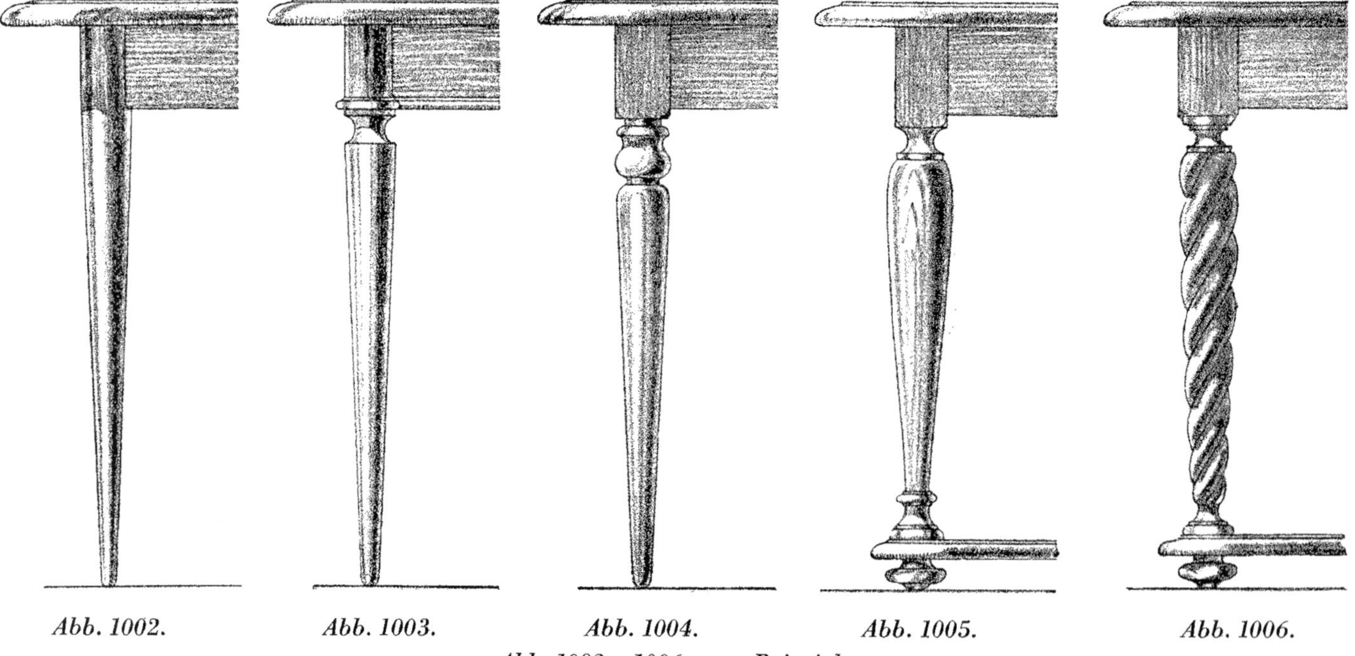

Abb. 1002. Abb. 1003. Abb. 1004. Abb. 1005. Abb. 1006.

Abb. 1002—1006 gute Beispiele

Fortsetzung von Seite 251

zuwirken. Dennoch vermag auch er hier, sofern er in die Gestaltungsgesetze eingedrungen ist, fördernd dem Entwerfer zur Seite stehen. Umgekehrt wird er aber auch vom gebildeten Architekten viel lernen können, denn gute Drechslerarbeiten an Möbeln können von gutem, erzieherischen Wert für das Drechslerhandwerk sein.
Betrachten wir aber, was auf diesem Gebiet alles gezeichnet und entworfen wird, so müssen wir ein beträchtliches Unvermögen feststellen, denn solche Arbeiten entbehren meist der elementarsten Forderungen hinsichtlich einer architektonischen Gesetzmäßigkeit und damit einer künstlerischen Ausdrucksform. Gedankenlos setzen sich Füße und Säulen zusammen, gelegentlich von einer Kugel getrennt, ohne jeden Zusammenhang.
In den beigegebenen Abbildungen sind an einer Reihe von Beispielen die Grundprobleme dargestellt und skizziert; es ist gesagt, was falsch und richtig ist. Natürlich können diese Untersuchungen nur grundsätzlicher Art sein. Wie schon erwähnt, ist es nicht möglich, ein künstlerisches Gestaltungsvermögen, sondern nur eine schulmäßige Grundlage zu vermitteln.
Doch gibt sich der Verfasser der Überzeugung hin, daß derjenige, der die Hinweise auf eine selbstverständliche, natürliche Gestaltung verstanden hat, nimmermehr die groben Fehler macht wie bisher. Die dargestellten Gegenbeispiele sind nicht etwa vom Verfasser erfunden, sondern aus Fachzeitschriften und sonstigen Veröffentlichungen übernommen. Dies war im Interesse der guten Sache nötig. Wenn die Urheber der schlechten Drechslerarbeiten verantwortungsbewußt sind und Charakter haben, werden sie die Kritik des Verfassers gerne annehmen und daraus lernen. Dem Verfasser liegt nichts daran, sich über irgendeine Sache, die schlecht ist, lustig zu machen, er läßt sich nur leiten von der tiefen Verantwortung, eine Gesundung auf diesem Gebiet herbeizuführen.

DAS ZEICHNEN DES DRECHSLERS

Wenn die Angehörigen des Drechslerhandwerks, vor allem der jugendliche Nachwuchs, wieder danach streben, selbst Drechslerformen zu gestalten, so werden sie des Zeichnens nicht entbehren können. Wie wir schon im vorangegangenen Kapitel ausgeführt haben, sind Bleistift und Papier nicht das wichtigste, nötig ist in erster Linie ein plastisches Vorstellungsvermögen. Das Zeichnen selbst ist nur ein Mittel zum Zweck, das allerdings, um die Form festzuhalten, nicht entbehrt werden kann.
Es handelt sich beim Zeichnen des Drechslers um zwei Hauptaufgaben. Einmal muß er eine gewisse Übung besitzen im Skizzieren, um die ausgedachte Form zu Papier zu bringen. Daß er sich dabei außer Papier und Bleistift auch des Reißbrettes und Reißzeuges als Hilfsmittel bedient, sollte eine Selbstverständlichkeit sein. Es ist hier darauf verzichtet worden, gewissermaßen eine Zeichenlehre zu geben, denn die in diesem Buch gezeigten Skizzen werden dem Lernenden genügend Anregung geben, so vor allem auch, was die Schattierung von Drechslerformen betrifft. Es wäre eine unnötige Belastung, hier noch eine komplizierte Schattenlehre zu geben, die sich der Drechsler am einfachsten durch das Studium der Natur aneignet, indem er seine Drechslerformen grellem Licht aussetzt und sich übt, die Schatten nach der Natur zu zeichnen. Auf diese einfache Weise wird er am besten in die Lage kommen, gefühlsmäßig und sicher den Schatten eine überzeugende Wirkung zu geben. (Die auf diesem Gebiet von unbegabten Schulmeistern herausgegebenen Lehrbücher

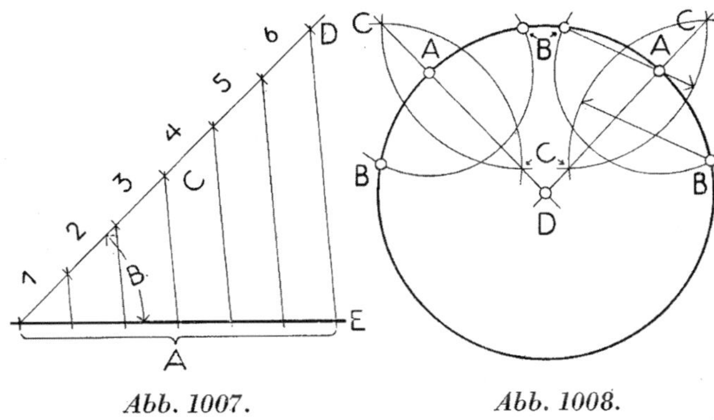

Abb. 1007. *Abb. 1008.*

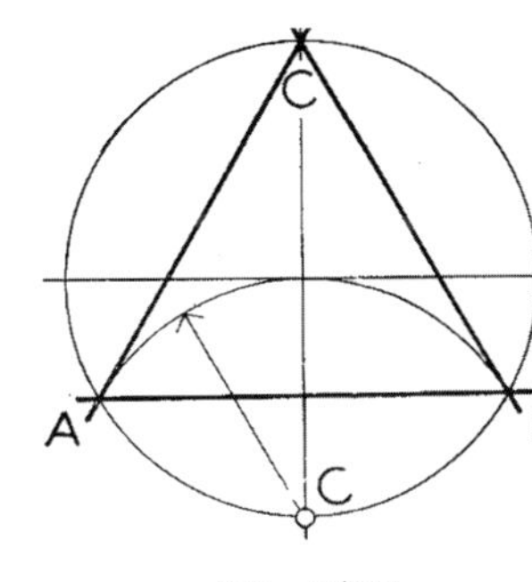

Abb. 1009.

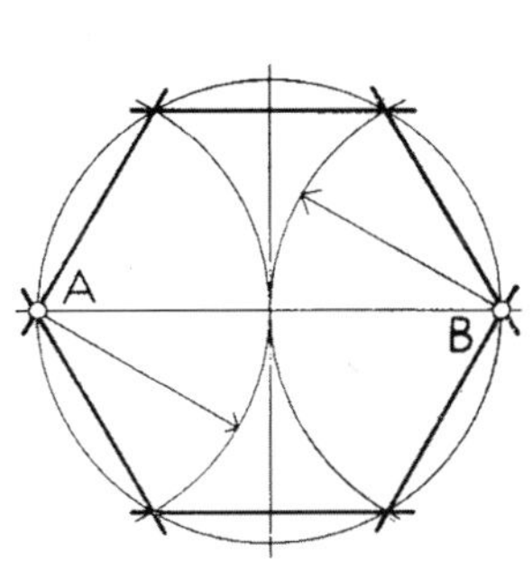

Abb. 1010.

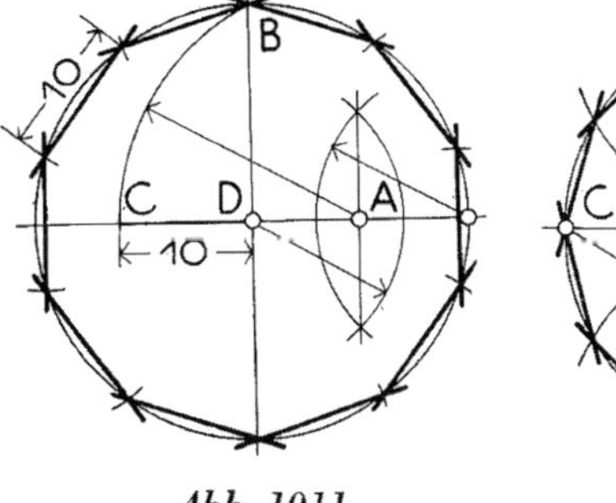

Abb. 1011.

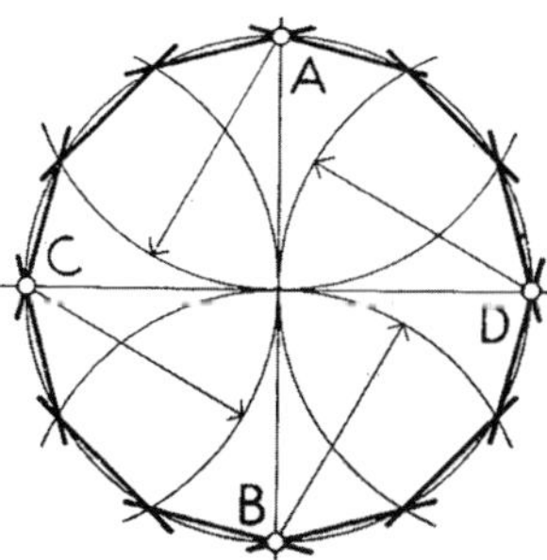

Abb. 1012.

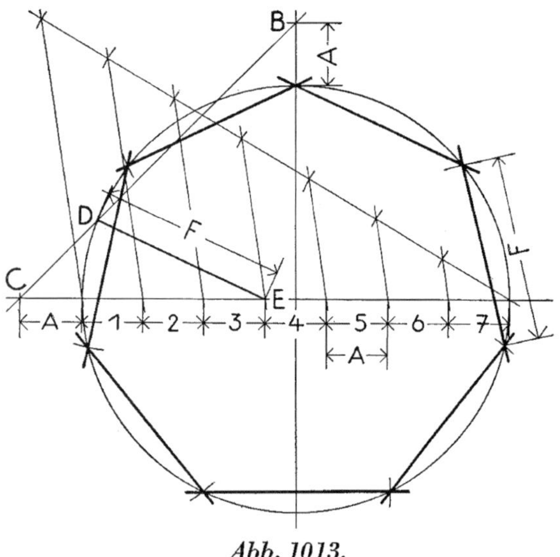

Abb. 1013.

über Schattenkonstruktionen sind für die Praxis meist völlig unbrauchbar.)

Die zweite wichtige Aufgabe beim Zeichnen des Drechslers ist das sog. Fachzeichnen, welches vor allem im maßstäblichen Zeichnen der geometrischen Ansichten und Detailschnitte besteht. Auch hierfür findet der Lernbegierige genügend Werkzeichnungen, die ihm als Vorbild dienen können. Zur Anfertigung mancher solcher Werkzeichnungen benötigt der Drechsler nun noch einige wenige Hilfskonstruktionen. Diese haben wir hier dargestellt und beschrieben. Zum Schluß ist noch kurz das Wesen des Verhältnismaßes, der sog. „Goldene Schnitt", dargestellt.

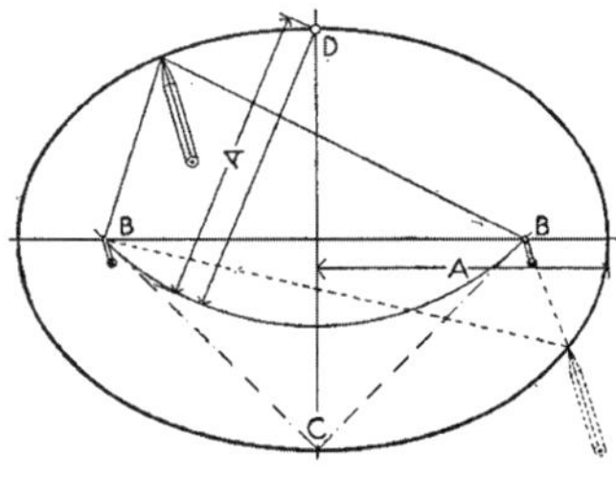

Abb. 1014.

Abb. 1007. Einteilen einer beliebig langen Strecke in beliebig viele gleiche Teile. Soll die begrenzte Linie A in 6 gleiche Teile geteilt werden, so trägt man in einem beliebigen Winkel B eine zweite Linie C an. Auf der Linie C werden 6 gleich große Teile, die beliebig groß sein können, angetragen. Nun werden Punkt E und D verbunden und zu dieser Linie D—E werden durch die Teilungspunkte auf der Linie C Parallelen gezogen. Die Schnittpunkte auf Linie A ergeben die gewünschte Teilung. Die Konstruktion kann auch dann Anwendung finden, wenn es sich z. B. darum handelt, wie hier die kürzere Linie A in verhältnismäßig gleiche Teile, wie die Linie C, zu teilen. Statt der gleich großen Abstände können diese auch unterschiedlich groß sein, d. h. man vermag mit dieser Konstruktion z. B. Profile und dergleichen zu verkleinern und zu vergrößern.

Abb. 1008. Auffinden des unbekannten Mittelpunktes eines Kreises. Diese Abbildung zeigt das Auffinden des unbekannten Mittelpunktes eines Kreises bzw. des Einsatzpunktes für den Kreisbogen. Um die beliebig angenommenen Punkte A werden je Kreisbögen von beliebigem Radius geschlagen. Es ergeben sich auf der Kreislinie die vier Schnittpunkte B. Um diese vier Schnittpunkte B werden jeweils Kreisbögen geschlagen. Die sich ergebenden vier Schnittpunkte C werden je durch eine Linie verbunden, die sich in ihrer Fortsetzung in dem Punkt D treffen. Der Schnittpunkt D ist der gesuchte Kreismittelpunkt.

Abb. 1009. Teilung eines Kreises in 3 gleiche Teile. Es soll in einem gegebenen Kreis ein gleichseitiges Dreieck konstruiert werden. Eine Seite A—B des Dreiecks wird gefunden, indem um Punkt C ein Kreisbogen durch den Mittelpunkt des Kreises gezogen wird. Die sich ergebenden Schnittpunkte A und B werden miteinander verbunden. Der dritte Scheitel C liegt im Schnittpunkt der senkrechten Achse des Kreises.

Abb. 1010. Teilung eines Kreises in 6 gleiche Teile. Das Sechseck wird leicht gefunden, indem der Radius des Kreises sechsmal am Kreisumfang angetragen wird. Die Schnittpunkte ergeben jeweils die Schnittpunkte der sechs stumpfen Winkel — oder es werden um Punkt A und B Kreisbögen geschlagen, die dem Radius des Kreises entsprechen.

Abb. 1011. Teilung des Kreises in 10 gleiche Teile. Zunächst wird der Halbmesser der Horizontalachse halbiert. Um Punkt A wird ein Kreisbogen durch B geschlagen. Die Verbindung von C—D ergibt eine Seite des Zehnecks.

Abb. 1012. Teilung des Kreises in 12 gleiche Teile. Um die Schnittpunkte A, B, C und D des Achsenkreuzes mit der Kreislinie werden je Kreisbögen durch den Kreismittelpunkt gezogen. Die so gewonnenen Schnittpunkte auf der Kreislinie geben zusammen mit den Schnittpunkten A, B, C, D das Zwölfeck.

Abb. 1013. Teilung des Kreises in eine unregelmäßige Zahl gleicher Teile. Mit Hilfe dieser Konstruktion können die verschiedensten regelmäßigen Vielecke nach gegebenem Kreis konstruiert werden. Das Beispiel zeigt die Konstruktion eines Siebenecks. Die Horizontalachse des Kreises wird zunächst in so viel gleiche Teile geteilt, wie das Vieleck Seiten besitzen soll. Die Einteilung der Achse in sieben gleiche Teile wird am besten auf die in *Abb. 1007* gezeigte und beschriebene Art und Weise vorgenommen. Ein Siebtel (A) wird auf die Verlängerungen je einer Horizontal- und Vertikalachse angetragen. Die Punkte B und C werden miteinander verbunden. Die Schnittpunkte D und E (letzterer liegt immer bei der dritten Unterteilung) werden miteinander verbunden, und die Linie F ist die gesuchte Vieleckseite.

An der Drehbank selbst wird die Einteilung der Kreise mittels Teilscheibe spielend bewerkstelligt. (Siehe auch die *Abb. 40 und 504).* Die hier abgebildeten Konstruktionen sind nötig z. B. beim Zeichnen von hängenden Beleuchtungskörpern mit geraden und ungeraden Teilungen.

Abb. 1014. Zeichnen eines Ovals mittels der sog. Schnurkonstruktion. Das gewünschte Verhältnis von Länge und Breite der Ellipse ist durch die Größen der großen und kleinen Achse festgelegt. Nun müssen zunächst die beiden Brennpunkte B gesucht werden. Um den Punkt D wird ein Kreisbogen geschlagen, dessen Radius A die Hälfte der großen Achse beträgt. Die Schnittpunkte des Kreisbogens mit der großen Achse ergeben die gesuchten beiden Brennpunkte B. In die Brennpunkte B werden je nach Bedarf Nägel oder Nadeln eingeschlagen. Die Länge der Schnur ist gleich der Länge der Exzentrizität B—B plus der bei-

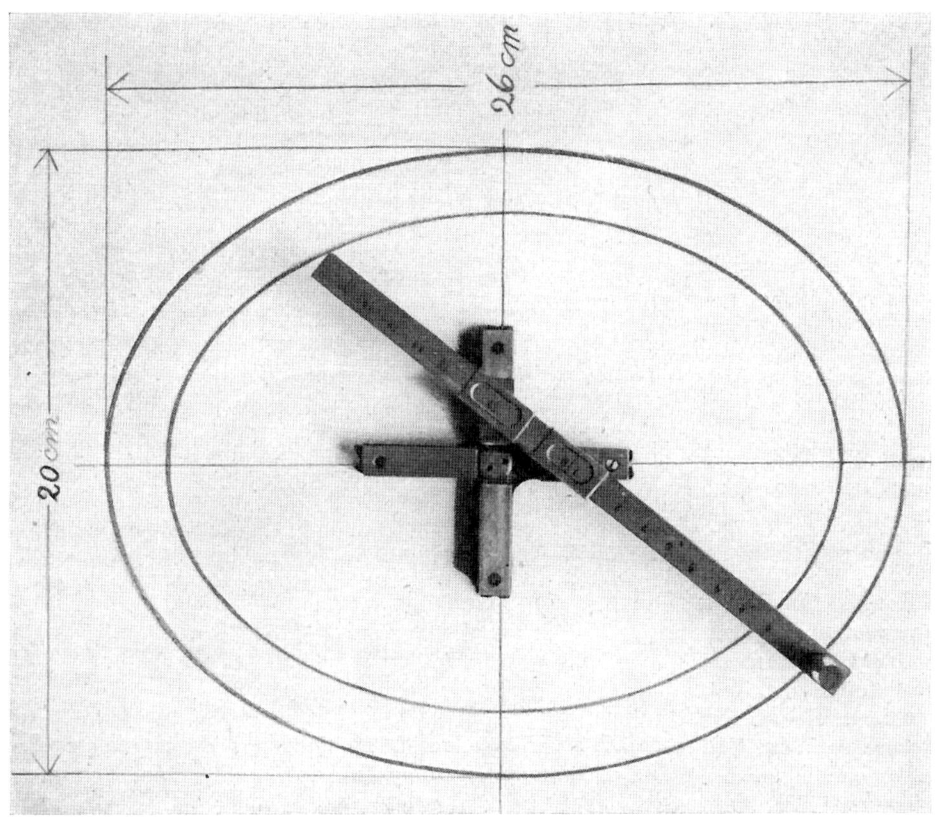

Abb. 1015. Der im Handel erhältliche Ovalzirkel. Dieser ist in größerem Format in Holz auch leicht selbst herzustellen. Das übereinandergeplattete Führungskreuz erhält T-förmige Nuten mit entsprechend eingepaßten zwei Führungsklötzchen, die durch Schrauben mit dem Stangenzirkel verbunden werden. Zur Aufnahme des Bleistiftes erhält der Stangenzirkel entsprechend der Größe der Ovale mehrere Löcher eingebohrt.

den Leitstrahlen B-C. Um die Schnur bequem auf die genaue Größe zusammenknüpfen zu können, schlägt man in dem Scheitelpunkt C ebenfalls einen (dritten) Stift ein. Nachdem die Schnur zusammengeknüpft ist, wird der Stift bei C wieder entfernt. Nun zieht man mit dem Bleistift durch die straff gespannte Schnur das Oval.

DER OVALZIRKEL

Das Ovaldrehen wird heute leider nur noch von ganz wenigen Drechslern betrieben, die meisten haben ihr Ovalwerk in der Zeit des Niedergangs des Handwerks zum alten Eisen geworfen. In diesem Buche ist genügend gezeigt, welche Bereicherung heute und wohl auch noch in Zukunft die oval gedrehte Form für allerhand Geräte haben kann. (Siehe auch im Kapitel „Die zeitgemäße Technik des Drehens" den Abschnitt „Das Ovaldrehen" auf Seite 130.) Sowohl die in der *Abb. 1014* dargestellte Konstruktion eines Ovals bzw. einer Ellipse wie der nachfolgend beschriebene Ovalzirkel haben eigentlich nur Sinn für diejenigen Drechsler, die noch ein Ovalwerk besitzen und mit ihm oval drehen. Sie benötigen den Ovalzirkel aber nur zum Entwerfen, um sich ein Bild von der zu drehenden ovalen Form zu machen oder dem Kunden eine Skizze vorlegen zu können. Zur Herstellung des Ovals selbst braucht er den Zirkel nicht, denn er kann mittels des Ovalwerks spielend jedes Oval auf ein Brett aufzeichnen. (Siehe auch „Das Ovaldrehen" auf Seite 130 und 131.) So kann er auch, wenn er z. B. das Oval zu Rahmen aus verschiedenen Stücken zusammenleimt, das Holz für die Rippen nach dem auf dem Ovalwerk aufgezeichneten Oval zuschneiden und verleimen. Wir wollen im nachfolgenden kurz den Ovalzirkel beschreiben, um auch dem Lehrer im Fachunterricht eine Stütze zu geben.

Abb. 1015. Der Ovalzirkel, wie er im Handel in größeren Spezialgeschäften für Zeichenutensilien erhältlich ist. Er besteht aus einem Führungskreuz und einer Art Stangenzirkel. Das Maßstabholz, welches an seinem Anfang mit einem eingespannten Bleistift versehen ist, läuft in zwei messingnen Schiebern, die beweglich drehbar auf je einer Messingplatte befestigt sind, die sich wiederum auf den Schienen des Führungskreuzes entsprechend der Einstellung des großen und kleinen Radius hin und her schieben lassen. Das Führungskreuz hat kleine unten herausragende spitze Stifte, um es in das Holz fest eindrücken zu können. Wie wir aus der Abbildung sehen, beträgt die kleine Achse 20 cm und die große 26 cm. Zu diesem Zweck muß der eine Schieber auf die Hälfte der kleinen Achse, also auf 10 cm, und der andere Schieber auf die Hälfte der

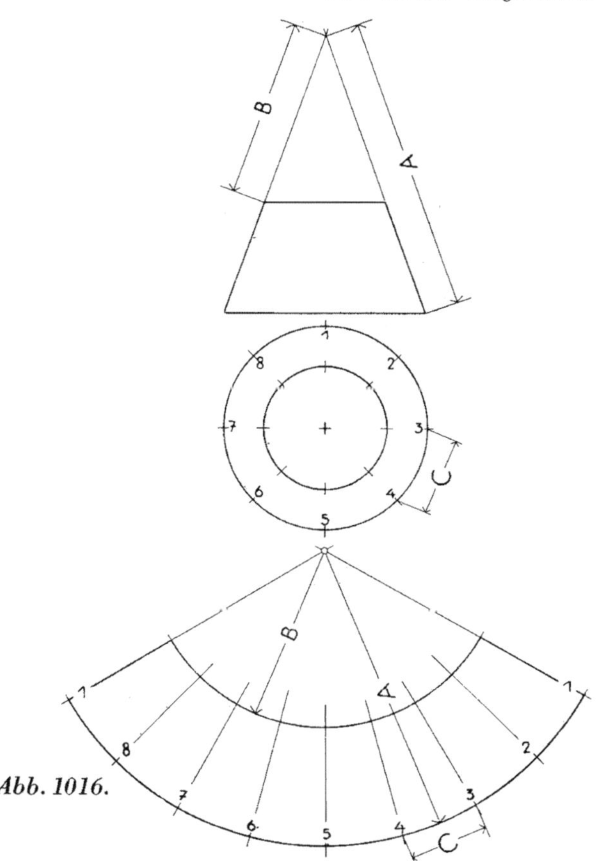

Abb. 1016.

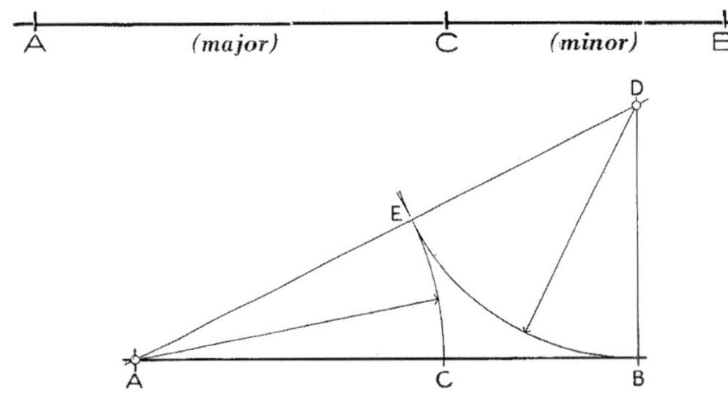

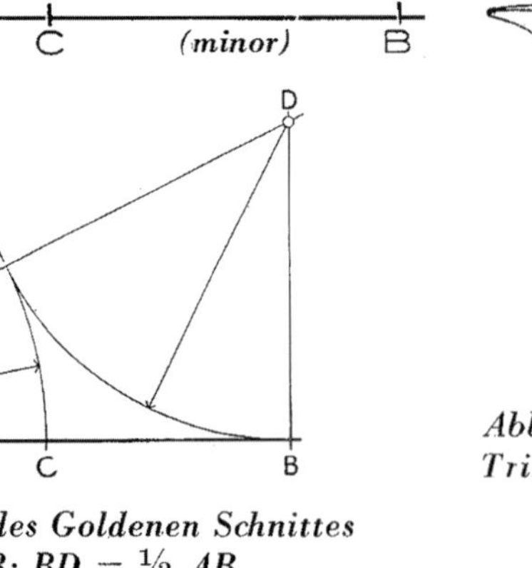

Abb. 1017. Konstruktion des Goldenen Schnittes
$AB : AC = AC : CB; BD = \frac{1}{2} AB$

Abb. 1019. Zeichnung nach dem Original einer griechischen Trinkschale aus dem 6. Jahrh. v. Chr., siehe auch Abb. 761

Abb. 1020. Dosendeckel, ornamentiert durch eingedrehte Linien mittels der Oberfräse, siehe auch untere Zeichnung

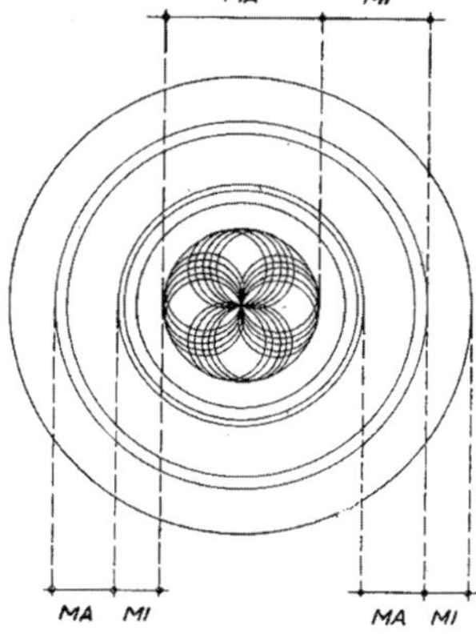

Abb. 1021. Geometrische Ansicht des obigen Dosendeckels

großen Achse, also auf 13 cm, eingestellt sein. Will man nun eine zweite Ovallinie mit dem Ovalzirkel herstellen, die z. B. der Breite eines Rahmens entspricht, so sind die beiden Achsenlängen jeweils um dieses Maß der Breite zu verringern bzw. zu vergrößern.

Abb .1016. Abwicklung eines stumpfen Kegels. Diese Konstruktion kann dem Drechsler auch dann einmal von Nutzen sein, wenn er selbst aus Papier einen Lampenschirm konstruieren möchte, der die Form eines stumpfen Kegels hat, siehe z. B. die *Abb. 1119* und andere. Ebenfalls wird er die Abwicklung in einem Fall nötig haben, wie er z. B. auf der Werkzeichnung in *Abb. 1118* ersichtlich ist, wenn es erforderlich ist, eine Schablone herzustellen, die auf die schräge Fläche des Fußes gelegt wird, nach der die Ausschweifung dreimal regelmäßig aufgezeichnet wird.

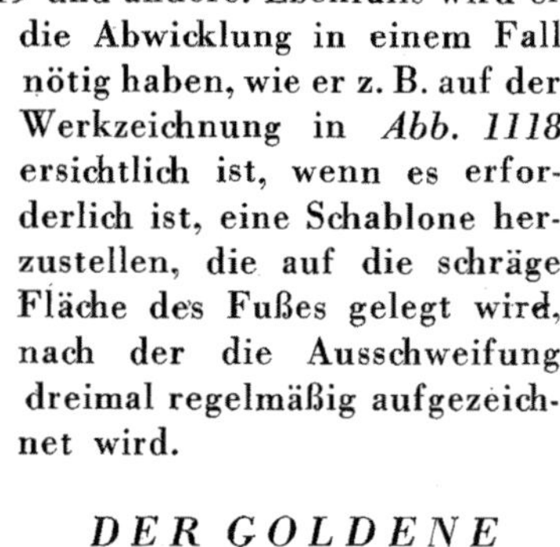

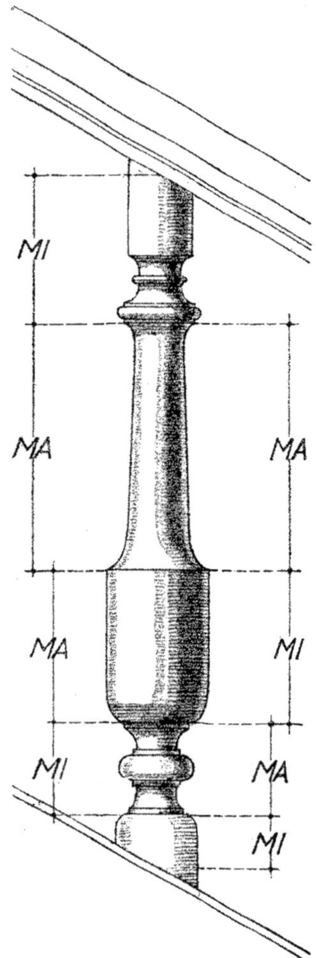

Abb. 1018.
Schwere Treppentraille,
siehe auch Abb. 1254

DER GOLDENE SCHNITT

Bei reiflichem Studium alter wie neuer Werke machen wir die unübersehbare Feststellung, daß alle harmonischen Flächen und Körper eine immer wiederkehrende Gesetzmäßigkeit und Ordnung ausstrahlen, die den Laien gefühlsmäßig beeindrucken, und dem Wissenden und Schaffenden darüber hinaus sichtbar erkennbar werden. Eine der wertvollsten Erkenntnisse stellt das Wissen um ein Maßverhältnis dar, welches unter der Bezeichnung „der Goldene Schnitt" bekannt ist. Bei diesem Maßverhältnis ergibt sich die überraschende Tatsache, daß bei einer im Goldenen Schnitt geteilten, gegebenen Strecke diese so in zwei Teile zerlegt wird, daß sich der kleinere Teil zum größeren verhält, wie der größere Teil zur ganzen Strecke. Man nennt den kleinen Teil „minor" und den größeren „major" (siehe *Abb. 1017*). Die sinngemäße und richtige Anwendung dieses wohl urmäßigen Maßphänomens schenkt uns einen Maßstab, mit dessen Hilfe wir in die Lage versetzt werden, Linien bzw. Flächen harmonisch zu gliedern (siehe z. B. *Abb. 918, 1018—1021*). So sehr das Wissen um den Goldenen Schnitt uns manche Arbeit beim Gestalten zu erleichtern vermag, so wollen wir uns aber davon hüten, zu glauben, daß es allein damit getan sei. Die Anwendung des Goldenen Schnittes stellt eine wertvolle Hilfe dar, aber sie ist und kann nur einen Teil der Arbeit bedeuten. Es ist abwegig und wohl auch geradezu gefährlich, junge Leute sozusagen auf den Goldenen Schnitt zu dressieren. Wo nicht, wie bereits bei der einführenden Betrachtung dieses Kapitels gesagt ist, andere Fähigkeiten vorhanden sind, wie vor allem künstlerische Begabung, werden die nur mit Hilfe des Goldenen Schnittes geschaffenen Gebilde, trotz dieses geistigen Mittels, öde und geistlos sein.

Abb. 1022. Teebüchsen und kleine Deckeldosen aus Edelhölzern, großer Teller und hohe Teebüchse aus Mahagoni

(Siehe diese Büchse in Kirschbaum in Abb. 331 auf Seite 78. Die nebenstehende Teebüchse mit abgenommenem Deckel ist aus Padoukholz, siehe auch Abb. 915 auf Seite 252 (Entwurf: Fritz Spannagel, teilweise aus dem Jahre 1922, Ausführung: z. T. Berliner Tischlerschule, Klasse Drechslermeister Georg Kadoke, Berlin).

VORLAGENWERK

EINFÜHRUNG

Wie wir in dem Kapitel „Stilgeschichte der Drechslerformen" erfahren haben, hat die Drechslerei seit dem Altertum bis in unsere Zeit hinein in der Ausdruckskultur aller alten Kulturvölker eine bedeutsame Rolle gespielt, ja, wie wir gesehen haben, beherrschte sie auch bei uns weit über ein Jahrtausend durch die Vorteile ihrer Technik nahezu die ganze Herstellung aller hölzernen Hausgeräte und Möbel. Erst mit Ende des Mittelalters entsteht der Drechslerei durch das Aufkommen der sich immer höher entwickelnden Schreinerei eine Konkurrenz. Wohl sieht sich die damalige Schreinerei vor eigene Aufgaben gestellt, trotzdem aber dringt sie in das bisherige Bereich der Drechslerei ein. Es werden nunmehr auch manche Möbel, die früher nur gedreht wurden, vor allem Stühle und Tische, von der Schreinerei hergestellt. Obwohl, wie wir wissen, die Drechslerei während der Gotik ziemlich in den Hintergrund gedrängt wurde, erhielt sich diese Technik, und sie kommt in der Renaissance in viel bedeutenderem Maße erneut zur Geltung. Und so bleibt es die ganzen weiteren Stilepochen hindurch bis in unsere Zeit hinein.

Im Lauf des letzten Jahrhunderts hat gleich den übrigen Kunsthandwerken auch die Drechslerei dasselbe Schicksal erlebt, es konnte sich dem kulturellen Niedergang nicht entziehen. Das Maschinenzeitalter brachte billige Massenproduktion, und der im Zug dieser Zeit sich breitmachende Materialismus hat sein übriges getan, um auch das Drechslerhandwerk dem Abgrund nahe zu bringen. Wohl hatte es in der Zeit der Pseudorenaissance, während des letzten Drittels des letzten Jahrhunderts noch einen beträchtlichen Aufgabenkreis, aber wie wir in dem Kapitel „Stilgeschichte der Drechslerformen" gesehen haben, waren die Drechslerarbeiten dieser Zeit auf einem kulturell recht betrüblichen Niveau angelangt. Die rasch aufeinanderfolgenden kurzen Stilepochen unseres 20. Jahrhunderts waren der Drechslerei nicht hold gesinnt, und der kurze kunstgewerbliche Expressionismus, in dem wiederum mehr gedreht wurde, schadete mehr, als daß er nützte. Die letzte Bewegung der sogenannten „Neuen Sachlichkeit" im 3. Jahrzehnt des 20. Jahrhunderts schien der Drechslerei noch vollends den Garaus machen zu wollen. Aber schon in dieser Zeit waren es einige wenige der Drechslertechnik kundige Künstler, die den neuen Weg bereiteten und im Lauf von zwei Jahrzehnten voll Begeisterung das Ziel verfolgten, dieser uralten schönen Drechslertechnik ein neues Leben zu schenken. Die hier in diesem Vorlagenwerk und in den übrigen Kapiteln gezeigten etwa 250 Modelle von Drechslerarbeiten, die zum Teil schon 20 Jahre zurückliegen, mögen als eine Art Rechenschaftsbericht angesehen werden über das

Wirken der wenigen Gestalter, die der Drechslerei von ganzem Herzen zugetan waren und sind.
Der Verfasser hofft, daß diese Vorlagen dem Lernenden gewissermaßen eine Gestaltungslehre bedeuten werden, weshalb den meisten dieser Modelle Beschreibungen und Hinweise über ihr Wesen und ihre Gestaltungsgesetze beigegeben sind. Vor dem Studium des Vorlagenwerkes sei dem Lernenden die gründliche Lektüre der Kapitel „Stilgeschichte der Drechslerformen", und „Gestaltung" empfohlen, dann wird er, unterstützt durch die dem Vorlagenwerk beigegebenen Ausführungen, neue Erkenntnisse gewinnen für sein eigenes gestaltendes Schaffen und wird vor allem vor einem gedankenlosen Entwerfen auf dem Papier behütet sein. Vor allem hofft der Verfasser, dem Drechslermeister durch dieses Kapitel ein willkommenes Vorlagengut zu bieten, das er dem Kunden zeigen kann, zu Ehre und Ansehen und auch zu materiellem Nutzen seines Handwerks. Diese Vorlagen werden schließlich jedem Holzgestaltenden wertvolle Anregungen geben und nicht weniger wird auch der Fachlehrer um solch vielseitiges Unterrichtsmaterial froh sein.
Wie vielfältig und groß auch heute noch und wieder der Aufgabenkreis des Drechlers ist, mögen die hier abgebildeten Vorlagen beweisen. Der Verfasser und seine Mitarbeiter wissen wohl, daß noch nicht alle Modelle Anspruch haben auf eine endgültige Lösung, aber sie glauben, auf dem richtigen Weg zu sein und den Grund gelegt zu haben, auf dem weitergebaut werden kann. Wer das Drechslerwerk studiert und alte und neue Formen miteinander vergleicht, der wird begreifen, daß über die persönliche künstlerische Begabung und Einfühlung in das Wesen des Werkstoffes Holz hinaus auch ein Wissen um vergangene Stilepochen nötig ist.
Aber ein solches Wissen allein genügt noch nicht. Es ist wichtig, sich auch gefühlsmäßig in die Kulturen vergangener Zeiten überhaupt zu vertiefen – oder mit anderen Worten, es gehört eine umfassende, vielseitige Bildung dazu, wenn man seiner Zeit einen eigenen kulturellen Beitrag von bestehendem Wert leisten möchte. Aber ein solch wertvolles Wirken und Werken braucht Zeit und Reife. Wer all diese Voraussetzungen nicht zu erfüllen vermag, der sollte die Finger von jenem „Entwerfen" lassen und sich bescheiden, indem er sich an gute alte wie neue Vorbilder hält. Dies sei vor allem jenen gesagt, die in persönlicher Eitelkeit stets etwas Neues erfinden wollen ohne jede Spur von fachlichem Können und bar jeder künstlerischen Begabung. Diese Leute sind es, die das armselige und kulturlose Zeug dem nach guten Vorlagen hungernden Handwerk anzubieten wagen (siehe im Kapitel „Gestaltung" die gezeigten Gegenbeispiele!) – zu ihrer eigenen Schande und vor allem zum kulturellen Schaden des Handwerks.

Abb. 1023. Birnbaumschale, matt poliert,
mit linearer, einfacher Schnitzerei, die geschnitzten Flächen sind matt gelassen. Das einfache Ornament in seinem bandartigen Charakter verbindet sich organisch mit der runden Form der Dose (Entwurf: Fritz Spannagel und Bildhauer Habersetzer, Ausführung: Berliner Tischlerschule).

Abb. 1024. Nußbaumschalen, poliert, mit eingedrehten Rillen
Diese einfache Verzierung durch Rillen, die den Körper gleich Schnüren umspannen, ist der am leichtesten anzubringende Schmuck, der stets organisch wirkt (Ausführung: Berliner Tischlerschule, Klasse Drechslermeister G. Kadoke).

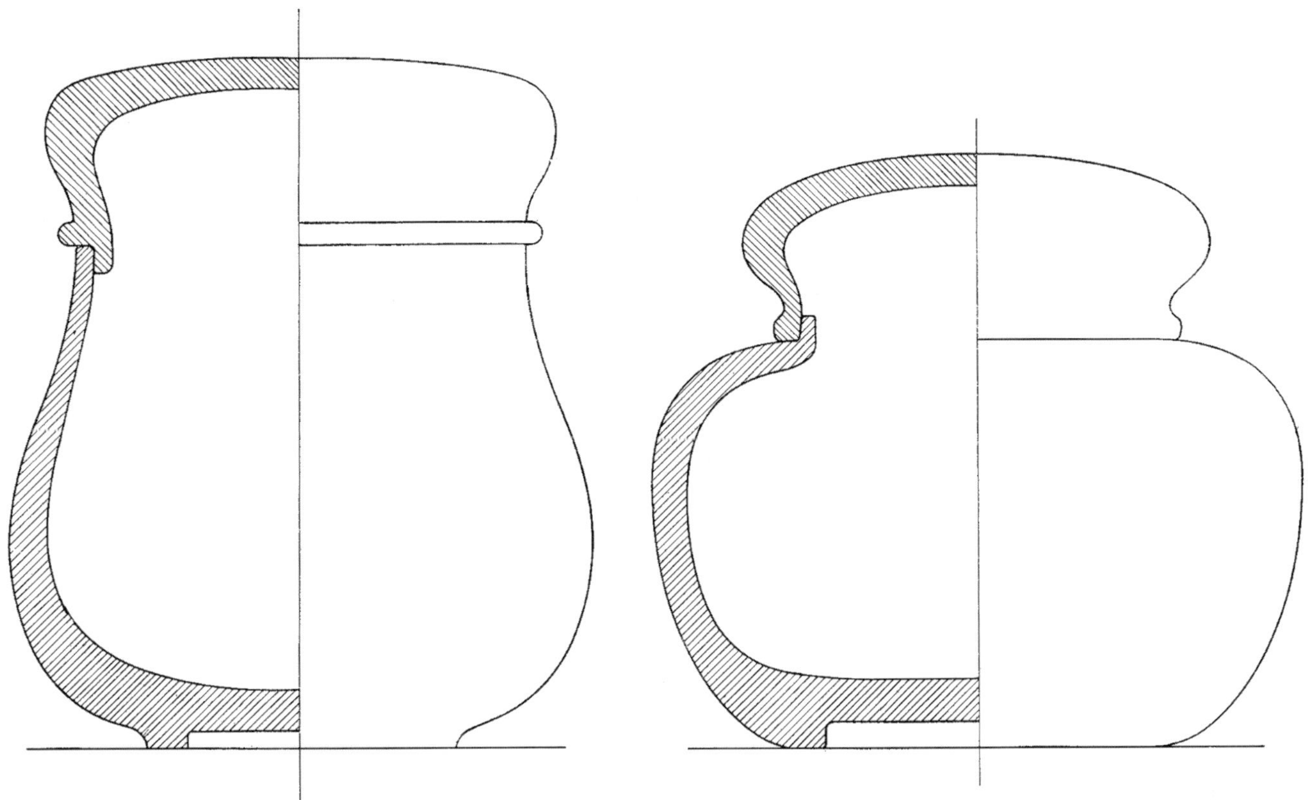

Abb. 1025. Werkzeichnung der mittleren Deckeldose in Abb. 1027, etwa 2/3 der nat. Größe

Abb. 1026. Werkzeichnung der Deckelbüchse rechts in Abb. 1027, in 2/3 der nat. Größe

Für diese handlichen Dosen trifft zu, was in der Einleitung zum Kapitel „Gestaltung" schon gesagt wurde. Sie schmiegen sich den Händen des Menschen an, sind praktisch im Gebrauch und stellen nicht nur gedankenlose Nippes dar, wie sie z. B. in den *Abb. 922, 928—930* gezeigt sind.

Abb. 1027. Schale, Teller und Büchsen aus Edelhölzern
(Entwurf: Fritz Spannagel, Ausführung: Berliner Tischlerschule, Klasse Drechslermeister Georg Kadoke)

Abb. 1028. Dose aus Birnbaumholz mit Versuchen einer geschnitzten Ornamentierung (Ausführung: Berliner Tischlerschule, Klasse Bildhauer Habersetzer)

Abb. 1029. Büchse aus Birnbaumholz mit Versuchen einer geschnitzten Ornamentierung (Ausführung: Berliner Tischlerschule, Klasse Bildhauer Habersetzer)

Abb. 1030. Büchse aus Edelholz, poliért mit Flachschnitzerei (Ausf.: Berliner Tischlerschule, Klasse Bildhauer Hitzberger)

Abb. 1031. Kirschbaumbüchse, poliert (Ausführung: Berliner Tischlerschule, Klasse Drechslermeister Georg Kadoke)

Abb. 1032. Birnbaumbüchse Die kleinen Rillen wirken hier nur ornamental (Ausführung: Berliner Tischlerschule, Klasse Drechslermeister Georg Kadoke)

Abb. 1033.

Abb. 1034.

Abb. 1035.

Abb. 1033.
Teebüchse aus Mahagoniholz
mit figürlicher Schnitzerei (Entwurf: Fritz Spannagel). Die Teebüchse ist von solcher Größe, daß sie noch gut mit einer Hand gehalten werden kann, der Deckel sitzt straff und schließt die Büchse luftdicht ab.

Abb. 1034.
Keksdose aus Kirschbaumholz
(Entwurf: Karl Nothhelfer.)
Diese Büchse ist von solcher Größe, daß der Deckel nicht mit einer Hand abgenommen werden kann, er muß deshalb mit Fälzen versehen und leicht abnehmbar sein.

Abb. 1035. Zigarrendose
aus Palisanderholz mit Schnitzerei
(Entwurf: Fritz Spannagel)

Abb. 1036.

Abb. 1036.
Büchse aus Birnbaumholz, poliert
mit eingedrehten Rillen (Entwurf: Karl Nothhelfer). Der Schmuck des Deckels betont diesen als solchen.

Abb. 1037.
Kirschbaumbüchse für lange Zigarren
(Entwurf: Fritz Spannagel.) Hier ist der Boden eingesprengt und eingeleimt, siehe auch Werkzeichnung und Schnitt in Abb. 320 auf Seite 76.

Abb. 1038 und 1039.
Kaffeebüchsen aus Mahagoniholz
mit in Falz liegendem, eingeleimtem Boden (Entwurf: Karl Nothhelfer). Die recht handlichen Büchsen sind mit dicht schließendem Deckel versehen.

Abb. 1037.

Abb. 1038.

Abb. 1039.

Die auf dieser Seite abgebildeten Büchsen wurden ausgeführt in der Drechslerwerkstatt der Berliner Tischlerschule unter Leitung von Drechslermeister Kadoke. Die Schnitzereien wurden in der Klasse von Bildhauer Hitzberger gefertigt.

BEISPIELE FÜR DIE ANWENDUNG DER OBERFRÄSE ZUR HERSTELLUNG VON ORNAMENTEN

Wie auf den Seiten 136 und 137 bereits gesagt wurde, haben die durch die Oberfräse hergestellten Ornamente mit „Kunst“ noch nichts zu tun. Es gehört jedoch ein feines Gefühl für Verhältnisse dazu, um diese wohl bescheidene, aber doch sehr reizvolle Möglichkeit, die die Oberfräse bietet, anzuwenden. Voraussetzung ist, daß die zu schmückenden Geräte gute Formen aufweisen, für die jeweils die passende Ornamentierung gefunden werden muß.

Bei dem Becher in *Abb. 1040* und der Büchse in *Abb. 1043* wurde versucht, nach der Anbringung des Oberfräsenornaments durch ein weiteres Wegdrehen das Ornament plastisch erscheinen und mit dem Körper sich verbinden zu lassen. Wie an einigen Modellen gezeigt ist, erhält die Oberfräsenornamentierung durch entsprechende kleine Rillen oder auch kleine Rundstäbchen eine wesentliche Bereicherung. Wie vielseitig die Möglichkeiten sind, die Technik der Oberfräse mit der Drechseltechnik organisch zu vereinen, zeigen auch die Beispiele der nächsten zwei Seiten.

Die auf dieser Seite gezeigten Modelle wurden entworfen von Fritz Spannagel, entstanden in der Werkstatt des Meisters Gebhard Heinz in Waal i. Allgäu und wurden ausgeführt von dessen Sohn Christian.

Abb. 1040. Becher aus Kirschbaum mit Oberfräsenornament

Abb. 1042.

Dosendeckel in Birkenholz

Ornament und eingedrehte Rundstäbe stehen in einem guten Verhältnis zueinander, siehe auch Abb. 1020 und 1021 auf Seite 266.

Abb. 1041.

Abb. 1041. Deckelbüchse in Birnbaum mit Oberfräsenornament

Abb. 1043.

Abb. 1043. Deckelbüchse in Birnbaum mit Oberfräsenornament

Abb. 1044. Kleine Schmuckdose in Birnbaum mit Oberfräsenornament, siehe auch nebenstehende Abbildung

Abb. 1045. Deckel mit Oberfräsenornament der nebenstehenden Dose

Abb. 1046. Nußbaumbüchse Deckel mit Oberfräsenornament versehen

Abb. 1047. Büchse aus Ahornholz Deckel mit Hilfe der Drechseltechnik ornamentiert

Abb. 1048. Mahagonibüchse mit Oberfräsenornamentierung

Abb. 1049. Ansicht eines Mahagonideckels mit Oberfräsenornament

Die Modelle mit Oberfräsenornamenten sind Entwürfe von Fritz Spannagel und wurden ausgeführt in der Werkstatt von Gebhard Heinz, Waal. Die Büchse in *Abb. 1047* entstand in der Werkstatt von Drechslermeister Georg Kadoke, Berlin.

Abb. 1050. Schmuckdose aus Birnbaum, matt poliert,
siehe auch untenstehende Werkzeichnung und Bild mit Deckel. Die Dose eignet sich zur Aufnahme von Halsketten sowie von kleinen Broschen und Ringen, die in die mittlere, kleine, eingedrehte Büchse gelegt werden. Auch hier wurde versucht, den größeren wie den kleineren inneren Deckel der Ringbüchse sinnvoll mit Oberfräsenornamenten zu versehen (Entwurf: Fritz Spannagel, Ausführung: Christian Heinz, Waal).

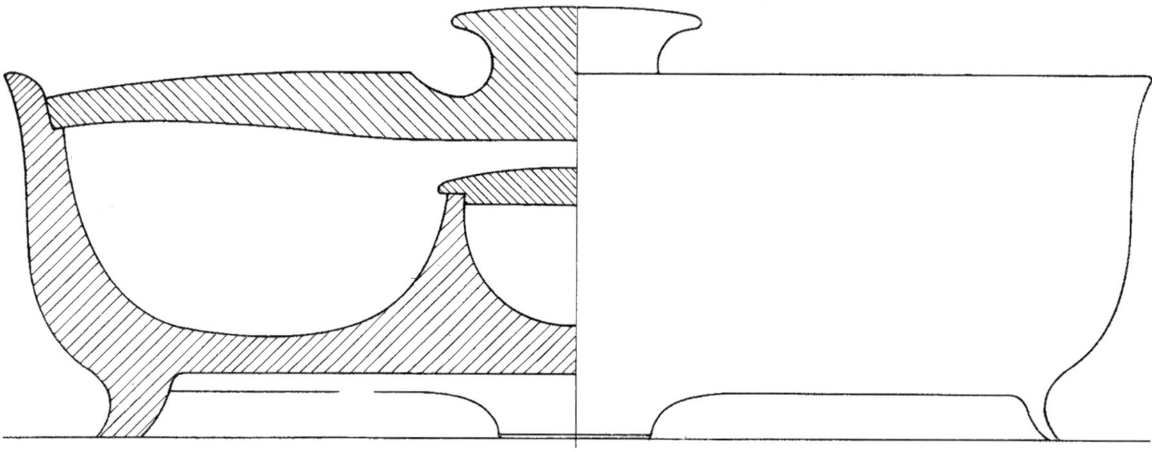

Abb. 1051. Werkzeichnung in 2/3 der nat. Größe der obigen Dose

Abb. 1052. Gesamtansicht der Schmuckdose
Der Knopf wurde mit eingedrehten Rillen und eingeschnitztem Monogramm versehen

Abb. 1053. Puderdose in Birnbaum, matt poliert, Deckel mit eingesetztem Spiegel (Entwurf: Karl Nothhelfer, Ausführung: Berliner Tischlerschule, Klasse Drechslermeister Georg Kadoke)

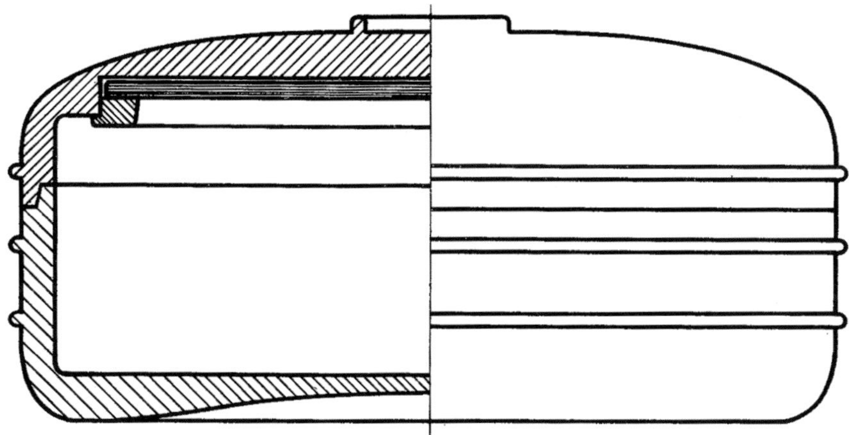

Abb. 1054. Werkzeichnung zur obigen Puderdose, äußerer Durchmesser etwa 7 cm

Abb. 1055. Spiegel in Nußbaumholz mit eingesetztem Elfenbeinknopf, (Entwurf: Heinrich Michaelis)

Abb. 1056. Deckel einer Schmuckdose mit Zinneinlage

Abb. 1057. Rückansicht des Spiegels von Abb. 1055

Der Griff des Spiegels muß in einem Gewinde der gedrehten Scheibe sitzen

Die Modelle dieser Seite sind ausgeführt in der Drechslerwerkstatt der Berliner Tischlerschule unter Leitung von Drechslermeister Georg Kadoke, Berlin.

Abb. 1058. Knäuelschale aus Edelholz
siehe auch untenstehende Werkzeichnung. Dieses für die fleißige Frau so wichtige Arbeitsgerät hat sich bereits schnell eingebürgert und erfreut sich großer Beliebtheit (Ausführung: Berliner Tischlerschule, Klasse Drechslermeister Georg Kadoke).

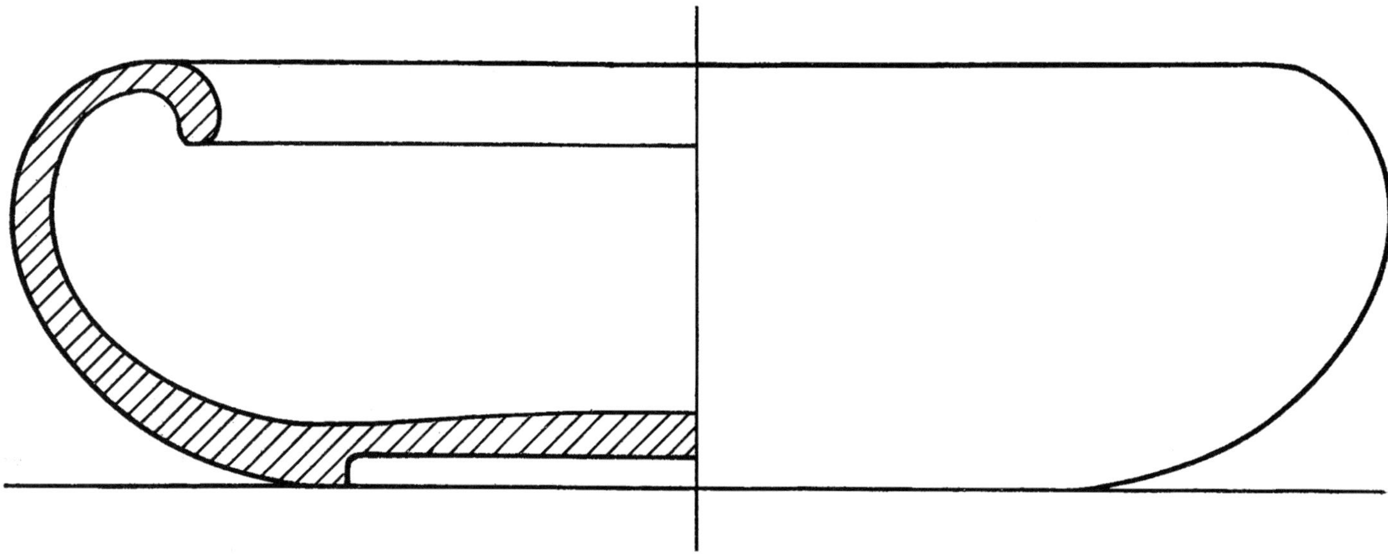

Abb. 1059. Werkzeichnung zur obigen Knäuelschale, etwa nat. Größe, diese kann je nach Bedarf natürlich verschieden groß sein

Abb. 1060. Flache Schmuckdose aus Palisanderholz (Entwurf und Ausführung: Drechslermeister Georg Kadoke)

(Foto: Dore Barleben)

Abb. 1061. Schale aus Nadelholz, etwa ½ nat. Größe
Entwurf: Th. A. Winde, Ausführung: Drechslermeister Ernst Boitz)

Auf dieser und der nächstfolgenden Seite bringen wir eine kleine Auswahl von Drechslerarbeiten nach Entwürfen von Th. A. Winde, Dresden (siehe auch die *Abb. 639, 643* auf den Seiten 156, 159 im Kapitel „Die Holzarten"). Winde hat, wie die meisten Verfasser der in diesem Werk gezeigten Drechslerarbeiten, nicht selbst seine Entwürfe an der Drehbank ausgeführt, sondern diese edlen Holzschalen wurden in gemeinsamer Arbeit mit einigen Drechslermeistern geschaffen. Es sei hier erneut auf die interessante Tatsache hingewiesen, daß es der Künstler ist, der die schöne Drechseltechnik wieder zu neuem Leben zu erwecken vermag. Seit vielen Jahren hat Prof. Winde als ausübender Bildhauer bei seiner Holzgestaltung bewiesen, wie sehr er sich in das Wesen des edlen Werkstoffes Holz eingelebt hat und es deshalb zu meistern versteht. So können wir manche seiner Arbeiten als gleichwertig ansehen mit jenen künstlerisch so hochstehenden Arbeiten Ostasiens. Auf dieses so erfolgreiche Wirken Th. A. Windes hinzuweisen, ist dem Verfasser eine freudige Pflicht gewesen.

(Foto: Dore Barleben)

Abb. 1062. Schale links Zitronenholz, Durchmesser 18½ cm, Büchse in Birnbaum, Durchmesser 6½ cm, Schale rechts oben Akazie, Durchmesser 16½ cm; Federnschale aus Zebranoholz
(Entwurf: Th. A. Winde, Dresden, Ausführung: Drechslermeister Boitz und Feuerpfeil)

(Foto: Dore Barleben)

Abb. 1063. Schale aus Nadelholz, Durchmesser 13 cm
(Entwurf: Th. A. Winde, Ausführung: Drechslermeister Ernst Boitz)

(Foto: Dore Barleben)

Abb. 1064. Links: Birnbaumschale, Durchmesser 16 cm; rechts: Schale in Wurzelesche, Durchmesser 7 cm; unten: Kleine Schale in Eibenholz, Durchmesser 7 cm
(Entwurf: Th. A. Winde, Ausführung: Drechslermeister Boitz und Feuerpfeil)

(Foto: Schaarschuch)

Abb. 1065. Links: Büchse aus einem Ulmenrundling; rechts: Schale aus Kiefernholz
(Entwurf und Ausführung: Alfred Hesse, Dresden, siehe auch die Abb. 645 und 647 auf den Seiten 161 und 166)

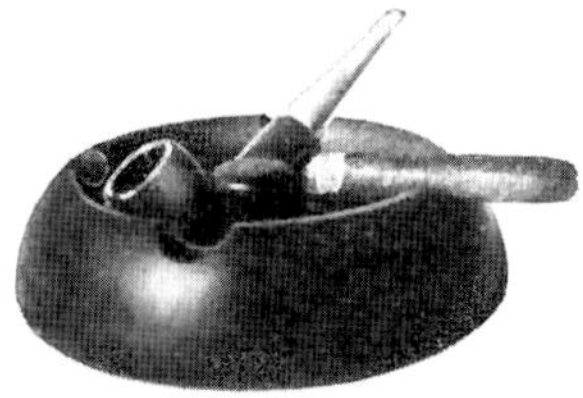

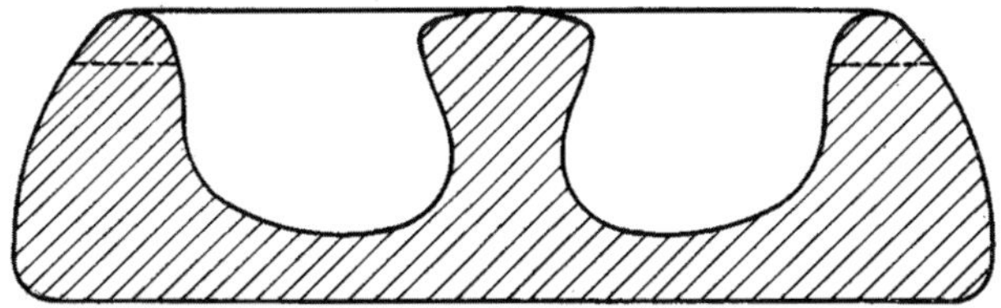

Abb. 1066 und 1067. Aschenbecher aus Pockholz,
mit Zigarrenauflage, der mittlere Knopf dient zum Ausklopfen der Pfeife, Werkzeichnung, etwa $^1/_3$ nat. Größe

(Foto: Müller-Grah)

Abb. 1068. Teller, Schalen und Salzbüchschen in Birke, Nuß und Birne
(Entwurf und Ausführung: Georg Wimmer, München)

Abb. 1069. Schreibgeräte in Birnbaum, schwarz gebeizt und matt poliert
(Entwurf: Fritz Spannagel, Ausführung: Berliner Tischlerschule, Klasse Drechslermeister Georg Kadoke)

Abb. 1070. Füllfederhalterständer in Eschenholz
(Entwurf: Fritz Spannagel)

Abb. 1071. Holzschalen aus Edelholz
(Ausführung: Meisterschule des Deutschen Handwerks, München)

Abb. 1072. Ahornbecher für Schreibutensilien
(Entwurf: Fritz Spannagel)

Abb. 1073. Schreibzeug mit oval gedrehtem Teller in Birnbaum, schwarz gebeizt und matt poliert
(Entwurf: Fritz Spannagel, Ausführung: Berliner Tischlerschule, Klasse Drechslermeister Georg Kadoke)

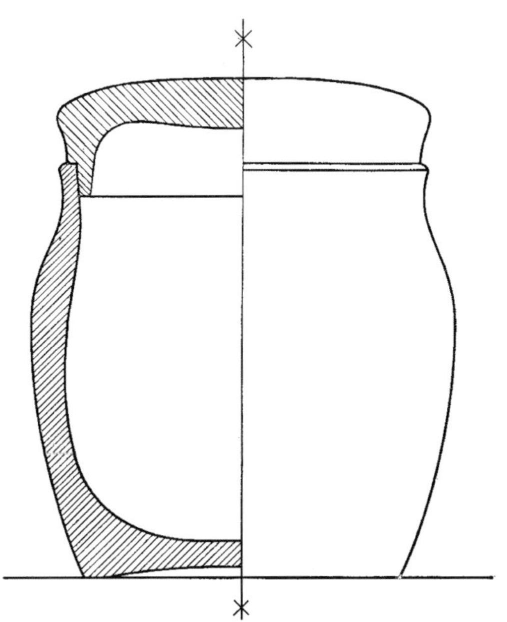

Abb. 1074. Werkzeichnung in nat. Größe zu nebenstehender Kümmelbüchse

Abb. 1075. Kümmelbüchschen aus Buchsbaum
(Entwurf: Fritz Spannagel, Ausführung: Drechslermeister Georg Kadoke, Berlin)

Abb. 1076. Tablett aus Birkenholz
hitz- und wasserfest lackiert, Durchmesser etwa 35 cm (Entwurf: Fritz Spannagel, Ausführung: Drechslermeister Georg Kadoke, Berlin)

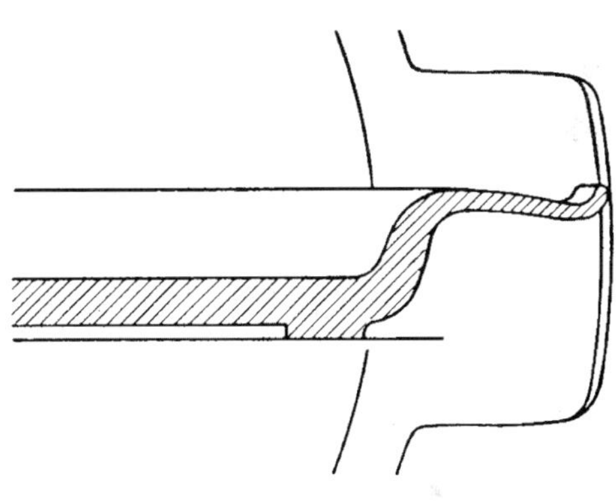

Abb. 1077. Teilschnitt in ½ nat. Größe
Die Herstellung geht vorteilhafterweise so vor sich, daß zunächst die Form nach dem Profil des Henkels völlig gedreht und danach das Holz mit der Schweifsäge bis auf die Henkel weggeschnitten wird. Diese werden an ihren Schmalkanten nochmals nachgearbeitet. Ebenso wird der übrige Rand des gesägten Tellers gebrochen und geschliffen.

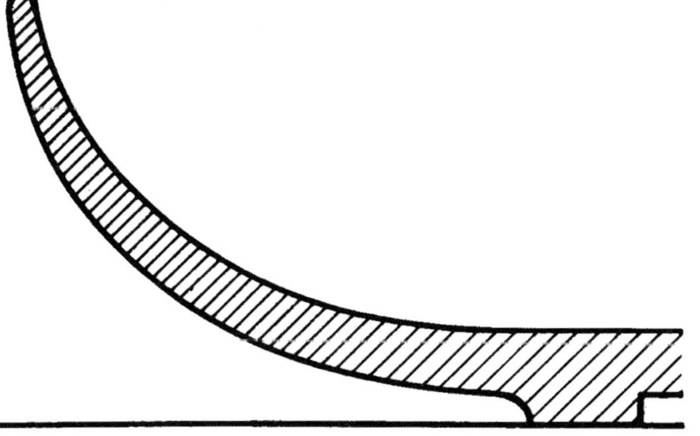

Abb. 1078 und 1079. Schnitt in nat. Größe durch das Profil einer Obstschale und deren fotografische Darstellung
Es sei auf die ruhige, große Linie des Profils hingewiesen; welche Mühe sich gedankenlose Zeichner geben, solche Schalen für den praktischen Gebrauch ungeeignet zu machen, beweisen die als Gegenbeispiele gezeigten Entwürfe in den Abb. 961—963 auf Seite 258.

Abb. 1080. Schalen aus Edelholz
Oben: Nußbaum, links: Rosenholz, rechts: wäßrige Esche (Ausführung: Drechslermeister Hans Strecker, München)

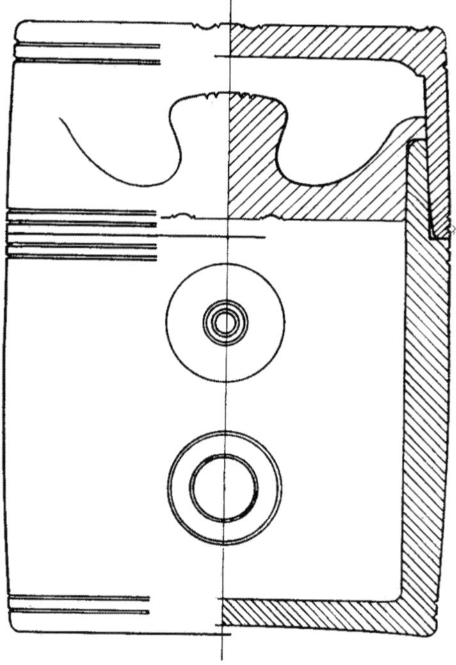

Wir bringen auf dieser Seite einige wenige Arbeiten des vortrefflichen Drechslermeisters Hans Strecker in München. Siehe weitere Arbeiten dieses Meisters im Kapitel „Technik des Drehens" im Abschnitt „Die gewundene Säule" in den *Abb. 530, 531, 533* sowie im Abschnitt „Passigdrehen" die *Abb. 543—545*, die Zeichnungen *546—560*, im Abschnitt „Werkstoffe des Drechslers" die *Abb. 665 bis 679* und im Abschnitt „Die Holzarten" die *Abb. 640, 648, 650 und 652*. Diese wenigen Beispiele vermögen leider noch kein Bild zu geben von den technisch wie auch künstlerisch so hervorragenden Fähigkeiten dieses Meisters.

Abb. 1081—1084. Werkzeichnung und fotografische Wiedergabe einer Teebüchse in Palisanderholz
Durch den doppelten Deckelverschluß ist die Luftabdichtung gewährleistet (Entwurf und Ausführung: Drechslermeister Hans Strecker, München)

Abb. 1085. Kartoffelservice aus Rüsternholz natur ohne jeden Überzug (damit abwaschbar)

Abb. 1086 und 1087. Nußschalen in Harthölzern

Karl Nothhelfer zählt ebenfalls zu jenen Künstlern, die, der Drechslertechnik völlig kundig, dazu beigetragen haben, diese Technik wieder neu zu beleben. Wir sehen an diesen Abbildungen, wie Nothhelfer durch vollendete Formen die

Drechslertechnik anzuwenden vermag für die Herstellung von handlichen Gebrauchsgeräten. Wie vielseitig das Wirken Nothhelfers für die Drechslerei war, zeigen die übrigen vielen in diesem Werk abgebildeten Arbeiten.

Abb. 1088. Obiges Kartoffelservice im Gebrauch

Die Modelle dieser Seite wurden von Karl Nothhelfer entworfen und von Drechslermeister Georg Kadoke, Berlin, ausgeführt.

Abb. 1089. Brotteller, Käseteller, Wurstbretter, Eierbecher, Salzbüchschen und Serviettenringe aus Ahornholz, natur (Entwurf: Meisterschule des Deutschen Handwerks, Bielefeld, Klasse Prof. Arnold Rickert, Ausführung: Drechslermeister Bernd Kirchner.) Auch Rickert ist, wie wir sehen, bemüht, auf die Möglichkeiten der schönen Drechslertechnik hinzuweisen. Es sei auch besonders auf die gute Beschriftung des Brottellers hingewiesen. Aus derselben Schulwerkstätte ist auch das Schachspiel in der Abb. 1167 hervorgegangen.

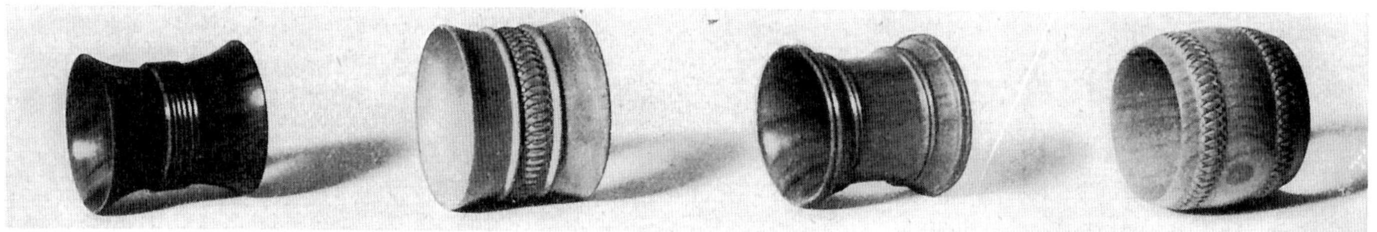

Abb. 1090—1093. Serviettenringe aus Birnbaum und Ahörnholz
Es sei bei den Ahornringen auf das Oberfräsenornament hingewiesen

Abb. 1094—1097 (von links nach rechts)
Salzbüchschen aus Ahorn mit Gewinde, Eierbecher aus Esche, der Zahnstocherbecher aus Zitronenholz weist eine etwas strengere, klassizistische Form auf, was hier durchaus angebracht ist, da er für seinen Gebrauch nicht, wie z. B. das Salzbüchschen, eine so handliche Form haben muß. Kümmelbüchschen aus Thujamaser, matt poliert, mit dicht schließendem Deckel.
Die Entwürfe für die in den *Abb. 1090—1097*, außer der *Abb. 1094*, gezeigten Modelle sind von Fritz Spannagel. Das Salzbüchschen stammt aus der Werkstätte Pfitzenmaier, Stuttgart.

Abb. 1098. Kerzenleuchter in Birnbaum, matt poliert (Entwurf: Fritz Spannagel, Ausführung: Drechslermeister Richard Haas, Überlingen)

Abb. 1099. Kirchl. Kerzenleuchter aus Nußbaum, matt poliert (Entwurf: Fritz Spannagel, Ausführung: Drechslermeister Richard Haas, Überlingen)

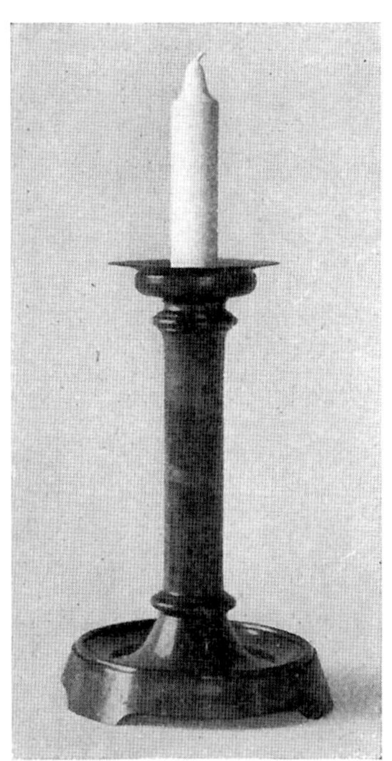

Abb. 1098.

Der Leuchter in Abb. 1100 besitzt 3 Füßchen. Bei der Seitenansicht der beiden äußeren Füßchen ergibt sich durch die Projektion die Wirkung, als ob die Füßchen einwärts ständen. Wie die Vorderansicht zeigt, entstehen die Füßchen jedoch dadurch, daß der völlig rund gedrehte Fuß dreimal entsprechend ausgesägt wird. Die Füßchen liegen also in derselben Fläche wie der übrige Fußteil. — Das ausgeführte Modell in Abb. 1098 stimmt nicht mehr überein mit der Werkzeichnung in Abb. 1100. Das Modell hat nachträglich noch eine Verbesserung erfahren, indem die Hohlkehle zwischen der oberen tragenden Viertelsstabform und dem kleineren Rundstäbchen bedeutend vergrößert wurde.

Abb. 1099.

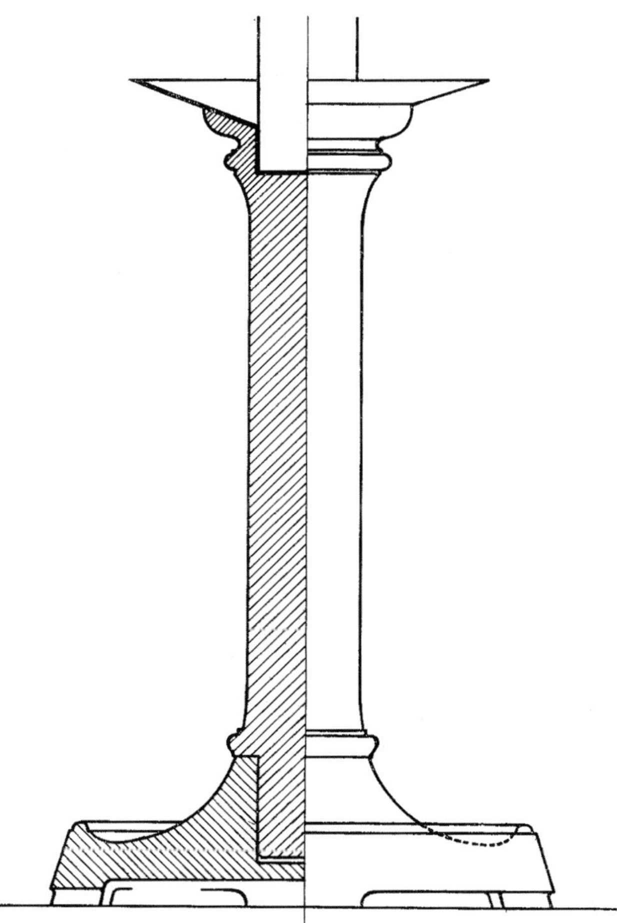

Abb. 1100. Werkzeichnung zum obigen Kerzenleuchter, 1/3 der nat. Größe

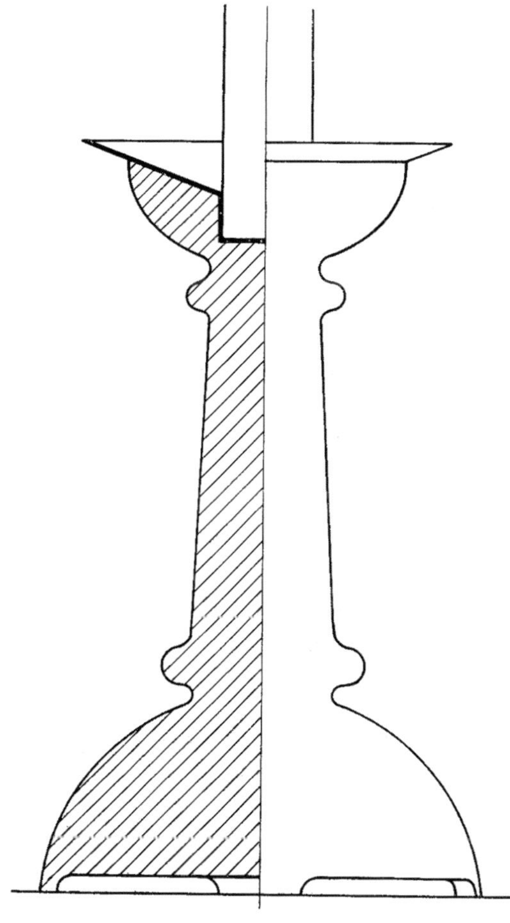

Abb. 1101. Werkzeichnung zum obigen Kerzenleuchter, 1/3 der nat. Größe

Abb. 1102. Kleiner rotlackierter Kerzenhängeleuchter
mit blanken Messingtellern (Entwurf: Fritz Spannagel)

Abb. 1103. Einfache Zuglampe,
bei der die üblichen Metallteile aus Holz gedrechselt sind. In der mittleren Büchse mit Bajonettverschluß (siehe S. 110) sitzt der Federzug.

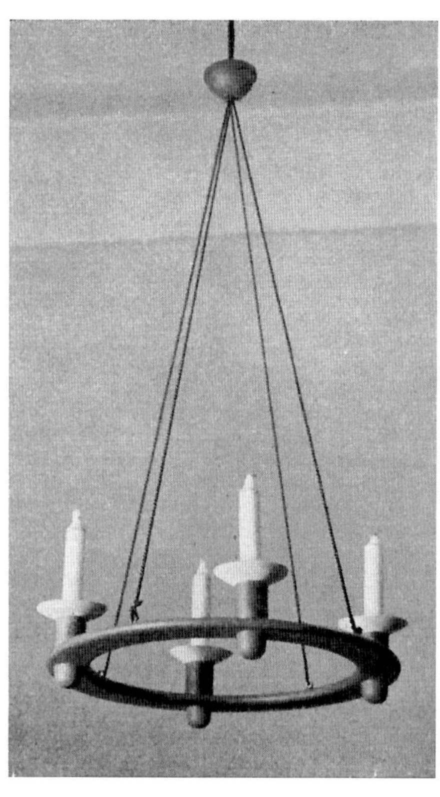

Abb. 1104. Kleiner Kerzenleuchter in Ölanstrich
Bei festlichen Gelegenheiten eignet er sich gut zur Anbringung pflanzlichen Schmuckes

Abb. 1105. Fünfkerziger Leuchter, Nußbaum natur poliert,
mit messingnen Kerzenhaltern, die leicht herausnehmbar und gut zu reinigen sind (Entw.: Fritz Spannagel, Ausf.: Drechslermeister Georg Kadoke, 1929).

Abb. 1106. Dreiteiliger Kerzenleuchter, Nußbaum poliert,
mit Messingtellern (Entw.: Fritz Spannagel, Ausf.: Drechslermeister Gustav Harder, Lindau). Der Leuchter ist in seiner Form noch nicht vollends befriedigend, die tragende Säule dürfte wohl etwas höher bzw. länger sein. Trotzdem mag der Leuchter als Anregung dienen.

Abb. 1107. Einkerziger Wandleuchter in Schleiflack, Eisenarme und Teller in Goldbronze (Entwurf: Fritz Spannagel)

Abb. 1108. Fünfarmiger Kerzenkronleuchter in grünem Schleiflack, Eisenarme und Teller in Goldbronze, siehe untenstehende Werkzeichnung (Entwurf: Kurt Hügler)

Abb. 1109. Zweikerziger Wandleuchter in Schleiflack, Eisenarme und Teller in Goldbronze (Entwurf: Fritz Spannagel)

Abb. 1110. Werkzeichnung, ¼ der nat. Größe des obigen Leuchters

Die auf dieser Seite dargestellten Leuchter wurden hergestellt von Drechslermeister Gustav Harder, Lindau.

Abb. 1111. Skizze zu einem sechsarmigen Kronleuchter für elektrisches Licht

Abb. 1112. Fünfarmiger Kerzenkronleuchter in Schleiflack, Eisenarme, Kette und Teller in Goldbronze (Entwurf: Fritz Spannagel, Ausführung: Drechslermeister Gustav Harder, Lindau)

Abb. 1113. Zehnarmiger Kerzenkronleuchter in Schleiflack, (Entwurf: Fritz Spannagel, Ausführung: Gustav Harder, Lindau)

Abb. 1114. Skizze zu einem zwölfarmigen Kronleuchter

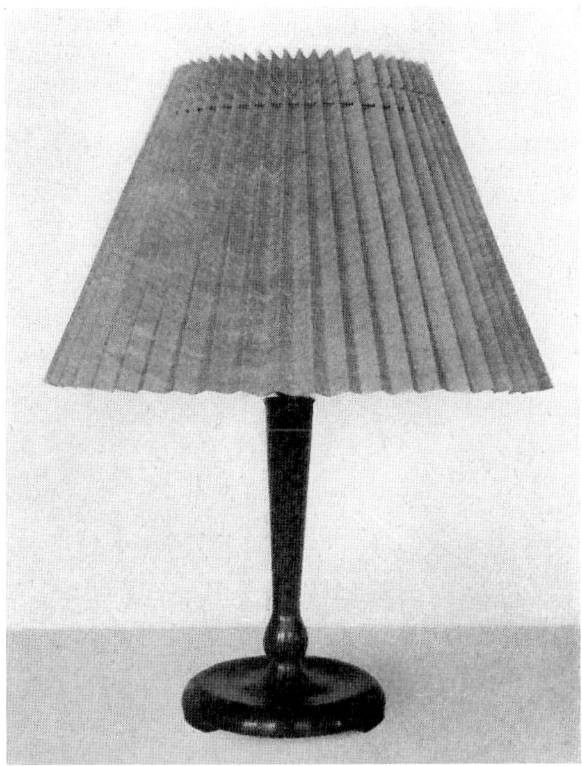

Abb. 1115. Tischlampe aus Nußbaumholz poliert (Entwurf: Karl Nothhelfer, Ausführung: Drechslerwerkstatt der Berliner Tischlerschule, Leitung: Drechslermeister Georg Kadoke)

Abb. 1117. Große Tischlampe in gelbem Schleiflack (Entwurf: Fritz Spannagel, Ausführung: Drechslermeister Richard Haas, Überlingen)

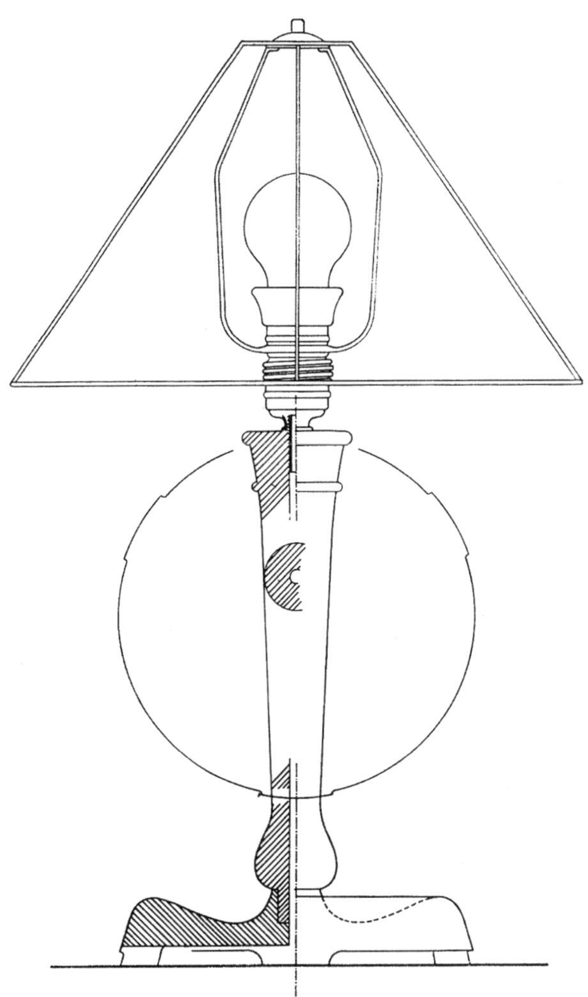

Abb. 1116. Werkzeichnung zu nebenstehender Lampe, etwa 1/5 der nat. Größe. Haltbarer ist es, den Zapfen des Schaftes mittels Gewinde mit dem Fuß zu verbinden; siehe auch Herstellung einer Tischlampe auf Seite 71 in Abb. 297.

Ein besonders großes Feld stellt heute und wohl auch in Zukunft für den Drechsler das Gebiet aller nur möglichen Beleuchtungskörper dar. Es sei den Drechslern jedoch, wie schon öfter zum Ausdruck gebracht, nochmals die Mahnung erteilt, sich bei der Ausführung solcher Lampen nur bester schreinermäßiger Arbeit zu befleißigen. Besondere Sorgfalt muß der Verbindung der Füße aus Querholz mit den Säulen aus Langholz gewidmet werden. Es genügt meist nicht nur eine Verleimung, sondern es ist dringend zu empfehlen, Schaft und Fuß mittels eines leichten Gewindes zu verleimen. (Siehe auch die Werkzeichnung in *Abb. 297* auf Seite 71 und die *Abb. 1130 und 1131.)*
Schon des öfteren hat der Verfasser die betrübliche Feststellung gemacht, daß die hölzernen Beleuchtungskörper, seien es Tisch-, Stand- oder Hängelampen, nicht mit der nötigen Sorgfalt gearbeitet werden und sich die einzelnen Teile zum Verdruß der Auftraggeber lösen und diese dadurch das Vertrauen zum Drechslerhandwerk verlieren. Es darf nicht so weit kommen, daß das neu eroberte Feld dem Drechsler von neuem verloren geht. Gemäß der großen Bedeutung von gedrechselten Leuchten sind in diesem Werk über 50 Lampenmodelle gezeigt.

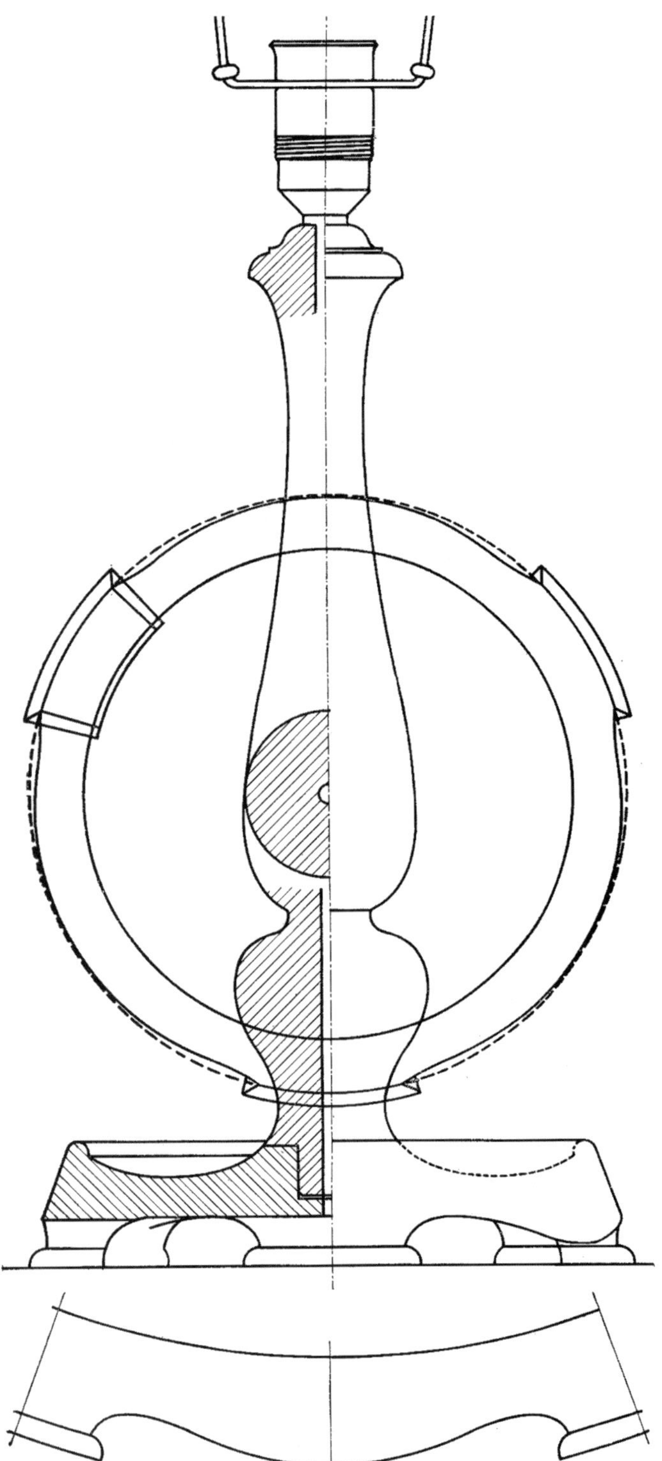

Abb. 1118. Werkzeichnung,

etwa ¼ der nat. Größe der Lampe in Abb. 1119.

Für die Ausführung dieser Lampe ist völlig trockenes Holz dringend notwendig. Um dem Ineinanderwachsen von Fuß und Schaft einen guten Ausdruck zu geben, ist darauf verzichtet worden, zwischen Fuß und Schaft einen Stab oder eine Platte einzulegen. Bei nicht ganz trockenem Holz besteht die Gefahr, daß der Teller mehr schwindet als der aus Langholz bestehende Schaft und sich eine Kante markiert. Bezüglich der Projektion der drei auszuschneidenden Füße sei auf das Gesagte zu den Abb. 1100 und 1101 hingewiesen. Hier erhalten die Füße noch besondere Klötzchen untergeleimt und -geschraubt. Die untere Zeichnung ist die Abwicklung eines Drittels des Fußes. Über die Konstruktion solcher Abwicklung siehe auch im Kapitel „Das Zeichnen des Drechslers", Abb. 1016.

Abb. 1119. Tischlampe, Nußbaum poliert, siehe auch nebenstehende Werkzeichnung (Entwurf: Fritz Spannagel, Ausführung: Drechslermeister Richard Haas, Überlingen)

Abb. 1120. Tischlampe in Platanenholz, natur poliert (Entwurf: Fritz Spannagel)

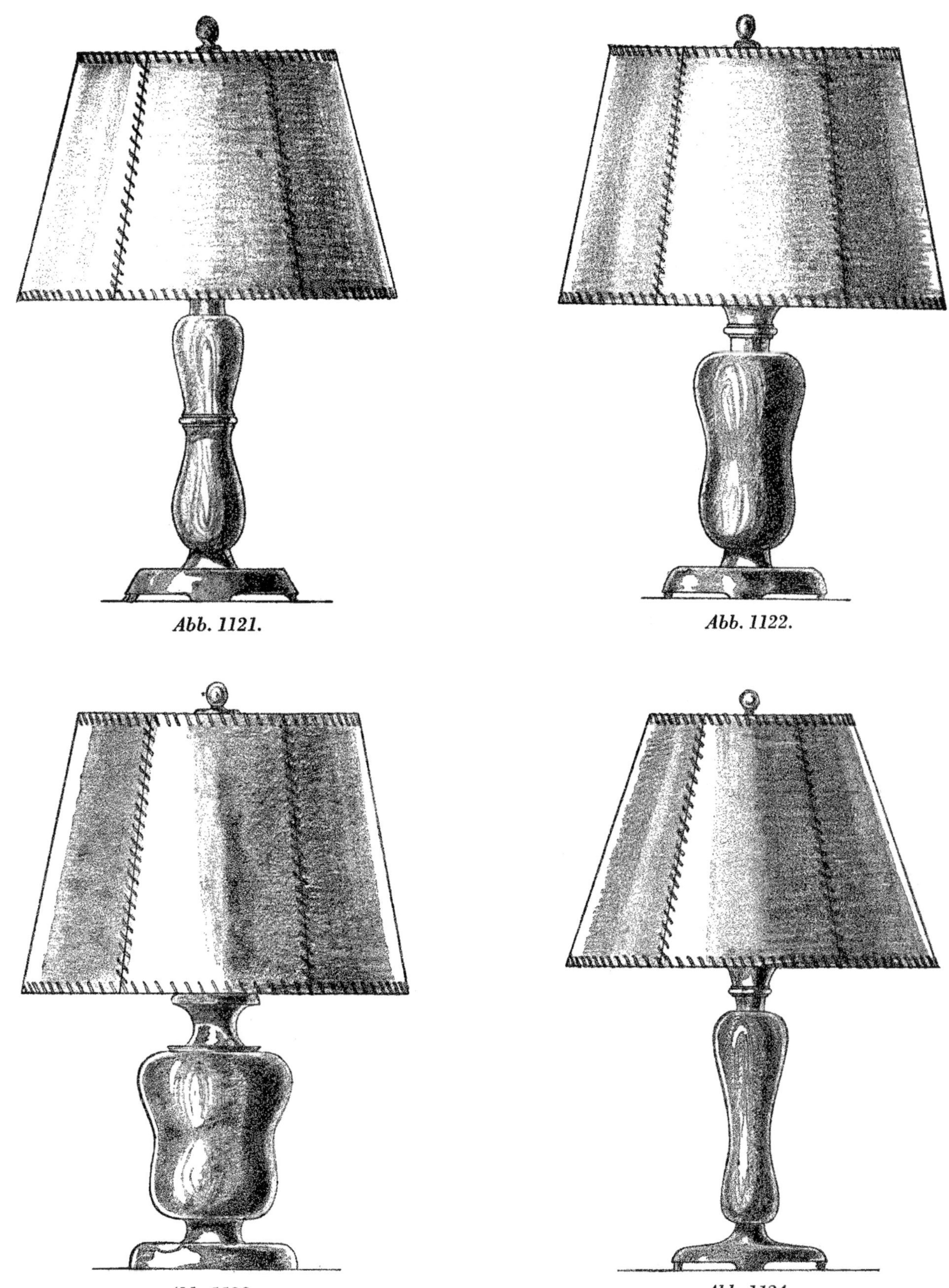

Abb. 1121. *Abb. 1122.*

Abb. 1123. *Abb. 1124.*

Abb. 1121—1124. Entwürfe zu Tischlampen

von Fritz Spannagel für polierte Edelhölzer, Größe der Ausführung beliebig. Bei solchen Lampen mit starken Säulen wird man ein ruhiges, wenig arbeitendes Holz wählen, z. B. ein ruhiges Nußbaum oder Mahagoni. Diese Typen eignen sich auch für die Ausführung in Schleiflack.

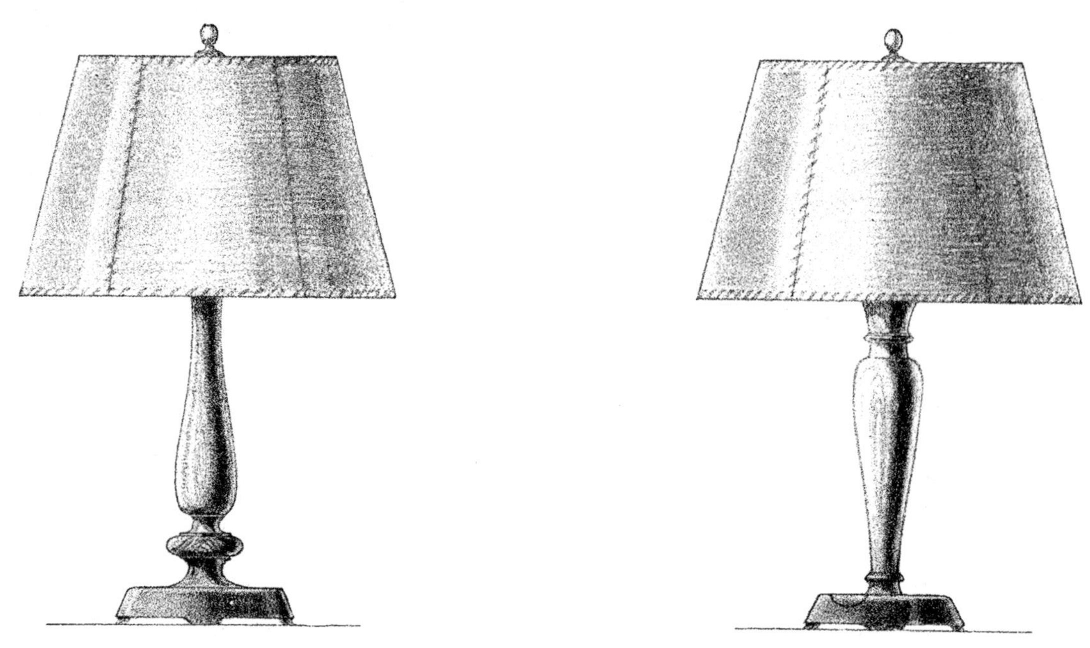

Abb. 1125. *Abb. 1126.*

Abb. 1125 und 1126. Entwürfe zu Tischlampen von Fritz Spannagel

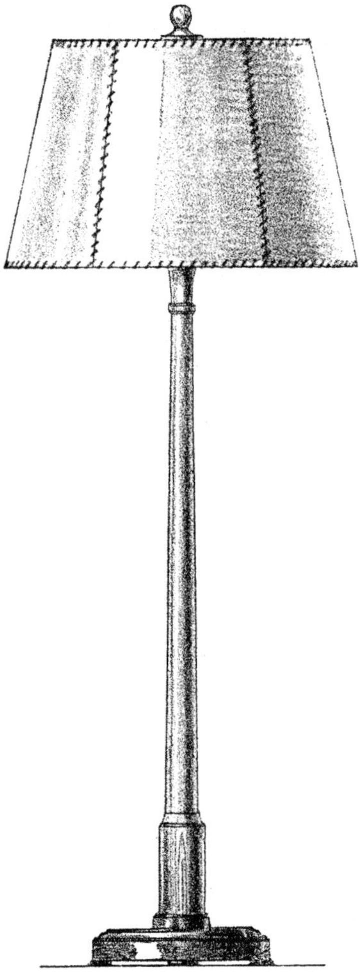

Abb. 1127. 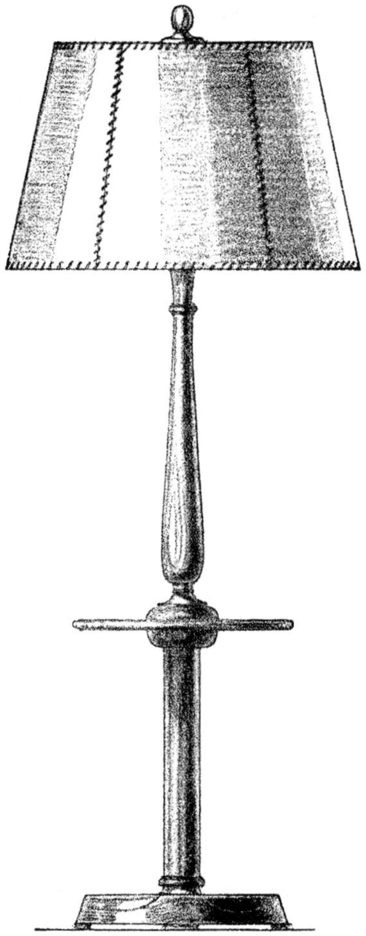 *Abb. 1128.* 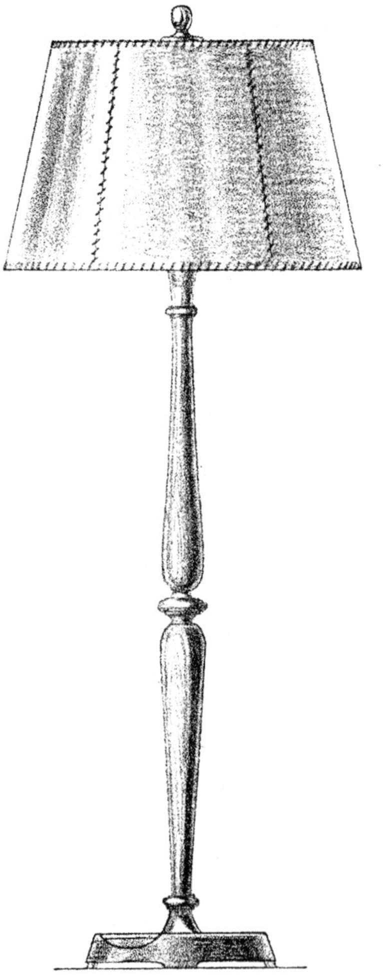 *Abb. 1129.*

Abb. 1127—1129. Skizzen zu Standlampen

(Entwurf: Fritz Spannagel.) (Siehe auch die Werkzeichnung in Abb. 1131 b.)

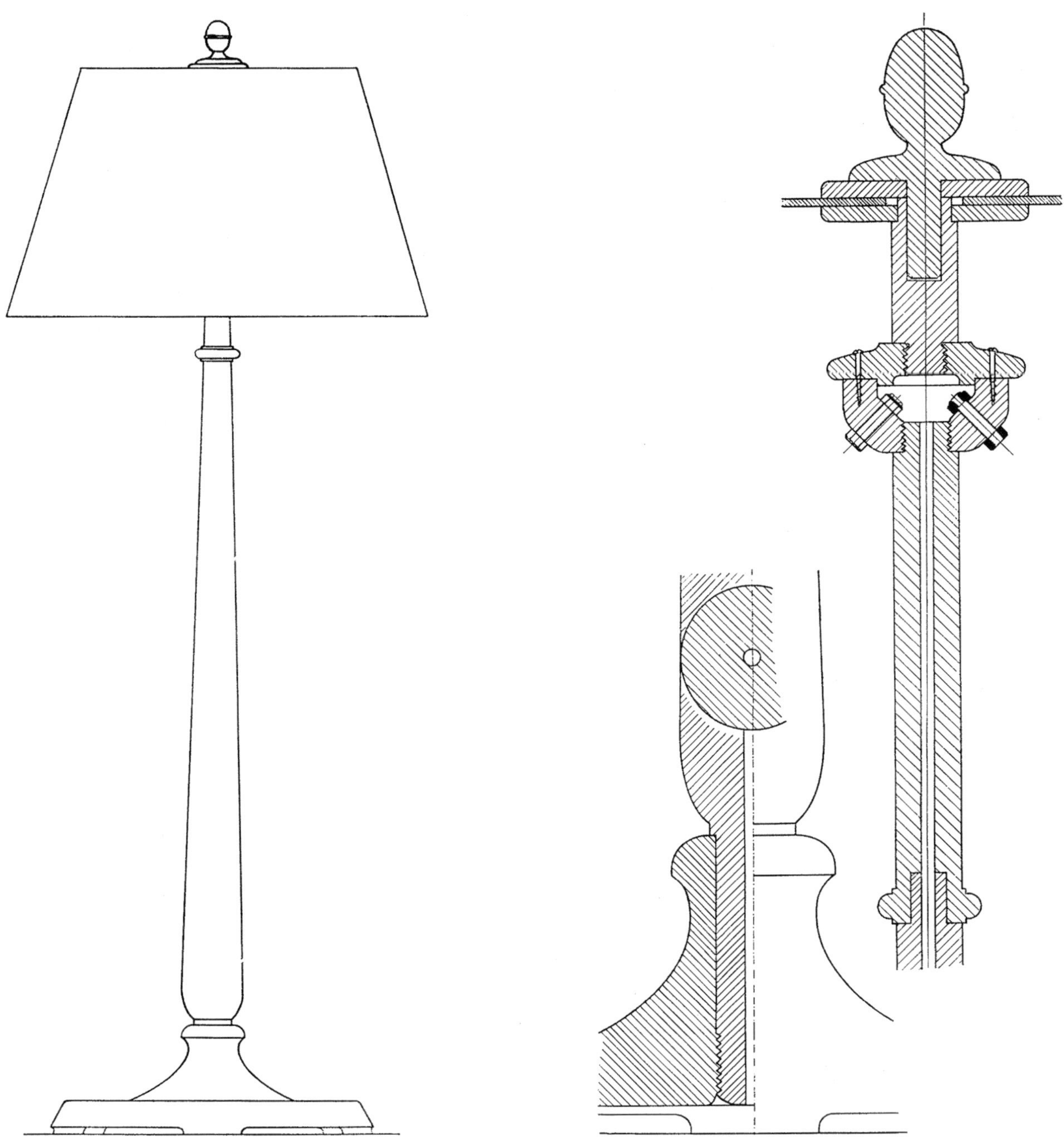

Abb. 1130. Entwurf zu einer Standlampe im Maßstab 1 : 10 von Fritz Spannagel

Abb. 1131 a und b. Teilzeichnungen zu nebenstehender Lampe (Siehe untenstehende Beschreibung)

Die Anfertigung einer solchen Lampe stellt an die Fähigkeiten des Drechslers nicht geringe Anforderungen. Das Holz für den Fuß muß aus verschiedenen Dicken verleimt werden. Bei Ausführung in Naturholz werden sich die sichtbaren Fugen nicht vermeiden lassen, es ist deshalb gut, ein in der Maserung völlig ruhiges Holz zu wählen, z. B. ein dunkles Nußbaum, bei Ausführung in Schleiflack werden die Fugen nicht sichtbar sein. Wie bei allen übrigen Tisch- und Standlampen besitzt auch hier der Fuß des sicheren Standes wegen nur drei Füße, siehe auch, was hierüber bei *Abb. 1100* bereits gesagt wurde. Betrachten wir nun noch die Werkzeichnung *Abb. 1131 a und b*. Bei ruhigem schlichten Holz kann der lange Schaft, der auch durchbohrt werden muß, aus zwei Teilen verleimt werden, wobei das kleine Loch zur Aufnahme der Litze jeweils vorher angefräst werden kann. Dieser Beleuchtungskörper eignet sich auch zur Ausführung in Schleiflack. (Siehe auch das Bohren von langen Säulen auf Seite 69.) Der Schaft ist am unteren Ende mittels Gewinde im Fuß befestigt. Es sei auch besonders hingewiesen auf den Zusammenbau des oberen Teiles des Lampengestelles, an dem, abgesehen von messingnen Nippeln und Schrauben, alles übrige an der Drehbank in haltbarer, praktischer Konstruktion hergestellt werden kann.

Abb. 1132.

Abb. 1132. Deckenbeleuchtung
(Entwurf: Fritz Spannagel)
Wie die Abb. 1132 zeigt, kann die Lösung von einfachen Deckenbeleuchtungen für Vorplätze und dergleichen an Stelle der allzu sachlichen nüchternen porzellanenen Deckenleuchten dem Drechsler zukommen, sowohl in Naturholz, wie in Ölanstrich.

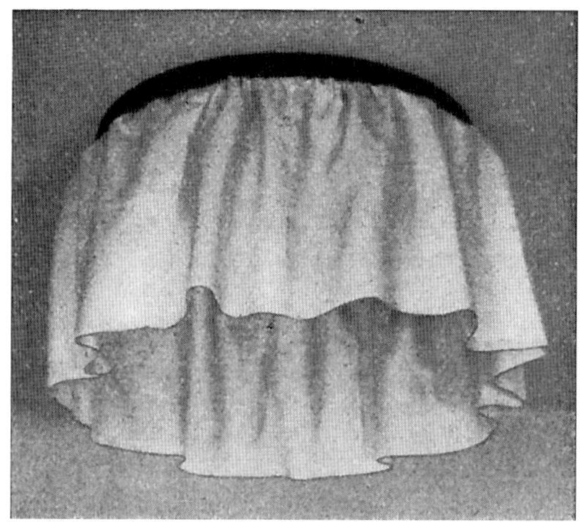

Abb. 1133.

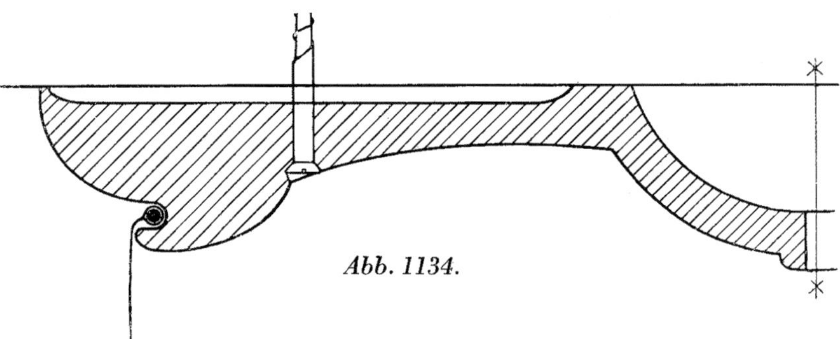

Abb. 1134.

Abb. 1133. Einfache Deckenbeleuchtung
Diese hat sich recht vorteilhaft, besonders in Schlafräumen, erwiesen. Ein einfacher profilierter Holzring mit tiefer Rundnute zur Aufnahme des Gummizugs, in dem der Vorhang läuft, wird auf der Drehbank hergestellt. Eine ähnliche Idee zeigt die Werkzeichnung in Abb. 1134. Der Verfasser hat solche einfachen Beleuchtungen für einen großen ländlichen Festsaal herstellen lassen. Die Zeichnung, die die Hälfte der großen Holzrosette zeigt, hat einen Durchmesser von etwa 70 cm. Der langherabhängende Vorhang ist etwa 1,20 m lang. Unter Umständen kann der Vorhang entfernt werden, die Rosetten selbst geben auch schon einen schmückenden Beleuchtungskörper ab.

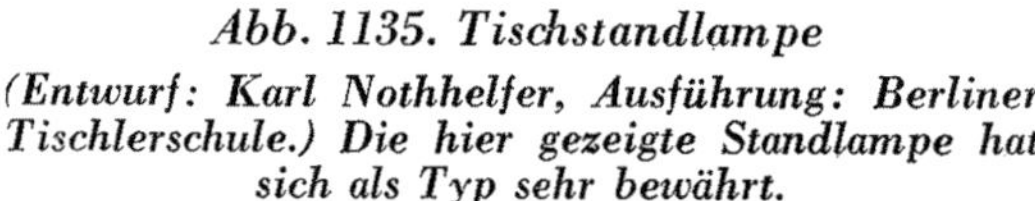

Abb. 1135. Tischstandlampe
(Entwurf: Karl Nothhelfer, Ausführung: Berliner Tischlerschule.) Die hier gezeigte Standlampe hat sich als Typ sehr bewährt.

Abb. 1136. Standlampe aus Eschenholz
(Entwurf und Ausführung: Drechslermeister Georg Kadoke). Diese in ihrem organischen Aufbau durchaus befriedigende Lampe hat einen aus Seide gefalteten Schirm.

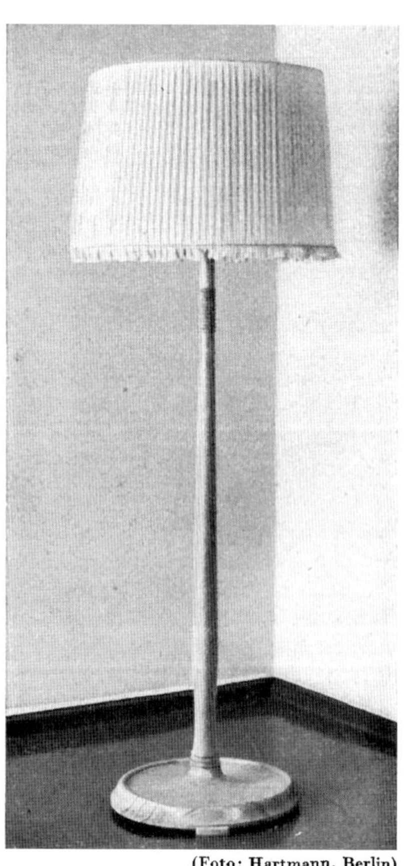

(Foto: Hartmann, Berlin)

Abb. 1137. Einfache Hängelampe
(Entwurf: Fritz Spannagel.) Siehe untenstehende Teilzeichnung.

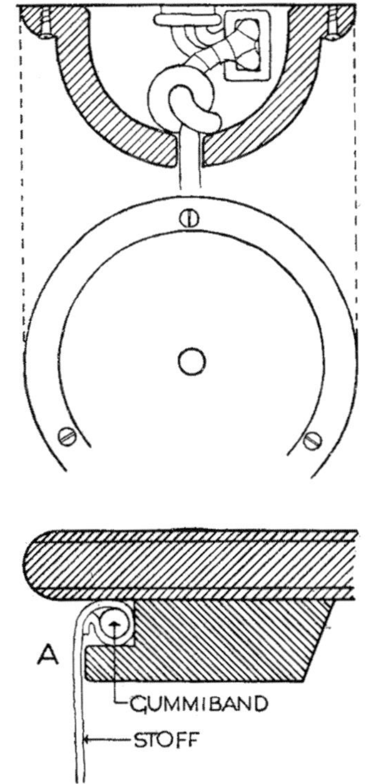

Abb. 1138. Teilzeichnung zur obigen Lampe

Diese einfache Hängelampe ist billig und haltbar, sie macht jede Wohnküche und -stube heimelig. Wieviel mehr sind solche einfachen Hängelampen angebracht gegenüber jenen modischen, protzigen und gemütlosen Metallüstern, wie es sie in Massen im Handel gibt.

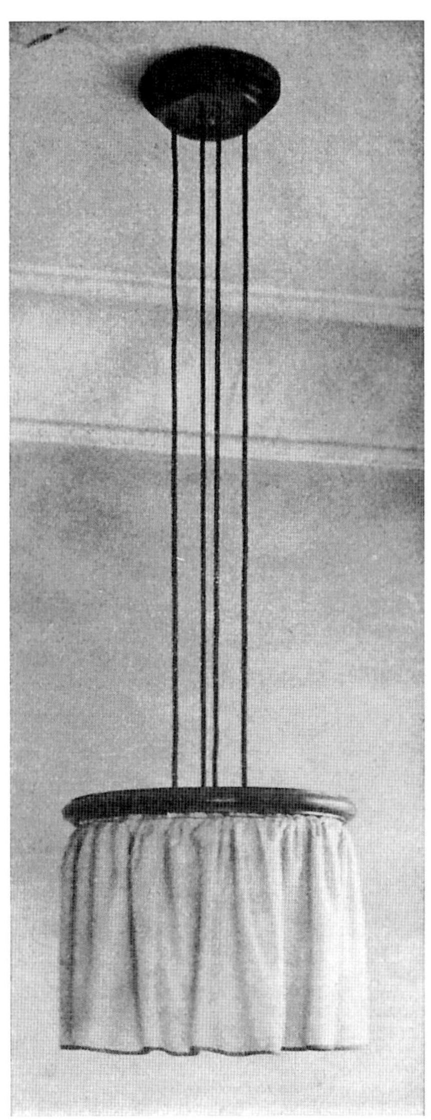

Abb. 1139. Größere Hängelampe,
bestehend aus einer gedrehten Scheibe und einer Deckenrosette (Entwurf: Fritz Spannagel, Ausführung: Drechslermeister Richard Haas, Überlingen). Siehe untenstehende Zeichnung.

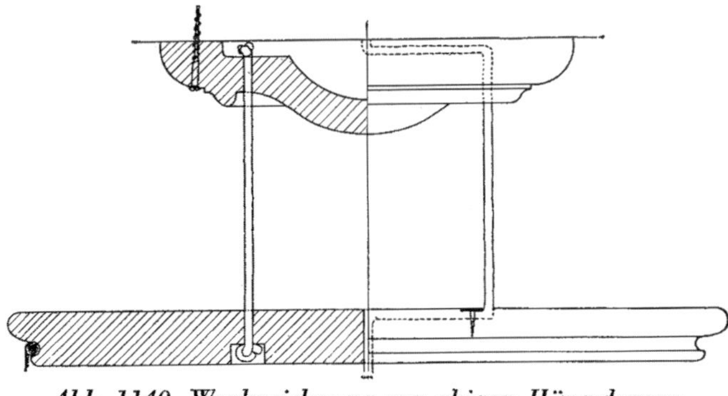

Abb. 1140. Werkzeichnung zur obigen Hängelampe,
etwa 1/5 der nat. Größe. Im Prinzip entspricht diese Hängelampe der nebenstehend gezeigten, der große und schwere Teller ist hier mit 4 Schnüren gehalten. In der einen Litze wird der Strom geführt, die übrigen 3 Schnüre werden oben und unten durch Knoten befestigt. Der Verfasser hat diese Lampe in einer großen, ländlichen Gaststube verwendet, wo sie sich großer Beliebtheit erfreut. Auch für größere Wohnstuben ist sie die richtige Lampe über dem Wohnzimmertisch.

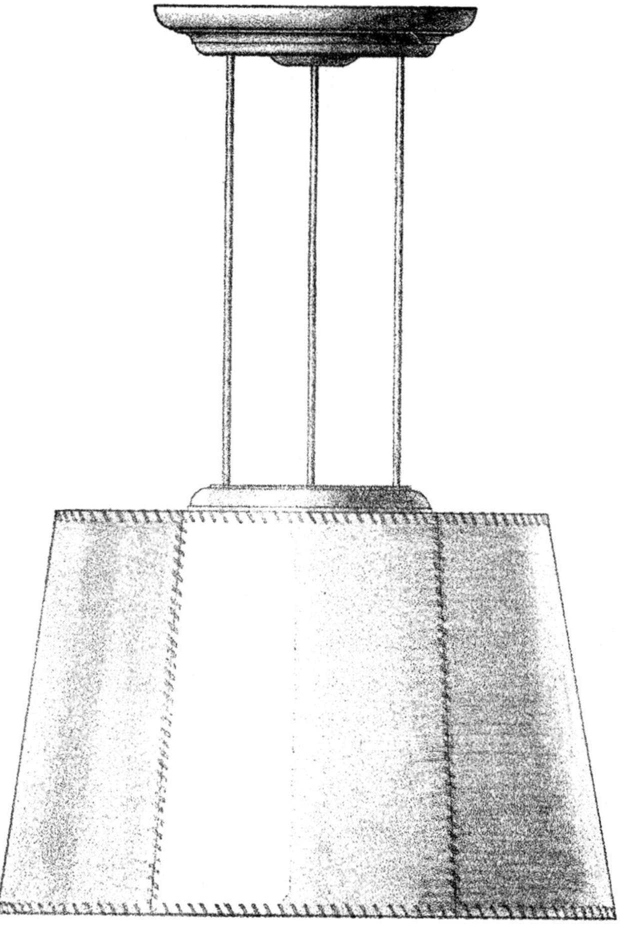

Abb. 1141. Große Hängelampe
aus gedrehten Holzteilen mit Pergamentpapierschirm, siehe auch nebenstehende Werkzeichnung (Entwurf: Fritz Spannagel)

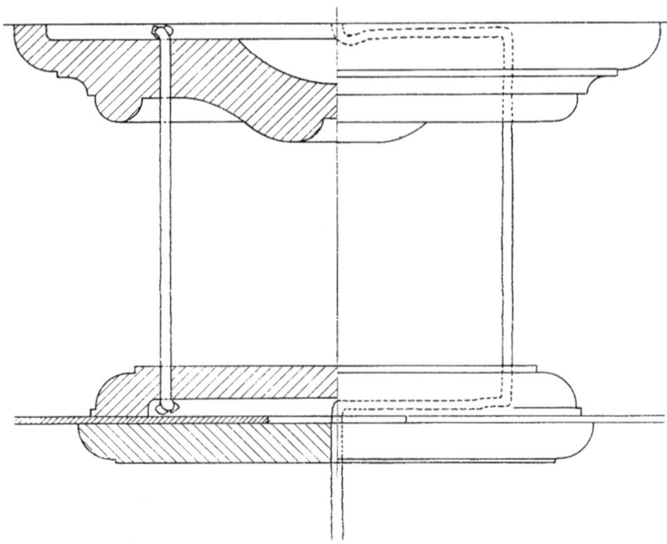

Abb. 1142. Werkzeichnung zur Hängelampe
Die beiden runden Holzscheiben, die den Schirm halten, werden durch Schrauben miteinander verbunden.

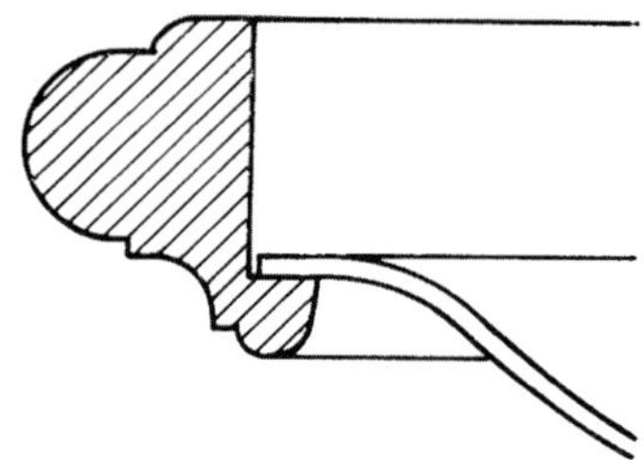

Abb. 1144. Detailschnitt zur Lampe in Abb. 1143

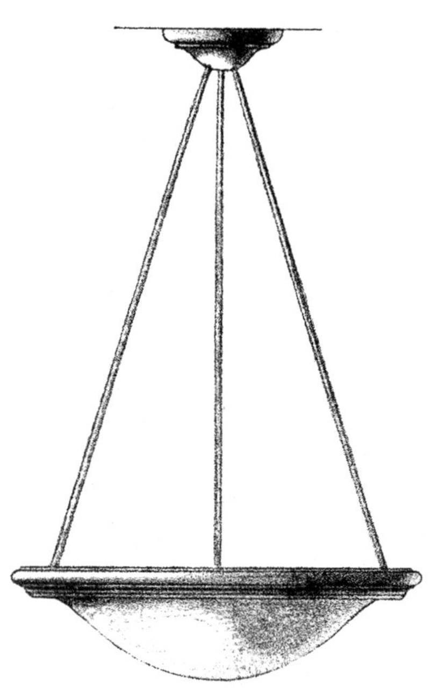

Abb. 1143. Ampel mit gedrehtem Holzring und Rosette, siehe auch Schnittzeichnung in Abb. 1144.

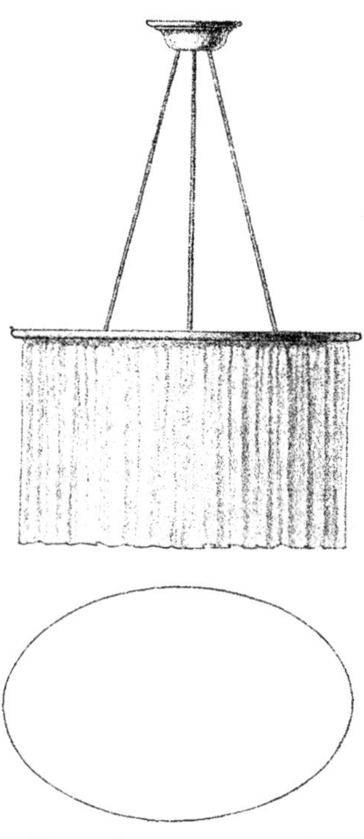

Abb. 1145. Hängelampe mit ovalem Grundriß,
vergleiche auch die Abb. 1139 und 1140. Solche ovalen Lampen sind über Tischen mit ovaler oder rechteckiger Form sehr geeignet.

Foto: Daue, Berlin

Abb. 1146. Siebenarmige Hängelampe
An Stelle der Pergamentpapierschirme können auch Glasschalen treten
(Entwurf: Karl Nothhelfer, Berlin)

In den *Abb. 1146—1150* zeigen wir Modelle von Hängelampen, die Karl Nothhelfer entworfen hat. Als hervorragendem Holzfachmann gelang es ihm, diese drechsler- und schreinertechnisch einwandfreien und in der Form gelungenen Modelle zu schaffen, weshalb sie bereits Schule gemacht haben. Sie haben wesentlich dazu beigetragen, dem Drechslerhandwerk auf diesem Gebiet reichlich Arbeit und damit Verdienst zu schaffen.

Abb. 1147.

Abb. 1148.

1147-1149 Foto: Daue, Berlin

Abb. 1149.

Abb. 1147—1149. Hängelampen
(Entwürfe von Karl Nothhelfer)

Foto: Daue, Berlin

Abb. 1150. Fünfflammiger Hängeleuchter mit Papierschirmen
(Entwurf: Karl Nothhelfer, Berlin)

Abb. 1151. Fünfflammiger Hängeleuchter mit Stoffvorhängen
(Entwurf: Karl Nothhelfer)

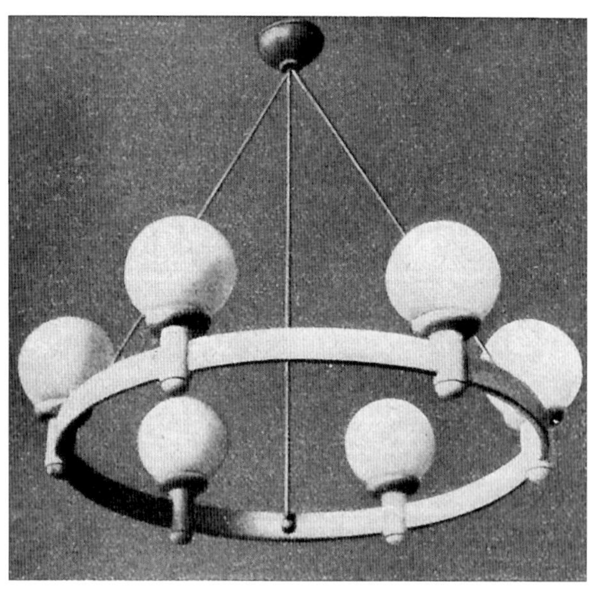

Abb. 1152. Sechsflammiger Kronleuchter in Schleiflack
(Entwurf und Ausführung: Berliner Tischlerschule)

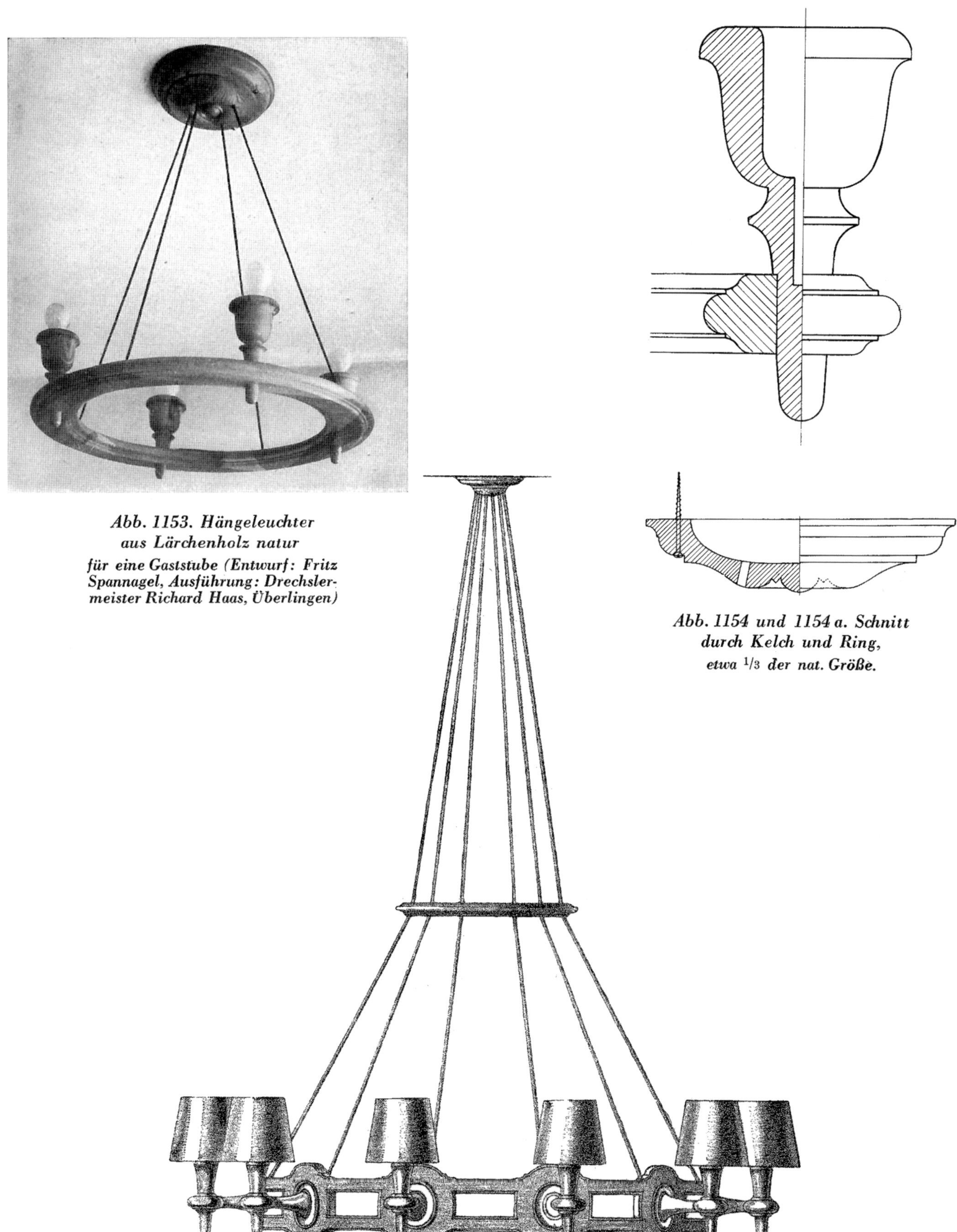

Abb. 1153. Hängeleuchter aus Lärchenholz natur für eine Gaststube (Entwurf: Fritz Spannagel, Ausführung: Drechslermeister Richard Haas, Überlingen)

Abb. 1154 und 1154 a. Schnitt durch Kelch und Ring, etwa 1/3 der nat. Größe.

Abb. 1155. Großer zwölfarmiger Holzleuchter für einen Saal
Die Ausführung dieser Lampe setzt auch eine einwandfreie schreinermäßige Zurichtung und Verleimung des Holzringes voraus (Entwurf: Fritz Spannagel)

Abb. 1156. Wandleuchter aus Nußbaumholz

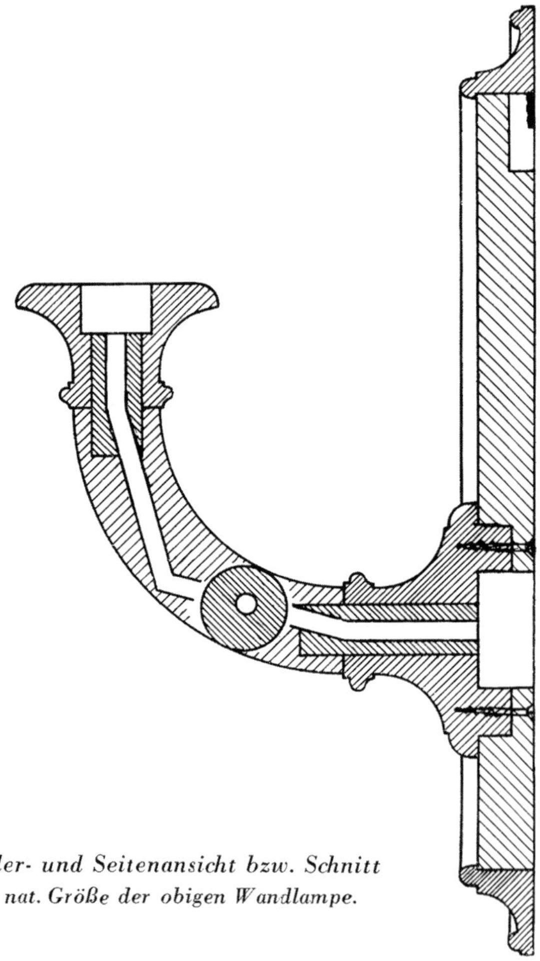

Abb. 1157. Vorder- und Seitenansicht bzw. Schnitt in etwa $^{1}/_{3}$ der nat. Größe der obigen Wandlampe.

Wir haben auch hier ein Beispiel, wie sich Schreiner- und Drechslerarbeit bei solchen Aufgaben sehr sinnvoll ergänzen können. Die abgerundeten profilierten Ecken sind hier vom Drechsler als Ring gedreht und in entsprechenden Winkeln abgeschnitten. Um das Profil am Ring genau drehen zu können, läßt sich der Drechsler vom Schreiner von der geraden Profilleiste ein profiliertes Stück in der Größe eines Sägeschnittes geben, das er zwischen den Ring leimt. So hat er für die Form des Profils ein genaues Maß. (Entwurf: Fritz Spannagel, Ausführung: Drechslermeister Richard Haas, Überlingen)

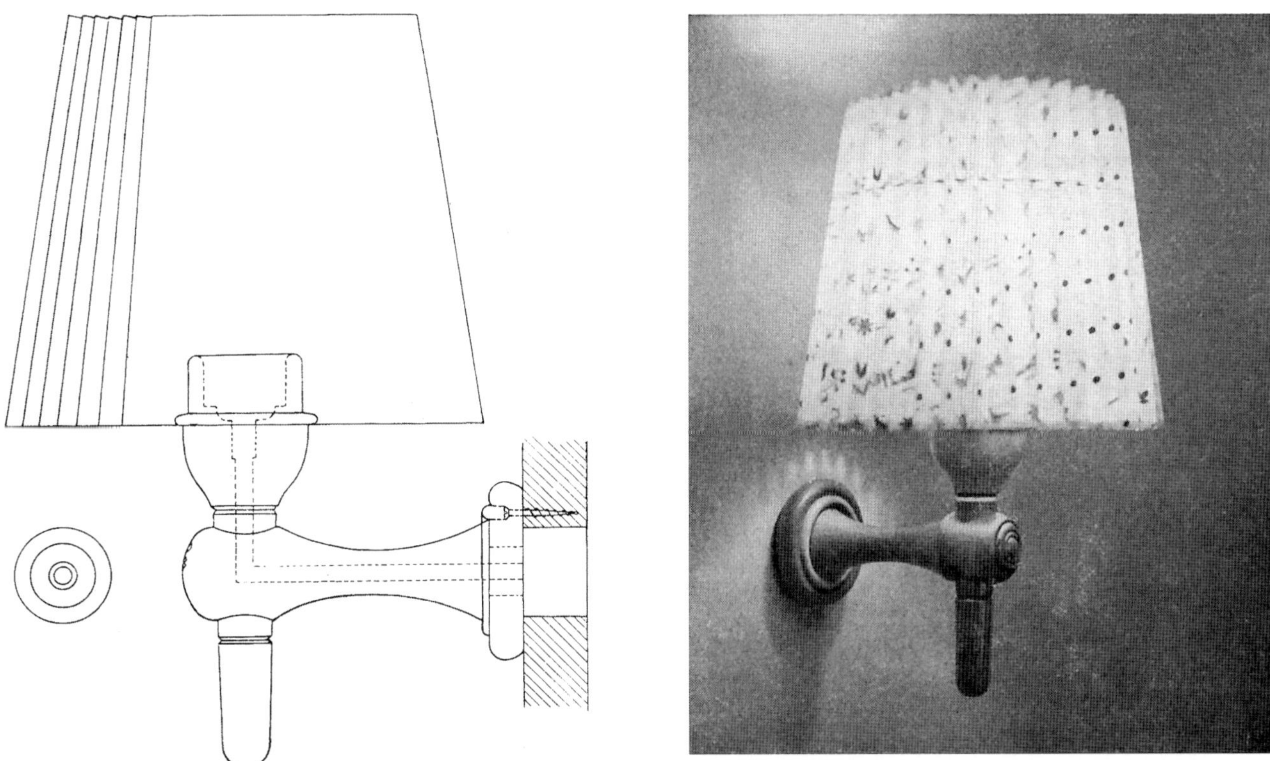

Abb. 1158 und 1159. Werkzeichnung und Foto einer Wandlampe aus Edelholz poliert

(Entwurf: Karl Nothhelfer, Ausführung: Drechslermeister Georg Kadoke, Berlin.) Karl Nothhelfer beweist uns auch mit dieser kleinen Wandlampe, welche Ausdrucksmöglichkeit mit der Drechslertechnik erreicht werden kann. Besonders hingewiesen sei auf die originelle Idee, die Schrauben zu verdecken, durch welche der Wandarm an der Wand befestigt wird. Die Schrauben sitzen in einer vertieften Nute, in die dann ein kleiner Ring eingesprengt wird. Durch die sinnvolle Verbindung von senkrechtem Schaft und tragendem Arm können sich diese beiden Teile nicht lockern.

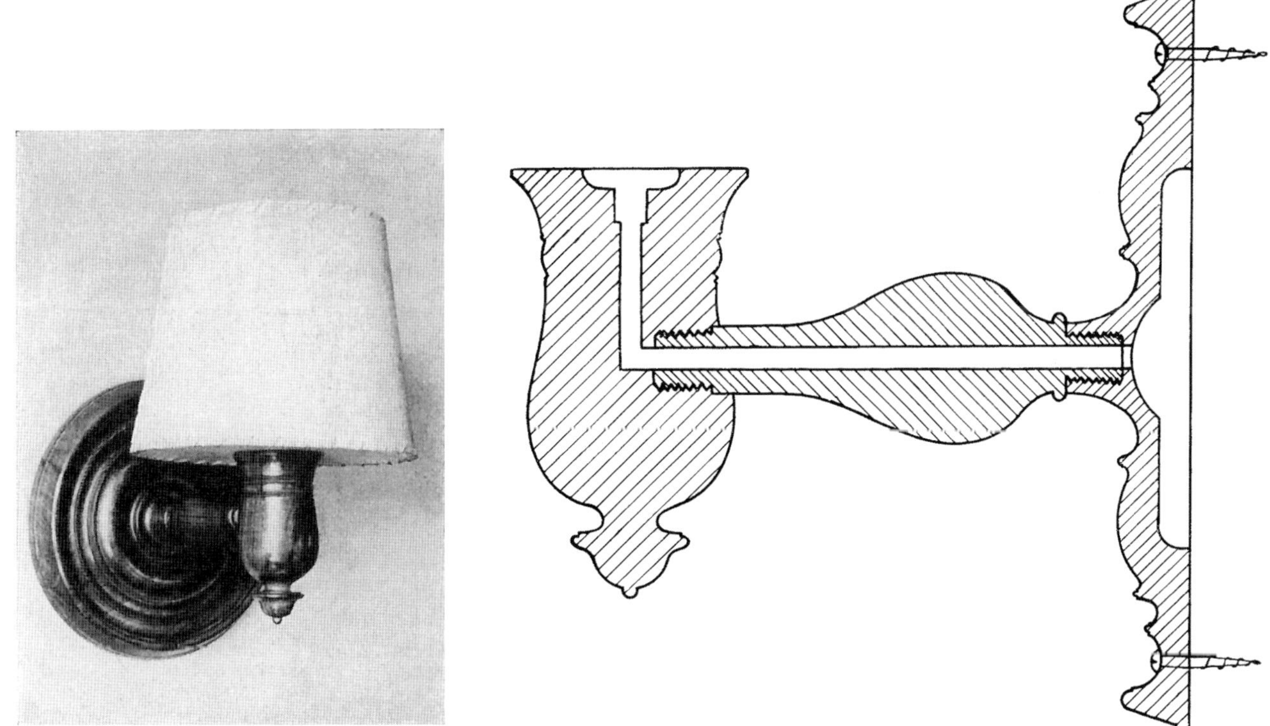

Abb. 1160 und 1161. Foto und Werkzeichnung eines Wandleuchters in Nußbaumholz matt poliert

(Entwurf: Fritz Spannagel, Ausführung: Drechslermeister Richard Haas, Überlingen.) Die drei Einzelteile sind mittels Gewinde miteinander verbunden. Wie die Abb. 1161 zeigt, geschieht hier die Befestigung durch Schrauben sichtbar.

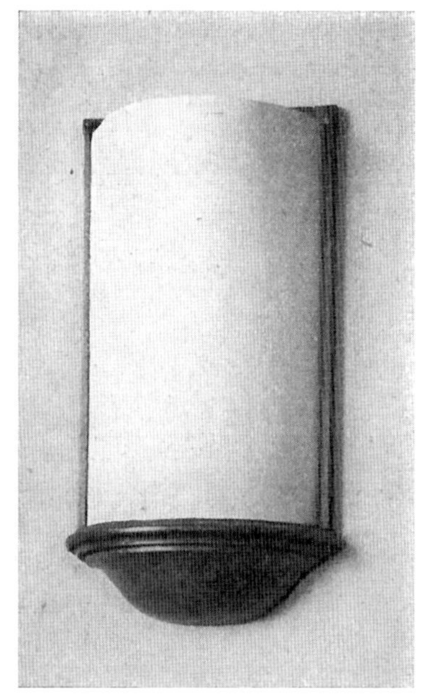

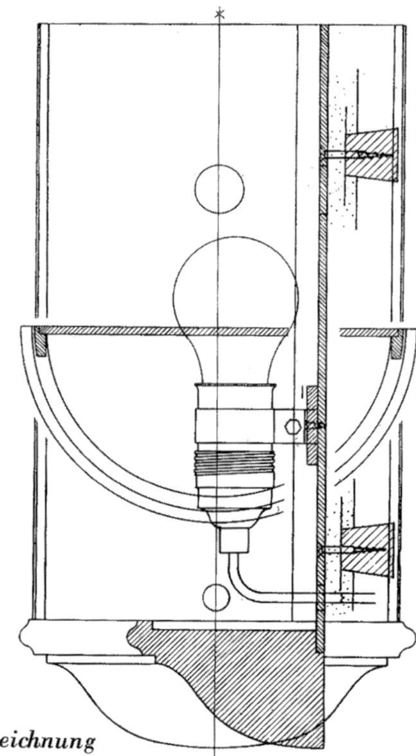

Abb. 1162—1163. Foto und Werkzeichnung in etwa ¼ der nat. Größe einer Wandlampe (Entwurf: Fritz Spannagel, Ausführung: Drechslermeister Richard Haas, Überlingen). Statt des Pergamentpapierschirmes kann auch gewöhnliches gelbliches Antikglas treten. Die Konsole ist die Hälfte eines rund gedrehten Stückes.

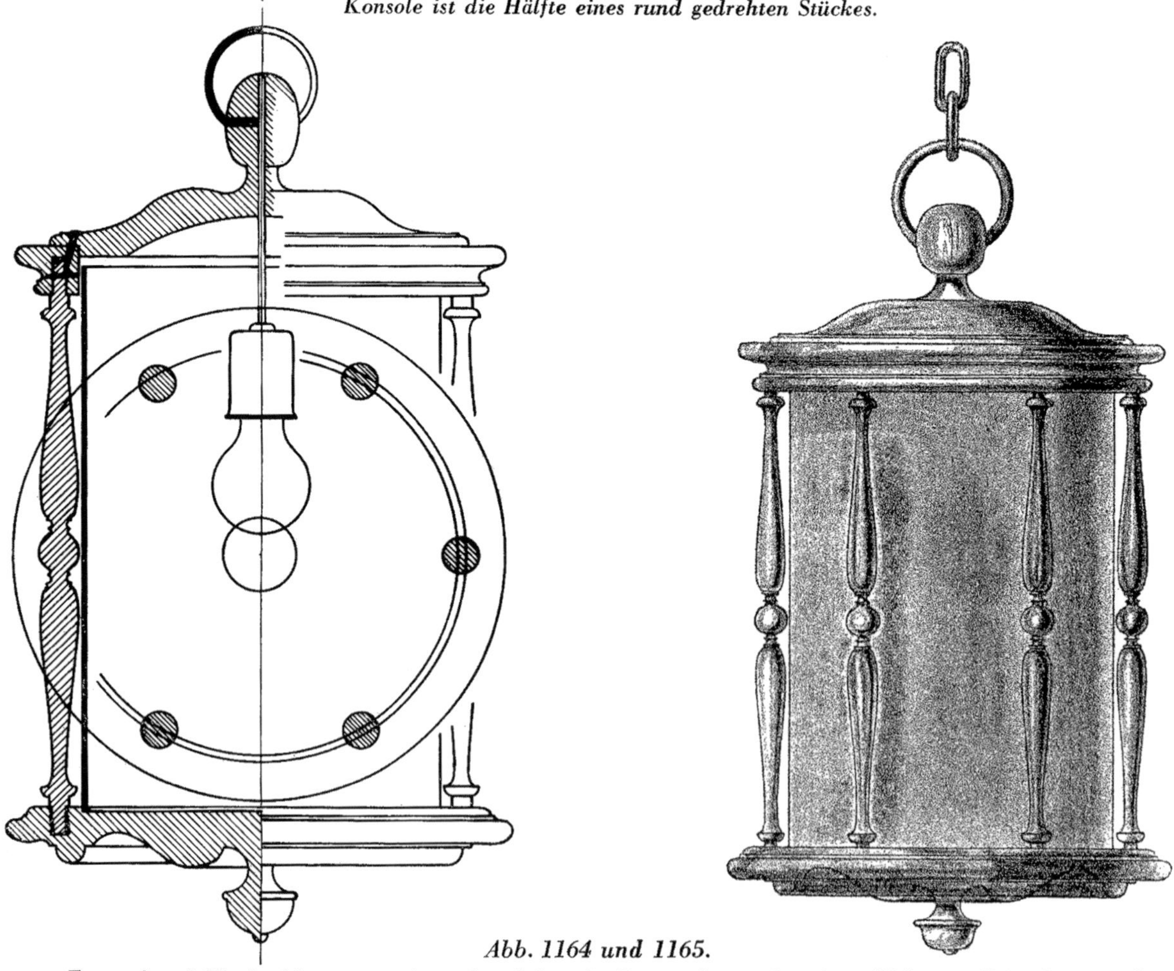

Abb. 1164 und 1165.
Entwurf und Werkzeichnung zu einer Ampel für ein Treppenhaus oder einer Diele von Fritz Spannagel. Der eingesetzte zylindrische Glaskörper ist aus Antikglas. Der Zylinder kann aus zwei gebogenen Gläsern bestehen.

Abb. 1166. Schachspiel in Buchsbaum und Ebenholz natur
(Entwurf: Alfred Stampfer, Ausführung: Berliner Tischlerschule, Klasse Drechslermeister Georg Kadoke.) Das Schachbrett ist als Kasten ausgebildet, in welchem die Spielfiguren aufbewahrt werden.

Abb. 1167. Schachspiel
(Entwurf und Ausführ.: Meisterschule des Deutschen Handwerks, Bielefeld, Klasse Prof. Arnold Rickert, Ausführung: Drechslermeister Bernd Kirchner.) Dieses Spiel ist als Reisespiel gedacht, weshalb die Figuren kleine Zapfen angedreht erhielten, mit denen sie in die Löcher des Spiels gesteckt werden.

Abb. 1168. Schachspiel, entworfen und ausgeführt von Drechslermeister D. Häussler, Kunstgewerbeschule Stuttgart.

Seit alters stellt die Herstellung von Schachspielen, sowie auch anderer Spielsteine eine reizvolle und dankbare Aufgabe für den Drechsler dar, siehe auch die Schachspiele in den *Abb. 658, 664, 685 und 692.*

Abb. 1169. Gedrehte Kasperlefiguren
(Entwurf: Karl Nothhelfer und Lore Dickerhoff, Berlin, Ausführung: Drechslermeister Georg Kadoke, Berlin)

Wie bereits H. J. Kluge im Kapitel „Volkskunst" auf Seite 241 schon aufschlußreich ausgeführt hat, war das Drechseln von jeher eines der bedeutendsten technischen Mittel zur Herstellung alten volkstümlichen Spielzeugs. Wer lacht nicht vor Vergnügen beim Anblick der oben dargestellten gedrechselten Kasperlefiguren! In der Begrenzung der stets runden Formen liegt gerade das natürliche Mittel der Komik. Wer einmal vom Künstler selbst bei guter Beleuchtung diese Figuren hat spielen sehen, der wird den köstlich-komischen Ausdruck dieser Kasperleköpfe nie mehr vergessen, und sich auch solche wünschen!

Abb. 1170. Kinderspielzeug,
sog. Brummkreisel aus der Biedermeierzeit
(Märkisches Museum, Berlin)

Abb. 1171. Neuzeitliches gedrehtes Spielzeug
(Entwurf: Helmut v. Geyer, Freiburg i. Br., Ausführung: Hans Strecker, München)

Abb. 1172. Blumenständer in Ölfarbe gestrichen
Die runden Brettchen, mit je einem Loch versehen, werden durch die die Säule bildenden Dübel festgehalten. Hier ist es die Technik selbst, die für den Entwurf anregend war.

Die vier hier abgebildeten Modelle mögen zeigen, wie sinnvoll Karl Nothhelfer, der diese und später gezeigte Blumentischchen entworfen hat, die Drechseltechnik ausnutzt. Die Modelle wurden ausgeführt in der Drechslerwerkstatt der Berliner Tischlerschule unter Leitung von Georg Kadoke.

Abb. 1174. Kakteen- bzw. Blumentischchen in Ölanstrich (Entwurf: Karl Nothhelfer, siehe auch die Konstruktion in Abb. 482 auf Seite 110)

Abb. 1173. Gedrehtes Kakteentischchen in Ölfarbe gestrichen oder Natur lackiert

Bei diesen gedrechselten Blumenständern ist so recht zu verstehen, wenn wir sagen, daß solche Geräte nicht nach einem Stilrezept geschaffen sind, sondern sie haben einen in ihrem Wesen begründeten ureigenen Ausdruck, der sich ergibt aus der Technik und einem Sichbeschränken, in einfacher und natürlicher Weise der Aufgabe gerecht zu werden. Siehe auch die Modelle auf Seite 308.

Abb. 1175. Blumentischchen, für hohe Blumen, besonders für Zimmerlinden geeignet

Abb. 1176.

Abb. 1177.

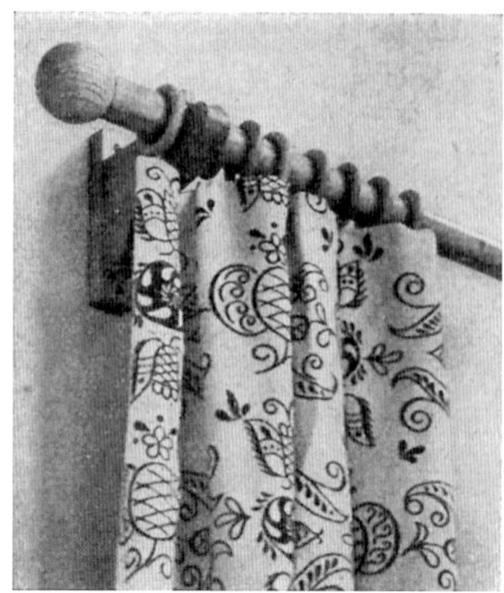

Abb. 1178.

Abb. 1179.

Abb. 1181.

Abb. 1180.

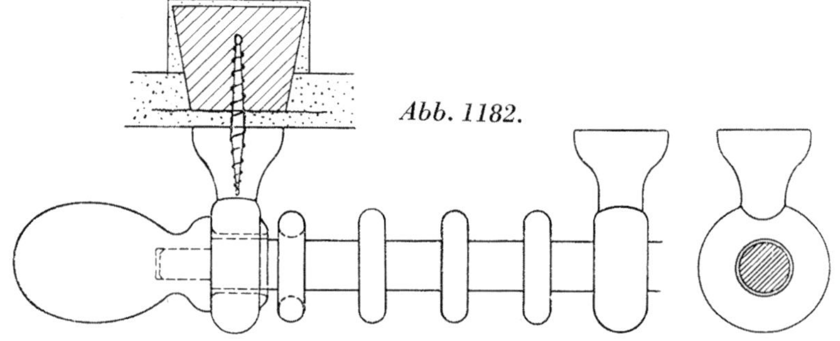

Abb. 1182.

Die *Abb. 1176—1180* zeigen Modelle von Vorhangstangen, die sich, abgesehen von geschreinerten Konsolen, völlig der Drechslertechnik bedienen.

Abb. 1181 und 1182. Foto und Werkzeichnung zu einer Vorhangstange in gedämpftem Birnbaum, matt poliert (Entwurf: Fritz Spannagel, Ausführung: Drechslermeister Richard Haas, Überlingen.) Werkzeichnung etwa $^1/_2$ *der nat. Größe.*

Abb. 1183.

Abb. 1184.

Abb. 1185.

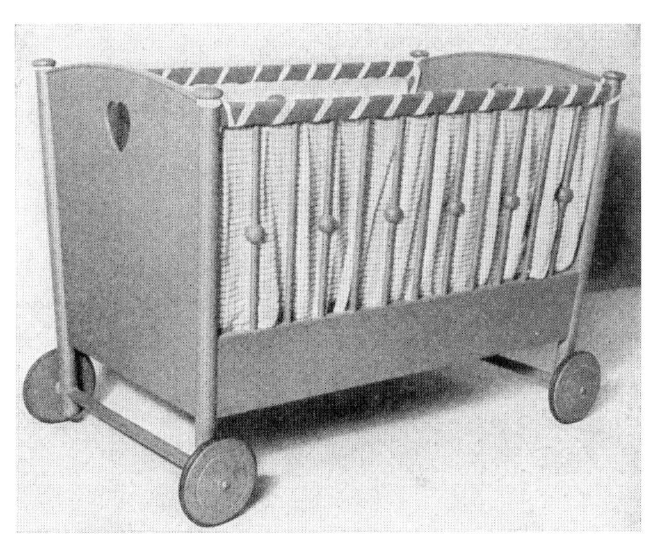

Abb. 1186.

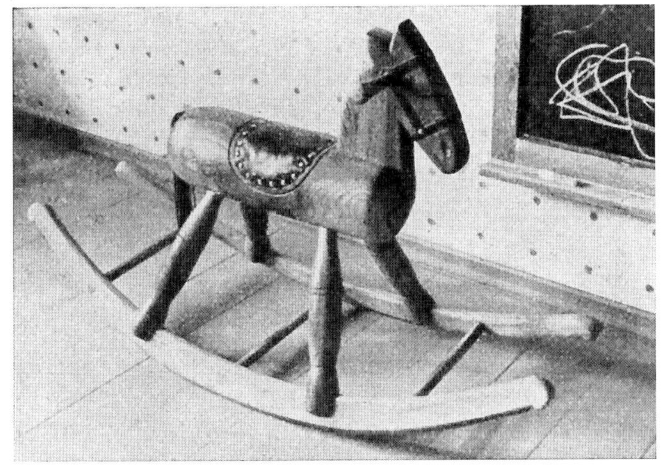

Abb. 1187.

Abb. 1188.

Die auf dieser Seite gezeigten Kindermöbel konnten nur mit Hilfe der Drechslertechnik so gemütvoll und zugleich praktisch und handlich gestaltet werden. An den gedrehten, runden Holzformen werden sich die Kinder nicht weh tun. Karl Nothhelfer, der diese Möbel entworfen hat, scheint auch ein guter Kinderpapa zu sein!

Abb. 1189. Nähtisch mit seitlichen Schiebern aus Kirschbaumholz mit gedrechselten Knöpfen (Entwurf: Hugo Kükelhaus)

Abb. 1190. Abstelltischchen aus Nußbaumholz, matt poliert (Entwurf: Karl Nothhelfer)

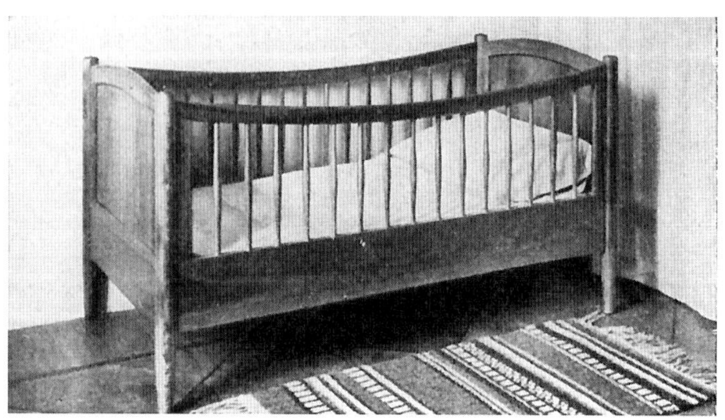

Abb. 1191. Kinderbettchen in Kirschbaumholz, natur geölt (Entwurf: Karl Nothhelfer)

Abb. 1192. Blumenkrippe in Ölanstrich (Entwurf: Karl Nothhelfer, Ausführung: Berliner Tischlerschule, siehe auch die Konstruktionszeichnung und Beschreibung in Abb. 482 auf Seite 110)

Abb. 1193. Blumenständer in gelbem Ölanstrich (Entwurf: Karl Nothhelfer)

Abb. 1194. Runder Hocker mit gedrehten Beinen, er ist dem altbekannten Schusterhocker ähnlich, wie er schon seit Jahrhunderten gedreht wird

Abb. 1195. Ansicht im Maßstab 1 : 10 (Entwurf: Fritz Spannagel)

Abb. 1196. Großer runder Auszugstisch, Nußbaum natur, matt behandelt (Entwurf: Fritz Spannagel). Wenn der Typ dieses erprobten Familientisches, dessen runde Beine schöner und praktischer sind als kantige, sich bei uns erneut einbürgert, wird das Drechslerhandwerk auch wieder beträchtliche Verdienstmöglichkeiten bekommen.

Abb. 1196 a und b. Schaukelstuhl in Schleiflack
Für die Konstruktion dieses haltbaren und bequemen Sessels ist die Technik des Drechselns vorteilhaft genützt. Hingewiesen sei auf die Anwendung der gedrechselten Dübelnägel, durch die die Armlehne sowohl bei der Stütze wie auch am Hinterfuß noch gesichert wird. Auch der Steg zwischen den beiden Kufen ist mittels des Dübelnagels gesichert. (Entwurf: Fritz Spannagel)

Abb. 1197. Klavierhocker (Berliner Tischlerschule)

Abb. 1198. Bank in Ölanstrich, entworfen von Karl Nothhelfer

Abb. 1199. Armlehnsessel, Schleiflack

Abb. 1200. Armlehnsessel, Schleiflack

Abb. 1201. Ländlicher Armlehnstuhl

Abb. 1202. Armlehnstuhl
(Entwurf: Karl Nothhelfer)

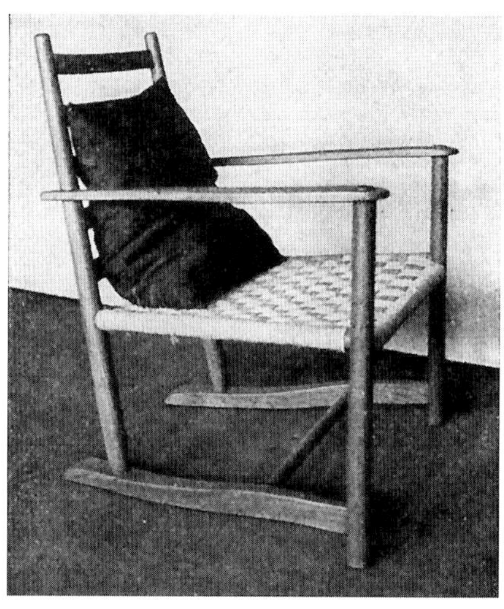

Abb. 1203. Armlehnstuhl
(Entwurf: Heinrich Michaelis)

Abb. 1204. Gedrechselter Armlehnstuhl
(Entwurf: Karl Nothhelfer)

Wie wir durch Beschreibung und Abbildungen im Kapitel „Stilgeschichte der Drechslerformen" anschaulich dargelegt haben, war der Stuhlbau jahrhundertelang ausschließlich dem Drechslerhandwerk vorbehalten. Hauptgrund hierfür war, wie schon öfter erwähnt, die Einzigartigkeit der in der Technik beruhenden Konstruktionsmöglichkeiten. Die auf dieser Seite wie auch auf anderen Seiten dieses Buches dargestellten Sitzmöbel mögen zeigen, daß mit Erfolg versucht worden ist, die Drechslerei wieder in den Dienst eines zeitgemäßen Stuhlbaues einzuschalten. Diese Stuhltypen sind schon nahezu 10 Jahre alt und haben Schule gemacht. Durch die richtge Auswahl von Flechtmaterial (wie Peddigrohr, Bast und Binsen) wie Flechttechnik können solche Stühle von großem Reiz sein, was in diesen Abbildungen nicht recht zum Ausdruck kommt.

Abb. 1205 und 1206. Stuhl und Armlehnstuhl
(Entwurf: Josef Reinhard, Ausführung: Richard Haas, Überlingen)

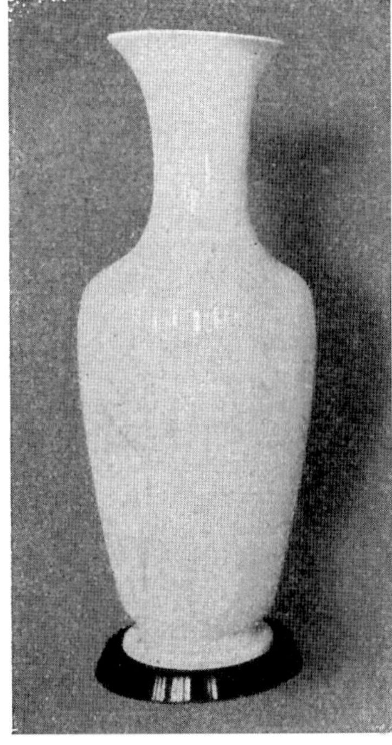

Abb. 1207. Gedrehter Untersatz in poliertem Edelholz, entworfen von Fritz Spannagel für eine große Porzellanvase der Staatl. Porzellanmanufaktur, Berlin

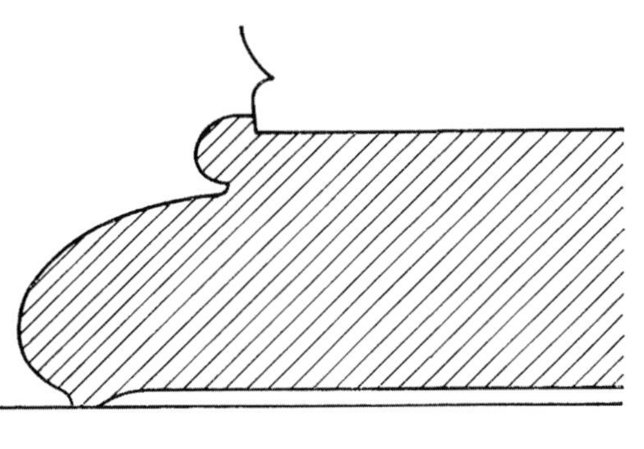

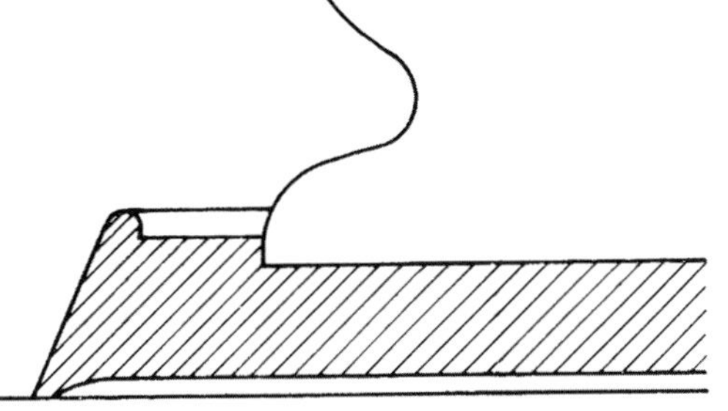

Abb. 1208 und 1209. Teilzeichnungen der Profile der gedrehten Untersätze in ½ nat. Größe

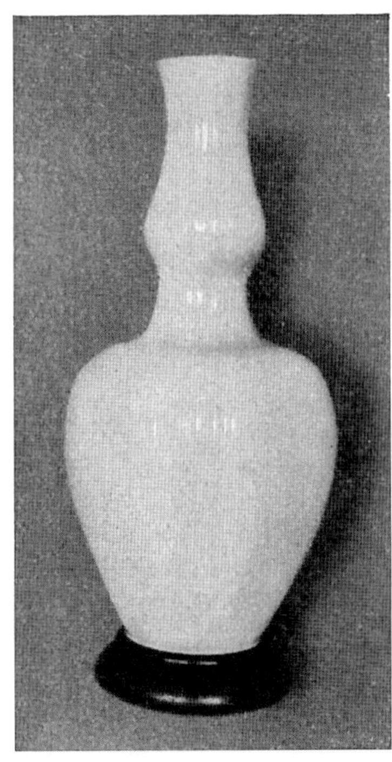

Abb. 1210. Gedrehter Untersatz in poliertem Edelholz entworfen von Fritz Spannagel für eine große Porzellanvase der Staatl. Porzellanmanufaktur, Berlin

Die alten Chinesen und Japaner haben schon lange ihre schönen, wertvollen Porzellanvasen, die sie auf dem Fußboden stehen haben, auf solche gedrehten Edelholzuntersätze gestellt. Diese haben einmal eine ästhetische Wirkung, zum anderen schützen sie das Porzellan vor etwaiger Verletzung. Solche Untersätze sind natürlich auch für kleine Tischblumenvasen außerordentlich reizvoll und nützlich. So mag auch diese Anregung von Nutzen sein.

Foto : Hoffmann & Jursch, Taggeselle, Leipzig

Abb. 1211. Großer Tisch und geschweifte Bänke

(Entwurf: Karl Nothhelfer)

Wir sehen, wie der Möbelarchitekt bei der Ausstattung seiner Räume in ausdrucksvoller Weise und sinngemäß die Drechslerei für die Gestaltung zu nützen weiß. Die Konstruktion bürgt für größte Haltbarkeit.

Abb. 1212. Kachelofen
(Entwurf: Fritz Spannagel, Malerei von Marianne Spannagel)

Wohl schon seit dem Aufkommen des Kachelofens finden wir, besonders in ländlichen Stuben, die Öfen auf solch schweren, gedrehten Füßen ruhen. Dieser hier abgebildete Ofen steht in einem vom Verfasser gebauten Landhaus. Die Bilder wurden von der Frau des Verfassers, der Malerin Marianne Spannagel, gezeichnet und auf die Kacheln übertragen. Der Ofen wurde in München ausgeführt von der keramischen Werkstätte Kieslinger & Wehner. Mit Vergnügen hat der Verfasser auch hier die Gelegenheit benützt, Architekten und Drechslern eine Anregung für die Ausbildung solcher Ofenfüße zu geben!
Hinsichtlich der formalen Ausbildung des Fußes mag noch folgendes gesagt werden. Es galt einmal, diesem hölzernen Fuß den Ausdruck des Tragenden zu geben und solche Verhältnisse und Formen anzustreben, die zu dem schweren, einfachen über Eck gerundeten Ofen in harmonische Verbindung traten. Selbstverständlich wird je nach Form und Größe des Ofens die Durchbildung des Fußes verschieden sein müssen, wobei aber stets der tragende Ausdruck angestrebt werden muß.

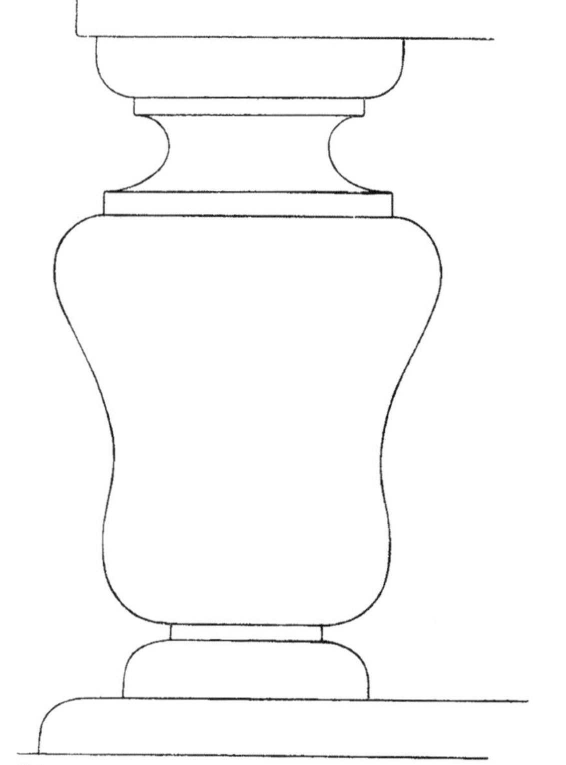

Abb. 1213. Werkzeichnung des gedrehten Fußes, etwa ¼ der nat. Größe

Abb. 1214. Großaufnahme des Fußes

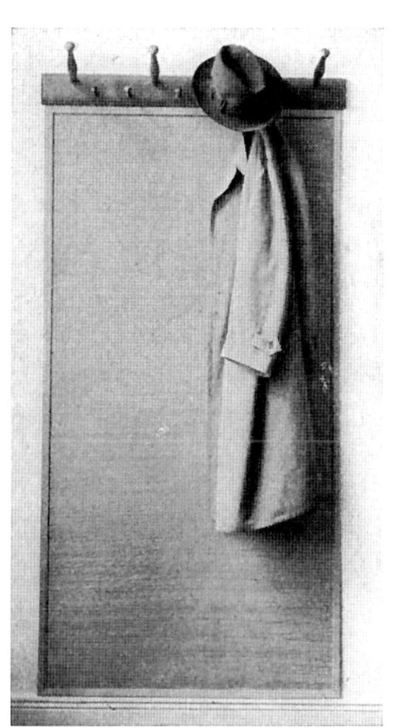

Abb. 1215. Kleiderhalter mit gedrehten Stäben

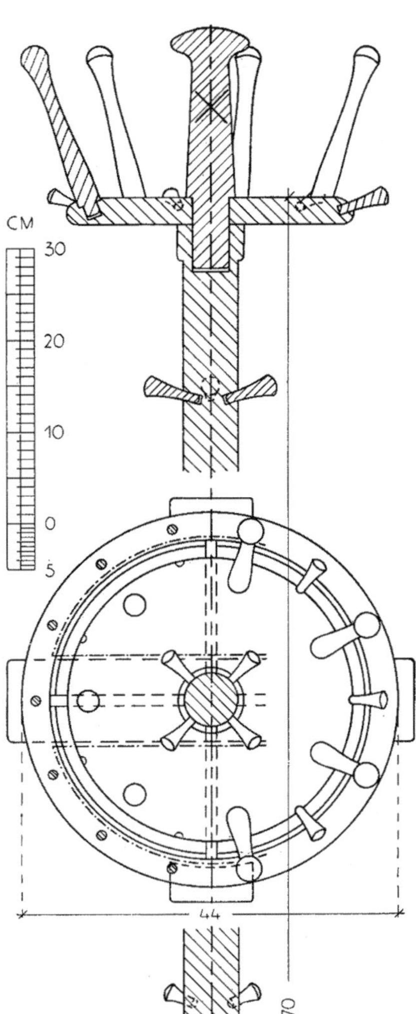

Abb. 1216. Kleider- und Huthalter mit gedrehten Stäben

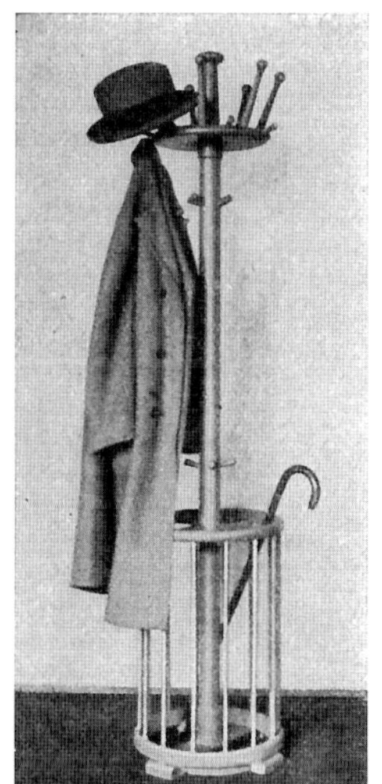

Abb. 1217. Gedrechselter Kleider- und Schirmständer in Ölfarbe gestrichen (Entwurf: Spannagel, Ausführung: Berliner Tischlerschule.)

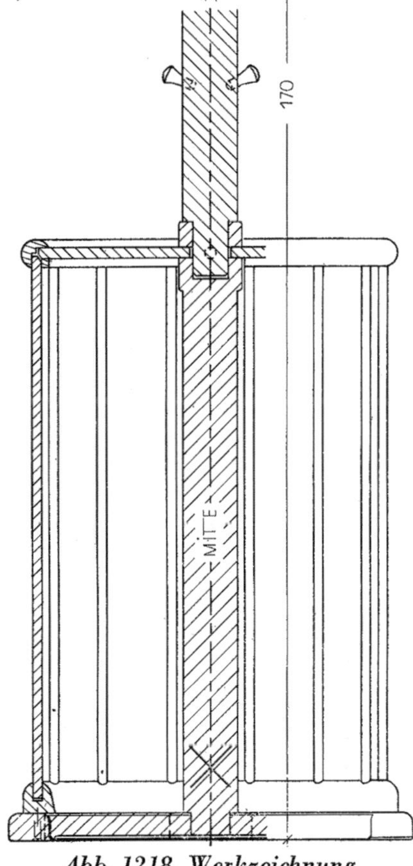

Abb. 1218. Werkzeichnung im Maßstab 1 : 10 zu nebenstehender Abbildung

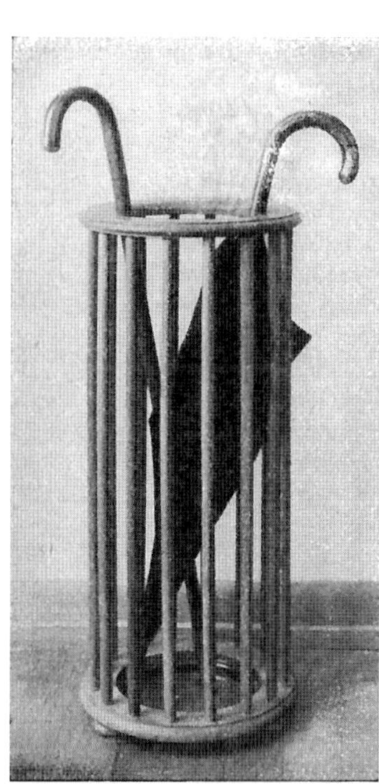

Abb. 1219. Schirmständer in Kirschbaumholz lackiert (Entwurf: Fritz Spannagel, Ausführung: Drechslermeister Richard Haas, Überlingen)

Abb. 1220 und 1221. Schreibtisch mit Aufsatz
in Nußbaum, matt gebürstet, Oberteil mit gedrehten Knöpfen mit Ahorneinlagen. Rechts: Detail vom Oberteil des Fußes. (Entwurf: Fritz Spannagel, Ausführung: Schreinermeister Xaver Bucher, Markdorf in Baden.)

Nachdem auf den vorhergehenden Seiten eine Anzahl vor allem Kleinmöbel gezeigt wurden, bei denen vorwiegend die Drechslerei angewendet wurde und die dadurch einen ausgesprochen gedrehten Charakter haben, zeigen wir nun noch einige Möbel, bei denen runde Füße und Knöpfe verwendet wurden, die an der Drehbank hergestellt werden müssen. Wohl findet man oft Versuche, an Kastenmöbeln runde Füße zu verwenden, aber meist fehlt zwischen solchen Füßen und dem Möbel jeder organische Zusammenhang, besonders, was den Anschluß des runden Fußes, also die Verbindung mit den Zargen betrifft, mangelt es an dem Gefühl für die plastische Erscheinung. (Siehe in diesem Zusammenhang auch die Gegenbeispiele im Kapitel „Gestaltung“ auf S. 261, 262.) Wohl haben wir, wie wir in der „Stilgeschichte“ gesehen haben, alte Beispiele, bei denen kugelartige Füße unter schwere Möbel mit eckigem Grundriß gesetzt wurden. Selten ist dort eine organische Wirkung erzielt worden. Wählt man runde Füße, so sollte man die Ecken stets stark runden, wodurch auf jeden Fall eine gute Wirkung erreicht wird. Vor allem werden sich auch nach der Formgebung der Füße die umlaufenden Sockelkränze, auch Platten richten müssen, — wie überhaupt das ganze Möbel auf das Motiv der runden Form der Füße eingestellt sein muß. In den

Abb. 1222. Bücherschrank
in Nußbaum, matt gebürstet, innen Ahorn (Entwurf: Fritz Spannagel, Ausführung: Schreinermeister Xaver Bucher, Markdorf in Baden)

Abb. 1220—1222 sind Möbel eines Frauenarbeitszimmers gezeigt, und wir sehen, welch elegante Wirkung z. B. solch ein schlanker gedrehter Fuß, wie in *Abb. 1220* gezeigt, haben kann. Schwere und massige Schränke, die dicht am Boden aufsitzen, erhalten am besten Füße von gedrängter Form, bei denen man gewissermaßen das Gefühl hat, als ob die Wucht der massigen Form die Füße zusammendrängt. In der *Abb. 1223* haben wir einen ländlichen Wohnstubenschrank aus Lärchenholz natur mit niederen gedrechselten Beinen, siehe auch diesen Fuß in *Abb. 995 und 996* im Kapitel „Gestaltung“, wie auch die Detailaufnahme der Schub-

Abb. 1223. Ländlicher Geschirrschrank aus Lärchenholz (Entwurf: Spannagel, Ausführung: Bitzenberger, Beuren i. Baden)

Abb. 1224.
Siehe auch Werkzeichnung in Abb. 1236.

Abb. 1225.
Siehe auch Werkzeichnung in Abb. 1233.

Abb. 1227 (unten). Kommode aus Nußbaumholz mattpoliert mit Ahorneinlagen, Knöpfe gedreht aus Nußbaum- und Ahornholz. (Entwurf: Michaelis.) (Siehe auch Abb. 1237 auf nächster Seite.)

Abb. 1226. Vgl. auch Abb. 1235

ladenknöpfe in *Abb. 1226.* Bei diesem Schrank darf wohl mit Recht gesagt werden, daß sich seine formale Haltung harmonisch verbindet mit den gedrehten Füßen und Knöpfen. Wir sehen, wie sowohl städtische, elegante wie ländliche, derbe Möbel durch Drechslerformen einen wertvollen formalen Ausdruck erhalten können. Bei der Kommode in *Abb. 1227* sehen wir, welch reizvollen Schmuck die gedrehten Knöpfe dem schlichten Möbel verleihen.

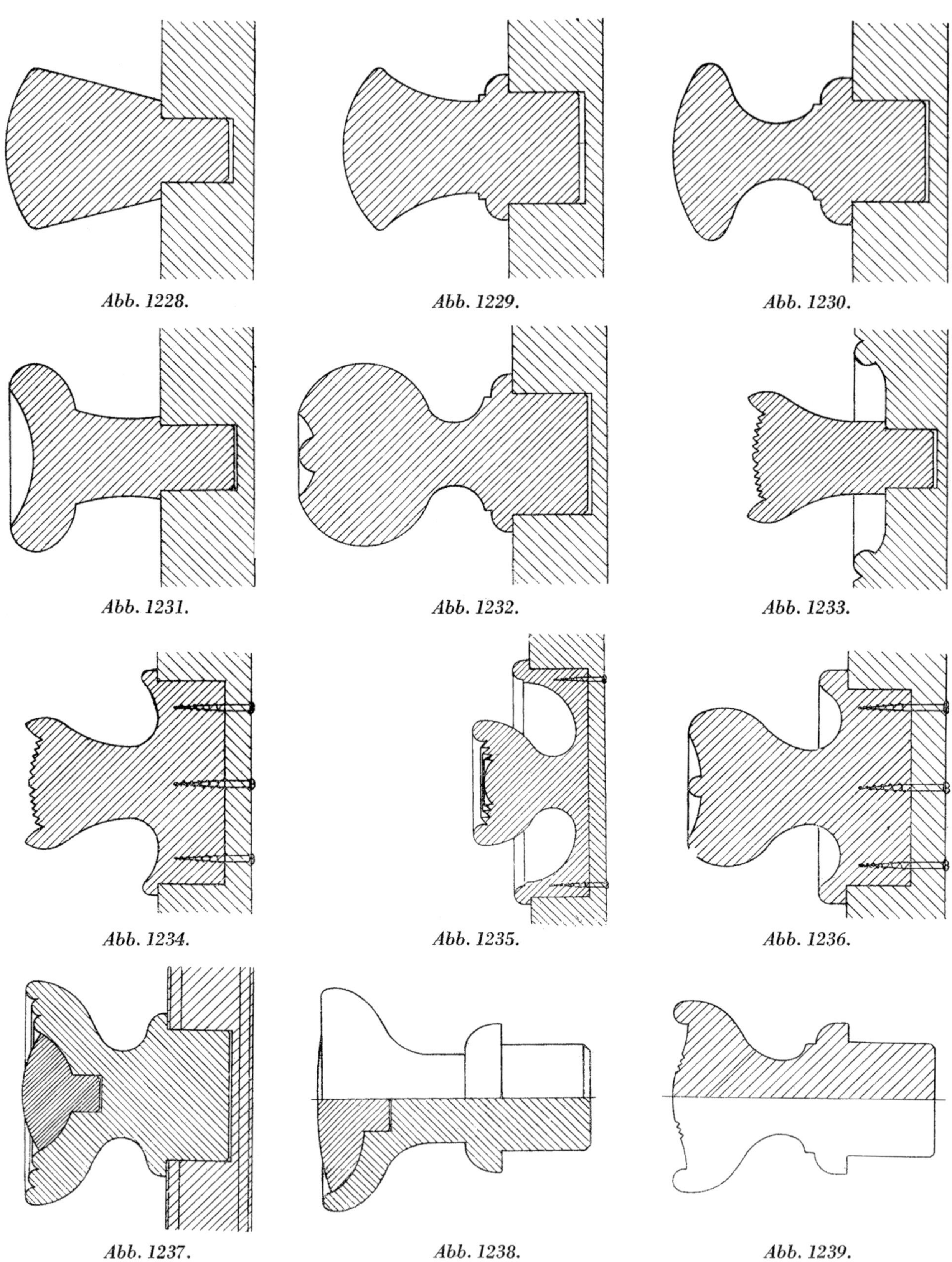

Abb. 1228. *Abb. 1229.* *Abb. 1230.*

Abb. 1231. *Abb. 1232.* *Abb. 1233.*

Abb. 1234. *Abb. 1235.* *Abb. 1236.*

Abb. 1237. *Abb. 1238.* *Abb. 1239.*

Die *Abb. 1228—1239* zeigen Beispiele erprobter einfacher und reicherer gedrehter Knöpfe. (Siehe auch das „Drehen von Knöpfen" auf S. 97, 98.) Der Knopf in *Abb. 1237* ist auf der Kommode in *Abb. 1227* ersichtlich. Der Einsatz des Knopfes in *Abb. 1238* kann eine Oberfräsenbehandlung erhalten, wie sie die Beispiele in den *Abb. 593—597* auf Seite 137 zeigen, oder es kann auch das Randerieren in Frage kommen, siehe *Abb. 602*. (Siehe auch schlechte Beispiele von Knöpfen auf Seite 260!)

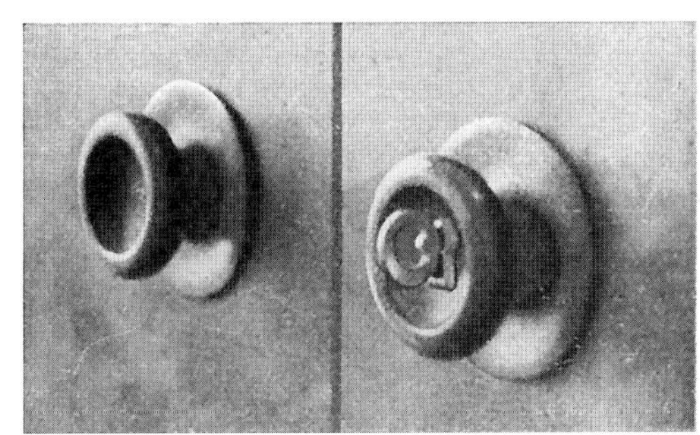
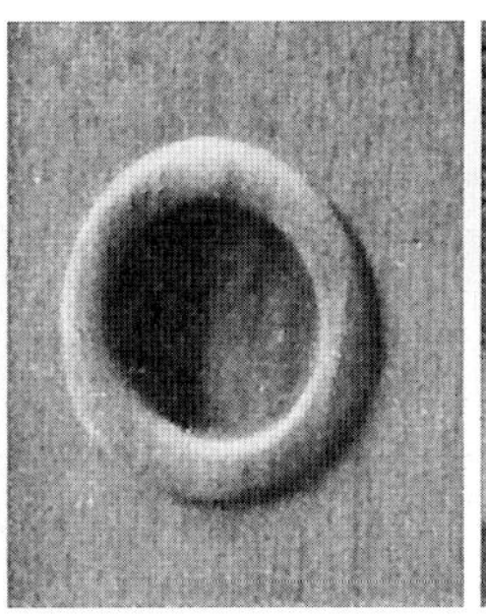

Abb. 1240. *Abb. 1241.* *Abb. 1242.* *Abb. 1243.*

Abb. 1240. Gedrehte Knöpfe, Entwurf: Hilmer, ein Knopf ist zugleich als Schlüsselbüchse ausgebildet. Abb. 1241. Knopf als Schlüsselbüchse ausgebildet. Abb. 1242. Eingesetztes, gedrehtes Schild für Schiebetüren. Abb. 1243. Eingedrehtes Schlüsselschild auf einer Schublade. (Abb. 1241—1243. Entwürfe: Karl Nothhelfer.)

Abb. 1244 und 1245. Schlüsselbüchschen (siehe auch die Seiten 98—100)

Abb. 1246 und 1247. Entwürfe zu Heizkörperverkleidungen mit gedrehten Stäben von Fritz Spannagel

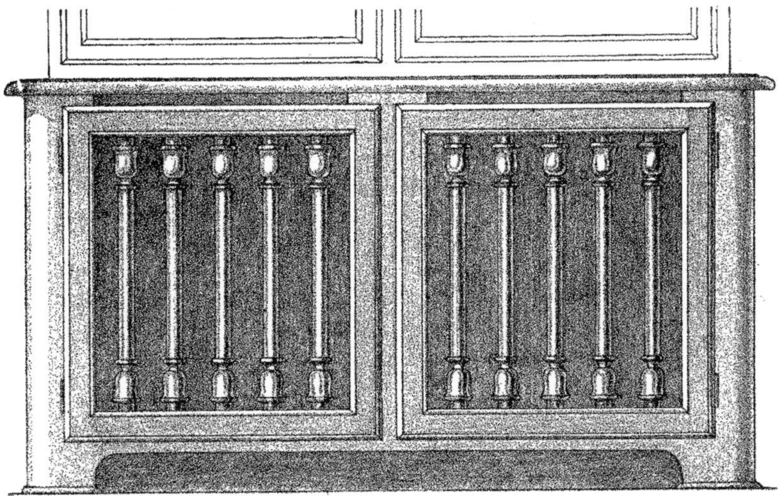

Abb. 1246.

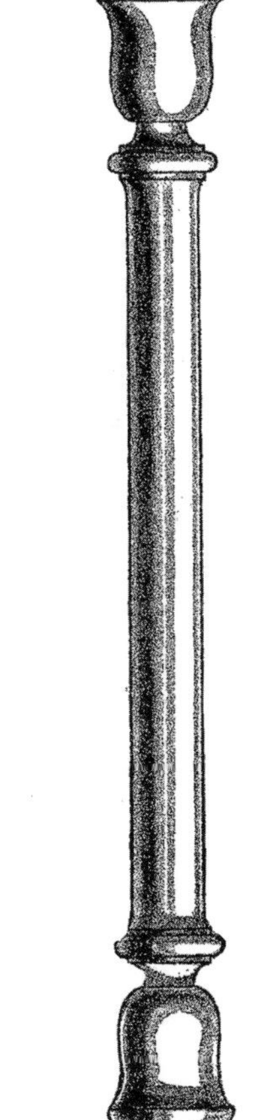

Abb. 1248. Teilzeichnungen der nebenstehenden Entwürfe

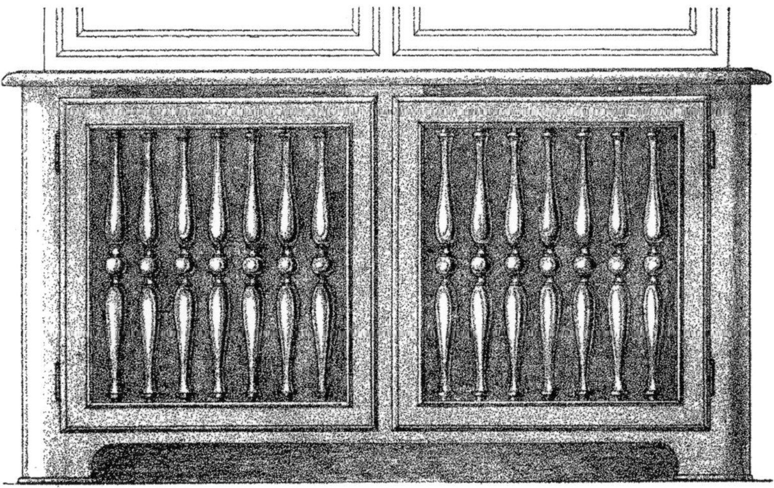

Abb. 1247.

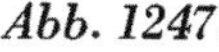

Abb. 1249. *Abb. 1250.* *Abb. 1251.*

Wie schon auf der Seite 233 bei der Beschreibung alter Baudrechslerarbeiten gesagt wurde, stellt von jeher die Herstellung gedrechselter Treppenpfosten und Treppentraillen der Drechslerei einen bedeutsamen Aufgabenkreis. Gewiß mag mancher Auftraggeber, der vom Sachlichkeitsfanatismus ergriffen ist, gedrehte Formen, besonders mit reichen Profilierungen, bei Treppen und Pfosten ablehnen. Aber andere, die den Sinn für Gemütswerte noch nicht verloren haben, werden gedrehte Pfosten und Traillen mit ihrem so lebendigen Ausdruck durchaus bejahen. (Wie die *Abb. 968* zeigt, kann man auch lediglich geschwungene Formen ohne Profile wählen.) Die auf dieser Seite dargestellten Entwürfe des Verfassers, die sich an gute alte Vorbilder anlehnen, mögen Drechslern und Architekten zur Anregung dienen. Natürlich wird die Wahl der Formgebung abhängig sein von Stil und Ausmaß des ganzen Hauses.

Abb. 1252. *Abb. 1253.* *Abb. 1254. (Siehe auch Abb. 1018)*

(Abb. 1249—1254. Entwürfe von Treppengeländern und Pfosten)

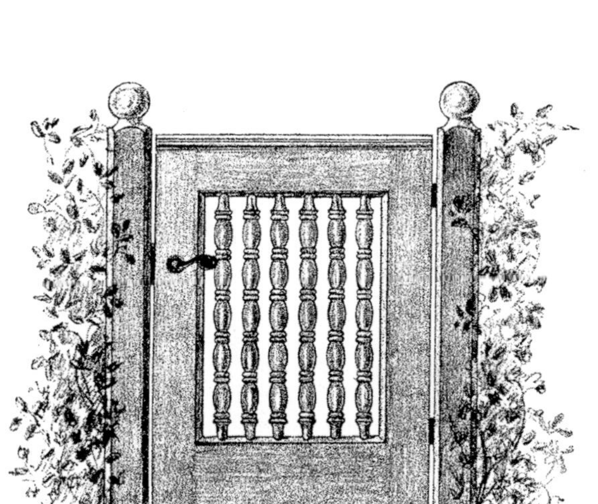

Abb. 1255.

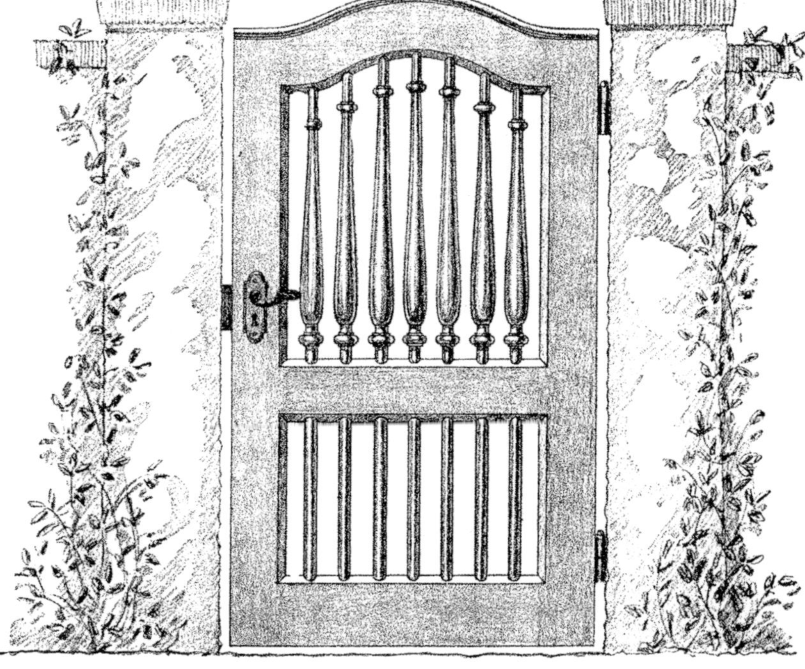

Abb. 1256.

In das Bereich der Bauschreinerei können auch solche Aufgaben, wie hier dargestellt, gehören. Die Vergitterungen einfacher, kleiner und großer Gartentore erhalten durch gedrechselte Sprossen eine reizolle Wirkung. Wir finden da und dort noch alte Beispiele solcher Baudrechslerarbeiten an Toren. So mögen auch diese wenigen Entwürfe des Verfassers dazu beitragen, vor allem die Architekten anzuregen, die Drechslerei für die Gestaltung solcher Aufgaben wieder erneut zu nützen. Am vorteilhaftesten wird man solche Pförtchen und Tore in Kiefernholz gestrichen ausführen, wie auch im selben Holz natur lackiert. Für Naturausführung kommt natürlich auch bei größerem Aufwand lackiertes Eichenholz in Frage. Die *Abb. 1257* zeigt die Verbindung der Stäbe an ihrem Unterteil mit dem Querrahmen mittels Dübel. Es wird dadurch vermieden, daß das Wasser eindringen kann.

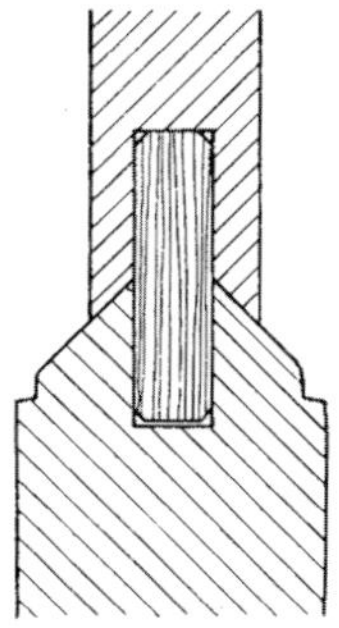

Abb. 1257.

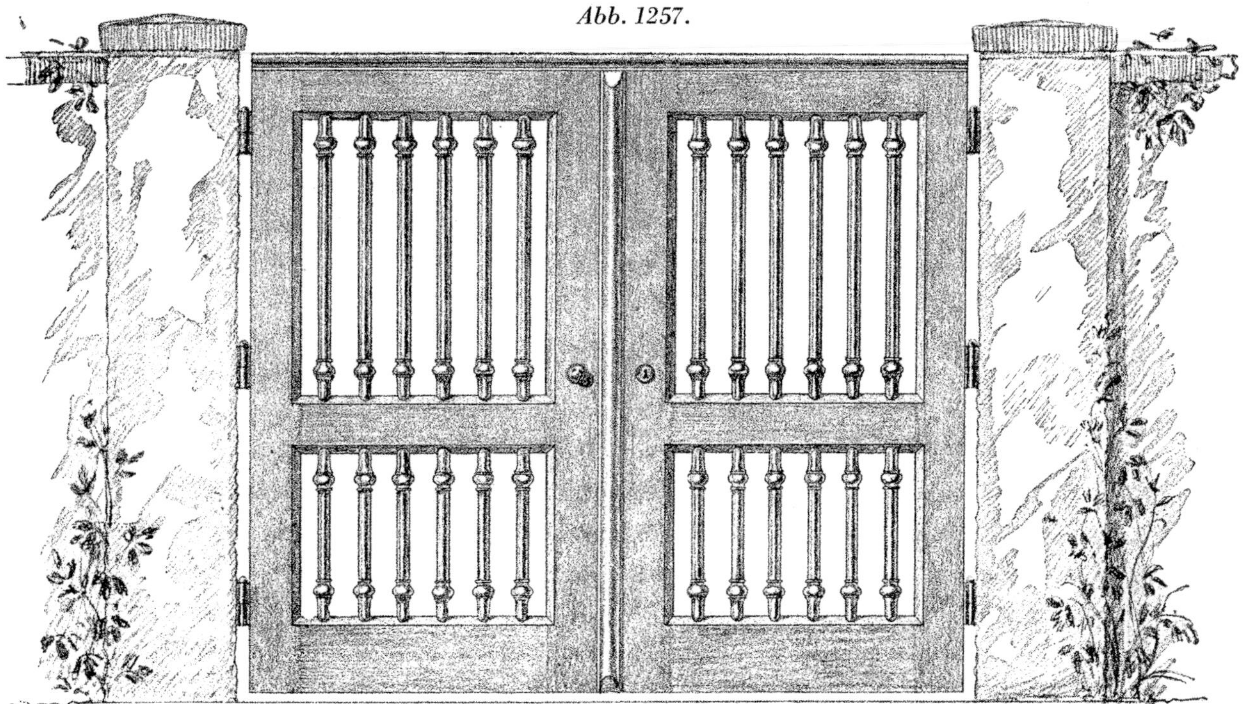

Abb. 1258.

Schon fertig?

Hier finden Sie weitere interessante Informationen – in Büchern und Videos von *HolzWerken*

Steinert

Enzyklopädie Drechseln

Werkzeuge, Maschinen, Techniken in über 800 Begriffen umfassend definiert!

Drechseln von A bis Z – alles zum ältesten Handwerk der Welt!

- Über 800 Begriffe und zahlreiche Abbildungen
- Technik, Geschichte, Handhabung
- Oberfläche, Gestaltung, Zubehör
- Durch zahlreiche Querverweise auch zur fortlaufenden Lektüre geeignet

336 Seiten, 17 x 24 cm, zahlreiche Zeichnungen und Fotos, gebunden mit Lesebändchen

Best.-Nr. 20035
ISBN 978-3-86630-063-7
E-Book ✔ Leseprobe ✔
vinc.li/20035

Guido Henn

Handbuch Oberfräse

Auswählen, bedienen, beherrschen

Ob Modell, Bedienung oder Wartung – Guido Henn erklärt alles Wissenswerte rund um die Oberfräse. Für das praktische Arbeiten erhält der Leser präzise Anleitungen und Beispiele. Auf der Beiliegenden DVD zeigt der Autor den Umgang mit selbstgebauten Vorrichtungen und Schablonen.

280 Seiten, inkl. DVD mit ca. 2 Std. Spielzeit, 23,1 x 27,2 cm, 1244 farbige Fotos, gebunden

Best.-Nr. 9155
ISBN 978-3-86630-949-4
Leseprobe ✔
vinc.li/9155

Sandor Nagyszalanczy

Werkstatthilfen selber bauen

Sicher spannen, führen, halten

Welche Vorrichtungen werden benötigt, um Werkzeuge zu führen und Werkstücke zu halten, oder umgekehrt? Dieses Buch bietet Ihnen zahlreiche Anwendungsbeispiele, Lösungen und Anregungen. Und versetzt Sie so in die Lage, die grundlegenden Lösungsansätze auf individuelle Probleme zu übertragen.

272 Seiten, 23,1 x 27,2 cm, 1077 farbige Fotos und Zeichnungen, geb.

Best.-Nr. 9154
ISBN 978-3-86630-948-7
E-Book ✔ Leseprobe ✔
vinc.li/9154

Bestellen Sie versandkostenfrei*
T +49 (0)6123 9238-253
www.holzwerken.net/shop
* innerhalb Deutschlands

HolzWerken – Das Magazin für den Holzwerker

HolzWerken bietet auf prallen 64 Seiten, was Ihnen in der Werkstatt hilft – von Grundlagen bis zu fortgeschrittenem (Kunst-)Handwerk mit Holz. 7 Ausgaben im Jahr – auch als Kombi-Abo Print + Digital!

Mit folgenden Themen in jedem Heft:
- Tischlern, Drechseln, Schnitzen – Tipps von erfahrenen Praktikern
- Anleitungen und Pläne zum Bau von Möbeln und Vorrichtungen
- Wissenswertes über den Umgang mit Werkzeug, Maschinen und Material

***HolzWerken* – gehört in jede Werkstatt!**
Jetzt informieren: www.holzwerken.net

Vincentz Network GmbH & Co. KG *HolzWerken* 65341 Eltville · Deutschland